面向21世纪课程教材

普通高等教育"十一五"国家级规划教材

"十二五"普通高等教育本科国家级规划教材

THE
THIRD
EDITION

第三版

有机化学

ORGANIC CHEMISTRY

钱旭红　主编

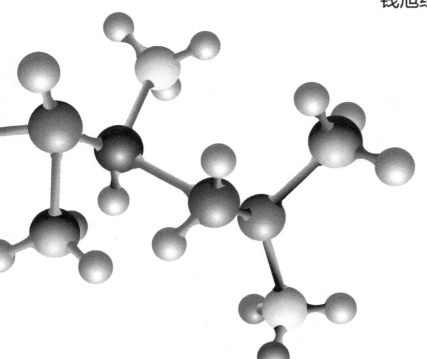

化学工业出版社

·北京·

本教材仍然保持上一版的编写风格，上篇为有机化学的基本概念与理论，下篇为各类有机化合物。

上篇介绍有机化合物的分类、命名、合成技术和光谱鉴定，重点阐述价键理论、分子轨道理论、立体化学原理及电子效应。下篇结合上篇的理论，详尽介绍了脂肪烃和脂环烃、卤代烃、芳烃、含氧化合物、含氮化合物、杂环化合物、元素有机化合物等典型化合物的结构、性质及制备方法。并在此基础上介绍了有机化学在材料、生命科学等领域的应用和发展。

本书可作为高等院校化工类、材料类、冶金类、轻工类、纺织类以及相关专业教材。同时也可供化学、化工领域有关科技人员参考。

图书在版编目（CIP）数据

有机化学/钱旭红主编. —3 版. —北京：化学工业出版社，2014.7（2022.1 重印）
面向 21 世纪课程教材　普通高等教育"十一五"国家级规划教材　"十二五"普通高等教育本科国家级规划教材
ISBN 978-7-122-20609-1

Ⅰ.①有…　Ⅱ.①钱…　Ⅲ.①有机化学-高等学校-教材　Ⅳ.①O62

中国版本图书馆 CIP 数据核字（2014）第 091988 号

责任编辑：刘俊之
责任校对：边　涛　　　　　　　　　　　　装帧设计：韩　飞

出版发行：化学工业出版社（北京市东城区青年湖南街 13 号　邮政编码 100011）
印　　装：北京虎彩文化传播有限公司
787mm×1092mm　1/16　印张 24¼　字数 645 千字　2022 年 1 月北京第 3 版第 6 次印刷

购书咨询：010-64518888　　　　　　　　售后服务：010-64518899
网　　址：http://www.cip.com.cn
凡购买本书，如有缺损质量问题，本社销售中心负责调换。

定　　价：59.00 元

有 机 化 学

第三版编者　钱旭红　焦家俊

　　　　　　　蔡良珍　俞善辉

第一版编者　钱旭红　高建宝

　　　　　　　焦家俊　徐玉芳

第二版编者·钱旭红　焦家俊

　　　　　　　任玉杰　蔡良珍

前　言

本书第一、二版分别于 1999 年、2006 年出版，内容分上下两篇，上篇为基于量子理论的共性内容，下篇为侧重于官能团编排的个性内容。 经过多年在国内高校的使用后，为体现有机化学快速发展的现状，需要与时俱进，对教材进行修订。 主要修订思路如下。

1. 教材风格的创新

注重对传统有机化学教材进行重大革新的上篇，与众不同，其核心是第 4 章"一般有机化学反应机理"，前两版在国内高校使用时引起了较大的反响甚至争论。

传统有机化学的编排易导致各章节化合物的知识点相互孤立，缺乏逻辑关联性，教学过程中仍需探索各章节内容的相互联系及比较。 而本书的上篇正是涉及量子理论的有机化学的共性知识点，是对有机化学基本知识的总结提升。 让学生逐渐感悟，有机化学几乎就是关于有机分子的"几何电子学"。 下篇是对上篇内容的个性化表述，而非简单的重复，而是在不同的环境条件下共性与个性的结合。 让学生领悟有机化学是科学与艺术的结合，这点在合成设计上更为明显。

举一个例子，按传统教材，学完卤代烃、醇的章节后，学生可能会总结出两者有相似的结论，这是有机化学学习中的较高境界。 两类化合物均可以 R—L 结构表示，都能发生亲核取代反应和消除反应，离去基团—L 可以是卤素，也可以是羟基，本书的上篇就很自然地按有机化学反应机理将两者一起编排。 学习过程中总结出来的规律性的结论正是有机化学的共性，本书的上篇正是学习中需总结升华的内容。 第三版改编时进一步强调并细化此共性-个性结合、上篇-下篇衔接的风格。

从个体性质汇总归纳得到全体一般共性，是我们许多师生所熟悉的，而由一般共性特点演绎出各具风采的个性特征，是许多人所陌生的，而后者对科学技术的发展、人们思维理性的发展、创造潜力的发挥至关重要。

2. 体现有机化学学习的开放性、艺术性、现代性

许多读者认为学习有机化学需要多记多背，此观点并不全面。 在缺少共性反应机理的理解基础上的死记硬背难以真正学好有机化学。 我国学生在高中阶段已初步学习了按官能团编排的传统有机化学，按部就班地学习本书可能有部分学生有点不适应。

本书在引入有一定难度的涉及有机化学本质内容的上篇的同时，再引入适当照顾我国学生学习传统的下篇。 对传统有机化学教材的改革是大势所趋，目前国外的新教材已采取类似的新风格。

在此对本书的使用者提个建议：在教学中适当创新，在学习共性的内容时会一定程度上涉及化合物的个性，在学习化合物的个性时需适当返回共性，教学内容编排上前后融会贯通。

3. 上、下篇的侧重点

针对同一有机反应在教材上篇反应机理和下篇化学性质中重复出现的问题，需着重区别。

上篇为共性的机理；下篇为个性性质，可适当简略，基本不涉及机理；对共性–个性的内容有明显关联的部分章节进行标注"可参考相关章节"，以免重复。

4. 教材内容的更新变动

"立体结构化学"的内容较为重要，第三版中单独列为第3章。 "杂环化合物"一章因与芳烃有关联，移至"芳烃"之后。 对第二版中的疏漏、印刷错误等进行了更正。 针对有机化学发展的现状，对部分习题进行更新，引入一些较新的反应。 章节中补充的相关例题，具有典型性、针对性、简便性，加深对前述理论部分的理解，体现有机化学理论中的关键点、重点、难点等。 取消四级层次标题，改为三级层次，使章节层次更为清晰。 增加有关科研新动态或最新工业合成法等，让学生体会实验室的理论反应与实际应用上的区别。 对"有机化学发展选论"章节的内容进行了部分改动或合并。 对每章后的"本章提要"、"关键词"移至该章前。 对有机化学的各种理论争论尽量展示给学生，学生在钻研争论点时，自然也就达到了教学效果。 通过以上更新，可使教材更趋完善。

第三版修订工作由华东理工大学的钱旭红、焦家俊、蔡良珍、俞善辉共同完成，全书由钱旭红院士统稿。

本书第三版修订是又一次对传统有机化学教材的创新探索，显然独具特色的上篇的共性内容对各类教材的考前复习或考研具有重大指导作用。 本次修订对许多教学理念及教材内容的编排上尚有考虑不周之处，诚请广大读者多提意见。

编 者
2014 年春

第一版前言

本书是由胡英院士牵头的"面向 21 世纪工科（化工类）化学系列课程改革的研究与实践"项目第二阶段课程有机化学的教材。 第一阶段是《现代基础化学》，作为前期学习基础。 与整体工科化学新的两阶段体系模式相对应。 考虑到各大学选用教材情况不一，本教材亦相对保持了知识上的完整性以及讲授内容上的相对独立性。 本教材分上下两篇，上篇为有机化学的基本概念与理论，以结构异同性为切入点，以有机化学反应共性为主线，介绍有机化学反应机理及有机化学基本知识。 下篇为各类有机化合物，以官能团大类为切入点，重点介绍每类有机化合物的个性、特性、特有反应现象及制备方法。

上篇"有机化学的基本概念与理论"的内容有以下几章：1. 导论，包括发展史及光、声、电、磁等现代合成手段及光谱技术；2. 有机化合物的命名，包括分类、烃、卤烃、芳烃、含氧和含氮化合物、芳杂环及多官能团化合物；3. 共价键与分子结构，包括键长键角等属性，键的形成与断裂，杂化轨道与分子结构，诱导、共轭等电子效应，共振论与分子轨道，立体化学及现代光谱技术；4. 一般有机化学反应与机理，以键型为引导，包括自由基、亲电加成与取代、亲核加成与取代、消除、氧化与还原、周环等定理式的机理解释与应用。

由于有机物的化学性质及变化规律均是其分子结构内部特征的外部反映，因此，上篇由微观本质入手进而讨论有机化学中普遍的现象和规律，内容整体具有相对独立性。

下篇"各类有机化合物"的内容有以下几章（化学性质与典型化合物制法）：5. 脂肪烃和脂环烃，包括烷、烯、二烯、炔、脂环等；6. 卤代烃，包括氯、氟烃等；7. 芳烃，包括苯、联苯、萘、蒽、非苯等；8. 含氧化合物，包括醇、醚、酚、醛、酮、羧酸及衍生物、二羰基化合物；9. 含氮化合物，包括硝基、氨基、季铵盐与碱、重氮、偶氮、叠氮化合物；10. 杂环化合物，包括五元、六元杂环；11. 元素有机化合物，包括硅、磷、锂、铁、铝化合物；12. 生命有机化学；13. 有机化学发展选论，包括组合化学、周环反应等。

下篇则是运用上篇已论述的一般规律与每一类具体的化合物相结合，认识事物的多样性及特殊性。

教材内容处理原则

一、改变以前重个性、轻共性的内容与结构。 面对 21 世纪有机化学的统一理论将逐步形成，而同时由于各类化合物本身特性导致的特殊现象亦将不断出现，因此在有机化学教学中必须解决共性与个性上的矛盾。 我们将《有机化学》教材中的结构、命名、物性、化学反应机理等具有共性的部分归纳成上篇"有机化学的基本概念与理论"，将各类化合物的个性按烃、卤、氧、氮、芳、杂、元素有机、有机化学进展等归纳成下篇"各类有机化合物"，使不同专业的学生根据需要进行取舍。

二、强调适应学生的学习规律

改变教材本身结构，使之适合刚进入大学的中学生的学习、思维习惯，即由基本原理、公理出发进行推理、推论，上篇重概念、理论，下篇重特性分析与归纳，将各类化合物的结构和性质的相互关联性有机地串联起来，由浅入深地展开，使学生在学习时不再孤立地看待每一个化合物。 同时还将有机化学新进展纳入下篇，使学生在掌握基础理论的同时进一步拓宽视野，为学生今后再学习留下接口。

三、确立全书的主线并使知识深度不断重复、加深

贯穿全书上、下篇的统一主线是"反应"与"化合物"，并且两者并重，改变以往偏重化合物的叙述方法。 上篇在第二章即通过介绍命名，按新的化合物内在联系浅显介绍了分类，使学生易于重点接受第四章的反应机理。 下篇则再次按同样次序重点深入介绍了化合物分类及特点，并且将反应内容融合在其中。

四、强调最基本、最重要知识的系统性与内在逻辑联系，改变以前教材主线不清晰的矛盾。在上篇中用电子理论、分子轨道理论、杂化轨道理论论述物质的结构、物性、化学反应机理。在下篇中按元素的分类及内在的化学逻辑联系论述烃（单链、脂环、双链、三链）、卤代烃（—X）、 含氧 （—O—、—OH、—COOH、—COOR ）、 含氮 （—NO、 —NO$_2$、 —NH$_2$、ArN$_2^+$ X$^-$、R—N＝N—R′）、芳烃（苯、联苯、萘、蒽）、杂环（五元、六元、多元、氧、氮、硫）、元素（Si、P、Li、Fe、Al）、有机化学进展。

五、强调最实用、最现代知识，并注意趣味性

1. 内容更新，如增加有机合成手段介绍（光、声、热），增加卤代烃中氟化物的介绍，增加若干最新化合物的制备，增加了各类化合物在日常生活、工业上的主要应用方向，另外还介绍了有机化学向材料、生命学科的渗透。

2. 采用量子化学的基本理论统一全书内容。

3. 增加趣味性，使之与学术性有机结合。 每篇、每章的开头以及每节的适当部分增加有机化学发展及社会发展中有趣的名人轶事与典故，以加强学生的理解。

教材课堂教学建议

本教材经教学实践和学生的学习体会，现提出以下几点建议，供同行教学时参考。

一、教学中应注意基本知识和基本内容的传授，通过上篇的教学应让学生基本了解有机化学的概貌、有机化学的反应、有机化学的理论及有机化合物的鉴定方法，以增强学生的自学能力。通过下篇的教学应让学生了解和掌握一般有机化合物的性质，并且能够掌握有机化合物的合成方法。

二、第一章导论中的现代光谱技术因涉及有机化合物的电子理论（如诱导、共轭等），建议教学中将该节放至第三章以后讲解，以便学生更好地掌握。

三、上篇的第四章"一般有机化学反应与机理"是本教材的灵魂，也是本教材承上启下的关键章节，教学中应抓住各类反应机理的内在规律性，并补充部分实例，达到内容的充实。

四、限于学时数的不足，下篇内容在教学中可作适当调整或取舍，建议学生通过自学达到教学要求。

本教材适用于化工类、纺织类、材料类、冶金类等专业，也适用于机电类、管理类有关专业（如化工机械、工业管理等）和部分应用理科专业（如应用物理、应用数学等）。

本教材由华东理工大学钱旭红教授、高建宝讲师、焦家俊副教授、徐玉芳副教授等编写而成，全书由钱旭红教授统稿。

编写大纲经清华大学、天津大学、大连理工大学、北京化工大学等校同行的讨论，提出中肯意见，在此表示感谢！

由于编者水平有限，谬误之处难免，敬请同行和读者批评指正。

编　者
1999 年 5 月

第二版前言

本书自 1999 年 11 月出版以来，已被多所相关院校使用作为教材或教学参考书，在过去六年的时间里，有机化学又有了较大的发展，因此有必要对该书进行修订，引入有机化学和相关学科的一些最新进展，在保证本书编写特色的同时，以增加科学性、先进性和创新意识。

本教材第二版保持第一版的编写风格，仍然分为上、下两篇，上篇为有机化学的基本概念与理论，下篇为各类有机化合物。第一版中的第 1 章导论在第二版中不再作为章节出现，仅以导论形式引出有机化学，对于第一版中的 1.4 节"现代光谱技术"在第二版中作为上篇的第 4 章，同时增加和补充了波谱综合解析内容。本书第二版的配套教学参考书《有机化学习题精选与解答》（任玉杰主编）也同时在化学工业出版社出版发行，该书包含学习指导、典型例题解析、典型习题与参考答案、单元测试及参考答案，以及配套该教材第二版的课后习题与解答，同时给出了有机化学上、下学期的模拟试卷及参考答案各 2 套，以及近年的考研试题与参考答案 3 套。主要目的是方便教师在教学时参考使用以及学生学习的方便。

本书在第二版的修订过程中，仍然遵循第一版在教材内容上的五条处理原则，同时根据过去六年在该教材使用中的反馈，对一些内容作了适当的增、删或重写，下篇从第 5 章到第 12 章，每章结束部分都增加了相关的选读材料，主要选择 21 世纪有机化学发展的一些新领域，旨在拓宽学生有机化学的知识面和开阔学生的视野。课后习题部分也根据第二版的修订内容作了相应的增、删或补充，在下篇各类有机化合物的各章节均增加了波谱在有机化学中的应用方面的习题，主要使学生通过这些习题的训练，能够更好地掌握波谱在有机化学中的应用。

本书第一版和第二版下篇部分的编写，主要参考并同时继承和发扬了徐寿昌教授主编的《有机化学》（第二版，高等教育出版社出版）的编写风格，本书第二版的修订工作由华东理工大学钱旭红、焦家俊、任玉杰和蔡良珍共同完成，习题部分的修订由郑世红完成。全书由钱旭红教授统稿。

限于编者水平，难免存在错误和疏漏，敬请各位同仁和读者不吝赐教和指正。

编　者
2006 年 4 月

目　录

有机化学的基本概念与理论

20世纪初，随着量子力学、相对论等物理理论产生，人们对微观有了更为确切的认识，从而促进了化学理论，特别是有机化学理论的深刻变革，并使之初步形成了以实验为基础的统一理论体系。

本篇通过从有机化学的历史、现状及规律的角度介绍有机化合物的分类、命名、合成技术、光谱鉴定，并进而以量子有机化学理论为基础重点阐述价键理论、分子轨道理论、立体化学原理及电子效应。在此基础上通过对过渡态结构、活性中间体的结构等与其稳定性间的关系认识，掌握有机化学中常见的自由基、离子型及周环反应机理。

本篇强调有机化合物及有机化学中具有的共性问题、理论与概念，以便人们对该学科有一个全面的、理性的了解。

导　论

💬　**本章提要**　本章概述了有机化学的发展史，对于有机化合物的特点、合成方法、分析手段等作了初步介绍。

📶　**关键词**　有机化学　生命力论　有机合成　热反应　光反应　有机电合成
有机声化学　微波协助有机合成　红外光谱　紫外光谱　核磁共振谱　质谱

维勒（Friedrch Wöhler，1800～1882）　德国有机化学家，1825 年首次从无机物人工合成出有机化合物——尿素。1825 年，维勒在研究"氰作用于氨水"时，注意到反应中有一种白色粉末状固体生成，对于这一实验结果，维勒进行了长达 3 年的潜心研究。研究表明，这种化合物正是哺乳动物新陈代谢的产物——尿素。尿素的人工合成是有机化学发展过程中的一大突破，它打破了无机化合物和有机化合物之间的绝对界限。

0.1　有机化学发展史

有机化学是研究有机化合物的结构、性质及其反应的一门科学。什么是有机化合物呢？在我们人类赖以生存的地球上，生长着许许多多五颜六色的植物，繁衍着千千万万形形色色的动物。很久以前，人类就懂得如何通过对这些动植物的简单加工，来获取各种物质。例如，从甘蔗中榨取蔗糖、用大米或果汁酿制酒精、以植物油和草木灰共熔制成肥皂等。由于这类物质取自于有生命活力的动植物体内，其性质与我们所看到的各种无生命的矿物质完全不同。因此，早期的化学家把这类物质称之为有机化合物，史书上也把这一观点称作"生命力论"。

乙醇 CH_3CH_2OH，俗称酒精，以发酵法制得的米酒中乙醇的含量约为 $10\%\sim15\%$；乙酸 CH_3COOH，又称醋酸，在食用米醋中的含量大约为 $3\%\sim5\%$。早在我国夏、商时代（公元前 2205～1766 年）就有酿酒、制醋的记载。

18 世纪下半叶至 19 世纪初，随着人们对自然探索的不断深入，实验手段的逐步完善，化学家已经能够从天然动植物中分离出许多纯的有机化合物。如尿素、酒石酸、吗啡等。

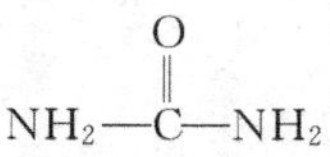

尿素 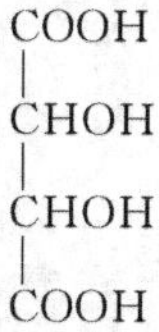　　　　　　酒石酸 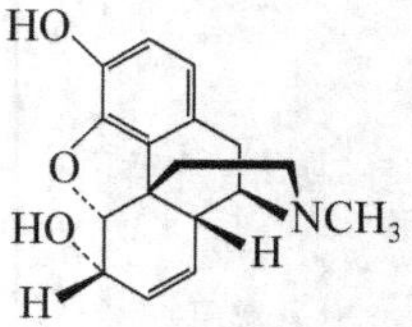　　　　　　吗啡

尿素（urea），又称碳酰胺。无色晶体，大量存在于人类和哺乳动物的尿中，可直接用于制造炸药。

1773 年，儒勒（Rouelle）首次从尿中发现尿素。

酒石酸（tartaric acid），学名 2,3'-二羟基丁二酸。无色透明棱形晶体，广泛分布于自然界中，特别是在葡萄汁中含量最丰富。酒石酸可用于制药物、果子精油，也可用作媒染剂、鞣剂等。1770 年，瑞典化学家谢勒（Carl Wilhelm Scheele，1742～1786）从酿酒副产物酒石中第一次分离出酒石酸。

吗啡（morphine），1806 年史特纳（Sertürner）成功地从鸦片中分离出吗啡。它具有镇痛、镇静、抑制肠蠕动等多种作用，用作麻醉剂、止痛剂和强的催眠药。长期应用容易成瘾。

与无机化合物相比，这些有机化合物的分子结构和组成就显得复杂得多。当时在化学界享有盛名的瑞典化学家柏则里斯（J. Berzelius，1779～1848）——生命力论的代表者，曾断言道，有机化合物只能在生物体内通过神秘莫测的"生命力"作用才能产生。柏则里斯的优秀门生德国化学家维勒也深有同感："有机化学看起来恰似一座原始的热带森林，既充满诱惑，又令人生畏。"

然而，也正是维勒勇敢地闯进了这片充满神秘色彩而又漫无边际的丛林。1825 年，维勒发现由无机物氰酸和氨水制成的氰酸铵经加热后会转变成一种白色粉末状固体。对于这一实验结果，维勒进行了长达 3 年的潜心研究。研究表明，无机物氰酸铵受热后所产生的化合物正是哺乳动物新陈代谢的产物——尿素。这是人类第一次在实验室里合成出来的天然产物。1828 年，维勒抑制不住内心的喜悦，写信给他的老师柏则里斯说："我要告诉你，现在不经动物、不经肾脏就可以制成尿素！"

$$NH_4OCN \xrightarrow{60℃} H_2N-\overset{\overset{\displaystyle O}{\|}}{C}-NH_2$$

氰酸铵（无机物）　　　尿素（有机物）

思考

瑞典化学家柏则里斯认为，有机化合物只能在生物体内通过神秘莫测的"生命力"作用才能产生。柏则里斯的学生维勒却告知老师，不经过肾脏就可以制成尿素！

你如何看待"生命力论"？维勒在实验室里合成出尿素的意义何在？

尿素的人工制备，对"生命力论"产生了强大的冲击，它证明在有机物和无机物之间根本不存在由生命力支配而产生的本质区别，有机物和无机物一样，也可能通过实验手段合成出来。这时，原有的有机化合物的定义开始发生动摇。研究表明，有机化合物的基本组成主要是碳元素，于是，德国化学家葛梅林（L. Gmelin，1788～1853）于 1848 年提出，有机化合物就是含碳化合物，有机化学也就是研究含碳化合物的化学。自尿素人工合成以后，又有不少有机化合物在实验室里问世。例如，1845 年柯柏尔（H. Kolble）合成出醋酸，1854 年法国化学家柏塞罗（M. Berthelot）合成出油脂。因此，人们逐渐摒弃了"生命力论"，转而接受葛梅林关于有机化合物就是含碳化合物的新定义。事实上，有机化合物除了含碳元素外，还含有氢、氧、氮、硫、卤素等元素，其中尤以碳、氢元素为主。因而，有机化合物也可看作是碳氢化合物。含有碳、氢及其他元素的有机化合物都可视作是由碳氢化合物衍生而来的产物。因此，1874 年德国化学家肖莱马（K. Schorlemmer，1834～1892）又将有机化学定义为研究碳氢化合物及其衍生物的化学。

就在有机化学理论与概念逐渐发生演变的时候，英国化学家柏金（W. H. Perkin，1838～1907）的一项意外发明叩开了合成染料工业的大门，这对有机合成的研究也产生了巨大的推动作用。1856 年，年仅 18 岁的柏金试图以甲苯胺类化合物作原料，通过氧化反应合成具有抗疟疾作用的天然产物奎宁。现在看来，这样做是十分幼稚的，因为甲苯胺类化合物与奎宁在结构上毫无共同之处。然而，柏金就是在这毫无意义的尝试中意外地获得了一种污浊的黑色沉淀物，它溶解在乙醇中呈艳丽的紫色溶液，不久就证实这种紫色溶液可用作染料，这就是后来闻名于世的苯胺紫！

柏金敏锐地意识到这是一个创办实业的极好机会，他毅然辞去了英国皇家学院的工作，四处筹措资金，开办出世界上第一家合成染料工厂，专门生产苯胺紫。苯胺紫的生产为后来的有机化学工业的发展奠定了基础，同时也极大地促进了有机化学理论研究与工业生产实际的联系。

事实上，在柏金发明苯胺紫后的 20 多年时间里，寻找新型合成染料已成为当时有机合成的研究热点。继苯胺紫发明后不久，又有许多其他合成染料相继问世，如孔雀绿、结晶紫、茜素、靛蓝等。

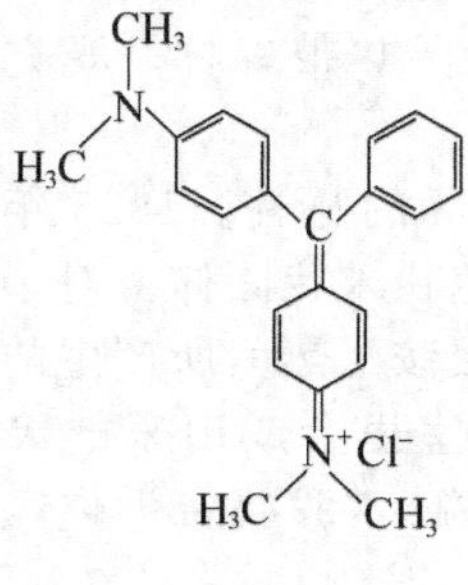

孔雀绿 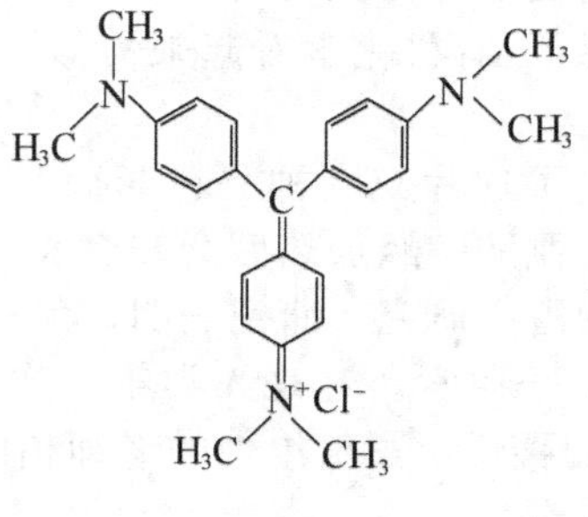　　　　　　　　　结晶紫　　　　　　　　靛蓝　　茜素

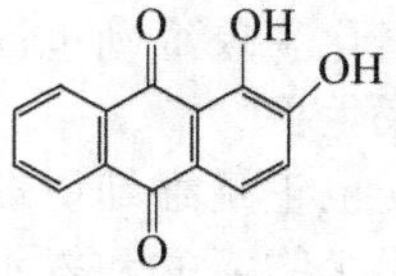

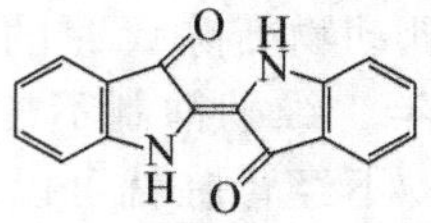

从此以后，有机化学就进入了合成时代。19 世纪下半叶，人们以煤焦油作原料不仅合成出大量的染料，而且还制备出许多药物、炸药等有机化合物。如 2,4,6-三硝基苯酚、2,4,6-三硝基甲苯、阿司匹林等。

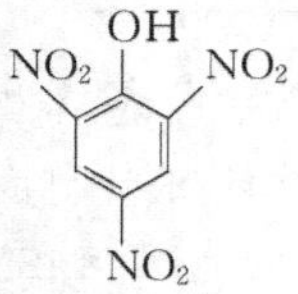

2,4,6-三硝基苯酚 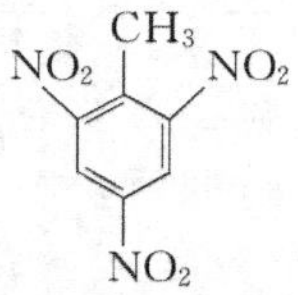　　　2,4,6-三硝基甲苯 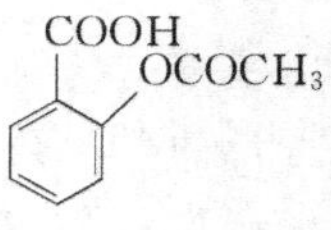　　　　阿司匹林

2,4,6-三硝基苯酚，俗称苦味酸（picric acid），可作烈性炸药。早在 1771 年，英国化学家 P. Woulfe 就已合成出苦味酸，不过当时却只是将它用作黄色染料。直到 1885 年，人们才懂得苦味酸可用来填装弹药。

三硝基甲苯，俗称 TNT（trinitro-toluene 的缩写），是重要的军用炸药。1863 年由德国化学家 J. Wilbrand 合成。

阿司匹林（aspirin），也称乙酰水杨酸，用于解热镇痛，这是人类于 1893 年首次合成出来的具有药用价值的有机化合物。

有机合成的迅猛发展，为有机化学理论研究提供了大量的实验资料。人们已经清楚地认识到，有机物和无机物一样，完全可以通过实验手段在实验室里合成出来，从天然生命体中获取有机物已不再是唯一的途径，有机化合物这一名词已不再具有原来的意义，它只是由于历史和习惯的缘故才沿用至今。

尽管有机化合物与无机化合物之间不存在绝对的分界线，但是二者在组成、性质上确实迥然不同。到底是一些什么样的差异会促使有机化学和无机化学演变为化学学科中的两个分支呢？

0.2　有机化合物的特点

现代化学理论之所以将化合物分为有机化合物和无机化合物，除了历史上"生命力学说"的原因外，主要还是因为有机化合物和无机化合物在化学结构、物理性质、化学性质以及化学反应性能等方面存在显著的差异。

从化学结构上来看，有机化合物分子中的原子多以共价键的形式相键合，分子间主要存在较弱的范德华力（van der Waals forces），因此，它们在许多方面表现出有别于无机化合物的一些特点。

（1）结构复杂　虽然有机化合物的组成元素并不多，但由于碳原子之间能相互成键，其结构较之无机物要复杂得多。例如，从植物中可提取出两种叶绿素组分：蓝绿色的叶绿素 a 和黄绿色的叶绿素 b，它们的分子式分别为 $C_{55}H_{72}O_5N_4Mg$ 和 $C_{55}H_{70}O_7N_4Mg$。

（2）容易燃烧　有机化合物通常都容易燃烧。例如，汽油、酒精。而多数无机物耐高温，不会燃烧。

（3）熔点、沸点低　由于有机分子的聚集状态主要取决于微弱的范德华力作用，这就使固态有机物熔化或液态有机物汽化所需要的能量较低；而无机分子间的排列是受强极性的离子间静电吸引作用，要破坏无机分子间的排列所需能量就高得多。因此，有机物的熔点和沸点比无机物要低得多。

（4）难溶于水　化合物是否溶解于水，与化合物的极性有关。化合物的溶解性通常遵循"相似相溶"规则，即极性化合物易溶解于极性溶剂中。水分子为极性分子，对于强极性无机物，水是很好的溶剂；而多数有机分子都属弱极性或非极性分子，因此，有机物难溶于水。常言道，"油水不相溶"就是这个道理。对于有些极性有机化合物，其水溶性当然要大一些。事实上，像甲醇、乙醇、醋酸等有极性的有机物都可以与水互溶。

（5）反应速度慢　无机盐类的离子反应速度通常十分迅速，例如，硝酸银与氯化钠在水溶液中立即发生反应，生成乳白色氯化银沉淀。有机反应一般发生在分子之间，以共价键为主要键合形式的有机分子不像离子键那样容易离解。因此，多数有机反应速率缓慢。例如，氯乙烷和硝酸银的乙醇溶液作用，在室温下反应很慢，加热一段时间后才生成氯化银沉淀。

（6）副反应多　由于有机分子组成原子较多，并具有许多键能相近的共价键。因此，在与反应试剂作用时，同一有机分子的不同部位均会受到影响，因而导致反应产物的多样化。在一定反应条件下，主要的反应称为主反应，其余的反应称为副反应。

0.3　现代有机合成手段

如前所述，有机化合物的特点之一就是反应速率缓慢。若要加快有机反应速率，通常采用加热、加催化剂、光照射或有机电合成等办法。近年来又发现超声波和微波对一些有机反应具有很强的促进作用。

（1）有机热反应　化学反应是具有足够能量的反应物分子以适当取向作有效碰撞的结果。通过加热来提高反应物分子的能量是促进有机反应的一种最常用的方法。一般说来，反应体系的温度每升高 $10℃$，可使反应速率加快一倍至两倍。以叔丁基氯水解为例，当反应温度由 $25℃$ 升至 $35℃$，水解速率即可增加一倍。

$$CH_3{-}\overset{\displaystyle CH_3}{\underset{\displaystyle CH_3}{C}}{-}Cl + H_2O \longrightarrow CH_3{-}\overset{\displaystyle CH_3}{\underset{\displaystyle CH_3}{C}}{-}OH + HCl$$

（2）有机光反应　通过光照射使反应物分子受到激发而导致发生化学反应也是进行有机合成的一个重要手段。一般能引起光化学反应的光为紫外光和可见光，其波长范围为 $200\sim700nm$；能发生光反应的物质通常是那些具有不饱和键的化合物，如烯烃、醛、酮等。

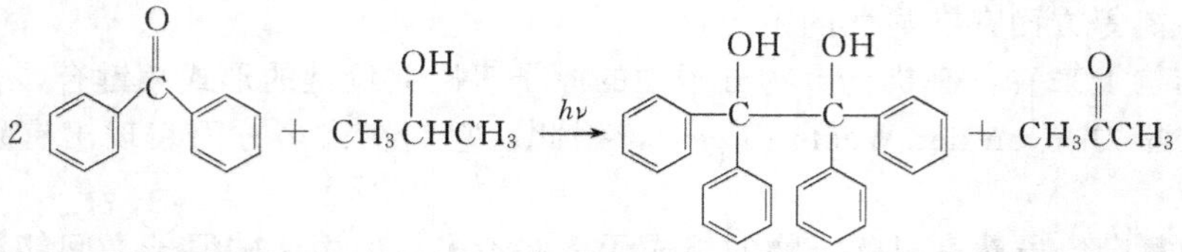

$$2 \underset{}{Ph\text{-}CO\text{-}Ph} + CH_3\text{-}CHOH\text{-}CH_3 \xrightarrow{h\nu} \text{(pinacol)} + CH_3\text{-}CO\text{-}CH_3$$

（3）有机电合成　有机电化学合成是利用电解反应来合成有机化合物。电解反应是在置于电解槽中的阴极和阳极之间进行的，通过调节电量和电位可以方便地控制有机电解反应。由于许多氧化剂或还原剂可以在电解槽中再生，因此在电解反应中，只需催化剂量的试剂，这不仅节约了资源，而且也避免了环境污染。有机电合成技术以其无污染、节能、转化率高、产物分离简单等优点，在有机化工领域中日益显示出重要的应用价值。例如，作为消毒剂的碘仿就可以用丙酮作原料，经电化学方法合成得到。

$$CH_3CCH_3 + IO^- \xrightarrow{电解} CH_3COO^- + CHI_3 \downarrow$$

（4）有机声化学　声化学是从化学学科中新近发展出来的，是一个新分支，它是通过超声波来加速化学反应或产生新的化学反应。超声波指的是振动频率在16kHz以上的声波。超声波之所以能加速有机化学反应，主要是由于它的"空穴作用"。当超声波通过溶液时，在微秒单位的时间内，分子之间被拉开距离从而产生"空穴"，"空穴"会在瞬间迅速猝灭。理论计算表明，这一过程相当于产生近2000K左右的高温和50MPa左右的压力，以致诱发产生高能离子或自由基，从而引发化学反应。

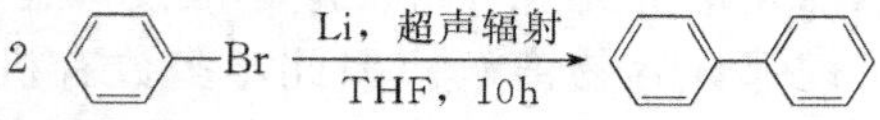

$$2 \underset{溴苯}{Ph\text{-}Br} \xrightarrow[THF, 10h]{Li, 超声辐射} \underset{联苯}{Ph\text{-}Ph} \quad (70\%)$$

如果没有超声波照射，卤代物在这样的体系中一般不会发生偶合反应。

（5）微波协助有机化学反应　微波辐射（microwave irradiation）应用于有机合成是20世纪80年代的事，它是利用微波辐射能使极性分子发生高速旋转而产生热效应，从而促进有机化学反应。这种热效应与传统加热方式相比，具有加热速度快、升温均匀等特点。例如，以对氰基酚钠盐与苄氯反应来制备4-氰基苯基苄基醚，传统方法是在甲醇中回流12h，产率为65%；而在560W的家用微波炉中加热反应仅35s就可达到同样产率。与传统方法相比，其反应速率要快1000倍以上。由于微波辐射促进有机反应具有速度快、操作方便等优点，因而日益受到有机化学家重视。

$$Ph\text{-}CH_2Cl + NaO\text{-}C_6H_4\text{-}CN \xrightarrow[35s]{微波辐射} Ph\text{-}CH_2O\text{-}C_6H_4\text{-}CN \quad 65\%$$

0.4　有机化合物的结构表征手段

通常，能表征有机化合物的物理、化学性质或结构特征的方法，都可作为分析有机化合物的手段。在有机化学发展初期，有机化合物结构的确定主要是通过化学方法来完成的。这样做不仅操作繁琐，而且效率低。随着微电子和计算机技术的广泛应用以及物理学、数学等学科的新成就不断涌现，对有机化合物的分析研究已从单一的成分分析逐步过渡到结构分析、状态分析、表面分析、化学反应有关参数的测定，研究手段也从以化学分析为主进入到以仪器分析为主导的局面。用于有机化合物结构表征的仪器分析方法一般可分为以下几大类。

0.4.1 光分析法

通过检测能量作用于被测定物质后产生的辐射讯号或所引起的变化的分析方法称为光分析法。光分析法又分为两类：非光谱法和光谱法。

非光谱法是通过测量电磁辐射的一些性质（如反射、折射、干涉、衍射和偏振等）的变化的分析方法，这种方法不以光的波长为特征讯号。属于这类分析方法的有旋光法、X 射线衍射法、折射法和电子衍射法等。

光谱法是通过检测光谱的波长和强度的变化的分析方法，它是建立在光的吸收、发射和拉曼散射的基础上。例如原子吸收光谱法、原子发射光谱法、原子荧光光谱法、紫外可见分光光度法、红外吸收光谱法、核磁共振波谱法、X 荧光光谱法、分子荧光光度法、分子磷光光度法、化学发光法等。

0.4.2 色谱法

色谱法既是一种分离方法，也是一种分析方法。色谱法主要分为两种：气相色谱法和液相色谱法。色谱法常与各种分析仪器联用，从而有效地解决复杂物质的分离和分析。

0.4.3 其他仪器分析方法

(1) 质谱法 质谱法是依据元素的质量与电荷比的关系来进行分析的方法，该法适用于定性分析、同位素分析以及有机物结构测定。

(2) 热分析法 热分析法是测定物质某些物理性质的一类方法，这些性质包括质量、体积、热导、反应热与温度之间的动态关系等。属于这类方法的有差示扫描量热法、热重量法以及差热分析法等。

0.5 有机化合物分类

如前所述，由于碳原子可以自身成键，这样就衍生出成千上万种不同的有机化合物。对如此众多的有机化合物，如果没有一个完善的分类方法，要对它们进行系统地科学研究是难以想象的。

按照碳链骨架分类，有机化合物可分为三大类：脂肪族、芳香族和脂环族。这样分类虽然比较简单，但是它不足以反映出各种有机化合物之间的性质差异。

另外一种分类方法是根据不同的官能团来分类，它可以弥补按碳链分类的不足。常见有机化合物的分类见表 0.1。

表 0.1 常见有机化合物的类别

类别(英文名)	通 式	官 能 团		实 例	
		结构	名称	结构	名称
烷烃(alkane)	C_nH_{2n+2}	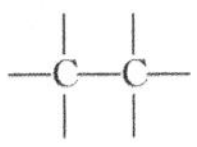 $-\overset{\vert}{\underset{\vert}{C}}-\overset{\vert}{\underset{\vert}{C}}-$	单键	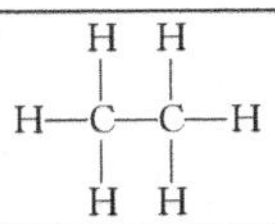 $H-\overset{H}{\underset{H}{C}}-\overset{H}{\underset{H}{C}}-H$	乙烷
烯烃(alkene)	C_nH_{2n}	 $\overset{}{\underset{}{C}}=\overset{}{\underset{}{C}}$	双键	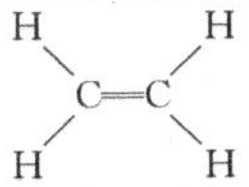 $\overset{H}{\underset{H}{C}}=\overset{H}{\underset{H}{C}}$	乙烯

续表

类别(英文名)	通　式	官　能　团		实　例	
		结构	名称	结构	名称
炔烃(alkyne)	C_nH_{2n-2}	$-C\equiv C-$	叁键	$H-C\equiv C-H$	乙炔
芳烃(aromatic compound)	$Ar-H$	 ⬡	苯环	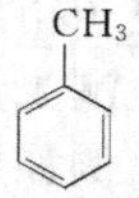 ⬡$-CH_3$	甲苯
卤代烷(haloalkane)	$R-X$	$-X$	卤素	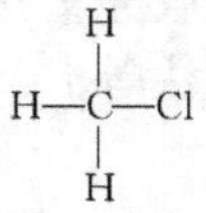 $H-C(H)(H)-Cl$	一氯甲烷
醇(alcohol)	$R-OH$（羟基与烃基相连）	$-OH$	羟基	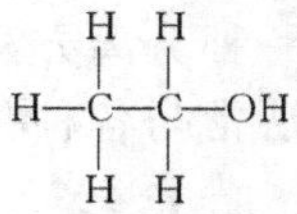 $H-C(H)(H)-C(H)(H)-OH$	乙醇
酚(phenol)	$Ar-OH$（羟基与芳环相连）	$-OH$	羟基	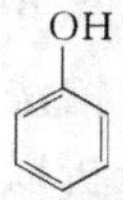 ⬡$-OH$	苯酚
醚(ether)	$R-O-R'$（R 与 R'可以相同）	$-C-O-C-$	醚键	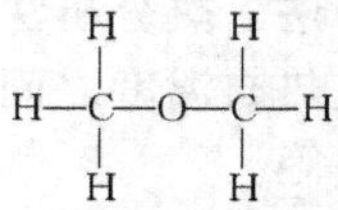 $H-C(H)(H)-O-C(H)(H)-H$	甲醚
醛(aldehyde)	$RCHO$	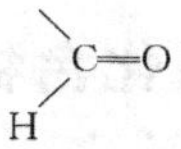 $\backslash C=O$ (H)	羰基	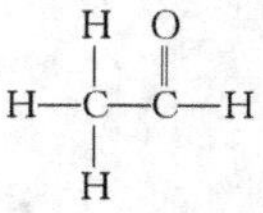 $H-C(H)(H)-CHO$	乙醛
酮(ketone)	$RCOR'$（R 与 R'可以相同）	$C=O$	羰基	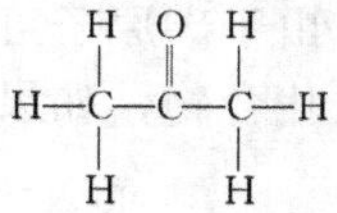 $H-C(H)(H)-CO-C(H)(H)-H$	丙酮
羧酸(carboxylic acid)	$RCOOH$	$-COOH$	羧基	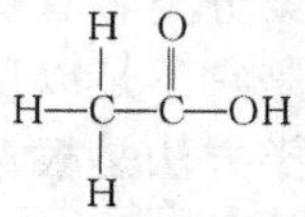 $H-C(H)(H)-COOH$	乙酸
酯(ester)	$RCOOR'$	$-COOR'$	酯基	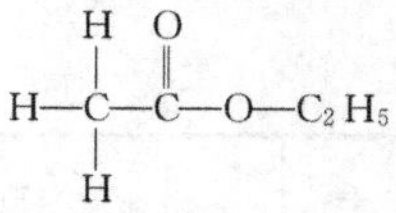 $H-C(H)(H)-CO-O-C_2H_5$	乙酸乙酯
胺(amine)	RNH_2	$-NH_2$	氨基	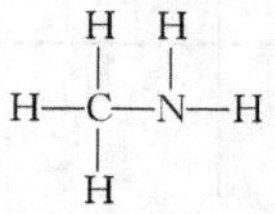 $H-C(H)(H)-N(H)-H$	甲胺
腈(nitrile)	RCN	$-CN$	氰基	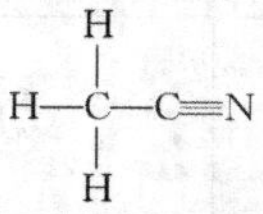 $H-C(H)(H)-C\equiv N$	乙腈

◆ 习 题 ◆

1. 什么是有机化学？有机化学研究的对象是什么？

2. 什么是有机化合物？有机化合物有什么特点？

3. "生命力论"的主要思想是什么？为什么人们最终摒弃了"生命力论"？

4. 为什么有机化学最终成为化学领域里的一个重要分支？试结合有机化合物结构、特性等方面加以阐述。

第1章　各类有机化合物的命名

📢 **本章提要**　有机化合物命名主要采用系统命名法，兼顾习惯命名和衍生物命名。主要涉及烷烃碳架的命名，烯烃顺/反异构及 *Z*/*E* 命名，脂环烃的顺/反异构和桥环化合物命名，芳烃及其衍生物命名和取代基优先次序，卤代烃的命名，含氧官能团化合物命名，含氮官能团化合物命名及杂环化合物命名。

📶 **关键词**　分类　IPUAC　系统命名法　习惯命名法　取代基　顺/反异构 *Z*/*E* 命名法　官能团　异构体　衍生物　俗名

国际纯化学和应用化学联合会（IUPAC）简介　IUPAC 全称为 International Union of Pure and Applied Chemistry，成立于 1919 年，是由世界各国化学会或科学院为会员单位组成的一个非营利性质的学术机构。现在有会员 40 个，还有一些观察员国家，另有 31 个附属机构和大约 250 个企业会员。世界著名的杜邦公司、3M 公司、汽巴嘉基公司以及中国上海石化都是它的企业会员。

IUPAC 是顺应国际社会对于化学方面日益强烈的标准需求而诞生的。由于 19 世纪后期全球商业和国际贸易的发展，对于化学物质的原子量、测定方法、化合物命名及符号等需要一个系统的标准，所以早在 1860 年 Kekule 就倡议组织了一系列国际会议讨论有机化合物命名法，这些会议的结果就是 1892 年的日内瓦有机化学命名原则。进入 20 世纪后，化学家的国际合作更多了。在 1911 年 IUPAC 的前身——国际化学联合会在巴黎开会，提出了一系列建议：元素和有机物的命名、原子量标准、物理常数标准、编辑出版物质的物理化学性质表、关于出版格式的标准、关于防止同一文章重复发表的办法。在这些工作的基础上，1919 年于罗马正式成立了 IUPAC。

1.1　有机化合物的系统命名和分类

随着社会文明、科学技术的不断发展，新的有机化合物被逐渐发现和合成，为了使各国化学工作者更好地进行学术交流，促进有机化学更深入地发展，有必要对其名称的系统化和统一化作出科学的规定。1892 年 4 月在日内瓦由多名世界著名化学家参加的国际化学会议上，拟定了有 54 项命名规则的有机化合物命名法，称作日内瓦命名法。以后经过国际纯化学和应用化学联合会（IUPAC）的多次修订，在 1979 年公布了《有机化学命名法》。该法则包括：A 部　烃，B 部　基本杂环系统，C 部　含碳、氢、氧、氮、卤素、硫、硒和碲的特征基团，D 部　含碳、氢、氧、氮、硫、硒、碲及其他元素的有机化合物，E 部　立体化学，F 部　天然产物和有关化合物命名的一般原则，E 部　变丰化合物。由 IUPAC 公布的命名法已普遍为世界各国所采用。结合我国文字习惯与特点的有机化学命名法，则是在

1960 年由中国科学院编辑出版委员会出版的《有机化学物质的系统命名原则》。1980 年由中国化学会组织的"有机化学名词小组"参考了 IUPAC1979 年公布的原则对我国 1960 年制定的命名原则进行了增补和修订，并正式公布了《有机化学命名原则》（1980 年），这就是目前国内使用的系统命名法。

　　本书涉及的有机化合物主要采用系统命名法给予命名，某些特殊化合物或沿袭传统习惯命名，或采用衍生物命名法则。根据 IUPAC 的建议，目前广为采用的分类法是按碳架和官能团类型分类。

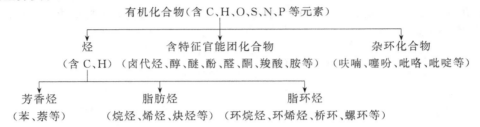

1.2　脂肪烃的命名

　　脂肪烃涵盖开链的烷烃、烯烃和炔烃。它们是各类有机化合物的基本组成结构，大多数有机化合物都可以看作是脂肪烃的衍生物。因此，脂肪烃的命名是学习有机化合物命名的基础。

1.2.1　烷烃

　　烷烃是一类只含有碳氢两种元素的饱和开链化合物，通式为 C_nH_{2n+2}。烷烃是人们研究较多、认识较早的化合物，在其发展过程中，产生了多种命名方法和原则。目前采用的主要有三种：习惯命名法、衍生物命名法和系统命名法。其中，尤以系统命名法应用最为广泛，已被各国科学工作者普遍采用。

　　(1) 习惯命名法　习惯命名法是较早采用的命名方法，适用于分子量较小、结构较为简单的烷烃分子。它以天干名称甲、乙、丙、丁、戊、己、庚、辛、壬、癸来表示一至十个直链碳原子的烷烃，多于十个碳原子时，用数字表示为十一烷、十二烷……。为了区分各类直链烷烃和支链烷烃，通常用正、异、叔、新等词以示区别，见表 1.1。

表 1.1　烷烃习惯命名

化　合　物	名　称	化　合　物	名　称
CH_4	甲烷	$CH_3-\overset{\overset{CH_3}{\mid}}{\underset{\underset{CH_3}{\mid}}{C}}-CH_3$	新戊烷
CH_3CH_3	乙烷		
$CH_3CH_2CH_3$	丙烷	$CH_3CH_2CH_2CH_2CH_3$	（正）己烷
$CH_3CH_2CH_2CH_3$	（正）丁烷	$CH_3-\underset{\underset{CH_3}{\mid}}{CH}CH_2CH_2CH_3$	异己烷
$CH_3\underset{\underset{CH_3}{\mid}}{CH}CH_3$	异丁烷	$CH_3CH_2\underset{\underset{CH_3}{\mid}}{CH}CH_2CH_3$	叔己烷
$CH_3CH_2CH_2CH_2CH_3$	（正）戊烷	$CH_3CH_2\overset{\overset{CH_3}{\mid}}{\underset{\underset{CH_3}{\mid}}{C}}-CH_3$	新己烷
$CH_3-\underset{\underset{CH_3}{\mid}}{CH}CH_2CH_3$	异戊烷		

"正"表示直链烷烃，通常"正"字可忽略；"异"表示链端第二位碳原子上带有一个甲基的异构烷烃，"叔"表示碳链中的一个碳原子与三个碳原子相连的异构烷烃；以"新"表示第二位碳原子上带有两个甲基的异构烷烃。从这一命名方式不难发现，面对结构复杂的分子，习惯命名法将难以应对。

（2）衍生物命名法　除直链烷烃之外，衍生物命名法对支链烷烃的命名是以甲烷作为母体，将支链烷烃都看作是甲烷的烷基衍生物。选择连有烷基最多的碳原子作为甲烷的母体原子，所连接的烷基按支链结构的分子量和复杂程度由小到大，由简单到复杂的顺序列出。例如，按甲基、乙基、丙基、异丙基的顺序列出（国际上以基团英文名称的第一字母的顺序先后排列）❶。例如：

$$\underset{\underset{CH_3}{|}}{CH_3CHCH_3} \qquad \underset{\underset{CH_3}{|}}{CH_3CH} \overset{\overset{CH_3\ CH_3}{|\quad|}}{CCH_2CH_3}$$

三甲基甲烷　　　二甲基乙基异丙基甲烷

烷基是有机化合物结构中经常出现的原子团，它是相应烷烃去掉一个氢原子所剩下来的一价原子团。主要的烷基为：

$$CH_3— \qquad CH_3CH_2— \qquad CH_3CH_2CH_2— \qquad CH_3CH_2CH_2CH_2—$$

甲基（methyl）　　　乙基（ethyl）　　　（正）丙基（propyl）　　　（正）丁基（butyl）

$$\underset{\underset{CH_3}{|}}{CH_3CH}— \qquad \underset{\underset{CH_3}{|}}{CH_3CHCH_2}— \qquad \underset{\underset{CH_3}{|}}{CH_3\overset{\overset{CH_3}{|}}{C}}— \qquad CH_3CHCH_2CH_3$$

异丙基（isopropyl）　　　异丁基（isobutyl）　　　叔丁基（tert-butyl）　　　仲丁基（sec-butyl）

$$(CH_3)_3C—CH_2— \qquad \underset{\underset{CH_3}{|}}{CH_3CH_2\overset{\overset{CH_3}{|}}{C}}— \qquad (CH_3)_2CHCH_2CH_2CH_2— \qquad (CH_3)_2CHCH_2CH_2—$$

新戊基（neopentyl）　　　叔戊基（tert-pentyl）　　　异己基（isohexyl）　　　异戊基（isopentyl）

衍生物命名法能较好地表示出烷烃的结构，但对于碳原子数较多、结构复杂的化合物的命名就难以适用。

（3）系统命名法　烷烃的系统命名法，对于直链烷烃的名称与习惯命名法相似，见表1.2。

表 1.2　直链烷烃系统命名

碳原子数	分子式	中文名	英文名	碳原子数	分子式	中文名	英文名
1	CH_4	甲烷	methane	13	$C_{13}H_{28}$	十三烷	tridecane
2	C_2H_6	乙烷	ethane	14	$C_{14}H_{30}$	十四烷	tetradecane
3	C_3H_8	丙烷	propane	15	$C_{15}H_{32}$	十五烷	pentadecane
4	C_4H_{10}	丁烷	butane	20	$C_{20}H_{42}$	二十烷	icosane
5	C_5H_{12}	戊烷	pentane	30	$C_{30}H_{62}$	三十烷	triacontane
6	C_6H_{14}	己烷	hexane	40	$C_{40}H_{82}$	四十烷	tetracontane
7	C_7H_{16}	庚烷	heptane	50	$C_{50}H_{102}$	五十烷	pentacontane
8	C_8H_{18}	辛烷	octane	60	$C_{60}H_{122}$	六十烷	hexacontane
9	C_9H_{20}	壬烷	nonane	70	$C_{70}H_{142}$	七十烷	heptacontane
10	$C_{10}H_{22}$	癸烷	decane	80	$C_{80}H_{162}$	八十烷	octacontane
11	$C_{11}H_{24}$	十一烷	undecane	90	$C_{90}H_{182}$	九十烷	nonacontane
12	$C_{12}H_{26}$	十二烷	dodecane	100	$C_{100}H_{202}$	一百烷	hectane

---

❶　例如，中文"甲基"在"乙基"之前，而英文 ethyl 在 methyl 之前。

带有支链的烷烃，可看作直链烷烃的衍生物给予命名。命名时必须遵循下列原则。

① 选择最长的连续碳链作为母体，把支链烷基看作是母体的取代基，根据主链的碳原子数称"某基某烷"。当存在两条等长主链时，则选择连有取代基多的那条主链为母体。

② 母体确定后，将母体中的碳原子从最接近取代基的一端（即取代基所处位次应尽可能小）开始，依次编号，用阿拉伯数字1，2，3，4，…来表示。

③ 当对主链以不同方向编号，得到两种或两种以上的不同编号系列时，须遵循"最低系列"编号原则，即顺次逐项比较各系列的不同位次，最先遇到的位次最小者，定为"最低系列"。

④ 当支链较为复杂时，可将支链从与主链连接的碳原子开始编号，并将支链名称放在括号中。

⑤ 在书写化合物名称时，应将简单基团放在前，复杂基团放在后，相同基团应予合并（采用英文名称时，以取代基英文名的字母顺序先后进行排列），取代基团的列出顺序应按"基团次序规则"（参见烯烃命名），较优基团后列出的原则处理。举例如下。

$$\begin{array}{c} CH_3 \\ \overset{1}{C}H_3\overset{2}{C}H\overset{3}{C}H\overset{4}{C}H_2\overset{5}{C}H_2\overset{6}{C}H_3 \\ CH_2CH_3 \end{array}$$

命名：2-甲基-3-乙基己烷（适用原则①、②）

不能称为：3-异丙基己烷

$$\overset{7}{C}H_3\overset{6}{C}H_2\overset{5}{C}H-\overset{4}{C}H-\overset{3}{C}H_2-\overset{2}{C}H\overset{1}{C}H_3$$

命名：2,5-二甲基-4-异丁基庚烷（适用原则①、②、③）

不能称为：2,6-二甲基-4-仲丁基庚烷

$$\begin{array}{c} CH_3 \\ CH_3\ CH_3-C-CH_2CH_3 \\ \overset{1}{C}H_3\overset{2}{C}H\overset{3}{C}H_2\overset{4}{C}H\overset{5}{C}H\overset{6}{C}H_2\overset{7}{C}H_2\overset{8}{C}H_2\overset{9}{C}H_3 \\ CH_3CHCH_2CH_3 \end{array}$$

命名：2-甲基-4-仲丁基-5-（1,1-二甲基丙基）壬烷

1.2.2　烯烃

含有碳碳双键的烃称为烯烃。直链烯烃的名称根据碳原子数称为某烯，英文名称只需将烷烃词尾-ane改为-ene即可。烯烃命名与烷烃相似，必须遵循以下原则。

① 选择包含碳碳双键的最长碳链作为母体，在母体上的支链作为取代基。

② 母体确定后，碳原子的位次从最接近碳碳双键的一端开始，先数到的双键碳原子的编号作为双键的位次号。根据此顺序标出取代基的位次。

③ 当分子中含有多个双键时，应选择包含最多双键的最长碳链作为母体，并分别标出各个双键的位次，以中文数字一、二、三……来表示双键的数目，称为几烯。

④ 在书写化合物名称时，取代基写在前，随后标出双键位次（简单的1-烯烃可省略"1"），最后根据碳原子数称为某烯。例如：

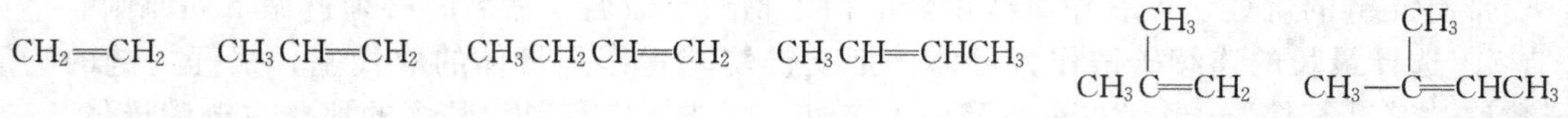

CH_2=CH_2　　　CH_3CH=CH_2　　　CH_3CH_2CH=CH_2　　　CH_3CH=$CHCH_3$

$$\underset{CH_3C=CH_2}{CH_3}$$　　$$\underset{CH_3-C=CHCH_3}{CH_3}$$

乙烯　　　　　丙烯　　　　　　1-丁烯　　　　　　2-丁烯　　　　　2-甲基丙烯　　　2-甲基-2-丁烯

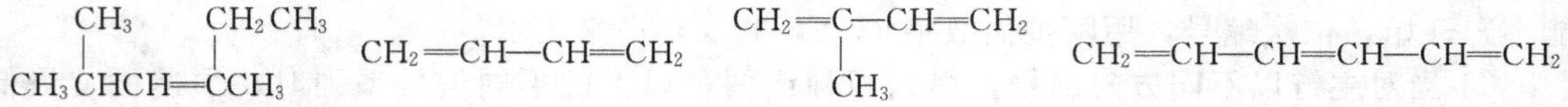

$$\underset{CH_3CHCH=CHCH_3}{CH_3}$$　　　CH_2=CH—CH=CH_2　　　$$\underset{CH_3}{CH_2=C-CH=CH_2}$$　　　CH_2=CH—CH=CH—CH=CH_2

2,4-二甲基-3-己烯　　　　　1,3-丁二烯　　　　2-甲基-1,3-丁二烯　　　　　1,3,5-己三烯

为了表示烯烃化合物的构型异构体,可采用顺/反命名法和 Z/E 命名法给予区别。

顺/反命名法　当烯烃双键的两个碳原子分别连有两个不同的原子或基团时,并且双键上两个碳原子上有一对或两对相同原子或基团时可采用顺/反命名法命名。例如:

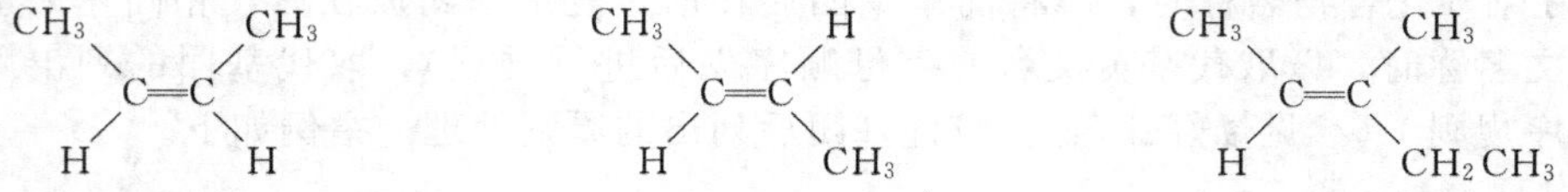

顺-2-丁烯　　　　　　　　　反-2-丁烯　　　　　　　　顺-3-甲基-2-戊烯

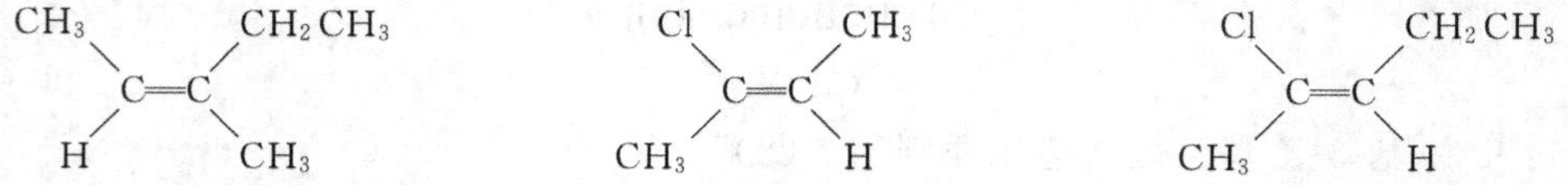

反-3-甲基-2-戊烯　　　　　反-2-氯-2-丁烯　　　　不能用顺/反命名(四个基团都不同)

如果双键的两个碳原子上的四个基团都不相同,则用顺/反命名法难以命名。此时,就要采用 Z/E 命名法。

Z/E 命名法　Z/E 命名法是 IUPAC 规定的系统命名法。将双键碳原子上的原子或基团,分别按 Cahn-Ingold-Prelog 次序排列,找出两个双键碳原子上的优先基团,如果两个碳原子上各自所连的优先基团处于双键的同侧,称为"Z"式,处于异侧的称为"E"式。("Z"和"E"分别来自德文 zusammen 共同之意和 entgegen 相反之意)。

Cahn-Ingold-Prelog 优先基团次序规则(本规则也适用于手性分子的 R/S 命名):

① 与双键碳原子直接相连的原子(或基团中直接相连的原子)按原子序数排列,原子序数大的为"优先基团"。若为同位素,质量高的为优先。例如:I>Br>Cl>S>P>F>O>N>C>D>H>未共用电子对;

② 如果两个基团与双键碳直接相连的原子相同,则依次比较其后面连接的原子的原子序数,原子序数大的为"优先基团",例如:(CH_3)$_3$C—,(CH_3)$_2$CH—,CH_3CH_2—,CH_3—四个基团,它们直接连接的第一个原子都是 C,然后依次比较第二个原子,在叔丁基中是 C,C,C;在异丙基中是 C,C,H;在乙基中是 C,H,H;在甲基中是 H,H,H。由于碳原子序数大于氢,所以它们的优先次序是(CH_3)$_3$C—>(CH_3)$_2$CH—>CH_3CH_2—>CH_3—;

③ 与双键直接相连的是双键或叁键基团,可将其看作连有两个或三个相同的原子,然后进行比较。

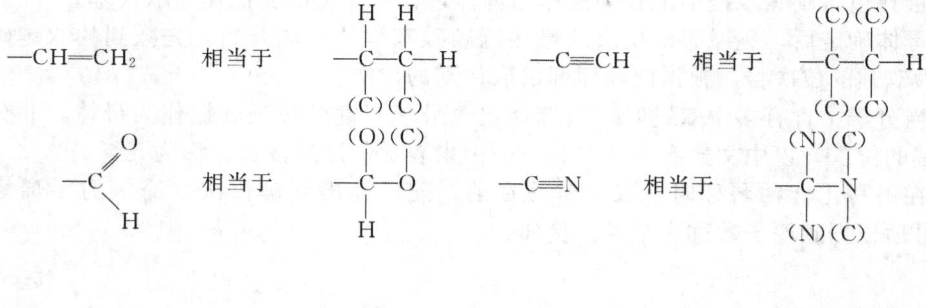

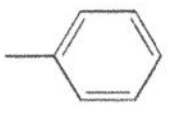

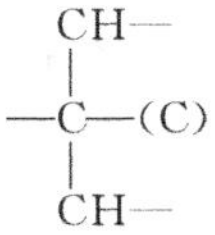

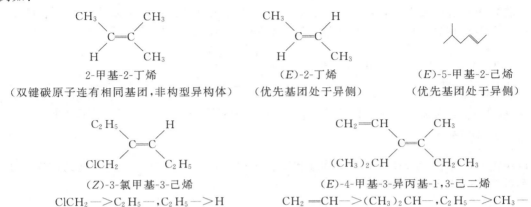

例如：

2-甲基-2-丁烯
（双键碳原子连有相同基团，非构型异构体）

（E）-2-丁烯
（优先基团处于异侧）

（E）-5-甲基-2-己烯
（优先基团处于异侧）

（Z）-3-氯甲基-3-己烯
$ClCH_2\text{—}>C_2H_5\text{—},C_2H_5\text{—}>H$

（E）-4-甲基-3-异丙基-1,3-己二烯
$CH_2\text{==}CH\text{—}>(CH_3)_2CH\text{—},C_2H_5\text{—}>CH_3\text{—}$

1.2.3　炔烃

含有碳碳叁键的烃称为炔烃。炔烃命名与烯烃和烷烃相似，命名原则如下。

① 选择包含叁键的最长碳链为母体，并使叁键的位次处于最小，支链作为取代基。

② 当分子中同时存在双键和叁键时，必须选择包含双键和叁键的最长碳链为母体，编号时应使不饱和键的位次尽可能小；当母体链中双键和叁键处于同等编号位次时，应使双键的位次尽可能小。

③ 书写时同烯烃。含双键和叁键的化合物，书写时以某烯炔表示。例如：

$CH_3CH_2C\text{≡}C\text{—}CH_3$

$\underset{\displaystyle CH_3CH\text{—}CH_2C\text{≡}CH}{\overset{\displaystyle CH_3}{|}}$

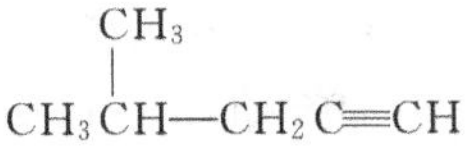

$CH_3CH\text{==}CHC\text{≡}CH$

$CH_2\text{==}CH\text{—}C\text{≡}CH$

2-戊炔　　　　　4-甲基-1-戊炔　　　　　3-戊烯-1-炔　　　　　1-丁烯-3-炔

1.3　脂环烃的命名

脂环烃包含环烷烃、环烯烃、桥环和螺环化合物。

1.3.1　环烷烃

环烷烃根据成环碳原子数称为环某烷，环上带有的支链作为取代基，当有多个取代基时，则给母体环按一定方向编号，并使取代基位次最小，同时给较小取代基以较小的位次。例如：

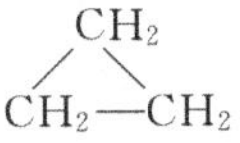

环丙烷 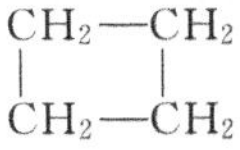　　　　　环丁烷 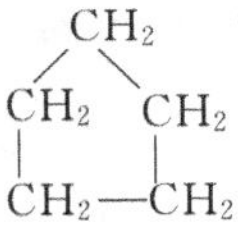　　　　　环戊烷 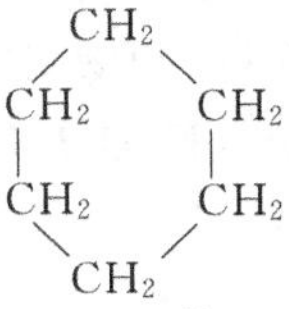　　　　　环己烷

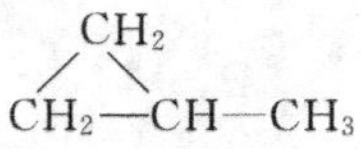

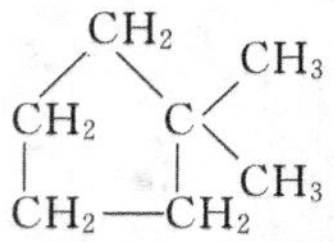

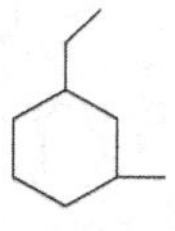

甲基环丙烷　　　1,1-二甲基环戊烷　　　1-甲基-3-乙基环己烷

若将环烷烃近似看作平面型分子的话，当环上两个或两个以上取代基分别处于不同碳原子上时，存在构型异构体，则可以用顺/反命名法给予注明。例如：

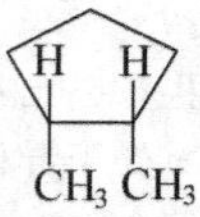

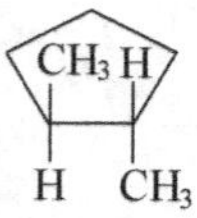

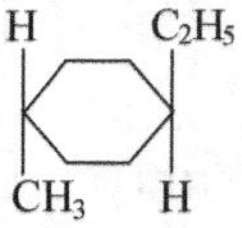

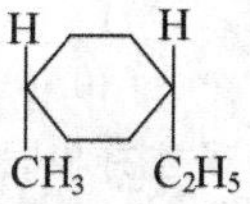

顺-1,2-二甲基环戊烷　　反-1,2-二甲基环戊烷　　反-1-甲基-4-乙基环己烷　　顺-1-甲基-4-乙基环己烷

1.3.2 环烯烃

以不饱和碳环作为母体，支链作为取代基。碳原子位次编号应使不饱和键的位次最小，不饱和键两端碳原子位次应连续。例如：

1,4-二甲基-1-环戊烯　　　3-甲基-1-环戊烯　　　6-甲基-1-乙基-1-环己烯

1.3.3 桥环和螺环化合物

脂环烃分子中含有两个或两个以上碳环的化合物称为多环烃，其中通过共用两个碳原子的双环结构称为桥环化合物，通过共用一个碳原子的双环结构称为螺环化合物。

桥环化合物中共用的两个碳原子称作"桥头碳"，两个桥头碳之间由三条"桥"所连接。桥环化合物命名原则如下。

① 对组成桥环化合物的碳原子进行编号。从某一"桥头碳"作起点，首先沿最长的桥编至另一个"桥头碳"；随后继续编较长桥至起始"桥头碳"，最后编余下最短的桥。

② 在满足原则①的条件下，应尽可能使取代基或不饱和键的位次较小。

③ 桥环化合物书写格式为：取代基双环［$x.y.z$］某烷。方括号中的三个数字分别代表不包括桥头碳的最长桥的碳原子数 x，次长桥的碳原子数 y，和最短桥的碳原子数 z。组成桥环化合物的成环碳原子总数称为某烷。例如：

双环［3.2.1］辛烷　　　2-甲基双环[2.2.1]-2-庚烯　　　7,7-二甲基双环[4.1.0]庚烷

螺环化合物中两环共用的碳原子称为螺原子。螺环化合物命名原则如下。

① 从小环一端与螺原子相邻的碳原子沿环编号，经螺原子再编另一大环，编号时注意取代基位置应尽可能小；

② 螺环化合物书写格式为取代基螺［$y.x$］某烷。方括号中的两个数字分别代表不包括螺原子的小环碳原子数 y 和大环碳原子数 x。例如：

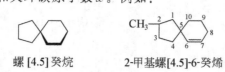

螺［4.5］癸烷　　　2-甲基螺[4.5]-6-癸烯

1.4 卤代烃的命名

烃分子中的氢原子被卤素原子取代后的化合物称为卤代烃。根据烃分子结构不同可分为卤代烷烃、卤代烯烃和卤代芳烃等。

卤代烃的系统命名法原则：

① 选择含有卤原子的最长碳链为母体，卤原子和其他支链作为取代基；

② 编号时应使取代基位置尽可能小；

③ 不饱和卤代烃命名，应选择含有卤素的不饱和最长碳链作为母体，尽可能使不饱和键的位次较小；

④ 脂环和芳烃卤代物的命名，通常以脂环、芳烃化合物为母体，卤原子作为取代基；

⑤ 卤代烃名称书写格式为：烷基取代基-卤原子-某烃。其中，若为多卤化合物在书写时应按氟、氯、溴、碘的顺序依次列出。

例如：

CH₃CH₂Br

溴乙烷

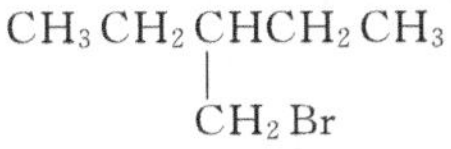

CH₃CH₂CHCH₂CH₃
      |
      CH₂Br

2-乙基-1-溴丁烷

CH₃CHCH₂CHCH₂CH₃
      |
      Br

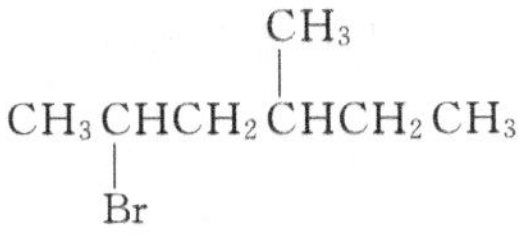

4-甲基-2-溴己烷

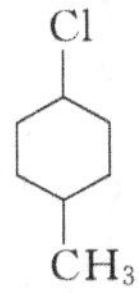

1-甲基-4-氯环己烷

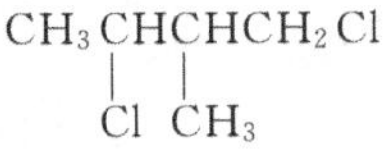

CH₃CHCHCH₂Cl
   | |
   Cl CH₃

2-甲基-1,3-二氯丁烷

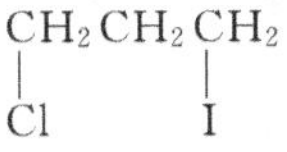

CH₂CH₂CH₂
  | |
  Cl   I

1-氯-3-碘丙烷

CH₂—CH=CH₂
  |
  Cl

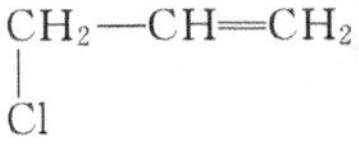

3-氯-1-丙烯

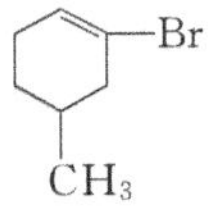

5-甲基-1-溴环己烯

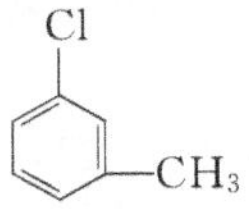

3-氯甲苯

有些简单分子的卤代烃，通常用习惯命名或俗名，例如：

CH₃Cl

甲基氯

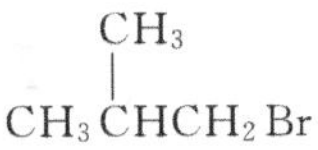

CH₃CHCH₂Br
   |
   CH₃

异丁基溴

CH₃—C—Cl (with CH₃ top and bottom)

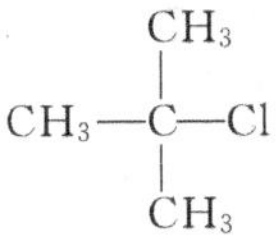

叔丁基氯

CH₂=CH—CH₂Br

烯丙基溴

CHCl₃

氯仿

含氟化合物命名较为特殊，将在"有机氟化合物"一节中给予讨论。

1.5 芳烃的命名

芳烃即为芳香族碳氢化合物，其分子结构中通常含有苯环结构。

1.5.1 单环芳烃

单环芳烃的基本结构单元是苯环，命名原则如下。

① 以苯环为母体，支链作为取代基。当支链较长或支链上带有官能团时，则将支链作为母体，苯环作为取代基。通常用 Ph-（英文 phenyl-）表示苯基 C_6H_5—；用 Ar——（英文 aryl—）表示芳基。

② 苯环的二元和多元取代物命名，取代基位置可用数字或形容词给予确定。在二元取代苯中可用数字 1,2 或邻（ortho-）、1,3 或间（meta-）、1,4 或对（para-）表示三种异构体位置。在相同取代基的三元取代苯中可用数字 1,2,3 或连（vic-），1,2,4 或偏（unsym-）、1,3,5 或均（sym-）来表示不同的异构体；不同取代基的多元取代苯可用 1,2,3,4,…表示取代位置。

③ 当苯环上连有多个不同官能团取代基时，应根据取代基排列先后的优先顺序选择母体，母体确定后再标明其他取代基的相对位置。取代基排列先后顺序为：—COOH，

—SO₃H，—COOR，—COCl，—CONH₂，—CN，—CHO， $-\overset{O}{\underset{}{C}}-$ ， —OH（醇），

—OH（酚），—SH，—NH₂，—C≡C— ， $>C=C<$ ，—R，—X，—NO₂。

例如：

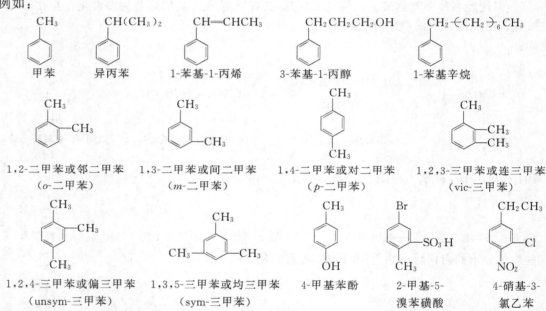

1.5.2　多环芳烃

多环芳烃主要可分为联苯型（ ）和多苯基烷烃（ —CH₂— ）两类。

联苯型化合物命名时须分别对两个苯环编号，给有较小定位号的取代基以不带撇的数字编号。

2-甲基联苯　　　2,4'-二甲基联苯　　　4,4'-联苯二磺酸

多苯基烷烃的命名是将苯环作为取代基，烷烃作为母体。

三苯甲烷　　　1,2-二苯基乙烷

1.5.3　稠环芳烃

两个或两个以上苯环组成的化合物，每个环与其他环共享两个或更多的碳原子，这种化合物称为稠环芳烃。简单的稠环芳烃主要是萘、蒽、菲、芘，环上各个位置的编号方法如下：

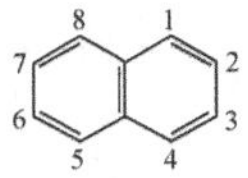

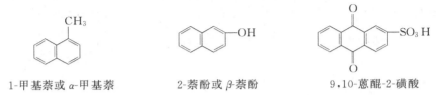

萘 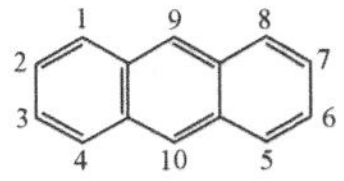　　　　　蒽 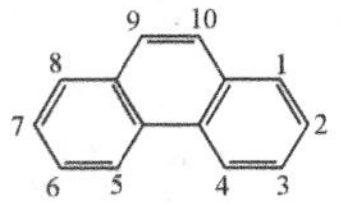　　　　　　菲 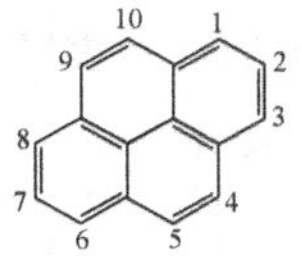　　　　　　芘

萘分子中 1,4,5,8 四个等同位置称为 α 位；2,3,6,7 四个等同位置称为 β 位。

蒽分子中 1,4,5,8 四个等同位置称为 α 位；2,3,6,7 四个等同位置称为 β 位；9,10 两个等同位置称为 γ 位。

菲分子中分别有五对等同的位置。即：1 和 8,2 和 7,3 和 6,4 和 5,9 和 10。

根据上述规定取代的稠环芳烃命名与单环芳烃命名相似。例如：

1-甲基萘或 α-甲基萘　　　　　2-萘酚或 β-萘酚　　　　　9,10-蒽醌-2-磺酸

1.6　含氧化合物的命名

含氧化合物主要包括醇、酚、醚、醛、酮、羧酸及其衍生物等。这些化合物分子中均含有氧原子，氧原子与碳原子在成键形式上有单、双键之分，这些基团均为有机化合物中有代表性的官能团。其表示形式如下所示。

名称	醇	酚	醚	醛	酮	羧酸	羧酸衍生物
构造式	R—OH	Ar—OH	R—O—R′	$\overset{O}{\underset{}{R-C-H}}$	$\overset{O}{\underset{}{RCR'}}$	$\overset{O}{\underset{}{RC-OH}}$	$\overset{O}{\underset{}{R-C-X}}$

1.6.1　醇

醇在结构上可看作烃分子中的氢被羟基（—OH）取代的产物，所以命名时通常取含有羟基的最长碳链作为母体，并使羟基编号尽可能小，支链作为取代基，称为某基某醇。对于芳醇的命名，可把芳基作为取代基。例如：

CH_3CH_2OH　　　$CH_3\underset{OH}{CHCH_3}$　　　$CH_3\overset{CH_3}{\underset{CH_3}{C}}OH$　　　CH_2OH　　　CH_2CH_2OH

乙醇　　　　　2-丙醇　　　2-甲基-2-丙醇　　　苯甲醇（苄醇） 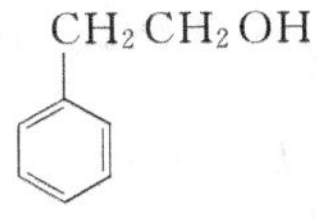　　　2-苯（基）乙醇

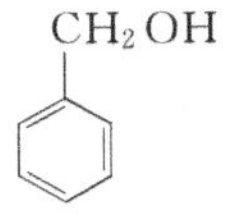

不饱和醇的系统命名，应选择连有羟基同时含有重键（双键、叁键）碳原子在内的碳链作为主链，编号时，尽可能使羟基的位号最小。例如：

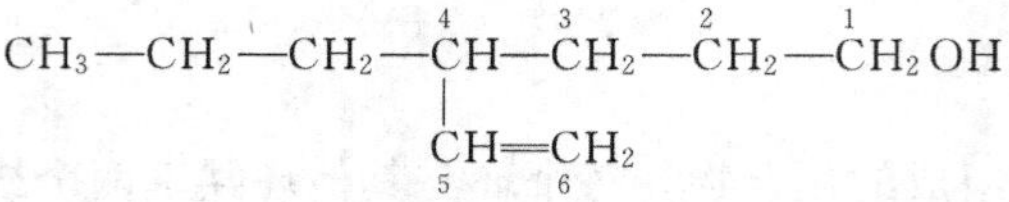

$$CH_3-CH_2-CH_2-\overset{4}{CH}-\overset{3}{CH_2}-\overset{2}{CH_2}-\overset{1}{CH_2}OH$$
$$\underset{5}{CH}=\underset{6}{CH_2}$$

4-(正)丙基-5-己烯-1-醇

分子中含有两个羟基的醇称为二元醇，含有多个羟基的醇称为多元醇。多元醇的命名应选择含尽可能多的羟基直碳链作为母体，有必要时需标明各个羟基的位置。例如：

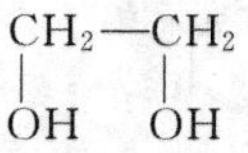

$$\underset{OH}{CH_2}-\underset{OH}{CH_2}$$　　$$CH_3\underset{OH}{CH}-\underset{OH}{CH_2}$$　　$$\underset{OH}{CH_2}-CH_2-\underset{OH}{CH_2}$$　　$$\underset{OH}{CH_2}-\underset{OHOH}{CHCH_2}$$

乙二醇 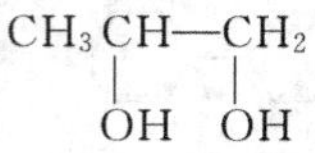　　　　1,2-丙二醇 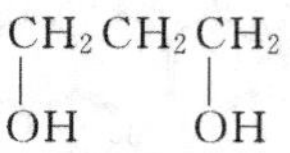　　　　1,3-丙二醇 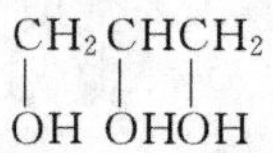　　　丙三醇（甘油）

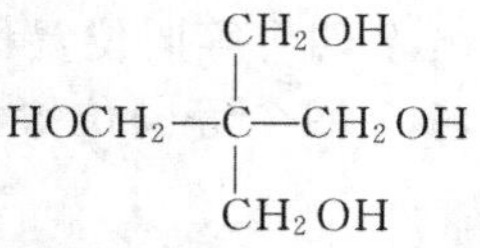

$$\underset{CH_2OH}{HOCH_2-\overset{CH_2OH}{\underset{|}{C}}-CH_2OH}$$

2,2-二羟甲基-丙二醇（季戊四醇） 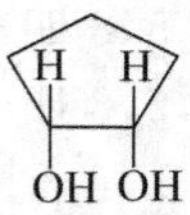　　　　　　　顺-1,2-环戊二醇

此外，根据羟基所连接碳原子结构的不同（伯碳、仲碳、叔碳），醇又可划分为伯醇、仲醇和叔醇等类型。对于一些简单结构的醇还可采用习惯命名法命名。例如：

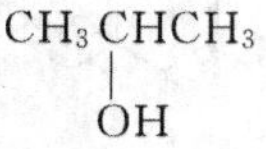

$$CH_3\underset{OH}{CHCH_3}$$　　　　$$CH_3\underset{OH}{CHCH_2}CH_3$$　　　　$$CH_3-\overset{}{\underset{CH_3}{C}}-OH$$

异丙醇 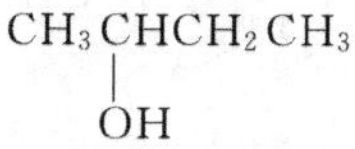　　　　　　　仲丁醇 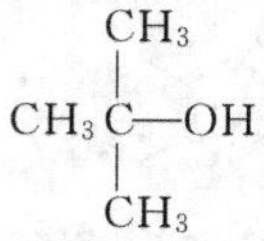　　　　　　　　叔丁醇

1.6.2 酚

羟基直接与芳环上的碳原子相连的一类化合物称为酚。其名称根据芳烃的不同结构命名为"某酚"，若有位次差异应予注明。例如：

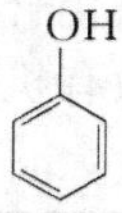

苯酚 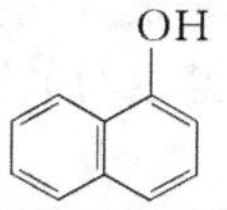　　　　　α-萘酚 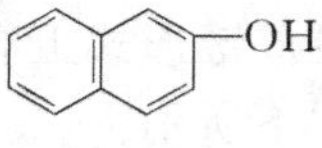　　　　　β-萘酚 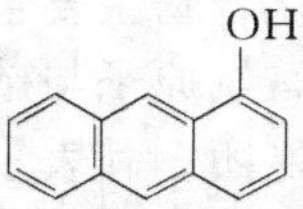　　　　　α-蒽酚

当芳环上有不止一种取代基时，必须按取代基排列的先后顺序选择确切的母体。只有当羟基优先时，才能称为酚。不然，只能把羟基看作取代基给予命名，编号从优先基团开始。例如：

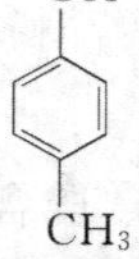

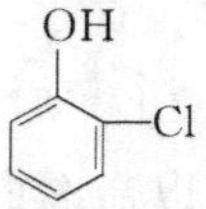

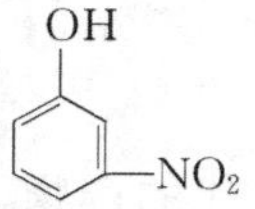

4-甲基苯酚　　2-氯苯酚　　3-硝基苯酚 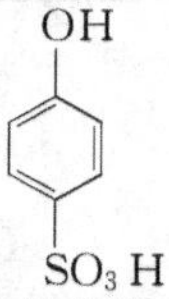　　4-羟基苯磺酸或　　2-羟基苯甲酸或邻　　2-（3-羟基苯基）
或对甲苯酚　或邻氯苯酚　或间硝基苯酚　对羟基苯磺酸　　羟基苯甲酸（水杨酸）　　乙醇

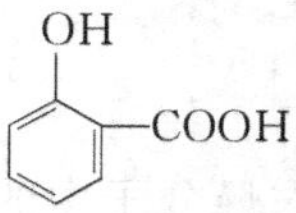

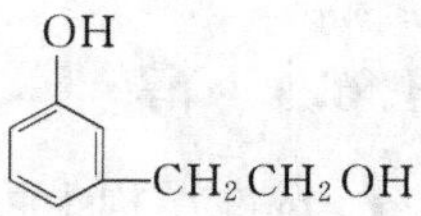

含有两个或多个直接与芳环相连的羟基的芳烃化合物可称为多元酚，其位次编号与多取代烷基苯的命名相似。例如：

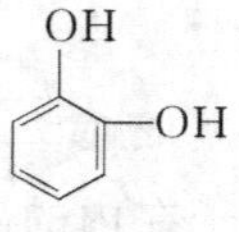

邻苯二酚 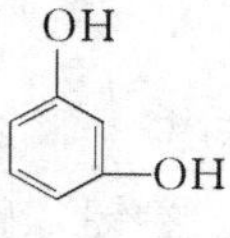　　　间苯二酚 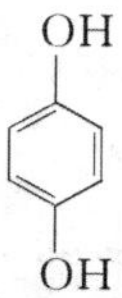　　　对苯二酚 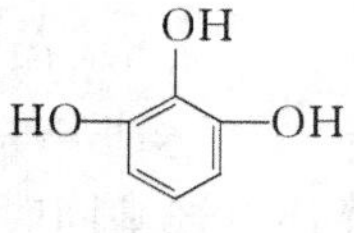　　　连苯三酚 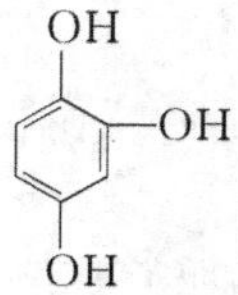　　　偏苯三酚 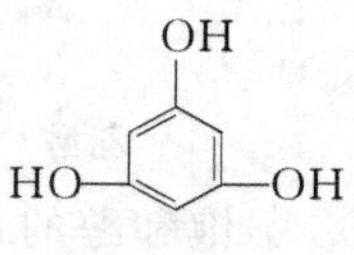　　　均苯三酚

1.6.3　醚

醚的结构可分为单醚 R—O—R 和混醚 R—O—R′。

简单醚的命名通常采用习惯命名法。命名时将氧原子所分隔的两个烃基名称以较优基团放在后的方式写在醚字之前；若为单醚则在烃基前加"二"（通常可省略）。

CH_3OCH_3　　　　　　$CH_3CH_2OCH_2CH_3$

（二）甲醚　　　　　　　　（二）乙醚　　　　　　　　二苯醚

$CH_3OCH_2CH_3$

甲乙醚　　　　　　　　　　苯甲醚　　　　　　　乙基乙烯基醚

结构较为复杂的醚可采用系统命名法。选取较优基团作为母体，较不优基团与氧 RO—作为取代基称作"烷氧基"。

2-异丙氧基丙烷　　　　　　乙氧基苯　　　　　　仲丁氧基乙烯

当氧原子是成环原子时，称为环氧化合物。例如：

CH_2—CH_2　　　CH_3—CH—CH_2　　　CH_2—CH_2—CH_2　　　$ClCH_2$—CH—CH_2

环氧乙烷　　　　　　环氧丙烷　　　　　1,3-环氧丙烷　　　　3-氯环氧丙烷

分子中含有多个氧原子的大环多醚称为冠醚。冠醚因其结构特殊性而采用简化命名。即在组成大环的碳原子数和氧原子数的总和数的后面加短横，后接"冠-"，后接代表氧原子数的数字。例如：

18-冠-6　　　　　　　　　　　　　二苯并-18-冠-6

1.6.4　醛和酮

醛、酮化合物的官能团为羰基$\left(\overset{O}{\underset{}{-C-}}\right)$，醛的结构为 $R-\overset{O}{\underset{}{C}}-H$，酮的结构为 $R-\overset{O}{\underset{}{C}}-R'$。

醛、酮的系统命名与醇相似，即选择含羰基最长碳链为母体，从靠近羰基的一端编号。因为醛基总是在分子的链端，所以不必标明其位置序号，而酮羰基处在分子中间，命名时一般需要指明位次。例如：

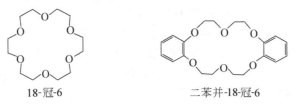

CH_3CHO　　　$CH_3\overset{}{C}CH_3$　　　$CH_3\overset{}{C}HCH_2CHO$　　　$HC\equiv C\overset{CH_3}{C}HCH_2CH=CHCHO$　　　CHO

乙醛　　　　丙酮　　　　3-甲基丁醛　　　5-甲基-2-庚烯-6-炔醛　　　苯甲醛

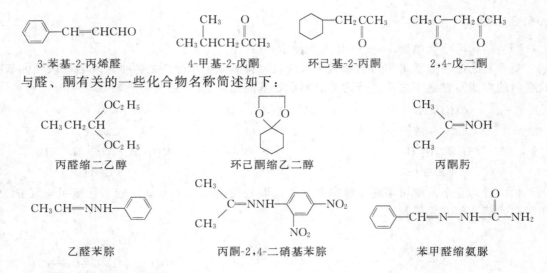

3-苯基-2-丙烯醛　　　　4-甲基-2-戊酮　　　　环己基-2-丙酮　　　　2,4-戊二酮

与醛、酮有关的一些化合物名称简述如下：

丙醛缩二乙醇　　　　　　环己酮缩乙二醇　　　　　　　丙酮肟

乙醛苯腙　　　　　丙酮-2,4-二硝基苯腙　　　　苯甲醛缩氨脲

1.6.5　羧酸及其衍生物

羧酸化合物含有羧基 $\left(\begin{array}{c} O \\ \parallel \\ -C-OH \end{array}\right)$ 官能团。因许多羧酸来自于自然界，往往都有俗名。羧酸的系统命名法与醛的命名相似。

3-甲基丁酸　　　2-丁烯酸（巴豆酸）　　2-丙基-3-丁烯酸　　乙二酸（草酸）

顺-丁烯二酸（马来酸）　反-丁烯二酸（富马酸）　3-苯丙烯酸（肉桂酸）　3-环己基丙酸

当羧基直接与脂环烃相连接时，命名时与上有所不同，采用环烃名后加"羧酸"。

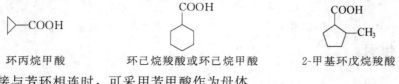

环丙烷甲酸　　　　环己烷羧酸或环己烷甲酸　　　　2-甲基环戊烷羧酸

当羧酸直接与芳环相连时，可采用芳甲酸作为母体。

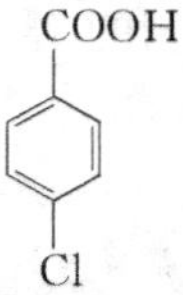

对氯苯甲酸或4-氯苯甲酸 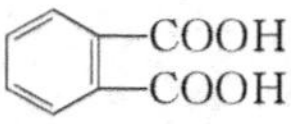　　　　　邻苯二甲酸

羧酸衍生物有以下四种基本结构：

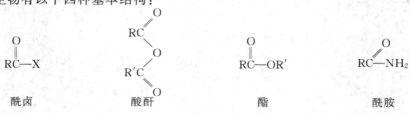

酰卤　　　　　　　　酸酐　　　　　　　　　酯　　　　　　　　酰胺

酰卤和酰胺均以它们的酰基名来命名。例如：

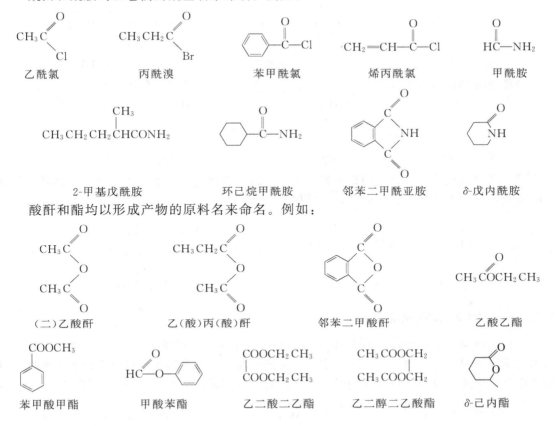

酸酐和酯均以形成产物的原料名来命名。例如：

1.7 含氮化合物的命名

1.7.1 硝基化合物和胺

硝基化合物的命名，总是把烃作为母体，硝基作为取代基。

CH₃CH₂NO₂ 硝基乙烷   2-硝基丙烷   硝基苯   邻硝基甲苯   2,4,6-三硝基甲苯（TNT）

结构简单的胺主要采用习惯命名法，与醚的命名相似。较为复杂的胺采用系统命名法，以烃为母体，氨基作为取代基。

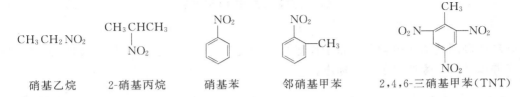

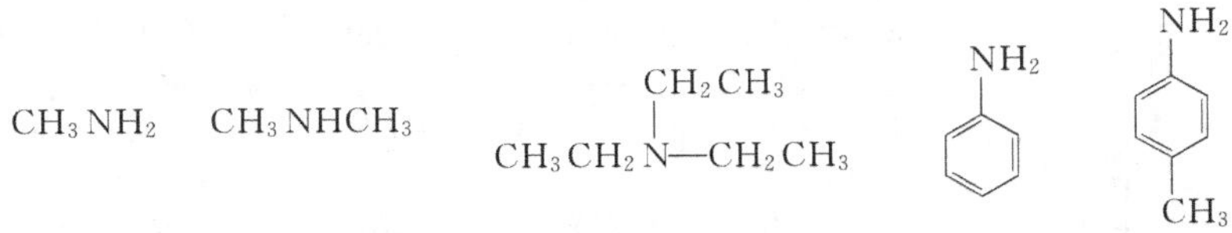

甲胺   二甲胺   三乙胺   苯胺   对甲苯胺

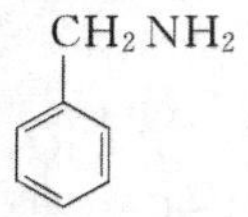

苄胺 　　　　　　乙丙胺 　　　　　　2-甲基-4-甲氨基戊烷

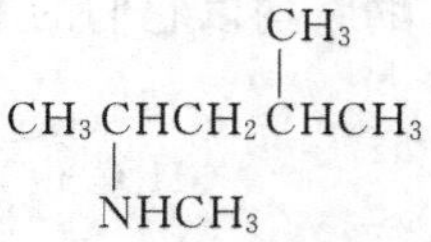

当氨上分别连有烃基和芳基时，有必要用"N"来注明烃基与氮的连接。

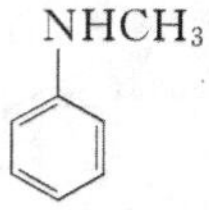

N-甲基苯胺 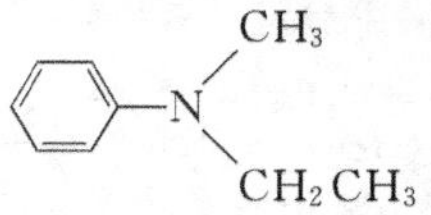 　　　　　　N-甲基-N-乙基苯胺

另一类含氮化合物是含有四价正氮离子的盐或氢氧化合物的季铵化合物，根据其盐类结构的特点，类似无机盐命名，以"铵"结尾。

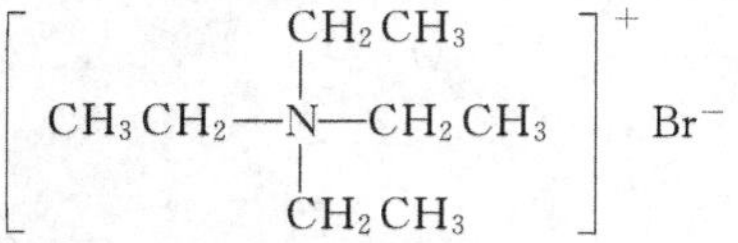

溴化四乙基铵 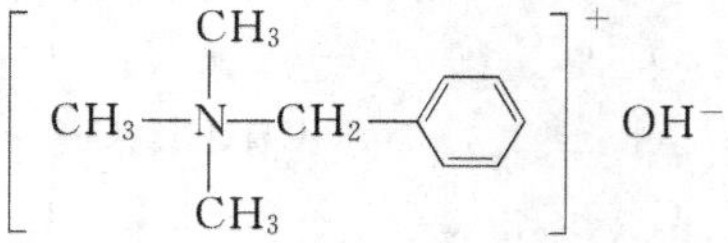 　　　　　　氢氧化三甲基苄基铵

1.7.2 重氮和偶氮化合物

重氮和偶氮化合物结构中都含有 —N=N— 基团。当基团的一端与烃基相连，而另一端与非碳原子相连时，称为重氮化合物；而基团的两端都与烃基相连时称为偶氮化合物。当偶氮化合物连接的两个烃基不相同时，应从较复杂基团开始依次向另一端命名。

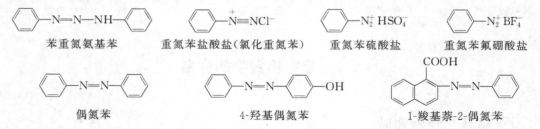

苯重氮氨基苯 　　重氮苯盐酸盐(氯化重氮苯) 　　重氮苯硫酸盐 　　重氮苯氟硼酸盐

偶氮苯 　　　　　　4-羟基偶氮苯 　　　　　　1-羧基萘-2-偶氮苯

1.8 杂环芳烃的命名

杂环芳烃因其结构中含有杂原子而显得较为复杂，命名时主要采用英文的音译以2～3个汉字并以"口"旁作为杂环的标志。

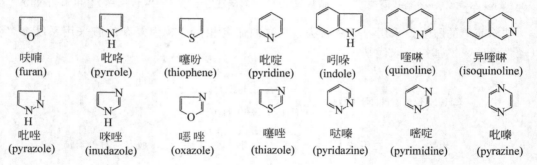

呋喃 　　　吡咯 　　　噻吩 　　　吡啶 　　　吲哚 　　　喹啉 　　　异喹啉
(furan) 　(pyrrole) 　(thiophene) 　(pyridine) 　(indole) 　(quinoline) 　(isoquinoline)

吡唑 　　　咪唑 　　　噁唑 　　　噻唑 　　　哒嗪 　　　嘧啶 　　　吡嗪
(pyrazole) 　(inudazole) 　(oxazole) 　(thiazole) 　(pyridazine) 　(pyrimidine) 　(pyrazine)

α-呋喃甲醛　　3-硝基吡啶　　8-羟基喹啉　　四氢吡咯　　六氢吡啶　　4-甲基-5-(-2-羟乙基) 噻唑
（糠醛）　　（β-硝基吡啶）

◆ 习 题 ◆

一、脂肪烃的命名

1. 写出下列化合物的结构式：

(1) 2,3-二甲基戊烷　　　(2) 2-甲基-3-异丙基己烷　　　(3) 2,4-二甲基-4-乙基庚烷

(4) 新戊烷　　　　　　　(5) 甲基乙基异丙基甲烷　　　(6) 2,3-二甲基-1-丁烯

(7) 2-甲基-2-丁烯　　　　(8) 反-4-甲基-2-戊烯　　　　(9) 反-1,6-二溴-3-己烯

(10) (Z)-2-戊烯　　　　　(11) (E)-3,4-二甲基-3-庚烯　　(12) 2-甲基-3-乙基-1,3-丁二烯

(13) (2Z,4Z)-3,4,5-三甲基-2,4-庚二烯　　　　　　　　　(14) 2-庚炔

(15) 2,4-辛二炔　　　　　(16) 2,2,5,5-四甲基-3-己炔　　(17) (E)-6-甲基-4-乙基-5-辛烯-2-炔

(18) 乙烯基　　　　　　　(19) 烯丙基　　　　　　　　　(20) 丙烯基

2. 用 IUPAC 命名法命名下列化合物：

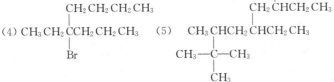

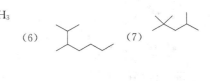

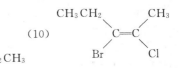

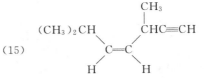

二、脂环烃的命名

1. 写出下列化合物的结构式：

(1) 甲基环丙烷　　　　　(2) 顺-1,3-二甲基环戊烷　　　(3) 2-环戊基戊烷

(4) 反-1,2-二甲基环己烷　(5) 反-1-甲基-3-乙基环己烷　(6) 3-甲基-1,4-环己二烯

(7) 1-环己烯基环己烯　　(8) 双环[3.2.1]-2-辛烯　　　(9) 1-氯-7,7-二甲基双环[2.2.1]庚烷

(10) 5-甲基双环[4.2.0]-2-辛烯　　　　　　　　　(11) 螺[4.5]-1,6-癸二烯

2. 命名下列化合物：

(1) 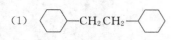　(2) 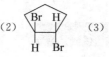　(3) 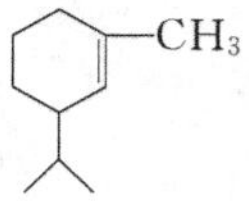 　(4)

(5) 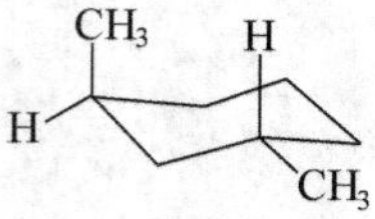 　(6) 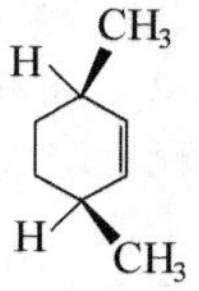 　(7) 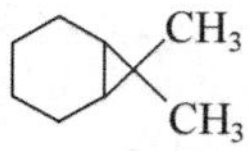 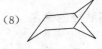　(8)

(9) 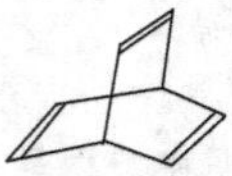 　　(10) 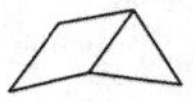 　(11)

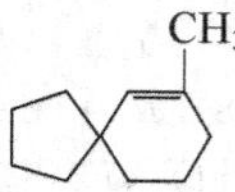

三、卤代烃的命名

1. 写出下列化合物的结构式：

(1) 叔戊基氯　　　　　　(2) 烯丙基溴　　　　　　　　(3) 2-甲基-2,3-二氯丁烷

(4) 3,4-二甲基-1-环戊基-5-氯己烷　(5) 顺-3,6-二氯环己烯

(6) (Z)-3-溴乙基-4-溴-3-戊烯-1-炔　(7) 氯仿　　　　　　　　(8) 偏二氯乙烯

2. 命名下列化合物：

(1) $(CH_3)_3CCH_2Cl$　(2) 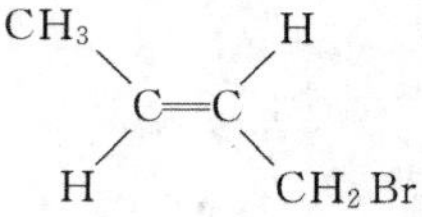 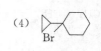　(3) CCl_2F_2　(4) 　(5)

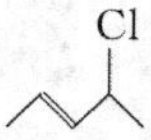

(6) 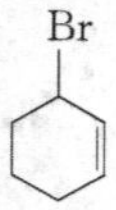 　(7) 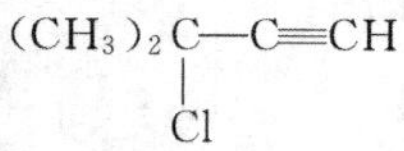 $(CH_3)_2C-C\equiv CH$　(8) 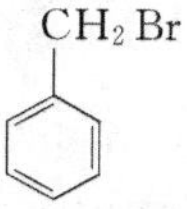 　(9) 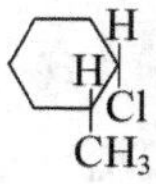 　(10)

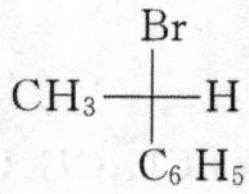

3. 写出一溴取代戊烷的所有异构体，并给予命名。

四、芳烃的命名

1. 写出下列化合物的结构式：

(1) 间氯甲苯　　　　　　(2) 对乙基甲苯　　　　　　　(3) 异丙苯

(4) 邻硝基苯甲酸　　　　(5) 3-甲基-4-硝基苯磺酸　　　(6) 2,4,6-三硝基甲苯

(7) β-萘磺酸　　　　　　(8) 9-溴代菲　　　　　　　　(9) 对氯苄氯　　(10) 三苯甲烷

2. 命名下列化合物：

(1) 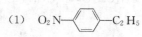　(2) 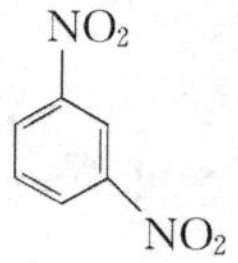 　(3) 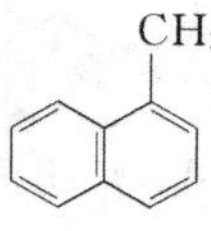 　(4)

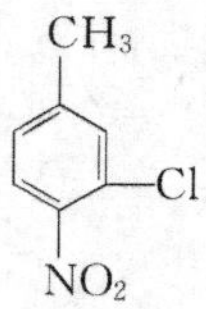

(5) 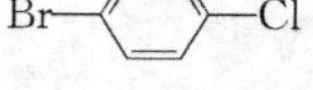 　(6) 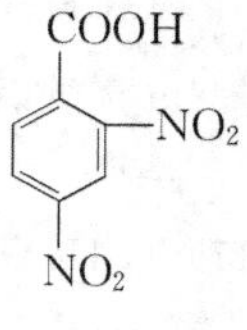 　(7) 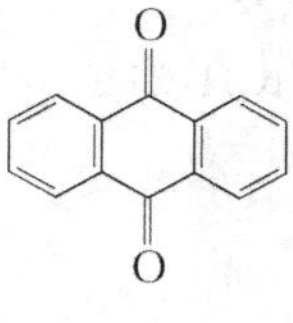 　(8)

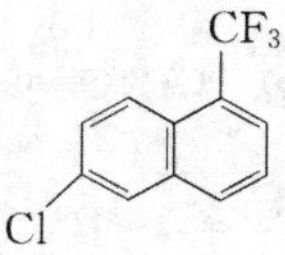

(9) $\text{C}_6\text{H}_5-\text{CH}_2\text{CH}=\text{CH}-\text{CH(CH}_3)_2$

(10) 结构式（对位 OCH_3，COOH）

五、醇、酚、醚的命名

1. 写出下列化合物的结构式：

(1) 异戊醇 　　　(2) 环己基甲醇 　　　(3) 环丁醇 　　　(4) 新戊醇

(5) 顺-2-丁烯-1-醇 　　　(6) (*E*)-4-溴-2,3-二甲基-2-戊烯-1-醇 　　　(7) 5-硝基-1-萘酚

(8) 对氨基苯酚 　　　(9) 二乙烯基醚 　　　(10) 乙基正丙基硫醚

2. 命名下列化合物：

(1) $(\text{CH}_3)_2\text{CHOH}$ 　(2) $\text{H}_2\text{C}=\text{CHCH}_2\text{OH}$ 　(3) $\text{C}_6\text{H}_5\text{CH}_2\text{OH}$ 　(4) 苯基—$\overset{\text{OH}}{\underset{}{\text{CHCH}_3}}$

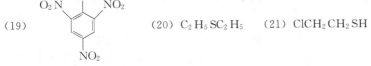

(5) $(\triangleright)_3\text{COH}$ 　(6) $(\text{CH}_3)_2\text{CHCH}_2\overset{}{\underset{\text{CH}_3}{\text{CHCH}_2\text{OH}}}$ 　(7) 结构式

(8) 结构（OH，CH_3，NO_2） 　(9) 结构（OH，CHO） 　(10) 结构（OH，OH） 　(11) $\text{HOCH}_2\overset{}{\underset{\text{CH}_3}{\text{CH}}}\overset{}{\underset{\text{CH}_3}{\text{CHCH}_2\text{OH}}}$

(12) $\text{C}_6\text{H}_5\text{OC}_2\text{H}_5$ 　(13) $\text{CH}_3\text{OCH(CH}_3)_2$ 　(14) $\text{C}_6\text{H}_5\text{CH}_2\text{OCH}_2\text{CH}=\text{CH}_2$

(15) 结构（H_3C，OH，CH_3） 　(16) $\text{HO}\text{—}\text{—}\text{Cl}$ 　(17) 结构（OH） 　(18) 结构（O，SO_3Na，O）

(19) 结构（O_2N，OH，NO_2，NO_2） 　(20) $\text{C}_2\text{H}_5\text{SC}_2\text{H}_5$ 　(21) $\text{ClCH}_2\text{CH}_2\text{SH}$

六、醛、酮、羧酸及其衍生物的命名

1. 写出下列化合物的结构式：

(1) 三氟乙醛 　　　(2) 4-异丙基苯甲醛 　　　(3) 乙基环己基酮

(4) 5-己烯醛 　　　(5) (*Z*)-5-苯基-3-戊烯-2-酮 　　　(6) 4-氯-2,5-庚二酮

(7) 三聚甲醛 　　　(8) 异丁醛缩二乙醇 　　　(9) 乙醛-2,4-二硝基苯腙

(10) 环己酮肟 　　　(11) 甲醛缩氨脲 　　　(12) 异戊酸

(13) ω-氨基己酸 　　　(14) *N*-甲基-δ-戊内酰胺 　　　(15) 戊二酸单乙酯

(16) 草酸 　　　(17) 水杨酸 　　　(18) δ-己内酯

(19) 3-苯基丙酸 　　　(20) 肉桂酸 　　　(21) 环己酮缩乙二醇

(22) 双环 [2.2.1] -5-庚烯-2-羧酸 　　　(23) 苯乙酸苯甲酯

2. 命名下列化合物：

(1) $(\text{CH}_3)_2\text{CH(CH}_2)_2\text{CHO}$ 　　　(2) $\text{C}_6\text{H}_5\text{CH}_2\text{CH}_2\text{COCH}_3$ 　　　(3) 结构（CH_3，CHO，CH_3）

(4) 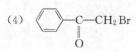 (5) $(CH_3)_2C\!=\!NHC_6H_5$ (6)

（结构式图）$CH_3CH_2CCH_3$

(7) $CH_3CH_2CH(OC_2H_5)_2$ (8) $(CH_3)_2C\!=\!CHCOOH$ (9) （萘甲酸结构式）H_3C、COOH

(10) $HCOOC_2H_5$ (11) （结构式）$CH\!=\!N\!-\!NH$ 苯环 NO_2、NO_2 (12) （结构式）NHC_2H_5，环己基

(13) （结构式）CH_3、$COCl$ (14) （结构式）C、$OCH_2CH\!=\!CH_2$ (15) （苯环）$COOC_2H_5$、$COOH$

七、含氮化合物的命名

1. 命名下列化合物：

(1) （苯环）NO_2、NO_2 (2) （苯环）NO_2、CH_3、OH (3) CH_3CHCH_3、NO_2 (4) $(CH_3)_2CHNH_2$

(5) $(CH_3)_2NCH_2CH_3$ (6) $CH_3CH\!=\!CHCH_2N(CH_3)_2$ (7) $(CH_3)_3C\!-\!$（苯环）$\!-\!N$、CH_3、C_2H_5

(8) （环己基）$NHCH_3$ (9) $CH_3CH_2C\!-\!NH\!-\!$（苯环），含 O (10) （萘结构）CH_3、NH_2

(11) $\left[\;\text{（苯环）}\!-\!N(CH_3)_3\;\right]^+ OH^-$ (12) $\left[\;CH_2\!=\!CH\!-\!N(CH_3)_3\;\right]^+ Br^-$

(13) $(CH_3)_2CH\!-\!\overset{O^-}{\underset{}{N^+}}(CH_3)_2$ (14) $HOOC\!-\!$（苯环）$\!-\!N\!=\!N\!-\!$（苯环）$\!-\!COOH$

2. 写出下列化合物的结构式：

(1) 间硝基苯甲酸 (2) 仲丁胺 (3) 二乙胺
(4) 乙二胺 (5) 苄胺 (6) 对-N,N-二甲氨基苯胺
(7) 对-二甲氨基偶氮苯磺酸钠 (8) 邻苯二胺 (9) 2-氨基乙醇
(10) β-苯基乙胺

八、杂环化合物的命名

1. 命名下列化合物：

(1)   (2) （吡咯）H_3C、$\underset{H}{N}$、$COCH_3$ (3) （吡啶）$COOH$ (4) （喹啉）N、OH

(5) （咪唑）N、$\underset{H}{N}$、$CH_2CH_2NH_2$ (6) （吲哚）$\underset{H}{N}$、NO_2 (7) （吡咯）$\underset{C_2H_5}{N}$ (8) （喹啉）CH_3、Cl、N

2. 写出下列化合物的结构式：

(1) 糠醛 (2) N-甲基四氢吡咯 (3) α-噻吩磺酸
(4) 碘化-N,N-二甲基四氢吡咯 (5) 2,5-二氢呋喃 (6) 5,6-苯并异喹啉
(7) N-苯基-5-硝基咪唑 (8) 5-硝基-喹啉-2-羧酸

第2章 共价键与分子结构

💬 **本章提要** 介绍了共价键与分子轨道、键的属性与断裂，杂化轨道与分子结构、电子效应、共振论等内容

📶 **关键词** 离子键　共价键　价键理论　分子轨道理论　键长　键角　键能　键的极性和元素电负性　偶极矩　均裂　异裂　诱导效应　电子移动异构　共轭　超共轭　共振论　杂化轨道

　　鲍林（Linus Pauling，1901～1995）1901 年 2 月 28 日出生在美国俄勒冈州波特兰市，1917 年考上俄勒冈州农学院的化学工程系。由于母亲病重，家境困难而中途辍学。1922 年获得化学工程学士学位，并考取加利福尼亚理工学院（CIT），成为著名的物理化学和分析化学家诺伊斯（A. A. Noyes）的研究生。1925 年以最优异的成绩获得博士学位。

　　早期他创立了轨道杂化理论。于 1931 年他和斯莱特（Slater）一起，从电子具有波动性而波可以叠加的观点出发，提出碳原子和周围电子成键时所用的轨道不是原来纯粹的 s 轨道和 p 轨道，而是 s 轨道和 p 轨道经过叠加混杂而得到的"杂化轨道"。

　　以鲍林命名的"鲍林规则"是他根据对硅酸盐和含氧酸的研究提出离子化合物结构的一些规则。如离子配位多面体规则。离子电价规则以及多面体公用点、棱和面的规则。鲍林还是共振论的创始人。他于 1931～1933 年提出共振论。在短短两年间连续发表了七篇论文。

2.1　共价键与分子轨道

2.1.1　有机结构理论

　　一个多世纪以来，有机化学以其独特的魅力，吸引着许多学者前去探索，并先后提出各种有机结构理论。有机结构理论是从无数实验事实中概括、抽象、系统化而形成。

　　有机结构理论认为，分子是由原子按照一定的分布次序通过相互影响、相互作用而结合成的一个有机整体。因此，一个有机分子的性质不仅取决于所组成元素的性质和数量，而且也取决于分子的化学结构。例如丁二烯和丁炔虽然元素组成相同，分子式皆为 C_4H_6，但分子中原子相互结合的顺序和方式不同，因而性质亦各异，是两种不同的化合物。

$$CH_2{=}CH{-}CH{=}CH_2 \qquad CH_3{-}C{\equiv}C{-}CH_3$$

丁二烯　　　　　　　　　2-丁炔

　　原子在分子中的结合是通过化学键而相互结合的。1916 年 Walther Kossel（柯塞尔）和 G. N. Lewis（路易斯）分别提出了两种化学键的概念——离子键和共价键。他们认为在带正电荷的原子核周围，在各个同心壳层即不同能级上排列着不同数目的电子。每一个壳层

中能容纳的电子数目有一个对应于性质稳定的最大值：第一层两个，第二层八个，第三层八或十八个等，当外层填满时就像稀有气体分子那样，呈最稳定状态。离子键和共价键都是由于原子要达到这种稳定电子构型而形成的。根据成键时原子达到稳定电子层的方式不同，化学键主要分为离子键和共价键。

离子键是通过电子转移，达到彼此稳定的电子层结构而形成离子，离子间由于静电相互作用吸引而成键。如：

$$Na^{\cdot} + \cdot \ddot{\underset{\cdot\cdot}{Cl}} : \longrightarrow Na^{+} \ddot{\underset{\cdot\cdot}{Cl}} :^{-}$$

共价键则是通过电子共享，达到彼此稳定的电子层结构，同时共享的电子与两个原子核相互吸引而成键，例如：

$$:\ddot{F}\cdot + \cdot\ddot{F}: \longrightarrow :\ddot{F}:\ddot{F}: \qquad 3H^{\cdot} + \cdot\ddot{N}\cdot \longrightarrow H:\underset{\overset{\cdot\cdot}{H}}{\ddot{N}}:H \qquad 2H^{\cdot} + \cdot\ddot{O}: \longrightarrow H:\underset{H}{\ddot{O}}:$$

又如氯化氢分子中氢和氯通过共享电子形成共价键，氢则填满了其第一壳层，而氯则填满其第三壳层：

$$H^{\cdot} + \cdot\ddot{\underset{\cdot\cdot}{Cl}}: \longrightarrow H:\ddot{\underset{\cdot\cdot}{Cl}}:$$

然而，氢又可失去一个电子而变成一个完全的空壳层并带正电荷的氢质子，或接受一个电子而填满其第一壳层并带负电荷的氢负离子。

$$H^{\cdot} \xrightarrow{-e^{-}} H^{+} \qquad H^{\cdot} \xrightarrow{+e^{-}} H:^{-}$$

在有机化合物分子中，最主要的化学键是共价键，原子之间以共价键结合是有机化合物最基本、共同的结构特征。所以在讨论碳类化合物的结构前，必须先认识碳化合物的共价键。

2.1.2 共价键

碳原子处于周期表中ⅣA族首位，其原子半径较小，原子核对外层四个电子有一定的控制能力。当碳原子和其他元素的原子形成化合物时，与同一周期各元素原子相比较，其失去一个电子所需的离解能（61.90kJ）与获得一个电子所需的电子亲和能（−6.66kJ）均处于中间位置，因此它不易获得或失去价电子而形成离子键，即把两个原子结合在一起形成的化学键，总是和其他元素的原子（包括碳本身）各提供一个电子而形成两个原子共有的电子对，叫共价键。因此，在有机化合物中，原子之间大多是通过共价键而结合的，如上例，碳原子可以和四个氢原子形成四个共价键而生成甲烷：

$$\cdot\overset{\cdot}{C}\cdot + 4H^{\cdot} \longrightarrow H:\underset{\overset{\cdot\cdot}{H}}{\overset{H}{C}}:H \quad \left(\begin{array}{c} H \\ | \\ H-C-H \\ | \\ H \end{array} \right)$$

由一对共用电子表示一个共价键的结构式，叫做路易斯结构式。如将其改用一根短划线表示，而非成键电子全被略去，这样的结构式叫做凯库勒结构式。共价键的数量代表了这个原子在分子中的化合价。关于共价键的学说，有价键理论和分子轨道理论。

2.1.3 价键理论

人们对共价键的微观本质是逐渐认识的，1926年以后量子理论引进有机化学才使人们对其有了更加深刻的理解。量子化学在解释共价键的形成过程依据对薛定谔（Schrödinger）方程的不同近似处理而分别形成了主要两种风格迥异的学派，一是价键理论（包括由此延伸出的轨道杂化理论、共振论），二是分子轨道理论。

按照量子化学中的价键理论的观点，共价键是由两个原子的未成对而又自旋相反的电子偶合配对的结果。即是由于两成键原子的电子云（即原子轨道）相互交盖而形成了共价键。正由于这种交盖使成键原子间的电子出现的概率大大增加，电子云密度增大，从而增加了对两个原子核的静电吸引力，减少了两核之间的排斥力，因而降低了体系的能量而稳定地结合成键。因此电子云交盖程度越大，则成键两原子间的电子云密度也越大，所形成的共价键亦越牢固。当然，这意味着电子在分子中比在原子中被核拉得更紧、更近。如氢分子的体积比两个单个氢原子的体积小得多，这显然是由于电子云收缩的结果。以简单的氢分子为例，见下图：

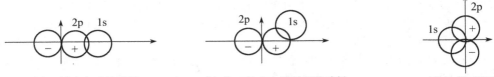

氢原子的 s 轨道重叠形成氢分子

一个未成对电子既然配对成键，就不能与其他未成对电子偶合，所以共价键有饱和性。原子的未成对电子数，一般就是它的化合价数或价键数。

因为成键原子的原子轨道并不都是球形对称的，为形成原子间电子云的最大交盖，以利于稳定，因此共价键具有明显的方向性。如 1s 轨道与 $2p_x$ 轨道结合，只有在 x 轴方向处，即 $2p_x$ 原子轨道中电子云密度最大方向处，与 s 原子轨道重叠程度最大，这样才可形成稳定的共价键。而 s 轨道与 p_y 轨道在 x 轴方向，由于上、下位相相反重叠部分互相抵消，因此不能有效成键，见下图。

(a) x 轴方向重叠成键　　　　(b) 非 x 轴方向重叠不能成键　　　　(c) 位相不匹配

原子轨道能否成键，必须满足一定的条件，即：① 只有能级相近的原子轨道才能成键；② 原子轨道相互重叠程度越大，所形成的键愈稳定；③ 只有特性相同（位相相同或对称性匹配）的原子轨道才能组合成键。根据价键理论的看法，成键的电子定域在以此共价键相连的原子之间区域内。而分子轨道理论则从分子的整体出发，认为共价键的形成是成键原子的原子轨道相互接近相互作用而重新组合成整体的分子轨道的结果。

2.1.4　分子轨道理论

按照分子轨道理论，当原子组成分子时，形成共价键的电子即运动于整个分子区域。分子中价电子的运动状态，即分子轨道，可以由波函数 Ψ 来描述。分子轨道由原子轨道通过线性组合而成。组合前后的轨道数是守恒的，即形成的分子轨道数与参与组成原子轨道数相等。

例如，两个原子轨道可以线性组合成两个分子轨道，其中一个分子轨道由符号相同（也即位相相同）的两个原子轨道波函数相加而成；另一个分子轨道则由符号不同（也即位相不同）的两个原子轨道波函数相减而成。

$$\Psi \begin{cases} \Psi_1 = \phi_1 + \phi_2 \\ \Psi_2 = \phi_1 - \phi_2 \end{cases}$$

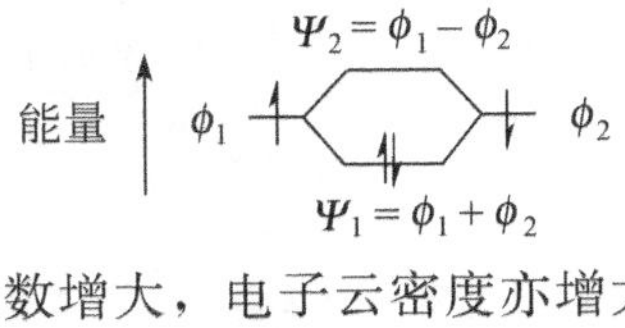

能量 ϕ_1 —— ϕ_2
$\Psi_2 = \phi_1 - \phi_2$
$\Psi_1 = \phi_1 + \phi_2$

分子轨道 Ψ_1 中两个原子核之间的波函数增大，电子云密度亦增大，这种分子轨道的能量较原来两个原子轨道能量低，所以叫成键轨道，分子轨道 Ψ_2 中两个原子核之间波函数相减，电子云密度减少，这种分子轨道能量比原来两个原子轨道能量反而高，所以叫反键轨道。

又如，氢分子具有两个分子轨道：具有两个电子的成键分子轨道，以及没有电子的反键分子轨道。在成键轨道中的电子有利于成键，而在反键轨道中电子则迫使原子分离（不利于成键）。

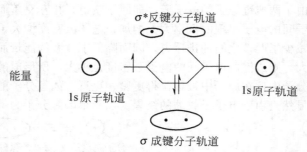

用分子轨道理论，人们很容易理解由于 H_2^+ 在其成键轨道仅有一个电子，所以 H_2^+ 没有 H_2 那样稳定。我们可以预测 He_2 不存在，因为 He_2 有四个电子，两个在低能量的成键轨道，另两个在高能量的反键轨道，后者将抵消前者的作用。

在 F_2 的共价键是由两个氟原子的 2p 原子轨道"头对头"重叠而成：

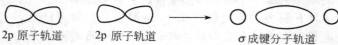

由于 2p 原子轨道的体积远大于 1s 的原子轨道，所以 2p 原子轨道上的平均电子云密度低于 1s 原子轨道，因此当 F_2 的 2p 轨道重叠时，其所形成的成键分子轨道的平均电子云密度，比 H_2 的成键分子轨道小，因而电子不可能将静电相互排斥的核拉得特别近，因此，与 H_2 相比，F_2 的键长较长、键能较小（F—F 键长 0.142nm，H—H 键长 0.074nm；F—F 键能 159kJ/mol，H—H 键能 435kJ/mol）。

s 轨道相互重叠所形成的共价键，显香肠形，其截面为圆形，对长轴呈圆筒形对称，长轴在原子核的联结线上，这种形状的键轨道称为 σ 轨道，这个键称为 σ 键。

p 轨道相互重叠有两种形式，一是"头对头"，类似上述 F—F 键，即形成 σ 键合，当两个 p 轨道同相，则形成成键分子轨道 σ，若反相，则形成反键分子轨道 σ*。成键分子轨道的电子云密度集中在两核间，因此，每个重叠轨道的后瓣变小，而反键分子轨道的电子云密度则是组合后在两核外，p 轨道的电子云互为反相不重叠且瓣变小，核后瓣变大。

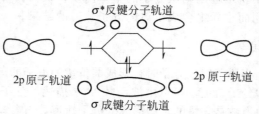

除了"头对头"结合外，两个 p 原子轨道还可"肩并肩"重叠形成 π 键，两个同相原子轨道肩并肩重叠形成 π 键成键分子轨道，而反相重叠形成 π* 反键分子轨道，在成键轨道上的最大电子云密度是在核间长轴的上下边。

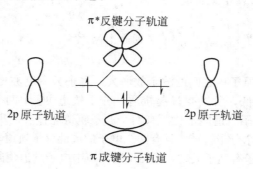

随着计算机的发展，分子轨道理论逐渐在有机化学理论中占据重要地位。然而对于习惯于通过考察分子中键的变化来思考化学反应的有机化学家而言，虽然分子轨道理论关于共价键中"价电子"是分布在整个分子中的离域的描述更为确切，但由于价键理论的价电子只处于形成的共价键原子间的定域描述比较直观形象，易于理解，目前仍得到广泛应用。由于价键理论不便于处理有明显离域现象的分子以及处于激发态的分子，所以本书将视情况分别选用价键理论或分子轨道理论以便给出最清晰的讨论。

2.2　共价键的属性及其断裂行为

2.2.1　键长

成键原子的原子核间的距离称为键长（键距）。在两个原子逐渐接近形成分子轨道而成键的过程中，原子核的正电荷不仅对本原子的电子有吸引力，而且对另一成键原子的电子也产生吸引力，因此体系能量逐渐降低。但当接近到一定距离时，两原子核开始产生相斥现象，体系能量逐渐增加。当这两种力——吸引力和排斥力相互竞争达到平衡时，两原子核间距便保持一定值，即为键长。一定的共价键其键长是一定的，常见共价键的平均键长见表2.1。氢原子成键时核间距离和体系能量的关系见图2.1。但应注意，不同的共价键具有不同的键长，即使是同一类型的共价键，在不同化合物的分子中它的键长也可能稍有不同。因为由共价键所连接的两个原子在分子中不是孤立的，它们受到整个分子中各部分的相互影响。

表 2.1　常见共价键的平均键长

键型	键长/nm	键型	键长/nm
C—C	0.154	C—F	0.142
C—H	0.110	C—Cl	0.178
C—N	0.147	C—Br	0.191
C—O	0.143	C—I	0.213
N—H	0.103	C—H	0.097

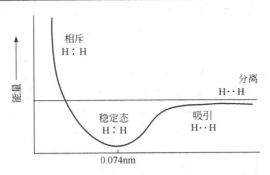

图 2.1　氢分子能量与核间距离的关系

2.2.2　键角

共价键有方向性，任何一个两价以上的原子，与其他原子所形成的两个共价键之间都有一个夹角，叫做键角。它反映了分子的空间结构，其大小与成键的中心原子有关，也随着分子结构的不同而改变。例如甲烷分子中四个 C—H 共价键之间的键角都是 109.5°，而水分子中两个氢氧键之间的键角为 104.5°。

2.2.3 键能

共价键形成时因体系能量降低所释放出的能量，叫做键能。共价键断裂时从外界所吸收的能量，叫做离解能。对双原子分子来说，其键能就等于离解能。但应注意，对多原子分子来说，即使是一个分子中同一类型的共价键，这些键的离解能也是不同的。例如甲烷分子中，离解第一个 C—H 键的离解能（CH_3—H）为 435.1kJ/mol，而第二、三、四个 C—H 键的离解能依次为 443.5kJ/mol，443.5kJ/mol 和 338.9kJ/mol。

$$CH_4 \longrightarrow \cdot CH_3 + H \cdot \qquad \Delta H = 435.1kJ/mol$$
$$\cdot CH_3 \longrightarrow \cdot \dot{C}H_2 + H \cdot \qquad \Delta H = 443.5kJ/mol$$
$$\cdot \dot{C}H_2 \longrightarrow \dot{C}H + H \cdot \qquad \Delta H = 443.5kJ/mol$$
$$\cdot \dot{C}H \longrightarrow \cdot \dot{C} \cdot + H \cdot \qquad \Delta H = 338.9kJ/mol$$

因此，离解能指的是离解特定共价键的键能，而键能则泛指多原子分子中几个同类型键的离解能的平均值。例如，一般把 C—H 的键能定为 （435.1＋443.5＋443.5＋338.9） /4＝415.2kJ/mol。价键的结合强度一般可以由键能数据表示，表 2.2 列出一些常见共价键键能的数据。

表 2.2　常见共价键的键能

键　型	键能/(kJ/mol)	键　型	键能/(kJ/mol)
C—C	347.3	C—F	485.3
C—H	414.2	C—Cl	338.9
C—N	305.4	C—Br	284.5
C—O	359.8	C—I	217.6
H—O	464.4	H—N	389.1

2.2.4　键的极性和元素的电负性——分子的偶极矩

对于两个相同原子形成的共价键来说（例如 H—H、Cl—Cl），可以认为成键电子云是对称分布于两个原子之间的，这样的共价键没有极性。但当两个不同的原子结合成共价键时，由于这两个原子之间的引力不完全一样，这就使分子的一端带电荷多些，而另一端带电荷少些。我们就认为一个原子带一部分负电，而另一个原子则带部分正电。这种由于电子云的不完全对称而呈现极性的共价键叫做极性共价键。可以用箭头来表示这种极性键，也可以用 δ^- 或 δ^+ 来表示构成极性共价键的原子的带电情况。例如：

$$\overset{\delta^+}{H} \longrightarrow \overset{\delta^-}{Cl} \qquad \overset{\delta^+}{H_3C} \longrightarrow \overset{\delta^-}{Cl}$$

一个元素吸引电子的能力，叫做这种元素的电负性。表 2.3 列出一些元素的电负性，电负性数值大的原子具有强的吸引电子的能力。极性共价键就是构成共价键的两个原子具有不同电负性的结果（一般相差在 0.6～1.7 之间）。电负性相差越大。共价键的极性也越大。C—H 键极性几乎可以忽略，是由于 C、H 的电负性值非常接近。人们把没有共享电子对的离子键和平等享有共享电子对的非极性共价键视作键型相反的两个极端，极性共价键位于其中间，并且成键原子间电负性的差异愈大，键型则愈接近离子键。

表 2.3　一些元素的电负性

H	C	N	O	F
2.2	2.5	3.0	3.5	4.0
	Si	P	S	Cl
	1.9	2.2	2.5	3.0
				Br
				2.9
				I
				2.6

如前所述，极性共价键的电荷分布是不均匀的，正电中心与负电中心不相重合，这就构成了一个偶极。正电中心或负电中心的电荷 q 与两个电荷中心之间的距离 d 的乘积叫做偶极矩 μ。偶极矩 μ [单位 D，德拜（Debye），$1D=3.336\times10^{-3}C\cdot m$] 表示一个键或一个分子的极性大小。偶极矩有方向性，一般用符号 —→ 来表示。箭头表示从正电荷到负电荷的方向。在两原子组成的分子中，键的极性就是分子的极性，键的偶极矩就是分子的偶极矩。在多原子组成的分子中，分子的偶极矩是分子中各个键的偶极矩的向量和。例如：

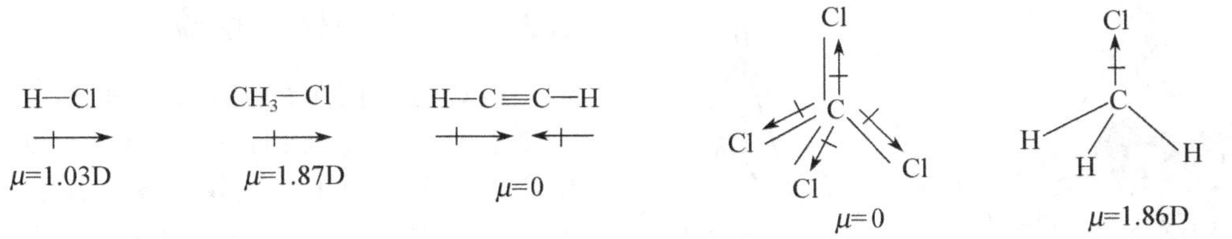

H—Cl　　　　CH_3—Cl　　　　H—C≡C—H

$\mu=1.03D$　　　$\mu=1.87D$　　　$\mu=0$　　　　　　$\mu=0$　　　　$\mu=1.86D$

2.2.5　共价键的断裂——均裂与异裂

有机化合物发生化学反应时，总是伴随着一部分共价键的断裂和新的共价键的生成。共价键的断裂可以有两种方式。一种是均匀的裂解，也就是两个原子之间的共用电子对均匀分裂，两个原子各保留一个电子。共价键的这种断裂方式称为键的均裂。其结果产生了具有不成对电子的原子或原子团，即自由基（游离基）。例如下式中的氯自由基 Cl· 和甲基自由基 CH_3·。

$$A:B \longrightarrow A\cdot + B\cdot \quad Cl:Cl \xrightarrow{h\gamma} Cl\cdot + Cl\cdot \quad H:\overset{H}{\underset{H}{C}}:H \longrightarrow H:\overset{H}{\underset{H}{C}}\cdot + H\cdot$$

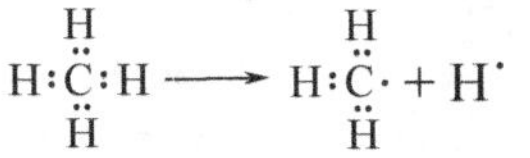

自由基性质非常活泼，可以继续引起一系列的反应（链反应）。有自由基参与的反应叫做自由基反应。

共价键断裂的另一种方式是不均匀裂解，也就是在键断裂时，两原子间的共用电子对完全转移到其中的一个原子上。共价键的这种断裂方式叫做键的异裂。其结果就产生了带正电和带负电的离子。例如：

$$A:B \longrightarrow A^+ + B:^-$$

异裂有两种情况，可以生成碳正离子，也可以生成碳负离子，如：

$$R:X \longrightarrow R^+ + X:^- \qquad R:X \longrightarrow R:^- + X^+ \qquad CH_3-\overset{CH_3}{\underset{CH_3}{\overset{|}{C}}}:Cl \longrightarrow CH_3-\overset{CH_3}{\underset{CH_3}{\overset{|}{C}}}{}^+ + Cl^-$$

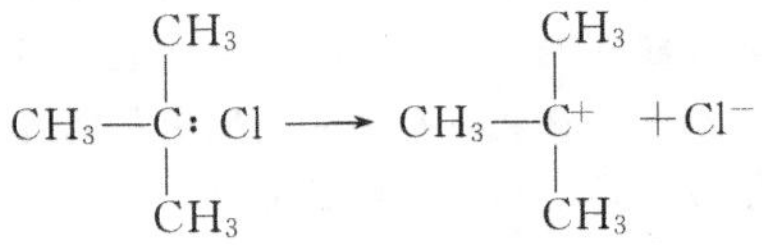

由共价键通过异裂产生离子而进行的反应，叫做离子型反应。

自由基、碳正离子和碳负离子都是在有机化学反应过程中暂时生成的、瞬间存在的活性中间体，根据其类型的不同，分为自由基反应和离子型反应两大类。而离子型反应又根据反应试剂为亲电试剂或亲核试剂的不同，分为亲电反应和亲核反应两种类型。

2.3　轨道杂化与分子结构

众所周知，碳原子的电子构型为 $1s^2 2s^2 2p^2$，在化学反应中，一般都有能量输入，从而导致电子激发，电子构型因此变成 $1s^2 2s^1 2p^3$，由于 2s 和 2p 的能级不同，碳原子的 4 个价电子情况就应该不完全等同，即 1 个价电子应在能级较低的 2s 轨道，较不活泼，其余 3 个价电子应位于能级较多的 2p 轨道，比较活泼。但是，甲烷和许多其他饱和有机化合物的性质实验表明，它们分子中碳的 4 个价实际完全等同。

为了解释类似的种种现象，L. O. Pauling 于 1931 年提出了原子间形成分子时的原子轨道杂化理论。所谓杂化就是将原来的原子轨道混合而重新组成新的轨道——杂化轨道，进而成键。这个过程叫做轨道的杂化。

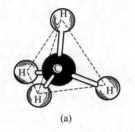
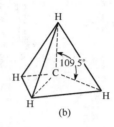

图 2.2　甲烷的四面体结构

2.3.1　sp³ 杂化　甲烷

甲烷是最简单的烷烃，甲烷分子中四个氢原子的地位完全相同，用其他原子取代其中任何一个氢原子，只能形成一种取代甲烷，例如构造为 CH_3Cl 的化合物只有一种，构造式 CH_3Cl 只代表一种化合物。

用物理方法测得甲烷分子为一正四面体结构，碳原子居于正四面体的中心，和碳原子相连的四个氢原子，居于四面体的四个角，四个碳氢键键长都为 0.110nm，所有 H—C—H 的键角都是 109.5°，见图 2.2。

碳原子基态的电子构型是 $1s^2 2s^2 2p_x^1 2p_y^1$。按杂化轨道理论，在形成甲烷分子时，先从碳原子的 2s 轨道上激发一个电子到空的 $2p_z$ 轨道上去，这样就具有了四个各占据一个轨道的未成对价电子，即形成 $1s^2 2s^1 2p_x^1 2p_y^1 2p_z^1$ 的电子层结构（激发过程中所需要的能量约 402kJ/mol 可被成键后放出的键能所补偿）。然后碳原子的一个 2s 轨道和三个 2p 轨道"杂化"，组成四个等能量的新的原子轨道——sp³ 杂化轨道，每一个 sp³ 杂化轨道含有 1/4s 成分和 3/4p 成分。sp³ 杂化轨道是有方向性的，一头大，一头小。

四个 sp³ 杂化轨道对称地排布在碳原子的周围，它们的对称轴（相当于四面体中心引向四个顶点的四条直线）之间的夹角为 109.5°。这样的排布可以使价电子尽可能彼此离得最远，相互之间排斥力最小。将 sp³ 杂化轨道、p 轨道和 s 轨道的形状作一比较，就不难发现杂化轨道基本上是集中到一个方向上伸展出去的，而 p 轨道向两个相反的方向伸展，s 轨道是向各个方向均匀伸展。也就是说杂化轨道更具有明显的方向性。sp³ 杂化轨道的大头表示电子云偏向一边，成键时重叠的程度就比不杂化的 s 轨道和 p 轨道都大，所以 sp³ 杂化轨道形成的键比较牢固。

当四个氢原子分别沿着 sp³ 杂化轨道对称轴方向接近碳原子时，氢原子的 1s 轨道可以同碳原子的 sp³ 杂化轨道进行最大程度的重叠，形成四个等同的 C—H 键，因此甲烷分子具有正四面体的空间结构。按正四面体计算，每个 H—C—H 键角应是 109.5°，这与实验测得结果相符。

甲烷分子中的碳氢键是沿着 sp³ 杂化轨道对称轴方向发生重叠而形成的，键的电子云分布为对键轴呈圆柱形对称的 σ 键。以 σ 键相连接的两个原子可以相对旋转而不影响电子云的分布。

用 sp³ 杂化轨道和正四面体模型能很好地说明甲烷结构的实际情况。其他烷烃分子中的碳原子，也都是以 sp³ 杂化轨道与别的原子形成 σ 键的，因此也都具有四面体的结构。例如乙烷（CH_3CH_3）分子中，两个碳原子各以一个 sp³ 杂化轨道相互重叠形成 C—C σ 键，其余六个 sp³ 杂化轨道分别与六个氢原子的 1s 轨道重叠形成六个 C—H σ 键。实验表明，乙烷分子中 C—C 键长为 0.154nm，C—H 键长为 0.110nm，键角也是 109.5°。

烷烃分子中各碳原子的结构都可用正四面体模型来表示。但除甲烷外，其他烷烃的各个碳原子上相连的四个原子或原子团并不完全相同，因此每个碳上的键角并不完全相等，但都接近于 109.5°。例如，丙烷分子中 C—C—C 键角为 112°。根据物理方法测定，除乙烷外，烷烃分子的碳链并不排布在一条直线上，而是曲折地排布在空间。这是烷烃碳原子的四面体结构所决定的。烷烃分子中各原子之间都是以 σ 键相连接的，所以两个碳原子可以相对旋转，这样就形成不同的空间排布。实际上，在室温下烷烃（液态）的各种不同排布方式就经常不断地互相转变着。

　　虽然碳链实际上是曲折的，但为了方便，一般在书写结构式时，仍写成直链的形式。现在也常用键线式来书写分子结构，键线式中只需写出锯齿形骨架，用锯齿形线的角（120°）及其端点代表碳原子，不需写出每个碳上所连的氢原子。但除氢原子以外的其他原子必须写出。例如：

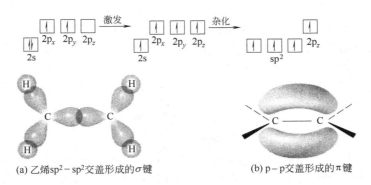

　　3-乙基己烷　　　　　　　　　　　　　　$CH_3CH_2CH_2CH(CH_2CH_3)_2$

　　3-甲基-2-戊醇　　　　　　　　　　　　$CH_3CH_2CHCHCH_3$

2.3.2　sp² 杂化　乙烯　苯

　　物理方法证明，乙烯分子的所有碳原子和氢原子都分布在同一平面上，乙烯的每个碳原子都只和其他三个原子相连接，因此每个碳原子都只需要用三个价电子去构成 σ 键。在这种情况下碳原子的价电子并不是像烷烃中那样进行 sp³ 杂化，而是进行了由一个 s 轨道和两个 p 轨道参加的 sp² 杂化，其结果形成了处于同一平面上的三个 sp² 杂化轨道，见图 2.3。

图 2.3　乙烯分子

　　这三个杂化轨道的对称轴是以碳原子为中心，分别指向正三角形的三个顶点，也即它们对称地分布在碳原子的周围，相互之间构成了三个接近 120° 的夹角。这种排布方式常称为三角形模型。这样，乙烯分子的两个碳原子各以两个 sp² 杂化轨道与两个氢原子的 s 轨道交盖形成两个 σ 键，两个碳原子之间又各以一个 sp² 杂化轨道相互交盖形成一个 σ 键。这五个 σ 键的对称轴都在同一平面上。每个碳原子上还各有一个未参加杂化的 p 轨道，它们的对称轴垂直于乙烯分子所在的平面上，相互平行以侧面交盖而形成了 π 键。这种键和 σ 键不同，它没有轴对称，不能自由旋转。

　　乙烯分子只有两个 p 电子，在基态时，这两个 p 电子处在 π 成键轨道上，使得两个碳原子之间引力增加形成了碳碳之间的 π 键，从而使体系能量降低。组成 σ 键的电子称为 σ 电子。组成 π 键的电子称为 π 电子。

　　σ 键电子云集中在两原子核之间，因而不易与外界试剂相接近。双键是四个电子组成的，相对单键来说，电子云密度更大，且构成 π 键的电子云都暴露在乙烯分子所在平面的上方和下方，因此 π 键受核的控制较弱，电子云极易流动，键能较小，不及 σ 键稳固，并且易受外界电场影响而极化。因此外界试剂，特别是具有亲电性的试剂更易与 π 键接近，这就决定了碳碳双键的亲核性。π 键电子云没有轴对称，碳碳之间的相互旋转必然会破坏 p 轨道的重叠而导致 π 键的破裂。由于 π 键不能自由旋转，所以碳碳双键相联结的两原子也不能自由旋转。

　　物理方法测定苯分子是平面的正六边形结构。苯分子的六个碳原子和六个氢原子都分布在同一平面上，相邻碳碳键之间的键角为 120°，见图 2.4。

　　按照分子轨道理论，苯分子中碳原子都是 sp² 杂化的，每个碳原子都以 sp² 杂化轨道与相邻碳原子相互交盖形成六个碳碳 σ 键，每个碳原子又都以 sp^2 杂化轨道与氢原子的 s 轨道相互交盖形成 C—H σ 键。每个碳原子的三个 sp^2 杂化轨道的对称轴都分布在同一平面上，而且两个对称轴之间的夹角为 120°，这样就形成了正六边形的碳架，所有的碳原子和氢原子都处在同一平面上。此外，每个碳原子还有一个垂直于此平面的 p 轨道，它们的对称轴都相互平行（图 2.5）。每个 p 轨道都能以侧面与相邻的 p 轨道相互交盖，结果形成了一个包含六个碳原子在内的闭合共轭体系，如图 2.6 所示。

图 2.4 苯分子结构

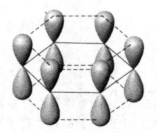

图 2.5 苯的 p 轨道交盖

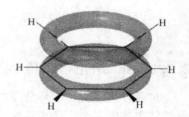

图 2.6 苯环 π 电子云的分布

2.3.3 sp 杂化 乙炔

炔烃的结构特征是分子中具有碳碳叁键。以乙炔的结构为例，说明叁键的结构。X 射线衍射和电子衍射等物理方法测定，乙炔分子是一个线形分子，四个原子都排布在同一条直线上，分子中各键的键长和键角如下式所示：

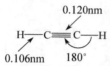

成键碳原子的价电子层应满足八个电子的要求，乙炔的两个碳原子共用了三对电子成键，所以碳碳之间的键应当用叁键来表示。量子化学的研究结果表明，在乙炔分子中，每个碳原子与另外两个原子（一个氢原子和另一个碳原子）结合成键时，使用了两个相同的 sp 杂化轨道（由一个 s 轨道和一个 p 轨道组合而成）。

由炔烃叁键一个碳原子上的两个 sp 杂化轨道所组成的 σ 键则是在同一直线上方向相反的两个键。这就是乙炔分子之所以成为直线分子的原因。在乙炔分子中，每个碳原子各形成了两个具有圆柱形轴对称的 σ 键，它们分别是 Csp—Csp 和 Csp—Hs，如图 2.7所示。

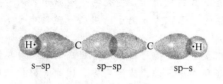

(a) 乙炔碳—碳sp-sp、碳—氢sp-s所形成的σ键

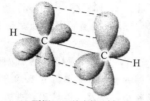

(b) 两组P-P形成的π键

(c) 乙炔分子中自π键电子云形状

图 2.7 乙炔分子

除了已使用的一个 s 轨道和一个 p 轨道外，乙炔的每个碳原子还各有两个相互垂直的 p 轨道，不同碳原子的 p 轨道又是相互平行的，这样，一个碳原子的两个 p 轨道与另一个碳原子相应的两个 p 轨道，在侧面交盖形成了两个碳碳 π 键。

在正常状态下，乙炔的四个 p 电子占用两个成键轨道，反键轨道是空轨道。这两个成键轨道组合形成了对称分布于碳碳 σ 键键轴周围，类似圆筒形状的 π 电子云，由此可见，碳碳叁键是由一个 σ 键和两个 π 键组成的。乙炔的碳碳叁键的键能是 837kJ/mol，而乙烯的碳碳双键的键能是 611kJ/mol，乙烷的碳碳单键的键能是 347kJ/mol。相比之下叁键的键能最大，但仍比单键键能的三倍数值要低得多。叁键键长也最短。和 p 轨道相比较，s 轨道上的电子更接近原子核。一个杂化轨道的 s 成分愈多，则在此杂化轨道上的电子也愈接近原子核。由于乙炔分子中的 C—H 键是 sp-s 组成的 σ 键，而 sp 杂化轨道的 s 成分大（占 50%）。和 sp^2、sp^3 杂化轨道相比较，由 sp 杂化轨道参加组成的 σ 共价键，其电子云也更靠近碳原子核。所以乙炔的 C—H 键的键长（0.106nm）比乙烯和乙烷的 C—H 键的键长（分别为 0.108nm、0.110nm）要短一些。与碳碳双键和单键相比较，碳碳叁键键长最短（0.14nm）。这除了由于以两个 π 键形成的原因之外，由 sp 杂化轨道参与碳碳 σ 键的组成，也是使键长缩短的一个原因。

2.3.4 sp^3、sp^2 和 sp 的比较

所有单键都是 σ 键，所有双键都由一个 σ 键，一个 π 键组成，所有叁键都由一个 σ 键和两个 π 键组成。碳、氧或氮原子的杂化类型可由它所形成的 π 键数目而确定，即无 π 键、一个 π 键及两个 π 键则分别是 sp^3、sp^2 及 sp 杂化（例外的是碳正离子、碳自由基均为 sp^2 杂化）。

$$CH_3—NH_2 \qquad C=N—NH_2 \qquad CH_3—C≡N \qquad CH_3—OH \qquad CH_3—\overset{\overset{O}{\|}}{C}—OH \qquad O=C=O$$

对一个杂化轨道而言，含有的 p 轨道愈多，方向性愈强，成键能力愈大。具体理论值见表 2.4。

表 2.4 成键能力

类　别	s	p	sp	sp^2	sp^3
成键能力	1	1.732	1.933	1.991	2

同样，一个杂化轨道中，含有的 s 成分愈多，其电子云靠原子核愈近，反之电子云离原子核远些，这些变化首先反映在 C—C 键和 C—H 键的键长上，见表 2.5。

表 2.5 碳的价态对 C—C 键和 C—H 键键长的影响

类　型	分　子	键长/nm	类　型	分　子	键长/nm
sp^3-sp^3	$CH_3—CH_2—CH_3$	0.154	sp-sp	CH≡C—C≡CH	0.1374
sp^3-sp^2	$CH_3—CH=CH_2$	0.151	sp^3-s	—C—H	0.1094
sp^2-sp^2	$CH_2=CH—CH=CH_2$	0.1466			
sp^3-sp	$CH_3—C≡CH$	0.1456	sp^2-s	=C—H	0.1079
sp^2-sp	$CH_2=CH—C≡CH$	0.1432	sp-s	≡C—H	0.1057

（$CH_2=CH—CH=CH_2$）中的 $C^2—C^3$ 属 sp^2-sp^2 型，其键长必然比普通的（sp^3-sp^3 型）C—C 键的键长值小。实际上造成这一结果的原因有两个：① sp^2 杂化轨道的电子云比 sp^3 杂化轨道偏近原子核；②两个 π 键之间的相互作用，即共轭作用（见下节）。因此丁二烯分子中单键的缩短非常明显（由 154pm 缩短至 147pm）。在氯乙烯分子（$CH_2=CHCl$）和氯苯分子（C_6H_5Cl）中，C—Cl 键上的 C 原子亦有 sp^2 杂化态，C—Cl 键的缩短也包括杂化因素。

键长和键能密切相关，键长愈短，成键原子结合越紧凑，键越难破裂，也就是键能越大；反过来亦如此，见表 2.6。同上原因，丁二烯中 $C^2—C^3$ 的键能就明显大于普通的 C—C 单键。

表 2.6　碳原子价态对 C—C 键、C—H 键键能（kJ/mol）的影响

化 合 物	杂化键角	C—C 连接形式	C—H 连接形式	C—C 键能	C—H 键能
$H_3C—CH_3$	109.5°	sp^3-sp^3	sp^3-s	368	410
$H_3C=CH_2$	120°	sp^2-sp^2	sp^2-s	636	448
$H—C≡C—H$	180°	sp-sp	sp-s	837	548

同样原理，杂化形式对键的极性和分子化学性质亦有很大影响，C—H 键中电子云密度最大离域两核的相对位置可近似用图 2.8 表示。

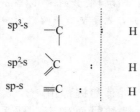

图 2.8　电子云在核间相对位置

sp^3-s 中碳氢键的电子云密度最大区域离碳核和氢核的距离大致相等，没有极性。化学反应中氢一般以原子状态脱离分子，sp^2-s 中碳氢键的电子云密度最大区域离碳核稍近，离氢核稍远，开始出现极性，因此在一定条件下氢可能以氢正离子形式脱离分子。sp-s 碳氢键的电子云密度最大区域靠近碳核，远离氢核，具有明显的极性，化学反应中氢相当容易以氢正离子形式脱离分子。

上述的理论亦可证明，一些不对称的烯烃、炔烃、二烯烃及烷基苯等其分子偶极矩不为零，而对称者都等于零，见表 2.7。

表 2.7　碳原子的价态对分子偶极矩影响

杂化态	分　　子	μ/D	杂化态	分　　子	μ/D
sp^3-sp^3	$CH_3—CH_2—CH_3$	0	sp^2-sp^2	苯环	0
sp^2-sp^2	$CH_2=CH_2$	0			
sp^3-sp^2	$CH_3—CH=CH_2$	0.35	sp^3-sp^2	H_3C—苯环	0.37
sp^3-sp^2	$(CH_3)_2C=CH_2$	0.49			
sp^2-sp^2	$CH_2=CH—CH=CH_2$				
sp^3-sp^2-sp^2	$CH_3—CH=CH—CH=CH_2$	0.68	sp^3-sp^2	CH_3CH_2—苯环	0.60
sp-sp	$CH≡CH$	0			
sp^3-sp	$CH_3—C≡CH$	0.75	sp^3-sp^2	$(CH_3)_3C$—苯环	0.74
sp^3-sp	$CH_3—CH_2—C≡CH$	0.80			

2.3.5　反应活泼中间体与杂化轨道

在化学反应中，常常涉及碳自由基、碳正离子、碳负离子等活泼中间体，这些对解释、理解反应机理非常重要，下面以甲基为例，作简要介绍。

（1）sp^2（$^+CH_3$）　一个带正电荷的碳原子形成三个共价键，所以它必须杂化三个轨道（一个 s 轨道和两个 p 轨道），去形成三个等价的 sp^2 轨道，并留有一个无电子的未杂化的 p 空轨道。由于三个 sp^2 轨道在同一平面，碳正离子是扁平的，而 p 轨道则与此平面垂直。

（2）sp^2（·CH_3）　在甲基自由基中变为 sp^2 杂化，不同于甲基碳正离子，它有一个占据 p 轨道的未成对电子。

（3）sp^3（$^-CH_3$）　一个带负电荷的碳原子是 sp^3 杂化轨道，在甲基负离子三个碳的 sp^3 杂化轨道与氢原子的 s 轨道分别重叠，且第四个 sp^3 轨道拥有未成键电子对。

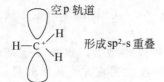

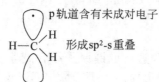

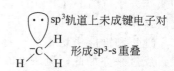

2.4　电子效应

2.4.1　σ键诱导效应（Ⅰ效应）

在单键的共价键中，由于组成共价键两个原子核的电负性之不同，以及原子杂化状态不同，而造成共享电子对（σ电子对）偏向其中一个原子的极化现象叫做诱导效应。其包括静态和动态两种。诱导效应有＋Ⅰ和－Ⅰ之分。本书规定＋Ⅰ效应是指吸电子的诱导效应，而－Ⅰ效应是指供电子的诱导效应。即容易吸引电子的原子往往最终带部分负电荷（δ^-），反之带部分正电荷（δ^+）。

基于原子本身性质而产生的极性（包括键的极性、分子极性）叫做永久极化，或称为静态极化。这种极性是在没有外力作用下产生的极化现象。

另外，不论是极性分子还是非极性分子，当它们在有离子或极性分子存在的电场中（如在化学反应中），均可能会引起分子重新极化而产生极性。这叫做瞬间极化或称为动态极化。此现象产生的难易取决于极化率 α 的大小。如 C—I 键的可极化率 α 非常之大，因而在化学反应时会产生共享电子对向 I 原子的明显偏移。

如静态情况下含碳化合物中卤素吸电子效应＋Ⅰ以如下次序—F＞—Cl＞—Br＞—I 排列，而在动态的情况下则为—I＞—Br＞—Cl＞—F。

诱导效应以如下次序增加：

$$H\!-\!\underset{\underset{H}{|}}{\overset{\overset{H}{|}}{C}}\!-\!H \;<\; H\!-\!\underset{\underset{C}{|}}{\overset{\overset{H}{|}}{C}}\!\longrightarrow \;<\; C\!-\!\underset{\underset{C}{|}}{\overset{\overset{H}{|}}{C}}\!\longrightarrow \;<\; C\!-\!\underset{\underset{C}{|}}{\overset{\overset{C}{|}}{C}}\!\longrightarrow$$

又如在乙烯基乙炔（1-丁烯-3-炔）分子（$\underset{1}{CH_2}\!=\!\underset{2}{CH}\!-\!\underset{3}{C}\!\equiv\!\underset{4}{CH}$）中，$C^2$—$C^3$ 键为 sp^2-sp 杂化重叠而成，sp^2 轨道比 sp 轨道的 p 成分多些，因此 σ 电子云中心就离 C^2 较远，离 C^3 较近，这个分子可写成 $CH_2\!=\!CH\!\longrightarrow\!C\!\equiv\!CH$。即相对于乙炔基来说，乙烯基是供电子基。在丙烯分子中（$\underset{3}{CH_3}\!-\!\underset{2}{CH}\!=\!\underset{1}{CH_2}$）中，$C^2$—$C^3$ 键为 sp^3-sp^2，同样原理，σ 电子云离 C^3 较远，离 C^2 较近，因此，可写成 $\underset{3}{CH_3}\!\longrightarrow\!\underset{2}{CH}\!=\!\underset{1}{CH_2}$，即相对乙烯基而言，甲基仍为供电子基。而相对于甲基而言，乙烯基为吸电子基。因此可得下列诱导次序：

$$CH\!\equiv\!C \;>\; CH_2\!=\!CH \;>\; CH_3$$

$$\xrightarrow{\hspace{4cm}}$$
吸电子性减弱，供电子增强

此外，诱导效应常由于 CH_2 的屏蔽效应，吸电子或供电子效应随碳链增长而逐渐减弱。如正己胺就是一个很好的例子。因为 N 原子的吸电子效应，其中 C^1 带有部分正电荷，C^2 因此也带有部分正电荷，但 N 原子的吸电子效应在逐渐减弱，这从 ^{13}C-NMR 化学位移 δ（ppm）可明显看出这点（δ 愈大，电子云密度愈小，箭头表示电子移动方向）。

$$\overset{\delta^-\ddot{N}H_2}{\underset{\uparrow}{}}$$
$$\underset{1}{\overset{\delta^+}{CH_2}}\!\longleftarrow\!\underset{\delta^+2}{CH_2}\!\longleftarrow\!\underset{\delta^+3}{CH_2}\!-\!\underset{4}{CH_2}\!-\!\underset{5}{CH_2}\!-\!\underset{6}{CH_2}$$

化学位移 δ　42.3　34.0　26.7 (31.9) 22.7　14.0

可见离氮原子愈远的碳原子，电子云密度减小程度愈小，但唯有 C^4 例外。这是由于类六元环容易形成（可称为六元法则），N 原子可通过空间作用直接吸引 C⁴ 上的 H 造成的。这种通过空间作用直接吸引或排斥电子的现象，叫做直接效应，亦可叫场效应。

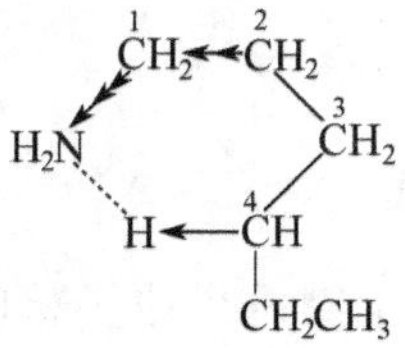

2.4.2　π 键诱导效应（E 效应）

在双键中，由于成键的两原子的电负性差别大，而导致的 π 电子对的偏移被称为 π 键诱导效应（E 效应）。如甲醛 HCHO 的电子结构如图所示，在氧原子上有两组自旋相反的配对电子，因氧的电负性较大，所以 C 和 O 的 σ 电子对靠近氧原子，C 和 O 之间的一对 π 电子也显现出向氧周围偏移的倾向，用符号 ⌒ 表示移动方向［如下式中结构式（b）所示］。不难想象，由于电子移动，致使 O 带有部分负电荷，C 带有部分正电荷，因此，此时的 C＝O 既带有部分双键性质，又带有部分单键的性质［结构式（c）］。这是通过 X 射线衍射和电子衍射，判断 C 和 O 之间的距离而得到证明（距离处于单、双键之间）。

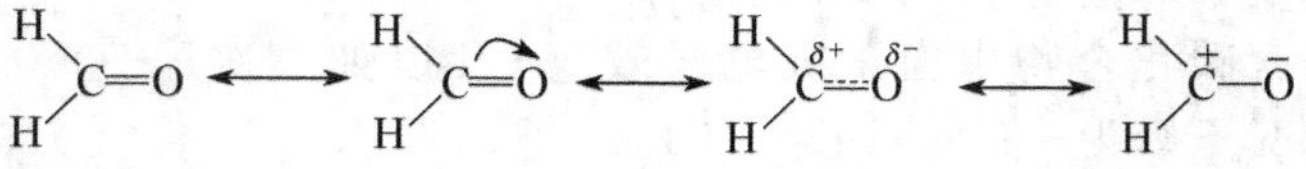

(a)　　　　　　(b)　　　　　　(c)　　　　　　(d)

而结构（d）则表示的是极端结果，只是人们的一种想象，常用于共振论。实际上（c）应用更为广泛。

同样 π 电子在动态条件下，也有动态效应。此外，E 效应可分为 ＋E 和 －E，前者表示吸电子的 π 键诱导效应，－E 表示供电子 π 键诱导效应。

2.4.3　共轭与超共轭效应

我们已知两个成键原子的 p 轨道可形成 π 分子轨道。在三个以上原子组成的分子中，如果存在多个相互平行的 p 轨道，则相邻的 p 轨道之间可相互尽可能最大重叠，形成更大的 π 分子轨道，就可能发生键的离域，以使体系能量降低。这样的结果可使双键带有部分单键的性质，而单键带有部分双键的性质，导致各原子上由四个 p 轨道形成的两个 π 键的共轭效应，p 轨道的电子云分布平均化，键型平均化。最典型的如丁二烯（键长短者接近双键，长者接近单键，一般单键键长为 0.154nm）。

$$CH_2{=}CH{-}CH{=}CH_2 \longleftrightarrow CH_2 \underset{0.134nm}{\rule{1.5cm}{0.4pt}} CH \underset{0.148nm}{\rule{1.5cm}{0.4pt}} CH \underset{0.134nm}{\rule{1.5cm}{0.4pt}} CH_2$$

氯乙烯由于有电负性强的 Cl 具有吸电子效应（＋I），于是其对 C＝C 产生电子移动异构效应 ＋E。C¹ 和 C² 相比较时，C² 的电子云密度应升高。但当考虑到 Cl 的 p 轨道上未共用电子对与 C＝C 发生共轭，因为 Cl 原子－E 效应（共轭产生的电子云密度离域平均化结果）C¹ 的电子云密度比 C² 高。

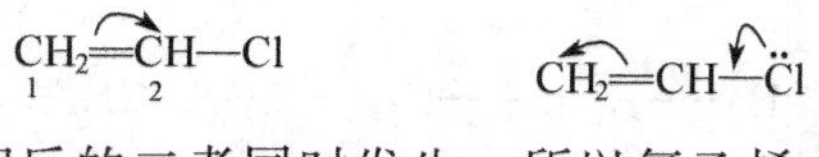

实际的结果，由于作用相反的二者同时发生，所以氯乙烯上的双键极化率很小。

同样双键的 π 电子云或 p 电子云和相邻的 σ 电子云相互重叠而引起的电子云离域效应称

为超共轭效应，它和一般的共轭效应不同，涉及的是 σ 和 π 轨道（或 p 轨道），比 π 轨道之间的作用弱得多。以丙烯为例，丙烯的 π 轨道与甲基 C—H 的 σ 轨道重叠，使原来基本定域于两个原子间的 π 电子云和 σ 电子云发生离域而扩展到较多的原子周围，因而降低了分子的能量，增加了分子的稳定性，见图 2.9。

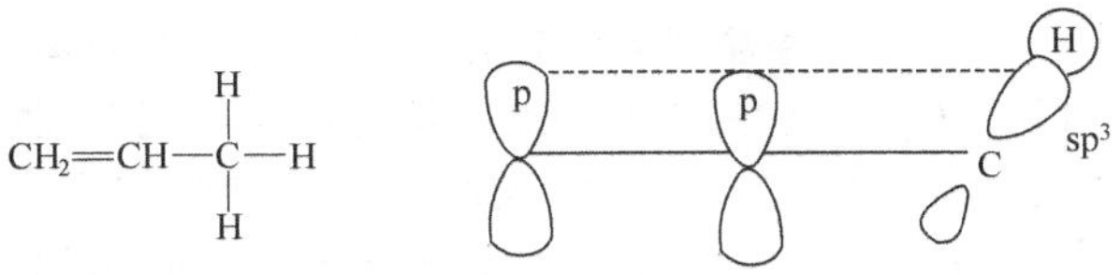

图 2.9　丙烯的 π 键和邻碳氢 σ 键的超共轭效应

这种超共轭常用下式表示，由于这种结果 C^2—C^3 单键间电子云密度增加，键长缩短为 0.150nm（单键 C—C 一般应为 0.154nm）。

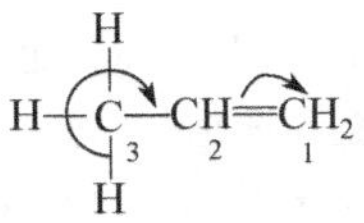

如果起超共轭效应的碳氢 σ 键越多，超共轭效应愈强，系统能量愈低，分子愈稳定。超共轭效应以如下次序减弱：

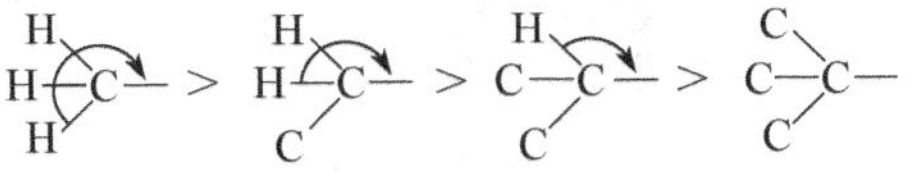

在讨论碳正离子稳定性中，超共轭效应十分有用。即在各种甲基取代的碳正离子中，甲基的碳氢 σ 键可以和碳正离子空 p 轨道有一定程度的相互交盖，即 σ 电子部分离域而扩散到 p 轨道上，或曰正电荷部分离域分散到烷基上，从而导致碳正离子稳定。

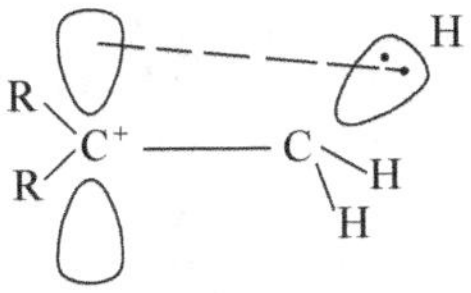

因此与碳正离子相连的 α 碳氢键越多，超共轭效应越强，越有利于其电荷分散，能量降低，越有利于其稳定。故碳正离子稳定性以如下次序排列：

$$(H_3C)_3C^+ > (H_3C)_2C^+H > H_3C\overset{+}{C}H_2 > \overset{+}{C}H_3$$

2.5 共 振 论

经典结构式在描述一个有机分子时，如酮等，无法表达 π 共轭电子的离域现象，也难以表达 π 键诱导效应（E 效应）。

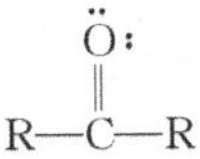

一个较好的解决方法是给出一些共振极限式。如上述酮可给出一个共振极限式表明 π 电子定域在两个原子间，另一个共振极限式表示 π 定域在氧原子上。而更接近真实结构的共振杂化体则是这些共振极限式叠加的结果。它表示此分子实际是部分负电荷和正电荷分别在氧

原子和碳原子上，C═O 的键型处于单、双键之间。

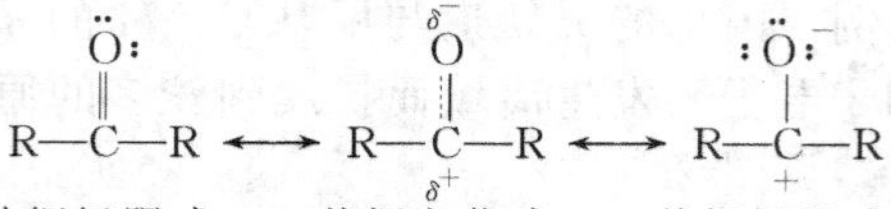

$$\overset{\ddot{O}:}{\underset{}{R-C-R}} \longleftrightarrow \overset{\overset{\delta^-}{O}}{\underset{}{R-C-R}} \longleftrightarrow \overset{:\ddot{O}^-}{\underset{+}{R-C-R}}$$

共振极限式　　共振杂化式　　共振极限式

共振极限式是虚构、想象的，并非都真实存在。它不是互变异构，也不是动态平衡，一般用双箭头符号表示，以资区别。但它简单清楚，是定性描述复杂离域体系有机分子的简便方法，至今仍在大量使用。这一方法是为了解决使用经典结构式所造成的缺陷，L. Pauling 于 1931～1933 年间提出。共振论是价键理论的延伸和发展，它是以经典结构式为基础的，是描述共振现象的一种方法。

为了书写共振极限式，需要移动 π 电子和未成键的 p 电子到共轭链的端头以给出其共振极限式，主要原则如下：

（1）π 电子对移向带有正电荷的 sp² 杂化或电负性大的原子；

（2）非成键 p 电子对（享有者往往是电负性比碳大的杂原子）移向带有正电荷原子；

（3）π 电子对或非成键 p 电子对移向其他 π 键；

（4）一切共振极限式均是正确的经典结构式，如碳不能高于 4 价，第二周期元素价电子层容纳的电子数不能超过 8 个，并且原子核的位置固定不变，正负电荷总数相同；

（5）一个化合物可写出的共振极限式愈多，该分子电子离域的可能性愈大，体系的能量愈低，化合物愈稳定。但不同极限结构的贡献大小不一样，共振极限式愈稳定，其对分子稳定性的贡献愈大，反之贡献小，或可以忽略不计。

共振极限式：

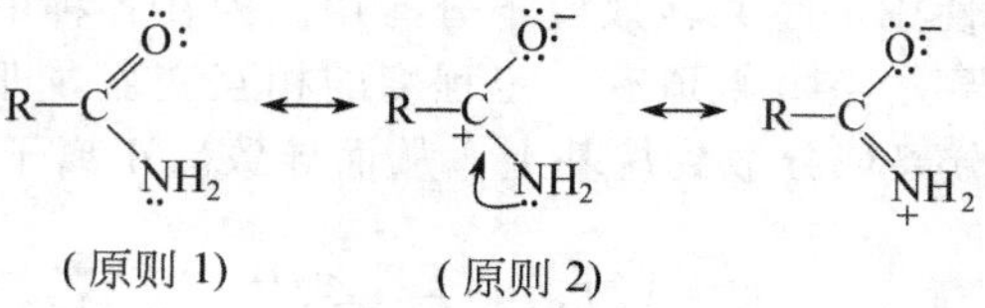

$$\overset{\ddot{O}:}{\underset{\ddot{N}H_2}{R-C}} \longleftrightarrow \overset{\ddot{O}^-}{\underset{+}{\underset{NH_2}{R-C}}} \longleftrightarrow \overset{\ddot{O}^-}{\underset{\overset{+}{N}H_2}{R-C}}$$

（原则 1）　　　（原则 2）

共振杂化体：

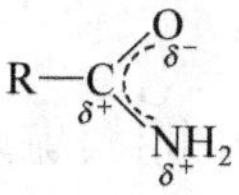

$$\underset{\delta^+}{R-C}\underset{\overset{\delta^+}{N}H_2}{\overset{O}{\underset{\delta^-}{\vdots}}}$$

共振极限式：

$$CH_3-CH═CH-CHCH_3 \xrightarrow{\text{共振极限式}} CH_3\overset{+}{C}H-CH═CH-CH_3$$

（原则 1）

共振杂化体：

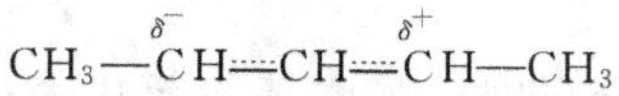

$$CH_3-\overset{\delta^-}{C}H═CH═\overset{\delta^+}{C}H-CH_3$$

共振极限式：

$$CH_3-CH═CH-\ddot{O}-CH_3 \xrightarrow[\text{（原则 3）}]{} CH_3-\bar{C}H-CH═\overset{+}{\ddot{O}}-CH_3$$

共振杂化体：

$$CH_3-\overset{\delta^-}{C}H═CH═\overset{\delta^+}{O}-CH_3$$

共振极限式：

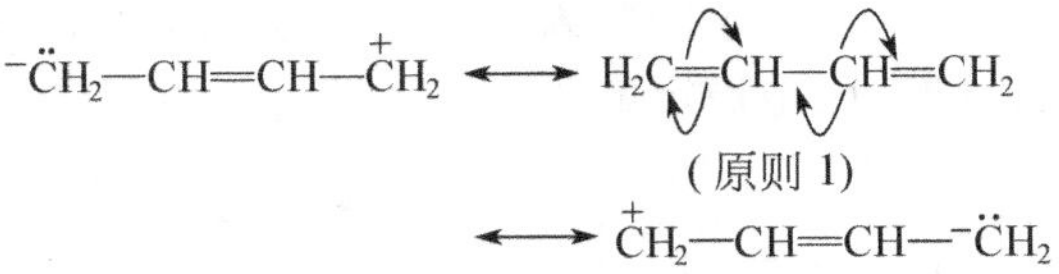

$$^-\ddot{C}H_2-CH=CH-\overset{+}{C}H_2 \longleftrightarrow H_2C=CH-CH=CH_2 \longleftrightarrow$$

（原则 1）

$$\overset{+}{C}H_2-CH=CH-\ddot{C}H_2^-$$

共振杂化体：

$$CH_2\!\!=\!\!=\!\!CH\!\!=\!\!=\!\!CH\!\!=\!\!=\!\!CH_2$$

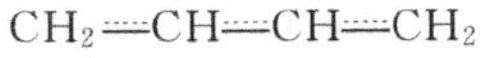

共振极限式：

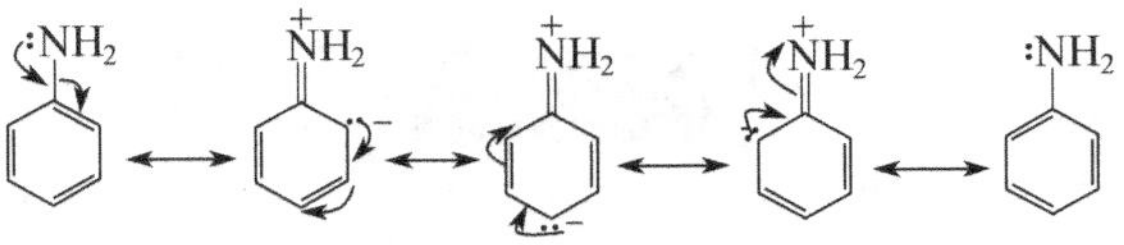

共振杂化体：

通常以下因素的共振极限式稳定性较小：①具有不完全电子壳层的原子，任何情况下均为最不稳定；②负电荷不在电负性最强的原子上或正电荷不在电负性最弱的原子上；③有分离的正、负电荷，且相距愈远，愈不稳定；④结构中键角和键长变形较大。

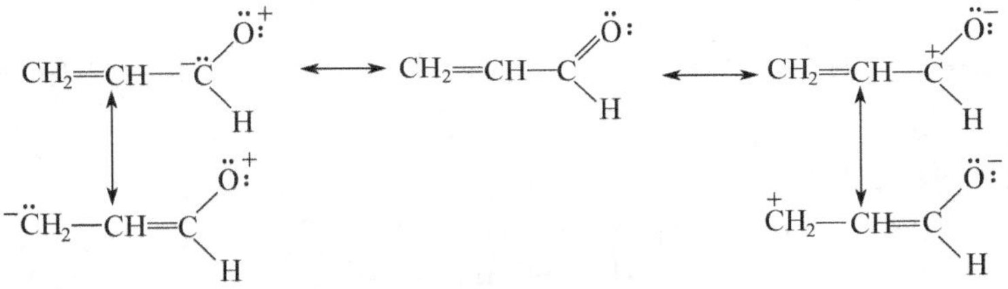

$$CH_2=CH-\overset{+}{\underset{H}{C}}\ddot{O}^+ \longleftrightarrow CH_2=CH-C\overset{\ddot{O}:}{\underset{H}{}} \longleftrightarrow CH_2=CH-\overset{+}{C}\overset{\ddot{O}^-}{\underset{H}{}}$$

$$^-\ddot{C}H_2-CH=C\overset{\ddot{O}^+}{\underset{H}{}} \qquad \overset{+}{C}H_2-CH=C\overset{\ddot{O}^-}{\underset{H}{}}$$

（原因③）贡献小，可忽略　　　　　　　（原因③）贡献小，可忽略

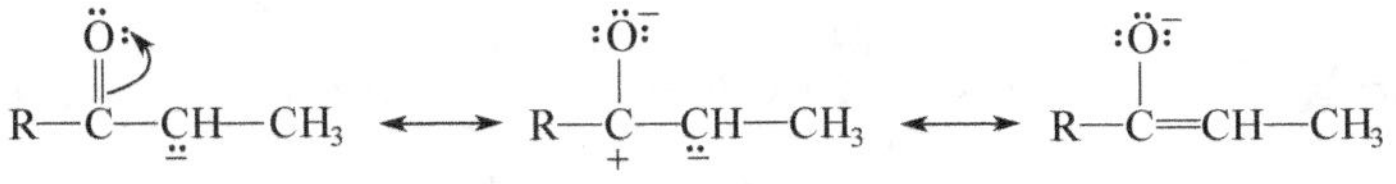

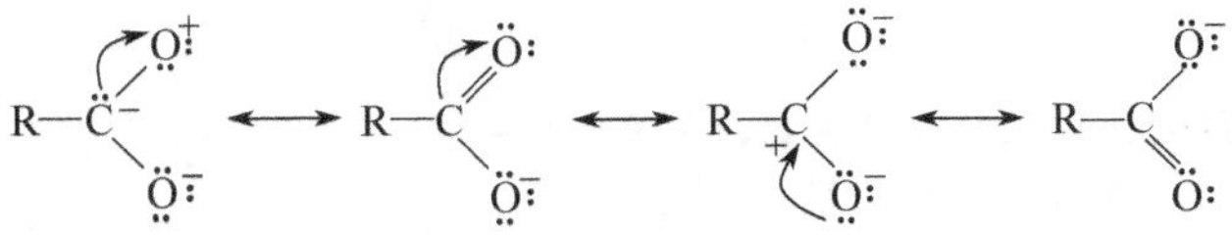

$$R-\overset{\ddot{O}^+}{\underset{}{C}}-CH-CH_3 \longleftrightarrow R-C-CH-CH_3 \longleftrightarrow R-\overset{:\ddot{O}^-}{\underset{}{C}}=CH-CH_3$$

（原因③）贡献小，可忽略

$$R-\overset{\overset{/\ddot{O}^+}{}}{\underset{\ddot{O}^-}{C}} \longleftrightarrow R-\overset{\ddot{O}}{\underset{\ddot{O}^-}{C}} \longleftrightarrow R-\overset{\ddot{O}^-}{\underset{+\ddot{O}^-}{C}} \longleftrightarrow R-\overset{\ddot{O}^-}{\underset{\ddot{O}:}{C}}$$

最不稳定　　　　　　　　　　不稳定
（原因①，原因②，原因③）　　　（原因①，原因③）

$$\overset{H_3C}{\underset{H_3C}{}}C=\overset{+}{N}H_2 \longleftrightarrow \overset{H_3C}{\underset{H_3C}{}}\overset{+}{C}-\ddot{N}H_2$$

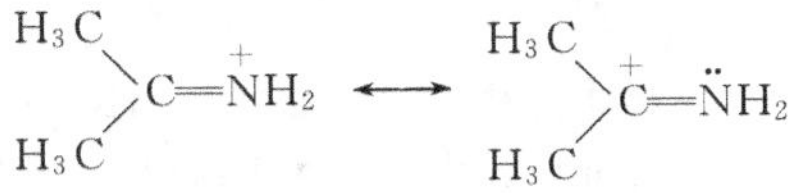

（原因②）不稳定　　　　　　（原因①）更不稳定

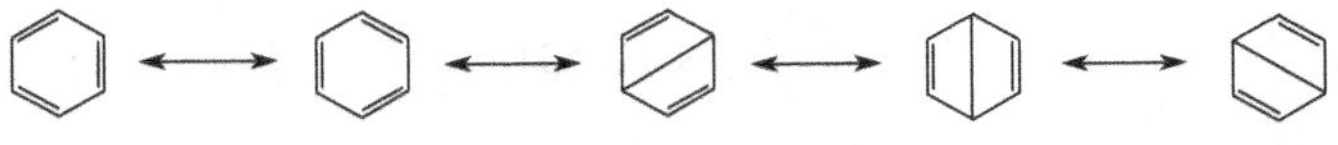

（原因④）不稳定　　　（原因④）不稳定　　　（原因④）不稳定

共振论在解释共轭多烯中很多结构和性质上是成功的，它与共轭效应一致，是一定的表示方法，因在经典结构基础上，引入了一些人为规定，应用上有一定局限性，如依共振论概念，如下化合物与苯相似，也应该是稳定的。

实际这些化合物是非常活泼，极不稳定的，不具有芳香性。

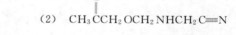

1. 用 δ^+ 和 δ^- 标出下述给定化合物的极性（例：$HO^{\delta^-}—H^{\delta^+}$）。

(1) $H_3C—Cl$　　　　　　　　(2) $H_3C—NH_2$　　　　　　　　(3) $HO—Br$

(4) $F—Br$　　　　　　　　　(5) $H_3C—OH$　　　　　　　　(6) $H_3C—MgBr$

2. 标明下列化合物的共价键和未成键电子对。

(1) $CH_3NHCH_2CH_3$　　　　　　　　(2) $(CH_3)_2CHCHO$

(3) $(CH_3)_2CHCl$　　　　　　　　　(4) $(CH_3)_3C(CH_2)_3CH_2OH$

3. 解释在形成丙烷（$CH_3CH_2CH_3$）分子时哪些杂化轨道包括在共价键中。

4. 指出下列化合物中除氢以外原子的杂化情况以及未成键电子对情况。

(1) $\underset{\underset{CH_3}{|}}{CH_3CHCH}=CHCH_2C\equiv CCH_3$　　　　　　　(2) $CH_3\overset{O}{\overset{\|}{C}}CH_2OCH_2NHCH_2C\equiv N$

5. 下列分子哪些偶极矩为 "0"

(1) CH_3CH_3　　　(2) CH_2Cl_2　　　(3) $H_2C=CH_2$　　　(4) $^+NH_4$

(5) $H_2C=O$　　　(6) $BeCl_2$　　　(7) $H_2C=CHBr$　　　(8) BF_3

6. 指出下列化合物中哪些指定的键较短，并指出 C、O、N 原子的杂化状态。

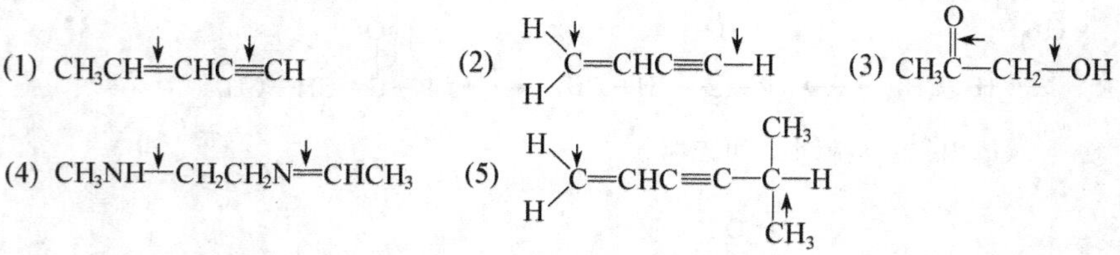

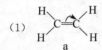 (2) (3)

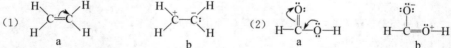

7. 写出 NO_2^- 及 CH_3COO^- 的极限结构式，并用弯箭头表示极限结构式的转变过程。

8. 从下列各组中，选出贡献较大的极限结构式。

(1) （图）　　　（图）　　　(2) （图）　　　（图）

9. 指出碳酸离子（CO_3^{2-}）三个碳氢键相对键长，并指出在每个氧原子上的电荷状况。

10. 下述化合物中哪个具有离域电子，并画出它们的共振结构。

(1) $CH_3CH_2NHCH_2CH=CH_2$　　(2) $CH_2=CHCH_2CH=CH_2$　　(3)

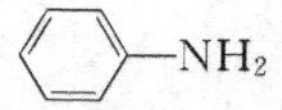

(4) 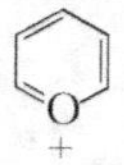 （图）　　　　　　　(5) 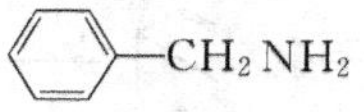 （图）CH_2NH_2　　　(6) $CH_3CH=CHCH=CHCH_2^+$

11. 画出下列化合物的共振结构，依稳定性大小排出这些结构对杂化体的贡献，并说明原因。

(1) $CH_3\overset{|}{\underset{CH_3}{C}}-CH=CHCH_3$

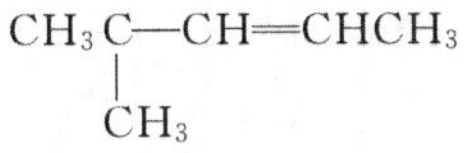

(2) $CH_3\overset{O}{\overset{||}{C}}OCH_3$

(3) cyclohexane ring with $\overset{-}{}{=}O$

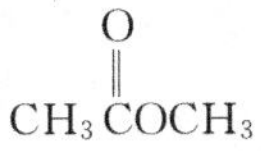

(4) cyclohexane ring with $\overset{+}{}{=}O$

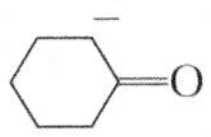

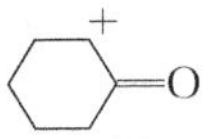

(5) $CH_3\overset{\overset{+}{OH}}{\underset{}{C}}=\overset{}{N}\overset{-CH_3}{\underset{-CH_3}{}}$

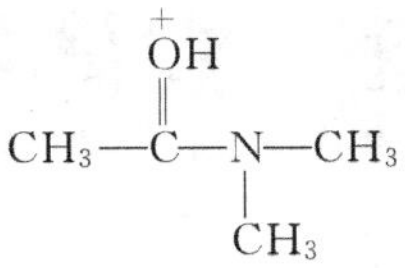

(6) $CH_3\overset{+}{CH}-CH=CHCH_3$

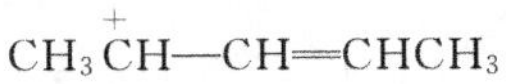

第3章 立体结构化学

💬 **本章提要**　介绍了立体结构化学的基本概念，包括构象异构、构型异构以及对映异构。

🔖 **关键词**　构象异构　σ旋转　胺转换　构型异构　顺反异构　手性异构　旋光性和比旋光度　R-S 标记法　对映体　消旋体

　　路易·巴士德（Louis Pasteur，1822~1895）法国微生物学家、化学家。早在一百多年前，巴斯德就认为手性是宇宙的普遍特征，他提出："宇宙是非对称的……，所有生物体在其结构和外部形态上，究其本源都是宇宙非对称性的产物"。

　　事实上，许多生物体中都蕴藏着大量手性分子，如氨基酸、糖、DNA 和蛋白质等。绝大多数的昆虫信息素也都是手性分子，人们利用它来诱杀害虫。很多农药也是手性分子，比如除草剂 Metolachlor，其左旋体具有非常高的除草性能，而右旋体不仅没有除草作用，而且具有致突变作用。

　　左旋体和右旋体在生物体内的作用为什么这么大呢？这主要由于生物体内的酶和受体都是手性的，它们对药物具有精确的手性识别能力，只有匹配时才能发挥药效。

　　然而，在许多情况下，同一种手性分子的右旋体和左旋体是混合在一起的。那么，如何将它们拆分开来呢？

　　19 世纪 40 年代，路易·巴士德首先发现酒石酸有旋光现象，并于 1849 年首次采用镊子在放大镜下将酒石酸的右旋体和左旋体成功分离。

　　利用上述方法分离手性化合物的前提条件是该手性分子生成的晶体较大，外观差别较明显。事实上能够采用手工分离法拆分的手性化合物很少。从这个意义上来讲，路易·巴士德是非常幸运的。

　　具有相同分子式，但原子连接方式或空间排布不同的化合物叫异构体。其可分成两大类，一是结构异构，如乙醇和甲醚，其分子式尽管相同，但原子连接方式不同，所以互为异构体。二是立体异构，其特征是原子连接方式相同，而原子的空间排布不同。这类异构又可分成两类，即构象异构与构型异构。

　　构象异构是一类在室温下快速互变的立体异构体，因其互变速度很快，所以相互无法分离。其包括 C—C σ 单键旋转异构及胺转化异构。

　　构型异构是一类通常不能互变的立体异构体，可以被分离。包括 π 共价键的顺反异构及手性异构。

3.1 构象异构

　　构象异构是由于分子中碳碳单键的自由旋转所造成，如乙烷与环己烷的构象异构现象。

乙烷分子中 C—C σ 键可以自由旋转。在旋转过程中，由于两个甲基上的氢原子的相对位置不断发生变化，这就形成了许多不同的空间排列方式。这种仅仅由于围绕单键旋转，而引起的分子中各原子在空间的不同排布方式称为构象。乙烷的构象可以有无数种。其中一种是一个甲基上的氢原子正好处在另一个甲基的两个氢原子之间的中线上，这种排布方式叫做交叉式构象。另一种是两个碳原子上的各个氢

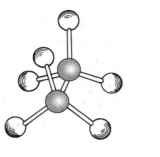 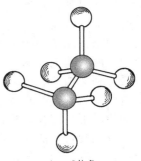

重叠式构象 交叉式构象

图 3.1 乙烷的球棒模型

原子，正好处在相互对映的位置上，这种排布方式叫做重叠式构象。交叉式构象和重叠式构象是乙烷无数构象中的两种极端情况。用球棒模型很容易看清楚乙烷分子中各原子在空间不同排布，各种构象也可用透视式表示，例如乙烷的交叉式构象和重叠式构象如图 3.1 所示。

透视式表示从斜侧面看到的乙烷分子模型的形象，如图 3.2 （a）所示。在透视式中，虽然各键都可以看到，但各氢原子间的相对位置，不能很好地表达出来。因此纽曼提出了以投影方法观察和表示乙烷立体结构的方法，叫做纽曼投影法。按照这个方法，要从碳碳单键的延长线上观察化合物分子，投影时以圆圈表示碳碳单键上的碳原子。由于前后两个碳原子重叠，纸面上只能画出一个圆圈。前面碳上的三个碳氢键可以从圆心出发，彼此以 120° 夹角向外伸展的三根线代表。后面碳上的三个碳氢键，则用从圆周出发彼此以 120° 夹角向外伸展的三根线来表示。乙烷分子的纽曼投影式如图 3.2 （b）所示。

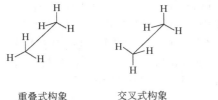

重叠式构象 交叉式构象
(a) 用透视式表示乙烷的构象

重叠式构象
最不稳定的乙烷构象

交叉式构象
最稳定的乙烷构象

(b) 乙烷分子的纽曼投影式

图 3.2 乙烷分子的构象

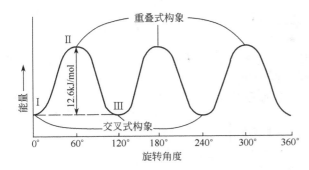

图 3.3 乙烷单键旋转能量变化示意图

交叉式构象中，前面碳上的氢原子和后面碳上的氢原子之间距离最远，相互间斥力最小，这种构象能量最低。重叠式构象中，前面碳上的氢原子和后面碳上的氢原子距离最近，斥力最大，因而重叠式构象能量最高。处在这两种构象之间的无数构象，其能量都在交叉式和重叠式构象之间。如以能量为纵坐标，C—C σ 键的旋转角度为横坐标，随着乙烷碳碳单键旋转角度的改变而作图，它

的能量变化如图 3.3 所示。

从一个交叉式构象通过碳碳单键旋转到另一个交叉式构象，中间必须经过能量比交叉式高 12.6kJ/mol 的重叠式构象，也就是说，它必须克服 12.6kJ/mol 的能垒才能完成这种旋转。

　　由此可见，乙烷单键的旋转也并不是完全自由的。可以把这个能垒看作是克服氢原子之间的斥力，以及很可能还有由于碳氢键电子云之间斥力所需要的能量。重叠式构象中，由于前后两个氢原子相距最近，以及碳氢键之间 σ 电子云的斥力最大，所以能量最高。交叉式构象中，两个碳上的两个氢原子以及两个碳氢键相距最远，斥力最小，所以能量最低，它是乙烷最有利的构象。可以认为重叠式和交叉式之间的能量差代表了乙烷的一种张力，这种张力是由于乙烷的重叠式构象要趋向最稳定的交叉式构象而产生的键的扭转能。任何一种中间构象的相对不稳定性，都可以认为是由于它的扭转张力所引起的。

　　单键旋转的能垒一般在 $12.6\sim41.8\text{kJ/mol}$ 范围内，在室温下分子的热运动即可越过此能垒，而使各种构象迅速互变。分子在某一构象停留的时间很短（$<10^{-6}\text{s}$），因此不能把某一构象"分离"出来。

　　环己烷也不是平面结构。较为稳定的构象是折叠的椅型构象和船型构象。这两种构象的透视式和纽曼投影式如图 3.4 所示。

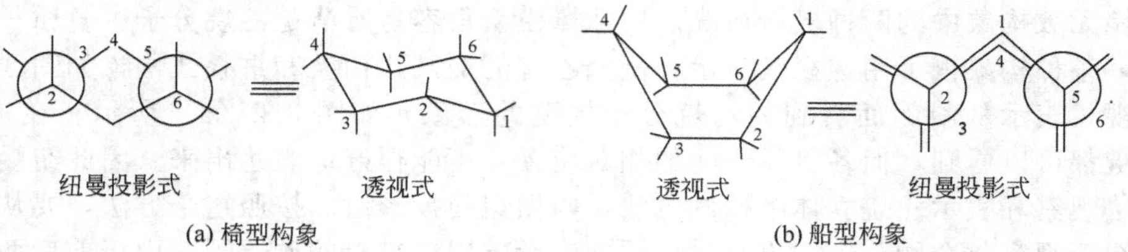

（a）椅型构象　　　　　　　　　（b）船型构象

图 3.4　环己烷的构象

　　在椅式构象中，所有 C—C—C 键角基本保持 $109.5°$。而任何两个相邻碳上的 C—H 键都是交叉式的。所以环己烷的椅型构象是个无张力环。在船型构象中，所有键角亦都接近 $109.5°$，故也没有角张力。但其相邻碳上的 C—H 键却并非全是交叉的。在船型构象中，C^2 和 C^3 上的 C—H 键，以及 C^5 和 C^6 上的 C—H 键，都是重叠式的。这从船型构象的纽曼投影式可以清楚地看出来。此外，在船型构象中，C^1 和 C^4 上的两个向内伸的氢原子之间距离较近而相互排斥，这也使分子的能量有所升高。船型和椅型相比，船型的能量高得多，也就不稳定得多。许多物理方法已经证实，在常温下，环己烷的椅型和船型构象是互相转化的，在平衡混合物中，椅型占绝大多数（99.9%）。

　　第二类的构象异构是胺转换，它是由于拥有未成键电子对的氮原子在室温下里外转换而造成。它类似于暴风雨中雨伞的翻转。

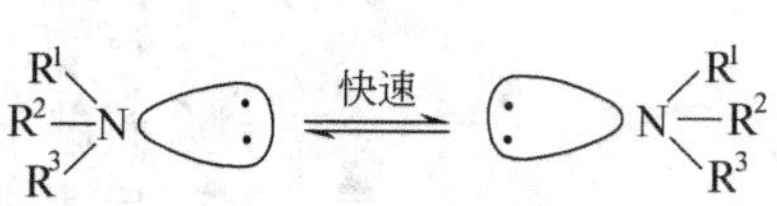

　　正由于转换速度极快，所以单一异构体无法分离，在胺转换中未成键电子对是必不可少的，因此不具有未成键电子对的季铵盐离子无此现象。

　　胺的转换是通过一个 sp^3 氮原子变成 sp^2 氮原子过渡态而形成。

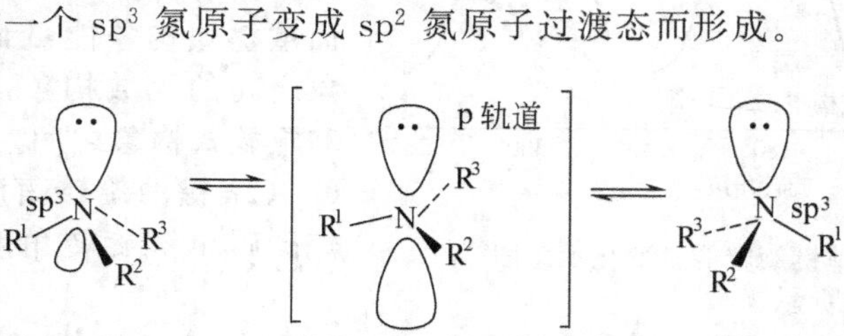

　　胺转换所需的能量为 25kJ/mol，约为碳碳单键旋转所需能量的两倍，但它仍远低于在室温下从环境可得到的能量。

3. 2　构 型 异 构

3. 2. 1　顺反异构

由于双键不能自由旋转，而且双键两端碳原子连接的四个原子是处在同一平面上，当双键的两个碳原子各连接不同的原子或基团时，就有可能生成两种不同的异构体：

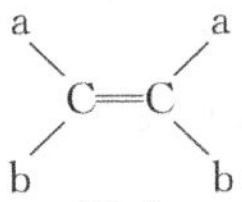

这种由于双键的碳原子连接不同基团而形成的异构现象叫做顺反异构现象，形成的同分异构体叫做顺反异构体。顺反异构体的分子构造是相同的，即分子中各原子的连接次序是相同的，但分子中各原子在空间的排列方式（即构型）是不同的。由不同的空间排列方式引起的异构现象又叫做立体异构现象，顺反异构现象是立体异构现象的一种。

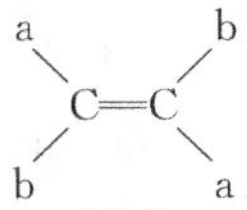

并不是所有烯烃都有顺反异构。只要有一个双键碳原子所连接的两个取代基是相同的，就没有顺反异构。例如 1-丁烯只有一种空间排列方式：

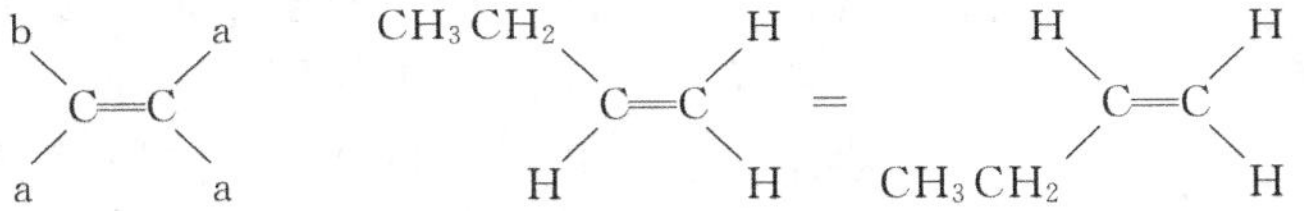

反之，当双键的两个碳原子各连接两个不同基团时，就有顺反异构现象。下列化合物都有顺反异构体存在：

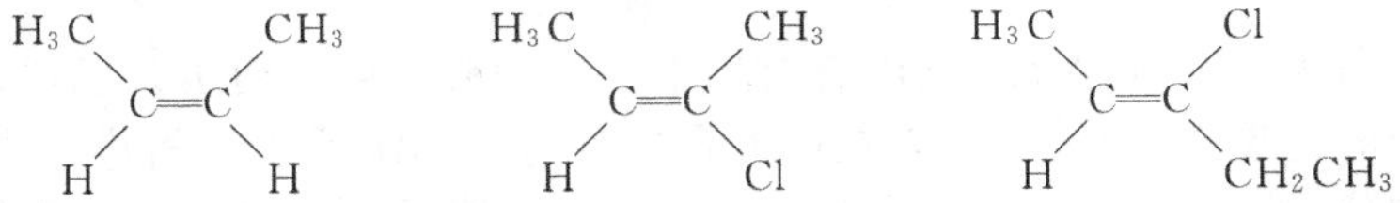

一般在顺反异构体名词之前加"顺-"（cis-）或"反-"（trans-）来表示顺反异构体的构型。例如：

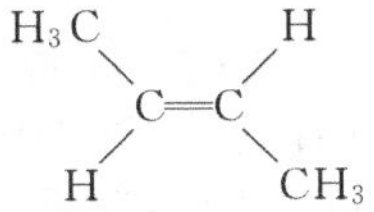

反-2-丁烯 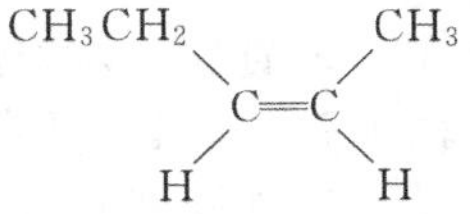　　　　　　　　顺-2-戊烯 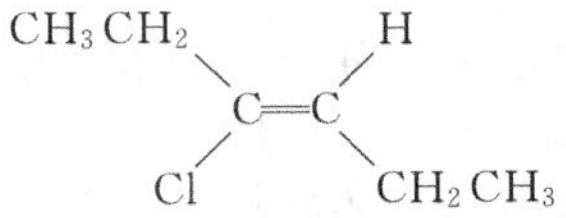　　　　　　　　反-3-氯-3-己烯

3. 2. 2　手性异构

饱和碳原子具有四面体结构。用模型可以清楚地把饱和碳原子的立体结构表示出来。例如乳酸（2-羟基丙酸）的立体结构可用如图 3.5 所示的模型来表示。

这两个模型都是四面体中心的碳原子连着 H、CH_3、OH 和 COOH。它们都代表 CH_3—CHOH—COOH，那么它们代表的是否是同一化合物呢？初看时，它们像是同样的。但是把这两个模型叠在一起仔细观察，就会发现，无论把它们怎样放置，都不能使它们完全叠合。因此它们并不是相同的。这两个模型的关系正像左手和右手的关系一样：它们不能相互重合，但却互为镜像。

一个物体若与自身镜像物体不能重合，就叫做具有手性。上述两个互相不能重合的分子模型正是互为镜像的，所以代表着两种立体结构不同的乳酸分子。在立体化学中，不能与镜

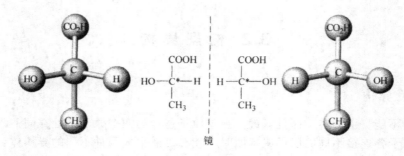

图 3.5 乳酸分子模型

像重合的分子叫做手性分子，而能重合的叫做非手性分子。乳酸分子就是手性分子。

要判断一个化合物是否具有手性，并非一定要用模型来考察它与镜像能否重合起来。一个分子是否能与其镜像重合，与分子的对称性有关。只要考察分子的对称性就能判断它是否具有手性。考察分子的对称性，需要考虑的对称因素主要有下列四种：对称面、对称中心、对称轴及交替对称轴。

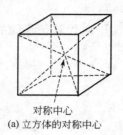

对称中心
(a) 立方体的对称中心

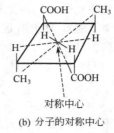

对称中心
(b) 分子的对称中心

图 3.6 对称中心

(1) 对称面（镜面） 设想分子中有一平面，它可以把分子分成互为镜像的两半，这个平面就是对称面。

(2) 对称中心 设想分子中有一个点，从分子中任何一个原子出发，向这个点作一直线，再从这个点将直线延长出去，则在与该点前一段等距离处，可以遇到一个同样的原子，这个点就是对称中心。如图 3.6 所示。

如果一个分子既没有对称面，又没有对称中心，一般就可以初步断定它是手性分子。

分子中原子的连接次序和连接方式是分子的构造。而原子的空间排列方式是分子的构型。构造一定的分子，可能有不止一种构型。例如烯烃中的顺反异构体，即是构造相同而构型不同的化合物。凡是手性分子，必有互为镜像的构型。互为镜像的两种构型的异构体叫做对映体。

乳酸是手性分子，故有对映体存在。乳酸的一对对映体可用两个互为镜像的模型代表。一对对映体的构造相同，只是立体结构不同，因此它们是立体异构体。这种立体异构体就叫做对映异构。对映异构和顺反异构一样，都是构型异构。要把一种异构体变成它的构型异构体，必须断裂分子中的两个键。然后对换两个基团的空间位置。而构象异构则不同，只要通过键的扭转，一种构象异构体就可以转变成另一种构象异构体。

3.3 对映异构

3.3.1 含有一个手性碳原子化合物的对映异构

有机化合物分子是否具有手性决定于其化学结构。在有机化合物中，手性分子大都含有与四个互不相同的基团相连的碳原子。这种碳原子没有任何对称因素，故叫做不对称碳原子，或手性碳原子。乳酸 $CH_3^*CHOHCOOH$ 的第二个碳就是这样的一个碳原子。在结构式中通常用" * "标出手性碳原子。

　　含有一个手性碳原子的分子一定是手性分子。一个手性碳原子可以有两种构型，所以含有一个手性碳原子的化合物有构型不同的两种分子。例如，含有一个手性碳原子的乳酸就有两种。它们的熔点都是 53℃，右旋乳酸 $[\alpha]_D^{15}=+2.6°$，左旋乳酸 $[\alpha]_D^{15}=-2.6°$。它们可以分别由葡萄糖在不同的菌种作用下经发酵制得。用化学合成的方法也能制得乳酸，但合成得到的乳酸和用发酵法得到的乳酸，性质上有差异。前者没有旋光性，熔点只有 18℃。这是因为由合成得到的乳酸不是单纯的化合物，而是等量的右旋乳酸和左旋乳酸的混合物。右旋乳酸和左旋乳酸旋光方向相反，但旋光能力相等，所以等量混合时，旋光性就消失了。这种由等量的对映体相混合而形成的混合物叫做外消旋体。外消旋体不仅没有旋光性，并且其他物理性质也往往与单纯的旋光体不同。用一般的物理方法，例如分馏、重结晶等方法，不能把它们分开。要达到拆开分离的目的，必须采用其他特殊的方法。

3.3.2　含有多个手性碳原子化合物的立体异构

　　含有一个手性碳原子的化合物有一对对映体。分子中如果含有多个手性碳原子，立体异构体的数目就要多一些。因为，每个手性碳原子可以有两种构型，所以，含有两个手性碳原子的化合物就有四种构型。例如 2-羟基-3-氯丁二酸有下列四种立体异构体：

COOH	COOH	COOH	COOH
HO—H	H—OH	HO—H	H—OH
Cl—H	H—Cl	H—Cl	Cl—H
COOH	COOH	COOH	COOH
（Ⅰ）	（Ⅱ）	（Ⅲ）	（Ⅳ）
(2R, 3R)	(2S, 3S)	(2R, 3S)	(2S, 3R)

　　这四种异构体中，（Ⅰ）与（Ⅱ）是对映体，（Ⅲ）与（Ⅳ）是对映体，（Ⅰ）与（Ⅱ）的等量混合物是外消旋体，（Ⅲ）和（Ⅳ）的等量混合物也是外消旋体。即两对对映体可以组成两种外消旋体。

　　（Ⅰ）与（Ⅲ）或（Ⅳ），以及（Ⅱ）与（Ⅲ）或（Ⅳ）也是立体异构体。但它们不是互为镜像，不是对映体。这种不对映的立体异构体叫做非对映体。对映体除旋光方向相反外，其他物理性质都相同。非对映体旋光度不相同，而旋光方向则可能相同，也可能不同，其他物理性质都不相同（见表 3.1）。因此非对映体混合在一起，可以用一般的物理方法将它们分离开来。

表 3.1　2-羟基-3-氯丁二酸的物理性质

构　型	熔点/℃	$[\alpha]$	构　型	熔点/℃	$[\alpha]$
(2R,3R)-(−)	173	−31.3(乙酸乙酯)	(2R,3S)-(−)	167	−9.4(水)
(2S,3S)-(+)	173	+31.3(乙酸乙酯)	(2S,3R)-(+)	167	+9.4(水)

　　分子中含有的手性碳原子愈多，异构体的数目愈多。含有两个手性碳原子有四种异构体，含有三个手性碳原子就有八种异构体。

　　一般，含有 n 个手性碳原子的化合物，最多可以有 2^n 种立体异构体。但有些分子异构体的数目小于这个最大可能数。例如，酒石酸含有两个手性碳原子，可能有如下四种构型：（Ⅰ）和（Ⅱ）是对映体。（Ⅲ）和（Ⅳ）也好像是对映体，但实际上（Ⅲ）和（Ⅳ）是同一分子，因为它们可以互相叠合。只要把（Ⅲ）以通过 C^2—C^3 键中点的垂直线为轴旋转 180°，就可以看出来它是可以与（Ⅳ）叠合的。也就是说，（Ⅲ）和（Ⅳ）是相同的。

　　（Ⅲ）既然能与其镜像叠合，它就不是手性分子。在它的全叠合式构象中可以找到一个对称面。在它的对位交叉式构象中可以找到一个对称中心。

　　这种虽然含有手性碳原子，但却不是手性分子，它是没有旋光性的化合物，叫做内消旋

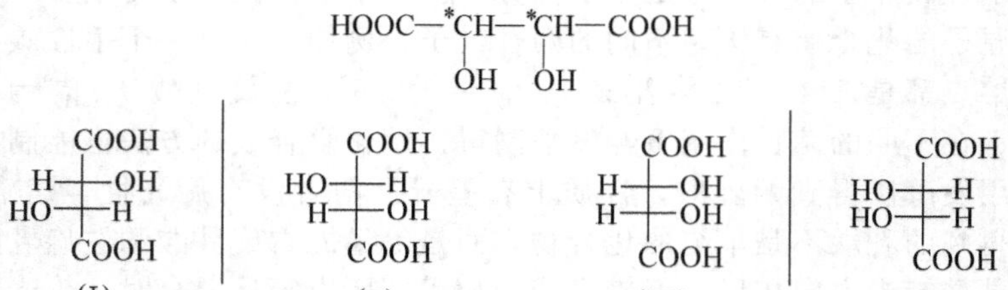

HOOC—*CH—*CH—COOH
    OH OH

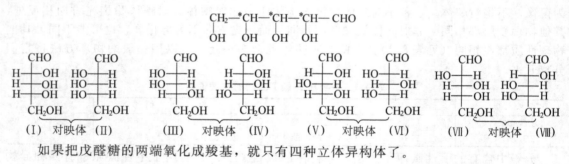

（Ⅰ）   （Ⅱ）   （Ⅲ）   （Ⅳ）

(2R, 3R)   (2S, 3S)   (2R, 3S)   (2S, 3R)

体。酒石酸的立体异构体中有一个内消旋体，因此异构体的数目就比 2^n 少——总共只有三种异构体，而不是四种。

  酒石酸之所以有内消旋体，是因为它的两个手性碳原子所连基团的构造完全相同。当这两个手性碳原子的构象相反时，它们在分子内可以互相对映。因此，整个分子不再具有手性。由此可见，含有一个手性碳原子的分子必有手性，但是含有多个手性碳原子的分子却不一定都有手性。所以，不能说凡是含有手性碳原子的分子都是手性分子。

  内消旋酒石酸（Ⅲ）和有旋光性的酒石酸（Ⅰ）或（Ⅱ）是不对映的立体异构体，即非对映体，所以（Ⅲ）不仅没有旋光性，并且物理性质也与（Ⅰ）或（Ⅱ）不相同（见表3.2）。

表 3.2 酒石酸的物理性质

酒石酸	熔点/℃	[α]	酒石酸	熔点/℃	[α]
（Ⅰ）右旋	170	+12°	（Ⅲ）内消旋	146	0°
（Ⅱ）左旋	170	−12°			

  内消旋体和外消旋体都没有旋光性，但它们本质不同。前者是一个单纯的非手性分子，而后者是两种互为对映体的手性分子的等量混合物。所以外消旋体可以用特殊方法拆分成两个组分，而内消旋体是不可分的。

  含有三个手性碳原子的化合物最多可能有 8（2^3）种立体异构体。例如戊醛糖（2，3，4，5-四羟基戊醛）就有如下八种构型：

CH_2—*CH—*CH—*CH—CHO
OH OH OH OH

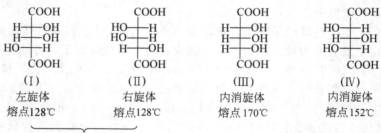

（Ⅰ）对映体（Ⅱ） （Ⅲ）对映体（Ⅳ） （Ⅴ）对映体（Ⅵ） （Ⅶ）对映体（Ⅷ）

  如果把戊醛糖的两端氧化成羧基，就只有四种立体异构体了。

   COOH   COOH   COOH   COOH

（Ⅰ）   （Ⅱ）   （Ⅲ）   （Ⅳ）

左旋体   右旋体   内消旋体   内消旋体
熔点128℃   熔点128℃ 熔点170℃ 熔点152℃

外消旋体熔点155℃

（Ⅰ）和（Ⅱ）是一对对映体，可以组成外消旋体。（Ⅰ）、（Ⅱ）的 C^2 和 C^4 所连基团构造相同，构型也相同，因此（Ⅰ）和（Ⅱ）的 C^3 不是手性碳原子。（Ⅲ）、（Ⅳ）与（Ⅰ）、（Ⅱ）不同。（Ⅲ）、（Ⅳ）的 C^2 和 C^4 所连基团虽然构造相同，但是构型不同。因此（Ⅲ）和（Ⅳ）虽然有手性碳原子，却是非手性分子。因为它们都有一个通过 C^3 及其所连的 H 和 OH 的对称元素（面），都是内消旋体。像（Ⅲ）、（Ⅳ）分子中 C^3 这样的不能对分子的手性起作用的手性碳原子，叫做假手性碳原子。

在立体化学中，含有多个手性碳原子的立体异构体中，只有一个手性碳原子的构型不相同，其余的构型都相同的非对映体，又叫做差向异构体。内消旋酒石酸与有旋光性的酒石酸中有一个手性碳原子的构型不相同，所以它们是差向异构体。又如在 2,3,4,5-四羟基戊醛的 8 种立体异构体中，（Ⅰ）和（Ⅲ），（Ⅰ）和（Ⅴ），（Ⅰ）和（Ⅶ）也都是差向异构体。

3.4　构型的表示法、构型的确定和构型的标记

3.4.1　构型的表示法

用分子模型可以清楚地表示手性碳原子的构型。现在广为使用的是菲舍尔投影式。例如，两种乳酸模型的图形和它们的菲舍尔投影式如下：

$$
\begin{array}{c}
\text{COOH} \\
\text{H}\!-\!\!-\!\text{OH} \\
\text{CH}_3
\end{array}
\qquad\qquad
\begin{array}{c}
\text{COOH} \\
\text{OH}\!-\!\!-\!\text{H} \\
\text{CH}_3
\end{array}
$$

在菲舍尔投影式中，两个竖立的键代表模型中向纸面背向伸去的键，两个横在两边的键则表示模型中向纸面前方伸出的键，而模型中的手性碳原子正好在纸面上。在书写菲舍尔投影式时，必须将模型按这样的规定方式投影。同样，在使用菲舍尔投影式时，也必须记住这种按规定方式表示的立体概念。

应该注意，对于菲舍尔投影式，可以把它在纸面上旋转 180°，但绝不能旋转 90° 或 270°，也不能把它脱离纸面翻一个身。因为旋转 180° 后的投影式仍旧代表原来的构型；而旋转 90° 或 270° 后，原来的竖键变成了横键，原来的横键变成了竖键。所以旋转 90° 或 270° 后的投影式把原来向后伸去的键变成了向前伸出，而把原来向前伸出的键变成了向后伸去，这样这个投影式就不再代表原来的构型，而是代表原构型的镜像了。如果把投影式翻个身，则翻身前后所有键的伸出方向都正好相反，因此翻身前后的两个投影式并不代表同一个构型。

以菲舍尔投影式表示构型，应用相当普遍。但有时为了更直观些，也常采用另一种表示法，即将手性碳原子表示在纸面上，用实线表示在纸面上的键，用虚线表示伸向纸后方的键，用锲形实线表示伸向纸前方的键。例如用这种方法所表示的两种乳酸构型及其相应的菲舍尔投影式如下：

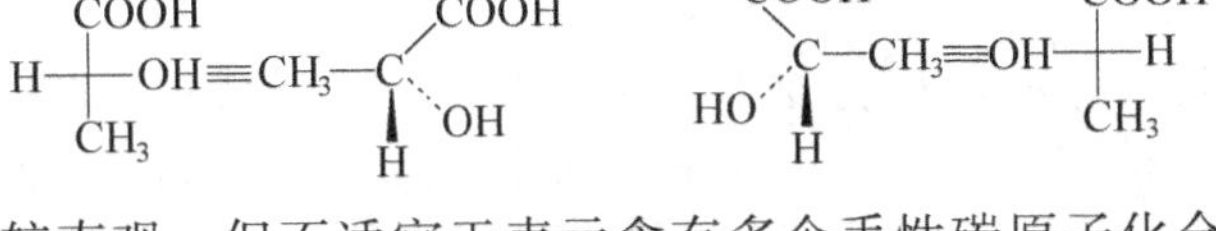

这种表示方式虽然比较直观，但不适宜于表示含有多个手性碳原子化合物的构型。

3.4.2　构型的确定

对映体是具有互为镜像的两种构型的异构体。它们可以用两个菲舍尔投影式来表示，其中一个投影式代表右旋体，另一个代表左旋体。但是哪一个代表右旋体，哪一个代表左旋

体，从模型或投影式中是看不出来的，但可以通过旋光仪测定，同样，根据旋光方向也不能判断构型。因此，对于对映体的构型，在还没有直接测定的方法之前，只能是任意指定的。即如果指定右旋体构型是两种构型中的某一种，那么左旋体就是另一种。因而这种构型只具有相对的意义。同时对各种化合物的构型如果都这样任意地指定，必然会造成混乱。为此，有必要选定一种化合物的构型作为确定其他化合物构型的相对标准。甘油醛（2,3-二羟基丙醛 $CH_2OH^*CHOHCHO$）就是一个被选定的作为构型标准的化合物，它含有一个手性碳原子，两种构型的投影式如下：

$$
\begin{array}{cc}
\text{CHO} & \text{CHO} \\
\text{H}\!-\!\!\!-\!\text{OH} & \text{HO}\!-\!\!\!-\!\text{H} \\
\text{CH}_2\text{OH} & \text{CH}_2\text{OH} \\
（\text{I}） & （\text{II}）
\end{array}
$$

现指定（I）代表右旋甘油醛的构型，那么（II）就是左旋甘油醛的构型。在甘油醛的投影式中，总是把碳链竖立起来，醛基（第一个碳原子）在上面，而羟甲基（第三个碳原子）在下面，第二个碳原子（即手性碳原子）的羟基和氢原子在碳链的左右两边。右旋甘油醛的羟基在右边，氢在左边。以甘油醛为标准所确定的是各种旋光化合物的相对构型，而左旋甘油醛则反之。以甘油醛这种人为指定的构型为标准，再确定其他化合物的相对构型。

　　一般是用通过化学反应把其他化合物与甘油醛相关联或相对照的方法来确定的。即将未知构型的化合物，经过某些化学反应转化成甘油醛。或者由甘油醛转化成未知构型的化合物。在这些化学转化中，一般是利用反应过程中与手性碳原子直接相连的键不发生断裂的反应，以保证手性碳原子的构型不发生变化。例如，下面所列出的各反应都不涉及手性碳原子上的键，通过这些转化，可以确定左旋乳酸具有与右旋甘油醛相同的构型。即在左旋乳酸的投影式中也是羟基在手性碳原子的右边，氢原子的左边。那么两种甘油醛的真正的构型，即绝对构型是否正如所指定的，还是正好相反，这个问题直到直接测定了右旋酒石酸铷钠的绝对构型，证实了由化学关联比较法所确定的相对构型与其绝对构型正巧是一致的。从而也证明了过去人为任意指定的甘油醛的构型也正是其绝对构型。虽然用 X 射线衍射法可以直接确定一些化合物的构型，但这个方法并不方便。故化合物的构型一般仍常用上述间接方法确定。

$$
\begin{array}{c}
\text{CHO} \\
\text{H}\!-\!\!\!-\!\text{OH} \\
\text{CH}_2\text{OH} \\
（+）\text{甘油醛}
\end{array}
\xrightarrow{\text{HgO}}
\begin{array}{c}
\text{COOH} \\
\text{H}\!-\!\!\!-\!\text{OH} \\
\text{CH}_2\text{OH}
\end{array}
\xrightarrow{\text{HNO}_2}
\begin{array}{c}
\text{COOH} \\
\text{H}\!-\!\!\!-\!\text{OH} \\
\text{CH}_2\text{NH}_2
\end{array}
\xrightarrow{\text{NaNO}_2+2\text{HBr}}
\begin{array}{c}
\text{COOH} \\
\text{H}\!-\!\!\!-\!\text{OH} \\
\text{CH}_2\text{Br}
\end{array}
\xrightarrow{\text{Na}+\text{Hg}}
\begin{array}{c}
\text{COOH} \\
\text{H}\!-\!\!\!-\!\text{OH} \\
\text{CH}_3 \\
（-）\text{-乳酸}
\end{array}
$$

3.4.3　构型的标记

　　构造异构体在命名时，有必要将它们的构型分别给以一定的标记。例如，乳酸 $CH_3CHOHCOOH$ 有两种构型，对于不同的构型，通常是在"乳酸"这一名称前再加上一定的标记以示区别。构型的标记有多种，过去常用的是 D-L 标记法，现在广为采用的是 R-S 标记法。

　　D-L 标记法是以甘油醛的构型为对照标准来进行标记的。右旋甘油醛的构型被定为 D 型，左旋甘油醛的构型被定为 L 型。凡通过实验证明其构型与 D-甘油醛相同的化合物，都叫做 D 型，命名时标以"D"；而构型与 L-甘油醛相同的，都叫做 L 型，命名时标以"L"。"D"和"L"只表示构型，不表示旋光方向。命名时，若既要表示构型又要表示旋光方向，则旋光方向用"（+）"或"（-）"表示。例如，前已证明左旋乳酸的构型与右旋甘油醛（即 D-（+）-甘油醛）相同，所以左旋乳酸的名称为 D-（-）-乳酸。

　　D-L 标记法应用已久，也较方便。但是这种标记只表示出分子中一个手性碳原子的构型。对于含有多个手性碳原子的化合物，用这种标记法并不合适，有时甚至会产生名称上的混乱。

R-S 标记法是根据手性碳原子所连四个基团在空间的排列来标记的。其方法是，先把手性碳原子所连的四个基团按次序规则排队（基团的优先次序规则见第 1 章 1.2）其顺序为 a、b、c、d。将该手性碳原子在空间作如下安排：把排在最后的基团 d 置于离观察者最远的位置，然后按先后次序观察其他三个基团。即从排在最先的 a 开始，经过 b，再到 c 轮转着看。如果轮转的方向是顺时针的，则将该手性碳原子的构型标记为 "R"（拉丁文 Rectus 的缩写，"右" 的意思）；如果是逆时针的，则标记为 "S"（拉丁文 Sinister 的缩写，"左" 的意思）。

R-S 标记法也可直接应用于菲舍尔投影式。先将次序排在最后的基团 d 放在一个竖立的（即指向后方的）键上，然后依次轮看 a、b、c。如果是顺时针方向轮转的，该投影式所代表的构型即为 R 型，如果是反时针方向轮转的，即为 S 型。

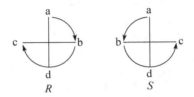

基团次序为：a＞b＞c＞d

如果在待标记分子的菲舍尔投影式中 d 是在横着的键上，则因这个键是伸出前方的（即不在远离观察者的位置上），因此依次轮看 a、b、c 时，如果是顺时针方向轮转的，所代表的构型是 S 型，反时针方向轮转的是 R 型。这与 d 在竖立键上的结论正好相反。

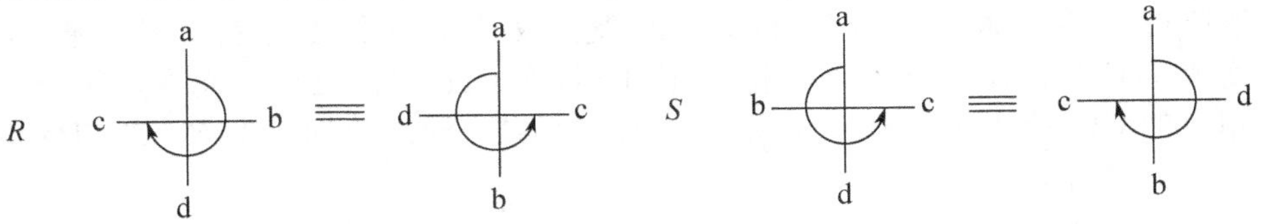

基团次序为：a＞b＞c＞d

以乳酸为例，先将手性碳原子的四个基团进行排队，它们的先后次序是：$OH＞COOH＞CH_3＞H$。因此乳酸的两种构型可分别如下识别和标记：

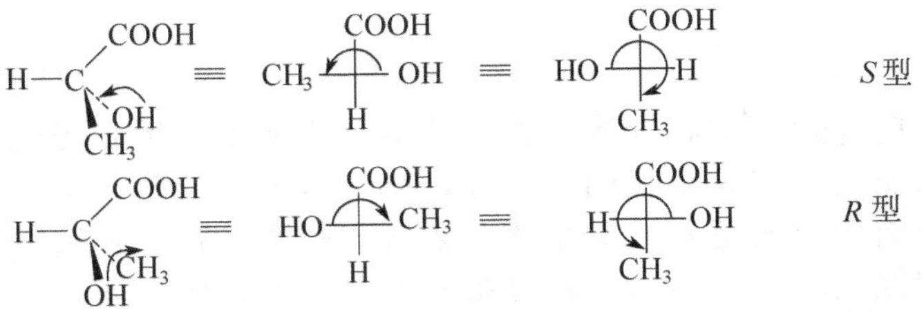

右旋乳酸是 S 型，左旋乳酸是 R 型，所以这两种乳酸的名称分别是 (S)-(＋)-乳酸和 (R)-(－)-乳酸。

分子中含有多个手性碳原子的化合物，命名时可用 R-S 标记法将每个手性碳原子的构型一一标出。例如：

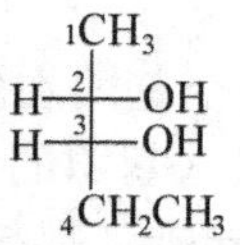

$$
\begin{array}{c}
{}^{1}\mathrm{CH_3} \\
\mathrm{H}\!-\!\overset{2}{\underset{}{\rule{0pt}{0pt}}}\!-\!\mathrm{OH} \\
\mathrm{H}\!-\!\overset{3}{\underset{}{\rule{0pt}{0pt}}}\!-\!\mathrm{OH} \\
{}^{4}\mathrm{CH_2CH_3}
\end{array}
$$

C^2 所连四个基团的次序是 $OH > CHOHCH_2CH_3 > CH_3 > H$

C^3 所连四个基团的次序是 $OH > CHOHCH_3 > CH_2CH_3 > H$

所以 C^2 和 C^3 的构型分别为 S 和 R：

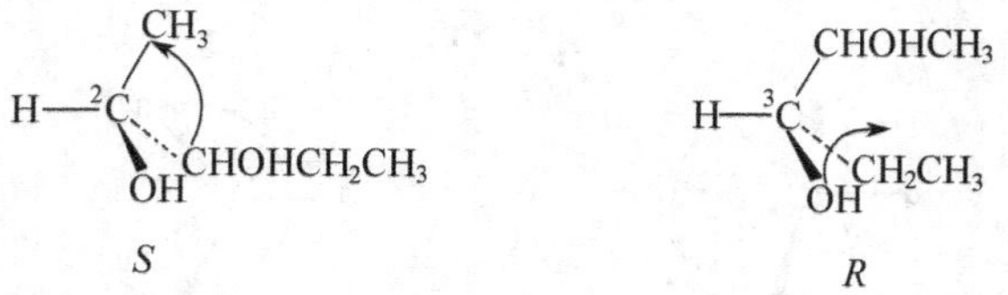

命名时，将手性碳原子的位次连同其构型写在括号里。这个化合物的名称是（2S，3R)-2,3-戊二醇。

R 和 S 是手性碳原子的构型根据其所连基团的排列顺序所作的标记。在一个化学反应中，如果手性碳原子构型保持不变，产物的构型和反应物的相同，但它的 R 和 S 标记却不一定与反应物的相同。反之，如果反应后手性碳原子的构型转化了，产物构型的 R 和或 S 标记也不一定与反应物的不同。因为经过化学反应，产物的手性碳上所连基团与反应物的不一样了，产物和反应物的基团的排列次序，与反应时构型是否保持不变无关。例如：

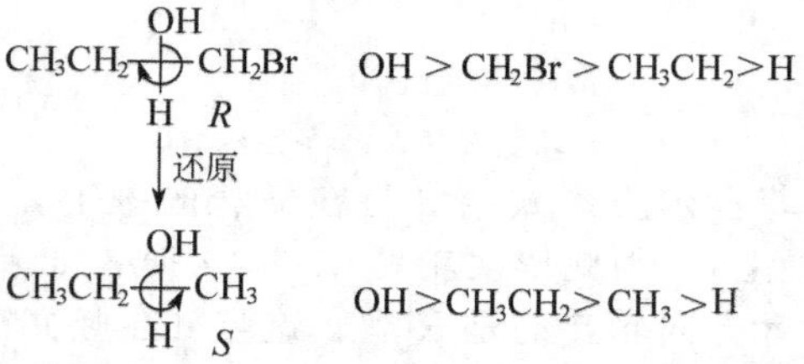

$$
\mathrm{CH_3CH_2}\!-\!\overset{OH}{\underset{H}{\overset{\big|}{\underset{\big|}{\rule{0pt}{0pt}}}}}\!-\!\mathrm{CH_2Br} \qquad OH > CH_2Br > CH_3CH_2 > H
$$

R

↓ 还原

$$
\mathrm{CH_3CH_2}\!-\!\overset{OH}{\underset{H}{\overset{\big|}{\underset{\big|}{\rule{0pt}{0pt}}}}}\!-\!\mathrm{CH_3} \qquad OH > CH_3CH_2 > CH_3 > H
$$

S

在还原时，手性碳原子的键未发生断裂，故反应后构型保持不变，但是还原后 CH_2Br 变成了 CH_3。在反应物分子中，CH_2Br 排在 CH_2CH_3 之前；而在产物分子中，与 CH_2Br 相应的 CH_3 却排在 CH_2CH_3 之后。所以反应物构型的标记是 R，产物构型的标记却是 S。

3.5 旋光性和比旋光度

3.5.1 旋光性

对映体是互为镜像的立体异构体。它们的熔点、沸点、相对密度、折射率、在一般溶剂中的溶解度以及光谱图等都相同。并且，在与非手性试剂作用时，它们的化学性质也一样。但是分子结构上的差异，在性质上必然会有所反映。对映体在物理性质上的不同，只表现在对偏振光的作用不同。表现在两者的旋光方向相反，即一个对映体是右旋的，另一个是左旋的。但是它们的旋光能力是相等的。就是说，如果其中之一在一定条件下右旋多少度，则另一个在相同的条件下左旋相同的度数。

光是一种电磁波。光波振动方向是与光的前进方向垂直的。普通光的光波在各个不

同的方向中振动。但是如果让它通过一
个尼科尔（Nicol）棱镜（用冰洲石制成
的棱镜），则透过棱镜的光就只在一个方
向上振动。这种光就叫做偏振光，如图
3.7 所示。

普通光　　尼科尔棱镜　　偏振光

图 3.7　偏振光的产生（双箭头表示光的振动方向）

当偏振光通过某种介质时，有的介
质对偏振光没有作用，即透过介质的偏振光仍在原方向上振动。而有的介质却能使偏振
光的振动方向发生旋转。这种能旋转偏振光的振动方向的性质叫做旋光性。具有旋光性
的物质叫做旋光性物质或光活性物质。偏振光通过旋光性物质，振动方向偏转了 α，α 称
为旋光度（旋光角），旋光性物质的旋光度和旋光方向可用旋光仪进行测定。

偏振光的形成

旋转后的偏振光

旋光仪主要由一个光源、两个尼科尔棱镜和一个盛液管组成。普通光经过第一个棱
镜（起偏镜）变成偏振光，然后通过盛液管，再由第二个棱镜（检偏镜）检验偏振光的
振动方向是否发生了旋转，以及旋转的方向和旋转的角度。

能使偏振光的振动方向向右旋的物质，叫做右旋物质；反之，叫做左旋物质。通常
用 "d"（拉丁文 dextro 的缩写，"右" 的意思）或 "＋" 表示右旋；用 "l"（拉丁文 laevo
的缩写，"左" 的意思）或 "－" 表示左旋。

在有机化学中，凡是手性分子，都具有旋光性（虽然有些手性分子因旋光度极小，
其旋光性用现有仪器还不能检测出来），而非手性分子则都没有旋光性。对映体是一对互
相对映的手性分子，它们都有旋光性。

3.5.2　比旋光度

由旋光仪测得的旋光度，甚至旋光方向，不仅与物质的结构有关，而且与测定的条
件有关，因为旋光现象是偏振光透过旋光性物质的分子时所造成的。透过的分子愈多，
偏振光旋转的角度愈大。因此，由旋光仪测得的旋光度与被测样品的浓度（如果是溶
液），以及盛放样品管子的长度，都密切相关。为了比较不同物质的旋光性，必须规定溶
液的浓度和盛放管的长度。通常把溶液的浓度规定为 1g/mL，盛液管的长度规定为 1dm，
并把在这种条件下测得的旋光度叫做比旋光度，一般用 $[\alpha]$ 表示。比旋光度只决定于物
质的结构。因此，各种化合物的比旋光度是它们各自特有的物理常数。

比旋光度按规定是指在上述特定条件下所测得的旋光度。但实际上，测定比旋光度
时，并不是一定要在上述条件下进行。一般可以用任一浓度的溶液，在任一长度的盛液
管中进行测定。然后将实际测得的旋光度 α，按下式换算成比旋光度 $[\alpha]$。

$$[\alpha] = \frac{\alpha}{l \times c}$$

式中　c——溶液的浓度，g/mL；

　　　l——管长，dm。

若被测物质是纯溶液，则按下式换算。

$$[\alpha] = \frac{\alpha}{l \times \rho}$$

式中 ρ——液体的密度，g/cm^3。

因偏振光的波长和测定时的温度对旋光度也有影响，故表示比旋光度时，通常还把温度和光源的波长标出来，将温度写在 $[\alpha]$ 的右上角，波长写在右下角，即 $[\alpha]_\lambda^t$。溶剂对比旋光度也有影响，所以也要注明所用溶剂。例如在 20℃ 时，以钠光灯为光源测得葡萄糖水溶液的比旋光度是右旋 52.5°，记为：

$$[\alpha]_D^{20} = +52.5°（水）$$

"D" 代表钠光波长。因钠光 589nm 相当于太阳光谱中的 D 线。

3.6 外消旋体的拆分

外消旋体是由一对对映体等量混合而组成的。对映体除旋光方向相反外，其他物理性质都相同，因此，虽然外消旋体是由两种化合物组成，但用一般的物理方法（例如分馏、分步结晶等）不能把一对对映体分离开来，必须用特殊的方法才能把它们拆开。将外消旋体分离成旋光体的过程通常叫做"拆分"。

拆分的方法很多，一般有下列几种。

（1）机械拆分法 利用外消旋体中对映体结晶形态上的差异，借肉眼直接辨认或通过放大镜进行辨认，用镊子把两种结晶体挑拣分开。此法要求结晶形态有明显的不对称性，且结晶大小适宜。此法比较原始，目前极少应用，只在实验室中少量制备时偶然采用。

（2）微生物拆分法 某些微生物或它们所产生的酶，对于对映体中的一种异构体有选择性的分解作用。利用微生物或酶的这种性质可以从外消旋体中把一种旋光体拆分出来。此法缺点是在分离过程中，外消旋体至少有一半被消耗掉了。

（3）选择吸附拆分法 用某种旋光性物质作为吸附剂，使之选择性地吸附外消旋体中的一种异构体，这样就可以达到拆分的目的。

（4）诱导结晶拆分法 在外消旋体的过饱和溶液中，加入一定量的一种旋光体的纯晶体作为晶种，于是溶液中该种旋光体含量较多，且在晶体的诱导下优先结晶析出。将这种结晶滤出后，则另一种旋光体在滤液中相对较多。再加入外消旋体制成过饱和溶液，于是另一种旋光体优先结晶析出。如此反复进行结晶，就可以把一对对映体完全分开。

（5）化学拆分法 这种方法应用最广。其原理是将对映体转变成非对映体，然后用一般方法分离。外消旋体与无旋光性的物质作用并结合后，得到的仍是外消旋体。但若使外消旋体与旋光性物质作用，得到的就是非对映体的混合物了。非对映体具有不同的物理性质，可以用一般的分离方法把它们分开。最后再把分离所得的两种衍生物分别转变为原来的旋光化合物，即达到了拆分的目的。用于化学拆分对映体的旋光性物质，通常称为拆分剂。不少拆分剂是由天然产物中分离提取获得的。化学拆分法最适用于酸或碱的外消旋体的拆分。例如，对于酸，拆分的步骤可用通式表示如下：

$$\left.\begin{array}{l} \text{(+)-RCOOH} \\ \text{(−)-RCOOH} \end{array}\right\} + 2\,\text{(−)-R}'\text{NH}_2 \longrightarrow \begin{array}{l} \text{(+)-RCOOH·(−)-R}'\text{NH}_2 \\ \text{(−)-RCOOH·(−)-R}'\text{NH}_2 \end{array}$$

外消旋体   非对映体混合物

$$\text{(+)-RCOOH·(−)-R}'\text{NH}_2 \xrightarrow{\text{HCl}} \text{(+)-RCOOH} + \text{(−)-R}'\text{NH}_2\cdot\text{HCl}$$

$$\text{(−)-RCOOH·(−)-R}'\text{NH}_2 \xrightarrow{\text{HCl}} \text{(−)-RCOOH} + \text{(−)-R}'\text{NH}_2\cdot\text{HCl}$$

拆分酸时，常用的旋光性碱主要是生物碱，如（—）奎宁、（—）-马钱子碱、（—）-番木鳖碱等。拆分碱时，常用的旋光性酸是酒石酸、樟脑-β-磺酸等。

拆分既非酸又非碱的外消旋体时，可以设法在分子中引入酸性基团，然后按拆分酸的方法拆分之。也可选用适当的旋光性物质与外消旋体作用形成非对映体的混合物，然后分离。例如拆分醇时，可使醇先与丁二酸酐或邻苯二甲酸酐作用生成酸性酯：

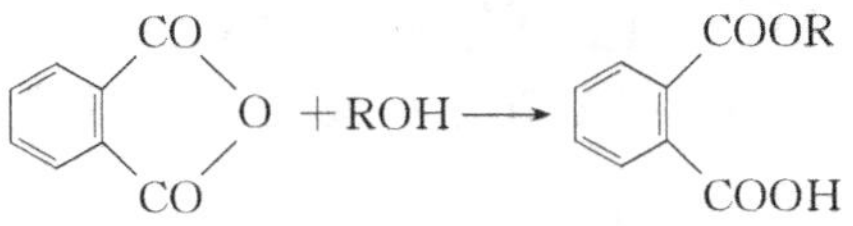

再将这种含有羧基的酯与旋光性碱作用生成非对映体后分离。或者使醇与旋光性酰氯（Ⅰ）作用，形成非对映体的酯的混合物，然后分离。又如拆分醛、酮时，可使醛、酮与如下的旋光性的肼（Ⅱ）作用，然后分离。

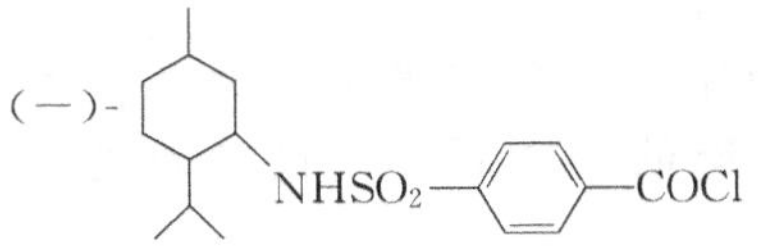

（Ⅰ）旋光性酰氯

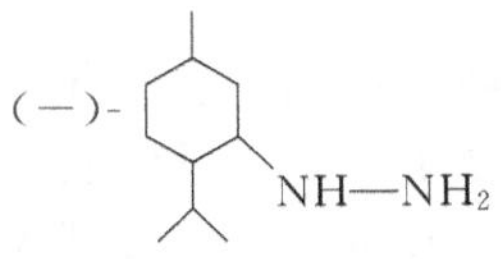

（Ⅱ）旋光性肼

3.7 手性合成（不对称合成）

通过化学反应可以在非手性分子中形成手性碳原子。例如，由丁烷氯化可以生成含有一个手性碳原子的2-氯丁烷，由丙酮酸还原可以生成含有一个手性碳原子的2-羟基丙酸。

$$CH_3CH_2CH_2CH_3 \xrightarrow[\text{光或热}]{Cl_2} CH_3CH_2\underset{\underset{Cl}{|}}{\overset{*}{C}H}CH_3 \qquad CH_3COCOOH \xrightarrow{\text{还原}} CH_3\underset{\underset{OH}{|}}{\overset{*}{C}H}COOH$$

2-氯丁烷和2-羟基丙酸都是手性分子，但是反应后得到的产物并不具有旋光性。这是因为手性碳原子有两种构型，在反应过程中生成两种构型的机会是均等的，所以它们的生成量相等。这样，通过反应所得到的就总是外消旋体，故没有旋光性。总之，由非手性分子合成手性分子时，产物是外消旋体。但是，若在反应时存在某种手性条件，则新的手性碳原子形成时，两种构型的生成机会不一定相等。这样，最后得到的就可能是有旋光性的物质。但必须指出，由此得到的旋光性物质，并非单纯的一种旋光性化合物，它仍然是对映体的混合物，只不过对映体之一的含量稍多些而已。这种不经过拆分直接合成出具有旋光性的物质的方法，叫做手性合成或不对称合成。

例如，由α-酮酸间接还原，最后水解，就可以得到有旋光性的羟基酸了。

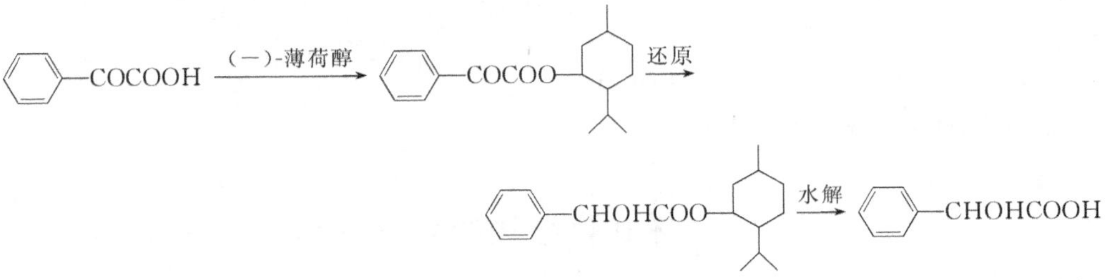

（有旋光性的混合物）

这是因为，在酮酸分子中引入旋光性基团后，在这手性基团的影响下，酮酸酯的羰基还原成仲醇基时，新的手性碳原子两种构型的生成机会不是均等的。由此还原后再水解所得到的羟基酸也就不是外消旋体，而是左旋体含量多于右旋体含量的混合物，即产物具有左旋性。

　　不对称合成的方法很多，除可利用各种手性化学试剂外，也可利用某些微生物或酶的高度选择性来进行不对称合成。在这些手性合成中，虽然起始原料是非手性分子，但合成过程中有手性分子参加反应，故这些手性合成叫做部分手性合成。如果在整个反应过程中没有手性分子参加，例如，只是在某些物理因素的影响下进行手性合成，则叫做绝对手性合成。

3.8　不含手性碳原子化合物的对映异构

　　前面讨论的各种手性分子都含有手性碳原子。但在有机化合物中，也有一些手性分子并不含有手性碳原子，由于其结构无法通过键的扭转而互换且互为镜像。这些手性分子都有对映体存在。有些已可拆分成旋光体。

　　联苯分子中两个苯环通过一个单键相连。当苯环邻位上连有体积较大的取代基时，两个苯环之间单键的自由基旋转受到阻碍，致使两个苯环不能处在同一平面上。此时，如果两个苯环上的取代基分布不对称，整个分子就具有手性，因而存在对映体。例如 6，$6'$-二硝基-$2,2'$-联苯二甲酸的对映体如下所示：

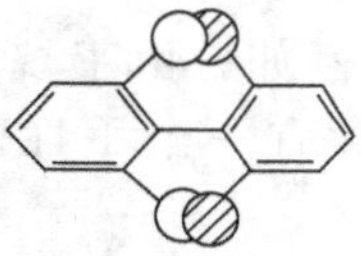

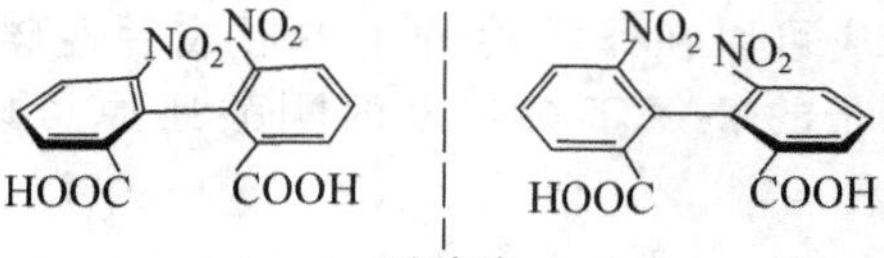

对映体

这一对对映体实际上是构象异构体，它们的互相转换只要通过键的扭转，并不需要对换取代基的空间位置。

3.9　含有其他手性原子化合物的对映异构

　　除碳之外，还有一些元素（如 Si、N、S、P、As 等）的共价键化合物也是四面体结构，当这些元素的原子所连基团互不相同时，该原子也是手性原子。含有这些手性原子的分子也可能是手性分子。例如：

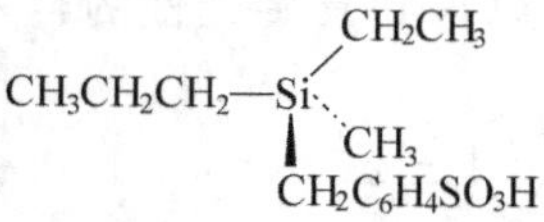

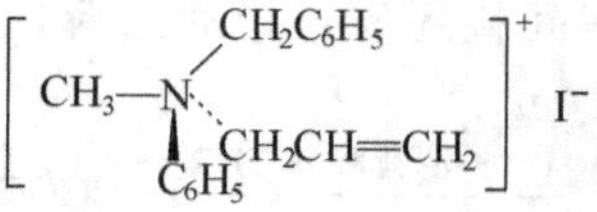

它们都是手性分子，都存在对映体。

3.10　环状化合物的立体异构

　　环状化合物的立体化学与其相应的开链化合物类似。环烷烃只要在环上有两个碳原子各连有一个取代基，就有顺反异构现象。如环上有手性碳原子，则还有对映异构现象。例如 2-羟甲基环丙烷-1-羧酸有下列四种立体异构体。

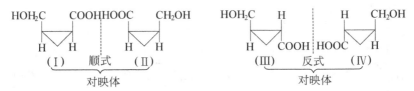

（Ⅰ）和（Ⅱ）是顺式异构体，它们是一对对映体。（Ⅲ）和（Ⅳ）是反式异构体，它们是又一对对映体，顺式和反式是非对映体。将 2-羟甲基环丙烷-1-羧酸氧化成环丙烷二羧酸后，分子的两个手性碳原子所连基团都是相同的了。立体异构体中有一个内消旋体。于是，立体异构体就只有三个了。

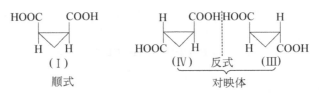

（Ⅰ）是顺式，（Ⅱ）和（Ⅲ）是反式。（Ⅰ）虽然有两个手性碳原子，但分子中有一个对称面，故是非手性分子，它是一个内消旋体。（Ⅱ）和（Ⅲ）是一对对映体，（Ⅰ）和（Ⅱ）或（Ⅲ）是非对映体。

　　二元取代环丁烷的立体异构体的数目与取代基的位置有关。例如环丁烷-1,2-二羧酸像环丙烷二羧酸一样，有一个顺式内消旋体和一对反式的对映体。但是环丁烷-1,3-二羧酸只有顺式和反式两种立体异构体。它们是非对映体，并且都是内消旋体。

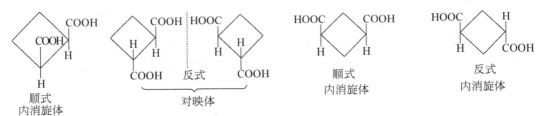

◆ 习　题 ◆

1. 写出三个 C_3H_8O 的结构异构体。

2. 画出下列化合物的顺、反异构体。

(1) 1-乙基-3-甲基环丁烷　　(2) 3,4-二甲基-3-乙烯　　(3) 1-溴-4-氯环己烷　　(4) 1,3-二溴环丁烷

3. 下列哪些化合物具有对称中心，并指出哪些存在对映体。

(1)　$CH_3CH_2CHCH_3$ 　　　　(2)　$CH_3CH_2-\overset{\overset{\displaystyle CH_3}{|}}{\underset{\underset{\displaystyle Br}{|}}{C}}-CH_2CH_2CH_3$ 　　　　(3)　$CH_3CH_2\underset{\underset{\displaystyle Br}{|}}{C}HCH_2CH_3$

     $\overset{}{\underset{\underset{\displaystyle Cl}{|}}{}}$

(4) $CH_3CH_2\underset{\underset{CH_3}{|}}{C}HCH_3$　　　(5) CH_3CH_2OH　　　(6) $CH_2\!=\!CH\underset{\underset{NH_2}{|}}{C}HCH_3$

4. 下列化合物哪些是手性的？

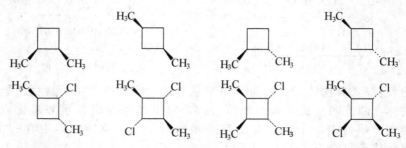

5. 在 100cm 长样品管中，一物质水溶液为 10mL 中有 2.0g 化合物，20℃ 时测得它的旋光度为 +13.4°，求比旋光度。若在 50cm 长的样品管中测量，它的旋光度为多少？

6. 仅一个手性中心的下列化合物，为什么有四个立体异构体？

$$CH_3CH_2\overset{*}{\underset{\underset{Br}{|}}{C}}HCH_2CH\!=\!CHCH_3$$

7. 画出下列化合物的对映体。

(1) 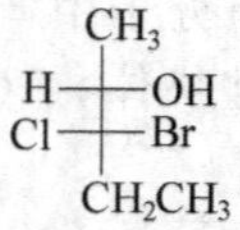 　　　(2)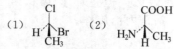

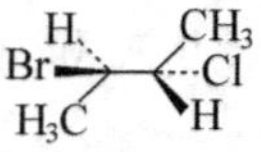

8. 用 *R-S* 标记下列化合物的构型。

(1) 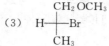　(2)　　(3) 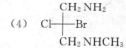　(4)

9. 写出下列化合物的菲舍尔投影式。

(1) $CH_3CHBrCl(S)$　　　　　　　　(2) $C_6H_5CHClCH_3(R)$

(3) $CH_3CH(OH)CN(R)$　　　　　　(4) $C_6H_5CH(NH_2)CO_2H(S)$

第4章 一般有机化学反应机理

> **本章提要** 本章从过渡态以及碳自由基、碳正离子、碳负离子活泼中间体的形成与稳定性的角度，基于同电荷相斥，异电荷相吸的原理，阐述了自由基反应、离子型反应、周环反应的机理。
>
> **关键词** 有机化学 反应机理 反应热 活化能 过渡态 活泼中间体 自由基取代反应 自由基加成 亲电加成 亲核加成 亲核取代 消除 消除加成 加成消除 还原氧化 电环化 环加成 σ键迁移 分子轨道对称守恒

拉瓦锡（Antoine L. Lavoisier, 1743~1794）出生于巴黎，是个律师的儿子。在研习法律中，拉瓦锡还旁听航天方面的讲座，并对科学一见钟情。因为他是将定量化学方法引入化学领域的第一人，常被称做现代化学之父。拉瓦锡的职业是一个税务所的行政官员，并常挪用税款资助其私人实验室。托马斯·杰弗逊和本杰明·弗兰克林都曾造访过这个实验室。在法国大革命期间，拉瓦锡由于其税务上的问题而被捕。法国大革命的强有力领导人杰英·保罗·马拉特，曾被拉瓦锡驱逐出法国科学院，他指控拉瓦锡在税款使用上弄虚作假。结果拉瓦锡被推上了断头台。

有机化学反应根据其反应机理，主要可分为自由基反应、离子型反应与协同反应（又称周环反应）三大类。自由基反应可分成自由基加成反应、自由基取代反应，而离子型反应可分为亲电加成或取代反应、亲核加成或取代反应、消除反应。周环反应既不涉及自由基，又不涉及离子，是反应物在光和热作用下通过一过渡态，键的断裂与生成同时发生而产生环状化合物的一种反应。

4.1 基元反应与反应机理

4.1.1 化学反应

化学反应即由反应物向产物的转化过程，反应可以是单分子或双分子反应，超过双分子的反应是很稀少的。

反应机理是由反应物变成产物的路径图，是反应一步一步趋向平衡的基元反应过程。机理须表明哪些键断裂，哪些键形成，以及这些变化的先后次序，须尽力描述状态、杂化、碳骨架、官能团、几何形状的变化，以及伴随这些过程的能量变化。

例：甲烷氯代反应机理

链引发 $Cl:Cl+能量 \longrightarrow Cl \cdot + Cl \cdot$ （1）

                 氯原子（氯自由基）

链增长 $Cl \cdot + H:CH_3 \longrightarrow HCl + \cdot CH_3$ （2）

                 甲基自由基

$$\cdot CH_3 + Cl_2 \longrightarrow CH_3Cl + \cdot Cl \qquad\qquad (3)$$

链终止

$$\cdot CH_3 + \cdot CH_3 \longrightarrow CH_3CH_3 \qquad\qquad (4)$$

$$\cdot Cl + \cdot Cl \longrightarrow Cl_2 \qquad\qquad (5)$$

$$\cdot CH_3 + \cdot Cl \longrightarrow CH_3Cl \qquad\qquad (6)$$

　　甲烷的氯代反应是通过共价键的均裂生成氯自由基，而后进行的链反应。它包括链引发、链增长和链终止三个阶段。在链增长阶段，由于大量甲烷存在，引发生成的氯自由基主要是与甲烷分子碰撞而发生反应，氯自由基自相碰撞的概率很小。但当甲烷的量减少时，氯自由基与甲烷相遇碰撞的概率也随之减少，而氯自由基之间相遇的概率相应增加。同样道理，当氯分子的量很少时，甲基自由基相遇的概率也会增多，它们相遇则形成了乙烷。当氯甲烷达到一定浓度时，氯自由基也可以和生成的一氯甲烷作用，产生氯甲基自由基（$ClCH_2 \cdot$），它又可再与氯分子作用，这样逐步生成二氯甲烷、三氯甲烷和四氯化碳。所以甲烷和氯反应，可以形成如下式所示的各种产物：

$$CH_4 + Cl_2 \longrightarrow CH_3Cl + CH_2Cl_2 + CHCl_3 + CCl_4 + CH_3CH_3$$

如果适当控制反应条件，例如原料配比、光照时间、反应温度或投料方法等，也可使其中的一种氯代产物成为主要产物。

　　烷烃的氧化和热裂解反应也都是自由基反应。自由基反应大多数可被高温、光、过氧化物所催化，一般在气相或非极性溶剂中进行。

　　少量氧的存在会推迟自由基链反应的进行。这是因为活泼的自由基可以和氧生成不活泼的过氧自由基，例如，这里的甲基自由基可以和氧生成过氧甲基自由基（$CH_3OO \cdot$），这种过氧自由基的反应性能很不活泼，几乎不能使链反应继续下去，所以氯代反应混合物中有少量氧存在时会使氯代反应不能正常进行。如果外界引发自由基的条件仍然存在，经过一段时间当氧被消耗完了以后，反应又能重新进行。这种时间的推迟叫做自由基反应的诱导期。能使自由基反应减慢或停止的物质（如氧）称为抑制剂或阻抑剂。

　　以上是根据甲烷氯代反应的实验事实，作出的由反应物到产物所经历过程的详细描述和理论解释。这种对反应的全面详细描述和理论解释叫做反应机理（或反应历程）。掌握的实验事实越多，由此作出的理论解释也越可靠。一个反应的反应机理，应经得起更多实验事实的考验，并应有一定的预见性，否则就应作必要的修正，以使它更符合实际情况。了解了某一反应的反应机理，就可以更好地了解和掌握这一反应在开始、中间以及终了时的变化规律及其所需的最适宜的条件，以提高产物的质量和产量。目前，许多有机反应的反应机理还不很清楚，或者还不能完全肯定，还需要通过不断研究来加以完善。

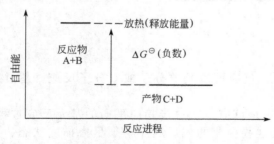

图 4.1　放热反应 A＋B ⟶ C＋D 的过程图示

4.1.2　反应热和活化能

　　反应均可描述成由反应物至产物的能量变化。将反应物至产物的变化过程中自由能的变化（$\Delta G^{\ominus}$）作为时间的函数作图，图 4.1 表述了放热反应 A＋B ⟶ C＋D 过程中的能量变化，在放热反应中产物的能量低于反应物，反之在吸热反应中，产物的能量高于反应物。

　　一个反应能否发生或是否容易发生，在很大程度上取决于反应物和产物的能量变化。经验规律告诉我们，放热反应一般比吸热反应易于进行。已知断裂一个共价键需要吸收能量，而形成一个共价键则要放出能量。因此，可以根据反应物和产物共价键的变化，用键离解能数值（见表 4.1）来估算许多化学反应的能量变化，即反应物和产物之间的能量差（ΔH）。

在甲烷氯代形成氯甲烷的反应中，断裂了两个键，生成了两个键，该反应是放热反应，即 $\Delta H = 678 - 780 = -102kJ/mol$。

$$CH_3-H + Cl-Cl \longrightarrow CH_3-Cl + H-Cl$$

$$\underbrace{435 \qquad 243}_{678} \qquad \underbrace{349 \qquad 431}_{780}$$

可以用同样方法来计算甲烷溴代反应的反应热。

$$CH_3-H + Br-Br \longrightarrow CH_3-Br + H-Br \qquad \Delta H = -32kJ/mol$$

$$\underbrace{435 \qquad 192}_{627} \qquad \underbrace{293 \qquad 366}_{659}$$

表 4.1　单键离解能 A : B ⟶ A · + B ·

单　　键	离解能/(kJ/mol)	单　　键	离解能/(kJ/mol)
H—H	435	CH_3CH_2—OCH_3	334
F—F	159	CH_3CH_2CH_2—H	410
Cl—Cl	243	CH_3CH_2CH_2—F	443
Br—Br	192	CH_3CH_2CH_2—Cl	341
I—I	150	CH_3CH_2CH_2—Br	288
H—F	568	CH_3CH_2CH_2—I	224
H—Cl	431	CH_3CH_2CH_2—OH	382
H—Br	366	CH_3CH_2CH_2—OCH_3	334
H—I	297	(CH_3)_2CH—H	395
CH_3—H	435	(CH_3)_2CH—F	439
CH_3—F	451	(CH_3)_2CH—Cl	339
CH_3—Cl	349	(CH_3)_2CH—Br	284
CH_3—Br	293	(CH_3)_2CH—I	222
CH_3—I	234	(CH_3)_2CH—OH	385
CH_3—OH	380	(CH_3)_2CH—OCH_3	336
CH_3—OCH_3	334	(CH_3)_3C—H	380
CH_3CH_2—H	410	(CH_3)_3C—Cl	328
CH_3CH_2—F	443	(CH_3)_3C—Br	263
CH_3CH_2—Cl	341	(CH_3)_3C—I	207
CH_3CH_2—Br	288	(CH_3)_3C—OH	378
CH_3CH_2—I	224	(CH_3)_3C—OCH_3	326
CH_3CH_2—OH	382		

　　甲烷溴代时放热 $-32kJ/mol$，比甲烷氯代时的放热（$\Delta H = -102kJ/mol$）少得多，所以溴代反应比氯代反应缓慢。但是，仅讨论反应总的热效应是不够的，应该进一步讨论各步反应的 ΔH 来说明反应的进行情况。

　　甲烷的自由基氯化机理按计算只需供给 4kJ/mol 的能量即能进行反应，可是实际上并非如此。实验证明，要使这个反应发生，必须供给 17kJ/mol 的能量（见图 4.2）。这是因为化学反应需要较高能量粒子的有效碰撞，即首先生成一个不稳定的过渡态。甲烷的 C—H 键伸长变弱（或称部分破裂），H—Cl 键则部分生成，体系的能量升高至最大值（17kJ/mol）。随着进一步 H—Cl 键的生成和 C—H 键的断裂，体系的能量降低，至稍高于反应物一些（4kJ/mol）。

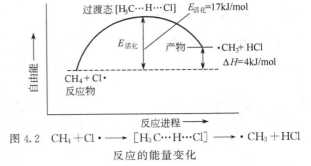

图 4.2　$CH_4 + Cl \cdot \longrightarrow [H_3C \cdots H \cdots Cl] \longrightarrow \cdot CH_3 + HCl$ 反应的能量变化

$$H—\overset{\displaystyle H}{\underset{\displaystyle H}{C}}—H + Cl\cdot \longrightarrow \left[H—\overset{\displaystyle H}{\underset{\displaystyle H}{C}}\cdots H\cdots Cl \right] \longrightarrow \overset{H\quad H}{\underset{H}{C}}\cdot \ + HCl$$

过渡态

反应物和产物之间的能量差为反应热 ΔH。过渡态则位于能垒的顶部。过渡态与反应物之间的能量差是形成过渡态所必需的最低的能量，也就是能使这个反应进行所需要的最低能量，叫做活化能。活化能代表了反应物与过渡态之间的键能变化所需要的能量，用 $E_{活化}$ 代表。活化能来源于粒子的动能，发生碰撞时动能变为位能。有足够的动能转变成位能就可达到过渡态（即能垒的顶部）而使反应进行。实验证明，此处活化能为 $E_{活化}=17kJ/mol$。反应进程中能垒的高度，即活化能的大小，决定一个反应的反应速度。每一个反应都有它特有的活化能数值。一般是活化能越小，反应越易进行，反应进行速率也越快。活化能大的反应就不易进行，反应速率也慢。

反应下一步是自由基与氯分子碰撞而生成氯甲烷和氯自由基的反应。实验表明，这个反应虽然是个放热反应，仍需一定的活化能来形成过渡态，这里的活化能数值较小，只有 $4kJ/mol$。由于这步反应是高度放热的，而且活化能又小，因此这步反应容易进行。

$$\underset{243}{CH_3\cdot \ + Cl—Cl} \longrightarrow \underset{过渡态}{[CH_3\cdots Cl\cdots Cl]} \longrightarrow \underset{349}{CH_3—Cl} + Cl\cdot \qquad \Delta H=-106kJ/mol$$

甲烷溴代反应各步能量变化及活化能数据如下：

		$\Delta H/(kJ/mol)$	$E_{活化}/(kJ/mol)$
链引发 $Br_2 \longrightarrow 2Br\cdot$	(1)	$+196$	$+192$
链增长 $Br\cdot + H—CH_3 \longrightarrow H—Br + \cdot CH_3$	(2)	$+69$	$+78$
$\underset{435}{} \qquad \underset{366}{}$			
$\underset{192}{\cdot CH_3 + Br—Br} \longrightarrow \underset{293}{CH_3—Br} + Br\cdot$	(3)	-101	$+8$

其中反应（2）是高度吸热的反应，也需要高的活化能（78kJ/mol）。这一步与甲烷的氯代反应有较大的差别。所以和甲烷的氯代反应相比，甲烷溴代反应不容易进行。

与溴代反应相似，碘原子和甲烷的反应是吸收热量更高（$\Delta H=+130kJ/mol$）的吸热反应，活化能也更高，所以反应难于进行。

4.2 活泼中间体与过渡态结构

4.2.1 过渡态与活泼中间体

反应物转换成产物可以不通过可分离中间体而一步完成：

$$\underset{反应物}{A+B} \xrightarrow{过渡态} \underset{产物}{C+D}$$

另一可能是，反应可通过包括中间体的两步或多步系列反应而进行（见图 4.3），这些活泼中间体（对应于反应坐标上能谷）在许多情况下是不可分离的。

$$\underset{反应物}{A+B} \xrightarrow{过渡态1} 活泼中间体 \xrightarrow{过渡态2} \underset{产物}{C+D}$$

在有机化学中，经常遇到的活泼中间体有三类：自由基（R·）、碳正离子（R$^+$）、碳负离子（R⁻），它们的几何形状、杂化轨道特征都已在前面叙述过，本节将介绍它们形成的各种方式以及其相对稳定性及性质。

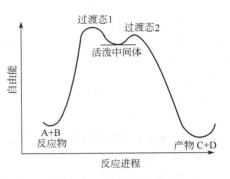

图 4.3　A＋B──→活泼中间体──→C＋D

4.2.2　碳自由基

（1）碳自由基的稳定性

碳自由基是通过键的均裂而形成的。从表 4.1 中数据可知，形成叔碳自由基（键离解能为 380kJ/mol）比仲碳自由基（键离解能为 395kJ/mol）容易得多，同样形成仲碳自由基又比伯碳自由基（410kJ/mol）方便，甲基自由基（435kJ/mol）是最难形成的。

首先定义各种类型氢及碳的表达方式，4°、3°、2°和 1°分别表示季、叔、仲、伯位。

$$
\begin{array}{c}
4°C \qquad\qquad 3°C,3°H \\
2°C,2°H \quad 1°C,1°H \\
\qquad CH_3 \qquad CH_3 \\
CH_3-CH_2-\overset{|}{\underset{|}{C}}-CH \qquad 1°C,1°H \\
1°C,1°H \qquad CH_3 \quad CH_3 \\
1°C,1°H \quad 1°C,1°H
\end{array}
$$

在自由基卤化反应中的最慢步，即决定速率步是氢的获取：

$$R-H + \cdot\ddot{\underset{\cdot\cdot}{X}}: \longrightarrow R\cdot + H-X$$

烷基自由基

比较自由基形成的热裂解和卤化两种方式，可以发现，在卤化中移去各种氢的难易程度平行于热解离的相对容易程度。卤化中移去氢原子的容易程度按以下次序减小：

$$3°H > 2°H > 1°H > CH_3-H$$

键的解离能告诉我们，从甲烷移去氢形成甲基自由基明显难于从乙烷移去氢生成乙基自由基，其他类似。定性而言，各种烷烃形成自由基的稳定性以如下次序减小：

$$3°自由基 > 2°自由基 > 1°自由基 > CH_3\cdot$$

形成自由基的容易程度对应于它们的稳定性，即自由基愈稳定，愈易形成。如下所示，由于自由基卤化是由最慢的氢离去步骤所控制，所以所形成的仲碳自由基的可能性明显较大，所需能量较低。

$$
CH_3-CH_2-CH_3-
\begin{cases}
\xrightarrow[-HBr]{\cdot\ddot{Br}:} & CH_3-CH_2-\overset{\cdot}{C}H_2 \quad 1°\,自由基 \\
& 活化能\ E_a=54.4kJ/mol \\
& \Delta H^{\ominus}=50.2kJ/mol \\
\xrightarrow[-HBr]{\cdot\ddot{Br}:} & CH_3-\overset{\cdot}{C}H-CH_3 \quad 2°\,自由基 \\
& 活化能\ E_a=41.8kJ/mol \\
& \Delta H^{\ominus}=25.1kJ/mol
\end{cases}
$$

烷基具有供电子诱导效应，在邻近有 p 电子存在下尚可发生 p-σ 超共轭效应。因为自由基中仅有七个成键电子的碳原子明显缺少电子，所以带有轻微供电性烷基的加入有助于碳原子得到一些负电荷的补偿以形成稳定的电子八隅体，因此，烷基取代数目愈多，所形成的自由基稳定性愈大（烷基类型间差别不大）。

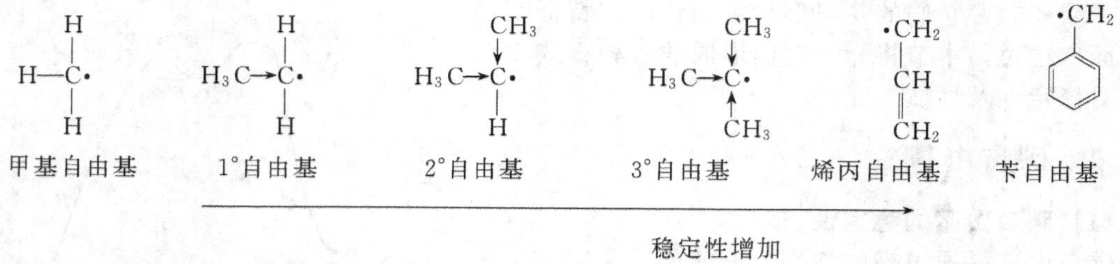

| 甲基自由基 | 1°自由基 | 2°自由基 | 3°自由基 | 烯丙自由基 | 苄自由基 |

稳定性增加

（2）碳自由基的选择性与产物分布

产物分布（定向）由以下两个因素所决定：

① 分子中将被卤素原子取代的各种氢的相对反应活泼性；

② 分子中各类氢的数目。

一个化学反应的产物分布是由所生成的各种自由基中间体的相对浓度而决定的，如在自由基卤化反应中，自由基的浓度取决于各类氢的相对数目及 C—H 键由于不同键型强度所造成的相对活泼性。而后者可由下列实验来说明。

$$\underbrace{CH_4 + CH_3}{}—CH_3 \xrightarrow[25℃,光]{Cl_2（少量）} CH_3—Cl + CH_3—CH_2—Cl$$

等摩尔   1 : 400

考虑到在两个分子中氢数目不同（甲烷有 4 个，乙烷有 6 个），所以 400 必须乘以 4/6 或 2/3，即得乙烷的相对反应活性是甲烷的 270 倍左右。这种实验常用于测定两个反应物在竞争同一反应活泼物质（此处为氯原子）时的相对反应活泼性。如运用类似的实验，自由基卤化中氢移去的相对容易程度为 3° H＞2°H＞1° H（＞CH$_3$—H），其相对速率定量数值（每个氢）如下：

25℃,光存在下氯化		125℃,光存在下溴化	
3° H	5.0	3° H	600
2° H	3.8	2° H	82
1° H	1.0	1° H	1

运用这一方法，就可方便地解释丙烷氯化中的产物分布。即丙烷有 6 个同等 1°氢，2 个同等 2°氢，产物形成速率应正比于自由基形成的速率，通过计算自由基形成速率而得知与之成正比的产物的相对浓度。

$$CH_3—CH_2—CH_3 \longrightarrow CH_3—CH_2—CH_2Cl + CH_3—CHCl—CH_3$$

1-氯丙烷   2-氯丙烷

$$\frac{1\text{-氯丙烷}}{2\text{-氯丙烷}} = \frac{1° \text{ H 数目} \times 1° \text{ H 相对反应活泼性}}{2° \text{ H 数目} \times 2° \text{ H 相对反应活泼性}} = \frac{6 \times 1.0}{2 \times 3.8} = \frac{6}{7.6}$$

即 1-氯丙烷与 2-氯丙烷在产物中的比例为 6：7.6，换算成百分率为：1-氯丙烷% ＝ 6/(5+7.6)×100% ＝ 44.1%，2-氯丙烷% ＝ 55.9%，这一结果非常接近实验结果，前者占 45%，后者占 55%。

4.2.3 碳正离子

碳正离子是具一个正电荷的碳原子，其仅有六个电子（成三个键），明显缺电子。碳正离子是由键的异裂失去成键电子所产生的，如

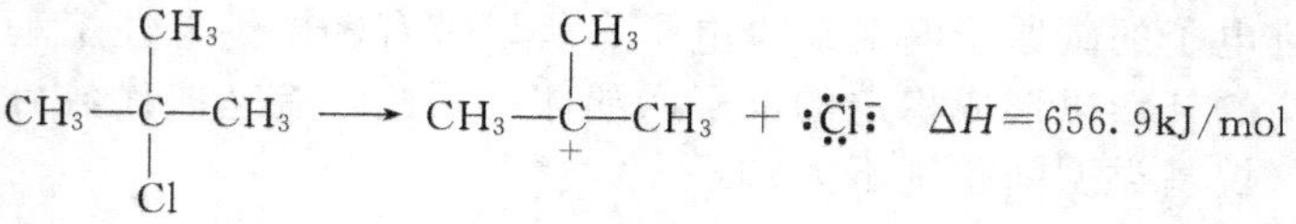

$$CH_3—\underset{\underset{Cl}{|}}{\overset{\overset{CH_3}{|}}{C}}—CH_3 \longrightarrow CH_3—\underset{+}{\overset{\overset{CH_3}{|}}{C}}—CH_3 + :\ddot{C}\ddot{l}:^{-} \quad \Delta H = 656.9\text{kJ/mol}$$

同样，由于碳正离子明显缺电子，与之相连的烷基可以通过诱导效应及超共轭效应供给电子，使之正电荷在整个分子范围分散，从而使之稳定。

比较伯、仲、叔碳正离子和甲基碳正离子的构造式可以看出，带正电的碳原子上取代基愈多，正电荷愈分散，按静电学原理则愈稳定，因而它们的稳定性应如下式所示：

$$H_3C \to \underset{\underset{CH_3}{\uparrow}}{\overset{\overset{CH_3}{\downarrow}}{C^+}} > H_3C \to \underset{\underset{H}{\uparrow}}{\overset{\overset{CH_3}{\downarrow}}{C^+}} > H_3C \to \underset{\underset{H}{\uparrow}}{\overset{\overset{H}{}}{C^+}} > H - \underset{\underset{H}{}}{\overset{\overset{H}{}}{C^+}}$$

即叔(3°)R^+ > 仲(2°)R^+ > 伯(1°)R^+ > CH_3^+

碳正离子非常不稳定，它仅存在极短的时间（约 $10^{-9}\,s$），且会夺取一对电子而形成八隅体。

$$R^+ + :\overset{..}{\underset{..}{Cl}}:^- \longrightarrow R:\overset{..}{\underset{..}{Cl}}:$$

与碳自由基不同，在某些反应中，碳正离子常经过碳骨架的重排，以便形成更稳定的碳正离子去参与后续反应：

$$H_3C - \underset{\underset{CH_3}{|}}{\overset{\overset{CH_3}{|}}{\underset{+}{C}}} - CH - CH_3 \xrightarrow{\text{重排}} CH_3 - \underset{\underset{CH_3}{|}}{\overset{\overset{CH_3}{|}}{C}} - \underset{+}{CH} - CH_3$$

2°碳正离子　　　　　　　　　3°碳正离子

4.2.4　碳负离子

碳负离子是由键的异裂碳夺得两个成键电子而形成，通常需在强碱条件下才可实现。在有机金属化合物中常有类似于碳负离子情况，如有机锂：$R^{\delta^-} \cdots Li^{\delta^+}$，实验表明，碳负离子形成的难易程度及稳定性有如下次序：

$$CH_3^- > 伯(1°)R^- > 仲(2°)R^- > 叔(3°)R^-$$

很显然，烷基愈多，供电子愈强，碳负离子负电荷愈多，愈集中，就变得愈不稳定。

碳负离子可发生许多反应，例如，由于其为强碱，它们可与绝大多数酸反应而获得一个质子，反应是可逆的，但倾向于生成弱酸、弱碱。这一概念对理解以后类似的各种负离子参与的亲核取代反应有意义。

$$\underset{\text{强碱}}{R:^-} + \underset{\text{强酸}}{H:A} \rightleftharpoons \underset{\text{弱酸}}{R:H} + \underset{\text{弱碱}}{A:^-}$$

4.2.5　键的极性与反应形式

键的极性对于我们理解带电荷离子是如何与某一特别的键发生反应很有用。下面的例子中，Nu^- 是一负离子，其是亲核（即为亲近正电荷）试剂的符号，如 HO^-（羟基负离子）、X^-（卤素负离子）、R^-（碳负离子），其可以是带负电荷或中性，E^+ 是正离子，是亲电（即为亲近负电荷）试剂的符号，可带正电荷或中性。如 H^+ 和 R^+（碳正离子）。在以后的章节中常用到 Nu^- 和 E^+。

$$\overset{\delta^+}{\underset{}{C}} \longrightarrow \overset{\delta^-}{\underset{}{C}}$$

相互吸引　　　　　相互吸引

Nu^-　　　　　　E^+

在分子中同电荷相斥，异电荷相吸。因此有机分子中带负电荷的离子 Nu^- 倾向于与正电荷较多的原子反应。同样亲电试剂 E^+ 受到电负性强的（负电荷较多的）原子吸引。

4.2.6　过渡态结构

过渡态结构对于理解、预测反应产物是很有帮助的，A—B+C 反应中，过渡态结构有以下几种。

$$A-B+C\left\{\begin{array}{l}\text{—（Ⅰ）}A\text{---}B\text{--------}C\\\text{—（Ⅱ）}A\text{---}B\text{------}C\\\text{—（Ⅲ）}A\text{--------}B\text{---}C\end{array}\right.\longrightarrow A+B-C$$

根据 Hammond 假设，过渡态结构总是接近于能量相近者的结构，因此在放热反应中，过渡态结构（Ⅰ）较近似于反应物，在吸热反应中，过渡态结构（Ⅲ）较近似于产物结构。仅当反应物与产物的能量差不多时，过渡态的结构（Ⅱ）才既接近于反应物又接近于产物，见图 4.4。

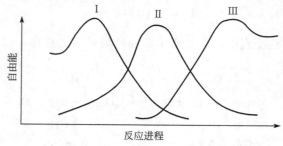

图 4.4　三种反应过程中过渡态的结构

2-甲基丙烯与 HCl 反应，形成叔丁基碳正离子的速度比形成异丁基碳正离子快。其原因为叔丁基碳正离子因有三个烷基而稳定（能量低），而异丁基碳正离子仅拥有一个烷基，所以相对能量较高。因此，叔丁基碳正离子较异丁基碳正离子过渡态稳定得多。

$$CH_3-\overset{\underset{|}{CH_3}}{C}=CH_2 + HCl \longrightarrow CH_3-\overset{\underset{|}{CH_3}}{C}HCH_2^+ + CH_3-\overset{\underset{|}{CH_3}}{\overset{|}{C}}-CH_3$$
$$\text{（a）}\qquad\qquad\text{（b）}$$

在 2-氯-2-甲基丁烷消除 HCl 的反应中，会有两种产物生成，首先生成碳正离子 $CH_3CH_2-\overset{\underset{|}{CH_3}}{\overset{+}{C}}-CH_3$，在第二步消去 H^+ 的过程中，若生成（a），烯键上具有较多的取代基，其过渡态能量较低，更稳定，因此（a）是主要产物，见图 4.5。

$$CH_3CH_2\overset{\underset{|}{CH_3}}{\overset{|}{C}}CH_3 \longrightarrow CH_3CH=\overset{\underset{|}{CH_3}}{C}CH_3 + CH_3CH_2-\overset{\underset{|}{CH_3}}{C}=CH_2$$
$$\qquad\underset{|}{Cl}\qquad\qquad\text{（a）主要产物}\qquad\text{（b）次要产物}$$

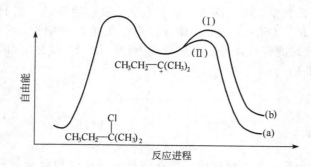

图 4.5　消除 HCl 反应过渡态能量示意图

又如在 2-溴丁烷消除 HBr 反应中, 可能产物有两种, 相应的与产物烯烃结构类似的过渡态有两个, 因具有较多烷基取代的烯稳定, 所以对应的过渡态亦稳定。

$$\underset{\overset{|}{Br}}{CH_3CHCH_2CH_3} \xrightarrow{CH_3OH} \underset{(a)\ 80\%}{CH_3CH=CHCH_3} + \underset{(b)\ 20\%}{CH_2=CHCH_2CH_3}$$

4.3 自由基反应机理

4.3.1 自由基取代反应

一般烷烃的卤代反应都是自由基取代反应。可以由下面的式子表示。

链引发 $X_2 \xrightarrow{\text{光或热}} X\cdot$

链增长 $\left\{\begin{array}{l} RH+X\cdot \longrightarrow R\cdot +HX \\ R\cdot +X_2 \longrightarrow RX+X\cdot \end{array}\right.$

链终止 $\left\{\begin{array}{l} X\cdot +X\cdot \longrightarrow X_2 \\ X\cdot +R\cdot \longrightarrow RX \\ R\cdot +R\cdot \longrightarrow R-R \end{array}\right.$

从丙烷开始, 一氯代产物就不止一种。这是由于分子中不同氢原子被取代的结果。当正丙烷和异丁烷分别与氯自由基反应时, 氯自由基可以分别夺取伯、仲、叔氢原子形成伯、仲、叔烷基自由基, 进一步可生成不同的一氯代产物。

如:

$$CH_3CH_2CH_3 \underset{-HCl}{\overset{+Cl\cdot}{\longrightarrow}} \begin{array}{l} \xrightarrow{\text{夺取 } 1°\ H} CH_3CH_2CH_2\cdot \underset{-Cl\cdot}{\overset{+Cl_2}{\longrightarrow}} CH_3CH_2CH_2Cl \\ \xrightarrow{\text{夺取 } 2°\ H} CH_3\overset{\cdot}{C}HCH_3 \underset{-Cl\cdot}{\overset{+Cl_2}{\longrightarrow}} CH_3\underset{\overset{|}{Cl}}{C}HCH_3 \end{array}$$

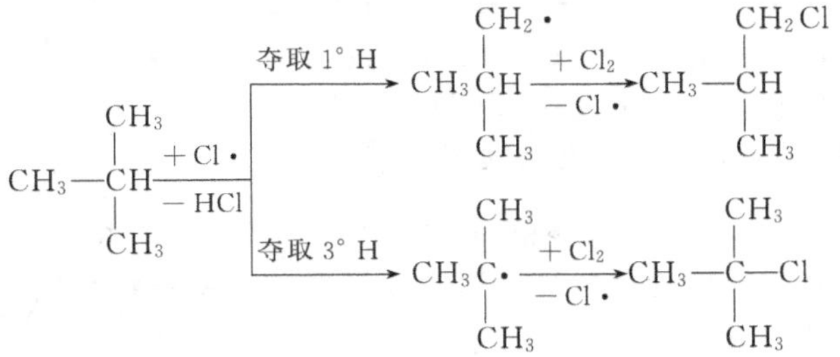

4.3.2 自由基加成反应

(1) 烯烃自由基加成

在日光或过氧化物存在下, 烯烃和 HBr 加成是自由基型的加成反应。因为过氧化物可分解为烷氧自由基 RO·, 这个自由基又可以和 HBr 作用, 就引发了自由基溴原子的生成。

链引发:

$$RO:OR \longrightarrow 2RO\cdot$$
$$RO\cdot +HBr \longrightarrow ROH+Br\cdot$$

自由基溴原子加到烯烃双键上, π 键发生均裂, 一个电子与溴原子结合成单键, 另一电子留在另一碳原子上形成了另一个烷基自由基。烷基自由基又可以从溴化氢分子夺取氢原子, 再生成一个新的溴原子自由基。如此继续循环, 这就是链反应的传递阶段。

链传递:

$$RCH = CH_2 + Br \cdot \longrightarrow R\overset{\cdot}{C}HCH_2Br$$

$$R\overset{\cdot}{C}HCH_2Br + HBr \longrightarrow RCH_2CH_2Br + Br \cdot$$

反应周而复始，直至两个自由基相互结合使链反应终止为止。

链终止：

$$Br \cdot + Br \cdot \longrightarrow Br_2$$

$$R\overset{\cdot}{C}HCH_2Br + R\overset{\cdot}{C}HCH_2Br \longrightarrow \begin{array}{c} RCH-CH_2Br \\ | \\ RCH-CH_2Br \end{array}$$

$$R\overset{\cdot}{C}HCH_2Br + Br \cdot \longrightarrow \begin{array}{c} RCH-CH_2Br \\ | \\ Br \end{array}$$

光也能促使溴化氢离解为溴自由基，所以它也是个自由基型加成反应，它们的第一步都是溴原子的加成。下面给出两种不同的反应途径。

$$CH_3-CH=CH_2 + Br \cdot \begin{cases} (1) \rightarrow CH_3-\overset{\cdot}{C}H-CH_2Br \\ (2) \rightarrow \begin{array}{c} CH_3-CH-CH_2 \cdot \\ | \\ Br \end{array} \end{cases}$$

前面已经讨论过自由基的稳定性次序。

仲碳自由基的稳定性大于伯碳自由基，所以丙烯和溴原子加成主要采取的是途径（1）。得到的仲碳自由基再和 HBr 作用，最后生成溴代产物。

$$CH_3-\overset{\cdot}{C}H-CH_2Br + HBr \longrightarrow CH_3CH_2CH_2Br + Br \cdot$$

烯烃只能和 HBr 发生自由基加成。与 HI 不能发生自由基加成，因为 C—I 键较弱，碘原子和烯烃的加成是吸热反应。

$$RCH = CH_2 + I \cdot \longrightarrow R\overset{\cdot}{C}HCH_2I \qquad \Delta H = 39.7 \text{kJ/mol}$$

进行上述加成时，必须克服较大的活化能。这就使链的传递困难，所以自由基反应不易进行。HCl 所以不发生自由基加成是因为 H—Cl 键太强，H—Cl 键均裂需要较高的能量，以致 HCl 和烷基自由基的反应也是吸热反应。

$$R\overset{\cdot}{C}HCH_2Cl + HCl \longrightarrow RCH_2CH_2Cl + Cl \cdot \qquad \Delta H = 33.5 \text{kJ/mol}$$

反应进行也需要克服很大的活化能，这就使链的传递不能顺利进行。所以 HI 和 HCl 都不能和烯烃发生自由基加成反应。

（2）合成有机过氧化物的自由基加成机理

空气中的氧分子也可看作是自由基 $\cdot\ddot{O}-\ddot{O}\cdot$，而且是双自由基。该双自由基与有机化合物自由基结合，生成有机过氧化合物。

$$(C_6H_5)_3C-Cl + Ag \cdot \longrightarrow (C_6H_5)_3C \cdot + AgCl$$

$$(C_6H_5)_3C \cdot + \cdot O-O \cdot \longrightarrow (C_6H_5)_3C-O-O \cdot \longrightarrow (C_6H_5)_3C-O-O-C(C_6H_5)_3$$

又如：

4.4　亲电反应机理

4.4.1　亲电加成反应

（1）烯烃亲电加成

烯烃具有双键，在分子平面双键位置的上方和下方都有较大的 π 电子云。碳原子核对 π 电子云的束缚较小，所以 π 电子云容易流动，容易极化，因而使烯烃具有供电子性能，容易受到带正电荷或带部分正电荷的亲电性质点（分子或离子）的攻击而发生反应。由亲电试剂的作用而引起的加成反应叫做亲电加成反应。

通式：

$$—\overset{|}{\underset{\delta^-}{C}}\!=\!\overset{|}{\underset{\delta^+}{C}}— + \overset{\delta^+}{E}\!—\!\overset{\delta^-}{X} \longrightarrow —\overset{|}{\underset{E}{C}}\!—\!\overset{|}{\underset{X}{C}}—$$

能与烯烃发生亲电加成的试剂 $\overset{\delta^+}{E}\!—\!\overset{\delta^-}{Z}$ 主要有：$H—Cl$，$H—Br$，$H—I$，$Br—OH$，$Cl—OH$，$H—HSO_4$，$H—OH_2(H_3^+O)$，$Cl—Cl$，$Br—Br$，$H—OH$。

a. 与卤化氢的加成　烯烃可与卤化氢在双键处发生加成作用，生成相应的卤烷，其反应通式如下。

$$—\overset{|}{C}\!=\!\overset{|}{C}— + HX \longrightarrow —\overset{|}{\underset{H}{C}}\!—\!\overset{|}{\underset{X}{C}}— \qquad (HX=HCl，HBr，HI)$$

烯烃　　　　　　　　　　　　卤烷

工业上氯乙烷的生产是用乙烯和氯化氢在氯乙烷溶液中，在催化剂无水氯化铝的存在下进行的。氯化铝起了促进氯化氢离解的作用，因而加速了此反应的进行。

$$AlCl_3 + HCl \longrightarrow AlCl_4^- + H^+$$

烯烃和卤化氢（以及其他酸性试剂 H_2SO_4、H_3O^+ 等）的加成反应历程包括两步。第一步是烯烃分子与 HX 相互极化影响，π 电子云偏移而极化，使一个双键碳原子上带有部分负电荷，更易于受极化分子 HX 的带正电部分（$\overset{\delta^+}{H}\!\rightarrow\!\overset{\delta^-}{X}$）或质子 H^+ 的攻击，结果生成了带正电的中间体碳正离子和 HX 的共轭碱 X^-。第二步是碳正离子迅速与 X^- 结合生成卤烷。

$$—\underset{\delta^-}{C}\!=\!\underset{\delta^+}{C}— + \overset{\delta^+}{H}\!\rightarrow\!\overset{\delta^-}{X} \longrightarrow —\overset{|}{\underset{H}{C}}\!—\!\overset{|}{\overset{+}{C}}— + X^- \qquad —\overset{|}{\underset{H}{C}}\!—\!\overset{|}{\overset{+}{C}}— + X^- \longrightarrow —\overset{|}{\underset{H}{C}}\!—\!\overset{|}{\underset{X}{C}}—$$

第一步反应是由亲电试剂的攻击而发生的，所以与 HX 的加成反应叫做亲电加成反应。第一步的反应速率慢，加成反应的速率取决于第一步反应的快慢。

当卤化氢与不对称烯烃（两个双键碳原子上的取代基不相同的烯烃）加成时，可以得到两种不同产物：

$$2\begin{array}{c}H_3C\\ \diagdown\\ H_3C\end{array}\!\!C\!=\!CH_2 + 2HCl \longrightarrow \begin{array}{c}H_3C\\ \diagdown\\ H_3C\end{array}\!\!\underset{Cl}{\overset{|}{C}}\!\!-CH_3 + \begin{array}{c}H_3C\\ \diagdown\\ H_3C\end{array}\!\!CH\!-\!CH_2Cl$$

2-甲基丙烯　　　　　　（Ⅰ）主要产物　　　　　　　（Ⅱ）

　　在此反应中主要生成（Ⅰ），即加成时以氢原子加到含氢较多的双键碳原子上，而卤原子加在含氢较少或不含氢的双键碳原子上的那种产物为主。这是在 1898 年就发现的一个经验规律，叫做马尔科夫尼科夫（Markovnikov）规律。这一规律可由反应过程中碳正离子的结构与稳定性得到解释。烯烃在亲电加成反应中生成的主要产物与自由基加成反应中的主要产物相反。

　　不对称烯烃和质子的加成，可以有两种方式，也即质子和不同的双键碳原子相结合，形成不同的碳正离子，然后碳正离子再和卤素原子结合，得到两种加成产物。

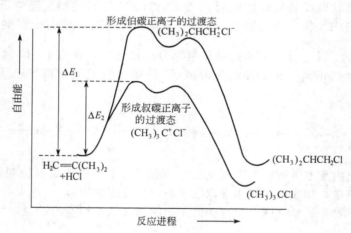

　　第一步加成究竟采取哪种途径取决于生成碳正离子的难易程度（活化能大小）和稳定性（能量高低）。实际上碳正离子的稳定性越大，也越容易生成，所以，可以只从碳正离子的稳定性来判断反应途径。在上述反应中，途径（1）形成的是叔碳正离子，途径（2）形成的是连有一个异丙基和两个氢原子的伯碳正离子。

　　碳正离子是活性中间体，在形成时必然要通过一个能量更高的过渡态，如下式所示：

$$CH_3-\underset{\substack{|\\CH_3}}{C}=CH_2 \ +H^+ \longrightarrow \left[CH_3-\underset{\substack{|\\ \delta^+ \\ CH_3}}{C}\cdots CH_3\right] \longrightarrow CH_3-\underset{\substack{|\\ + \\ CH_3}}{C}-CH_3$$

不对称烯烃　　　　　　　　过渡态　　　　　　碳正离子

碳正离子形成的难易及其稳定性和能量的关系可以在图 4.6 的反应进程图中表示出来。这点很容易用碳正离子稳定性而获得解释。

图 4.6　碳正离子生成难易和稳定性的比较

　　显然伯碳正离子的稳定性不如叔碳正离子。所以加成主要采取途径（1），先生成叔碳正离子。最后产物以叔丁基氯为主。

　　由此可见，当 HX 和烯烃加成时，根据马尔科夫尼科夫规律，H^+ 总是加在具有更少烷基取代的双键碳原子上，而 X^- 总是加在有更多烷基取代的双键碳原子上，这是生成更稳定的活性中间体碳正离子的需要。

b. 与卤素的加成　烯烃容易与氯或溴发生加成反应。碘一般不与烯烃发生反应。氟与烯烃的反应太剧烈，往往得到碳链断裂的各种产物。

烯烃与溴的作用，通常以四氯化碳为溶剂，在室温下即发生反应。溴的四氯化碳溶液原来是黄色的，它与烯烃加成形成二溴化物后，即转变为无色。褪色过程迅速，容易观察，它是验证碳碳双键是否存在的一个特征反应。

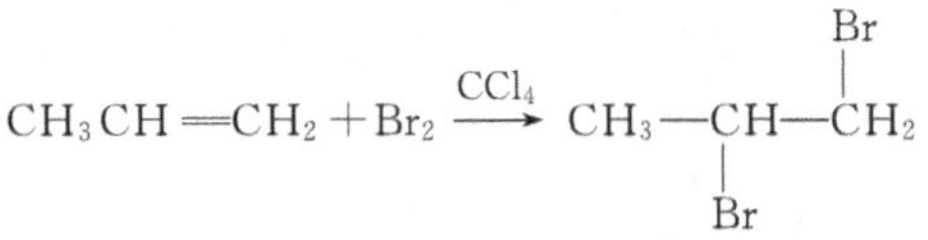

$$CH_3CH=CH_2 + Br_2 \xrightarrow{CCl_4} CH_3-CH-CH_2 \quad (Br, Br)$$

由于 π 键的存在，烯烃具有供电性，当溴分子接近烯烃分子时，由于烯烃 π 电子的影响，使溴分子发生极化，即一个溴原子带有部分正电荷，而另一个溴原子则带有部分负电荷。溴的带正电荷部分进一步接近烯烃时，溴的极化程度加深，结果溴分子发生了不均等的异裂，带正电荷的溴原子就和烯烃的一对 π 电子结合生成环状的溴鎓离子。

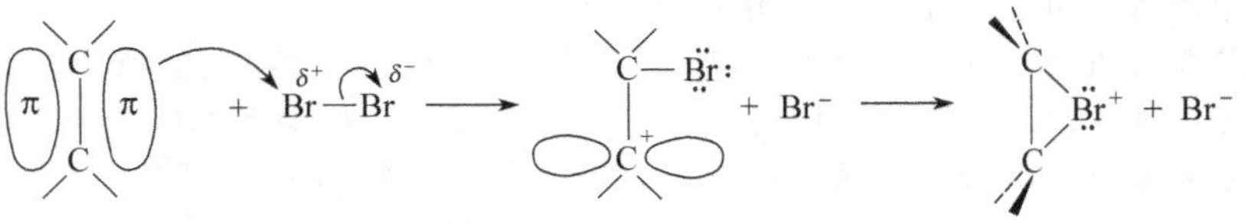

溴鎓离子

由于环状离子的存在，即因 Br^+ 接近 π 电子云后其 C—C 背面 π 电子云密度大大变小。在 π 电子对和 Br^+ 之间产生部分 σ 键的性质。所以 Br^- 只好从背面接近进行反面加成。使第二步溴负离子只能从环的反面和碳相结合，这就导致生成反式加成物。

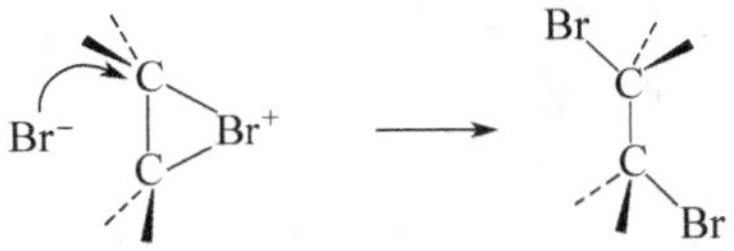

c. 与次卤酸反应　烯烃和卤素（溴或氯）在水溶液中（主要是 HO—Br 或 HO—Cl）可起加成反应，生成卤代醇，同时也有相当多的二卤化物 $\begin{matrix} X & X \\ | & | \\ -C-C- \\ | & | \end{matrix}$ 生成。

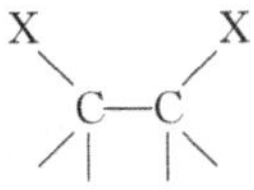

$$C=C \xrightarrow[H_2O]{X_2(Br_2 \text{ 或 } Cl_2)} \begin{matrix} HO & X \\ | & | \\ -C-C- \\ | & | \end{matrix} + HX$$

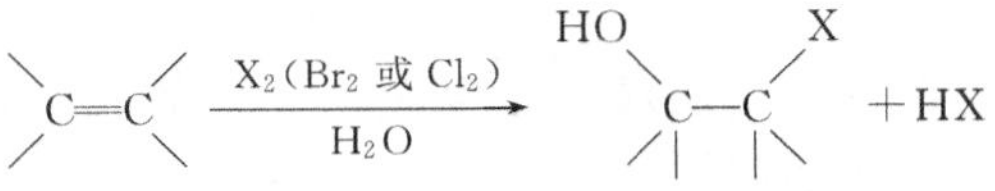

卤代醇

这个加成反应的结果是双键上加上了一分子次溴酸或次氯酸，所以有时也叫做和次卤酸的加成，但实际上反应只是烯烃和卤素在水溶液中进行的结果。这个反应也是一个亲电加成反应。反应第一步不是质子的加成，而是卤素正离子的加成。所以当不对称烯烃发生"次卤酸加成"时，按照马尔科夫尼科夫规律，带正电的卤素应加到连有较多氢原子的双键碳上，羟基则加在连有较少氢原子的双键碳上。

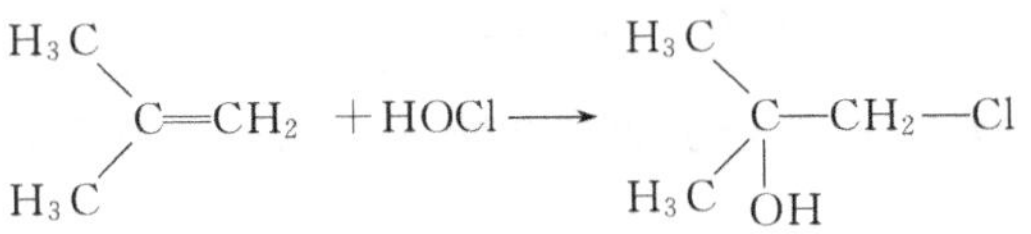

$$\begin{matrix} H_3C \\ \quad \\ H_3C \end{matrix} C=CH_2 + HOCl \longrightarrow \begin{matrix} H_3C \\ \quad \\ H_3C \end{matrix} \begin{matrix} | \\ C-CH_2-Cl \\ | \\ OH \end{matrix}$$

但对 HO—Br 的加成反应而言，情况有些特别，如烯烃与溴在水溶液中的反应，第一步是溴和烯烃双键结合为溴鎓离子；第二步反应是水分子或溴负离子的反式加成。即烯烃与

Br_2 或 HOBr 的加成一定是反式加成（与 Cl_2，HOCl 反应时不存在此现象）。

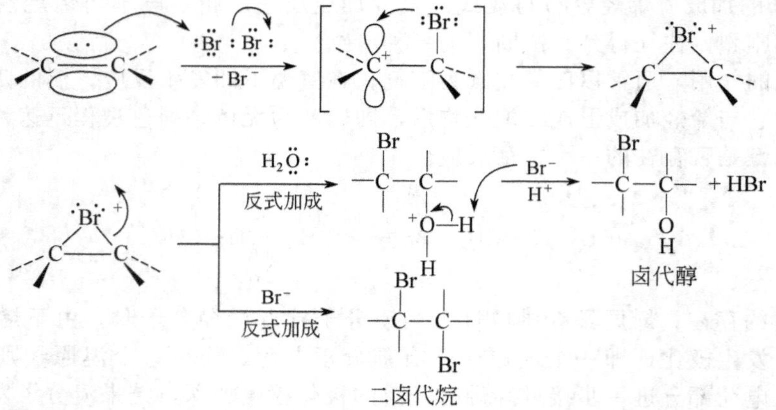

对于不溶于水的烯烃或其他有机化合物来说，这个加成反应需在某些具有极性的有机溶剂的水溶液中进行，可以便于它们的溶解和反应。

烯烃和溴在有机溶剂中可发生溴的加成反应，和溴在有水存在的有机溶剂中，则发生 HO—Br 加成，但得到的产物除溴代醇外，还有二溴代物。如果在溴的氯化钠水溶液中，则得到的产物更为混杂，除以上两种产物外，还有一氯代产物生成，例如：

$$CH_2{=}CH_2 \xrightarrow[H_2O, NaCl]{Br_2} \begin{cases} Br{-}CH_2{-}CH_2{-}OH \\ Br{-}CH_2{-}CH_2{-}Br \\ Br{-}CH_2{-}CH_2{-}Cl \end{cases}$$

在单独氯化钠水溶液中，乙烯不发生任何加成，所以上述的混杂加成，特别是有一氯代加成产物的生成，证明它们都是亲电加成，第一步都是溴正离子的加成，第二步才是负离子的反式加成。在溴的氯化钠水溶液中，溴离子、氯离子和水分子并存，彼此竞争，它们都有机会加上去，所以得到了各种加成产物。

（2）烃炔亲电加成

炔烃为叁键，能发生加成反应生成反式烯烃，其加成规律类似于烯烃，只是活泼性较低。

通式：

$$-\underset{\delta^+}{C}{\equiv}\underset{\delta^-}{C}- + \underset{\delta^+}{E}{-}\underset{\delta^-}{X} \longrightarrow -\underset{X}{C}{=}\underset{E}{C}- \quad \text{反式}$$

a. 和卤素加成　炔烃和氯、溴加成，先生成一分子加成产物，但一般可再继续加成，得到两分子加成产物——四卤代烷烃。

$$HC{\equiv}CH \xrightarrow{Cl_2} ClCH{=}CHCl \xrightarrow{Cl_2} HCCl_2{-}CHCl_2 \qquad RC{\equiv}CR \xrightarrow{X_2} RXC{=}CXR \xrightarrow{X_2} RCX_2{-}CX_2R$$

炔烃和氯、溴的加成，有时可控制反应条件，使反应停止在一分子加成产物上。例如：

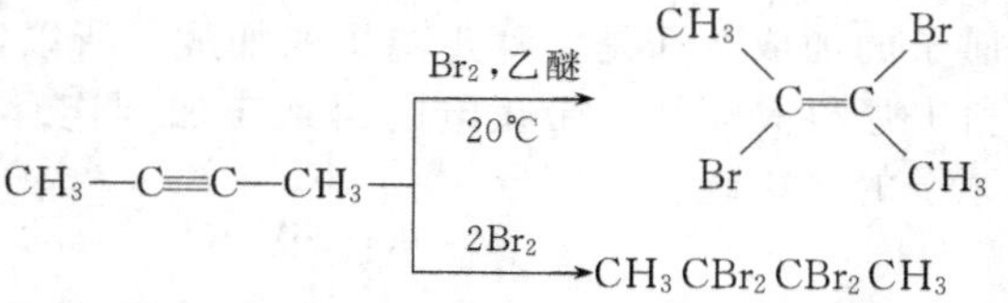

碘也可与乙炔加成，但主要得到一分子加成产物——1,2-二碘乙烯。

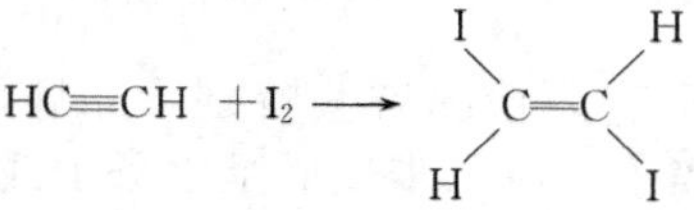

和炔烃相比较，烯烃与卤素的加成更易进行，因此当分子中兼有双键和叁键时，首先在双键上发生卤素的加成。例如，在低温、缓慢地加入溴的条件下，叁键可以不参与反应，这种加成叫做选择性加成。

$$CH_2\!\!=\!\!CH\!\!-\!\!CH_2\!\!-\!\!C\!\!\equiv\!\!CH + Br_2 \longrightarrow CH_2BrCHBrCH_2C\!\!\equiv\!\!CH$$

为什么炔烃的亲电加成不如烯烃活泼，一般认为是由于炔烃亲电加成第一步得到的中间体是烯基碳正离子，它的稳定性不如烯烃加成第一步得到的中间体烷基碳正离子。

$$HC\!\!\equiv\!\!CH + H^+ \longrightarrow CH_2\!\!=\!\!\overset{+}{CH} \qquad CH_2\!\!=\!\!CH_2 + H^+ \longrightarrow CH_3\!\!-\!\!\overset{+}{CH_2}$$

烷基碳正离子的正碳原子是 sp^2 杂化状态，它的正电荷分散在烷基上，所以比较稳定。烯基碳正离子的正碳原子是 sp 杂化状态，它的两个相互垂直的 p 轨道中一个 p 轨道仍与相邻碳的 p 轨道组成 π 键，另一个 p 轨道才是空轨道，它的正电荷不易分散到相邻的 sp^2 杂化碳原子周围，所以能量高，比较不稳定，形成时需要更高的活化能，不容易生成。

乙烯和乙炔的电离能数据也证明了这种解释。电离能是从化合物分子中移去一个电子所需要的最低能量。乙炔具有比乙烯更大的电离能。

$$HC\!\!\equiv\!\!CH \longrightarrow [HC\!\!\equiv\!\!CH]^+ + e^- \qquad \Delta H = 1088kJ/mol$$
$$H_2C\!\!=\!\!CH_2 \longrightarrow [H_2C\!\!=\!\!CH_2]^+ + e^- \qquad \Delta H = 1015kJ/mol$$

两者相差约 $73kJ/mol$。这说明乙炔碳原子对 π 电子云有更强的引力，因此亲电试剂与乙炔的 π 电子结合成碳正离子所需的活化能就要高一些，所以炔烃的亲电加成不如烯烃活泼。

b. 和氢卤酸加成　炔烃可以和氢卤酸 HX（X＝Cl、Br、I）加成，但也不如烯烃那样容易进行。不对称炔烃的加成反应也按马尔科夫尼科夫规律进行：

同碳二卤化物

上述反应可以控制在一分子加成的阶段。

如果用亚铜盐或高汞盐作为催化剂，可以加速反应的进行，例如：

$$HC\!\!\equiv\!\!CH + HCl \xrightarrow[\text{或 } HgSO_4]{Cu_2Cl_2} H_2C\!\!=\!\!CH\!\!-\!\!Cl$$

氯乙烯

炔烃和烯烃的情况相似，在光和过氧化物存在下，炔烃和 HBr 的加成，也是自由基加成反应，得到的是反马尔科夫尼科夫规律的产物：

$$CH_3C\!\!\equiv\!\!CH + HBr \xrightarrow[-60℃]{\text{光}} CH_3\!\!-\!\!CH\!\!=\!\!CHBr$$

4.4.2　亲电取代反应

芳烃容易发生取代反应，反应时芳环体系不变。由于芳环的稳定性，难以发生亲电加成反应，只有在特殊的条件下才能起加成反应。侧链烃基则具有脂肪烃的基本性质。

单环芳烃重要的取代反应有卤化、硝化、磺化、烷基化和酰基化等。反应通式如下。

$\overset{\delta^+}{E}\!\!-\!\!\overset{\delta^-}{X}$ 化合物包括 Cl—Cl、Br—Br、I—I、O_2N—OH、SO_3—H_2O、R—Cl、$R\!\!-\!\!\overset{\overset{\displaystyle O}{\|}}{C}\!\!-\!\!Cl$、

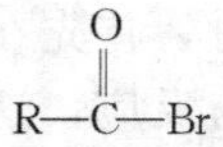

$$\underset{\substack{\|\\ O}}{R-C-Br}\ 等。$$

（1）卤化反应　在三卤化铁或三氯化铝等催化剂存在下，苯比较容易和 Cl_2 或 Br_2 作用，生成氯苯或溴苯。

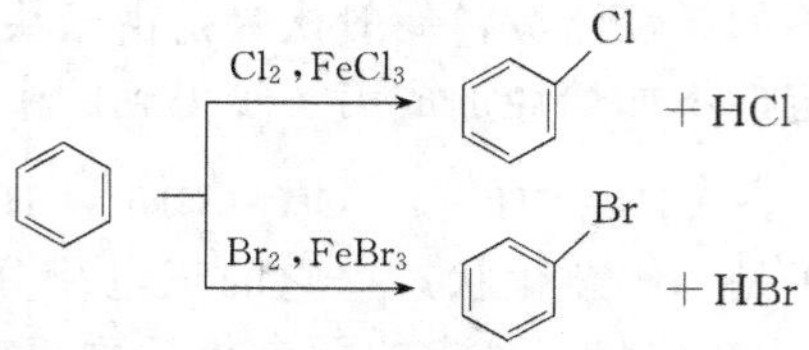

$$\text{（苯）} \begin{cases} \xrightarrow{Cl_2,FeCl_3} \text{（氯苯）} +HCl \\[2ex] \xrightarrow{Br_2,FeBr_3} \text{（溴苯）} +HBr \end{cases}$$

三卤化铁的作用是促使卤素分子极化而离解。

$$X_2+FeX_3 \longrightarrow X^+ +FeX_4^-$$

由此生成的卤素正离子 X^+ 进攻苯环，即得到卤苯。

用这个反应合成氯苯和溴苯，通常还得到少量的二卤代苯，主要产物是邻位及对位异构体。例如：

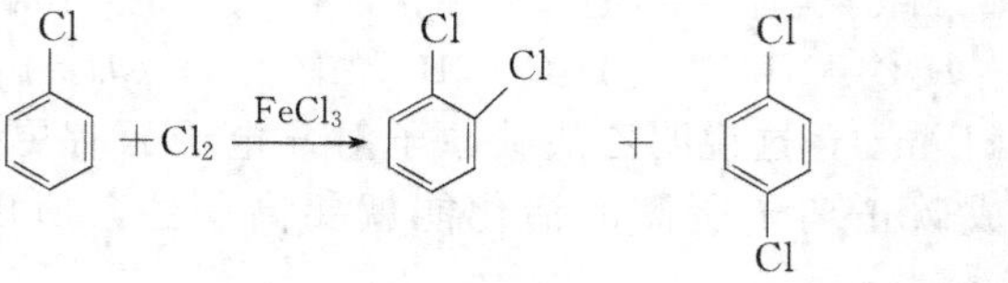

$$\text{（苯）} +Cl_2 \xrightarrow{FeCl_3} \text{（邻二氯苯）} + \text{（对二氯苯）}$$

邻二氯苯 50%　　对二氯苯 50%

甲苯在三氯化铁存在下氯化，主要生成邻氯甲苯和对氯甲苯。

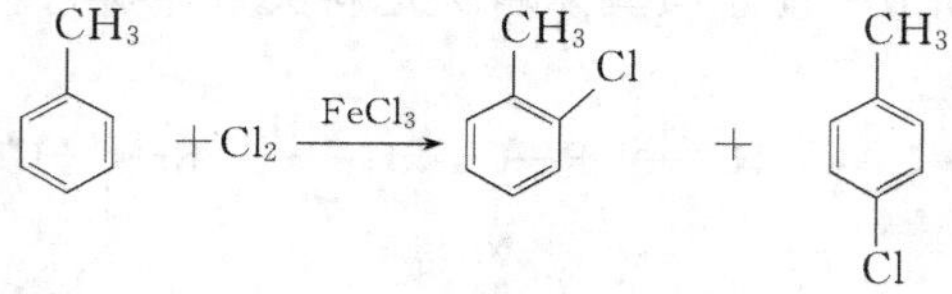

$$\text{（甲苯）} +Cl_2 \xrightarrow{FeCl_3} \text{（邻氯甲苯）} + \text{（对氯甲苯）}$$

（2）硝化反应　苯与混酸（浓 HNO_3 和浓 H_2SO_4 的混合物）作用生成硝基苯。

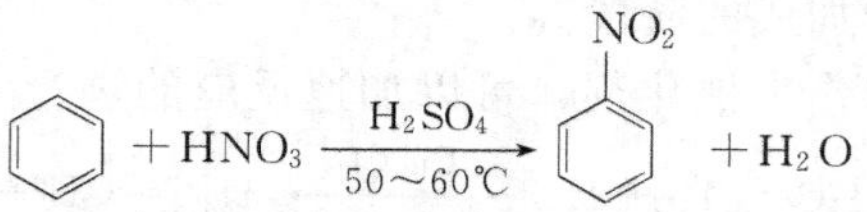

$$\text{（苯）} +HNO_3 \xrightarrow[50\sim60℃]{H_2SO_4} \text{（硝基苯 } NO_2\text{）} +H_2O$$

硝化反应中的亲电试剂是 NO_2^+（硝酰正离子）。以混酸为硝化剂时，硫酸作为一个酸，而硝酸则作为一个碱而起作用，先形成质子化的硝酸和酸式硫酸根离子。

$$H_2SO_4+HONO_2 \rightleftharpoons \underset{\substack{|\\ H}}{H-\overset{\cdot\cdot}{\overset{+}{O}}-NO_2} +HSO_4^-$$

质子化的硝酸在硫酸存在下，再分解而生成硝酰正离子 NO_2^+。

$$\underset{\substack{|\\ H}}{H-\overset{\cdot\cdot}{\overset{+}{O}}-NO_2} +H_2SO_4 \rightleftharpoons NO_2^+ +H_3O^+ +HSO_4^-$$

上述两反应的总反应式为：

$$2H_2SO_4+HONO_2 \rightleftharpoons NO_2^+ +H_3O^+ +2HSO_4^-$$

硝酰正离子是一个强的亲电试剂，它可与苯环结合先生成 σ 络合物，然后这个碳正离子失去一个质子而生成硝基苯。

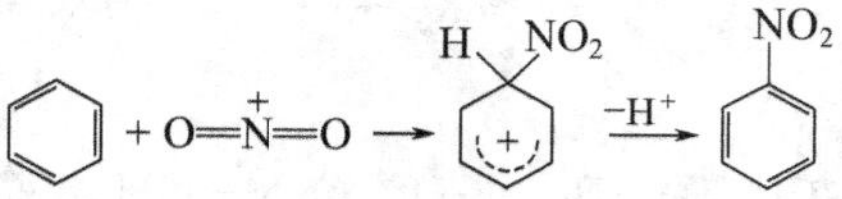

$$\text{（苯）} +O=\overset{+}{N}=O \longrightarrow \text{（σ络合物）} \xrightarrow{-H^+} \text{（硝基苯 } NO_2\text{）}$$

即硝化反应中，硝酰正离子是有效的亲电试剂，而硫酸的存在有利于 NO_2^+ 的生成，从而也有利于硝化反应的进行。

硝基苯不容易继续硝化。要在更高的温度下或用发烟硫酸和发烟硝酸的混合物作硝化剂才能引入第二个硝基，且主要生成间二硝基苯。

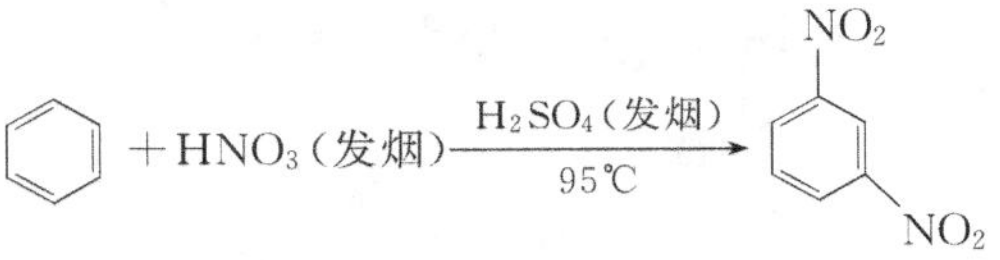

间二硝基苯 93.3%

烷基苯在混酸的作用下，也发生环上取代反应，不仅比苯容易，而且主要生成邻位和对位的取代产物。

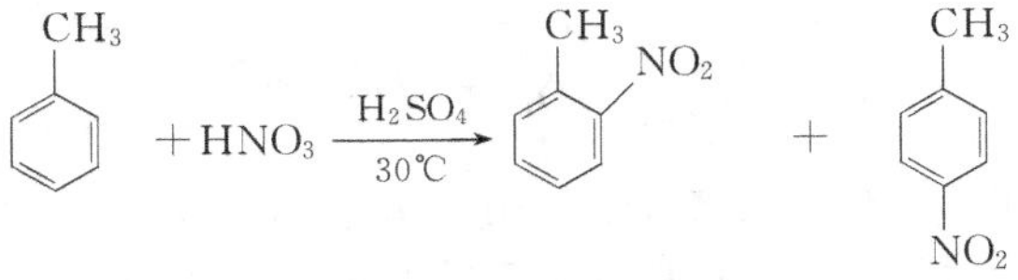

邻硝基甲苯 58%　　　对硝基甲苯 38%

(3) 磺化反应　苯与浓硫酸的反应速度很慢，但与发烟硫酸则在室温下作用即生成苯磺酸。

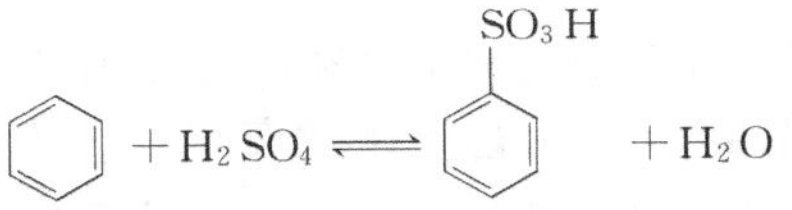

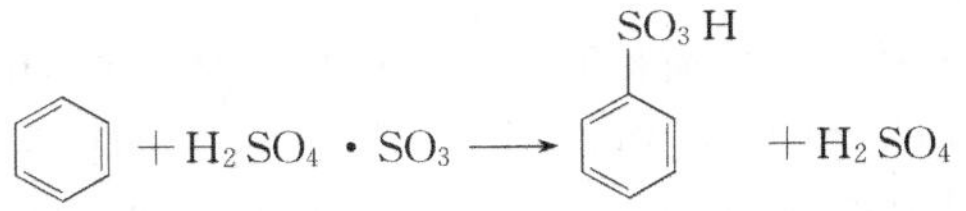

苯磺酸如在更高的温度下继续磺化，可以生成间苯二磺酸。

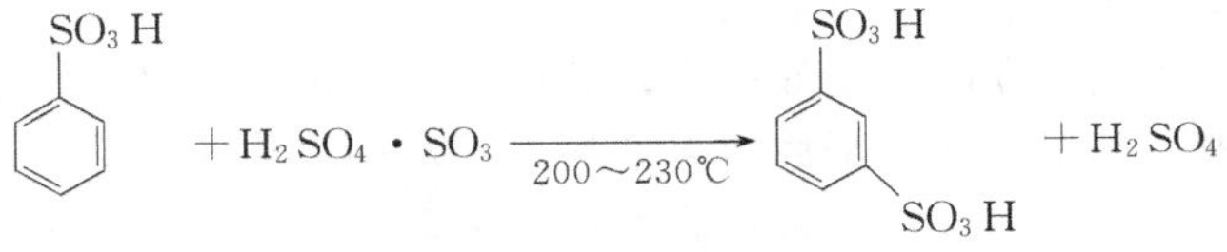

间苯二磺酸

甲苯比苯容易磺化，它与浓硫酸在常温下就可以进行反应，主要产物是邻甲苯磺酸和对甲苯磺酸。

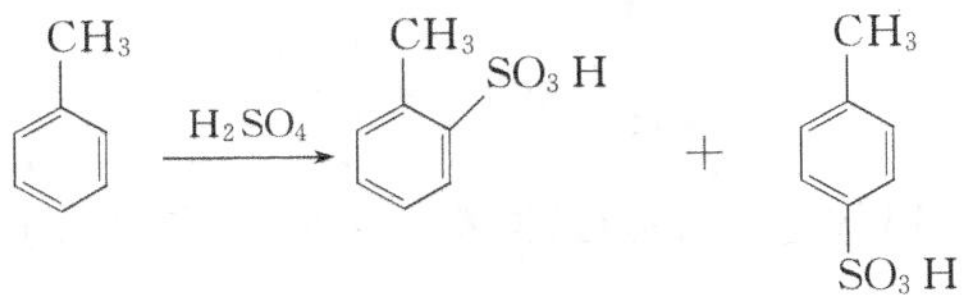

邻甲苯磺酸 32%　　　对甲苯磺酸 62%

常用的磺化剂除浓硫酸、发烟硫酸外，还有三氧化硫和氯磺酸（$ClSO_3H$）等。例如：

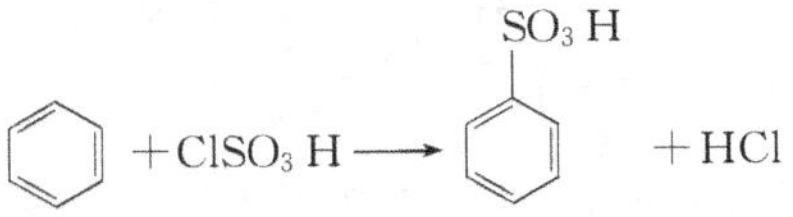

若氯磺酸过量，则得到的是苯磺酰氯。

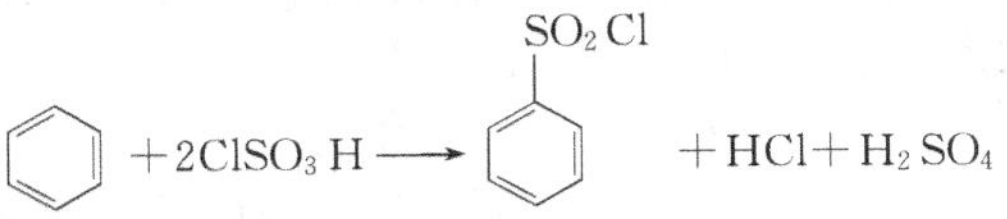

该反应在苯环上引入一个氯磺酰基（—SO_2Cl），因此叫做氯磺化反应。氯磺酰基非常活泼，通过它可以制取芳磺酰胺 $ArSO_2NH_2$、芳磺酸酯 $ArSO_2OR$ 等一系列芳磺酰衍生物，

在制备染料、农药和医药上具有广泛的用途。

上述磺化反应中，目前认为有效的亲电试剂是三氧化硫。

$$2H_2SO_4 \rightleftharpoons SO_3 + H_3O^+ + HSO_4^-$$

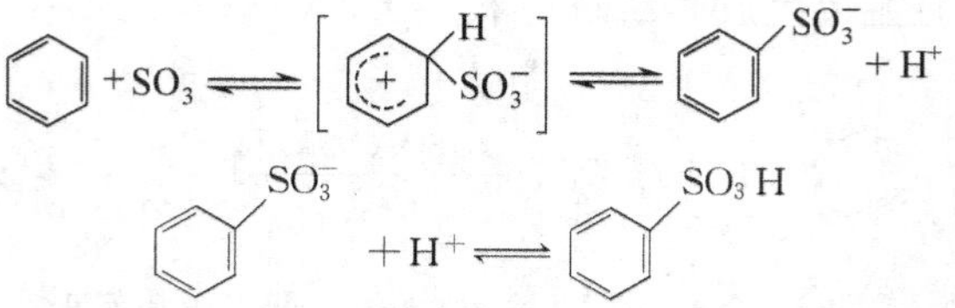

和苯的硝化或卤化不同，苯的磺化反应是可逆的。如果将苯磺酸和稀硫酸或盐酸在压力下加热，或在磺化所得混合物中通入过热水蒸气，可以使苯磺酸发生水解反应而又变成苯。

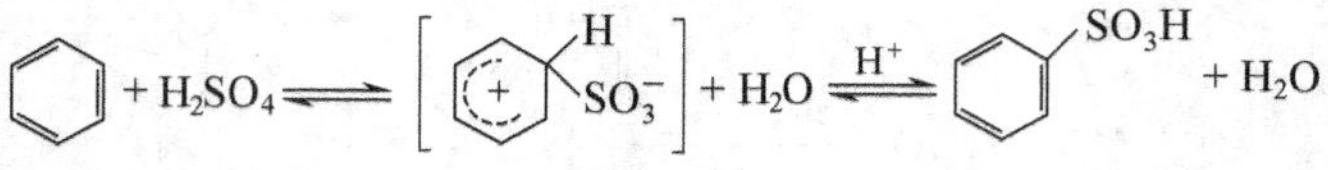

磺化反应的逆反应叫做水解，该反应的亲电试剂是质子，因此又叫做质子化反应（或称去磺酸基反应）。在有机合成上，由于磺酸基容易除去，所以可利用磺酸基暂时占据环上的某些位置，使这个位置不再被其他基团取代，或利用磺酸基的存在，影响其水溶性等，待其他反应完毕后，再经水解而将磺酸基脱去。该性质被广泛用于有机合成及有机化合物的分离和提纯。

磺化反应之所以可逆，是因为反应过程中生成的 σ 络合物脱去 H^+ 和脱去 SO_3 两步的活化能（E_1 和 E_2）相差不大，因而它们的反应速度比较接近。而在硝化或卤化反应中，从相应的 σ 络合物脱 NO_2^+ 或 X^+ 的活化能高，即脱去 NO_2^+ 或 X^+ 的反应速度比脱去质子的反应速度慢得多，因此反应实际上是不可逆的。

芳磺酸是强酸，其酸性强度与硫酸相当；芳磺酸不易挥发，极易溶于水。在难溶于水的芳香族化合物分子中，如引入磺酸基后就得到易溶于水的物质。因此，磺化反应也常用于合成染料。此外，芳磺酸具有强酸性，常作为酸性催化剂。

（4）傅列德尔-克拉夫茨烷基化反应 芳烃与卤烷在无水三氯化铝的催化作用下，生成芳烃的烷基衍生物。反应的结果是苯环上引入了烷基，这个反应叫做傅列德尔-克拉夫茨烷基化反应，简称为烷基化反应。

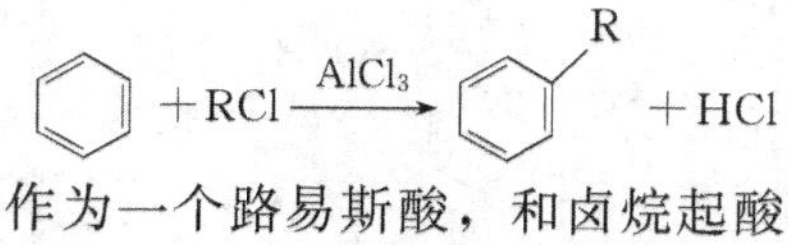

在这个反应中，三氯化铝作为一个路易斯酸，和卤烷起酸碱反应，生成了有效的亲电试剂烷基碳正离子。

$$RCl + AlCl_3 \longrightarrow R^+ + AlCl_4^-$$

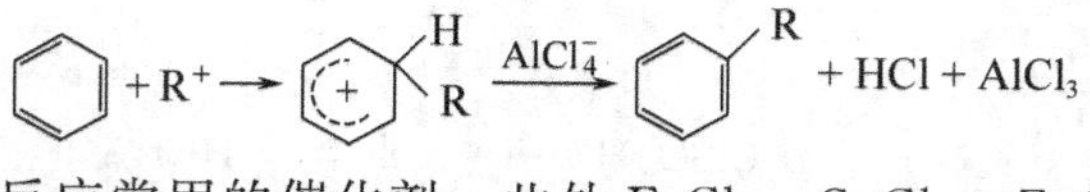

三氯化铝是烷基化反应常用的催化剂，此外 $FeCl_3$、$SnCl_4$、$ZnCl_2$、BF_3、HF、H_2SO_4 等均可作为催化剂。除卤烷外，烯烃或醇也可作为烷基化剂。例如，工业上就是利用乙烯和丙烯作为烷基化剂，制取乙苯和异丙苯。

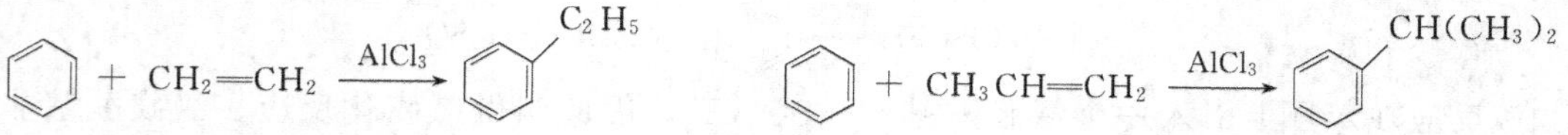

乙苯可以催化脱氢而得到苯乙烯。苯乙烯是很重要的高分子单体，在合成橡胶塑料以及离子交换树脂等高分子工业中应用很广泛。

在 $AlCl_3$ 存在下，由烯烃和苯制取烷基苯，还必须加入微量的水以促进反应进行。据此，可以认为该反应的烷基化剂仍为卤烷，经下列反应生成：

$$AlCl_3 + 3H_2O \longrightarrow Al(OH)_3 + 3HCl \qquad C_2H_4 + HCl \xrightarrow{AlCl_3} C_2H_5Cl$$

用醇进行烷基化反应常用三氟化硼或三氯化铝作为催化剂，其反应机理如下。

$$ROH + BF_3 \rightleftharpoons \left[\begin{array}{c} H \\ | \\ R-O-BF_3 \end{array} \right] \rightleftharpoons R^+ + HOBF_3^- \qquad ArH + R^+ \rightleftharpoons \left[Ar \begin{array}{c} H \\ \diagdown \\ \diagup \\ R \end{array} \right]^+ \longrightarrow ArR + H^+$$

$$H^+ + HOBF_3^- \longrightarrow [H_2O \cdot BF_3] \longrightarrow H_2O + BF_3$$

由于苯环上引入烷基后，生成的烷基苯比苯更容易进行取代反应，因此烷基化反应中常有多烷基苯生成。烷基化反应的亲电试剂是烷基碳正离子 R^+，而碳正离子容易发生重排，因此当所用的卤烷具有三个碳以上的直链烷基时，就得到由于碳正离子重排而生成的异构化产物。例如正氯丙烷和苯反应，约 70% 的产物是异丙苯。

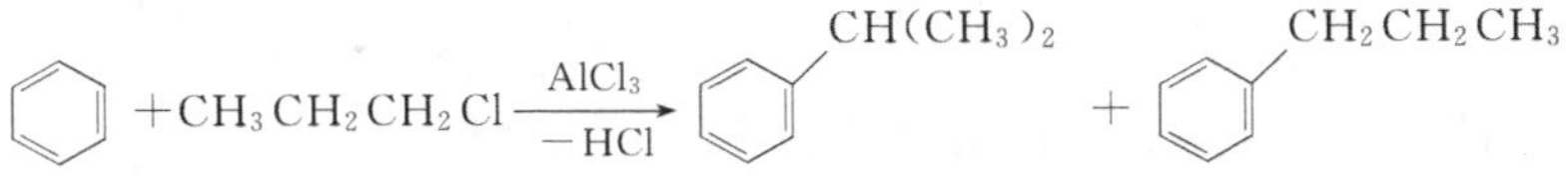

这是由于正氯丙烷与三氯化铝作用生成异丙基正离子的缘故。

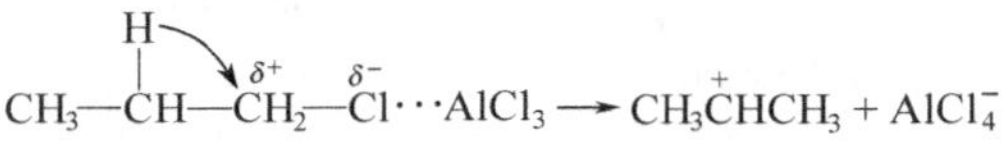

苯和 2-甲基-1-氯丙烷反应，则全部生成叔丁基苯。这是由于叔丁基碳正离子更容易生成的缘故。

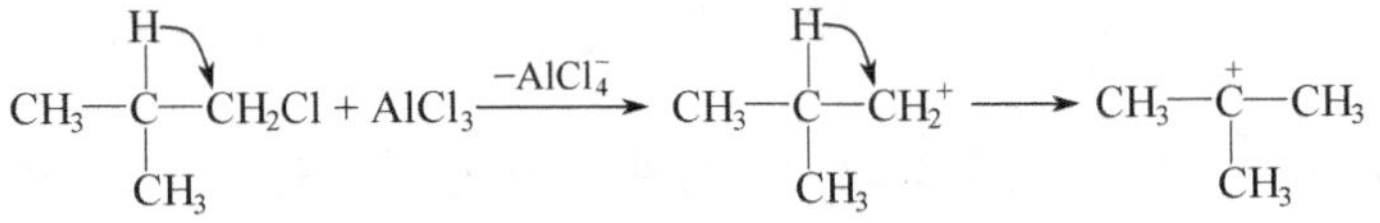

当苯环上有强的间位定位基时，烷基化不容易进行。例如，硝基苯不能发生烷基化反应。由于芳烃和三氯化铝都能溶于硝基苯中，因此烷基化反应可以用硝基苯作溶剂。

（5）傅列德尔-克拉夫茨酰基化反应 芳烃在无水三氯化铝的催化下与酰卤（RCOX）作用，则环上的氢原子可以被酰基（RCO—）取代，生成芳酮。这个反应叫做傅列德尔-克拉夫茨酰基化反应，简称为傅-克酰基化反应或酰基化反应。酰基化反应是制备芳酮的重要方法之一。例如：

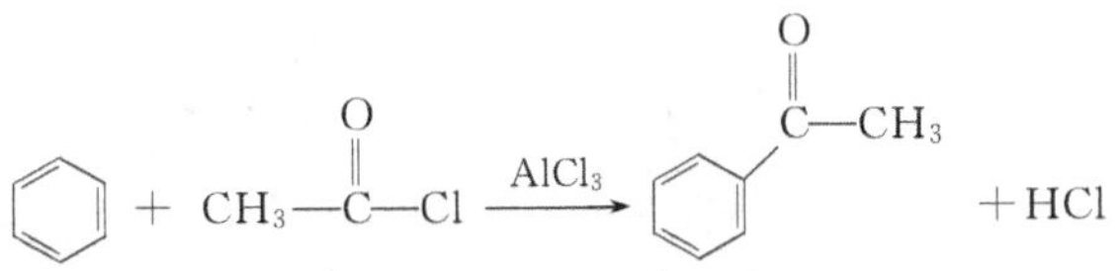

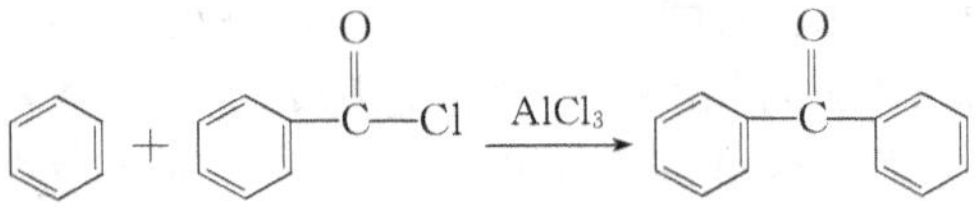

傅-克酰基化反应与烷基化反应相似，也是芳环上的亲电取代反应。进攻的亲电试剂可

能是酰基化剂与催化剂作用所生成的酰基正离子：

$$RCOCl + AlCl_3 \rightleftharpoons R—\overset{+}{C}=O + AlCl_4^-$$

或者是酰基化剂与催化剂所形成的络合物：

$$RCOCl + AlCl_3 \rightleftharpoons RCOCl \cdots AlCl_3$$

反应历程可表示如下：

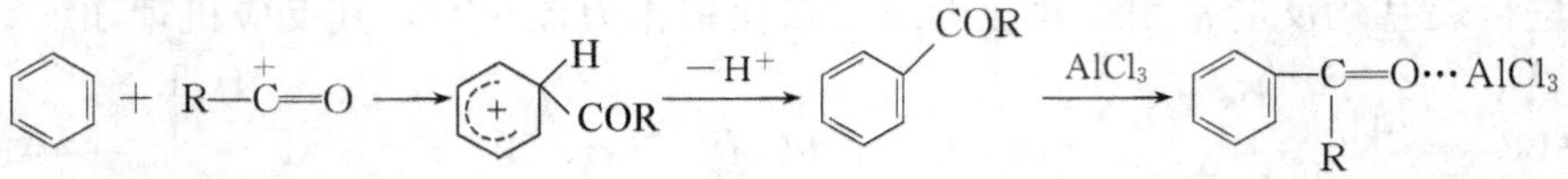

反应后生成的酮是与 $AlCl_3$ 相络合的，需再加稀酸处理，才能得到游离的酮。因此傅-克酰基化反应与烷基化反应不同，三氯化铝的用量必须过量。

芳烃与直链卤烷发生烷基化反应时，由于碳正离子活泼中间体稳定性原因，往往得到侧链重排产物。但是酰基化反应没有重排发生。例如：

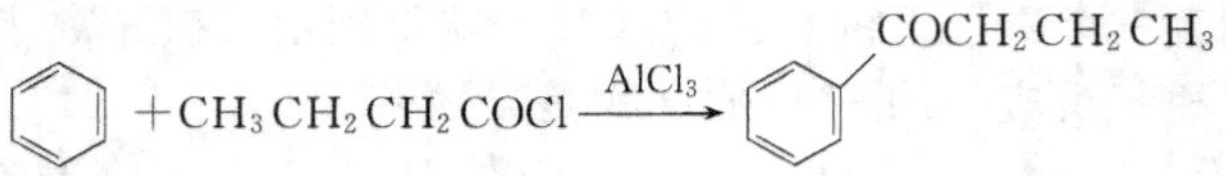

生成的酮可以用锌汞齐加盐酸或者用黄鸣龙法还原为亚甲基。

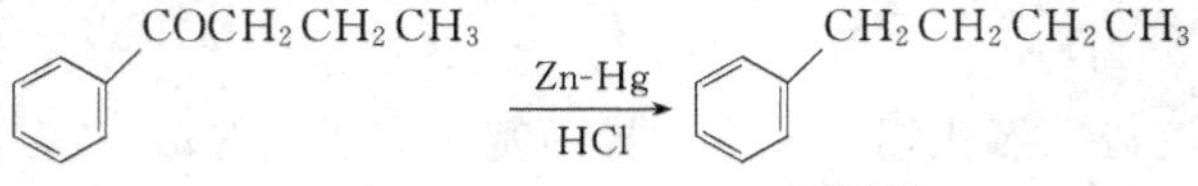

因此酰基化反应也是芳环上引入正构烷基的一个重要方法。

芳烃酰基化反应生成一元取代物的产率一般很高，因为酰基是个间位定位基，它使苯环的活性降低，当第一个酰基取代苯环后，反应即行停止，不会生成多元取代物的混合物，这也是和烷基化反应的一个主要不同之处。

在上述反应中，和芳烃起作用的试剂都是缺电子或带正电的取代试剂，因此这些反应都是亲电取代反应。

芳环亲电取代反应历程：在亲电取代反应中，首先是亲电试剂 E^+ 进攻苯环，并很快地和苯环的 π 电子形成 π 络合物。

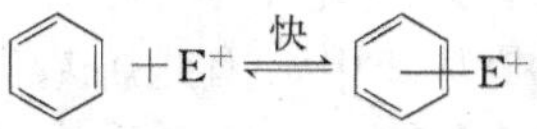

π 络合物仍然还保持着苯环的结构。然后 π 络合物中亲电试剂 E^+ 进一步与苯环的一个碳原子直接连接，这样形成的产物叫做 σ 络合物。

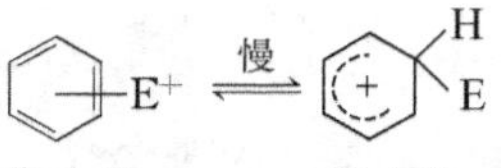

σ 络合物的形成是缺电子的亲电试剂 E^+，从苯环获得两个电子而与苯环的一个碳原子结合成 σ 键的结果。这个碳原子的 sp^2 杂化轨道也随着变成 sp^3 杂化轨道。由于碳环原有的六个 π 电子中给出了一对电子，因此只剩下四个 π 电子，而且这四个 π 电子只是离域分布在五个碳原子所形成的（缺电子）共轭体系中。因此这个 σ 络合物已不再是原有的苯环结构，它是环状的碳正离子中间体，可以用以下三个共振结构式来表示：

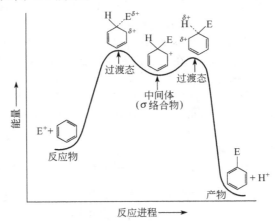

σ络合物的结构，也可以在五个碳原子旁画以虚线和正号，以表示这五个碳原子仍是个共轭体系，且正电荷分散在各个碳原子上。这样可以用一个结构式粗略地表示出 σ 络合物的结构。还应指出的是，σ 络合物的三个共振结构式，不仅表示了余下的五个碳原子仍是共轭体系，而且还可表示出在取代基的邻位和对位碳原子上带更多的正电荷。这符合量子化学处理的结果，也便于说明苯及其衍生物的许多化学事实。所以这种共振结构式目前比较普遍地应用于文献资料中。

σ 络合物是苯亲电取代反应的中间体，和烯烃加成生成的碳正离子相似。σ 络合物生成这一步的反应速度比较慢，它是决定整个反应速度的一步。与烯烃加成反应不一样的是：由烯烃生成的碳正离子接着迅速地和亲核试剂结合而形成加成产物；而由芳烃生成的 σ 络合物却是随即迅速失去一个质子，重新恢复为稳定的苯环结构，最后形成了取代产物。这一步是放热反应。其能量变化如图 4.7 所示。

图 4.7　苯亲电取代反应过程的能量示意图

如果 σ 络合物接着不是失去一个质子，而是和亲核试剂结合生成加成产物（即环己二烯类衍生物），由于加成产物不再具有稳定的苯环结构，这一步将是吸热反应。所以芳烃发生取代反应比加成容易得多。事实上，芳烃并不发生上述的加成反应。由此可知，芳烃不易加成，而容易发生亲电取代反应，完全是由苯环的稳定性所决定的。

$$CH_2{=}CH_2 + Br_2 \longrightarrow BrCH_2{-}CH_2Br \qquad \Delta H = -122.06\,kJ/mol$$

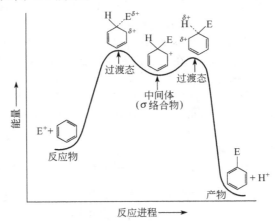 $+Br_2 \longrightarrow$ (环己二烯衍生物) $\qquad \Delta H = 8.36\,kJ/mol$

 $+Br_2 \xrightarrow{FeBr_3}$ (溴苯) $+HBr \qquad \Delta H = -45.14\,kJ/mol$

综上所述，芳烃亲电取代反应历程可表示如下：

$$\bigcirc + E^+ \underset{快}{\rightleftharpoons} \bigcirc -E^+ \underset{慢}{\rightleftharpoons} \overset{+}{\bigcirc}\overset{H}{\underset{E}{\diagdown}} \xrightarrow[-H^+]{快} \bigcirc -E$$

4.5 亲核反应机理

4.5.1 亲核加成反应

烯烃中没有亲核加成反应，只是在炔烃、羰基化合物中有亲核加成反应。

(1) 三键（炔烃）的亲核加成

在碱存在下，炔烃可以和醇发生加成反应。

$$-\overset{\delta^-}{C}\equiv\overset{\delta^+}{C}- \ +NuH \longrightarrow -\overset{\delta^-}{C}=\overset{\delta^+}{C}-Nu$$
$$\underset{H}{|}$$

例如，乙炔可以与甲醇加成，在乙炔的一个碳上加上一个氢原子，另一个碳上加上甲氧基（CH_3O-），生成的产物叫做甲基乙烯基醚。

$$HC\equiv CH \ +CH_3OH \xrightarrow[加压，加热]{KOH} CH_2=CH-O-CH_3$$

甲基乙烯基醚可以看作是乙烯的衍生物，它可以加成聚合而得到工业上有用的高分子化合物。因此甲基乙烯基醚也是工业上有用的单体。

炔烃在碱性溶液中和醇的加成，并不是亲电加成，因为在这里并没有可以导致亲电加成的亲电试剂（例如质子或卤素等）存在。在氢氧化钾或氢氧化钠的醇溶液中，有下列反应发生：

$$CH_3OH+KOH \rightleftharpoons CH_3O^-K^+ +H_2O$$

醇钾具有盐的性质，可以强烈离解为甲氧基负离子和钾离子。一般认为，是带负电荷的甲氧基离子 CH_3O^- 首先和炔烃作用，生成碳负离子中间体，然后再和一分子醇作用，获得一个质子而生成甲基乙烯基醚。

$$HC\equiv CH + CH_3O^- \longrightarrow CH_3O-CH=\bar{C}H \xrightarrow{CH_3OH} CH_3O-CH=CH_2 + CH_3O^-$$

甲氧基离子是带负电荷的离子，它能供给电子，因而有亲近正电荷的倾向。或者说它具有亲核的倾向，所以它是一种亲核试剂。反应首先是由甲氧基负离子攻击乙炔开始。由亲核试剂进攻而引起的加成反应叫做亲核加成反应。炔烃和醇的加成是一种亲核加成。

关于炔烃为什么比烯烃容易进行亲核加成的问题，虽然目前还没有圆满和一致的解释，但从炔烃的亲电加成不如烯烃活泼这一事实来考虑，也是容易理解的。因为这一事实也说明炔烃自身的亲核性能比烯烃弱。亲核性能弱也就是亲电性能比较强。甲醇在碱的催化下，生成的甲氧基负离子（CH_3O^-）是个强的亲核试剂，它可以和亲电性能较大的炔烃发生亲核加成，而和亲电性能差的烯烃就不能发生反应了。

此外，乙烯基负离子（sp^2 杂化碳）较甲基负离子（sp^3 杂化碳）稳定。炔烃与醇亲核加成的第一步生成的是较稳定的烯基型负离子，这也说明了炔烃比较容易发生亲核加成。

(2) 双键（羰基）亲核加成反应

醛、酮统称为羰基化合物，羰基上由于氧原子吸电子能力强于碳造成极化，羰基的碳原子是高度缺电子的，所以亲核试剂与之发生的亲核加成反应是醛、酮化合物的重要化学特性。亲核加成反应的反应机理如下：

$$\underset{R}{\overset{R'}{\underset{\delta^+}{C}}}{=}\underset{\delta^-}{\overset{\cdots}{O}}{:} \xrightarrow[\text{慢},-H^+]{H-Nu} \left[\underset{R}{\overset{R'}{\underset{\cdots}{C}}}{\overset{Nu}{\underset{\delta^-}{\overset{\cdots}{O}}}}{:}\right] \longrightarrow \underset{R}{\overset{R'}{C}}\overset{Nu}{\underset{\overset{\cdots}{\underset{:}{O}}}{}} \xrightarrow{H_3O^+} \underset{R}{\overset{R'}{C}}\overset{Nu}{\underset{OH}{}}$$

反应物(三角形的)　　过渡态(变为正四面 　产物(正四面体的
　　　　　　　　　　体的氧上带部分负电荷)　氧上带负电荷)

羰基作为极性基团，具有两个反应中心，可接受亲电和亲核两种试剂的进攻。羰基中带负电荷的氧比带正电荷的碳稳定，因此当醛、酮进行加成反应时，一般是亲核试剂带负电荷或未共用电子对部分首先进攻羰基碳原子生成氧负离子中间体，这是决定反应速率的一步，然后是试剂带正电荷（亲电）部分，通常是 H^+ 加到氧负离子上，这种由亲核试剂引起的加成反应叫做亲核加成反应。

反应过程尚受空间效应影响，因在过程中，碳原子由原来的 sp^2 杂化转变成 sp^3 杂化，增加了空间拥挤程度，烷基越大越多，越不利于亲核试剂的进攻。此外，烷基是供电子基，它们与羰基相连，将降低羰基碳上的正电性，也不利于亲核试剂的进攻。

我们可以预料到由于芳基对反应物的稳定作用，导致羰基碳的正电性减少，因此结果是使它钝化。

$$\langle\underset{\delta^+}{\bigcirc}\rangle{-}\underset{}{\overset{R}{C}}{=}\underset{\delta^-}{\overset{\cdots}{O}}$$

若有酸存在时，氢原子就连接到羰基氧上。这一优先的质子化反应降低了亲核进攻的 $E_{活化}$，因为它允许氧获得 π 电子而毋需接受负电荷。因此酸催化亲核加成反应更容易发生亲核进攻。

$$\underset{R}{\overset{R'}{C}}{=}\overset{\cdots}{O} \underset{}{\overset{H^+}{\rightleftharpoons}} \left[\underset{R}{\overset{R'}{C}}{=}\overset{+}{O}H \longleftrightarrow \underset{R}{\overset{R'}{\overset{+}{C}}}\overset{\cdots}{O}H\right] \xrightarrow{:Nu^-} \underset{R}{\overset{R'}{C}}\overset{Nu}{\underset{\overset{\cdots}{O}H}{}}$$

由于氢电负性强于烷基，所以醛羰基上正电荷容易分散，从而容易被亲核试剂进攻，故酮反应活性弱于醛。同样立体阻碍对羰基的活性亦有影响，即羰基上为体积较小的氢，所以其反应性强于具有体积较大烷基的酮。同样对酮而言，烷基愈多愈大，反应性愈低。

相对反应性：

$$\underset{}{\overset{O}{\underset{}{H-C-H}}} > \underset{}{\overset{O}{\underset{}{R-C-H}}} > \underset{}{\overset{O}{\underset{}{R-C-R'}}} \qquad \underset{}{\overset{O}{\underset{}{CH_3-C-CH_3}}} > \underset{CH_3}{\overset{O}{\underset{}{CH_3CHCCH_3}}} >$$

$$\underset{CH_3\ CH_3}{\overset{O}{\underset{}{CH_3CHCCHCH_3}}} > \underset{}{\overset{O}{\underset{}{C_6H_5-C-CH_3}}} > \underset{}{\overset{O}{\underset{}{C_6H_5-C-C_6H_5}}}$$

a. 羰基与格氏试剂的亲核加成反应　反应通式：

$$\underset{\delta^-}{\overset{\delta^+}{>}}\underset{}{C}{=}\overset{\delta^-}{O} + \underset{}{\overset{\delta^-}{R}}{-}\overset{\delta^+}{M}gX \xrightarrow{\text{干醚}} R{-}\underset{}{\overset{|}{\underset{|}{C}}}{-}OMgX \xrightarrow{H_3O^+} R{-}\underset{}{\overset{|}{\underset{|}{C}}}{-}OH$$

烷氧基卤化镁

加成产物用稀酸处理，即水解成醇。

如：

$$\underset{}{\overset{O}{\underset{}{CH_3CH_2CH}}} + CH_3CH_2CH_2{-}MgBr \xrightarrow{\text{醚}} \underset{}{\overset{OMgBr}{\underset{}{CH_3CH_2CHCH_2CH_2CH_3}}} \xrightarrow{H_3O^+} \underset{}{\overset{OH}{\underset{}{CH_3CH_2CHCH_2CH_2CH_3}}}$$

格氏试剂与酰基的反应不同于醛、酮羰基的反应，它包括两个连续步骤，即先发生格氏烷基亲核取代离去基团形成酮，然后再发生亲核加成反应。

通式：

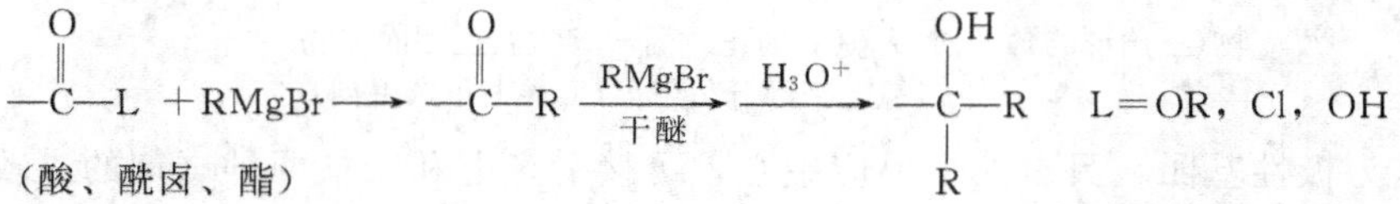

$$\underset{\text{（酸、酰卤、酯）}}{\overset{O}{\underset{\|}{-C-L}}} + RMgBr \longrightarrow \overset{O}{\underset{\|}{-C-R}} \xrightarrow[\text{干醚}]{RMgBr} \xrightarrow{H_3O^+} \underset{R}{\overset{OH}{\underset{|}{-C-R}}} \qquad L=OR，Cl，OH$$

如：

$$CH_3CH_2\overset{O}{\underset{\|}{C}}OCH_3 + CH_3-MgBr \xrightarrow{\text{干醚}} \xrightarrow{H_3O^+} CH_3CH_2\underset{CH_3}{\overset{OH}{\underset{|}{C}}}CH_3$$

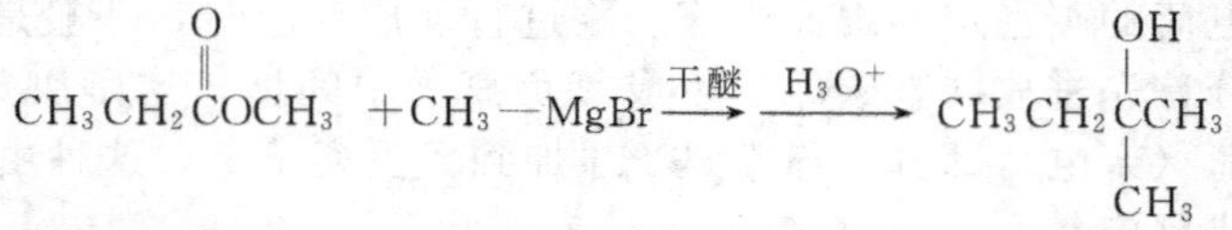

b. 羰基与胺亲核加成及消除反应　羰基与伯胺亲核加成及消除反应的通式：

$$\underset{R}{\overset{R'}{C}}=O + H_2NR'' \rightleftharpoons \left[R'-\underset{R}{\overset{\boxed{OH}\,H}{\underset{|}{C}}}-NR'' \right] \xrightarrow[-H_2O]{\triangle} \underset{R}{\overset{R'}{C}}=NR''$$

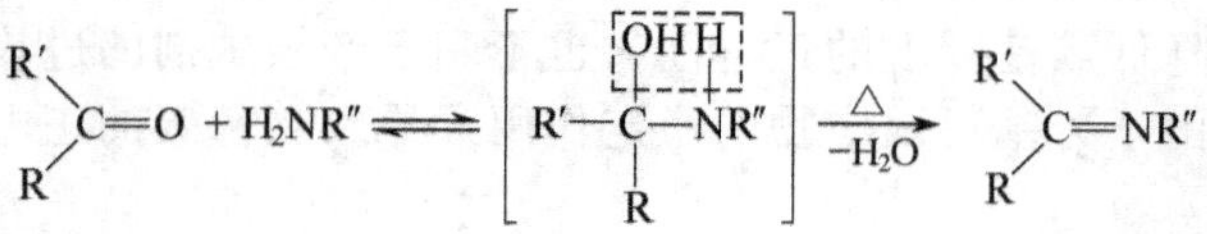

脂肪族醛、酮与氨或伯胺反应生成亚胺，也称为希夫碱（Schiffbase）。生成的亚胺中含有 C═N 键，在反应条件下很不稳定，易于发生聚合反应。芳香族的醛、酮与伯胺反应生成的亚胺则比较稳定。例如：

$$\bigcirc-CHO + H_2N-\bigcirc \longrightarrow \bigcirc-CH=N-\bigcirc + H_2O$$

苯亚甲基苯胺（84%～87%）

其反应机理：

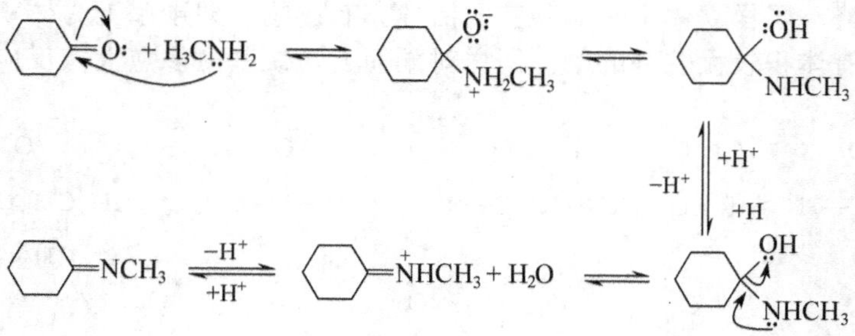

羰基与仲胺的亲核加成及消除反应的通式：

$$\underset{\text{（醛、酮）}}{C}=O + HNR_2 \longrightarrow \underset{R}{\overset{R}{C}}-N \diagup + H_2O$$

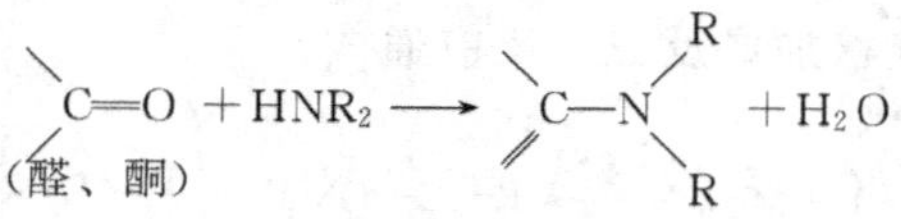

如：

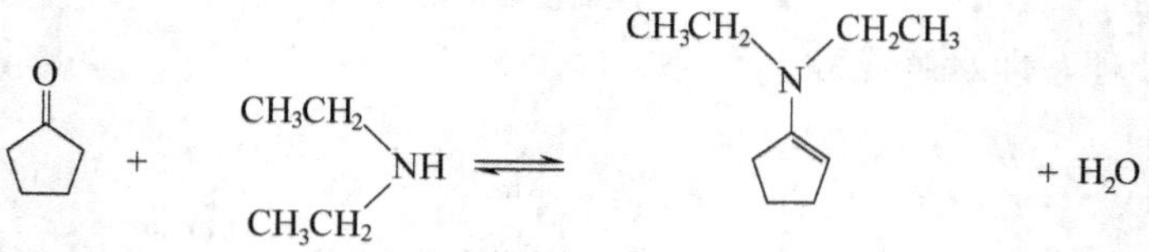

其反应机理：

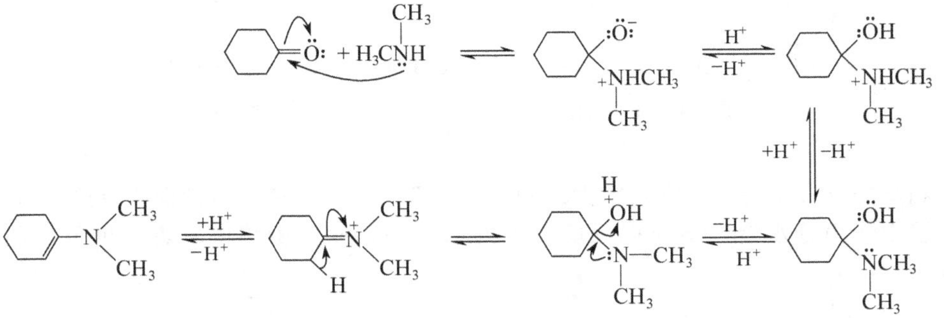

醛酮的羰基还可以和许多氨的衍生物如羟氨 NH_2OH、肼 H_2NNH_2 等发生亲核加成，然后失水，形成一类具有 $R—C=N—$ 结构的化合物，常见的有肟、腙、缩氨脲。

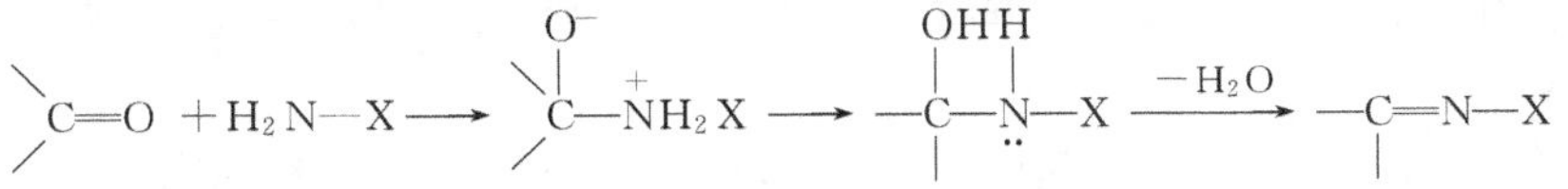

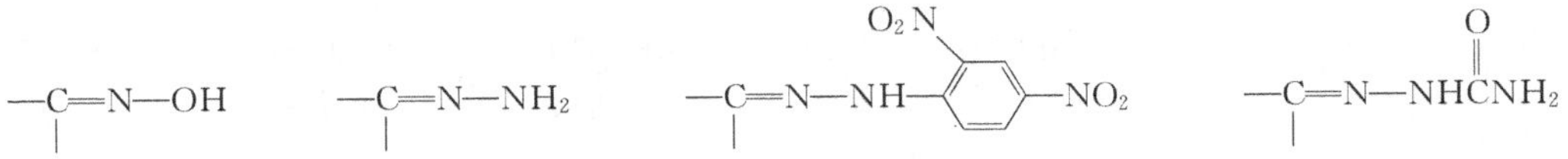

| 肟 | 腙 | 2,4-二硝基苯腙 | 缩氨脲 |

c. 羰基与水的亲核加成　羰基化合物之所以有一定的水溶性，除了能和水分子形成分子间氢键外，还和它们与水发生加成反应生成偕二羟基化合物有关。反应通式：

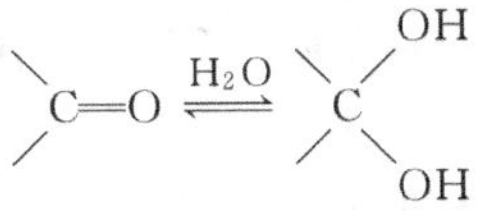

水的亲核性能很差，羰基化合物的水合反应达到平衡需要一定的时间，但若在溶液中加入微量的酸或碱，则反应速度变得很快，碱溶液中亲核试剂是 OH^-，亲核性比水大得多。

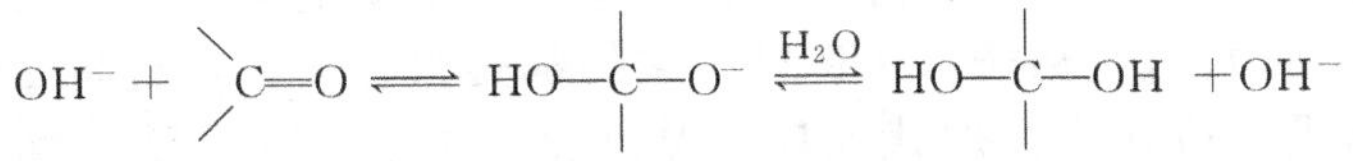

酸溶液中则是质子先和羰基氧原子作用，质子化的醛酮形成后也很容易再和水作用。

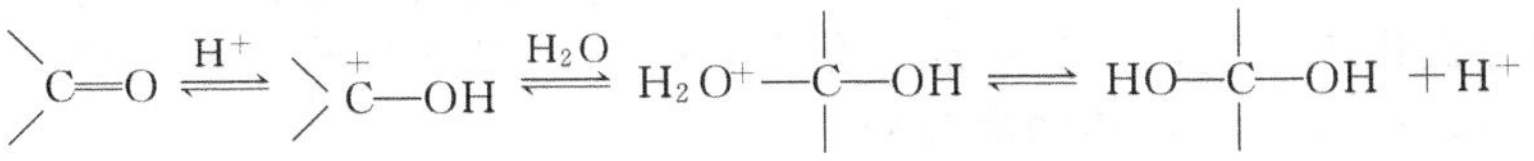

如：

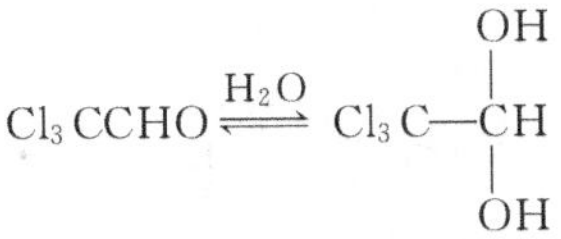

$$Cl_3CCHO \xrightarrow{H_2O} Cl_3C—\underset{\underset{OH}{|}}{\overset{\overset{OH}{|}}{C}}H$$
(100%)

三氯乙醛中的三氯甲基有很强的吸电子性能，使羰基碳上的电正性大大增加，因而易与水加成生成稳定的水合三氯乙醛，水合三氯乙醛有镇静作用，可用作安眠药物。

d. 羰基与醇的亲核加成　反应的通式：

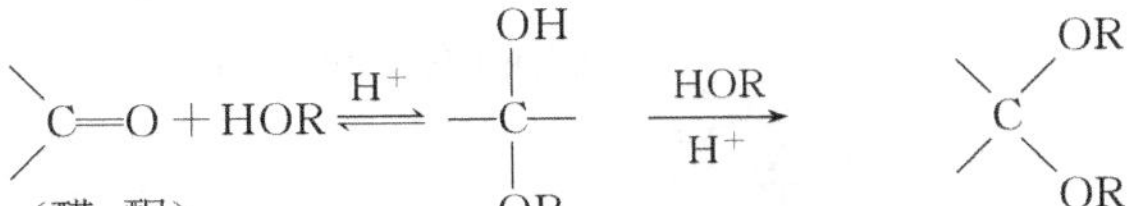

(醛、酮)

半缩醛（酮）　　　　　缩醛（酮）
某醛（酮）缩一某醇　　某醛（酮）缩二某醇

如：

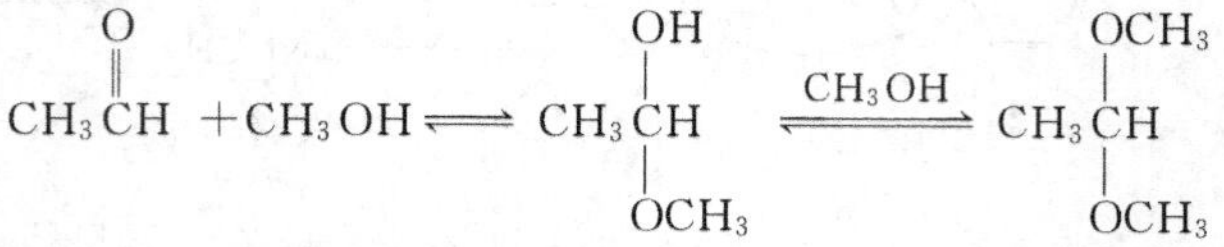

$$CH_3CH + CH_3OH \rightleftharpoons CH_3\overset{OH}{\underset{OCH_3}{\overset{|}{\underset{|}{C}}}}H \xrightarrow{CH_3OH} CH_3\overset{OCH_3}{\underset{OCH_3}{\overset{|}{\underset{|}{C}}}}H$$

　　醛和醇的反应正向平衡常数较大。酮在上述条件下，平衡反应偏向于反应物方面，但在反应装置中使用分水器，不断把反应产生的水除去，使平衡移向右方，也可以制备缩酮。例如：

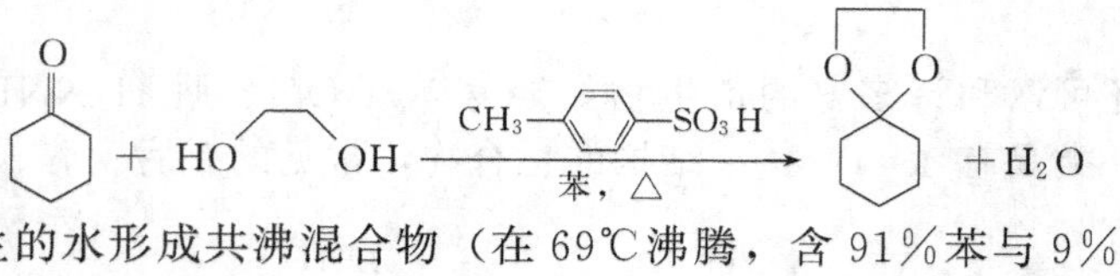

苯与反应中产生的水形成共沸混合物（在 69℃ 沸腾，含 91% 苯与 9% 水）。
其反应机理：

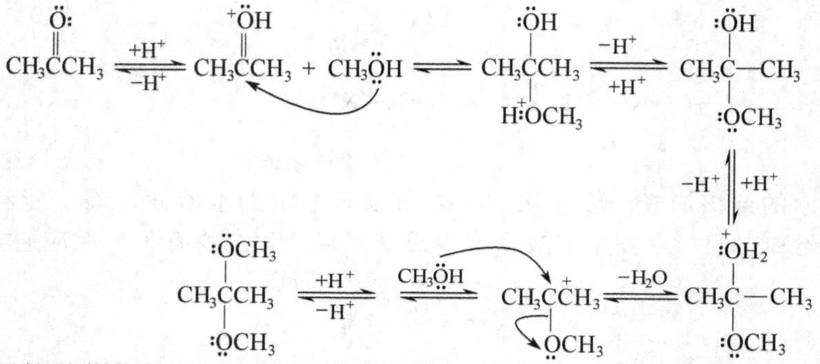

与前面介绍的酰化物相比，醛、酮只能进行加成反应，因为它们不能进行类似酰基的亲核取代中的第二步即基团离去的反应。这一步反应是否进行取决于离去基团 L$^-$ 碱性的强弱，L$^-$ 的碱性越弱越易离去，否则相反。如果醛、酮要发生亲核取代反应，离去基团将是氢负离子（：H$^-$）或烷基负离子（：R$^-$），它们都是很强的碱，这将是极为困难的。所以醛和酮总是发生加成反应而不是取代反应。酰基化合物的反应和醛、酮不同是在第二步反应。来自醛、酮的四面体中间体获得一个质子形成醇，其结果是加成反应，来自酰基化合物的四面体中间体放出 L：基，重新生成三角形化合物，因此结果是取代反应。

（3）单键（环醚类）的亲核加成反应

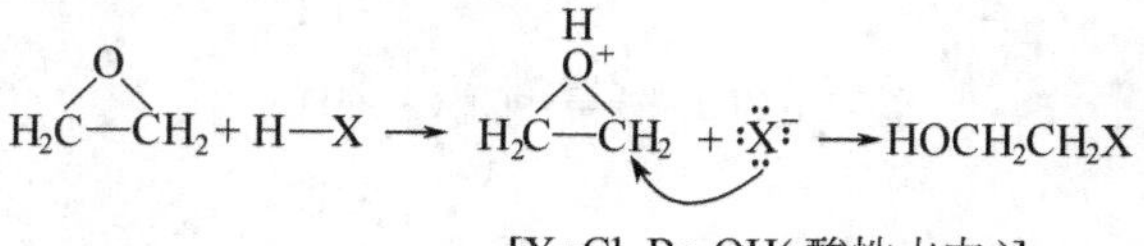

$$H_2C-CH_2 + H-X \longrightarrow H_2C-CH_2 + \overset{..}{\underset{..}{X}}{}^- \longrightarrow HOCH_2CH_2X$$

[X=Cl, Br, OH(酸性水中)]

　　环醚的两个 C—O 键上存在的电荷分布不均，在外界影响下，很容易发生（两种可能性）断裂，生成亲核加成反应产物。反应的实质为在碳原子上发生的亲核取代（C—O 键断裂）。

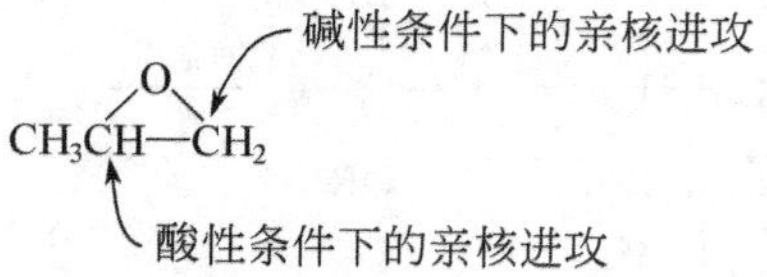

碱性条件下的亲核进攻

$$CH_3CH-CH_2$$

酸性条件下的亲核进攻

与几类亲核试剂的反应举例如下。

$$CH_3CH_2\overset{\delta-}{-}\overset{\delta+}{MgBr} + H_2\overset{O}{C-}CH_2 \longrightarrow CH_3CH_2CH_2CH_2OH$$

$$CH_3CH\overset{O}{-}CH_2 + HCl \longrightarrow CH_3CHCH_2OH \overset{Cl}{|} + CH_3CHCH_2Cl \overset{OH}{|}$$
　　　　　　　　　　　　　　　　　　　　主产物　　　　　　　　副产物

$$CH_3CH\overset{O}{-}CH_2 + CH_3O^- \longrightarrow CH_3CHCH_2OCH_3 \overset{O^-}{|} \xrightarrow{CH_3OH} CH_3CHCH_2OCH_3 \overset{OH}{|} + CH_3O^-$$

4.5.2　亲核取代

（1）卤烷单分子亲核取代反应（S_N1）

单分子亲核取代反应的通式：

$$\overset{\delta+}{-C-}\overset{\delta-}{X} + \overset{\delta-}{Nu}\overset{\delta+}{Y} \xrightarrow{S_N1} -C-Nu + Nu-C- + XY$$

如：

$$CH_3-\underset{CH_3}{\overset{CH_3}{\underset{|}{\overset{|}{C}}}}-Br + OH^- \longrightarrow CH_3-\underset{CH_3}{\overset{CH_3}{\underset{|}{\overset{|}{C}}}}-OH + Br^-$$

$$v_{水解} = k[(CH_3)_3CBr]$$

实验证明叔丁基溴在碱性溶液中的水解速率，仅与卤烷的浓度成正比，而与亲核试剂（OH$^-$或水分子）的浓度无关。这说明决定反应速度的一步仅取决于卤烷分子本身 C—X 键的强弱和它的浓度。

　　因此，上述反应可认为分两步进行：第一步是叔丁基溴在溶剂中首先离解成叔丁基碳正离子和溴负离子，在反应过程中还经历一个 C—Br 键将断未断而能量较高的过渡态阶段：

$$CH_3-\underset{CH_3}{\overset{CH_3}{\underset{|}{\overset{|}{C}}}}-Br \xrightarrow{慢} \left[CH_3-\underset{CH_3}{\overset{CH_3}{\underset{|}{\overset{|}{C}}}}\overset{\delta+}{\cdots}\overset{\delta-}{Br}\right] \longrightarrow CH_3-\underset{CH_3}{\overset{CH_3}{\underset{|}{\overset{|}{C^+}}}} + Br^-$$
　　　　　　　　　　　　　　　　　过渡态

这里生成的碳正离子是个中间体，性质活泼，所以又称为活性中间体。第二步是生成的叔丁基碳正离子立即与试剂 OH$^-$ 或水作用生成水解产物——叔丁醇。

$$CH_3-\underset{CH_3}{\overset{CH_3}{\underset{|}{\overset{|}{C^+}}}} + OH^- \xrightarrow{快} \left[CH_3-\underset{CH_3}{\overset{CH_3}{\underset{|}{\overset{|}{C}}}}\cdots OH\right] \longrightarrow CH_3-\underset{CH_3}{\overset{CH_3}{\underset{|}{\overset{|}{C}}}}-OH$$
　　　　　　　　　　　　　　　　过渡态

　　对于多步反应来说，生成最后产物的速率主要由速率最慢的一步来决定。叔丁基溴的水解反应中，C—Br 键的离解速率是慢的，而生成碳正离子后就立即与 OH$^-$ 作用。因此上述第一步反应是决定整个反应速率的步骤，而这一步反应的速率是与反应物卤烷的浓度成正比的，所以整个反应速率仅与卤烷的浓度有关，而与亲核试剂浓度无关。在决定反应速率的这一步骤中，发生共价键变化的只有一种分子，所以称作单分子反应历程。这种单分子亲核取代反应常用 S_N1 来表示。同样，碳正离子愈稳定，愈可能发生 S_N1 反应。

叔丁基溴水解反应过程中的能量变化如图 4.8 所示。图中 B 和 D 分别为两步反应的过渡态，它们都处在能量曲线的最高点——峰顶。称为活性中间体的碳正离子 C，它的能量比过渡态 B、D 的能量低，在能量曲线上处于一个极小值（峰谷），中间体的存在是可以证实的。图中 ΔE_1 是第一步反应的活化能，ΔE_2 是第二步反应的活化能。$\Delta E_1 > \Delta E_2$，故第一步反应较慢，是决定整个反应速率的一步。从活化能的大小，可以估计反应的难易。ΔH 是反应热。

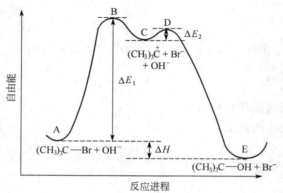

图 4.8　叔丁基溴水解反应的能量曲线

在 S_N1 反应的立体化学中，我们首先从第一步叔丁基溴离解成的叔丁基碳正离子来看，碳原子由 sp^3 四面体结构转变为 sp^2 三角形的平面结构的碳正离子，带正电荷的碳原子上有一个空的 p 轨道。当亲核试剂（如 OH^-）在第二步和碳正离子作用时，从平面的两边进攻的机会是均等的。

因此，如果是一个卤素连在手性碳原子上的卤烷发生 S_N1 水解反应，我们就会得到"构型保持"和"构型转化"几乎等量的两个化合物，即外消旋体混合物。

构型转化　　　　构型保持

和后面将要叙述 S_N2 历程的产物不同，经由 S_N1 历程的产物基本上是外消旋体。因此可以通过测定反应物和产物的旋光度，从它们旋光性的变化可初步鉴别这个反应的历程是 S_N1 还是 S_N2。

综上所述，S_N1 反应的特点是：反应分两步进行，反应速率只与卤烷的浓度有关，而与亲核试剂浓度无关，反应过程中有活性中间体——碳正离子生成，如碳正离子所连的三个基团不同时，得到的产物基本上是外消旋体。

（2）卤烷双分子亲核取代反应（S_N2）

卤烷双分子亲核取代反应的通式：

$$\overset{\delta^+}{-C}\overset{\delta^-}{-X} + \overset{\delta^-}{Nu}\overset{\delta^+}{Y} \longrightarrow Nu-C\overset{}{\diagdown} + XY$$

如：

$$CH_3-Br + OH^- \longrightarrow CH_3OH + Br^-$$

$$v = k[\mathrm{CH_3Br}][\mathrm{OH^-}]$$

实验证明，溴甲烷的碱性水解的反应速率不仅与卤烷的浓度成正比，也与碱的浓度成正比。

溴甲烷的碱性水解反应历程可表示为：

$$\mathrm{HO^-} + \mathrm{H-\underset{H}{\overset{H}{C}}-Br} \longrightarrow \mathrm{HO\cdots\overset{\delta^-}{\underset{}{C}}\cdots\overset{\delta^-}{Br}} \longrightarrow \mathrm{HO-\underset{H}{\overset{H}{C}}-H + Br^-}$$

过渡态

反应后甲基上的三个氢原子也完全转向偏向到溴原子一边，这个过程好像雨伞被大风吹得向外翻转一样。水解产物甲醇中—OH 官能团不是连在原来由溴占据的位置上，所得到的甲醇与原来的溴甲烷的构型相反，称为瓦尔登转化或瓦尔登反转。

当亲核试剂 $\mathrm{OH^-}$ 进攻溴甲烷中的碳原子时（亲核试剂有向电子云密度低的碳原子进攻的倾向），由于卤原子原来带有部分负电荷，因此带负电荷的亲核试剂一般总是从溴原子的背面进攻碳原子，在接近碳原子过程中，逐渐部分地形成 C—O 键，同时 C—Br 键由于受到 $\mathrm{OH^-}$ 进攻的影响而逐渐伸长和变弱，使溴原子带着原来成键的电子对逐渐离开碳原子。在这个过程中，体系的能量逐渐增高。随着反应的继续进行，$\mathrm{OH^-}$ 继续接近碳原子，由于碳原子逐渐地共用氧原子的电子对。$\mathrm{OH^-}$ 的负电荷不断地减低，而溴则带着一对电子从碳原子那里逐渐离开而不断增加负电荷。与此同时，甲基上的三个氢原子由于亲核试剂进攻所排斥也向溴原子一方逐渐偏转，这样就形成了一个过渡态，此时体系的能量达到一个最大值。此时进攻试剂、中心碳原子和离去基团处在一条直线上，而碳和其他三个氢原子处在垂直于这条直线的平面上，$\mathrm{OH^-}$ 与 Br 分别在平面的两边。随着 $\mathrm{OH^-}$ 继续接近碳原子和溴原子继续远离碳原子，体系的能量又逐渐降低。最后 $\mathrm{OH^-}$ 与碳生成 O—C 键，溴则离去而成为 $\mathrm{Br^-}$。

溴甲烷碱性水解过程中的能量曲线如图 4.9 所示。

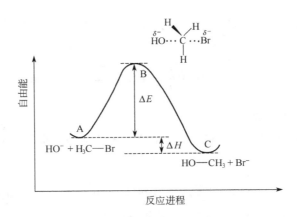

图 4.9　溴甲烷水解反应的能量曲线

如果卤素是连在手性碳原子上的卤烷发生 $\mathrm{S_N2}$ 反应，则产物的构型与原来反应物的构型相反。例如：

$$\mathrm{\underset{CH_3}{\underset{|}{\overset{H_{13}C_6}{\overset{|}{C}}}}-Br + NaOH \longrightarrow HO-\underset{CH_3}{\underset{|}{\overset{C_6H_{13}}{\overset{|}{C}}}}-H + NaBr}$$

$[\alpha] = -34.6^\circ$ 　　　　　$[\alpha] = +9.9^\circ$

已知（一）-2-溴辛烷和（＋）-2-辛醇的构型相反。因此瓦尔登转化是 S_N2 反应的一个重要标志。

综上所述，S_N2 反应的特点是：反应速率既与反应物浓度有关，又与亲核试剂的浓度有关，反应中新键的建立和旧键的断裂是同步进行的，共价键的变化发生在两种分子中，因此它是双分子亲核取代反应，以 S_N2 表示。经由 S_N2 反应得到的产物通常发生构型反转。采取 S_N1 可能性小的反应，采取 S_N2 可能性则大。

一个卤烷的反应究竟是 S_N1 历程还是 S_N2 历程，要由卤烷分子的结构、亲核试剂和离去基团的性质，以及溶剂性质等因素决定。

（3）醇（包括硫醇）与氢卤酸亲核取代反应机理

a. 醇与氢卤酸 反应通式：

$$R—OH+HX \Longrightarrow R—X+H_2O \quad （适用于硫醇 RSH）$$

如果醇为伯醇，因为 S_N1 反应所需的伯碳正离子极不稳定，难以存在。反应则按 S_N2 机理进行：

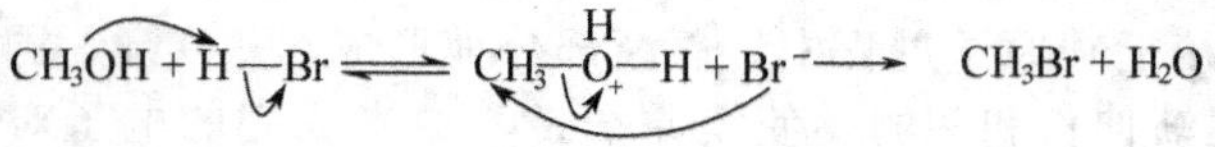

若为叔醇，则按 S_N1 机理进行。

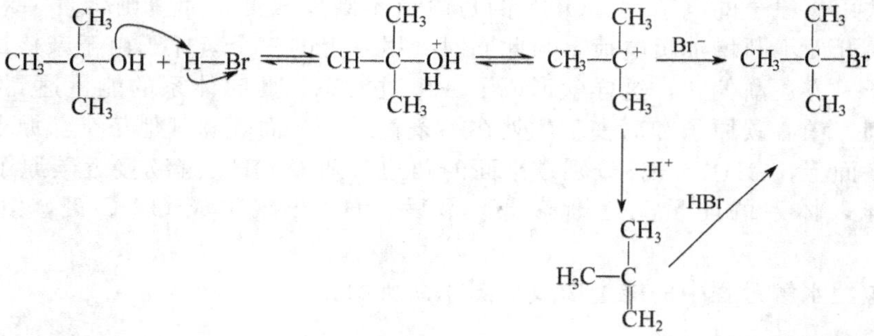

当所用酸为 HCl，而不是 HBr、HI，因 Cl^- 是比 Br^-、I^- 更弱的亲核试剂，常使用 $ZnCl_2$ 作催化剂。机理为：

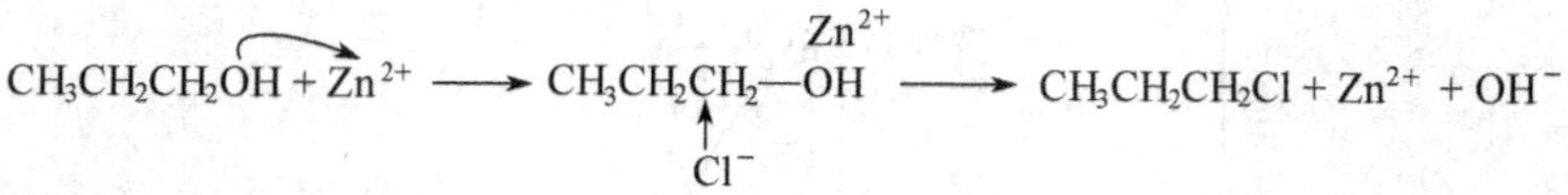

b. 醇与卤代物 反应通式：

$$ROH+PX_3 \longrightarrow RX+HOPX_2（X＝Br、I）（适用于硫醇 RSH）$$

如：

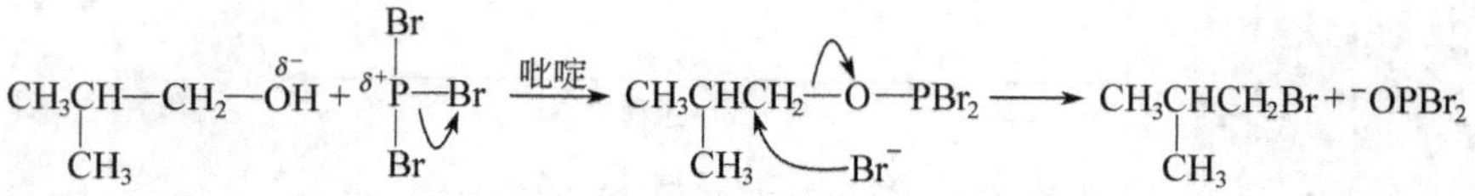

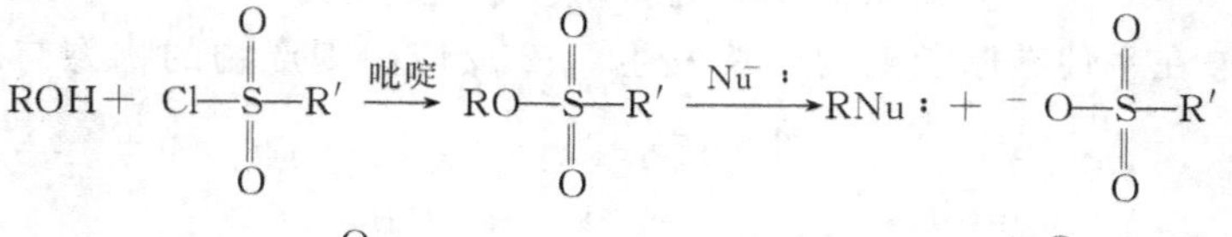

如：

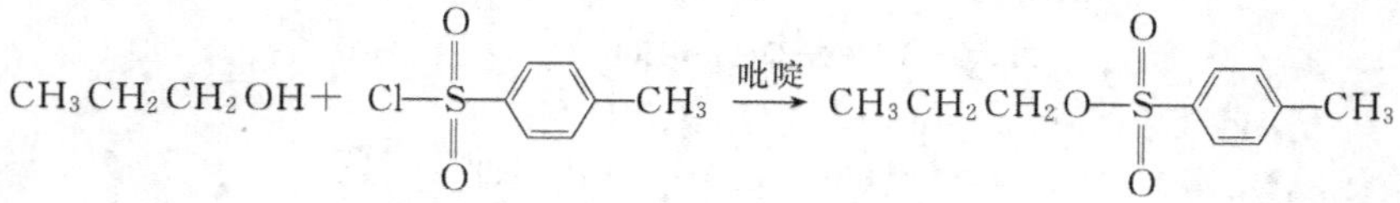

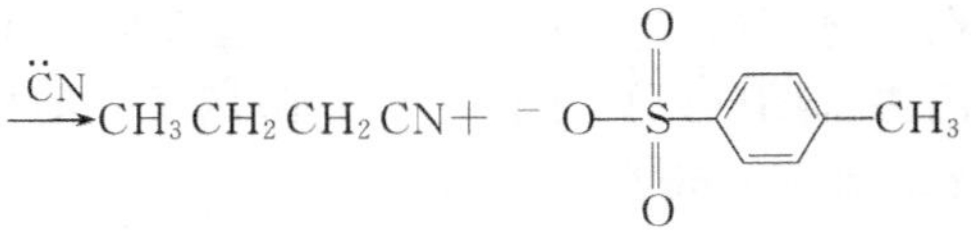

$$\overset{\ddot{C}N}{\longrightarrow} CH_3CH_2CH_2CN + {}^- O \overset{\overset{O}{\parallel}}{\underset{\underset{O}{\parallel}}{S}} \text{—} \overset{}{\bigcirc} \text{—} CH_3$$

（4）醚的亲核取代

反应通式：

$$ROR' + HI \overset{\triangle}{\longrightarrow} ROH + R'I$$

当反应物中与氧直接相连的烷基碳均为伯碳，则反应按 S_N2 机理进行，反之，如为叔碳，则反应按 S_N1 进行。如：

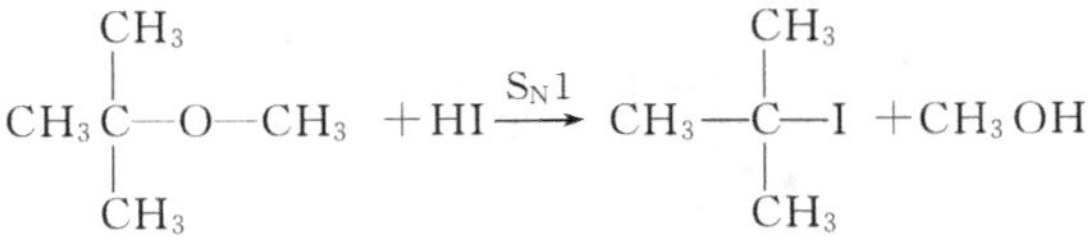

$$CH_3 \underset{\underset{CH_3}{\overset{|}{\underset{|}{C}}}}{\overset{CH_3}{\overset{|}{\underset{|}{C}}}} \text{—} O \text{—} CH_3 + HI \overset{S_N1}{\longrightarrow} CH_3 \underset{\underset{CH_3}{\overset{|}{\underset{|}{C}}}}{\overset{CH_3}{\overset{|}{\underset{|}{C}}}} \text{—} I + CH_3OH$$

$$CH_3CH_2CH_2OCH_3 + HI \overset{S_N2}{\longrightarrow} CH_3CH_2CH_2OH + CH_3I$$

（5）芳环上亲核取代反应机理

芳环上进行亲核反应的通式：

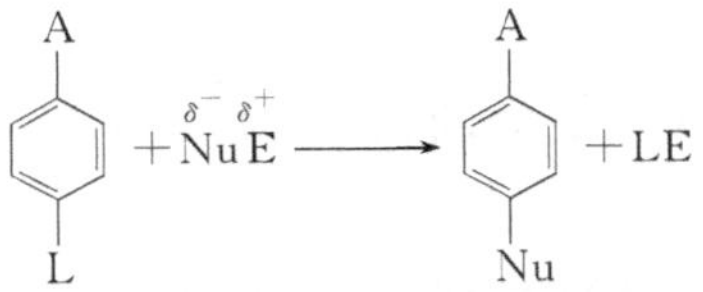

$$\overset{A}{\underset{L}{\bigcirc}} + \overset{\delta^-\ \delta^+}{Nu\ E} \longrightarrow \overset{A}{\underset{Nu}{\bigcirc}} + LE$$

反应式中，A 为吸电子取代基，L 是离去基团（通常亦为吸电子基），Nu—E（碱、醇）常见的有 RO—H，RNH—H，RS—H 等。

在通常的反应条件下，由于苯环平面上下被 π 电子云所包围，使得亲核试剂难以靠近，所以苯环很难发生亲核取代反应。但是如果苯环上有一个很好的离去基团（如卤素）以及一个或多个强吸电子基团（如硝基、甲酸酯基）存在的情况下，该类反应则比较容易发生。但这些强吸电子基团应在离去基团的邻、对位（而不是间位）。吸电子基团愈多，反应愈容易，从以下反应中不同的反应条件可以发现这点。

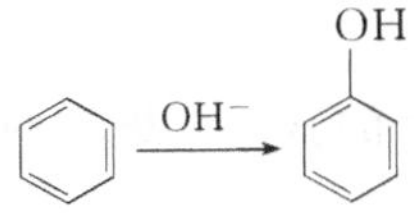

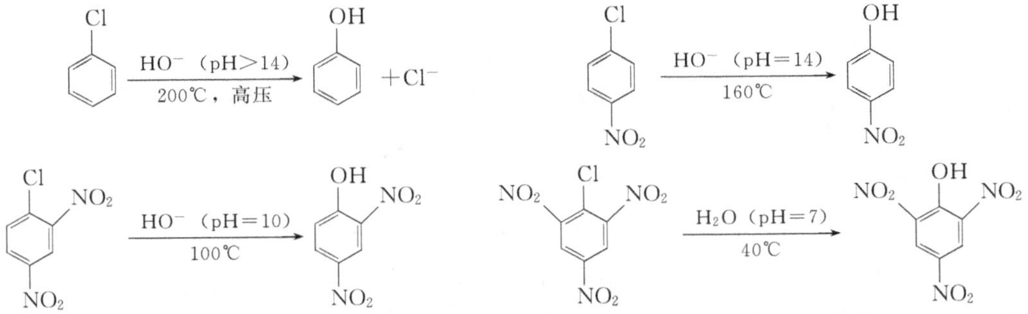

应注意，能活化苯环上亲核取代反应的强吸电子基团，同样也能钝化苯环上亲电取代反应。换言之，使苯环上负电荷密度愈少，愈有利于亲核试剂接近，而使亲电试剂难以接近，所以能使苯环亲电反应钝化的基团能使亲核反应活化，反之亦然。

芳环上亲核取代反应有两种机理。一是对于有吸电子基存在下的卤代芳烃而言的双分子置换机理，S_NAr。另一种是消除-加成机理（包括苯炔中间体）。

在双分子置换机理 $S_N Ar$ 中，其反应的第一步是亲核试剂从与苯环近似垂直的平面进攻拥有离去基团的碳原子而生成碳阴离子中间体，第二步则是离去基团脱去，重新形成 π 共轭环系统。$S_N Ar$ 机理：

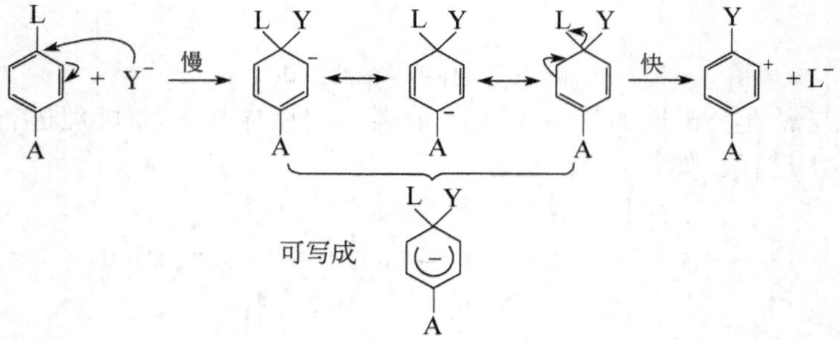

离去基团 L 可以是 F、Cl、Br、I 以及 NO_2、 $—N{=}N^+ Cl^-$ 、—NHR、—OR、—SR，吸电子基团 A 可以是—NO_2，—CN 及—COOMe 等。

这里的  为环状的碳负离子，它的稳定性决定了反应进行的快慢及可能性。

被取代的基团应是一个比亲核试剂弱的弱碱，否则不可能从中间体上离去。

此外，吸电子基还应是在亲核进攻（即离去基团所在位置）的邻或对位，因为只有这样，进攻的亲核试剂电子才能离域到吸电子基团上。而间位则不可能，所以难于反应。

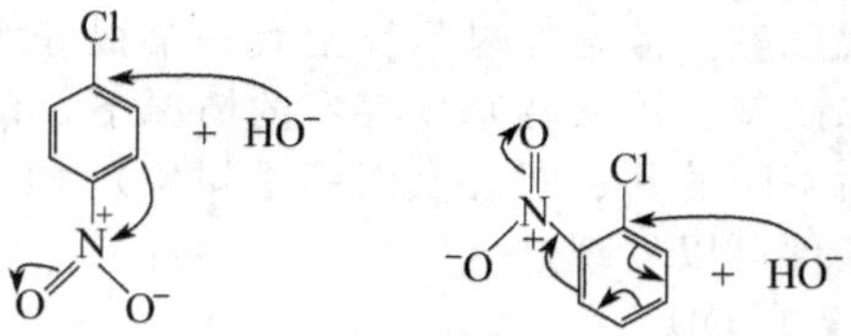

许多亲核取代反应可以进行，唯一要求就是正在进入的基团（进攻的基团）应比将离去基团具有更强的碱性。如：

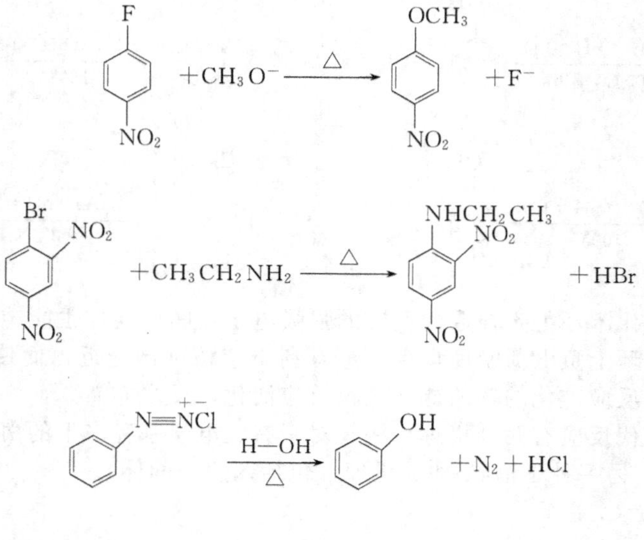

4.6 消除反应机理

4.6.1 消除反应

消除反应的通式：$-\overset{|}{\underset{H}{C}}-\overset{|}{\underset{X}{C}}- + B-E \longrightarrow -\overset{|}{C}=\overset{|}{C}- + BH + XE$

B—E 为：CH_3O-H，$HO-Na$。

在进行饱和碳原子上的亲核取代反应时，除了生成取代产物外，常常还有烯烃生成。这是因为同时还有消除反应发生。例如：

$$R-CH_2-CH_2-X + OH^- \begin{cases} \overset{取代}{\longrightarrow} R-CH_2-CH_2-OH + X^- \\ \overset{消除}{\longrightarrow} R-CH=CH_2 + H_2O + X^- \end{cases}$$

以上例子说明，消除反应常常伴随取代反应同时进行，而且是相互竞争的。这是因为，这两种反应的反应机理有相似之处。反应进行中究竟哪种反应占优势，则要看反应物的分子结构和反应条件而定。消除反应也存在单分子消除反应和双分子消除反应两种反应机理。

（1）卤烷单分子消除反应（E1）

和 S_N1 反应机理相似，单分子消除反应机理也是分两步进行的，第一步是卤烷在溶剂中先离解为碳正离子，第二步是试剂进攻 β 氢原子，在 β 碳原子上脱去一个质子，同时在 α 与 β 碳原子之间形成一个双键。反应过程如下式表示：

离解　　$H-CR_2-CR_2-X \xrightarrow{\text{慢}} H-CR_2-\overset{+}{C}R_2 + X^-$

去质子　$H-CR_2-\underset{+}{C}R_2 \xrightarrow{\text{快}} CR_2=CR_2 + H_2O$
　　　　　HO^-

如：

$$CH_3-\overset{CH_3}{\underset{CH_3}{\overset{|}{\underset{|}{C}}}}-Br + H_2O \longrightarrow CH_3-\overset{CH_3}{\overset{|}{C}}=CH_2 + H_3O^+ + Br^-$$

其反应机理为：

$$CH_3-\overset{CH_3}{\underset{CH_3}{\overset{|}{\underset{|}{C}}}}-Br \underset{\text{慢}}{\rightleftharpoons} CH_3-\overset{CH_3}{\overset{|}{C^+}} + Br^- \qquad CH_3-\overset{CH_3}{\underset{H_2O \rightarrow H-CH_2}{\overset{|}{C^+}}} \xrightarrow{\text{快}} CH_3-\overset{CH_3}{\overset{|}{C}}=CH_2 + H_3O^+$$

第一步反应速度慢，第二步反应速度快。第一步生成碳正离子是决定反应速度的一步，因为这一步中只有一种分子发生共价键的异裂，所以这样的反应历程称为单分子消除反应，以 E1 表示。整个 E1 的反应速度仅取决于卤烷的浓度，而与试剂（例如 OH^-）的浓度无关，因此 E1 反应和 S_N1 反应很相似。它们所不同的仅在第二步，E1 是 OH^- 进攻 β 碳上的氢原子，使氢原子以质子形式脱掉而形成双键；而 S_N1 则是 OH^- 直接与碳正离子相结合形成取代产物。因此它们常同时发生。至于如何衡量 E1 与 S_N1 何者占优势的问题，则主要看碳正离子在第二步反应中消除质子或与试剂结合的相对趋势而定。

此外，E1 或 S_N1 反应中生成的碳正离子还可以发生重排而转变为更稳定的碳正离子，然后再消除质子（E1）或与亲核试剂作用（S_N1）。例如，新戊基溴和乙醇作用，主要消除产物是 2-甲基-2-丁烯。这是由于原先生成的新戊基碳正离子易于重排为较稳定的叔戊基碳正离子的缘故。

$$CH_3-\underset{\underset{CH_3}{|}}{\overset{\overset{CH_3}{|}}{C}}-CH_2Br \xrightarrow[-Br^-]{C_2H_5OH} CH_3-\underset{\underset{CH_3}{|}}{\overset{\overset{CH_3}{|}}{C}}-\overset{+}{C}H_2 \xrightarrow[\text{甲基迁移}]{\text{重排}} CH_3-\overset{+}{\underset{\underset{CH_3}{|}}{C}}-CH_2-CH_3$$

$$\xrightarrow{-H^+} CH_3-\underset{\underset{CH_3}{|}}{C}=CH-CH_3$$

由于碳正离子的形成和发生重排反应有密切的关系，所以通常把重排反应作为 E_1 或 S_N1 历程的标志。

当消除有多种可能性时，主产物为多取代烯烃（并其中以反式为多），因第二步反应过渡态需超共轭稳定（札依采夫规则）。

$$CH_3CH_2\underset{\underset{Cl}{|}}{C}HCH_3 + H_2O \longrightarrow \underset{\text{主产物}}{CH_3CH=CHCH_3} + \underset{\text{副产物}}{CH_3CH_2\underset{\underset{CH_3}{|}}{C}=CH_2} + H_3O^+ + Cl^-$$

（2）卤烷双分子消除反应（E2）

双分子消除反应是碱性的亲核试剂进攻卤烷分子中的 β 氢原子，使这个氢原子成为质子和试剂结合而脱去，同时，分子中的卤原子在溶剂作用下带着一对电子离去，在 β 碳原子与 α 碳原子之间就形成了双键。反应经过一个能量较高的过渡态。此过渡态中，双键部分形成，可通过超共轭效应来稳定。

$$Z^- + \overset{*}{H}-\underset{\underset{R}{|}}{C}H-\underset{\underset{R'}{|}}{C}H-X \longrightarrow [\overset{\delta^-}{Z}\cdots\overset{*}{H}\cdots\underset{\underset{R}{|}}{C}H=\underset{\underset{R'}{|}}{C}H\cdots\overset{\delta^-}{X}] \text{（过渡态）}$$

$$\longrightarrow Z\overset{*}{H} + RCH=CHR' + X^-$$

$$Z^- = HO^-，C_2H_5O^- \text{等}；X=Cl，Br，I \text{等}$$

如：

$$CH_3\underset{\underset{Br}{|}}{C}HCH_2CH_3 + CH_3O^- \xrightarrow{CH_3OH} \underset{(70\%)}{CH_3CH=CHCH_3} + \underset{(30\%)}{CH_2=CHCH_2CH_3} + Br^-$$

主反应过渡态　　　　　　　　　　　　副反应过渡态

$$\begin{array}{c} \overset{\delta^-}{O}CH_3 \\ \vdots \\ H \\ \vdots \\ CH_3\overset{|}{C}H=CHCH_3 \\ \overset{|}{Br}^{\delta^-} \end{array} \qquad \begin{array}{c} \overset{\delta^-}{O}CH_3 \\ \vdots \\ H \\ \vdots \\ CH_2=CH\overset{|}{C}HCH_2CH_3 \\ \overset{|}{Br}^{\delta^-} \end{array}$$

　　　较稳定　　　　　　　　　　　　　较不稳定

上述反应是不分步（阶段）的，新键的生成和旧键的破裂同时发生。反应速率和反应物浓度以及进攻试剂的浓度成正比，这说明反应是按双分子历程进行的，因此叫做双分子消除反应，以 E2 表示。E2 反应中形成的过渡态与 S_N2 很相似，其区别在于试剂在 E2 中进攻 β 氢原子，而在 S_N2 中则进攻 α 碳原子。

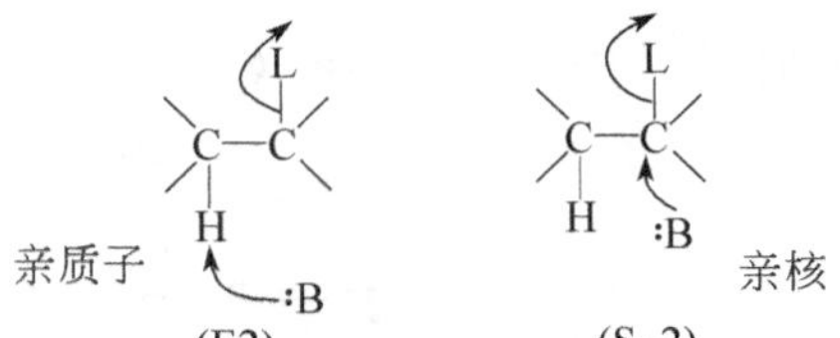

亲质子　　　　　　　　　　　　　　　亲核

(E2)　　　　　　　　　　　　　(S$_N$2)

:B代表碱性试剂；　　　　L代表离去基团

因此，E2 和 S$_N$2 反应往往也同时伴随发生。

此外。卤烷消除反应一般为伯卤烷仅发生 E2 反应，仲、叔卤烷则同时发生 E1 及 E2 反应。

（3）单分子共轭碱消除反应（E1CB）

烷基氟化物的消除反应与其他卤化物不同，以生成取代基较少的烯烃为主要产物。

$$CH_3CHCH_2CH_2CH_3 + CH_3O^- \xrightarrow{CH_3OH} CH_2=CHCH_2CH_2CH_3 + CH_3CH=CHCH_2CH_3 + F^-$$
$$\underset{F}{|} \qquad\qquad 70\% \qquad\qquad\qquad 30\%$$

这一反应机理被称为单分子共轭碱消除（E1CB）：

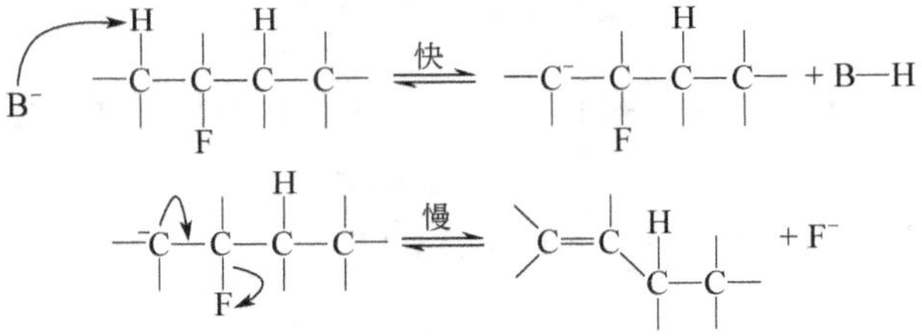

由于 F$^-$ 是强的吸电子基团，并且是很差的离去基团，当强碱 CH$_3$O$^-$ 靠近 β-H 时，首先夺取氢，形成碳负离子，根据碳负离子稳定性原理，以生成取代基较少的碳负离子为主，然后 F$^-$ 离去形成 π 键。

以 E1CB 机理进行的反应需要在强碱存在下进行，并且 α-C 上有较难离去的基团（如 F、OR、OAr 等），β-C 上连有强的吸电子基团（如—NO$_2$、—COR、—CN、—COOR、—X等）的化合物，对反应是有利的。

消除反应常常与亲核取代反应同时发生并相互竞争。消除产物和取代产物的比例受反应物结构、试剂、温度、溶剂等多种因素的影响。对影响消除反应和取代反应的各种因素的研究，为有机合成提供了有效控制产物的依据，具有非常重要的意义。

（4）醇的消除反应

醇消除反应的通式：

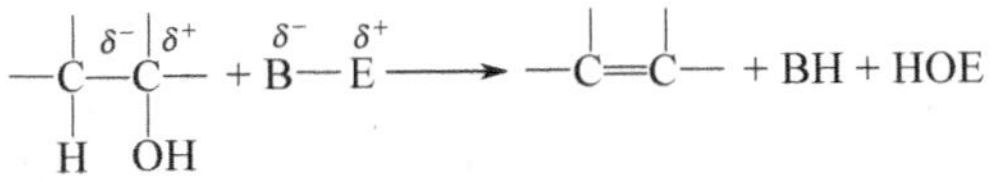

$$-\underset{H}{\overset{|}{C}}-\overset{\delta^-}{\underset{OH}{\overset{|}{C}}}\overset{\delta^+}{} + \overset{\delta^-}{B}-\overset{\delta^+}{E} \longrightarrow -\overset{|}{C}=\overset{|}{C}- + BH + HOE$$

如：

$$CH_3CH_2CHCH_3 \underset{\triangle}{\overset{H_2SO_4}{\rightleftharpoons}} CH_3CH=CHCH_3 + H_2O$$
$$\underset{OH}{|}$$

其反应机理为：

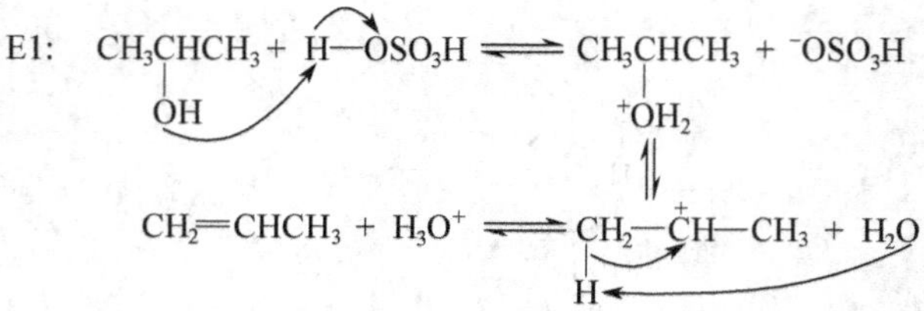

E1:　$CH_3CHCH_3 + H-OSO_3H \rightleftharpoons CH_3CHCH_3 + {}^-OSO_3H$
　　　　|　　　　　　　　　　　　　　|
　　　　OH　　　　　　　　　　　　　${}^+OH_2$

$CH_2=CHCH_3 + H_3O^+ \rightleftharpoons CH_2-\overset{+}{C}-CH_3 + H_2O$
　　　　　　　　　　　　　　　　　　　|
　　　　　　　　　　　　　　　　　　　H

仲、叔醇遵守 E1 消除机理，所以就生成正碳离子的稳定性而言，去水容易程度为叔醇＞仲醇＞伯醇。

一般机理为：

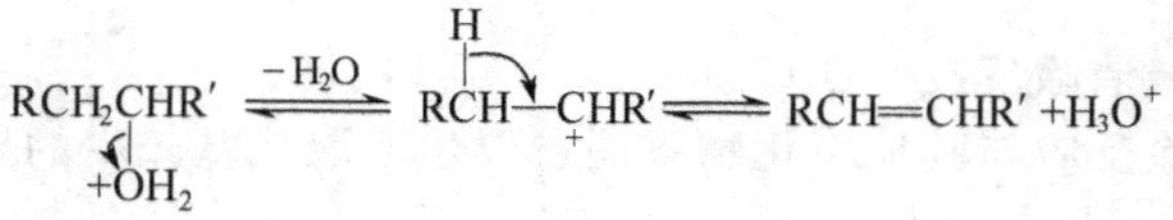

$$RCH_2CHR' \underset{}{\overset{-H_2O}{\rightleftharpoons}} RCH-\overset{+}{C}HR' \rightleftharpoons RCH=CHR' + H_3O^+$$
　　|　　　　　　　　　　　　　H
　${}^+OH_2$

对于消除后形成多于一个产物时，以形成多取代的烯烃为主产物，这是因第二步反应的过渡态需超共轭来稳定。

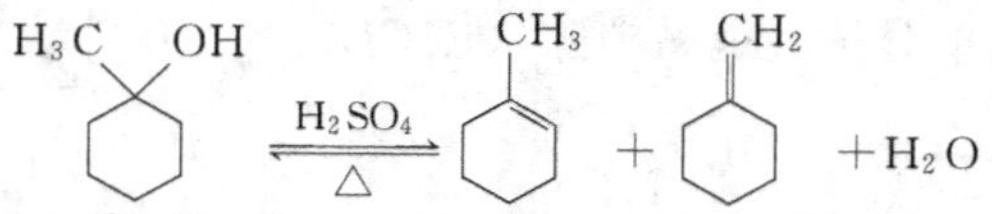

$$CH_3CH_2OH \underset{\triangle}{\overset{H_2SO_4}{\rightleftharpoons}} CH_2=CH_2 + CH_3CH_2OCH_2CH_3 + H_2O$$

（消除主产物）（取代副产物）

伯醇遵守 E2 消除机理：

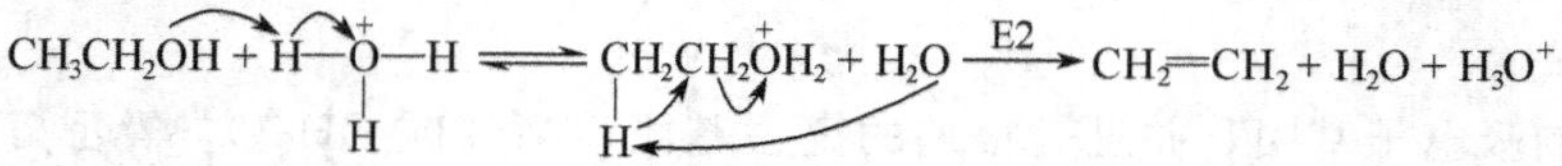

$$CH_3CH_2OH + H-\overset{+}{O}-H \rightleftharpoons CH_2CH_2\overset{+}{O}H_2 + H_2O \overset{E2}{\longrightarrow} CH_2=CH_2 + H_2O + H_3O^+$$
　　　　　　　　　　|
　　　　　　　　　　H

同时引发竞争取代反应：

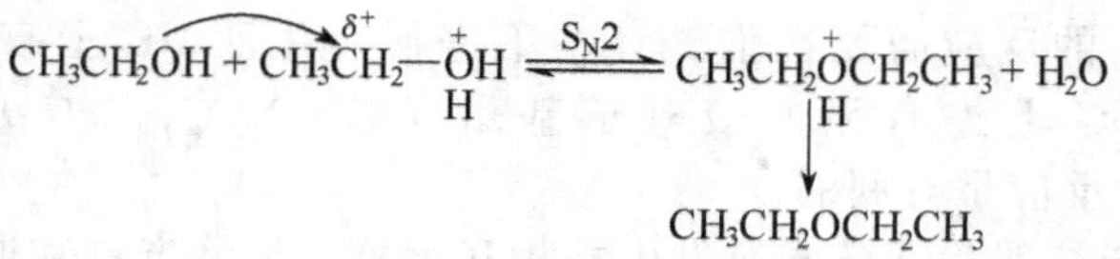

$$CH_3CH_2OH + CH_3CH_2-\overset{\delta^+}{\overset{+}{O}H} \overset{S_N2}{\rightleftharpoons} CH_3CH_2\overset{+}{O}CH_2CH_3 + H_2O$$
　　　　　　　　　　　　|　　　　　　　　　　　　|
　　　　　　　　　　　　H　　　　　　　　　　　　H
　　　　　　　　　　　　　　　　　　　　　　↓
　　　　　　　　　　　　　　　　CH_3CH_2OCH_2CH_3

（5）季铵盐的霍夫曼消除反应（属双分子消除反应 E2）

反应的通式为：

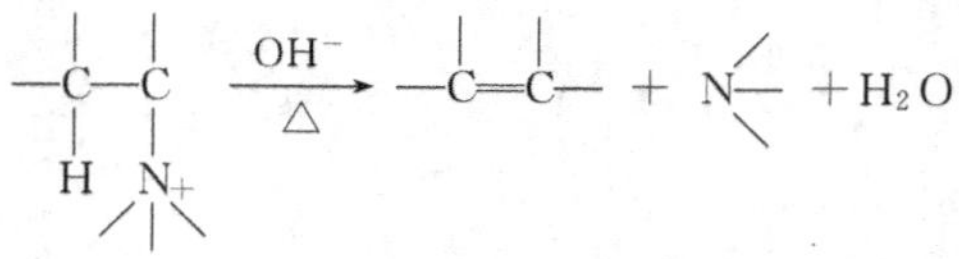

反应机理：

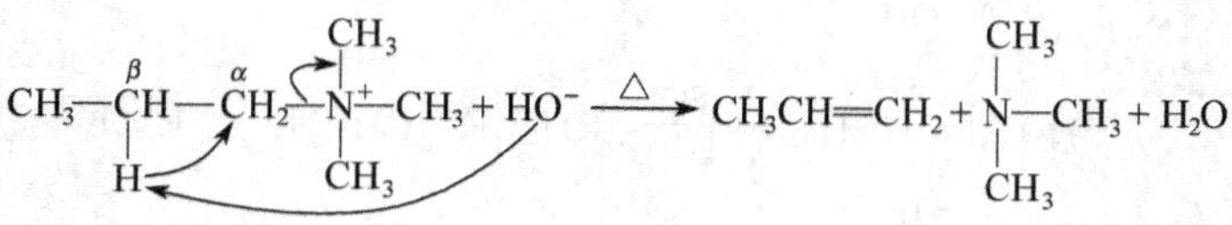

如：

$$[CH_3—CH_2—\underset{\underset{N(CH)_3}{|}}{CH}—CH_3]^+\ OH^- \xrightarrow{\triangle} \underset{95\%}{CH_3CH_2—CH=CH_2} + \underset{5\%}{CH_3CH=CHCH_3} + (CH_3)_3N$$

此类反应在碱性介质中总是通过失去β碳上氢而生成烯烃，如果季铵盐上有多个β碳存在，就有生成多个烯烃的可能性。结果是，哪个β碳上氢越多，则由此部分生成的烯烃为主产物。这与反应中碰撞几率有关。

4.6.2 消除加成反应

我们已经知道，吸电子基团能使卤代芳烃活化而进行亲核取代反应。否则就得用非常强的碱才能使反应得以进行。

如：

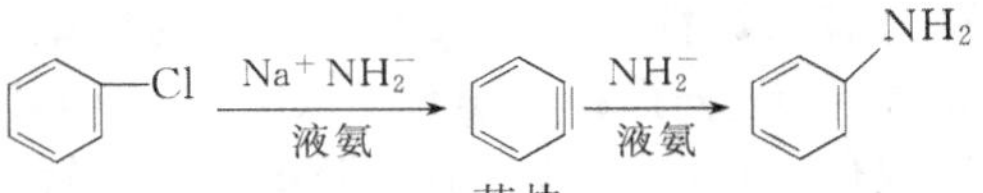

苯炔

上述反应不是一个简单的取代过程，实际上这个反应经历了两个阶段，先消除形成苯炔，然后再加成形成苯胺分子。

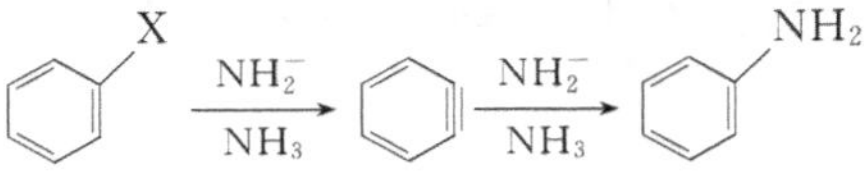

苯炔

苯炔具有以下所示的结构，在这一结构中，两个碳原子（一个原来接有卤素，一个原来接有氢）之间通过 sp^2 轨道的侧面交叠又形成了一个键。这个新的键轨道靠在环的旁边，和位于环上下的π电子云几乎无作用。由于侧面交叠不是很有效，所以这根新键很弱，因此苯炔是高度活泼的分子。我们知道，炔具有叁键及sp杂化碳原子，其相互连接是线性的，键角为180°，而这样的线性结构是不能组成六元环的。所以在苯炔中，这三键不得不弯曲，为保持一个π键不变，但导致另一个π键的p轨道相互离开，因而不能像普通π键那样有效重叠，形成一个很弱但很活泼的π键。

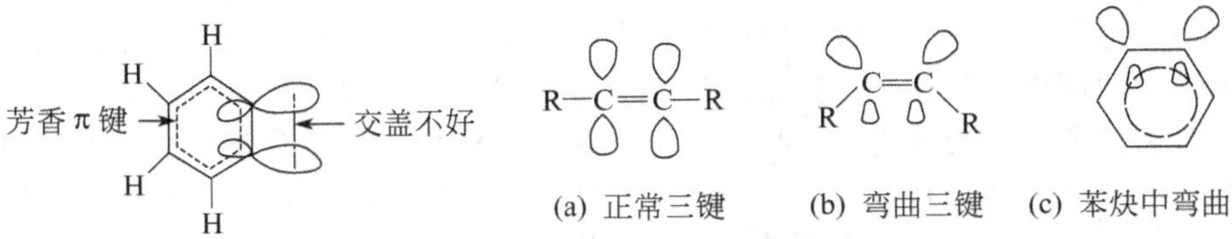

苯炔的结构　(a) 正常三键　(b) 弯曲三键　(c) 苯炔中弯曲叁键

在形成苯炔的消除阶段中，包含着两个步骤：氨基离子夺取一个氢离子以形成氨和碳负离子［步骤（1）］，然后碳负离子失去卤离子而形成苯炔［步骤（2）］。

（1）

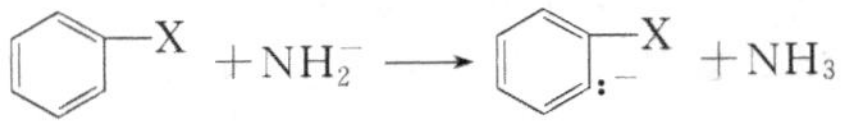

（消除反应）

（2）

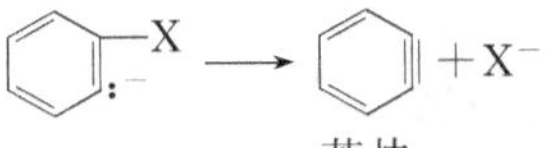

苯炔

在消耗苯炔的加成阶段中，也可能包含两个步骤：接上氨基离子以形成碳负离子［步骤（3）］，后者与氨反应夺得一个氢离子［步骤（4）］。步骤（3）和步骤（4）可能是协同的，从而加成只有一步。

（3）

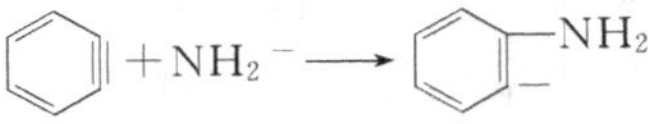

苯炔

（4）
$$\underset{}{\bigcirc}\text{—NH}_2 + \text{NH}_3 \longrightarrow \underset{}{\bigcirc}\text{—NH}_2 + \text{NH}_2^- \quad（加成反应）$$

4.6.3　加成消除反应

羧酸衍生物的化学反应主要表现为可以由一种衍生物变成另一种衍生物，或转变成原来的羧酸。它们都保留着原来的酰基，因此羧酸衍生物又叫做酰基化合物。

酰基化合物　$\underset{L}{\overset{R}{\diagdown}}\overset{\delta^+}{C}\overset{\delta^-}{=}O$（R 为烷基、芳基；L 为—OH、—Cl、—OCOR、—NH$_2$、—OR′）

羧酸及其衍生物既然都含有羰基，所以都能与某些亲核试剂发生反应，而且它们的 α 氢原子也都由于羰基的影响而具有活泼性。羧酸及其衍生物的典型反应是羰基碳原子上发生的亲核取代反应。这些反应的结果是分子中—OH、—Cl、—OCOR、—NH$_2$ 或—OR′ 被亲核基团羟基、烷氧基或氨基所取代。这些反应分别叫做水解、醇解、氨解等反应。反应实际分两步进行。第一步是酰基碳上发生亲核加成，先形成一个带负电的中间体，它的中心碳原子为 sp^3 杂化，因而是个四面体结构。在第二步中，中间体消除一个离去基团，由此形成的产物就是另一种羧酸衍生物或羧酸。因此酰基化合物的亲核取代反应又叫做羰基的亲核加成-消除反应。

总的反应历程：

$$R\text{—}\overset{O}{\underset{L}{C}} + Nu^- \rightleftharpoons R\text{—}\overset{O^-}{\underset{Nu}{C}}\text{—}L \longrightarrow R\text{—}\overset{O}{C}\text{—}Nu + L^-$$

三角形结构　　　　四面体结构　　　三角形结构

其中，Nu$^-$ 是进攻的亲核试剂，即 H—OH，R—OH，RNH$_2$ 或 R$_2$NH 等；L$^-$ 是离去基团，即 Cl，OR，NH$_2$，NHR 或 NR$_2$ 等。

总的反应速率和两步的反应速率都有关系，但第一步更为重要。酰基中羰基碳原子原来的 sp^2 杂化的，它的三个键以三角形结构分布在同一平面上。羰基碳的正电性是亲核试剂对这个碳原子进攻的原因。羰基碳上连接的烃基或取代烃基，如果是吸电子的，将增强羰基碳的正电性，有利于亲核试剂的进攻；反之，如果是给电子的，将不利于亲核试剂的进攻。亲核加成后所生成的中间体，其碳原子由 sp^2 杂化转化为 sp^3 杂化，即由三角形结构转变为四面体结构。如果原来羰基碳原子连接的基团过于庞大，在四面体结构中就显得空间过于拥挤而不利于反应的进行。上述电子因素和空间因素都将对第一步的反应速度有所影响。

第二步反应是否容易进行，取决于离去基团 L$^-$ 的碱性与质子的结合能力，碱性越弱，越易离去。羧酸衍生物中各离去基团离去的容易次序为：

$$\text{Cl}^- > \text{RCOO}^- > \text{RO}^- \sim \text{OH}^- > \text{NH}_2^-$$

相对反应性：

$$R\text{—}\overset{O}{\overset{\|}{C}}\text{Cl} > R\overset{O}{\overset{\|}{C}}O\overset{O}{\overset{\|}{C}}R > R\overset{O}{\overset{\|}{C}}OR' > R\overset{O}{\overset{\|}{C}}OH > R\overset{O}{\overset{\|}{C}}NH_2$$

因此，在许多亲核取代反应中，酰氯的活泼性最大，酸酐次之。

羧酸衍生物的水解、醇解、氨解也可以看作是 H$_2$O、ROH、NH$_3$ 分子中的一个氢原子被酰基取代，因此这些反应也就是水、醇、氨的酰基化反应。由于酰氯和酸酐在这些反应中活泼性较大，所以它们在有机合成中常作为酰基化剂。

如：

$$CH_3CH_2\overset{O}{\overset{\|}{C}}OCH_2CH_3 + CH_3NH_2 \longrightarrow CH_3CH_2\overset{O}{\overset{\|}{C}}NHCH_3 + CH_3CH_2OH$$

$$CH_3\overset{O}{\overset{\|}{C}}OH + CH_3OH \rightleftharpoons CH_3COOCH_3 + H_2O$$

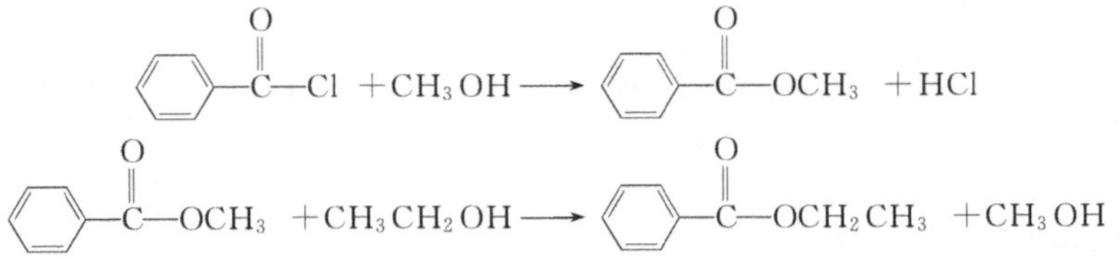

酰基碳上发生亲核取代反应比在饱和碳上要容易得多。因此，对于亲核试剂来说，酰氯比氯烷更活泼，酰胺比胺（RNH_2）更活泼，酯比醚更活泼。这是由于酰基碳上的亲核取代反应不论从电子效应或立体效应来看都比较有利。这可从下面式子中看出。

烷基上的亲核取代反应：

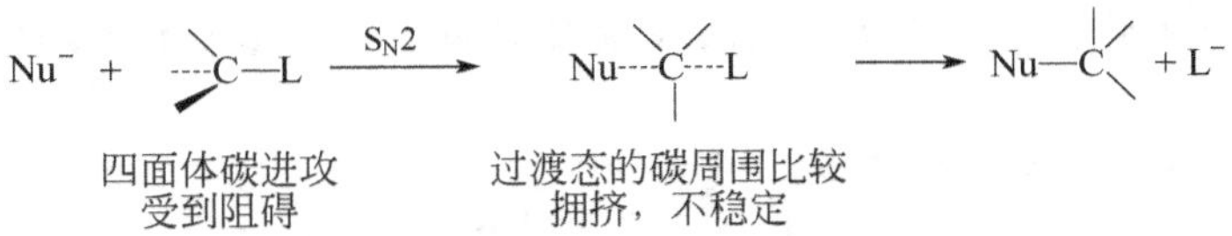

Nu⁻ + C—L
S_N2
Nu---C---L
Nu—C + L⁻
四面体碳进攻
受到阻碍
过渡态的碳周围比较
拥挤，不稳定

酰基上的亲核取代反应：

Nu⁻ + R—C(=O)—L
Nu---C—L (R, O⁻)
R—C(=O)—Nu + L⁻
三角形碳进
攻的阻碍较小
四面体碳
较稳定

羧酸及其衍生物与醛、酮一样，都具有羰基，都能接受亲核试剂进攻。羰基不饱和，亲核试剂接上去只需打开 π 键，并且使容易容纳电荷的氧原子容纳一个负电荷。

4.7 氧化还原反应机理

氧化还原反应中，一种物质失去电子，而另一种物质得到电子，前一种物质被氧化，后者被还原。

要判断一个有机化合物是否被氧化或还原，只需观察一下其结构，即可得知。如 C—H 键增加了，这化合物被还原，若减少，或者 C—O，C—N 或 C—X（F、Cl、Br、I）键增加了，化合物则被氧化。以下反应中，（1）、（2）反应中反应物烯和酮被还原，其还原剂分别是 H_2 和 $NaBH_4$，在（3）、（4）、（5）反应中，反应物烯、醛、醇被氧化，氧化剂分别为 Br_2、$Na_2Cr_2O_7$，在（6）反应中，水加成到烯上，形成了一个 C—H 键，亦形成了一个 C—O 键，所以一个碳被还原，另一个被氧化。两者作用抵消，所以该反应既不是还原亦不是氧化反应。

$$RCH{=}CHR \xrightarrow{H_2,Pt} RCH_2CH_2R \qquad (1)$$

$$R\overset{O}{\overset{\|}{C}}R \xrightarrow[H_3O^+]{NaBH_4} R\overset{OH}{\overset{|}{C}}HR \qquad (2)$$

$$RCH{=}CHR \xrightarrow[CCl_4]{Br_2} R\overset{Br}{\overset{|}{C}}H\overset{Br}{\overset{|}{C}}HR \qquad (3)$$

$$R\overset{O}{\overset{\|}{C}}H \xrightarrow[H_2SO_4]{Na_2Cr_2O_7} R\overset{O}{\overset{\|}{C}}OH \qquad (4)$$

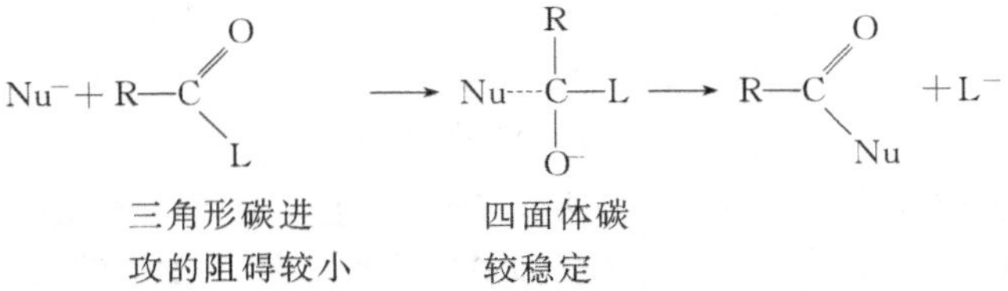

$$\underset{\text{RCHR}}{\overset{\text{OH}}{|}} \xrightarrow[\text{H}_2\text{SO}_4]{\text{Na}_2\text{Cr}_2\text{O}_7} \underset{\text{RCR}}{\overset{\text{O}}{\|}} \qquad (5) \qquad\qquad \text{RCH}{=}\text{CHR} \xrightarrow[\text{H}_2\text{O}]{\text{H}^+} \underset{\text{RCH}_2\text{CHR}}{\overset{\text{OH}}{|}} \qquad (6)$$

4.7.1 还原反应

有机化合物常被加入氢（H_2）而还原，人们可把 H_2 分别看成（a）两个氢原子，（b）两个电子和两个质子，（c）或一个杂化离子和一个质子：

$$\underset{\text{(a)}}{\text{H}\cdot\cdot\text{H}} \qquad \underset{\text{(b)}}{\cdot{}^-\text{H}^+\cdot{}^-\text{H}^+} \qquad \underset{\text{(c)}}{\text{H}:^- \qquad \text{H}^+}$$

通常这三种描述方式应用于常见的三种有机化学加氢还原机理中。

① 直接加氢催化（H_2＋金属催化剂）——向反应物增加两个氢原子。

② 可溶金属（在液氨或低分子量胺中的金属钠和锂）——先向反应物增加一个电子和质子，以后再向反应物增加另一个电子和质子。

③ 硼氢化钠和氢化铝锂还原剂——向反应物增加一个杂化氢离子，反应结束时通过酸的存在加入质子。

（1）双键和叁键的直接加氢催化

$$\text{RCH}{=}\text{CHR}+\text{H}_2 \xrightarrow{\text{Pt,Pd 或 Ni}} \text{RCH}_2\text{CH}_2\text{R}$$

$$\text{RC}{\equiv}\text{CR}+2\text{H}_2 \xrightarrow{\text{Pt,Pd 或 Ni}} \text{RCH}_2\text{CH}_2\text{R}$$

$$\text{RCH}{=}\text{NR}+\text{H}_2 \xrightarrow{\text{Pt,Pd 或 Ni}} \text{RCH}_2\text{NHR}$$

$$\text{RC}{\equiv}\text{N}+\text{H}_2 \xrightarrow{\text{Pt,Pd 或 Ni}} \text{RCH}_2\text{NH}_2$$

在产物中有比反应物多得多的 C—H 键，所以以上反应是还原反应，通常所用的金属催化剂为铂（Pt）、钯（Pd）、镍（Ni），这些烯烃的还原产物一般为烷烃。

当然由于苯环非常稳定，除非使用特殊强烈条件，所以在以下反应中只是烯基部分被还原：

$$\text{C}_6\text{H}_5{-}\text{CH}{=}\text{CH}_2 \xrightarrow{\text{H}_2,\text{Pt}} \text{C}_6\text{H}_5{-}\text{CH}_2\text{CH}_3$$

醛、酮、酰氯等的 C$=$O 双键可在 Raney Ni 及 PtO_2 和 Pd/C 存在下还原成醇。酰氯的还原是分步进行的。如改用 Lindlar 催化剂可得到醛。

$$\underset{\text{RCH}}{\overset{\text{O}}{\|}}+\text{H}_2 \xrightarrow{\text{Pt,Pd 或 Ni}} \text{RCH}_2\text{OH} \qquad\qquad \underset{\text{RCR}}{\overset{\text{O}}{\|}}+\text{H}_2 \xrightarrow{\text{Pt,Pd 或 Ni}} \underset{\text{RCHR}}{\overset{\text{OH}}{|}}$$

$$\underset{\text{RCCl}}{\overset{\text{O}}{\|}}+\text{H}_2 \xrightarrow{\text{Pt,Pd 或 Ni}} \left[\underset{\text{RCH}}{\overset{\text{O}}{\|}}\right] \longrightarrow \text{RCH}_2\text{OH} \qquad\qquad \underset{\text{RC-Cl}}{\overset{\text{O}}{\|}}+\text{H}_2 \xrightarrow{\text{Lindlar 催化剂}} \underset{\text{RCH}}{\overset{\text{O}}{\|}}$$

值得注意羧酸、酯和酰胺等化合物由于其羰基不够活泼无法用该法还原。

（2）可用金属法还原

炔的还原可停止在烯的阶段，产物是顺式烯烃还是反式烯烃取决于所用的催化剂。

$$\text{CH}_3\text{C}{\equiv}\text{CCH}_3 \begin{cases} \xrightarrow[\text{Lindlar 催化剂}]{\text{H}_2} \quad \underset{\text{CH}_3}{\overset{\text{H}}{}}\text{C}{=}\text{C}\underset{\text{CH}_3}{\overset{\text{H}}{}} \quad \text{（顺式）} \\[2em] \xrightarrow[\text{NH}_3]{\text{Na 或 Li}} \quad \underset{\text{CH}_3}{\overset{\text{H}}{}}\text{C}{=}\text{C}\underset{\text{H}}{\overset{\text{CH}_3}{}} \quad \text{（反式）} \end{cases}$$

$$CH_3C \!\!=\!\! CHCH_2C \!\!\equiv\!\! CCH_3 \xrightarrow[NH_3]{Na \text{ 或 } Ni} CH_3 - C \!\!=\!\! CHCH_2 - \overset{\displaystyle CH_3}{\underset{\displaystyle H}{C}} \!\!=\!\! \overset{\displaystyle H}{\underset{\displaystyle CH_3}{C}}$$

在低分子有机胺或氨水中的钠、锂不能使双键还原，这是由于单电子受到 π 电子云排斥所致。

(3) 用氢负离子还原双键及叁键

在加氢催化中，通常 C＝O 双键的还原比 C＝C 双键困难，而用硼氢化钠、氢化铝锂（特别用于羧酸、酯、酰胺等）则可使 C＝O 双键顺利还原。

$$\underset{RCH}{\overset{O}{\|}} \xrightarrow[2.\ H_3O^+]{1.\ NaBH_4} RCH_2OH \qquad\qquad \underset{RCR}{\overset{O}{\|}} \xrightarrow[2.\ H_3O^+]{1.\ NaBH_4} \underset{RCHR}{\overset{OH}{\|}}$$

$$\underset{RCOH}{\overset{O}{\|}} \xrightarrow[2.\ H_3O^+]{1.\ LiAlH_4} RCH_2OH \qquad\qquad \underset{RCOR'}{\overset{O}{\|}} \xrightarrow[2.\ H_3O^+]{1.\ LiAlH_4} RCH_2OH + R'OH$$

$$\underset{RCNHR'}{\overset{O}{\|}} \xrightarrow[2.\ H_2O]{1.\ LiAlH_4} RCH_2NHR'$$

在这些反应中，实际的还原剂是由 $NaBH_4$ 或 $LiAlH_4$ 等生成的氢负离子。其过程为氢负离子首先进攻具有部分正电荷的羰基碳，随后酸的加入使带负电荷的氧质子化（羧酸与酰胺的还原过程则有所不同）。

$$\underset{\delta^+}{\overset{\delta^-\ O}{\underset{|}{-C-}}} + H^- \longrightarrow \underset{H}{\overset{O^-}{\underset{|}{-C-}}} \underset{}{\overset{H_3O^+}{\rightleftharpoons}} \underset{H}{\overset{OH}{\underset{|}{-C-}}}$$

而烯、炔等因不具有明显的部分正电荷，所以难于还原，因此该法可用于双官能团的选择性还原中。

$$CH_3CH \!\!=\!\! CHCH_2 \underset{}{\overset{O}{\underset{\|}{C}}} CH_3 \xrightarrow[2.\ H_3O^+]{1.\ NaBH_4} CH_3CH \!\!=\!\! CHCH_2 \underset{}{\overset{OH}{\underset{|}{C}}} HCH_3$$

4.7.2　氧化反应

(1) 醇的氧化

氧化是还原的逆反应，如酮能还原成仲醇，反过来仲醇能被氧化成酮。在醇氧化反应中常用的是 CrO_3，$Na_2Cr_2O_7$ 和 $KMnO_4$ 的酸性溶液。

$$RCH_2OH \xrightarrow[H_2SO_4]{Na_2Cr_2O_7} \underset{RCH}{\overset{O}{\|}} \xrightarrow{\text{过量}} \underset{RCOH}{\overset{O}{\|}}$$

$$\underset{RCHR}{\overset{OH}{\|}} \xrightarrow[\text{或 } Na_2Cr_2O_7/H_2SO_4]{KMnO_4/H_2SO_4} \underset{RCR}{\overset{O}{\|}}$$

通常的过程是醇与上述金属酸失去水生成对应的酯，然后，以水为碱通过 E2 消除反应完成。

$$CH_3CH_2OH + HO \underset{O}{\overset{O}{\underset{\|}{Cr}}} OH \longrightarrow CH_3CH - O - \underset{O}{\overset{\overset{\displaystyle H}{|}\ O}{\underset{\|}{Cr}}} OH$$

$$\Big\downarrow \text{E2}$$

$$CH_3CHO + \underset{OH\ \ OH}{\overset{O}{\underset{}{\overset{\|}{Cr}}}}$$

（2）醛、酮氧化

醛比伯醇更易氧化成酸，上述的氧化剂均可氧化醛。

$$RCHO \xrightarrow[H_2SO_4]{Na_2Cr_2O_7} RCOOH$$

同样氧化银（Ag_2O）和过氧酸（特别适用于酮）亦是很好的氧化剂。

$$RCHO \xrightarrow[2.\ H_2O]{1.\ Ag_2O/NH_3} RCOOH \qquad RCHO \xrightarrow{RCOOOH} RCOOH \qquad RCOR \xrightarrow{RCOOOH} RCOOR$$

过氧酸的氧化机理：

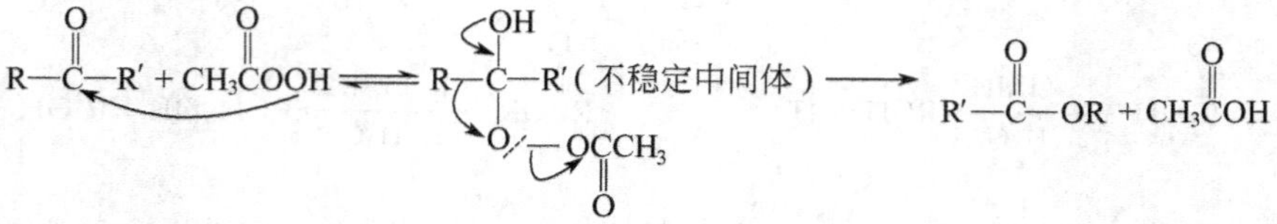

在形成的不稳定中间体中，O—O 键非常弱，会发生异裂，其中一个与酮的羰基相连的取代基 R 移到了氧上，这类似于碳正离子重排，研究表明，取代基 R 的迁移性大小以如下次序：

$$H > 叔烷基 > 仲烷基 = 苯 > 伯烷基 > 甲基。$$

（3）烯氧化成二醇

在碱性溶液中，烯可被 $KMnO_4$ 或 OsO_4 氧化成二醇。

$$RCH{=}CHR' \xrightarrow[2.\ H_2O]{1.\ KMnO_4} RCH(OH){-}CHR'(OH)$$

$$RCH{=}CH_2 \xrightarrow[2.\ H_2O/NaHSO_3]{1.\ OsO_4} R{-}CH(OH){-}CH_2OH$$

（4）氧化裂解

若在 HIO_4 存在下，二醇可被氧化裂解成二分子羰基化合物。

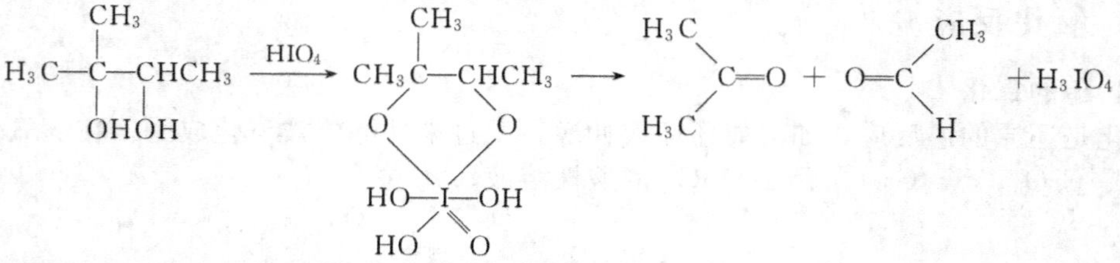

在臭氧存在下，烯可氧化裂解成羰基化合物：

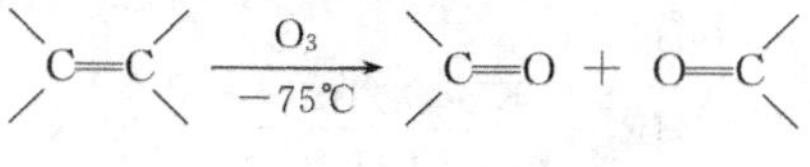

$$\text{C}{=}\text{C} \xrightarrow[-75\,℃]{O_3} \text{C}{=}\text{O} + \text{O}{=}\text{C}$$

反应历程如下：

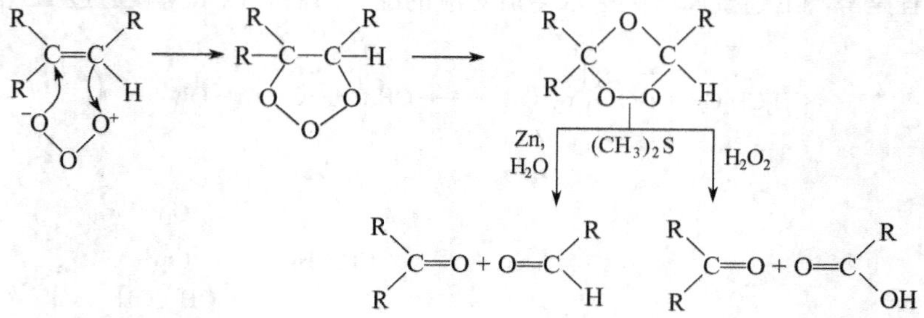

炔在 KMnO₄ 的中性溶液中可氧化成连二酮，但在臭氧存在下则发生氧化分裂。

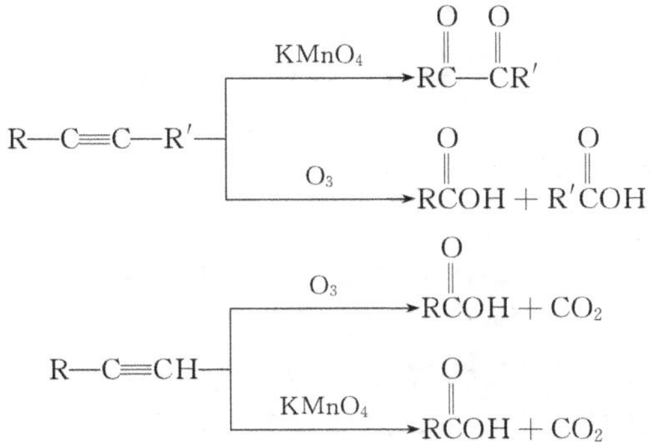

$$R—C\equiv C—R'\ \begin{cases} \xrightarrow{KMnO_4} \underset{\substack{\| \quad \| \\ O \quad O}}{RC—CR'} \\ \\ \xrightarrow{O_3} \underset{\substack{\| \\ O}}{RCOH} + \underset{\substack{\| \\ O}}{R'COH} \end{cases}$$

$$R—C\equiv CH\ \begin{cases} \xrightarrow{O_3} \underset{\substack{\| \\ O}}{RCOH} + CO_2 \\ \\ \xrightarrow{KMnO_4} \underset{\substack{\| \\ O}}{RCOH} + CO_2 \end{cases}$$

4.8 周环反应机理

双烯合成环状产物的反应：

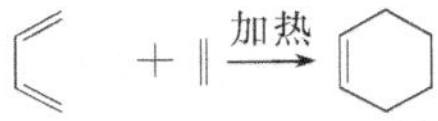

已知这类反应并不是离子型反应，也不是自由基型反应，因为在反应过程中，不存在活性中间体，而只是通过一个环状的过渡态，而后一些原有的化学键断裂和新的化学键同步完成得到产物。同步完成的反应叫做协同反应，通过环状过渡态进行的协同反应又叫做周环反应。

4.8.1 周环反应分类

按反应的特点，周环反应主要分为三类。

（1）电环化反应 例如：

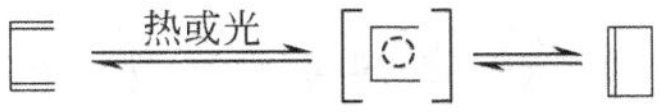

1,3-丁二烯   过渡态   环丁烯

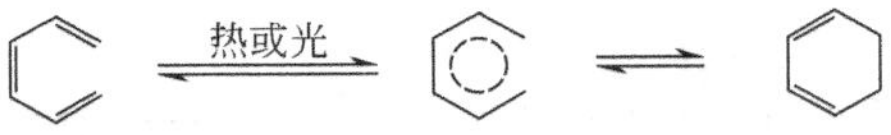

1,3,5-己三烯   过渡态   1,3-环己二烯

在反应中都发生环合而得到环状化合物，所以叫做电环合反应。

（2）环加成反应 双烯合成即为典型的环加成反应。

由上式可以看出，它是不同分子间进行的成环反应。根据两个反应物所含有的 π（p）电子数而分类，如两个乙烯生成环丁烷，则称为"2+2"环加成。

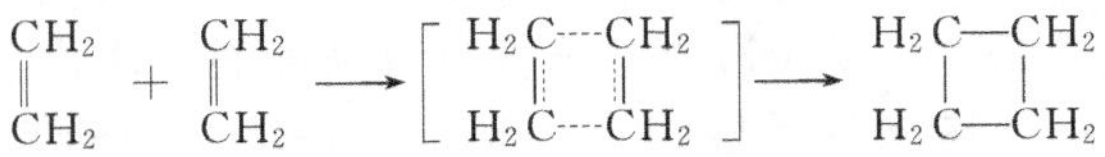

$$\begin{matrix} CH_2 \\ \| \\ CH_2 \end{matrix} + \begin{matrix} CH_2 \\ \| \\ CH_2 \end{matrix} \longrightarrow \begin{bmatrix} H_2C\text{----}CH_2 \\ \vdots \quad \vdots \\ H_2C\text{----}CH_2 \end{bmatrix} \longrightarrow \begin{matrix} H_2C—CH_2 \\ | \quad | \\ H_2C—CH_2 \end{matrix}$$

"4+2"环加成，又称狄尔斯-阿尔德（Diels-Alder）反应，也叫双烯合成。

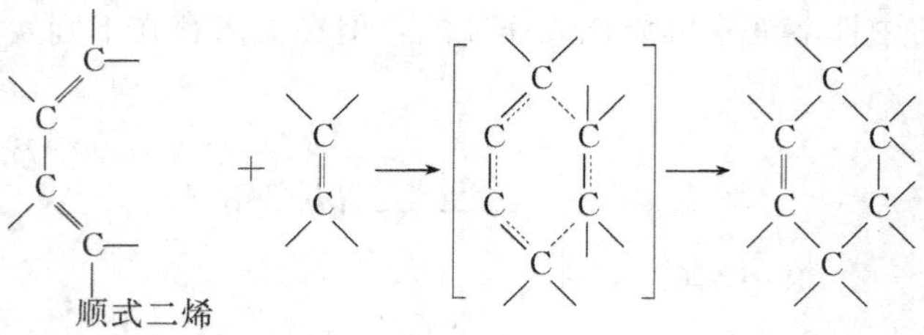

顺式二烯

例如：

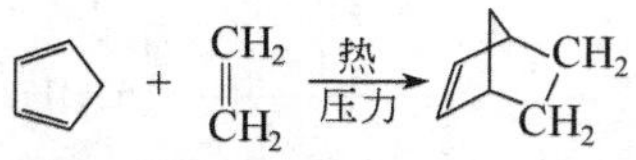

而反式二烯则因不能形成环状过渡态，所以不发生反应。

正由于在过渡态中严格的定向要求，所以该类反应是立体专一的，如反，反-2,4-己二烯与乙烯反应立体选择性生成顺-3,6-二甲环己烷。

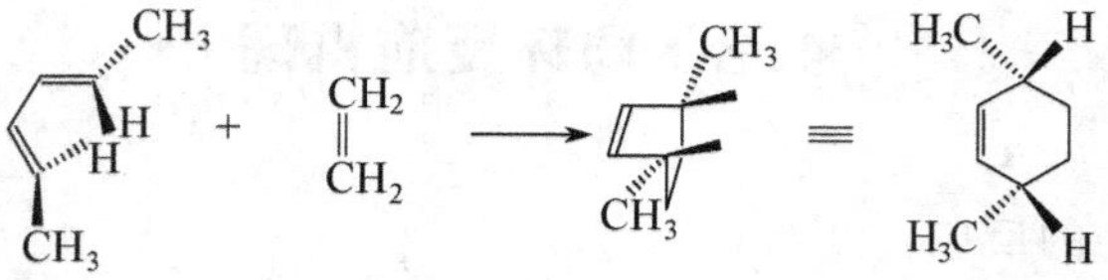

(3) σ键迁移反应 如下式所示，反应后，不仅有σ键的迁移，还发生了π键的变化。下式中 A 可以是氢原子，也可以是原子团。

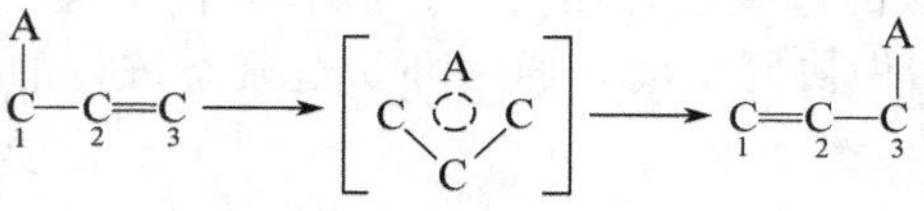

过渡态

4.8.2 周环反应特点

一个以σ键与共轭体系的一端（一般在烯丙基位）相连的原子或基团，在反应后迁移到体系的另一端，这叫做 $[i, j]$ σ键重排或迁移反应。这里 $[i, j]$ 分别表示迁移后所联结的两个原子位置编号。

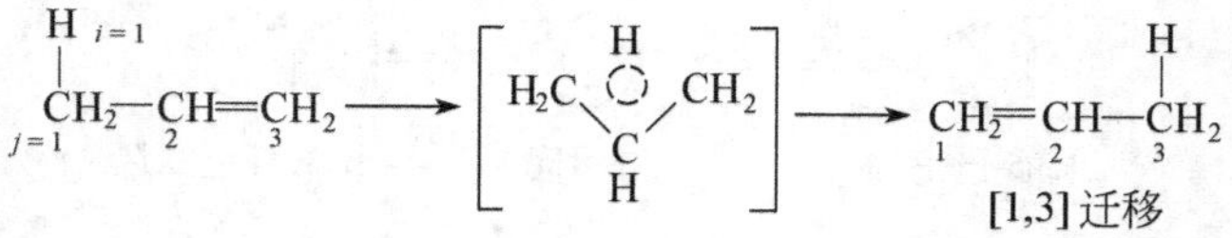

[1,3]迁移

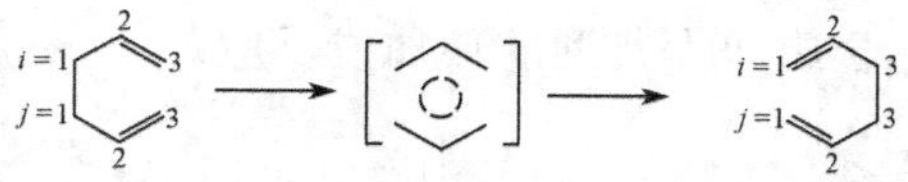

[3,3]迁移

周环反应是协同反应。特点为：①反应过程中，旧键的断裂与新键的形成通过环状过渡态同时一步完成，不存在活性中间体状态；②由于它们既不是离子型反应，所以不受酸、碱影响，也不是自由基型反应，亦不受自由基引发剂的影响，但却具有受光或热制约的特点；③反应有明显的立体化学属性，反应产物的异构具有高度的立体化学专一性，即在一定的条件下（热或光）反应，一种构型的反应物只得到某一特定构型的产物。例如反，反-2,4-己二烯在光的作用下，只得到顺-3,4-二甲基环丁烯。

反,反-2,4-己二烯　　　顺-3,4-二甲基环丁烯

周环反应可以用分子轨道对称守恒原则来予以说明。分子轨道对称守恒原理认为：反应的成键过程，是分子轨道的重新组合过程，反应中分子轨道的对称性必须是守恒的。也就是说，反应物分子轨道的对称性和反应产物分子轨道的对称性必须要取得一致，这样反应就容易进行。反之，如不能达到一致，或取得一致有困难时，反应就不能进行或不易进行。

4.8.3　分子轨道对称守恒原理

如前所述，周环反应属协同反应，换句话说，它既不从属于离子型反应，也不从属于自由基型反应，它只受制于光和热，而且反应中有很强的立体专一性。例如，在加热条件下，反、反-2,4-己二烯可以转变为反-3,4-二甲基环丁烯。但是，在光照条件却只能得到顺-3,4-二甲基环丁烯。

反-3,4-二甲基环丁烯　反,反-2,4-己二烯　顺-3,4-二甲基环丁烯

显然，周环反应的立体化学产物取决于反应中所采用的能源类别。这是什么缘故呢？1965 年，哈佛大学的 R. B. Woodward 和 R. Hoffmarn 提出了分子轨道对称守恒原理。根据这个原理，周环反应产物的立体选择性主要取决于反应分子的最高占有分子轨道（HOMO）和最低未被占有分子轨道（LUMO）的对称性。为了使产物同位相的分子轨道作最大程度的重叠，键必须向适当的方向旋转。在热反应中，HOMO 的对称性决定着键的旋转方向。例如，1,3-丁二烯在热环化反应中，只有发生顺旋，才能保证同位相的分子转道作最大程度的重叠，从而形成 σ 成键轨道。但是，对旋是禁阻的，如图 4.10 所示。

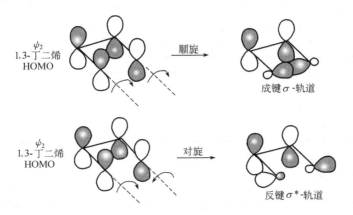

图 4.10　1,3-丁二烯的 HOMO

在光反应中，LUMO 的对称性决定着键的旋转方向。因此，丁二烯的光对旋环化是允许的；光的顺旋环化反而是"禁阻"的，如图 4.11 所示。

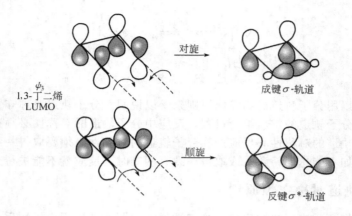

图 4.11　1,3-丁二烯的 LUMO

　　同样道理，根据 HOMO 和 LUMO 的对称性，可以预测含有四个以上 π 电子反应分子的电环化方向。例如，1,3,5-己三烯在电环化反应中，对旋环化是热允许过程，顺旋环化是光允许过程，如图 4.12 所示。

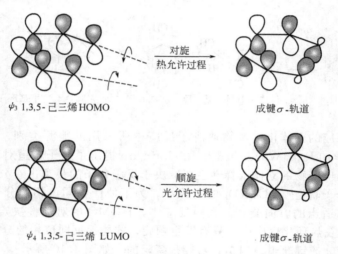

图 4.12　1,3,5-己三烯的热允许和光允许过程

　　对于不同的共轭二烯烃，它们的电环化反应规律可见表 4.2。

表 4.2　电环化反应规律

反应物 π 电子数	旋转方式	热作用	光作用
$4n$	顺旋	允许	禁阻
	对旋	禁阻	允许
$4n+2$	对旋	允许	禁阻
	顺旋	禁阻	允许

4.8.4　环加成反应

　　前面讨论的周环反应是发生在同一分子内，而环加成反应是发生在两个不同分子间。它可分为〔2+2〕环加成和〔4+2〕环加成两类。

　　研究表明，在光化学反应条件下，乙烯可以发生〔2+2〕环加成反应；而加热环加成则需要高温，而且不属于协同反应。

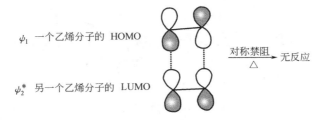

热作用下的反应属基态反应。基态时，乙烯的 HOMO 已被两个 π 电子所饱和。因此，反应发生在只能一分子的 HOMO 和另一分子的 LUMO 之间，换句话说，两分子乙烯之间是否会发生环加成反应只要考察乙烯分子的两个前沿轨道 HOMO 和 LUMO。

从图 4.13 可以看出，乙烯分子的 HOMO 和 LUMO 位相不同，在热反应条件下，它们不能发生同位相的重叠，因而不能发生环加成。

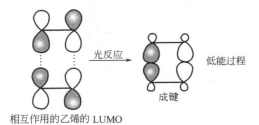

ψ_1 一个乙烯分子的 HOMO

ψ_2^* 另一个乙烯分子的 LUMO

对称禁阻 △ 无反应

图 4.13　基态下乙烯分子轨道在热反应中对称禁阻

但是，如果在光作用下，乙烯分子中的一个电子会激发到 ψ_2^* 轨道上，使 ψ_2^* 轨道成为激发态时的 HOMO，由于其位相与另一分子的 LUMO 相同，它们之间可以发生同位相最大重叠。因此，乙烯光环加成是对称允许的（见图 4.14）。

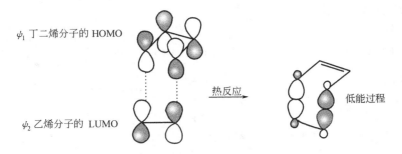

光反应　低能过程

成键

相互作用的乙烯的 LUMO

图 4.14　光激发下两分子乙烯的环加成

丁二烯与乙烯之间的环加成反应属 [4+2] 环加成，根据丁二烯和乙烯的 HOMO 和 LUMO 分析，它们在基态时都满足同位相重叠条件，因而其热反应对称允许，见图 4.15。显然，如果在光作用下，分子呈激发态，则环加成反应对称禁阻。

ψ_1 丁二烯分子的 HOMO

ψ_2 乙烯分子的 LUMO

热反应　低能过程

图 4.15　[4+2] 热环加成对称允许

4.8.5　σ 迁移反应

在共轭体系中，以 σ 键相连的原子（或基团）在反应中发生位置变化，这类反应被称作 σ 迁移反应。最典型的例子是丙烯的 [1,3] σ 氢迁移：

$$CH_2=CH-CH_2 \xrightarrow{[1,3]\,\sigma\text{迁移}} CH_2-CH=CH_2$$
$$\quad\quad\quad | \quad\quad\quad\quad\quad\quad\quad\quad\quad |$$
$$\quad\quad\quad H \quad\quad\quad\quad\quad\quad\quad\quad\quad H$$

σ迁移反应也与轨道对称因素相关。在丙烯 [1,3] σ氢迁移中，反应体系为 π-烯丙基，根据其分子轨道图形分析（见图 4.16），如果发生 σ氢迁移，氢原子可以看作是从丙烯分子中离异出去，丙烯可视作烯丙基自由基。在基态时，ψ_2 两端 p 轨道位相不同。因此，在同面的情况下，氢原子的 s 轨道不能与不同位相的两个 p 轨道发生重叠。因而，在热反应中，该反应为对称禁阻。

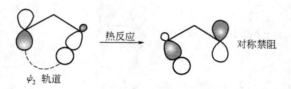

图 4.16　同面 [1,3] σ氢迁移

如果在光反应条件下，π-烯丙基体系中的 ψ_3 是 LUMO，氢原子可以发生同面 α 迁移，见图 4.17。

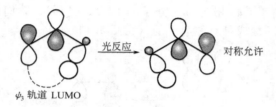

图 4.17　同面 [1,3] 迁移低能过程

◆ 习 题 ◆

1. 写出下列反应历程中的链引发、链增长、链终止各步反应式，并计算链增长一步的 ΔH 值。

$$CH_3CH_3 + X_2 \longrightarrow CH_3CH_2X + HX \quad (X=Br,\ Cl)$$

2. 给出下列反应的主产物。

$$\qquad\quad\ CH_3$$
$$\qquad\quad\ |$$
(1)　$CH_3CHCH_3 + Cl_2 \xrightarrow{h\nu}$

$$\qquad\quad\ CH_3$$
$$\qquad\quad\ |$$
(2)　$CH_3CHCH_3 + Br_2 \xrightarrow{h\nu}$

(3)　(环戊烷-CH₃) + NBS $\xrightarrow{\triangle}$

(4)　(环戊烷-CH₃,CH₃) + NBS $\xrightarrow{\triangle}$

3. 写出下列反应的所有一溴代反应产物结构式。

$$CH_3CH_2C(CH_3)_3 + Br_2 \xrightarrow{h\nu}$$

4. 当下列烷基上标有"＊"号碳原子分别为自由基 $\left(\!-\overset{|}{\underset{|}{C}}\cdot\right)$，碳负离子 $\left(\!-\overset{|}{\underset{|}{C}}{}^-\right)$，碳正离子 $\left(\!-\overset{|}{\underset{|}{C}}{}^+\right)$ 时，将其稳定性大小排列表示。

(1) $\overset{*}{C}H_3$　　　　(2) $CH_3\overset{*}{C}HCH_2CH_3$　　　　(3) $\overset{*}{C}H_2CH_2CH_2CH_3$　　　　(4) $CH_3\overset{*}{C}CH_3$
　　$\underset{CH_3}{|}$

5. 写出 $C_6H_5-\overset{\overset{O}{\|}}{\underset{Cl}{C}}$ 与氧自由基的反应过程。

6. 完成下列反应式，并写出反应条件。

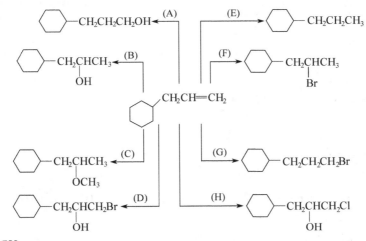

7. 写出 $\underset{CH_3}{\overset{CH_3CH_2}{>}}C{=}CH_2 + Br_2$ 在有机溶剂 CCl_4 或水中反应时的不同产物及历程。

8. 给出下列反应主产物。

$$\begin{array}{ccc}
A & & D \\
\nwarrow +HBr & & +HCl \nearrow \\
B \xleftarrow[\text{过氧化物}]{+HBr} & HC\equiv CCH_2CH_3 & \xrightarrow{+2HBr} E \\
+2Cl_2 \swarrow & & +Br_2 \\
C & & CCl_4 \searrow F
\end{array}$$

9. 给出下列反应产物，写出反应条件并简述芳烃亲电过程一般式中 π、σ 络合物形成过程。

（对二甲苯 与 Br_2、Cl_2、$\overset{O}{\overset{\|}{ClCCH_3}}$、$HNO_3$、$H_2SO_4$、$CH_3CH_2Cl$ 反应）

10. 写出 $HC\equiv CH + CH_3CH_2OH \xrightarrow[\text{加压,加热}]{KOH}$ 的反应产物。

11. 写出下列反应的主产物。

(1) $CH_3CH_2CH_2\overset{\overset{O}{\|}}{C}H + CH_3CH_2MgBr \longrightarrow \xrightarrow{H_3O^+}$

(2) $CH_3CH_2\overset{\overset{O}{\|}}{C}CH_3 + CH_3CH_2CH_2MgBr \longrightarrow \xrightarrow{H_3O^+}$

(3) $CH_3CH_2\overset{\overset{\displaystyle O}{\|}}{C}CH_2CH_3$ + ⬡—MgBr $\xrightarrow{\quad}$ $\xrightarrow{\ H_3O^+\ }$

12. 写出下列反应主产物。

(1) ⬠=O + NH₂NH—⬡ $\xrightarrow{\quad}$　　(2) ⬡—CH=O + NH₂OH $\xrightarrow{\quad}$

(3) $\underset{\displaystyle CH_3CH_2}{\overset{\displaystyle CH_3CH_2}{>}}C=O$ + NH₂—⬡ $\xrightarrow{\quad}$　　(4) ⬡=O + NH(CH₂CH₃)₂ $\xrightarrow{\quad}$

13. 写出下列反应的产物及反应机理。

$CH_3\overset{\overset{\displaystyle O}{\|}}{C}H$ + H_2O $\xrightarrow{\ H^+\ }$

14. 指出下列醛、酮加水反应的可能产物。

(1) $Cl_3\overset{\overset{\displaystyle O}{\|}}{C}H$　　　(2) $Cl_3\overset{\overset{\displaystyle O}{\|}}{C}CCl_3$

15. 写出下列反应产物。

(1) $CH_3\overset{\overset{\displaystyle O}{\|}}{C}CH_3$ + CH_3OH $\xrightarrow{\quad}$　　　　(2) $CH_3CH_2\overset{\overset{\displaystyle O}{\|}}{C}H$ + CH_3CH_2OH $\xrightarrow{\quad}$

(3) ⬠=O + HO⌒OH $\xrightarrow{\quad}$

16. 写出下列反应产物。

(1) $H_2C\overset{O}{\underset{\diagdown\diagup}{\frown}}CH_2$ + CH_3MgBr $\xrightarrow{\quad}$　　　　(2) $H_2C\overset{O}{\underset{\diagdown\diagup}{\frown}}CH—CH_3$ + $CH_3CH_2CH_2MgBr$ $\xrightarrow{\quad}$

(3) $H_2C\overset{O}{\underset{\diagdown\diagup}{\frown}}CH_2$ + HBr $\xrightarrow{\quad}$　　(4) $H_2C\overset{O}{\underset{\diagdown\diagup}{\frown}}CH—CH_3$ + HCl $\xrightarrow{\quad}$　　(5) $H_2C\overset{O}{\underset{\diagdown\diagup}{\frown}}CH_2$ + H_2O $\xrightarrow{\ H^+\ }$

17. 写出下列化合物在 NaOH 水溶液中水解时的产物，根据 S_N1、S_N2 反应速率大小顺序排列下列化合物。

(1) $CH_3CH_2CH_2CH_2Br$，$(CH_3)_3CBr$，$CH_3CH_2\overset{\overset{\displaystyle CH_3}{|}}{C}HBr$

(2) ⬡—CH₂CH₂Br ，　⬡—CH₂Br ，　⬡—$\overset{}{C}H\overset{}{}CH_3$
　　　　　　　　　　　　　　　　　　　　　　　│
　　　　　　　　　　　　　　　　　　　　　　　Br

18. 写出下列 S_N2 反应构型变化。

$\underset{\displaystyle CH_3}{\overset{\displaystyle H_5C_2}{H\!-\!\!-\!\!-C\!-\!Br}}$ + NaOH $\xrightarrow{\quad}$

19. 写出下列反应产物。

(1) $CH_3CH_2CH_2OH$ + $SOCl_2$ $\xrightarrow{\quad}$　　　　　(2) $CH_3\overset{}{C}HOH$ + PBr_3 $\xrightarrow{\quad}$
　　　　　　　　　　　　　　　　　　　　　　　　　　　　　│
　　　　　　　　　　　　　　　　　　　　　　　　　　　　CH_3

(3) CH_3CH_2OH + $Cl—\overset{\overset{\displaystyle O}{\|}}{\underset{\underset{\displaystyle O}{\|}}{S}}$—⬡—CH₃ $\xrightarrow{\quad}$ $\xrightarrow{\ NaCN\ }$

20. 写出下列反应主产物，标明属卤代水解 S_N1、S_N2 哪一种机理，并写出机理方程式。

(1) $CH_3O\!-\!\!\bigcirc\!\!-\!CH_3 + HI \longrightarrow$

(2) $CH_3-\underset{\underset{CH_3}{|}}{\overset{\overset{CH_3}{|}}{C}}-OCH_2CH_3 + HI \longrightarrow$

21. 写出下列反应主产物。

22. 下列反应中主产物为 Cl 离去后的产物, 用共振论或共轭稳定性解释其原因。

23. 写出下列 E1 消除反应历程及产物。

24. 写出下列消除反应产物。

(1) $CH_3\underset{\underset{Br}{|}}{C}HCH_2CH_3$　　(2) $CH_3\underset{\underset{Cl}{|}}{C}HCH_2CH_3$　　(3) $CH_3\underset{\underset{F}{|}}{C}HCH_2CH_3$　　(4) $CH_3\underset{\overset{|}{CH_3}}{C}H\underset{\underset{F}{|}}{C}HCH_2CH_3$

25. 指出下列醇在与 H_2SO_4 一起加热时, 哪一个更易脱水。

26. 写出下列醇脱水生成物的主副产物。

(1) $CH_3-\underset{\underset{OH}{|}}{\overset{\overset{CH_3}{|}}{C}}-CH_2CH_3$　　(2) 苯-$CH_2\underset{\underset{OH}{|}}{C}HCH_3$　　(3) $CH_3CH_2CH_2OH$

27. 写出下列季铵盐的消除反应方程式。

(1) $CH_3CH_2CH_2CH_2-\overset{\overset{CH_3}{|}}{\underset{\underset{CH_3}{|}}{N^+}}-CH_3$　　(2) $CH_3\underset{\overset{|}{CH_3}}{C}HCH_2-\overset{\overset{CH_3}{|}}{\underset{\underset{CH_3}{|}}{N^+}}-CH_2CH_3$

28. 写出下列化合物与氨基钠在液氨中反应产物。

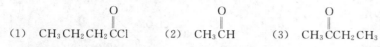

(1)　　　　　　(2)　　　　　　(3)

29. 写出下列化合物与格氏试剂的反应产物。

(1) $CH_3CH_2CH_2CCl$ （O）　　(2) CH_3CH （O）　　(3) $CH_3CCH_2CH_3$ （O）

30. 指出下列反应是氧化反应，还是还原反应，或都不是。

(1) CH_3CCl （O） $\xrightarrow[\text{Lindlar 催化剂}]{H_2}$ CH_3CH （O）　　(2) $RCH{=}CHR \xrightarrow{HBr} RCH_2CHR$ （Br）

(3) $CH_3CH_2OH \xrightarrow[H_2SO_4]{KMnO_4} CH_3COH$ （O）　　(4) $CH_3C{\equiv}N \xrightarrow[Pt]{H_2} CH_3CH_2NH_2$

31. 写出下列反应产物。

(1) $CH_3CH_2CH_2CH_2CH$ （O） $\xrightarrow[\text{Raney Ni}]{H_2}$　　(2) $CH_3CH_2CH_2C{\equiv}N \xrightarrow[Pt]{H_2}$

(3) $CH_3CH_2CH_2C{\equiv}CCH_3 \xrightarrow[\text{Lindlar 催化剂}]{H_2}$　　(4) 环己酮 $\xrightarrow[\text{Raney Ni}]{H_2}$

(5) CH_3COCH_3 （O） $\xrightarrow[\text{Raney Ni}]{H_2}$　　(6) CH_3CCl （O） $\xrightarrow[\text{Raney Ni}]{H_2}$　　(7) CH_3CCl （O） $\xrightarrow[\text{Lindlar 催化剂}]{H_2}$

32. 羧酸或酰胺被 $LiAlH_4$ 还原的第一步并非为 H^- 对羰基的进攻，那么，①羧酸还原的第一步是什么？②什么是酰胺还原的第一步（提示：画共振结构式）。

33. 端位炔烃不能被 $LiAlH_4$ 或液氨中的钠还原，请解释。

34. 给出下列反应产物。

(1) 苯甲酰胺 CNH_2 （O） $\xrightarrow[\text{2. } H_3O^+]{\text{1. } LiAlH_4}$　　(2) 苯甲酸 COH （O） $\xrightarrow[\text{2. } H_3O^+]{\text{1. } LiAlH_4}$

(3) $CH_3CH_2CCH_2CH_3$ （O） $\xrightarrow[\text{2. } H_3O^+]{\text{1. } NaBH_4}$　　(4) 环己基 $COCH_2CH_3$ （O） $\xrightarrow[\text{2. } H_3O^+]{\text{1. } LiAlH_4}$

(5) $CH_3CH_2CNHCH_2CH_3$ （O） $\xrightarrow[\text{2. } H_3O^+]{\text{1. } LiAlH_4}$　　(6) $CH_3CH_2CH_2COH$ （O） $\xrightarrow[\text{2. } H_3O^+]{\text{1. } LiAlH_4}$

35. 给出下列反应产物。

(1) 环己烯基 CCH_3 （O） $\xrightarrow[\text{2. } H_3O^+]{\text{1. } NaBH_4}$　　(2) 环己烯基 CCH_3 （O） $\xrightarrow[Pt]{H_2}$

(3) 环己酮 CH_2COCH_3 （O）（O） $\xrightarrow[\text{2. } H_3O^+]{\text{1. } NaBH_4}$　　(4) 环己酮 CH_2COCH_3 （O）（O） $\xrightarrow[\text{2. } H_3O^+]{\text{1. } LiAlH_4}$

36. 给出下列化合物与重铬酸钠酸液的反应产物。

(1) $CH_3CH_2CHCH_2CH_3$ （OH）　　(2) $HOCH_2CH_2CH_2CH_2CH_3$

(3) $CH_3 - \overset{\overset{\displaystyle OH}{|}}{\underset{\underset{\displaystyle CH_3}{|}}{C}} - CH_2CH_2CH_3$

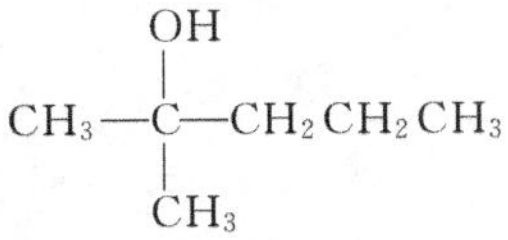

(4) 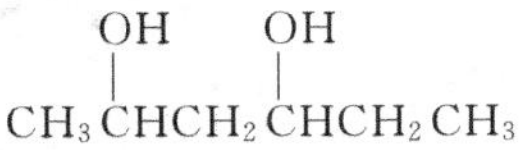 $CH_3\overset{\overset{\displaystyle OH}{|}}{CH}CH_2\overset{\overset{\displaystyle OH}{|}}{CH}CH_2CH_3$

37. 给出下列反应产物。

(1) 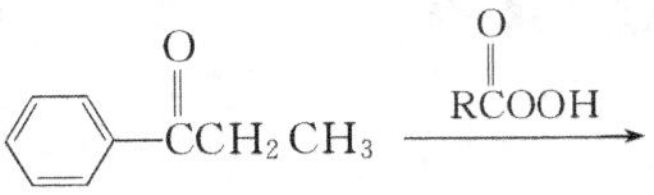 $\xrightarrow{RCOOH}$

(2) 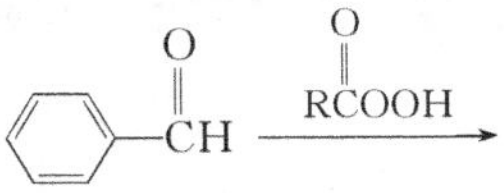 $\xrightarrow{RCOOH}$

(3) 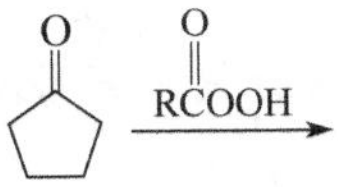 $\xrightarrow{RCOOH}$

(4) 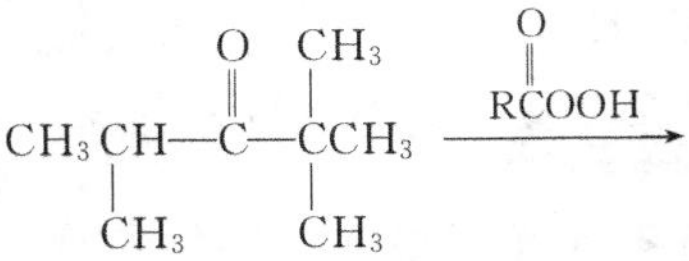 $CH_3\overset{\overset{\displaystyle CH_3}{|}}{\underset{\underset{\displaystyle CH_3}{|}}{CH}} - \overset{\overset{\displaystyle O}{||}}{C} - \overset{\overset{\displaystyle CH_3}{|}}{\underset{\underset{\displaystyle CH_3}{|}}{C}}CH_3 \xrightarrow{RCOOH}$

(5) 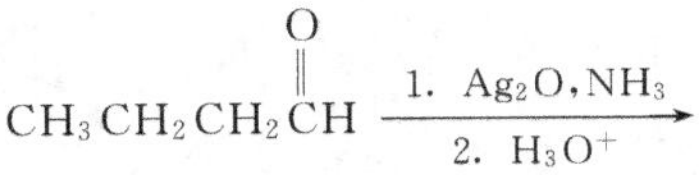 $CH_3CH_2CH_2\overset{\overset{\displaystyle O}{||}}{C}H \xrightarrow[2.\ H_3O^+]{1.\ Ag_2O,NH_3}$

(6) 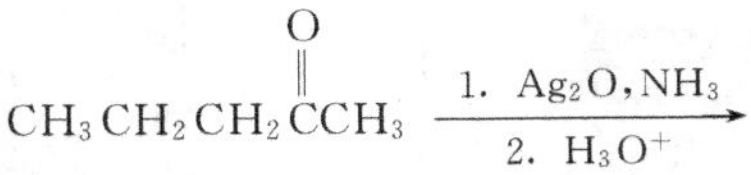 $CH_3CH_2CH_2\overset{\overset{\displaystyle O}{||}}{C}CH_3 \xrightarrow[2.\ H_3O^+]{1.\ Ag_2O,NH_3}$

38. 写出下列化合物与 HIO_4 反应产物。

(1) 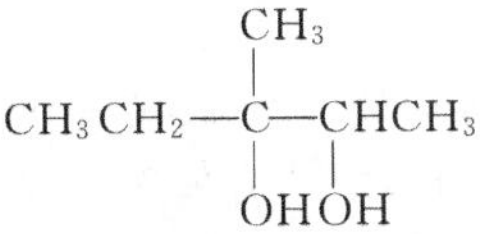 $CH_3CH_2 - \overset{\overset{\displaystyle CH_3}{|}}{\underset{\underset{\displaystyle OH}{|}}{C}} - \overset{\underset{\displaystyle OH}{|}}{C}HCH_3$

(2) $CH_3 - \overset{\overset{\displaystyle CH_3}{|}}{\underset{\underset{\displaystyle OH}{|}}{C}} - \overset{\underset{\displaystyle OH}{|}}{C}H - C_6H_{11}$

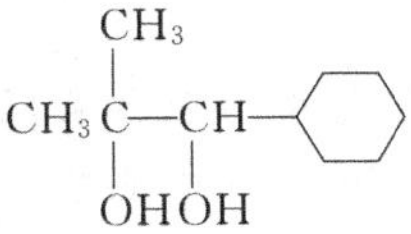

39. 写出下列化合物与 O_3 反应生成物。

(1) 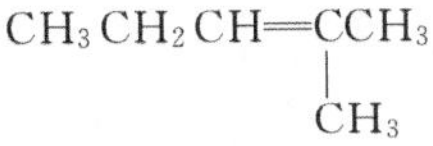 $CH_3CH_2CH = \overset{\underset{\displaystyle CH_3}{|}}{C}CH_3$

(2)

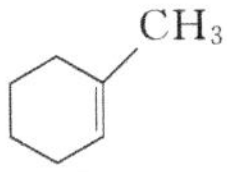

40. 指出下列反应属于电环合反应、环加成反应及 σ-迁移重排反应中的哪一类?

(1) 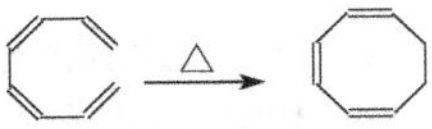 $\xrightarrow{\triangle}$

(2) 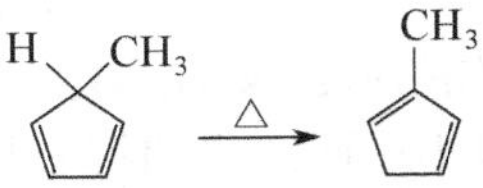 $\xrightarrow{\triangle}$

(3) 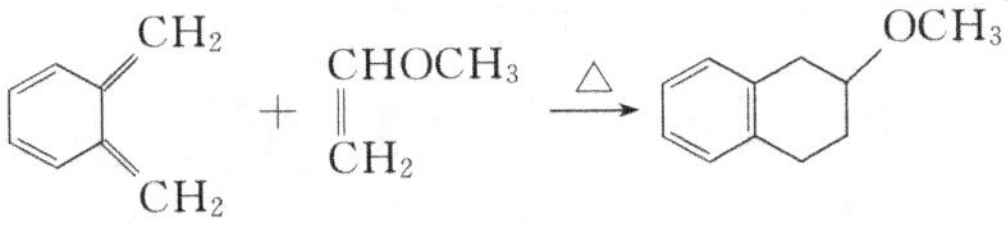 $+$ $\xrightarrow{\triangle}$

(4) 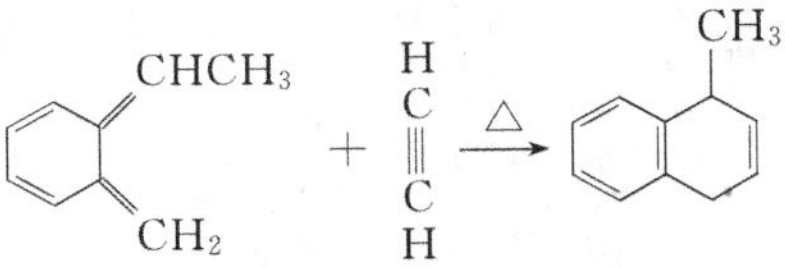 $+$ $\xrightarrow{\triangle}$

第 5 章　现代光谱技术

💬 **本章提要**　本章简要介绍了红外光谱、紫外光谱、核磁共振谱以及质谱的基本原理，并对光谱技术在有机化合物结构解析中的应用做了初步介绍。

📶 **关键词**　红外光谱　波数　指纹区　紫外光谱　核磁共振谱　化学位移　屏蔽作用　自旋裂分　自旋偶合　偶合常数　质谱　基峰　分子离子峰

　　自从以光谱技术为代表的物理方法问世后，对有机分子结构的分析就变得十分快捷方便。通过光谱图人们可以清晰地分辨出相应化合物的分子结构，现在各种化合物的光谱数据广泛出现在研究论文和教科书中，现代光谱技术已成为研究有机分子结构的重要手段。

5.1　红 外 光 谱

　　红外光谱（infrared spectroscopy，简称 IR）中由于分子吸收了红外线的能量并导致分子内振动能级的跃迁而产生的记录信号。有机分子不是刚性结构，可以将它们想象成彼此互相粘连在一起的弹簧，它们会发生伸缩、弯曲和旋转运动，见图 5.1。

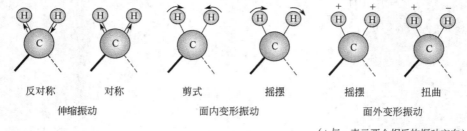

| 反对称 | 对称 | 剪式 | 摇摆 | 摇摆 | 扭曲 |

　　伸缩振动　　　　　面内变形振动　　　　　面外变形振动

（+ 与 – 表示两个相反的振动方向）

图 5.1　三原子分子的几种可能的振动方式

　　通常能导致振动能级跃迁的辐射波长为 $2.5\sim25\mu m$（$1\mu m=1\times10^{-4}cm$），即 $4000\sim400cm^{-1}$（也称厘米倒数或波数）。

　　当红外辐射的频率和分子运动的频率相适应且当分子的偶极矩发生改变时，红外线才被吸收。因此，对于一些对称分子就不会发生红外吸收。例如，双键的对称取代不吸收红外线。

　　不同类型的化学键吸收不同频率的射线，因而通过分析射线吸收频率谱图就可以鉴别化学键。必须指出的是一般有机化合物的红外光谱都比较复杂，不可能对于每一个吸收峰都要作解析，只要找出它们各自官能团中最典型的吸收峰就可以了。

　　红外光谱可分为两个区域：官能团区（$4000\sim1500cm^{-1}$）和指纹区（$1500\sim$

$650cm^{-1}$）。分布在官能团区域的吸收峰是由有机分子的伸缩振动所导致的，光谱比较简单，可以据此判断有机分子中所含的各种不同功能团。指纹区的吸收峰比较复杂，不仅含有单键的伸缩振动吸收峰，还有弯曲振动吸收峰，有许多吸收峰不易解释。不同的有机分子在这段区域里都有自己特定的吸收峰，如同指纹一样。因此，指纹区吸收峰有助于鉴定已知物。常见官能团的特征伸缩振动频率见表 5.1。

表 5.1　常见官能团的特征伸缩振动频率

化合物类型	结　构	频率范围/cm^{-1}	化合物类型	结　构	频率范围/cm^{-1}
烷烃	C—H	2800～3100	酮	$\overset{O}{\overset{\|}{—C—}}$	1650～1730
	C—C	750～1200			
烯烃、芳烃	=C—H	3000～3100	羧酸	$\overset{O}{\overset{\|}{—C—OH}}$	1710～1780
	C=C	1600～1680			
炔烃	≡C—H	3200～3350	酰胺	$\overset{O}{\overset{\|}{—C—NH_2}}$	1650～1690
	C≡C	2050～2260			
胺	C—N	1030～1230	酸酐	$\overset{O\ \ O}{\overset{\|\ \ \|}{—COC—}}$	1820,1760
	N—H	3400～3500	酰卤	$\overset{O}{\overset{\|}{—C—X}}$	1800
腈	C≡N	2210～2260		C—F	1000～1350
醇、酚	C—OH	1020～1275	卤代烃	C—Cl	600～850
	O—H	3400～3700		C—Br	500～680
醚	C—O—C	1100～1280		C—I	200～500

图 5.2～图 5.9 是几种典型有机化合物的红外光谱图。每一类有机化合物的红外光谱图中都有其特征吸收峰，例如，饱和烃类的 C—H 伸缩振动吸收峰在 2800～3000cm^{-1}；不饱和烃类的 C—H 伸缩振动吸收峰在 3100cm^{-1} 左右，而且在 1600～1680cm^{-1} 有 C=C 的伸缩振动吸收峰（见图 5.3）。又如，醇和酚的—OH 在 3400～3700cm^{-1} 有很显著的吸收峰（见图 5.5、图 5.6 和图 5.7）。另外，凡含有羰基的化合物在 1650～1730cm^{-1} 都有一个很强的吸收峰（见图 5.7 和图 5.8）。显然，通过红外光谱可以很方便地获悉分析对象含有何种官能团。

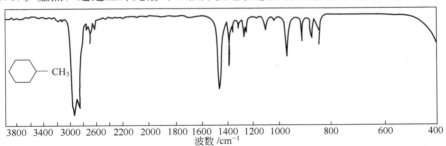

图 5.2　甲基环己烷的红外光谱

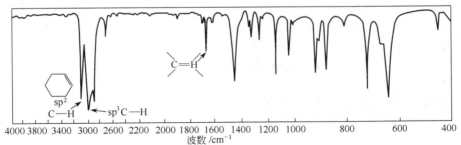

图 5.3　环己烯的红外光谱

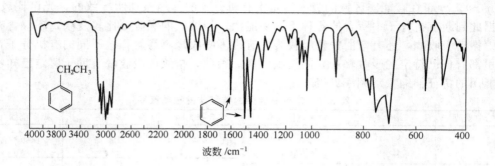

图 5.4 乙基苯的红外光谱

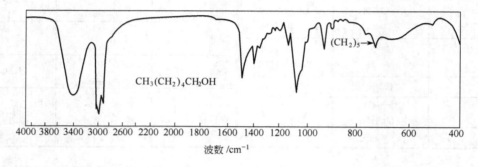

图 5.5 1-己醇的红外光谱

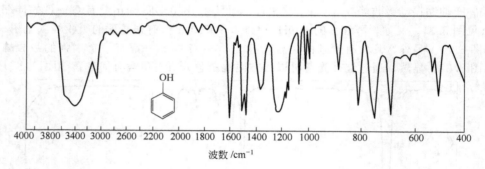

图 5.6 苯酚的红外光谱

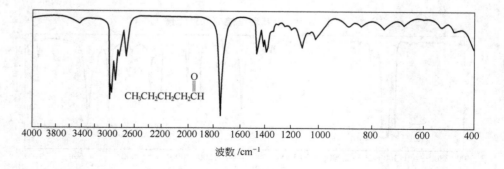

图 5.7 戊醛的红外光谱

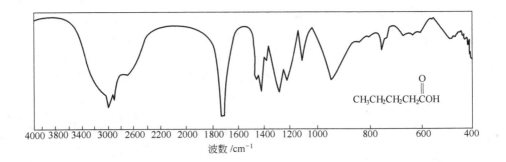

图 5.8　戊酸的红外光谱

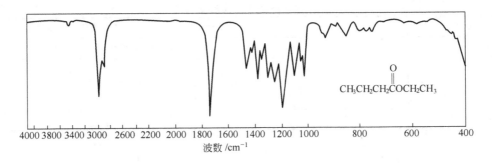

图 5.9　丁酸乙酯的红外光谱

5.2　紫外光谱

当有机分子吸收红外光时，吸收光谱是分子内键的振动产生的结果。然而，当有机分子吸收紫外光和可见光时，吸收光谱（即紫外光谱，ultraviolet spectra-scopy，简简 UV）是电子从分子的 σ 和 π 成键轨道或非键（n）转道跃迁到分子的 σ^* 和 π^* 反键轨道的结果。例如，

CH_3CH_3	$\sigma \to \sigma^*$	140nm
CH_3OH	$n \to \sigma^*$	183nm
RCHO	$n \to \pi^*$	285nm
C_6H_6	$\pi \to \pi^*$	255nm

由于分子中电子可以从许多不同的低能级向较高能级跃迁，因而其能级的吸收导致光谱呈很宽的吸收带而不是窄峰。

紫外光谱一般用峰顶的位置（λ 最大，也称最大吸收峰）及其吸收强度（k 最大，也称摩尔吸收系数）来描述，最大吸收峰和摩尔吸收系数都是化合物的特征常数。就结构测定而言，紫外光谱比红外光谱所提供的信息要少，但是对于含有双键或具有共轭双键结构的测定却有着独特的作用。例如含有 C=O 、 C=N 、 —N=O 等基团的化合物在紫外光谱中都有特征吸收带。

通常，在共轭体系中，π 和 π^* 之间的能量差随着双键数目的增加而降低，吸收峰会向

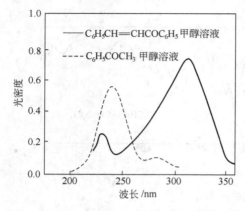

图 5.10　苯乙酮和苯亚甲基苯乙酮的紫外光谱

长的波长移动，这类吸收峰在光谱学上称为 K 带（也称共轭谱带）。K 带出现的区域为 $210\sim250nm$，$\varepsilon_{max}>10^4$。例如，苯乙酮的最大吸收峰位于 240nm 左右，而苯亚甲基苯乙酮的最大吸收峰移向 310nm 附近（见图 5.10）。

芳香族化合物的 $\pi\rightarrow\pi^*$ 跃迁，在光谱学上称为 B 带（也称苯型谱带）和 E 带（乙烯型谱带），是芳香族化合物的特征吸收。苯 B 带的摩尔吸收光系数 ε 约为 200，吸收峰出现在 $230\sim270nm$，中心在 256nm。

解析紫外光谱的初步推测见表 5.2。

表 5.2　一些化合物的紫外光谱

吸收形式	λ_{max}/nm	k	化合物的可能类别
一个峰	<220	$100\sim10000$	胺、醇、醚、硫醇
	$250\sim360$	$10\sim100$	不饱和基团，如 $-\overset{\vert}{C}=O$，$-C\equiv N$，$-N=N-$，$-NO_2$，$COOH$
两个峰	<200	$1000\sim10000$	芳香族化合物
三个峰	一个接近 200 两个高于 200	$1000\sim10000$	多核芳香族化合物 杂环化合物

5.3　核磁共振谱

核磁共振谱（nuclear magnetic resonance，简称 NMR）在有机化合物分子结构研究中是一种重要的剖析工具。某些同位素的原子核如 H、F 等，如同小磁体。当把它们放到磁场中时，它们就按磁场方向取向。核磁共振谱就是以测定改变这种取向所需要的射频能为基础。核磁共振谱中最常用的是氢谱，它能反映出有机分子结构中处于不同位置的氢原子的信息。可以设想，如果单独将一个氢原子放在固定强度的磁场中，由于核自旋翻转，它将吸收一个确定的频率。如果氢原子不是孤立的，例如在甲酸分子中，氢原子分别与碳原子、氧原子相连，将这样的分子置于磁场中，各个氢原子所处的电子环境就完全不同，其共振频率也就不同。因为外加磁场引起分子中电子的旋转，而电子的旋转对原子核产生次级磁场以抵抗外加磁场，即周围的电子对质子产生了屏蔽作用。如果电子围绕附近的核的环流，尤其是 π 电子的环流，产生的磁场可对抗或增强质子处的外加磁场，也会影响到质子信号的位置。当感应磁场对抗外加磁场，质子受到屏蔽；若感应磁场增强外加磁场那么质子所感受到的磁场增强了，该质子则称去屏蔽。见图 5.11。若磁场对质子的作用受到周围电子的屏蔽，质子的共振讯号就出现在高场；反之，若受到去屏蔽作用，如负电性基团对电子的吸引，则其共振信号出现在低场，这就是化学位移。显然，一个质子的化学位移取决于其周围的电子环境。在同一个分子中，处于不同电子环境的质子（也称不等性质子）就会有不同的化学位移；在不同分子中，处于相同电子环境的质子（也称等性质子）都有大致相同的化学位移。对于一个有机化合物的核磁共振谱，通过辨析各种质子的吸收峰并根据它们各自的化学位移，就可初步推断出其分子结构。

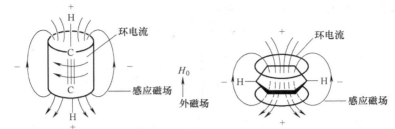

(a) 在乙炔质子处对抗外加磁场，受到屏蔽 (b) 在芳香环质子处增强外加磁场，是去屏蔽的

图 5.11　感应磁场

化学位移 δ，以四甲基硅烷信号的位置作基准点（$\delta=0$），多数质子的化学位移 δ 值位于 0～10 之间。常见特征质子的化学位移见表 5.3。

表 5.3　常见特征质子的化学位移

质 子 类 型	化学位移 δ	质 子 类 型	化学位移 δ
RCH_3（伯氢）	0.9	RCOO—CH（酯）	3.7～4.1
R_2CH_2（仲氢）	1.3	HC—COOR（酯）	2～2.2
R_3CH（叔氢）	1.5	HC—COOH（酸，与碳相连）	2～2.6
C=C—H（乙烯型）	4.6～5.9	RCOOH（羧基）	10.5～12
C≡C—H（乙炔型）	2～3	H—C—C=O（羰基化合物）	2～2.7
Ar=C—H（苄基）	2.2～3	RNH_2（氨基）	1～5
Ar—H（芳环型）	6～8.5	H—C—F（氟代烃）	4～4.5
HC—OH（醇，与碳相连）	3.4～4	H—C—Cl（氯代烃）	3～4
R—OH（羟基）	1～5.5	H—C—Br（溴代烃）	2.5～4
Ar—OH（酚羟基）	4～12	H—C—I（碘代烃）	2～4
HC—OR（醚）	3.3～4		

从图 5.12 可以看出，位于 $\delta7.2$ 的核磁共振信号是芳环质子峰，$\delta2.2$ 处的核磁共振信号是环芳侧链上的质子峰。两峰面积之比为 5∶3，正好是芳环质子数与其侧链质子数之比。显然，质子数与其相应的核磁共振吸收峰面积成正比。

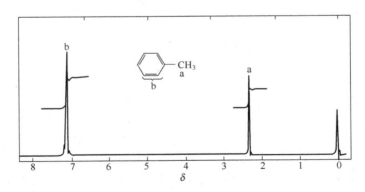

图 5.12　甲苯的核磁共振谱

上述介绍的有机化合物的核磁共振谱还只是一些很简单的谱图，即一种质子对应地产生一个吸收峰。然而，许多化合物的核磁共振谱比我们想象的要复杂得多。

例如在 1,1,2-三溴乙烷的核磁共振谱中（见图 5.13），虽然 1,1,2-三溴乙烷只有三个质子，但却出现了 5 个吸收峰，这是什么原因呢？

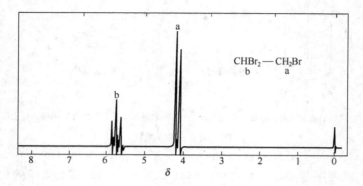

图 5.13 1,1,2-三溴乙烷的核磁共振谱

首先让我们来考察 1,1,2-三溴乙烷分子上 a、b 质子是如何互相作用的：

$$
\begin{array}{cc}
\overset{\text{Br}}{\underset{}{}} & \overset{\text{Br}}{\underset{}{}} \\
\text{H}-\overset{|}{\underset{|}{\text{C}}}-\overset{|}{\underset{|}{\text{C}}}-\text{Br} \\
\overset{}{\underset{\text{H}}{}} & \overset{}{\underset{\text{H}}{}} \\
a & b
\end{array}
$$

对于 a 质子来说，它在核磁共振谱中的信号要受到相邻 b 质子的自旋影响。一个 b 质子的自旋有两种方式：或者与外加磁场同向；或者与外加磁场反向。如果是前一种状态，a 质子感受到的磁场就有所增强；如果是后一种状态，a 质子感受到的磁场就有所减弱。事实上，这两种状态同时存在，因而导致 a 质子的吸收峰被分裂为两重峰（见图 5.14）。

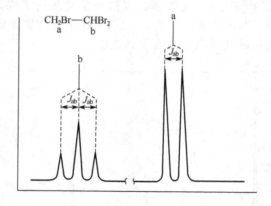

图 5.14 自旋-自旋裂分

H^a 信号经一个 H^b 偶合作用裂分成双重峰，其峰面积比为 1:1；H^b 信号经两个 H^a 偶合作用裂分成三重峰，其峰面积比为 1:2:1。

在核磁共振谱上，由于分子中相邻碳上的质子自旋作用的相互影响使谱线分裂增多，这种现象称作自旋-自旋裂分（spin-spin splitting，简称自旋裂分）；不同质子间的相互影响称作自旋-自旋偶合（spin-spin coupling，简称自旋偶合）。

对于 b 质子来说，其吸收峰同样会受到 a 质子的自旋影响。a 质子有两个，其自旋有四种组合方式，其中两组是相同的，因而使 Hb 的信号裂分为三重峰，见图 5.15。

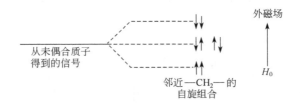

图 5.15　自旋-自旋偶合

裂分后的峰间距称为偶合常数，用 J 表示，单位为赫兹（Hz）。邻碳不等性质子相互偶合所得到的峰组，其偶合常数是相同的。因此，在复杂的核磁共振谱图中，通过比较不同峰组的偶合常数，可以推断这些产生信号的质子是否在相邻的碳原子上。

必须指出，只有在邻碳上的不等性质子间才会产生自旋偶合和自旋裂分。例如四甲基硅烷分子中的质子都是等性的，因而不会发生自旋偶合及自旋裂分，在其核磁共振谱中只出现单峰。同一种质子信号的裂分数取决于邻碳上不等性质子的个数，通常可按 $n+1$ 规则计算，其中 n 表示相邻不等性质子数。例如 1,1-二溴乙烷（CH_3CHBr_2）分子中，C^1 上的质子信号可裂分为四重峰（$3+1=4$）；C^2 上的 3 个等性质子的信号可裂分为双重峰（$1+1=2$）。

从图 5.16 粗略看去，谱图似乎是对称的，其实不然。仔细观察不难看出，两组相互偶合所产生的多重峰，其内侧比外侧高。利用这一特点，可以方便地在谱图中找出相互偶合的多重峰。

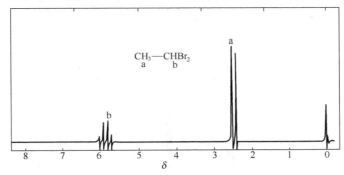

图 5.16　1,1-二溴乙烷的 NMR

图 5.17～图 5.22 是几种典型的有机化合物的核磁共振谱图。通过这些谱图可以揭示相应化合物的化学结构。例如，在 1,1,2-三氯乙烷的核磁共振谱中（见图 5.19），一组三重峰，一组二重峰，由于它们的偶合常数相同，可以判断它们是相邻两个碳原子上的氢相互偶合所产生的吸收峰。产生三重峰信号表明该氢（即 H^b）所连接的碳原子与 CH_2 相连。换句话说，n 个不等性质子会使相邻碳原子上的质子产生 $n+1$ 重峰。同理，一组二重峰说明相邻碳原子上只存在一个氢，即—CH—。因此，该化合物的基本碳链结构出来了：—CH_2CH—。通常，在核磁共振谱中，饱和烷烃的质子特征化学位移都在高场 $\delta 0.9\sim1.5$（见表 5.3）。而图 5.19 中的两组峰都出现在 $\delta 4\sim6$，这说明碳原子上存在有电负性较强的原子或基团，究竟是什么原子或基团，还要根据其他信息作出判断，例如通过质谱可得知分子式或相对分子质量，如果分子式中含有氯，则可根据氯的同位素峰判断（见 5.4）。假设已知分子式为 $C_2H_3Cl_3$，即可判断其分子结构为 $CH_2ClCHCl_2$。如果与质子相连的碳原子上有较多的氯原子，则因其电负性更强，使质子信号向低场位移，由此判断—CH_2Cl—的质子信号出现在 $\delta 3.95$，—$CHCl_2$—上的质子信号出现在 $\delta 5.77$（参见图 5.19）。

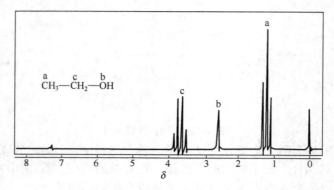

图 5.17 CH_3CH_2OH 的 NMR

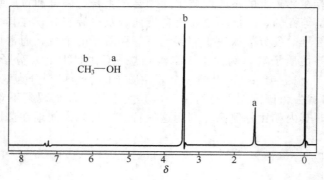

图 5.18 CH_3OH 的 NMR

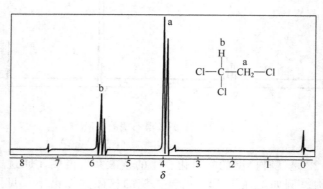

图 5.19 1,1,2-三氯乙烷的 NMR

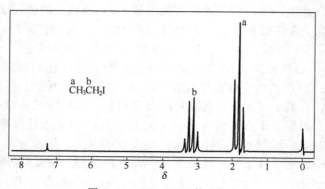

图 5.20 CH_3CH_2I 的 NMR

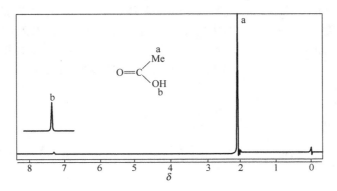

图 5.21　CH_3COOH 的 NMR

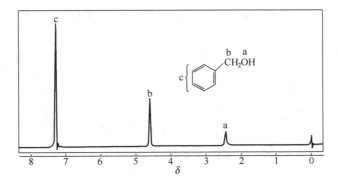

图 5.22　$C_6H_5CH_2OH$ 的 NMR

5.4　质　　谱

　　在质谱仪中，有机化合物分子在高能电子束的轰击下发生电离，并断裂成碎片，这些碎片有正离子、自由基离子或中性分子等。质谱学上将正离子的质量与电荷之间的比率（m/e 值）称作质荷比。当电荷为 1 时，m/e 值就是离子的质量。不同质荷比的正离子在质谱图上都有对应的信号，信号的强度表示相应离子的相对丰度。质谱图中最大的峰称为基峰，其强度定义为 100；其他峰的强度按基峰的相对比值来表示。

　　通常，质荷比最大的峰称作分子离子峰（用 M^+ 表示），其质荷比值就是化合物的相对分子质量。显然，借助有机化合物的质谱图，可以推测其相对分子质量。必须指出，并非所有的最大的质荷比峰都是分子离子峰。有时，由于分子离子不稳定已断裂为较小的碎片，因而在质谱图中观察不到分子离子峰。这时可以通过降低电子束的轰击能量，使分子离子能保持足够的稳定性，以便作进一步观察。

　　利用质谱图不仅可以确定化合物的相对分子质量，还能推断分子式。在质谱图中，常常会出现质荷比比分子离子峰还大的信号，其丰度比较小，它们是由于同位素的存在而产生的小峰，也称为同位素峰。

　　例如，在苯的质谱图中，分子离子峰（$m/e78$，M^+）代表 $C_6H_6^+$，质荷比比分子离子峰还大的有 $m/e79$（M+1 峰）和 $m/e80$（M+2 峰），它们分别代表 $C_5^{13}CH_6^+$ 或 $C_6H_5D^+$ 和 $C_4^{13}C_2H_6^+$、$C_5^{13}CH_5D^+$ 或 $C_6H_4D_2^+$。通常 M+1 峰和 M+2 峰与 M^+ 峰相比，这些同位素峰的强度要低得多，究竟低多少，这要取决于分子的组成元素。也就是说，不同组成元素其同位素峰的强度是不同的。事实上，只要知道同位素的相对天然丰度，就能推算出任一分子的同位素峰的相对强度（这些数据可以从相关的质谱手册上查到）。因此，根据这些同位素峰就可以推测出化合物的分子式。仍以苯为例，它的 M+1 和 M+2 峰的强度分别为 M$^+$ 峰的 6.75％ 和 0.18％，从《碳、氢、氮和氧的各种组合的质量和同位素丰度比——Beynon 表》可查得 M 为 78 处有：

M	M+1	M+2
78		
CH_2O_4	1.27	0.80
CH_4NO_3	1.64	0.60
$C_2H_6O_2$	2.38	0.52
$C_4H_2N_2$	5.12	0.11
C_6H_6	6.58	0.18

显然，表中分子式为 C_6H_6 的 M+1 和 M+2 的推算值最接近，故而推断其分子式为 C_6H_6。

另外，利用同位素峰还可判断氯、溴元素的存在与否以及存在的数量。由于它们的重同位素丰度特别高：$^{37}Cl/^{35}Cl=32.5/100$，接近 1/3；$^{81}Br/^{79}Br=98/100$ 接近 1/1。如果分子中含有一个氯或溴原子，其质谱图中的分子离子峰（M$^+$）附近一定会存在一个 M$^+$+2 峰。而且它们的强度比分别为 1/3 和 1/1。例如，一氯乙烷的分子离子峰为 M$^+$ 64，而 M$^+$+2 峰即为同位素峰，其丰度为 34％，约为 M$^+$ 峰的 1/3。如果事先只知道该分子的相对分子质量，依同位素峰与分子离子峰的丰度之比 1/3，即可判断该分子含有一个氯原子（见图 5.23）。

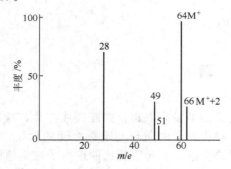

图 5.23　一氯乙烷的质谱图

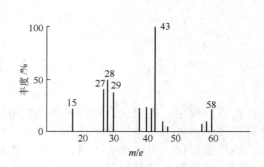

图 5.24　$CH_3CH_2CH_2CH_3$ 的质谱图

在解析质谱时，氮规则对于确定分子离子峰是很有帮助的。所谓氮规则指的是如果一个化合物含有偶数个氮原子（包括不含氮原子），则其分子离子的质量一定是偶数；如果分子中含有奇数个氮原子，则其分子离子的质量为奇数。例如，CH_3CH_3，$m/e28$；CH_3NH_2，$m/e31$；$NH_2CH_2CH_2CH_2NH_2$，$m/e74$。由图 5.24 可知，该化合物分子离子峰为 $m/e58$，因此其分子量为 58。图中除分子离子峰外，还有 $m/e43$，$m/e29$，$m/e15$ 等峰。$m/e43$ 是由分子离子失去质量为 15 的基团（即—CH_3）而生成的；$m/e29$ 的峰为 M—$[C_2H_5]^+$ 离子，根据分子离子峰和其他碎片峰，即可初步判断其结构为 $CH_3CH_2CH_2CH_3$。

5.5　波谱综合解析

在解析有机化合物结构时，对于一些简单的化合物，一般只需应用个别光谱就可推断其结构。但是，对于那些结构比较复杂的化合物，仅凭一种谱图是很难确定其结构。在有机化合物的结构解析中，常常需要同时运用多种波谱技术进行分析，从不同的角度获取有关结构的信息，相互补充，相互印证，从而推断出正确的结论。

综合运用多种波谱数据解析化合物的结构并没有固定的模式，一般都是根据各种谱图提供的信息进行比较和论证，找出各种信息之间的相互关系，逐步推导出未知物的分子结构。通常，波谱综合解析步骤如下：

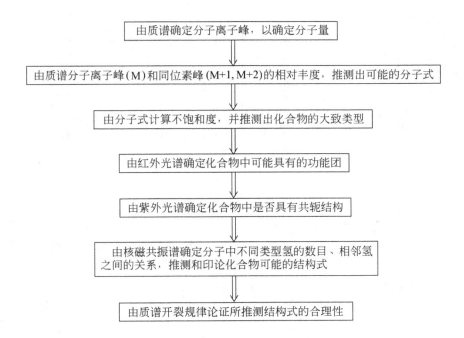

在分子结构的推测过程中，要注意将各种波谱的有关数据互相对照比较，要保证推测结论的一致性。如果，是对已知物进行分析，可将已知物纯品的光谱图与之比较，也可对照标准图谱手册查核。

例如，某一未知物的各种波谱数据如表 5.4 及图 5.25 所示，试解析其结构。

表 5.4　未知物紫外光谱

λ_{max}/nm	ε_{max}	λ_{max}/nm	ε_{max}	λ_{max}/nm	ε_{max}
263	101	257	194	243(S)①	78
264	158	252	153		
262	147	248(S)①	109		

① (S)＝肩峰。

解：由质谱可知该化合物相对分子质量为 150，为偶数，即化合物不含氮或含偶数氮。由 (M＋2) 峰强度得知分子中不含 S 或卤素。

再由 Beynon 表获得，在相对分子质量 150 处，有 29 个可能的式子，(M＋1)/M 在 9%～11% 之间的分子式有 7 种：

分子式	(M＋1)/M	(M＋2)/M
$C_7H_{10}N_4$	9.25	0.38
$C_8H_8NO_2$	9.23	0.78

分子式	(M+1)/M	(M+2)/M
$C_8H_{10}N_2O$	9.61	0.61
$C_8H_{12}N_3$	9.98	0.45
$C_9H_{10}O_2$	9.96	0.84
$C_9H_{12}NO$	10.34	0.68
$C_9H_{14}N_2$	10.71	0.52

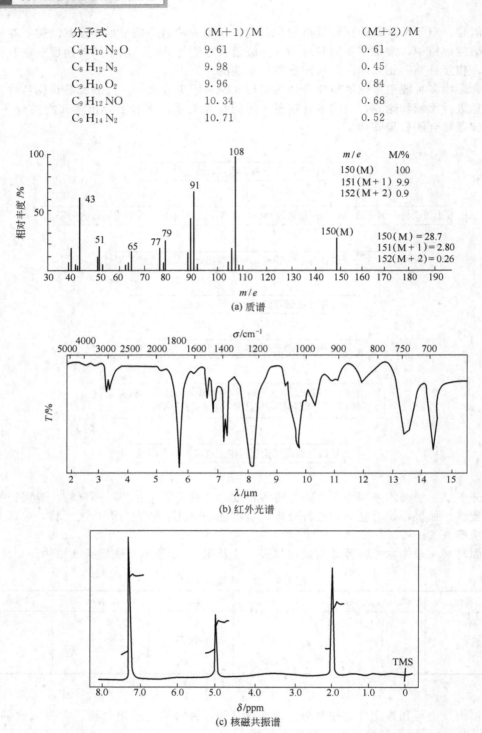

图 5.25 未知物数据谱图

其中，有 3 个式子含有奇数氮，按照氮规则予以排除。经比较，只有 $C_9H_{10}O_2$ 的 (M+1)/M 和 (M+2)/M 的值最靠近被测样品的值，因此，最可能的分子式是 $C_9H_{10}O_2$，其不饱和度为 5，从它的 C、H 比例来看，可能是一个芳香族化合物。

由表 5.4 可知，紫外光谱数据显示苯环 B 吸收带的精细结构特征，可以推测含苯环，由于无 K 带，表明苯环上的取代基不与苯环共轭。

再看红外光谱，1745cm^{-1} 处强峰表明 C =O 吸收，1100cm^{-1} 及 1225cm^{-1} 有强而宽的峰为酯的 C—O—C 对称和反对称伸缩振动。因此该化合物可能是酯类。在 1450 ~ 1550cm^{-1} 处有两个峰，是苯环 C =C 骨架振动，749cm^{-1} 和 697cm^{-1} 处两个峰表明是单取代苯。

从核磁共振谱可以观察到三个单峰，其位置和积分高度为：

δ	积分高度
7.22	5
5.00	2
1.98	3

显然，$\delta=7.22$ 处是苯环上的 5 个 H，$\delta=5.00$ 是 CH$_2$—O—上的 2 个 H，$\delta=1.98$ 是 —O—C—CH$_3$ 上的 3 个氢。由此可推断该化合物的结构式为
　　　　　　‖
　　　　　　O

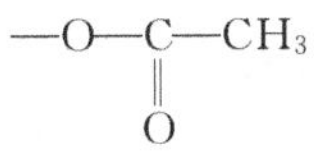

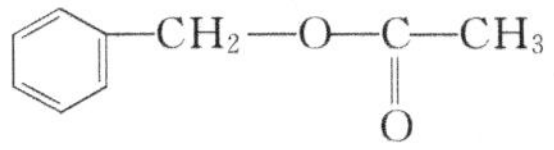

最后，按照质谱开裂规律论证结构：

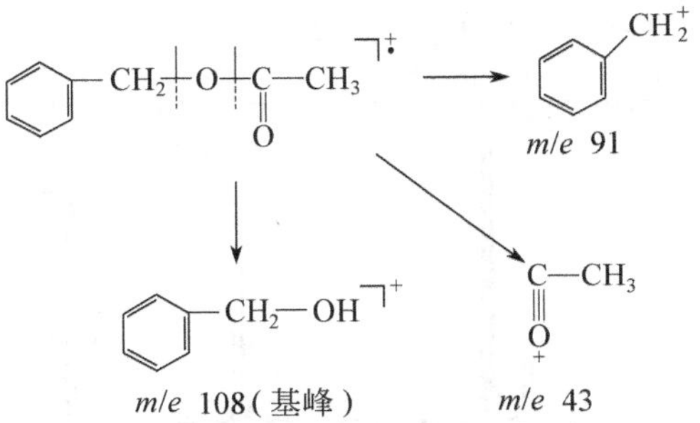

综上所述，该化合物的结构式为乙酸苄酯，即 。

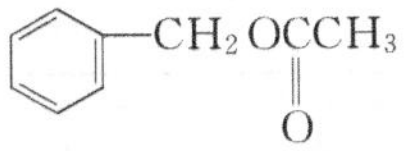

1. 指出下列化合物哪些可以作为 210~400nm 范围内的紫外测定溶剂。

乙醇、环己烷、苯、环己酮、乙醚

2. 在 UV 中，何者吸收的光波最长？何者最短？

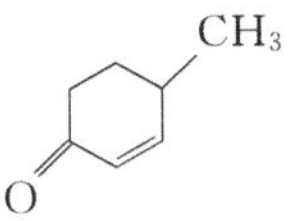

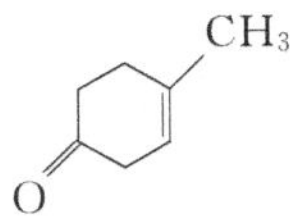

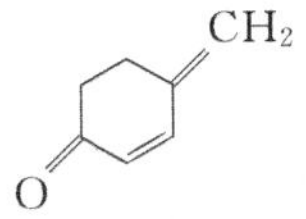

3. 比较下列三种 C—H 键在红外光谱中伸缩振动吸收波数大小。

(a) $\diagdown\hspace{-0.3em}\underset{\diagup}{C}\hspace{-0.3em}-H$ (b) $\diagdown\hspace{-0.3em}CH-H$ (c) $-CH_2-H$

4. 下图为 1-己炔的红外光谱图，试指出各主要吸收峰的归属。

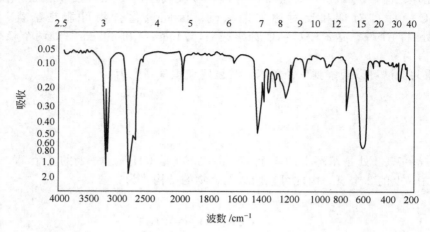

5. 比较下列化合物在 ^1H NMR 谱中化学位移的大小。

(a) CH_3F (b) $(CH_3)_3P$ (c) $(CH_3)_2S$ (d) $(CH_3)_4Si$

6. 下列化合物哪个 ^1H NMR 谱图中只有两个信号，化学位移分别为 1.7 和 4.2，峰面积比为 $3:1$。

(a) $CH_2{=}C(CH_3)_2$ (b) $CH_3CH_2CH_3$ (c) $CH_3CH_2CH_2CH_3$

7. 化合物分子式为 C_4H_9Br，根据下列 ^1H NMR 图推测可能的结构。

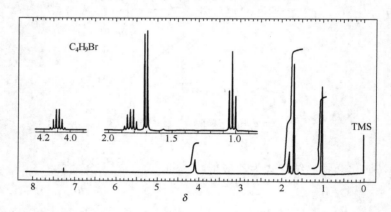

8. UV、IR、^1H NMR 和 MS 都是鉴定化合物的有力工具，试用任何两种波谱法，区别下列各组化合物，并简述理由。

(a) 1,3-丁二烯和 1-丁炔   (b) 1,3-丁二烯和丁烷   (c) 丁烷和 $CH_2{=}CHCH_2CH_2OH$

(d) 1,3-丁二烯和 $CH_2{=}CHCH_2CH_2Br$ (e) $CH_2BrCH{=}CHCH_2Br$ 和 $CH_3CBr{=}CBrCH_3$

各类有机化合物

有机化合物的千变万化组成了丰富多彩的现实世界，包括人类自己。人类对有机化合物的认识经历了二三个世纪，现在人们已能从微观和宏观变化规律中较为准确地把握各类有机化合物的性质、制备、应用与结构间的关系。人类发现和创造新的有机化合物的数目以前所未有的速度迅速"爆炸"，从而对环境、材料、生物、信息、能源等领域产生直接且深远的影响。

本篇从脂肪烃、脂环烃、卤烃、芳烃、杂环化合物、含氧化合物、含氮化合物等方面结合上篇的理论，详尽介绍了相关典型化合物的结构、性质及制备。并在此基础上介绍了有机化学在药物、生物等领域的应用与发展。

本篇强调各类有机化合物所固有的"个性"，通过对每一类有机化合物的剖析而加深对有机化学基础理论的认识与了解。

第6章 脂肪烃和脂环烃

💬 **本章提要** 本章从化学反应入手对烷烃的取代反应，烯烃的加成反应和氧化反应，炔烃的加成反应以及共轭二烯烃1,2与1,4加成和Diels-Alder反应作了阐述，对聚合反应作了初步的介绍。另外，对环烷烃的环张力大小以及环己烷的构象作了理论解释。

🔊 **关键词** 自由基取代　自由基加成　亲电加成　亲核加成　氧化　催化加氢双烯合成　聚合　共聚　环张力　构象　辛烷值　分子轨道　Markovnikov规律

　　保罗·沙巴特（Paul Sabatier，1854～1941）P. Sabatier 生于法国，是图卢兹大学的教授。催化加氢原来所用的催化剂为铂和钯，价格非常昂贵。Sabatier 幸运地找到了一种价廉的催化剂——金属镍，使得催化氢化这一反应能连续化和大规模地用于工业化生产。例如，在油脂工业中，可将液态油催化加氢为固态脂肪，生产肥皂用的硬化油。Paul Sabatier 与 Victor Grignard 共同获得了 1912 年诺贝尔化学奖。

　　只含有碳和氢两种元素的化合物称为碳氢化合物（hydrocarbon），简称烃。烃包括脂肪烃、脂环烃和芳香烃三大类，其他各类有机化合物均可看作是烃的衍生物。

6.1 烷　　烃

　　烷烃（alkanes）是有机分子中结构最为简单的化合物。烷烃分子中每个碳原子的四个价键分别与碳或氢原子连接，称为饱和烃，烷烃的通式为 C_nH_{2n+2}。

6.1.1 烷烃的物理性质

　　（1）聚集状态　在常温常压下，直链烷烃含有一至四个碳原子的为气体，含有五至十六个碳原子的为液体，含十七个碳原子以上的为固体。直链烷烃的物理常数见表 6.1。

表 6.1　直链烷烃的物理常数

分子式	名　称	熔点/℃	沸点/℃	相对密度(d_4^{20})
CH_4	甲烷	−182.6	−161.7	0.424
C_2H_6	乙烷	−172.0	−88.6	0.546
C_3H_8	丙烷	−187.1	−42.2	0.582
C_4H_{10}	丁烷	−135.0	−0.5	0.579
C_5H_{12}	戊烷	−129.7	36.1	0.626
C_6H_{14}	己烷	−94.0	68.7	0.659
C_7H_{16}	庚烷	−90.5	98.4	0.684
C_8H_{18}	辛烷	−56.8	125.6	0.703
C_9H_{20}	壬烷	−53.7	150.7	0.718

续表

分子式	名　称	熔点/℃	沸点/℃	相对密度(d_4^{20})
$C_{10}H_{22}$	癸烷	−29.7	174.0	0.730
$C_{11}H_{24}$	十一烷	−25.6	195.8	0.740
$C_{12}H_{26}$	十二烷	−9.6	216.3	0.749
$C_{13}H_{28}$	十三烷	−6.0	235.5	0.757
$C_{14}H_{30}$	十四烷	5.5	251.0	0.764
$C_{15}H_{32}$	十五烷	10.0	268.0	0.769
$C_{16}H_{34}$	十六烷	18.1	280.0	0.775
$C_{17}H_{36}$	十七烷	22.0	303.0	0.777
$C_{18}H_{38}$	十八烷	28.0	308.0	0.777
$C_{19}H_{40}$	十九烷	32.0	330.0	0.778
$C_{20}H_{42}$	二十烷	36.4	342.7	0.780

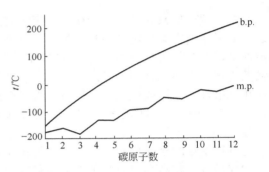

图 6.1　直链烷烃的沸点（b. p.）
和熔点（m. p.）

（2）沸点　从直链烷烃的沸点数值，我们可以观察到烷烃的沸点随碳原子数的增加而升高，其相邻两个同系物之间的差值随碳原子数的增加而变小。这是因为直接影响非极性分子烷烃沸点高低的是范德华力（vander Waals forces）。在通常情况下，同系物之间相对分子质量增大，范德华力相应增大，沸点随之增大。对较低相对分子质量烷烃来说，每增加一个系差—CH_2—，对相对分子质量变化影响较大，引起沸点的变化也较大；对较高相对分子质量烷烃来说，每增加一个系差—CH_2—，对相对分子质量变化影响较小，引起沸点的变化也较小。例如甲烷沸点为 −161.7℃，乙烷沸点为 −88.6℃，两者相差 73℃；而癸烷沸点为 174℃，十一烷沸点为 195.8℃，两者相差仅 22℃。观察图 6.1 可看出直链烷烃沸点随碳原子数变化的趋势。

烷烃沸点大小还与分子的对称性有关，含有支链的烷烃总是比相同相对分子质量的直链烷烃的沸点低。这是因为支链烷烃的分支使得分子形状不规则，支链的位阻降低了分子之间的接触面，从而降低了范德华力。例如：

$CH_3CH_2CH_2CH_2CH_3$

$CH_3CHCH_2CH_3$
　　|
　　CH_3

$$CH_3-\overset{\overset{\textstyle CH_3}{|}}{\underset{\underset{\textstyle CH_3}{|}}{C}}-CH_3$$

正戊烷 b. p. 36.1℃　　　异戊烷 b. p. 27.9℃　　　新戊烷 b. p. 9.5℃

正戊烷形似一根雪茄，而新戊烷像一只网球。两根雪茄叠在一起的接触面要比两只网球碰在一起的接触面大得多，所以支链烷烃的沸点比相同分子量的直链烷烃的沸点低。

（3）熔点　直链烷烃的熔点也随着碳原子数的增加而升高。熔点反映的是分子在固相中的相互作用，受到分子能否紧密排列的影响。含有偶数碳原子的直链因较规则地紧密排列，其熔点要比含有奇数碳原子的直链烷烃的熔点高，以直链烷烃的熔点对碳原子数作图，得到一条"之"字形曲线。随着烷烃相对分子质量的增大，这一差异逐渐趋于一致。这种现象也存在于其他的同系列中，见图 6.1。

多数支链烷烃的熔点比直链烷烃低。这是因为支链烷烃分子对晶格的紧密排列有阻碍，分子间的作用力降低，熔点就相应降低。例如：丁烷 m. p. 为 −135.0℃，异丁烷 m. p. 为

—145℃；戊烷 m.p. 为 —129.7℃，异戊烷 m.p. 为 —159.9℃。但具有高度对称性的支链烷烃的熔点却异常地高，例如新戊烷 m.p. 为 —16.6℃，比戊烷的熔点高出 113℃。这是因为新戊烷分子接近于球形，有助于在晶格中紧密堆积，引起熔点异常。

熔点常用于有机物的定性及半定量的鉴定。

（4）相对密度　烷烃的相对密度都小于 1，直链烷烃的相对密度随着碳原子数的增加而升高，最后趋于最大值约 0.8。

（5）溶解度　烷烃在各类溶剂中的溶解度可以根据"相似者相溶"经验规律推测。非极性的烷烃难溶于极性溶剂水，易溶于非极性或弱极性有机溶剂中。

（6）折射率　直链烷烃的折射率也随碳原子数增加而缓慢增大，折射率可用于鉴定有机物，也是有机物的纯度标志之一。

6.1.2　烷烃的化学性质

烷烃分子中只含有较强的碳碳 σ 键和碳氢 σ 键，没有官能团。由于碳和氢的电负性相近，分子中所有共价键都不显示极性，这就意味着带负电荷的亲核试剂或带正电荷的亲电试剂都难以对烷烃进攻，烷烃在反应活性上显示出相对的"惰性"，在常温下与强酸、强碱、强氧化剂和强还原剂都不易发生反应。在特殊的条件下，烷烃又显示出一定的反应性能，当存在自由基、高温或催化剂条件时，烷烃能发生一系列反应。烷烃的反应在结构上来讲表现在 C—C 单键、C—H 键的断裂，主要反应有氢原子被卤素等原子或基团取代、裂解、氧化等。

（1）烷烃的卤代反应（反应机理见第 4 章自由基取代反应）

烷烃可以在高温或光照条件下与氯或溴进行自由基取代反应，得到相应的卤代烃或多卤代烃；碘代反应难以进行；而氟代反应太剧烈，难以控制。

$$CH_4 + Cl_2 \xrightarrow[\text{或 } h\nu, 25℃]{400℃} CH_3-Cl + HCl$$

$$CH_4 + Br_2 \xrightarrow[h\nu]{125℃} CH_3-Br + HBr$$

甲烷卤代反应难以停留在一元取代产物，若条件许可，可得到多卤代物。

$$CH_3-Cl + Cl_2 \xrightarrow[\text{或 } h\nu, 25℃]{400℃} CH_2Cl_2 + HCl$$

$$\Big\downarrow Cl_2 \quad 400℃ \text{ 或 } h\nu, 25℃$$

$$CCl_4 + HCl \xleftarrow[400℃ \text{ 或 } h\nu, 25℃]{Cl_2} CHCl_3 + HCl$$

一般情况下得到四种氯化物的混合物，若需得到某一种取代为主的产物，可通过调节甲烷与氯的投料比来确定。

例如：当反应在 400~450℃，甲烷：氯 = 10：1 时，主要产物为 CH_3Cl；而当甲烷：氯 = 0.263：1 时，主要产物为 CCl_4。

在烷烃卤代反应中卤素的活性为 $Cl_2 > Br_2$，但是卤素取代烷烃分子中各级氢（伯氢、仲氢、叔氢）的选择性 $Br_2 > Cl_2$。从下列几个反应，分析产物的组成，扣除各级氢数量的概率因子的影响，可以估计各级氢的卤代反应的相对活性。

在室温时，伯、仲、叔氢氯代的相对速率近似为 1：3.8：5.1，烷烃中各级氢的氯代速率总是 3°>2°>1°>甲烷的氢。

溴代反应比氯代反应的转化率低，需要较高的温度。溴代反应的活性小，则选择性高。

$$CH_3CH_2CH_3 \xrightarrow[25℃]{Cl_2,h\nu} CH_3CH_2CH_2Cl + CH_3\underset{\underset{Cl}{|}}{C}HCH_3$$

$$45\% \qquad\qquad 55\%$$

$$\xrightarrow[]{Br_2,h\nu,127℃} CH_3CH_2CH_2Br + CH_3\underset{\underset{Br}{|}}{C}HCH_3$$

$$4\% \qquad\qquad 96\%$$

$$CH_3CH_2CH_2CH_3 \xrightarrow[25℃]{Cl_2,h\nu} CH_3CH_2CH_2CH_2Cl + CH_3\underset{\underset{Cl}{|}}{C}HCH_2CH_3$$

$$45\% \qquad\qquad 55\%$$

$$\xrightarrow[]{Br_2,h\nu,127℃} CH_3CH_2CH_2CH_2Br + CH_3\underset{\underset{Br}{|}}{C}HCH_2CH_3$$

$$2\% \qquad\qquad 98\%$$

$$CH_3\underset{\underset{CH_3}{|}}{C}HCH_3 \xrightarrow[25℃]{Cl_2,h\nu} CH_3\underset{\underset{CH_3}{|}}{C}HCH_2Cl + CH_3\underset{\underset{CH_3}{|}}{\overset{\overset{Cl}{|}}{C}}CH_3$$

$$64\% \qquad\qquad 36\%$$

$$\xrightarrow[]{Br_2,h\nu,127℃} CH_3\underset{\underset{CH_3}{|}}{C}HCH_2Br + CH_3\underset{\underset{CH_3}{|}}{\overset{\overset{Br}{|}}{C}}CH_3$$

$$痕量 \qquad\qquad >99\%$$

例题 6.1　根据以上三个反应，计算烷烃溴代反应时各级氢的相对反应速率，解释为何溴代产物中一种异构体占绝对优势。

（2）异构化和裂化反应

异构化反应是将烷烃的一种异构体转化为另一种异构体，它可以将直链烷烃或带较少支链的烷烃异构为带较多支链的烷烃。例如：

$$CH_3CH_2CH_2CH_3 \underset{95\sim150℃,1\sim2MPa}{\overset{AlCl_3,HCl}{\rightleftharpoons}} CH_3\underset{\underset{CH_3}{|}}{C}HCH_3$$

$$90\%$$

裂化反应是在隔绝氧气条件下将烷烃进行的热分解反应（反应温度 500～700℃），分子量较大的烷烃通过碳碳键或碳氢键的断裂，生成分子量较小的烷烃和烯烃，以及部分异构化产物。若反应在催化剂存在下进行，称为催化裂化反应，此时反应可在较低温度下进行，甚至在常温下也可进行。裂化反应是制备乙烯的基本反应，也是炼油工业的基本反应。

$$CH_3CH_2CH_2CH_3 \xrightarrow[\triangle]{催化剂}$$

$$H_2 + CH_3CH_2CH=\!\!=CH_2 + CH_4 + CH_2=\!\!=CHCH_3 + CH_2=\!\!=CH_2 + CH_3CH_3$$

烷烃的主要用途之一是作为内燃机的燃料。而燃料质量的优劣是以燃料抗爆震能力"辛烷值"来衡量的。将抗爆震能力很差的直链烷烃正庚烷的"辛烷值"定为零，将基本无爆震的多支链烷烃 2,2,4-三甲基戊烷（习惯称异辛烷）的"辛烷值"定为 100。将汽油试样与异辛烷和正庚烷的混合物对比，抗爆性与油品相等的混合物中所含异辛烷的百分数即为该油品的辛烷值。某些烃的辛烷值如表 6.2 所示。人们发现带有支链烷烃的"辛烷值"较大，抗爆震能力较好，即汽油的质量较优。烷烃通过异构化或裂化反应能提高产物的支链程度，也就提高了汽油质量（"辛烷值"升高）。

表 6.2 烃的辛烷值

化 合 物	辛烷值	化 合 物	辛烷值
正庚烷	0	苯	101
2-甲基庚烷	24	甲苯	110
2-甲基戊烷	71	2,2,3-三甲基戊烷	116
辛烷	−20	环戊烷	122
2-甲基丁烷	90	对二甲苯	128
2,2,4-三甲基戊烷	100		

异构化反应、裂化反应为复杂的物理和化学过程。异构化反应包含单分子和双分子等正碳离子的反应，以分子筛为载体的双功能催化剂在石油化工加氢异构化反应中的应用比较广泛。热裂化反应常经历自由基型机理，催化裂化倾向于正碳离子机理。

以实用为主的石化等工业化反应机理往往较实验室为主的理论反应更具复杂性及多样性，理论需与实际结合，尤其是在自由基型反应及催化机理领域更应引起重视。

6.2 烯 烃

烯烃（alkenes）分子含有碳碳双键 $\left(\begin{array}{c}\diagdown\\C\!=\!C\\\diagup\end{array}\right)$。含一个双键的开链烯烃分子通式为 C_nH_{2n}。

6.2.1 烯烃的物理性质

烯烃的物理性质与烷烃很相似。室温下乙烯、丙烯、丁烯是气体，戊烯以上是液体，高级烯烃（约 17 个碳以上）是固体。烯烃的密度小于 1，它们不溶于水，易溶于有机溶剂。烯烃的顺/反异构体中，往往顺式异构体有较高的沸点和较低的熔点。某些烯烃的物理常数见表 6.3。

6.2.2 烯烃的化学性质

碳碳不饱和键是烯烃的特征官能团，有关烯烃的反应都与该 π 键有关。烯烃主要发生加成、取代、氧化三大类反应，而其中亲电加成反应是最有特点的。

（1）烯烃的亲电加成反应（反应机理见第 4 章亲电加成反应）

烯烃能与 HX、H_2SO_4、H_2O、X_2、X_2+H_2O 等发生亲电加成反应，得到相应的加成产物。若以不对称烯烃为原料进行亲电加成反应，则加成取向符合 Markovnikov 规则。

表 6.3 某些烯烃的物理常数

化合物分子式	名 称	熔点/℃	沸点/℃	相对密度
$CH_2\!=\!CH_2$	乙烯	−169.4	−102.4	0.610
$CH_2\!=\!CHCH_3$	丙烯	−185.0	−47.7	0.610
$CH_2\!=\!CHCH_2CH_3$	1-丁烯	−185	−6.5	0.643
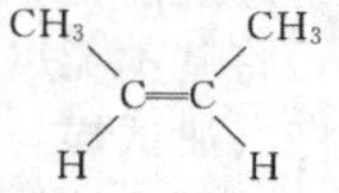	顺-2-丁烯	−139	3.7	0.621
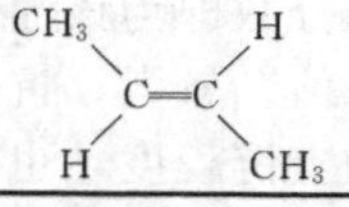	反-2-丁烯	−106	0.9	0.604

续表

化合物分子式	名　称	熔点/℃	沸点/℃	相对密度
$CH_2{=}C(CH_3)CH_3$（异丁烯结构）	异丁烯	−140.7	−6.6	0.627
$CH_2{=}CH(CH_2)_2CH_3$	1-戊烯	−138.0	30.1	0.643
$CH_2{=}C(CH_3)CH_2CH_3$	2-甲基-1-丁烯	−137.6	31.0	0.650
$CH_2{=}CHCH(CH_3)_2$	3-甲基-1-丁烯	−168.5	20.1	0.634
（顺式 CH_3、CH_2CH_3 结构）	Z-2-戊烯	−150	37.7	0.655
（反式 CH_3、CH_2CH_3 结构）	E-2-戊烯	−140	36.4	0.648
$(CH_3)_2C{=}CHCH_3$	2-甲基-2-丁烯	−134.1	38.4	0.662
$CH_2{=}CH(CH_2)_3CH_3$	1-己烯	−138.0	64.0	0.675
$CH_2{=}CH(CH_2)_4CH_3$	1-庚烯	−119.0	93.0	0.698
$CH_2{=}CH(CH_2)_5CH_3$	1-辛烯	−104	123.0	0.716

a. 与 HX 加成　烯烃与 HX 加成得到一卤代烷。

$$CH_2{=}CH_2 + HBr \xrightarrow{CCl_4} CH_3CH_2{-}Br$$

$$\text{环己烯} + HI \xrightarrow{CCl_4} \text{碘代环己烷}$$

卤代氢的反应活性顺序为 HI＞HBr＞HCl。

$$CH_3CH{=}CH_2 + HBr \xrightarrow{CCl_4} CH_3\underset{Br}{CH}CH_3 + CH_3CH_2CH_2Br$$

主要产物

$$(CH_3)_2C{=}CH_2 + HCl \xrightarrow{CCl_4} CH_3\underset{Cl}{\overset{CH_3}{C}}CH_3 + CH_3\overset{CH_3}{CH}{-}CH_2Cl$$

主要产物

$$\text{1-甲基环戊烯} + HCl \xrightarrow{0℃} \text{1-氯-1-甲基环戊烷}$$

$$\underset{H}{\overset{CH_3}{C}}{=}\underset{H}{\overset{CH_3}{C}} + HI \xrightarrow{CCl_4} CH_3CH_2\underset{I}{CH}CH_3$$

外消旋体

b. 与 H_2SO_4 加成　烯烃与浓 H_2SO_4 加成得到烷基硫酸酯。

$$CH_2{=}CH_2 + H_2SO_4 \longrightarrow CH_3CH_2OSO_3H\ \text{（硫酸氢乙酯）}$$

得到的加成产物可以很容易地被水解，生成相应的醇。这一过程被称为烯烃的间接水合法制醇。

$$CH_3CH_2OSO_3H + H_2O \longrightarrow CH_3CH_2OH + H_2SO_4$$

在工业上，为了除去烷烃中的少量烯烃，常将烷烃通入硫酸。因为烷烃不与硫酸作用。

c. 与 H₂O 加成　烯烃与水不能直接发生加成反应。这是因为水是一个很弱的酸，其离解生成的氢质子浓度很低，难以对烯烃双键进行亲电加成。要使反应进行，必须加入 H_2SO_4 或 HCl 等酸，即反应需在酸催化下进行。

$$CH_3CH=CH_2 + H_2O \xrightarrow{H^+} CH_3\underset{\underset{OH}{|}}{C}HCH_3$$

$$(CH_3)_2C=CHCH_3 + H_2O \xrightarrow{50\%H_2SO_4} (CH_3)_2\underset{\underset{OH}{|}}{C}CH_2CH_3$$
$$90\%$$

工业上为了减少废物排放，保护环境，逐渐采用固体酸（例杂多酸）代替液体酸催化剂。

有些烯烃在与上述三类试剂发生反应后，不易得到正常的加成产物。例如：

$$CH_3\underset{\underset{CH_3}{|}}{C}HCH=CH_2 + HBr \xrightarrow{CCl_4} CH_3\underset{\underset{Br}{|}}{\overset{\overset{CH_3}{|}}{C}}-CH_2CH_3 + CH_3\underset{\underset{Br}{|}}{C}H\underset{}{C}HCH_3$$
　　　　　　　　　　　　　　　　主要产物

$$CH_3\underset{\underset{CH_3}{|}}{\overset{\overset{CH_3}{|}}{C}}CH=CH_2 + HCl \longrightarrow (CH_3)_2\underset{\underset{Cl}{|}}{C}CH(CH_3)_2 + (CH_3)_3C\underset{\underset{Cl}{|}}{C}HCH_3$$
　　　　　　　　　　　　　　　83%　　　　　　　　17%

上述两反应主产物发生变化的原因是什么呢？与反应物结构有什么关系？我们可以从它们的反应历程得到满意的答复。

$$CH_3\underset{\underset{CH_3}{|}}{C}HCH=CH_2 + H^+ \longrightarrow CH_3\underset{\underset{CH_3}{|}}{C}H\overset{+}{C}HCH_3 \xrightarrow{Br^-} (CH_3)_2\underset{\underset{Br}{|}}{C}H\overset{}{C}HCH_3$$

烯烃的亲电加成反应是分两步进行的，首先氢质子加成得到仲碳正离子，该碳正离子与 Br⁻ 结合得到正常的加成产物，但中间体仲碳正离子可以通过相邻碳原子上的氢（H—）或烷基 R— 迁移（即重排）得到稳定性更好的叔碳正离子，再与 Br⁻ 结合可得到经重排的主要产物。

$$CH_3-\underset{\underset{H}{|}}{\overset{\overset{CH_3}{|}}{C}}-\overset{+}{C}HCH_3 \xrightarrow[\text{（重排）}]{H-1,2-迁移} CH_3\underset{\overset{+}{}}{\overset{\overset{CH_3}{|}}{C}}-CH_2CH_3 \xrightarrow{Br^-} CH_3\underset{\underset{Br}{|}}{\overset{\overset{CH_3}{|}}{C}}-CH_2CH_3$$
　　　　　　　　　　　　　　　　　　　　　　　　　　主要产物

同理 3,3-二甲基-1-丁烯与 HCl 的加成，也发生了重排。

$$CH_3\underset{\underset{CH_3}{|}}{\overset{\overset{CH_3}{|}}{C}}CH=CH_2 + H^+ \longrightarrow CH_3\underset{\underset{CH_3}{|}}{\overset{\overset{CH_3}{|}}{C}}\overset{+}{C}HCH_3 \xrightarrow[\text{（重排）}]{CH_3-1,2-迁移} CH_3\underset{\overset{+}{}}{\overset{\overset{CH_3CH_3}{|\ |}}{C}}CHCH_3$$

$$\downarrow Cl^-$$
$$(CH_3)_3C-\underset{\underset{Cl}{|}}{C}H-CH_3$$

$$\downarrow Cl^-$$
$$(CH_3)_2C-CH(CH_3)_2$$
$$\underset{Cl}{|}$$

碳正离子重排在有机反应中会时常遇到，判断重排反应是否发生的依据是碳正离子稳定性。必须注意重排只发生在相邻碳原子上，即 1,2-迁移；经重排后的碳正离子比未重排的碳正离子有更好的稳定性。

碳正离子重排有时还能引起环状化合物发生扩环或缩环。例如：

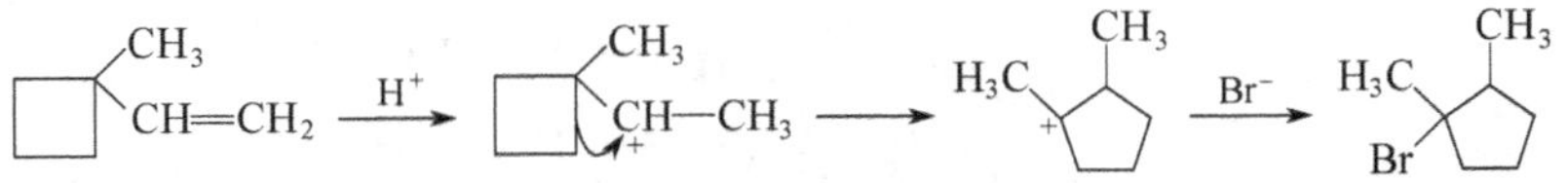

从碳正离子稳定性来说，叔碳正离子比仲碳正离子稳定；环状化合物进一步考虑环的稳定性，五元环比四元环稳定，从而得到扩环的产物。

d. 与 X_2 加成 烯烃与卤素加成可以得到二卤化物。

$$CH_2=CH_2+Br_2 \longrightarrow \underset{Br}{CH_2}-\underset{Br}{CH_2}$$

我们已经知道，烯烃与溴的加成首先形成中间体溴莸离子，然后通过反式加成得到二溴化物。由于反应是定向进行的（与碳正离子不同），就导致了产物的立体专一性。例如：

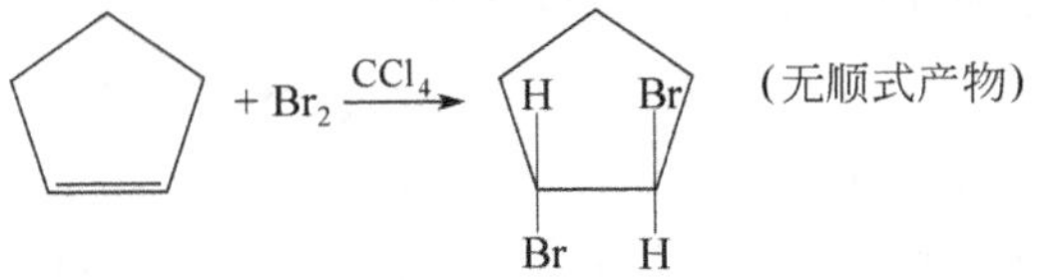

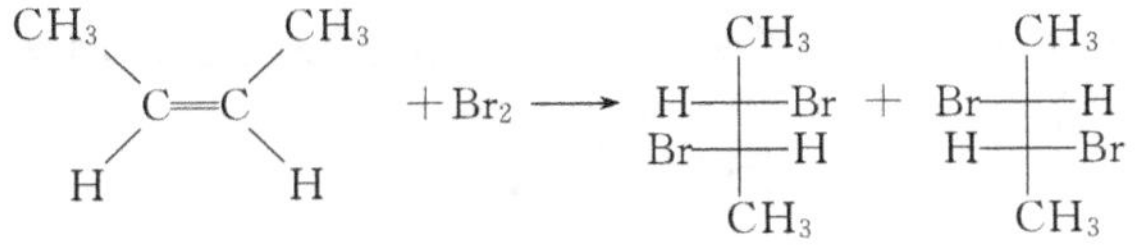

顺-2-丁烯　　　　外消旋体

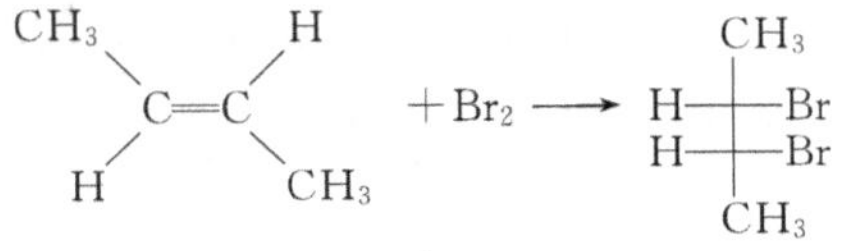

反-2-丁烯　　　　内消旋体

由于氯的反应活性较强，与烯烃反应的立体选择性较差，不能得到立体专一性的产物。氟与烯烃反应相当强烈，反应中烯烃会发生分解。碘的活性很差。

e. 与 HOX(X_2+H_2O) 加成 烯烃能与卤素在水溶液中加成得到β-卤代醇，结果是双键上加上一分子次卤酸。

$$CH_3CH=CH_2 \xrightarrow{Br_2+H_2O} \underset{\text{主要产物}}{CH_3\underset{OH}{CH}\underset{Br}{CH_2}} + CH_3\underset{Br}{CH}\underset{Br}{CH_2}$$

例题 6.2 写出异丁烯与下列试剂反应的产物。

(1) HI　(2) Br_2/CCl_4　(3) 浓 H_2SO_4　(4) H_2O/H^+　(5) HOCl

(2) 烯烃的硼氢化反应

烯烃与乙硼烷[1]作用，可以得到三烷基硼，然后将氢氧化钠水溶液和过氧化氢（H_2O_2）加到反应混合液中，可以得到醇。整个反应称为硼氢化-氧化反应，是由美国科学家 H. C. Brown 于 1959 年首先报道，由此他获得 1979 年度诺贝尔化学奖。

$$CH_2=CH_2 \xrightarrow{BH_3} (CH_3CH_2)_3B \xrightarrow[OH^-,H_2O]{H_2O_2} CH_3CH_2OH$$

---

[1] 乙硼烷是甲硼烷的二聚体，在四氢呋喃（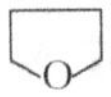，THF）或其他醚中，乙硼烷能离解成甲硼烷，与醚形成配合物，在反应时以甲硼烷形式参与。

$$CH_3CH = CH_2 \quad \begin{array}{c} 1.\ BH_3 \\ \hline 2.\ H_2O_2, OH^- \end{array} \longrightarrow CH_3CH_2CH_2OH$$

$$\xrightarrow{H^+/H_2O} CH_3\underset{\underset{OH}{|}}{C}HCH_3$$

硼氢化-氧化反应的最终产物是得到醇。若采用不对称烯烃进行反应，则得到反 Markovnikov 加成产物，与烯烃通过酸催化加水或硫酸间接水合制醇不同，凡是端烯烃经硼氢化-氧化反应均得伯醇，这是该反应的主要用途之一。

甲硼烷（BH_3）分子中硼原子的价层电子只有三对成键电子即六个电子，分子中还剩有一个空轨道，可以接受一对电子达到稳定的八隅体状态，所以 BH_3 是个 Lewis 酸，可以与烯烃的 π 电子结合，生成空间位阻较小的加成产物烷基硼，这一加成方向与 Markovnikov 规则正好相反，最终得反 Markovnikov 的加水产物。

较稳定的过渡态（带有仲碳正离子性质）　　　不稳定过渡态（带有伯碳正离子性质）

$$CH_3CH = CH_2 \xrightarrow{BH_3} CH_3CH_2\underset{\underset{BH_2}{|}}{C}H_2 \xrightarrow{CH_3CH = CH_2}$$

$$(CH_3CH_2CH_2\frac{}{})_2BH \xrightarrow{CH_3CH = CH_2} (CH_3CH_2CH_2\frac{}{})_3B$$

$$H-O-O-H + OH^- \longrightarrow H-O-O^- + H_2O$$

$$R-\underset{\underset{R}{|}}{\overset{\overset{R}{|}}{B}} + {}^-O-O-H \longrightarrow R-\overset{\overset{R}{|}}{B}-O-O-H \longrightarrow R-\overset{\overset{R}{|}}{B}-O-R + OH^- \xrightarrow{重复二次} R-O-\overset{\overset{OR}{|}}{B}-OR$$

$$R-O-\overset{\overset{R}{|}}{\underset{\underset{R}{|}}{\overset{|}{O}}}B + OH^- \longrightarrow R-O-\overset{\overset{R}{|}}{\underset{\underset{R}{|}}{\overset{|}{O}}}B-OH \longrightarrow R-O-\overset{\overset{R}{|}}{\underset{\underset{R}{|}}{\overset{|}{O}}}B-OH + RO^- \longrightarrow$$

$$R-O-\overset{\overset{R}{|}}{\underset{\underset{O^-}{|}}{\overset{|}{O}}}B + ROH \xrightarrow{重复二次} 3ROH + BO_3^{3-}$$

例题 6.3　完成以下反应式。

$$(CH_3)_3CCH = CH_2 \xrightarrow[\textcircled{2}H_2O_2,OH^-,H_2O]{\textcircled{1}BH_3,THF}$$

(3) 烯烃的自由基加成（反应机理见第 4 章自由基加成反应）

不对称烯烃与溴化氢反应，得到符合 Markovnikov 规律的加成产物。若反应在光照或加入过氧化物（R—O—O—R）条件下，则得到反 Markovnikov 规则加成产物。反应以自由基加成历程进行。其他卤化氢不能按此历程进行。

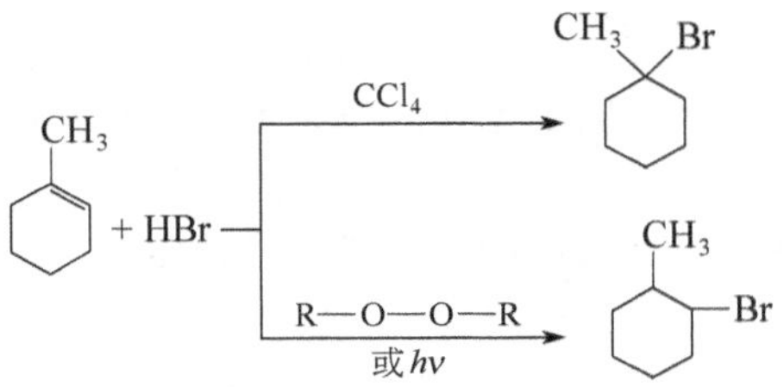

例题 6.4 试解释1-丁烯与HCl能否在过氧化物效应下制备1-氯丁烷？

(4) 烯烃的催化加氢（反应机理见第4章还原反应）

烯烃分子含有碳碳不饱和双键，在催化剂铂、钯、镍等金属的存在下，可以与氢气加成，得到烷烃。

$$CH_3CH{=}CHCH_3 + H_2 \xrightarrow{Pt/C} CH_3CH_2CH_2CH_3$$

$$CH_3\underset{}{\overset{CH_3}{\overset{|}{C}}}{=}CH_2 + H_2 \xrightarrow{Pt/C} CH_3\overset{CH_3}{\overset{|}{C}}HCH_3$$

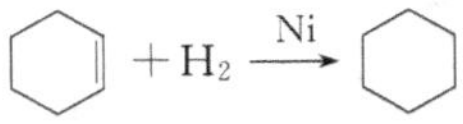

通常催化剂Pt和Pd被吸附在惰性材料活性炭上使用，而催化剂Ni常用经处理过的Reney Ni（骨架Ni）[1]。

一般认为烯烃还原反应是在催化剂表面进行的。金属Pt、Pd、Ni对氢气有很好的吸附作用，金属提供电子，与氢原子结合形成金属-氢键，使氢气分子中的H—H键断裂。当烯烃分子靠近金属催化剂表面时，与被吸附的氢原子接触，双键被同时加氢，这种加成方式称为顺式加成。示意图如下：

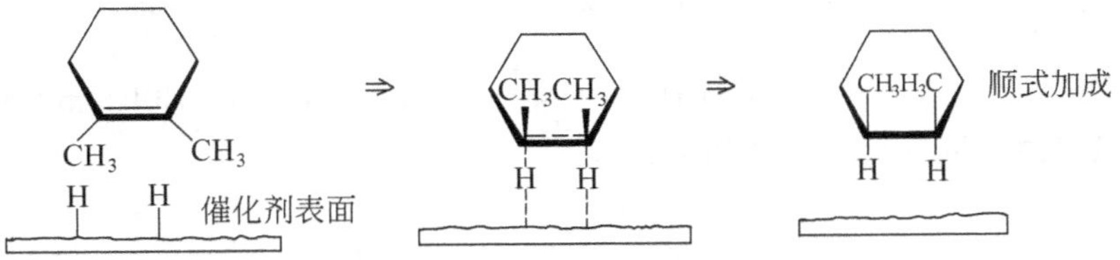

烯烃的催化加氢是一个放热反应，催化剂能降低反应的活化能，但是对反应热效应无任何影响。烯烃加氢的反应热效应（$\Delta H^{\ominus}$）称为氢化热。下列三种烯烃异构体，它们经加氢后得到的是相同产物，我们可以分别测出它们的氢化热$\Delta H^{\ominus}$的大小，判断出不同结构烯烃的能量高低，可进一步推知各类烯烃的稳定性。

$$CH_3\overset{CH_3}{\overset{|}{C}}HCH{=}CH_2 + H_2 \xrightarrow{Pt/C} CH_3\overset{CH_3}{\overset{|}{C}}HCH_2CH_3 \qquad \Delta H^{\ominus} = -126.8\text{kJ/mol}$$

$$CH_3{=}\overset{CH_3}{\overset{|}{C}}CH_2CH_3 + H_2 \xrightarrow{Pt/C} CH_3\overset{CH_3}{\overset{|}{C}}HCH_2CH_3 \qquad \Delta H^{\ominus} = -119.3\text{kJ/mol}$$

---

[1] Reney Ni是一种具有很大表面积的海绵状金属镍。它是由镍铝合金经碱腐蚀得到，在干燥气氛中，它会自燃，需保存在无水乙醇中。

$$\underset{\text{合金}}{NiAl} \xrightarrow{NaOH} \underset{\text{骨架镍}}{Ni} + NaAlO_2 + H_2O$$

$$CH_3-\!\!\!\overset{\displaystyle CH_3}{\underset{|}{C}}\!\!=\!CHCH_3 + H_2 \xrightarrow{Pt/C} CH_3\overset{\displaystyle CH_3}{\underset{|}{C}}HCH_2CH_3 \qquad \Delta H^\ominus = -112.5kJ/mol$$

从上述反应不难看出，双键碳原子连接的烷基愈多，烯烃的氢化热就愈低，相应的烯烃稳定性就愈高。

以同样方式，我们可以得出反式烯烃比顺式烯烃稳定。

$$\underset{H}{\overset{CH_3}{C}}\!\!=\!\!\underset{CH_3}{\overset{H}{C}} \quad + H_2 \longrightarrow CH_3CH_2CH_2CH_3 \qquad \Delta H^\ominus = -115.5kJ/mol$$

$$\underset{H}{\overset{CH_3}{C}}\!\!=\!\!\underset{H}{\overset{CH_3}{C}} \quad + H_2 \longrightarrow CH_3CH_2CH_2CH_3 \qquad \Delta H^\ominus = -119.7kJ/mol$$

通过对烯烃氢化热的比较，我们可以得出各类烯烃的稳定性大小的顺序：

$$\underset{R}{\overset{R}{C}}\!=\!\underset{R}{\overset{R}{C}} > \underset{R}{\overset{R}{C}}\!=\!\underset{H}{\overset{R}{C}} > \underset{H}{\overset{R}{C}}\!=\!\underset{R}{\overset{H}{C}} >$$

$$\underset{H}{\overset{R}{C}}\!=\!\underset{H}{\overset{R}{C}} > \underset{R}{\overset{R}{C}}\!=\!CH_2 > RCH\!=\!CH_2 > CH_2\!=\!CH_2$$

（5）烯烃的 α-H 卤代反应

烯烃的 α-氢受双键的影响，较活泼，易发生反应。含有 α-氢原子的烯烃，在高温条件下，可以被卤素（Cl₂，Br₂）取代，得到 α-卤代烯烃。

$$CH_2\!=\!CH\!-\!CH_3 + Br_2 \begin{cases} \xrightarrow{CCl_4} CH_2\underset{|}{\overset{}{-}}CH\underset{|}{\overset{}{-}}CH_3 \quad \text{在溶液中离子型加成反应} \\ \qquad\qquad\;\; Br \quad Br \\ \xrightarrow{500℃} CH_2\!=\!CH\!-\!CH_2\!-\!Br + HBr \quad \text{在气相中自由基取代反应} \end{cases}$$

烯烃 α-氢自由基取代反应历程如下：

$$Br_2 \xrightarrow{\triangle} 2Br\cdot$$

$$CH_2\!=\!CH\!-\!CH_3 + Br\cdot \longrightarrow CH_2\!=\!CH\!-\!\dot{C}H_2 + HBr$$

$$CH_2\!=\!CH\!-\!\dot{C}H_2 + Br_2 \longrightarrow CH_2\!=\!CH\!-\!CH_2\!-\!Br + Br\cdot$$

在高温气相中，卤素容易发生均裂得到自由基，然后夺取一个 α-H，形成烯丙基自由基（稳定性强于叔碳自由基）❶，最后与一分子卤素作用，得到取代产物和新的卤素自由基。

为什么卤素自由基不与烯烃双键发生自由基加成呢？原因之一：在高温条件下，卤素自由基与烯烃双键的加成是可逆过程，而高温下破裂 C—H σ 键却是一个不可逆过程。原因之二：生成的中间体（2）烯丙基自由基，其稳定性远远大于中间体（1）仲碳自由基，所以在高温下卤素自由基不与烯烃双键发生自由基加成反应。

$$Br\cdot + CH_3CH\!=\!CH_2 \underset{\underset{(1)}{}}{\overset{\text{高温}}{\rightleftharpoons}} CH_3\dot{C}HCH_2Br \qquad \text{可逆}$$

---

❶ 烯丙基自由基有很好的稳定性，可以写出两个能量完全等同的共振结构式 $\dot{C}H_2CH\!=\!CH_2 \longleftrightarrow CH_2\!=\!CH\dot{C}H_2$，根据共振论观点，它有很好的稳定性。从电子理论的共轭效应观点判断，自由基单电子占据的 p 轨道与 π 键 p 轨道平行，可以通过共轭，使自由基得到电子补充，降低了自由基的活性，使烯丙基自由基稳定性增强。

$$\overset{\displaystyle\downarrow 高温}{}$$

$$\dot{C}H_2CH{=}CH_2 \xrightarrow{Br_2} BrCH_2CH{=}CH_2 \qquad 不可逆$$
（2）

从 1-丁烯与氯发生 α-H 取代反应，可以得到一定量的 1-氯-2-丁烯异构体重排产物，也能说明烯丙基自由基存在很强的共轭效应，这一现象称为烯丙位重排。同理烯丙基碳正离子也有这一现象。

有些烯烃需要在溶液中进行 α-H 卤代反应，可以采用 N-溴代丁二酰亚胺（，

NBS）作为卤代试剂在较低温度下进行反应。

例题 6.5　1-氯-2,3-二溴丙烷是杀根瘤线虫的农药，试以合适的原料合成。

（6）烯烃的氧化（部分反应机理见第 4 章氧化反应）

烯烃可以被 $KMnO_4$ 或臭氧（O_3）氧化，氧化产物视烯烃结构和反应条件的差异而不同。

a. 用稀、冷 $KMnO_4$ 氧化　在碱性或中性条件下，用稀、冷 $KMnO_4$ 溶液氧化，π 键断裂，可以得到邻二醇氧化产物。相似的反应可以用四氧化锇（OsO_4）与烯烃反应，然后用 Na_2SO_3 或 $NaHSO_3$ 处理。

$$CH_2{=}CH_2 \xrightarrow[OH^-]{稀\ KMnO_4} \underset{\underset{OH}{|}}{CH_2}{-}\underset{\underset{OH}{|}}{CH_2} + MnO_2$$

$$CH_3CH{=}CH_2 \xrightarrow[2.\ Na_2SO_3]{1.\ OsO_4,H_2O} \underset{\underset{OHOH}{|\ \ |}}{CH_3CHCH_2} + OsO_3$$

由于反应中生成了环状高锰酸酯而后水解，故产物为顺式邻二醇。

不稳定副产物 $[MnO_4^{3-}]$ 被溶液中的 $[MnO_4^-]$ 氧化，生成 $[MnO_4^{2-}]$，后者易发生歧化，最终得到 MnO_2。

$$[MnO_4^{3-}] + [MnO_4^-] \longrightarrow [MnO_4^{2-}] \xrightarrow{歧化} MnO_4^- + MnO_2$$

b. 用酸性高锰酸钾氧化　在酸性高锰酸钾存在下，烯烃氧化发生碳碳双键的断裂，根据烯烃的结构可生成羧酸、酮或二氧化碳。例如：

$$CH_3CH_2CH{=}CH_2 \xrightarrow[H^+]{KMnO_4} CH_3CH_2COOH + CO_2 + H_2O$$

$$\xrightarrow[H^+]{KMnO_4} CH_3\overset{O}{\overset{\|}{C}}CH_2CH_2CH_2CH_2COOH$$

c. 用臭氧氧化　烯烃经臭氧（O_3）氧化，在锌粉存在下水解，可得到双键断裂后形成的两种羰基化合物（醛或酮）。

例如：

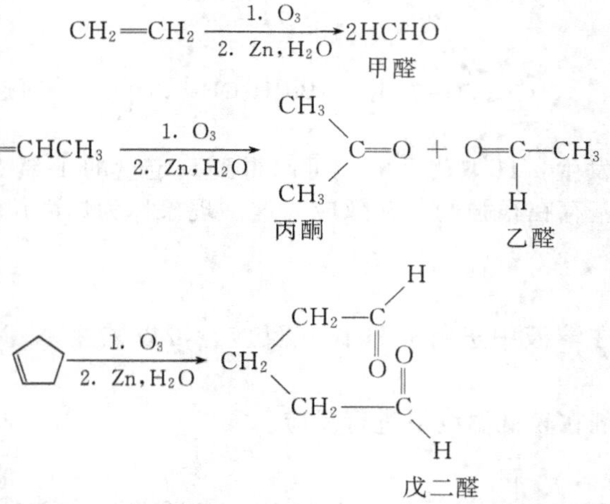

$$CH_2=CH_2 \xrightarrow[\text{2. Zn, H}_2\text{O}]{\text{1. O}_3} 2HCHO$$
甲醛

丙酮   乙醛

戊二醛

臭氧化反应的水解产物之一是过氧化氢（H_2O_2），过氧化氢在溶液中可以将刚生成的醛氧化，为了避免副反应发生，在反应液中加入锌粉或在催化剂（Pt，Pd，Ni）存在下向溶液通入氢气。

由于烯烃结构与臭氧化反应产物之间有很好的对应关系，所以可通过对产物醛、酮的结构测定，推导出原料烯烃的结构。例如：某烃分子式 C_6H_{12}，能使四氯化碳的溴溶液褪色。经臭氧化水解反应可得到一分子丙酮和一分子丙醛，试推测该烃的结构。

依据分子式的不饱和度及能使溴水褪色可以确定该化合物为烯烃，经臭氧化水解反应得到一分子酮和一分子醛，根据产物与烯烃结构的对应关系，可推知烯烃结构为（1），结合臭氧化分解产物可得出原烯烃的结构式为（2）。

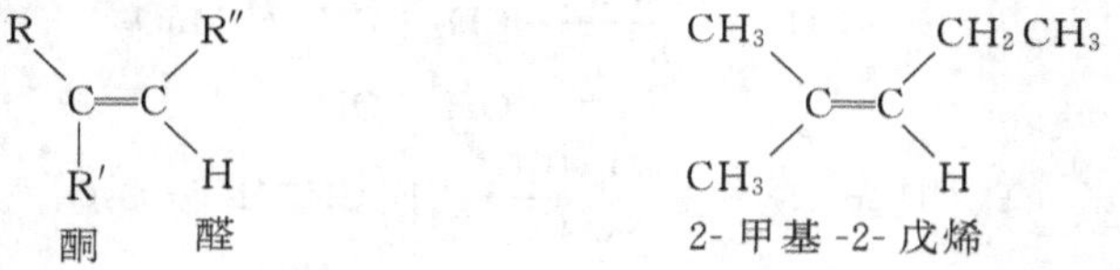

酮   醛   2-甲基-2-戊烯
（1）   （2）

例题 6.6 写出 1-乙基环戊烯分别与下列试剂反应的产物。
（1）稀，冷 $KMnO_4$，OH^- （2）$KMnO_4$，H^+ （3）先 O_3，再 Zn/H_2O

6.3 共轭二烯烃

分子中含有两个不饱和双键的烃称为二烯烃。根据两个双键所处的位置可分为三种类型：

累积二烯烃：结构式为 $CH_2=C=CH_2$（丙二烯），稳定性较差。

共轭二烯烃：结构式为 $CH_2=CH-CH=CH_2$（1,3-丁二烯），有较好的稳定性。

隔离二烯烃：结构式为 $CH_2=CH-CH_2-CH=CH_2$（1,4-丁二烯），与孤立双键性质相似。

本节主要讨论共轭二烯烃（conjugated dienes）的结构特点、共轭效应和性质特殊性。

6.3.1 共轭二烯烃的结构与稳定性

（1）共轭二烯烃的结构

最简单的共轭二烯烃是 1,3-丁二烯，分子中所有原子都在同一平面上，所有键角都接近120°，四个碳原子的四个 p 轨道互相平行，从分子侧面相互重叠，在 C^2 与 C^3 之间也有一定程度的 p 轨道侧面重叠，比 C^1—C^2 或 C^3—C^4 的 π 键重叠要弱。π 电子在整个体系中离域，从而形成包含四个碳原子的大 π 键的稳定共轭体系。1,3-丁二烯有两种较稳定的构象：S-顺式和 S-反式。S 代表单键，S-顺式是指分子中两个双键在 C^2—C^3 单键的同侧，S-反式是指分子中两个双键在 C^2—C^3 的异侧。S-顺式的分子能量比 S-反式高10.5～13.0kJ/mol，见图6.2。在室温下，它们迅速变换，达到动态平衡。共轭二烯烃的两个双键必须处于共平面，这样才能使四个 p 轨道能有效重叠，分子因共轭而能量降低。若两个双键不处于同一平面，那么 C^2—C^3 上的 p 轨道不能重叠，共轭体系受到破坏，分子能量升高。

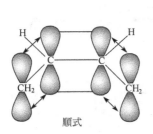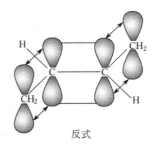

图 6.2　1,3-丁二烯的结构

S-顺式　　　　　S-反式

　　按分子轨道近似处理方法，1,3-丁二烯分子中的四个 p 原子轨道经线性组合可以形成四个分子轨道，其中 ψ_1 和 ψ_2 的分子轨道能量比原来 p 原子轨道低；ψ_3 和 ψ_4 的分子轨道能量比原来 p 原子轨道高。1,3-丁二烯分子中的四个 p 电子进入能级较低的 ψ_1 和 ψ_2 分子轨道（成键轨道），能级较高的 ψ_3 和 ψ_4 分子轨道（反键轨道）无电子填充。

　　从图6.3中可以看出，ψ_1 分子轨道是由原来四个 p 轨道的同相重叠而成，在垂直于分子平面的方向上没有节面，当有电子占据时，原子核之间的电子云密度增大，体系的能量降低，是分子轨道中能量最低的成键轨道；ψ_2 分子轨道在垂直于分子平面的方向上有一个节面，能量比 ψ_1 稍高，但仍低于原子 p 轨道能级，也是成键轨道。ψ_3 和 ψ_4 分子轨道分别有两个和三个节面，能量高于原子 p 轨道能级，都是反键轨道。

　　分子轨道理论认为，成键 π 电子的运动范围不再局限于两个原子之间，而是分散到整个分子轨道中。从成键轨道的 ψ_1 和 ψ_2 分子轨道的电子云密度分布可以观察到，C^1 和 C^2 及 C^3 和 C^4 之间的电子云密度较强，并且 C^2 和 C^3 之间的电子云密度比碳碳单键的电子云密度有所增强，使之与一般的碳碳 σ 键不同，具有部分双键的性质。这种 π 电子离域，使电子云密度重新分配趋于平均化的现象称为共轭效应。共轭效应又使单双键的键长也产生平均化的趋势，从1,3-丁二烯分子实际测得的各共价键的键长，可以佐证。

C^1—C^2 键长 0.135nm　　乙烯双键键长 0.133nm

C^2—C^3 键长 0.148nm　　乙烷单键键长 0.154nm

∠HCC　　109.8°

∠CCC　　122.4°

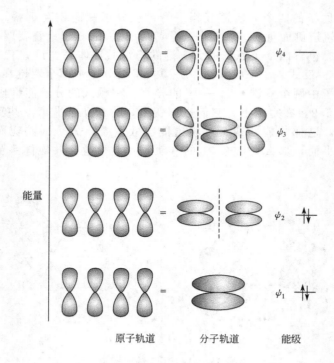

图 6.3　1,3-丁二烯分子轨道图形

（2）共轭二烯烃的稳定性

共轭二烯烃的稳定性大小可以从各类烯烃和二烯烃氢化热数值（见表 6.4）的比较得出结论。

表 6.4　部分烯烃和二烯烃的氢化热

化合物名称	结　　构	氢化热/(kJ/mol)	化合物名称	结　　构	氢化热/(kJ/mol)
1-丁烯	$CH_2{=}CHCH_2CH_3$	126.8	1,4-戊二烯	$CH_2{=}CH{-}CH_2{-}CH{=}CH_2$	254.4
1,3-丁二烯	$CH_2{=}CH{-}CH{=}CH_2$	238.9	1-己烯	$CH_2{=}CHCH_2CH_2CH_2CH_3$	125.9
1-戊烯	$CH_2{=}CHCH_2CH_2CH_3$	125.9	1,5-己二烯	$CH_2{=}CHCH_2CH_2CH{=}CH_2$	253.1
1,3-戊二烯	$CH_2{=}CH{-}CH{=}CH{-}CH_3$	226.4			

从氢化热数值我们可以看出单烯烃的氢化热约为 126kJ/mol，非共轭二烯烃的氢化热约为相似结构单烯烃的两倍。例如：1,4-戊二烯的氢化热为 254.4kJ/mol，大约是 1-戊烯氢化热的两倍；1,5-己二烯的氢化热为 253.1kJ/mol，大约是 1-己烯氢化热的两倍。然而，共轭二烯烃的氢化热却比非共轭二烯烃的氢化热数值要低得多。例如：1,3-戊二烯的氢化热比 1,4-戊二烯低 28kJ/mol；1,3-丁二烯的氢化热比 1-丁烯氢化热的两倍低 15kJ/mol；这个能量差是由于 π 电子离域引起的，是共轭效应的具体表现，称为共轭能或离域能。从中我们不难得出共轭二烯烃比非共轭二烯烃稳定。

6.3.2　共轭二烯烃的性质

共轭二烯烃除了具有一般烯烃的通性外，还由于双键的共轭结构引起了它们在化学性质上的特殊性。

（1）1,2-加成和 1,4-加成

非共轭二烯烃 1,4-戊二烯与亲电试剂溴化氢的加成是分两个阶段进行的，反应几乎可看作是对孤立双键的加成，每一个双键加成都符合 Markovnikov 规则。

$$CH_2\!=\!CH\!-\!CH_2\!-\!CH\!=\!CH_2 \xrightarrow[CCl_4]{1mol\ HBr}$$

$$CH_3\!-\!\underset{\underset{Br}{|}}{CH}\!-\!CH_2\!-\!CH\!=\!CH_2 \xrightarrow[CCl_4]{1mol\ HBr} CH_3\!-\!\underset{\underset{Br}{|}}{CH}\!-\!CH_2\!-\!\underset{\underset{Br}{|}}{CH}\!-\!CH_3$$

共轭二烯烃 1,3-丁二烯进行亲电加成反应时，与一分子亲电试剂（如氢卤酸、卤素等）作用却能得到两种产物：

$$CH_2\!=\!CH\!-\!CH_2\!=\!CH_2 \xrightarrow[CCl_4]{HBr} CH_2\!-\!\underset{\underset{Br}{|}}{CH}\!-\!CH\!=\!CH_2 + CH_2\!-\!CH\!=\!CH\!-\!CH_2$$
$$\quad\quad\quad\quad\quad\quad\quad\quad\quad\quad\quad\underset{H}{|}\quad\quad\quad\quad\quad\quad\quad\underset{H}{|}\quad\quad\quad\quad\quad\quad\underset{Br}{|}$$

（1,2-加成产物）　　　　（1,4-加成产物）

1,2-加成产物的生成可以认为是烯烃正常的亲电加成产物，而 1,4-加成产物又是如何生成的呢？

烯烃的亲电加成反应历程告诉我们，质子加到 C^1 上生成的仲碳正离子（Ⅰ），比质子加到 C^2 上生成的伯碳正离子（Ⅱ）相对稳定，反应通常按生成碳正离子（Ⅰ）的途径进行。

$$\overset{1}{CH_2}\!=\!\overset{2}{CH}\!-\!\overset{3}{CH}\!=\!\overset{4}{CH_2} + HBr \longrightarrow \begin{array}{l} \overset{+}{CH_2}\!-\!CH\!-\!CH\!=\!CH_2（Ⅰ）\\ \quad\quad\quad \underset{H}{|}\quad\underset{H}{|}\\ \overset{+}{CH_2}\!-\!CH\!-\!CH\!=\!CH_2（Ⅱ） \end{array}$$

仲碳正离子（Ⅰ）被称作烯丙基碳正离子。由于形成 π 键的 p 轨道与碳正离子的空 p 轨道可以相互重叠，而使 π 电子流向缺电子的空 p 轨道（p-π 共轭），使正电荷分散，起到稳定碳正离子的作用，如图 6.4 所示。

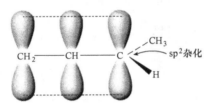

$CH_2\!-\!CH\!-\!C$　sp^2 杂化

图 6.4　$CH_3\!-\!CH\!=\!CH\!-\!\overset{+}{CH_2}$ 碳正离子的 p-π 共轭

从中间体碳正离子的共振结构式我们可以得出 C^2 和 C^4 都可以带正电荷：

$$CH_3\!-\!\overset{+}{CH}\!-\!CH\!=\!CH_2 \longleftrightarrow CH_3\!-\!CH\!=\!CH\!-\!\overset{+}{CH_2} \longleftrightarrow CH_3\!-\!\overset{\delta+}{CH}\!\cdots\!CH\!\cdots\!\overset{\delta+}{CH_2}$$

这样当卤素负离子与中间体碳正离子结合时，就有两个进攻位置，生成两种加成产物。

$$CH_3\!-\!\overset{\delta+}{CH}\!\cdots\!CH\!\cdots\!\overset{\delta+}{CH_2} \begin{array}{l} \xrightarrow{A} CH_3\!-\!\underset{\underset{Br}{|}}{CH}\!-\!CH\!=\!CH_2 \quad 1,2\text{-加成产物}\\ \xrightarrow{B} CH_3\!-\!CH\!=\!CH\!-\!\underset{\underset{Br}{|}}{CH_2} \quad 1,4\text{-加成产物} \end{array}$$

共轭二烯烃与亲电试剂作用生成 1,2-加成与 1,4-加成产物的产率与反应温度有很大的关系。

$$CH_2=CH-CH=CH_2 \xrightarrow{+HBr}$$

$$-80℃ \quad \underset{Br}{CH_3CHCH}=CH_2 + \underset{Br}{CH_3CH}=CHCH_2$$
$$80\% \qquad\qquad 20\%$$

$$40℃ \quad \underset{Br}{CH_3CHCH}=CH_2 + \underset{Br}{CH_3CH}=CHCH_2$$
$$20\% \qquad\qquad 80\%$$

从反应能量关系图（图 6.5）可以看出中间体碳正离子与溴负离子结合生成 1,2 和 1,4 加成的活化能大小和产物稳定性高低。低温时产物的比例决定于反应速率，受控于活化能的大小，由于 $E_{A(1,2)}<E_{A(1,4)}$，1,2-加成是动力学控制的反应，低温有利 1,2-加成方式。而 $\Delta H^{\ominus}_{(1,2)}<\Delta H^{\ominus}_{(1,4)}$（由于 $CH_2=CH-CH=CH_2$ 与 $\underset{H}{CH_2-\overset{\delta+}{CH}=CH-\overset{\delta+}{CH_2}}$ 的能量差相对两种产物是等同的），1,4-加成产物较 1,2-加成产物有更强的超共轭效应，说明 1,4-加成产物更稳定，是热力学控制的反应，高温对 1,4-加成方式更有利，因为高温下能克服较高的活化能，生成更稳定 1,4-加成产物。

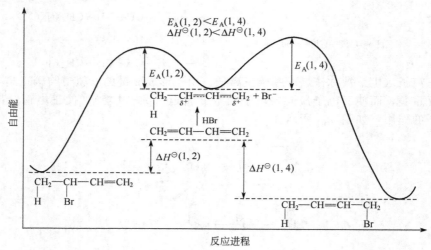

图 6.5　$CH_3\overset{\delta+}{CH}=CH=\overset{\delta+}{CH_2} + Br^-$ 的反应能量关系图

例题 6.7　判断以下反应的产物，并说明原因。

$$\underset{CH_3}{CH_2=C-CH}=CH_2 + HCl \longrightarrow$$

（2）双烯合成（反应机理见第 4 章周环反应机理）

共轭二烯烃（二烯体）与烯烃双键或炔烃叁键（亲二烯体）进行 1,4-加成反应，生成六元环化合物。这种特殊的环加成反应是由 Otto Diels 和 Kurt Alder 于 20 世纪初期发明的，称为 Diels-Alder 反应或双烯合成，是共轭二烯烃的另一特征反应。此类型反应并不限于烃类，可以扩大到相应烃的衍生物，是一类广泛应用的反应。他们俩因此获得 1950 年诺贝尔化学奖。

$$\diagup\hspace{-0.5em}\diagdown + \overset{Z}{\diagup\hspace{-0.5em}\diagdown} \xrightarrow{\triangle} \bigcirc\hspace{-0.5em}-Z \quad (Z=-CHO,\ \ -\overset{\overset{O}{\|}}{C}R,\ \ -CN,\ \ -NO_2\ 等吸电子基)$$
$$S\text{-顺式}$$

这类反应称为周环反应（或协同反应）。反应原料二烯体必须采用 S-顺式的构象才能反应，若二烯体不能采取 S-顺式构象，则双烯合成反应将不发生。例如 2,3-二叔丁基-1,3-丁二烯或 2,3-二苯基-1,3-丁二烯都因空间位阻不能形成 S-顺式构象而不发生反应。亲二烯体结构中带有吸电子基，对反应有利。

Diels-Alder 反应是顺式加成反应，加成产物仍保持二烯体和亲二烯体原来的构型，例如：

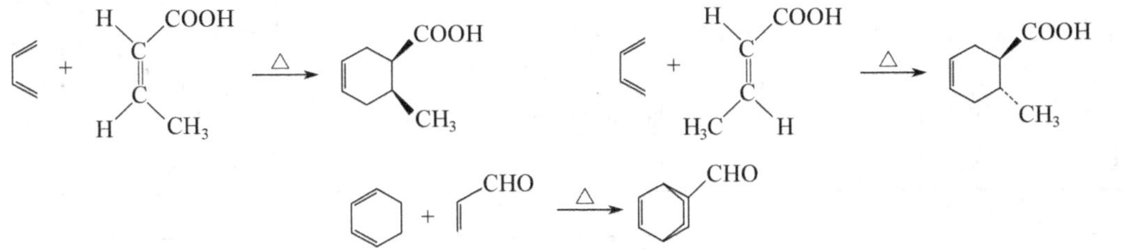

例题 6.8 完成以下反应。

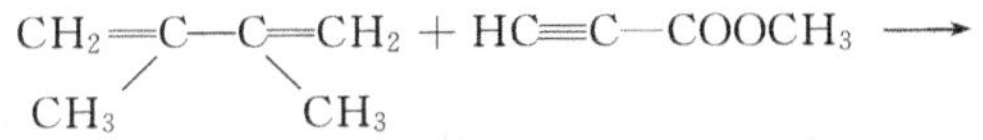

$$CH_2\!=\!\overset{\underset{\displaystyle CH_3}{\textstyle|}}{C}\!-\!\overset{\underset{\displaystyle CH_3}{\textstyle|}}{C}\!-\!CH_2 + HC\!\equiv\!C\!-\!COOCH_3 \longrightarrow$$

6.4 炔 烃

炔烃（alkynes）是一类含有高度不饱和碳碳叁键（—C≡C—）官能团的碳氢化合物。含有一个碳碳叁键官能团的炔烃分子通式为 C_nH_{2n-2}。

6.4.1 炔烃的物理性质

炔烃的物理性质与烷烃、烯烃很相似。它们通常是非极性化合物。炔烃不溶于水，但溶于非极性的有机溶剂。炔烃的沸点通常比相同碳原子数的烷烃或烯烃稍高，相对密度稍大一点。这是因为炔烃分子较为短小细长，彼此靠近，分子间范德华作用力强。一些炔烃的物理常数见表 6.5。

表 6.5 一些炔烃的物理常数

名　称	结　构　式	熔点/℃	沸点/℃	相对密度
乙炔	HC≡CH	−82	−75	0.618
丙炔	CH₃C≡CH	−101.5	−23.3	0.671
1-丁炔	CH₃CH₂C≡CH	−122.5	8	0.668
2-丁炔	CH₃C≡CCH₃	−28	27	0.694
1-戊炔	CH₃CH₂CH₂C≡CH	−98	40	0.695
2-戊炔	CH₃CH₂C≡CCH₃	−101	55.5	0.713
3-甲基-1-丁炔	CH₃CHC≡CH CH₃		28	0.665
1-己炔	CH₃(CH₂)₃C≡CH	−124	71	0.720
2-己炔	CH₃CH₂CH₂C≡CCH₃	−92	84	0.731
3-己炔	CH₃CH₂C≡CCH₂CH₃	−51	82	0.726
3,3-二甲基-1-丁炔	CH₃ CH₃C—C≡CH CH₃	−81	38	0.669
1-庚炔	CH₃(CH₂)₄C≡CH	−80	100	0.733
1-辛炔	CH₃(CH₂)₅C≡CH	−70	126	0.748

6.4.2　炔烃的化学性质

炔烃化合物含有碳碳叁键，它既能像烯烃那样与亲电试剂作用，发生亲电加成反应，又能与亲核试剂作用发生亲核加成反应，也能发生氧化反应；此外，末端叁键碳原子上的氢具有一定的酸性。

（1）酸性

炔烃叁键碳原子以 sp 杂化轨道形式成键，轨道的 s 成分比烷烃的 sp^3 和烯烃的 sp^2 杂化轨道的 s 成分都高，说明原子核对核外电子的吸引能力增强，以电负性概念衡量，可以得出三类杂化轨道的电负性大小顺序为 $sp>sp^2>sp^3$（s 成分愈多，电负性愈强）。有机化合物中的 C—H 键电离可看作是酸性电离的话，三类烃的酸性强弱顺序为：$HC\equiv CH > H_2C=CH_2 > CH_3CH_3$，共轭碱的碱性强弱顺序为：$HC\equiv C^- < H_2C=CH^- < CH_3CH_2^-$，其 pK_a 见下表。

共轭酸		共轭碱	pK_a
CH_3CH_2-H	$\xrightarrow{K_a}$	$CH_3CH_2^-+H^+$	约 50
$CH_2=CH-H$	$\xrightarrow{K_a}$	$CH_2=CH^-+H^+$	约 44
$HC\equiv C-H$	$\xrightarrow{K_a}$	$HC\equiv C^-+H^+$	约 25

乙炔是结构最简单的炔烃，它的酸性比氨强，比水弱。

含有酸性炔氢 —C≡C—H（末端炔烃）的化合物可以与熔融的金属钠或在液氨溶剂中与氨基钠（$NaNH_2$）作用得到炔化钠：

$$R-C\equiv C-H + Na \xrightarrow{\triangle} R-C\equiv CNa + H_2\uparrow$$

炔化钠可作为亲核试剂与伯卤烷发生双分子亲核取代反应（S_N2），得到碳链增长的炔烃。这类反应在有机合成中常被用作增碳。

$$CH_3C\equiv CNa + CH_3CH_2Br \longrightarrow CH_3C\equiv C-CH_2CH_3$$

需注意：由于炔钠碱性非常强，采用仲卤烷或叔卤烷，将得到消除反应的产物。

含活泼氢的末端炔烃加到硝酸银或氯化亚铜的氨溶液中，立即生成炔化银的白色沉淀或炔化亚铜的砖红色沉淀：

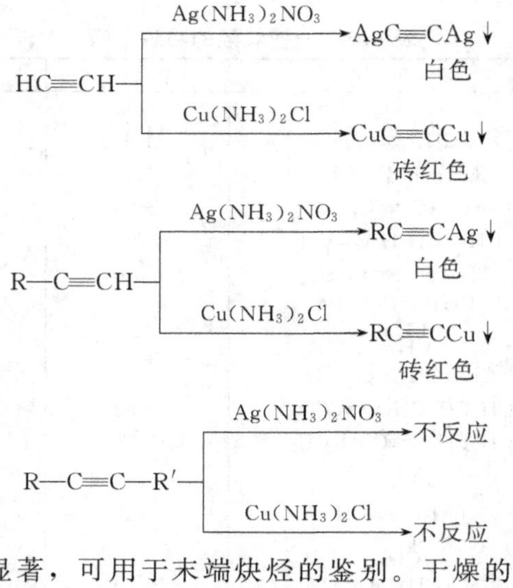

反应非常灵敏，现象显著，可用于末端炔烃的鉴别。干燥的炔化银与炔化亚铜很不稳定，易受热发生爆炸，为避免危险，可将产物用稀硝酸分解。

（2）炔烃的加成反应

炔烃含有叁键，能与 H_2、HX、X_2、H_2O、ROH 等进行加成反应。

① 催化加氢 在催化剂 Pt、Pd、Ni 等存在下加氢，主要生成相应的烷烃，难以停留在烯烃阶段。炔烃在催化剂表面的吸附作用比烯烃快，炔烃比烯烃更易催化加氢。

$$CH_3CH_2CH_2C\equiv CH \xrightarrow{H_2/Ni}$$

$$CH_3CH_2C\equiv CCH_3 \xrightarrow{H_2/Ni}$$

$$\left.\right\} CH_3CH_2CH_2CH_2CH_3$$

使用经特殊方法处理的催化剂可以使炔烃加氢停留在烯烃阶段。这类常用催化剂为：（a）将金属钯沉积在碳酸钙或硫酸钡上，再用醋酸铅或喹啉使钯钝化处理制得，称为 Lindlar 催化剂；（b）由醋酸镍用硼氢化钠还原制得，称为 P-2 催化剂。催化加氢为顺式加成，炔烃部分还原后得到顺式烯烃。

$$R-C\equiv C-R' \xrightarrow[\text{或 P-2}]{H_2,\text{Lindlar}} \begin{array}{c} R \\ \diagdown \\ C=C \\ \diagup \quad \diagdown \\ H \qquad H \end{array} R'$$

炔烃也可在液氨中用碱金属还原，生成反式烯烃。

$$R-C\equiv C-R' \xrightarrow[\text{液氨}]{Na\ \text{或}\ Li} \begin{array}{c} R \qquad\qquad H \\ \diagdown \quad\quad \diagup \\ C=C \\ \diagup \quad\quad \diagdown \\ H \qquad\qquad R' \end{array}$$

例如：

$$CH_3CH_2C\equiv CCH_3$$

通过 H_2，Lindlar 催化剂 或 P-2 得顺式烯烃；通过 Na 或 Li，液氨 得反式烯烃。

② 亲电加成反应（反应机理见第 4 章亲电加成反应） 炔烃分子的不饱和叁键电子云呈圆筒状绕轴分布，离核较近，受到原子核的束缚较强，发生亲电加成反应的活性比烯烃稍差。炔烃可以与卤化氢、卤素等亲电试剂作用。加成取向符合 Markovnikov 规则。

$$CH_3C\equiv CCH_3 \xrightarrow[CCl_4]{1mol\ HCl} \underset{\underset{Cl}{|}}{CH_3C}=CHCH_3 \xrightarrow[CCl_4]{1mol\ HBr} \underset{\underset{Cl}{|}}{\overset{\overset{Br}{|}}{CH_3C}}-CH_2CH_3$$

$$HC\equiv CCH_2CH_2C\equiv CH \xrightarrow{HBr(1mol)} HC\equiv CCH_2CH_2\underset{\underset{Br}{|}}{C}=CH_2$$

炔烃与卤化氢分子作用可以停留在一分子加成阶段。因为生成的卤代烯烃因卤原子的吸电子作用降低了双键的电子云密度，对第二分子亲电加成不利。

炔烃与卤素反应可以进行一分子加成，也可以进行两分子加成得到四卤化物。

$$CH_3-C\equiv C-CH_3 \xrightarrow[CCl_4]{1mol\ Br_2} \begin{array}{c} CH_3 \qquad Br \\ \diagdown \quad\quad \diagup \\ C=C \\ \diagup \quad\quad \diagdown \\ Br \qquad CH_3 \end{array} \xrightarrow[CCl_4]{1mol\ Br_2} CH_3-\underset{\underset{Br}{|}}{\overset{\overset{Br}{|}}{C}}-\underset{\underset{Br}{|}}{\overset{\overset{Br}{|}}{C}}-CH_3$$

炔烃只能与一分子水加成，得到烯醇，产物经重排得到羰基化合物，反应必须在 $HgSO_4$-H_2SO_4 的催化下进行，称为 Kucherov 反应，反应机理较为复杂。在 Hg^{2+} 催化下水进攻炔烃，再消去 H$^+$（相当于 OH$^-$ 先进攻炔烃），虽然与水的加成产物符合马氏规则，但理论上尚有亲电加成与亲核加成的争论。

$$R-C\equiv CH + H^+ \longrightarrow R-\overset{+}{C}=CH_2 \xrightarrow{HOH} R-\underset{\underset{H}{\overset{|}{O^+}}\underset{H}{}}{\overset{|}{C}}=CH_2 \xrightarrow{-H^+} R-\underset{H-O}{\overset{|}{C}}=CH_2 \xrightarrow{重排} R-\underset{O}{\overset{\|}{C}}-CH_3$$

$$\text{烯醇} \qquad\qquad \text{羰基化合物}$$

只有乙炔与水的加成生成乙醛，其他炔烃都生成酮。例如：

$$CH_3(CH_2)_5C\equiv CH + H_2O \xrightarrow{HgSO_4, H_2SO_4} CH_3(CH_2)_5\underset{O}{\overset{\|}{C}}CH_3$$

$$91\%$$

反应中所用汞盐有剧毒，很早已开始非汞催化剂的研究，主要有锌盐、铜盐、三氟化硼等。

例题 6.9　一个烯烃化合物在催化加氢时，反应首先在叁键上，但在进行溴的加成时，反应首先在双键上。解释原因。

③ 与共轭二烯烃的环加成反应　炔烃作为亲二烯体能与共轭二烯烃发生 Diels-Alder 反应，生成 1,4-环己二烯化合物：

1,4-环己二烯　　　　　　　　　2-甲基-双环[2.2.1]-2,5-庚二烯

④ 亲核加成反应（反应机理见第 4 章亲核加成反应）　炔烃虽比烯烃不易进行亲电加成反应，相对比烯烃较易进行亲核加成，如炔烃易与 ROH、RCOOH、HCN 等含活泼氢的化合物进行亲核加成。结果是在醇等分子中引入了乙烯基，通称为乙烯基化反应。炔烃的几个重要加成反应产物是工业上制备聚合物的原料。

a. 与醇加成　乙炔与醇反应生成烷基乙烯基醚，它可以作为制取高分子聚合物的原料，广泛用来制造黏合剂、涂料、增塑剂等。例如：

$$HC\equiv CH + CH_3CH_2OH \xrightarrow[150\sim160℃]{OH^-} CH_2=CH-OCH_2CH_3 \qquad 乙基乙烯基醚$$

$$HC\equiv CH + C_6H_5CH_2OH \xrightarrow[140\sim150℃]{OH^-} CH_2=CH-OCH_2C_6H_5 \qquad 苄基乙烯基醚$$

b. 与乙酸作用　乙炔与乙酸在醋酸锌的催化下进行加成反应得到重要的化工原料乙酸乙烯酯：

$$HC\equiv CH + CH_3COOH \xrightarrow[210\sim250℃]{(CH_3COO)_2Zn} CH_3COOCH=CH_2$$

乙酸乙烯酯可以聚合生成聚乙酸乙烯酯，可用作制造涂料及胶黏剂。目前广为流行的"洞洞鞋"的正规生产原料即为聚乙酸乙烯酯。聚乙酸乙烯酯可以在酸或碱催化下水解，得到重要的化工原料聚乙烯醇。

$$nCH_3COOCH=CH_2 \xrightarrow{聚合} \begin{array}{c}+CH_2-CH\\ |\\ O-C-CH_3\\ \|\\ O\end{array}\!\!\!\Big]_n \xrightarrow{H^+, H_2O} \begin{array}{c}+CH_2-CH\\ |\\ OH\end{array}\!\!\!\Big]_n$$

c. 与氢氰酸加成　在氯化亚铜和氯化氢存在下，乙炔与氢氰酸加成得到丙烯腈。

$$HC \equiv CH + HCN \xrightarrow[\triangle]{CuCl \cdot HCl} CH_2 = CH - CN$$

丙烯腈经聚合得到聚丙烯腈。

$$nCH_2 = CH - CN \xrightarrow{聚合} \begin{array}{c} + CH_2 - CH +_n \\ | \\ CN \end{array}$$

例题 6.10 在 $C_2H_5^-$ 的催化下，$CH_3C \equiv CH$ 与 C_2H_5OH 的反应产物是 $CH_2 = C(CH_3)OC_2H_5$，而不是 $CH_3CH = CHOC_2H_5$，解释原因。

⑤ **炔烃的加成聚合反应** 炔烃的聚合反应不如烯烃容易，一般只生成几分子的聚合物。将乙炔通入氯化亚铜和氯化铵水溶液可以得到两分子乙炔加成的产物。

$$HC \equiv CH + HC \equiv CH \xrightarrow[NH_4Cl]{CuCl} HC \equiv C - CH = CH_2$$

乙烯基乙炔 （1-丁烯-3-炔）

乙烯基乙炔经 Lindlar 催化加氢还原可得到重要化工原料 1,3-丁二烯

$$HC \equiv C - CH = CH_2 \xrightarrow{H_2, Lindlar} CH_2 = CH - CH = CH_2$$

在 Lewis 酸存在下，乙炔可聚合成高相对分子质量的聚乙烯薄膜，可进一步用作导电塑料，具有重大的应用价值。为此，三位科学家 Heeger、MacDiarmid、Shirakawa 获得了 2000 年诺贝尔化学奖。

（3） 炔烃的氧化

炔烃叁键可以被 $KMnO_4$ 或臭氧氧化，产物均为羧酸或二氧化碳。

$$R - C \equiv CH \xrightarrow[H_2O]{KMnO_4} RC\overset{O}{\underset{}{\parallel}}-OK + CO_2$$
$$\xrightarrow[2.\ H_2O]{1.\ O_3} RC\overset{O}{\underset{}{\parallel}}-OH + CO_2$$

$$R - C \equiv C - R' \xrightarrow[H_2O]{KMnO_4} R - C\overset{O}{\underset{}{\parallel}}-OK + R' - C\overset{O}{\underset{}{\parallel}}-OK$$
$$\xrightarrow[2.\ H_2O]{1.\ O_3} RC\overset{O}{\underset{}{\parallel}}-OH + R'C\overset{O}{\underset{}{\parallel}}-OH$$

在较为缓和的氧化条件下，二取代炔烃的氧化可停止在二酮阶段。例如：

$$CH_3(CH_2)_7C \equiv C(CH_2)_7COOH \xrightarrow[pH=7.5]{KMnO_4} CH_3(CH_2)_7 - \overset{O}{\underset{}{\parallel}}C - \overset{O}{\underset{}{\parallel}}C - (CH_2)_7COOH$$

在推测有机化合物结构中，可利用臭氧氧化炔烃和烯烃的不同产物鉴别不饱和烃的类型。

例题 6.11 某不饱和烃经臭氧氧化水解得到 CH_3CHO、$CH_3\overset{O}{\underset{}{\parallel}}CCH_2CO_2H$、$CH_3CO_2H$，试推测其结构。

6.5 聚合反应和合成橡胶

不饱和烃在催化剂（H^+、OH^- 等）或自由基引发剂的存在下，可发生聚合反应，生

成高相对分子质量的聚合物。根据聚合物的不同特征及适用范围，一般可区分为塑料、合成纤维、合成橡胶等几大类。参与聚合反应的原料称为单体，形成的大分子化合物称为聚合物。

6.5.1　烯烃的聚合

在一定温度、压力和少量氧或过氧化物的存在下，乙烯可发生聚合，形成高分子聚乙烯。聚乙烯无毒、耐低温、有良好的绝缘性能，可用于制食品袋、绝缘材料等。

$$n\text{CH}_2\!=\!\text{CH}_2 \xrightarrow[100\sim150\text{MPa}]{\text{O}_2,200\sim400\text{℃}} \text{—}\!\!\text{{CH}_2\!-\!\text{CH}_2}\!\!\text{—}_{\overline{n}}$$

单体　　　　　　　　聚乙烯

聚合物的长度即发生聚合的单体数目视反应的条件不同而有差异，通常每一个聚合物分子包含 700～800 个乙烯分子，相对分子质量在 20000～25000 范围内。

若聚合反应采用齐格勒-纳塔（Ziegler-Natta）催化剂，则聚合可在较低的温度和压力下进行。齐格勒-纳塔催化剂由 $R_3\text{Al}$ 和 TiCl_4 组成，是德国化学家 Karl Ziegler 和意大利化学家 Giulio Natta 于 1953 年几乎同时独立发现了这类化合物对烯烃聚合的催化作用，他们因此获得了 1963 年的诺贝尔化学奖。

反应条件的改变，对生成聚乙烯化合物的性能也会产生变化。由高温、高压制得的聚乙烯因其密度较低和比较柔软，称为低密度聚乙烯或软聚乙烯。由低温、低压制得的聚乙烯因其密度较高和较为坚硬，称为高密度聚乙烯或硬聚乙烯。

各种不同结构的烯烃聚合可以得到具有各种特性的聚合物。例如：

$$n\text{CH}_2\!=\!\text{CH}\!-\!\text{CH}_3 \xrightarrow[50\text{℃},1\text{MPa}]{(\text{C}_2\text{H}_5)_3\text{Al-TiCl}_4} \text{—}\!\!\text{{CH}_2\!-\!\underset{\underset{\text{CH}_3}{|}}{\text{CH}}}\!\!\text{—}_{\overline{n}}$$ 耐热、耐磨，可制汽车部件。

$$n\ \underset{\underset{\text{F}}{|}}{\overset{\overset{\text{F}}{|}}{\text{C}}}\!=\!\underset{\underset{\text{F}}{|}}{\overset{\overset{\text{F}}{|}}{\text{C}}} \xrightarrow{\text{催化剂}} \text{—}\!\!\text{{}\underset{\underset{\text{F}}{|}}{\overset{\overset{\text{F}}{|}}{\text{C}}}\!-\!\underset{\underset{\text{F}}{|}}{\overset{\overset{\text{F}}{|}}{\text{C}}}}\!\!\text{—}_{\overline{n}}$$ 耐热、耐腐蚀，可制成耐腐蚀材料，被称为塑料王。

$$n\text{CH}_2\!=\!\text{CH}\!-\!\text{Cl} \xrightarrow{\text{催化剂}} \text{—}\!\!\text{{CH}_2\!-\!\underset{\underset{\text{Cl}}{|}}{\text{CH}}}\!\!\text{—}_{\overline{n}}$$ 聚氯乙烯（PVC），可制作塑料管、带基等。

$$n\text{CH}_2\!=\!\text{CH}\!-\!\text{CN} \xrightarrow{\text{催化剂}} \text{—}\!\!\text{{CH}_2\!-\!\underset{\underset{\text{CN}}{|}}{\text{CH}}}\!\!\text{—}_{\overline{n}}$$ 聚丙烯腈，奥伦，良好的人造丝原料。

烯烃以单一单体进行聚合，称为均聚；还可由不同的单体进行聚合，这类反应称为共聚反应。共聚物往往与它们的单体聚合物在性能上有很大的不同，通过共聚可以极大地改善聚合物的性能，使聚合物的应用领域得到了更大的扩展。以苯乙烯为例：

$$n\ \underset{\text{单体}}{\underset{\bigcirc}{\overset{\text{CH}=\text{CH}_2}{|}}} \xrightarrow{\text{聚合}} \text{—}\!\!\text{{}\underset{\underset{\bigcirc}{|}}{\text{CH}}\!-\!\text{CH}_2}\!\!\text{—}_{\overline{n}}$$ 是良好的电绝缘材料。

$$\underset{80\%\sim70\%}{n\ \underset{\bigcirc}{\overset{\text{CH}=\text{CH}_2}{|}}} + \underset{20\%\sim30\%}{n\text{CH}_2\!=\!\text{CH}\!-\!\text{CN}} \xrightarrow{\text{共聚}} \text{—}\!\!\text{{}\underset{\underset{\bigcirc}{|}}{\text{CH}}\!-\!\text{CH}_2\!-\!\underset{\underset{\text{CN}}{|}}{\text{CH}}\!-\!\text{CH}}\!\!\text{—}_{\overline{n}}$$ 增加了产品的耐油性。

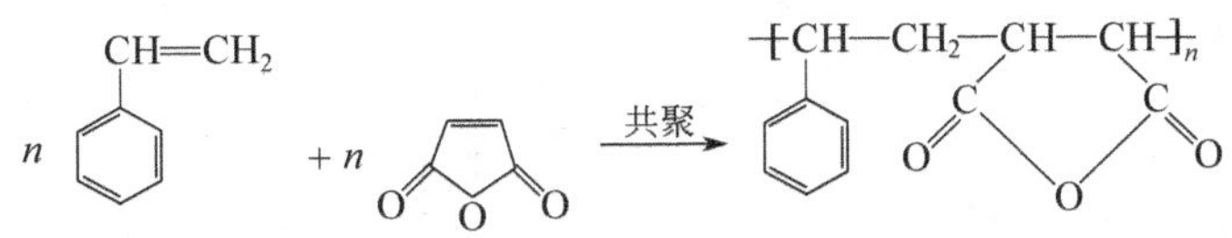

该聚合物经水解，产品是一种水溶性材料，可用作分散剂和上浆剂。

6.5.2 二烯烃的聚合和合成橡胶

通过对天然橡胶分子的结构分析，得知天然橡胶主要是由异戊二烯经顺式聚合得到。天然橡胶产自于橡胶树，它的合成是一个漫长而又复杂的生物反应过程。

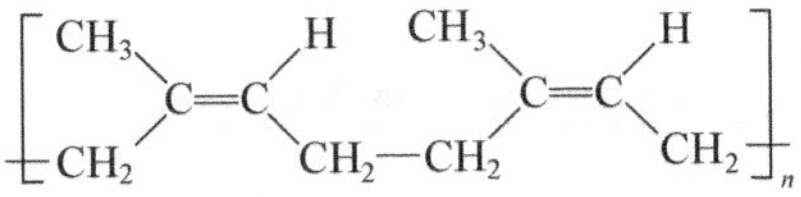

天然橡胶

人工合成橡胶的关键问题之一是如何找到能使二烯烃顺式聚合的催化剂。齐格勒-纳塔催化剂（$R_3Al\text{-}TiCl_4$）是一类能有效实行立体化学控制的聚合催化剂。这些催化剂合成出的合成橡胶分子中，二烯烃按顺式聚合的成分可占 95% 以上，所以其性能与天然橡胶极为接近。由于丁二烯的来源更为丰富，合成橡胶主要以丁二烯为原料。

氯丁橡胶是第一个被制备的合成橡胶，它由 2-氯-1,3-丁二烯聚合而成，它的性能类似于粗橡胶，经过硫的固化，可作为橡胶材料应用。氯丁橡胶在耐油性能方面优于天然橡胶。

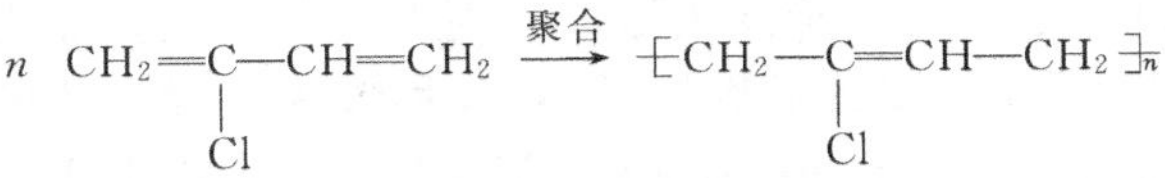

橡胶工业的迅猛发展起始于第二次世界大战期间。由于天然橡胶的缺乏以及战争对橡胶制品的特殊要求，通过改变合成原料的方法，合成了许多具有特殊功能的橡胶制品。其中以1,3-丁二烯与苯乙烯共聚制得的丁苯橡胶，被大量用于制造轮胎。

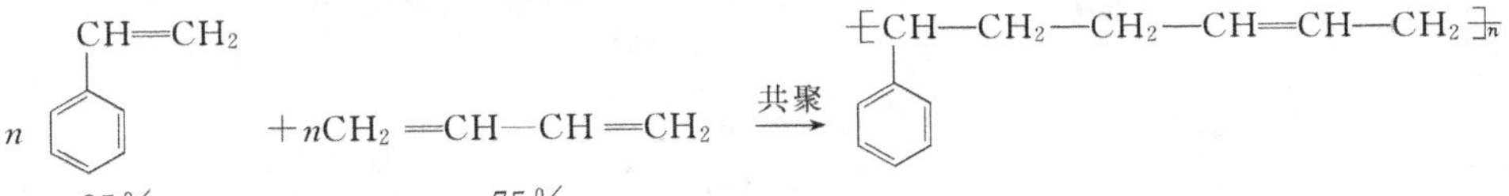

在聚合物分子中，二烯烃与苯乙烯并不是有规则排列的，因为反应中发生 1,2 和 1,4 加成是随机的。在丁苯橡胶聚合物中，丁二烯约占分子总量的 75%，苯乙烯约占 25%。

天然橡胶和合成橡胶都是线型高分子化合物，必须经过硫化反应，使聚合物分子链之间形成体型的交链状，才能体现橡胶的高弹性特点。而分子中的不饱和键在形成体型分子的反应中起到了极为重要的作用。不饱和双键不但本身能参与硫化反应，而且能使烯丙基上的 α-氢变得活泼，也能参与反应。

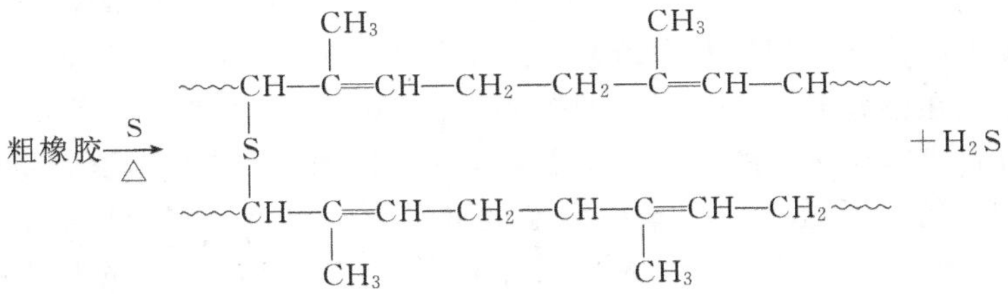

部分双键也参与硫化：

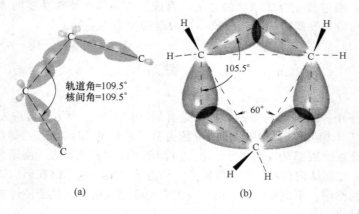

6.6　脂　环　烃

脂环烃包括环烷烃、不饱和环烃和多环烃化合物。本节主要讨论环烷烃的结构和性质。

6.6.1　环烷烃的结构

环烷烃的化学通式为 C_nH_{2n}，与开链烯烃具有相同的通式，所以它们互为构造异构体。

我们已经对开链烷烃的结构作了详尽的讨论。在开链烷烃中，每个碳原子均以 sp^3 杂化形成四面体的碳原子结构，键角接近于 $109.5°$，并且相邻两个碳原子之间的基团取向（构象）以交叉式构象最为稳定。那么环烷烃是否能达到这一稳定形式呢？我们对环丙烷、环丁烷、环戊烷和环己烷的结构分别作出分析。

（1）环丙烷的结构

环丙烷由三个碳原子组成，其分子形状必定为平面三角形。按平面几何原则，等边三角形的每一个顶角均为 $60°$。若以此种形式去形成环丙烷分子显然是非常困难的，因为环丙烷分子中的每个碳原子均四价（是饱和碳原子），其形成稳定分子的键角应接近 $109.5°$（类似开链烷烃），见图 6.6（a）。显然环丙烷分子的键角难以达到 $109.5°$，必定会影响环丙烷分子的成键能力。这种由键角变化引起的不稳定性称为角张力。

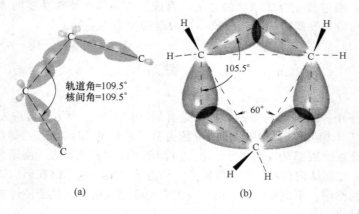

图 6.6　sp^3 杂化轨道用于形成 C—C 键的轨道重叠方式、环丙烷成键方式

事实上，环丙烷分子中相邻两个碳原子的 sp^3 杂化轨道并不如开链烃碳碳 σ 键那样沿键轴方向重叠，而是在偏离 sp^3 杂化轨道的轴心方向重叠，形成共价键［见图 6.6（b）］。可以看出以此种方式成键比正常的 σ 键重叠要弱得多。这种形似弯曲的共价键称为"弯曲键"，也有称"香蕉键"的。通过此种方式成键形成的环丙烷，键角有所改善，∠CCC 为 $105°$，仍略小于 $109.5°$。此外，环丙烷是平面型分子，三个成环碳原子上的基团相互之间都呈重叠式构象，分子内能升高，这种因构象排列导致的分子内能升高称为扭转张力。

所以，引起环丙烷分子稳定性较差的原因是：分子内存在较大的角张力和扭转张力，或总称为环张力。

环烷烃分子的环张力大小可以运用环烷烃的燃烧热数值加以衡量。由于单环环烷烃的通式为 $C_nH_{2n}=(CH_2)_n$，把环烷烃的燃烧热除以成环碳原子数 n，得到的是各环烷烃每一个亚甲基（—CH_2—）的燃烧热，就可以进行比较。各类环烷烃（—CH_2—）的燃烧热见表 6.6。

表 6.6　环烷烃的燃烧热

环烷烃	成环碳原子数 n	—CH_2—燃烧热 /(kJ/mol)	环烷烃	成环碳原子数 n	—CH_2—燃烧热 /(kJ/mol)
环丙烷	3	697.1	环辛烷	8	663.6
环丁烷	4	686.2	环壬烷	9	664.1
环戊烷	5	664.0	环癸烷	10	663.6
环己烷	6	658.6	开链烷烃		658.6
环庚烷	7	662.4			

从表 6.6 我们可以发现，虽然每一个—CH_2—燃烧后的产物都是相同的，但放出来的能量却有高低。

$$—CH_2— + \frac{3}{2}O_2 \longrightarrow CO_2 + H_2O + 热$$

将各类环烷烃的亚甲基燃烧热数值与开链烷烃的亚甲基燃烧热数值比较，可以得出环丙烷单个亚甲基燃烧热高出 38.5kJ/mol，相应整个分子燃烧热高出 $38.5 \times 3 = 115.5$kJ/mol（即为环张力能）；环丁烷整个分子的燃烧热高出 110.4kJ/mol；环戊烷整个分子的燃烧热高出 27.0kJ/mol；环己烷与开链烷烃的亚甲基燃烧热相同。各环烷烃环张力能愈高，分子就愈不稳定。环丙烷的环张力能最高，分子稳定性最差。随着环增大，张力能随之减小，直至环己烷分子内无张力能，分子最稳定。当环继续增大时，张力能又有所增大。

（2）环丁烷的结构

环丁烷分子结构若是平面正方形的话，它的键角是 90°，与碳原子 sp^3 杂化轨道的键角相差约 19.5°，比环丙烷要小得多，说明环丁烷角张力相应减弱。平面型分子相邻碳原子上的基团都处于重叠式构象，应有较大的扭转张力。

根据理论分析和实验测定，环丁烷分子结构以非平面型的"折叠式"形状，见图 6.7，对改善环张力最为有利。

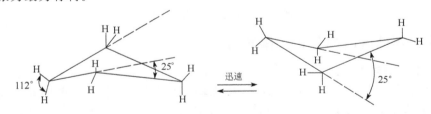

图 6.7　环丁烷的构象

（3）环戊烷的结构

环戊烷具有很好的稳定性。如果将环戊烷看作是平面型分子的话，那么其分子中的 ∠CCC 为 108°，与四面体碳原子键角 109.5°非常接近，可以认为角张力很小。但是平面型分子其相邻两个碳原子上的基团必定处于重叠式的构象，这样将产生较大的扭转张力，影响分子的稳定性。为了克服较大的扭转张力，环戊烷采用了非平面型的"信封式"构象（见图 6.8），扭转张力得到了改善。

（4）环己烷的结构（构象见第 3 章构象异构）

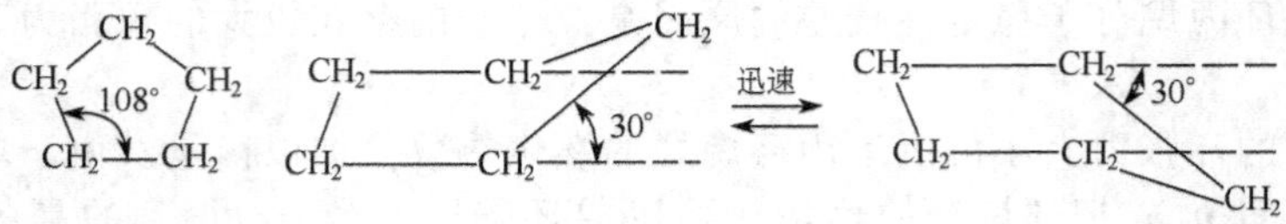

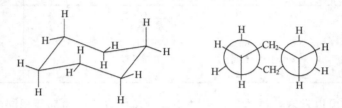

图 6.8　环戊烷结构

从环己烷分子的燃烧热数值，我们可以得出环己烷不存在环张力，也就是不存在角张力和扭转张力。可以预计分子中∠CCC 为 109.5°，相邻碳原子上的基团都呈交叉式构象。适合上述条件的环己烷分子的形状经理论推算为椅式构象（见图 6.9），与实测相符。

图 6.9　环己烷的椅式构象

从环己烷分子椅式构象的纽曼（Newman）投影式可以清楚地观察到相邻两个碳原子上的基团都呈交叉式构象。

环己烷椅式构象分子中，12 个氢原子可分为两组，其中伸向环侧面的六个碳氢键称为平伏键（也称 e 键），用 He 表示；伸向环上方和环下方各三个碳氢键称为直立键（也称 a 键），用 Ha 表示。

环己烷分子并不是静止的，在分子热运动过程中，它可以通过分子的整体扭动，从一种椅式构象转变为另一种椅式构象，原来的 e 键转变为 a 键，原来的 a 键转变为 e 键，见图 6.10。

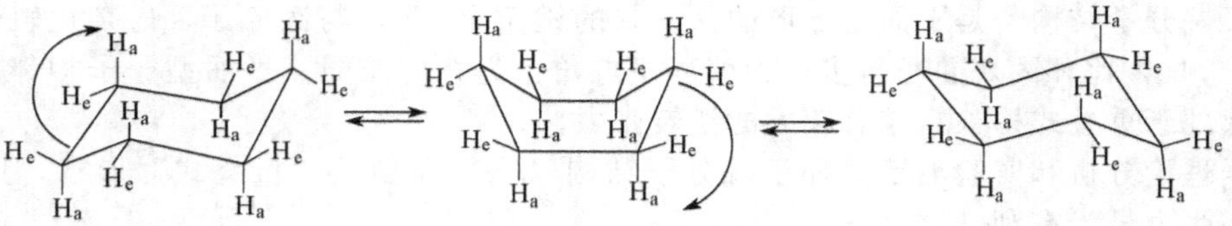

图 6.10　环己烷的构象转变

6.6.2　取代环己烷的构象和立体异构

（1）取代环己烷的构象

一取代环己烷取代基主要取代 He，即取代基处在平伏键。特别是取代基较大时，几乎一取代都在平伏键上。现在我们分别对取代在 a 键上和 e 键上的两种取代环己烷的稳定性作

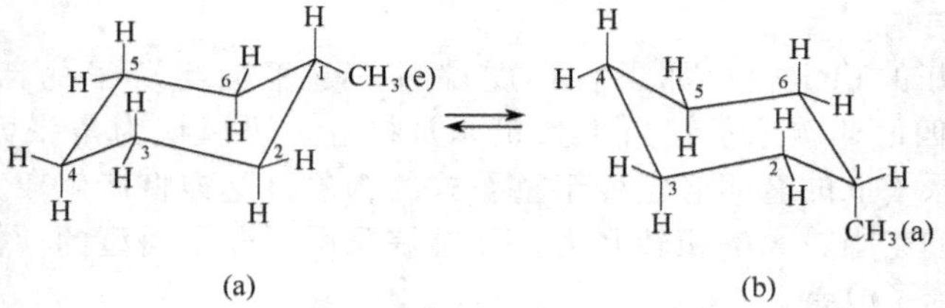

图 6.11　甲基环己烷的椅式构象

一讨论。从环己烷椅式构象观察，甲基取代在 e 键上 [见图 6.11 (a)]，因相邻碳原子上的同侧 He，它们的伸展方向是彼此远离的，相互间的斥力较小。若甲基取代在 a 键上 [见图 6.11 (b)]，甲基将受到同方向另两个 Ha 的排斥（核间距小于两原子的范德华半径之和），使分子内能升高，稳定性减弱。由于环己烷构象可以通过分子热运动而翻转，因此，不稳定的 a 键取代物可以通过分子扭动而转变为稳定的 e 键取代物。根据测定，甲基环己烷，在室温下 e 键取代构象占 95％以上。若取代基变大，则 e 键所占比例更高。例如叔丁基环己烷在室温下 e 键取代构象占 99.99％。用纽曼投影式显示两种取代的甲基环己烷能得到更信服的解释，见图 6.12。

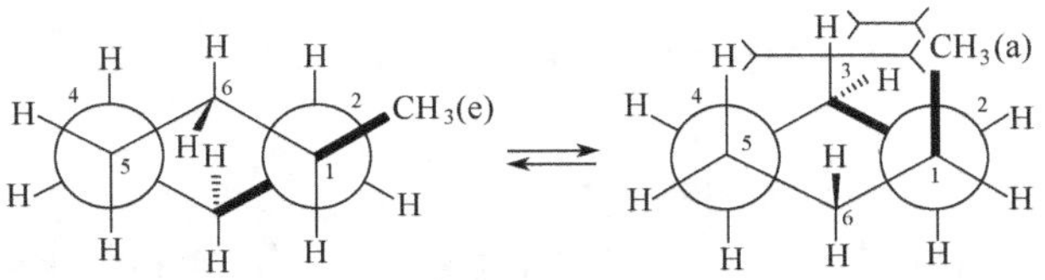

图 6.12　甲基环己烷的纽曼投影式

甲基处在 a 键时，可以看到黑线表示的大基团处在邻位交叉式构象，分子能量较高；甲基处在 e 键时，黑线表示的大基团处在对位交叉式构象，是较为稳定的构象式。

在多取代环己烷分子中，稳定的构象是大基团尽可能占据 e 键，基团尽可能多地占据 e 键。

（2）取代环己烷的立体异构

我们来讨论一下，顺式和反式-1,2-二甲基环己烷的旋光性问题。顺-1,2-二甲基环己烷可以写出互为镜像的两种结构（见图 6.13）。两个甲基分别处于 a 键和 e 键上，由于环的扭动，可以非常快地从一种构象转变为稳定性一致的另一种构象，而这一构象恰巧能与原来的构象互成实物-镜像关系，两构象等量，所以在宏观上顺-1,2-二甲基环己烷是没有旋光性的，为一对外消旋体。

反-1,2-二甲基环己烷确实存在一对对映体，是手性分子。见图 6.14。

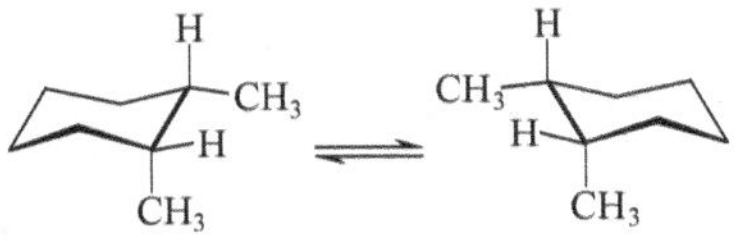

图 6.13　顺-1,2-二甲基环己烷　　　　图 6.14　反-1,2-二甲基环己烷的对映异构体

6.6.3　环烷烃的物理性质

某些环烷烃的物理性质见表 6.7。环烷烃与相同碳原子数的烷烃比较，它的熔点、沸点、密度的数值都要大一些。

表 6.7　某些环烷烃的物理性质

名　称	熔点/℃	沸点/℃	相对密度	名　称	熔点/℃	沸点/℃	相对密度
环丙烷	−127	−33	0.688	环庚烷	−13	117	0.810
环丁烷	−80	11	0.704	环辛烷	14	147	0.830
环戊烷	−94	49	0.746	甲基环戊烷	−142	72	0.749
环己烷	6.4	81	0.778	甲基环己烷	−126	100	0.769

环烷烃为非极性分子，它易溶于非极性或弱极性有机溶剂中，难溶于极性溶剂水中。

6.6.4　环烷烃的反应

根据以上的讨论，我们了解到环丙烷、环丁烷存在较大的环张力，环不稳定；环戊烷、环己烷环张力很小，环稳定。

(1) 开环反应　环丙烷在进行催化加氢，与卤素和卤化氢反应时，极易开环，生成加成产物。

$$\triangle \xrightarrow[\begin{array}{c}\text{H}_2, \text{Ni}\\ 80℃\end{array}]{} CH_3CH_2CH_3$$
$$\xrightarrow[]{Br_2/CCl_4} BrCH_2CH_2CH_2Br$$
$$\xrightarrow[]{HBr} CH_3CH_2CH_2Br$$

若以取代环丙烷与卤化氢反应，加成取向符合 Markovnikov 规律。
例如：

$$CH_3-\underset{\underset{CH_2}{|}}{CH}-CH_2 + HBr \longrightarrow CH_3\underset{\underset{Br}{|}}{CH}CH_2CH_3$$

环丁烷较环丙烷稳定，进行催化加氢反应在较高温度时能发生开环加成。环戊烷更稳定，需在强烈条件下才能开环加氢。环丁烷在常温下不与卤素和卤化氢反应，必须加热才能开环加成。环戊烷以上的环烷烃很难与溴加成，升高温度时发生自由基取代反应。

$$\square + H_2 \xrightarrow[200℃]{Ni} CH_3CH_2CH_2CH_3 \qquad \pentagon + H_2 \xrightarrow[300℃]{Ni} CH_3CH_2CH_2CH_2CH_3$$

例题 6.12　完成反应。 $\triangleright\!\!-\!\!\vee$ +HBr ⟶

(2) 取代反应　在光照或高温条件下，环烷烃都能发生自由基卤代反应。

$$\triangle + Cl_2 \xrightarrow{h\nu} \overset{Cl}{\triangle} + HCl \qquad \hexagon + Cl_2 \xrightarrow{h\nu} \overset{Cl}{\hexagon} + HCl \qquad \pentagon + Br_2 \xrightarrow{300℃} \overset{Br}{\pentagon} + HBr$$

(3) 氧化反应　环烷烃对 $KMnO_4$、$K_2Cr_2O_7$ 等氧化剂表现出较好稳定性，它们一般难以被氧化。但是在加热时与强氧化剂作用，或在催化剂存在下用空气氧化，环烷烃可以被氧化。例如：

$$\hexagon \xrightarrow[\triangle]{HNO_3} \begin{array}{c} CH_2CH_2COOH \\ | \\ CH_2CH_2COOH \end{array}$$

例题 6.13　以简便的化学方法鉴别以下化合物

(1) $\triangleright\!\!-\!\!C_2H_5$ 　　(2) $CH_3CH_2CH_2CH=CH_2$ 　　(3) $CH_3CH_2CH=CHCH_2$

(4) $\square\!\!-\!\!CH_3$

6.7　脂肪烃和脂环烃的制备及典型化合物介绍

6.7.1　以石油和天然气为原料制取烷烃和烯烃

石油是烃的主要来源。原油经分馏按沸点范围可以得到各个不同的组分。见表 6.8。

表 6.8　石油的组分

名　称	碳原子组成	蒸馏温度范围/℃	名　称	碳原子组成	蒸馏温度范围/℃
石油气	$C_1 \sim C_4$	20 以下	煤油	$C_{12} \sim C_{28}$ 及芳烃	$175 \sim 275$
石油醚	$C_5 \sim C_6$	$20 \sim 60$	柴油	C_{18} 以上	275 以上
粗汽油	$C_6 \sim C_7$	$60 \sim 100$	润滑油	$C_{26} \sim C_{30}$	不挥发液体
汽油	$C_6 \sim C_{12}$ 及环烷烃	$50 \sim 200$	石油焦		残渣

　　石油中所含烃的成分与原油产地有很大的关系，大致上除了烷烃之外，还含有20%～50%环烷烃和 7%～11%芳烃。几乎不含有烯烃。

　　天然气的主要成分是甲烷，还有少量的乙烷和丙烷。

　　烯烃主要是通过石油的裂解得到。石油裂解可以得到乙烯、丙烯、丁烯等重要的化学化工原料。例如：

$$CH_3CH_2CH_2CH_3 \xrightarrow{\text{高温}} H_2 + CH_4 + CH_3CH_3 + CH_2=CH_2 + CH_3CH=CH_2 + CH_3CH_2-CH=CH_2$$

6.7.2　烷烃、烯烃的其他制法

　　在工业上，烷烃可以由煤在高温、高压和催化剂条件下制取，得到烷烃的混合物。

$$nC + (n+1)H_2 \xrightarrow[450℃,70MPa]{FeO} C_nH_{2n+2}$$

　　此外，实验室制取少量烷烃可以通过烯烃催化加氢或卤代烃还原的方法制备。

$$R-CH=CHR' \xrightarrow[H_2]{\text{催化剂(Pt,Pd,Ni)}} RCH_2-CH_2R'$$

$$CH_3(CH_2)_6CH_2Br + LiAlH_4 \xrightarrow[25℃]{\text{四氢呋喃(THF)}} CH_3(CH_2)_6CH_3 + AlH_3 + LiBr$$
$$99\%$$

$$CH_3CH_2CH_2CH_2CH_2-Br \xrightarrow{Zn,H^+} CH_3CH_2CH_2CH_2CH_3$$

$$CH_3CH_2CH_2\underset{\underset{Cl}{|}}{C}HCH_3 \xrightarrow[H^+]{Zn} CH_3CH_2CH_2CH_2CH_3$$

　　烯烃的实验室制备主要是由卤代烃或醇消除卤化氢或水得到：

$$CH_3-CH_2-Cl \xrightarrow[\text{乙醇}]{KOH} CH_2=CH_2$$

$$CH_3\underset{\underset{Br}{|}}{C}H-CH_3 \xrightarrow[\text{乙醇}]{KOH} CH_2=CH-CH_3$$

$$CH_3CH_2CH_2\underset{\underset{Cl}{|}}{C}HCH_3 \xrightarrow[\text{乙醇}]{KOH} CH_3CH_2CH_2CH=CH_2 + CH_3CH_2CH=CHCH_3$$
$$30\% \qquad\qquad 70\%$$

$$CH_3CH_2OH \xrightarrow[\triangle]{H_2SO_4} CH_2=CH_2$$

$$CH_3CH_2CH_2OH \xrightarrow[150℃]{75\% H_2SO_4} CH_3CH=CH_2$$

$$\left.\begin{array}{l} CH_3CH_2\underset{\underset{OH}{|}}{C}HCH_3 \xrightarrow[95℃]{60\% H_2SO_4} \\[2em] CH_3CH_2CH_2CH_2OH \xrightarrow[150℃]{75\% H_2SO_4} \end{array}\right\} CH_3CH=CH-CH_3 + CH_3CH_2CH=CH_2$$
$$\text{主要产物} \qquad\qquad \text{副产物}$$

6.7.3　炔烃的制法

　　（1）由烯烃制备　实验室中制备炔烃可以通过烯烃加卤素得二卤代烷然后脱卤化氢的方式进行。

$$CH_3CH=CHCH_3 \xrightarrow[CCl_4]{Br_2} CH_3\underset{\underset{H}{|}}{\overset{\overset{Br}{|}}{C}}-\underset{\underset{H}{|}}{\overset{\overset{Br}{|}}{C}}-CH_3 \xrightarrow[\text{乙醇}]{KOH} CH_3\overset{\overset{H}{|}}{C}=\underset{\underset{Br}{|}}{C}-CH_3 \xrightarrow{NaNH_2} CH_3C\equiv CCH_3$$

$$(CH_3)_3CCH_2CHCl_2 \xrightarrow[\triangle]{NaNH_2} (CH_3)_3CC\equiv CH$$

（2）由取代反应制备　乙炔或一取代乙炔可以与金属钠或氨基钠作用得到炔钠，炔钠是强的亲核试剂，可与伯卤烷发生 S_N2（双分子亲核取代）反应得到碳链增长的炔烃。

$$HC\equiv CH \xrightarrow[\text{液氨}]{NaNH_2} HC\equiv CNa \xrightarrow[\text{液氨}]{NaNH_2} NaC\equiv CNa$$

$$HC\equiv CNa + CH_3CH_2Br \longrightarrow HC\equiv C-CH_2CH_3 + NaBr$$

$$NaC\equiv CNa + 2CH_3CH_2Br \longrightarrow CH_3CH_2-C\equiv C-CH_2CH_3 + 2NaBr$$

$$(CH_3)_2CHCH_2C\equiv CH \xrightarrow[\text{液氨}]{NaNH_2} (CH_3)_2CHCH_2C\equiv CNa \xrightarrow{CH_3Br}$$

$$(CH_3)_2CHCH_2C\equiv C-CH_3$$
$$81\%$$

（3）乙炔的工业制备

a. 以电石为原料　石灰与焦炭在高温炉加热生成电石，电石水解生成乙炔，制备过程如下：

$$CaCO_3 \xrightarrow{\text{加热}} CaO + CO_2$$

$$3C + CaO \xrightarrow{2000℃} CaC_2 + CO$$
$$\text{碳化钙（电石）}$$

$$CaC_2 + 2H_2O \longrightarrow HC\equiv CH + Ca(OH)_2$$

整个制备过程需耗用大量的电能，发展受限制。

b. 以天然气为原料　天然气在高温下用氧气部分氧化裂解生成乙炔，此法原料经济，较为普及。

$$2CH_4 \xrightarrow{1500\sim1600℃} HC\equiv CH + 3H_2$$

6.7.4　环烷烃的制法

环烷烃主要来自于石油的分馏组分，占绝大多数的是环戊烷和环己烷以及它们的烷基衍生物。

实验室制备环烷烃可以采用二卤代烷，经脱卤成环烷烃。

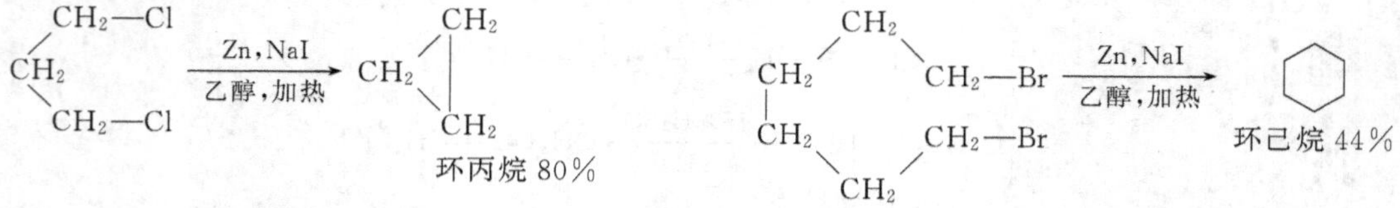

环丙烷 80%　　　　　　　　　　环己烷 44%

6.7.5　典型化合物介绍

（1）甲烷　甲烷主要存在于石油气、天然气、沼气中。在天然气中，甲烷含量可占 90% 以上。

甲烷为无色、无臭、无毒气体。甲烷不溶于水，能溶于非极性或低极性的有机溶剂中。

天然气可作为优质燃料，代替有毒的城市管道煤气。在工业上，甲烷主要作为生产氨和甲醇的原料。

（2）丁烷　丁烷和丙烷的混合物可以液化石油气的形式作燃料。除了可作为家庭厨房燃料之外，也可代替汽油，作为汽车的无污染（绿色）燃料。

（3）乙烯　乙烯主要由石油裂解反应制得，乙烯是非常重要的化工原料，乙烯的产量可用来衡量一个国家的化工生产能力。

乙烯的用途非常广泛。它不但能转化为环氧乙烷、乙醇、乙醛、1,2-二氯乙烷、氯乙醇等化工基本原料，还能进行聚合，得到聚乙烯高分子产品，用于生产塑料薄膜、塑料用品等。

(4) 乙炔 乙炔是重要的化工原料，是制备烯烃和二烯烃的主要原料，它们是制备塑料和合成橡胶的重要原材料。

乙炔燃烧时，火焰温度很高，与氧气混合形成氧炔焰的温度可达 3000℃ 左右，因此可用于熔接金属。

选读材料

烯烃聚合催化剂

烯烃聚合反应过程是一类复杂反应，从原料到形成产物之间需要多个碳—碳键形成才可以实现，而碳—碳键形成是有机化学的核心研究课题，实质是相同的，只是产物大小带来了性质上的巨大差异而已。按其反应历程可以分为自由基聚合、离子聚合和配位聚合三类。究其实质，都是由烯类单体出发，通过连锁加成反应形成新的碳—碳键，且碳—碳大量延伸，生成高聚物［式（1）］，即聚烯烃树脂。

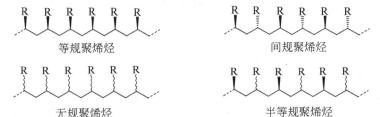

$$n H_2C{=}CH \longrightarrow {+}CH_2{-}CH{+}_n \qquad (1)$$

R=H, CH₃, Ph, Cl, CN 等

当聚合单体不是乙烯，而是其他单体时，由于取代基立体化学上的取向不同，所得聚烯烃可以分为等规、间规、无规和半等规四类。这些取代基立体化学上的取向，极大地影响着材料的性质及其应用性能。

等规聚烯烃　间规聚烯烃

无规聚烯烃　半等规聚烯烃

目前，聚烯烃材料的性质和加工工艺研究对聚烯烃的应用和性能提高起了相当大的作用，形成了独立的技术体系和研究热点。对新型聚烯烃材料的需求仍在不断地提高，正如化学研究的核心和灵魂是合成新的化合物一样，聚烯烃材料研究的核心是聚烯烃催化剂的更新换代和新型聚合工艺的开发，只有解决聚烯烃催化剂及其聚合工艺，方可以获得新型的聚烯烃材料。其中，最关键的仍是催化剂的设计和合成，这可以从烯烃聚合工业和研究的每次革命看到。

20 世纪 50 年代初，Ziegler 和 Natta 分别发明了 TiCl₄/Et₃Al（1953 年）与 TiCl₃/Et₂AlCl（1954 年）催化剂体系，1957 年意大利 Montecatini 公司实现了丙烯聚合工业化，使通用树脂工业得到了迅猛的发展。由于该类催化剂是非均相、多活性中心的，因而反应机理复杂，反应过程难以控制，导致产物结构选择性差、品种单一。1968 年，日本三井化学公司的 Kashiwa 发现将催化剂负载在 MgCl₂ 上，极大地提高了丙烯聚合的等规度和结晶形状，很快取代了以往所有聚合催化剂，直至现今仍是商业使用催化剂的主体，此后的 Ziegler-Natta 催化剂可以讲是由此改良的。随着金属有机化学和均相催化研究的发展，人们就注意了小分子活化和工业应用的研究。20 世纪 70 年代初，Shell 公司发现镍配合物可以诱导乙烯低聚催化，据此，发展了高压低聚工业过程制备 α-烯烃。1976 年，Kaminsky 发现 Cp₂ZrCl₂ 在甲基铝氧烷（MAO）存在下，具有极高的均相催化烯烃聚合活性，其根源在于催化中心为单分子活性中心，成为茂金属催化剂。茂金属催化剂及其改进的催化剂，不仅活性高，而且所得聚烯烃产品的性能进一步提高，很快得到商业应用，引发了单中心烯烃聚合催化剂研究的热潮。当然，由于现代研究速度的加快，竞争异常剧烈，茂金属催化剂专利保护和交叉很大，茂金属催化剂工业化的同时，引发了工业界专利权之争，仅在过去的两年间就有十几家公司通过合并或共同经营方式，平息催化剂产权的争议。1995 年，在杜邦公司资助下 Brookhart 研究组首先突破了后过渡金属配合物高分子量烯烃聚合，1998 年 Brookhart 研究组与英国 BP 公司支持的 Gibson 研究组分别独立地报道了铁系配位催化剂，将该领域研究推向金属有机、配位化学、均相催化和聚合研究的前沿研究领域。由于该类催化剂使用后过渡金属配合物，被称之为后过渡金属烯烃聚合催化剂，它的优点是：催化活性比茂金属催化剂更高，聚合物的分子量和支化度可以调节、控制，催化剂价格便宜、性能稳定、易于制备，可以实现极性单体催化聚合及极性单体与非极性单体的共聚，还可以得到高分子量的聚乙烯和聚α-烯烃。该类型的催化剂为通用树脂的合成开辟了一个全新的领域和途径。

我国聚烯烃工业正面临着结构性短缺和结构性过剩并存的困难时期。过去进口的部分成套设备和技术在当时就不是一流的，不仅能耗大、品种单调，而且实际生产出的产品是低档的通用牌号。20世纪80年代以来，国外聚烯烃工业的技术水平、生产规模和应用范围都有了很大的发展，使用高效聚合催化剂和针对制品特点生产专用树脂是这种发展的两大特点。这些问题对聚烯烃树脂在农业、建材、家电等行业中的应用带来很多不利的影响，甚至在应用中带来质量问题。我国虽然不断地进口成套的技术和设备，但是聚烯烃材料工业与国际水平的差距仍然较大，既不能满足各行各业的迫切需要，又不能抵挡国际上的激烈竞争，难于摆脱"不断进口，还是落后"的被动局面。归根到底，我国目前的通用树脂工业，缺乏必要的基础研究，没有自己的知识产权。要摆脱这种被动局面，就必须研究开发具有优异性能的新型聚烯烃催化剂和聚合物新品种，形成具有自己知识产权的材料加工技术和理论，建立自己的基础和应用体系。这对于从根本上普遍提高我国聚烯烃材料的质量是非常必要的。

当前，在改进已有的聚烯烃催化剂的同时，人们把更多的注意力放在新型单活性中心的聚烯烃催化剂设计上。有机和金属有机化学工作者对设计合成单中心新型催化剂具有相当的优势和便利条件，有机化学家可以提供新颖的杂原子和带取代基的有机化合物作为催化剂配体；金属有机化学家则可以通过配体的结构特性和配位键理论帮助设计新颖的金属有机化合物，用于烯烃聚合催化研究和应用开发。

◆ 习 题 ◆

一、烷烃

1. 按物理性质的规律，试将下列烷烃按其沸点由高到低排列：

(1) 2-甲基戊烷　　(2) 正己烷　　(3) 2,2-二甲基丁烷　　(4) 正庚烷

2. 完成下列反应，写出反应的主要产物。如果反应不发生请注明。

(1) $CH_3(CH_2)_4CH_3 + 浓\ H_2SO_4 \longrightarrow$

(2) $(CH_3)_2CHCH_3 \xrightarrow[一取代]{Cl_2,\ 25℃,\ h\nu}$

(3) $(CH_3)_3CH \xrightarrow[一取代]{Br_2,\ 25℃,\ h\nu}$

(4) $2\ \text{⟨六元环⟩}{-}CH_2Cl \xrightarrow[\triangle]{Na}$

二、烯烃和二烯烃

1. 完成下列反应

(1) $CH_3\underset{\underset{CH_3}{|}}{C}{=}CHCH_3 + H_2SO_4\ (冷，浓) \longrightarrow ? \xrightarrow[\triangle]{H_2O} ?$

(2) $CH_3CH{=}CH_2 + HBr \xrightarrow{CCl_4} ?$

(3) $CH_3CH{=}CH_2 + HBr \xrightarrow{ROOR} ?$

(4) $CH_3{-}\underset{\underset{H}{|}}{\overset{\overset{CH_3}{|}}{C}}{-}\underset{\underset{CH_3}{|}}{\overset{\overset{CH_3}{|}}{C}}{-}Cl \xrightarrow[乙醇]{KOH} ?$

(5) $\text{⟨六元环⟩}{=}CH_2 + H_2O \xrightarrow{H^+} ?$

(6) $\text{⟨六元环⟩}{=}CH{-}CH_3 \xrightarrow[\triangle]{KMnO_4,\ H^+} ?$

(7) $\text{⟨六元环⟩}{=}CH{-}CH_2 \xrightarrow[2.\ Zn,H_2O]{1.\ O_3} ?$

(8) $\text{⟨十氢萘⟩} \xrightarrow[2.\ Zn,H_2O]{1.\ O_3} ?$

(9) $\text{⟨五元环⟩} + NBS \xrightarrow{CCl_4} ?$

(10) $(CH_3)_2C{=}CH_2 \xrightarrow[2.\ H_2O_2,NaOH]{1.\ B_2H_6} ?$

(11) $CH_3CH{=}CH{-}CH{=}CH{-}CH_3 + Br_2 \xrightarrow{CCl_4} ?$

(12) $CH_3CH = \underset{\underset{CH_3}{|}}{C} - CH_2CH_3 + Cl_2 + H_2O \longrightarrow ?$

(13) $CH_2 = CH - CH = CH_2 + H_5C_2OOCC \equiv CCOOC_2H_5 \xrightarrow{\triangle} ?$

(14) $\bigcirc + CH_2 = CHCHO \xrightarrow{\triangle} ?$　　　(15) $F_3C - CH = CH_2 \xrightarrow{HCl} ?$

2. 试以反应历程解释下列反应结果。

$$(CH_3)_2CHCH = CH_2 + HBr \longrightarrow (CH_3)_2\underset{\underset{Br}{|}}{C}CH_2CH_3 + (CH_3)_2CH\underset{\underset{Br}{|}}{C}HCH_3$$

3. 推测结构

(1) 分子式为 C_6H_{12} 的烃, 用浓的高锰酸钾酸性溶液处理得到 $(CH_3)_2CHCH_2COOH$ 和 CO_2, 试写出该烃的结构。

(2) 未知化合物 A, 分子式为 C_6H_{10}。A 进行催化加氢仅吸收 1mol 氢气。A 进行臭氧化锌粉水解反应仅得一种产物 $O = \underset{\underset{H}{|}}{C} - CH_2 - \underset{\underset{CH_3}{|}}{C}H - CH_2 - \underset{\underset{H}{|}}{C} = O$。试写出化合物 A 的结构式。

(3) 某化合物 A, 分子式为 $C_{10}H_{18}$, 经催化加氢得到化合物 B, B 的分子式为 $C_{10}H_{22}$。化合物 A 与过量高锰酸钾溶液作用, 得到三个化合物:

$$CH_3\underset{\underset{O}{\|}}{C}CH_3 \qquad CH_3\underset{\underset{O}{\|}}{C}CH_2CH_2COOH \qquad CH_3\underset{\underset{O}{\|}}{C}OH$$

试写出化合物 A 可能的结构式。

4. 合成题:

(1) $CH_3CH = CH_2 \longrightarrow CH_3CH_2CH_2OH$

(2) $CH_3CH = CH_2 \longrightarrow \underset{\underset{Cl}{|}}{C}H_2 - CH - CH_2$ (环氧)

(3) $\overset{CH_3 \ Br}{\underset{}{\bigcirc}} \longrightarrow \overset{CH_3}{\underset{Br}{\bigcirc}}$

(4) 1,3-丁二烯, 丙烯 $\longrightarrow \bigcirc - CH_2Br$

三、炔烃

1. 完成下列反应

(1) $CH_3C \equiv CH \xrightarrow{?} CH_3\underset{\underset{Br}{|}}{\overset{\overset{Br}{|}}{C}} - \underset{\underset{Br}{|}}{\overset{\overset{Br}{|}}{C}}H$

(2) $CH_3C \equiv CH \xrightarrow{?} CH_3CH_2CH_3$

(3) $CH_3CH_2C \equiv CCH_3 \xrightarrow{?} \underset{\underset{H}{|}}{\overset{\overset{CH_3}{|}}{C}} = \underset{\underset{H}{|}}{\overset{\overset{CH_2CH_3}{|}}{C}}$

(4) $HC \equiv CH + HC \equiv CH \xrightarrow[H_2O]{CuCl, \ NH_4Cl} ?$

(5) $CH_3C \equiv CH \xrightarrow[2. \ CH_3CH_2Br]{1. \ NaNH_2, NH_3} ? \xrightarrow{CH_2 = CH - CH = CH_2} ?$

(6) $CH_3CH_2C \equiv CH \xrightarrow[HgSO_4, \ H_2SO_4]{H_2O} ?$

(7) $CH_3CH_2C \equiv CCH_3 \xrightarrow[2. \ H_2O]{1. \ O_3} ?$

(8) $CH_3C \equiv CCH_3 \xrightarrow{?} \underset{\underset{H}{|}}{\overset{\overset{CH_3}{|}}{C}} = \underset{\underset{CH_3}{|}}{\overset{\overset{H}{|}}{C}} \xrightarrow{?} 2CH_3\underset{\underset{O}{\|}}{C} - OH$

(9) $CH_3CH_2C \equiv CH \xrightarrow{Ag(NH_3)_2NO_3} ?$

(10) $CH_3C \equiv CCH_3 \xrightarrow{Cu(NH_3)_2Cl} ?$

2. 合成题

(1) 乙炔 —→ 〔环己烯〕CH=CH₂

(2) 乙炔 —→ CH₃CHCHCH₂ （Cl Cl Cl）

(3) 丙烯, 乙炔 —→ 顺-4-辛烯

(4) 丙炔 —→ 正己烷

(5) 用 ≤C₄ 的烃 —→ 〔环己烯-CH₂-CO-CH₃〕

3. 用化学方法鉴别下列各组化合物

(1) 1-戊炔和 2-戊炔

(2) 丙烷、丙烯和丙炔

4. 推测结构

(1) 分子式为 C_6H_{10} 的未知物, 催化加氢可生成 2-甲基戊烷, 在汞盐存在下加水生成 4-甲基-2-戊酮, 它与硝酸银氨溶液作用生成白色沉淀, 试推测该化合物的结构式。

(2) 未知物 A, 分子式 C_5H_8O, 与硝酸银氨溶液作用有沉淀生成。A 经铂催化加氢得到化合物 B, 分子式为 $C_5H_{12}O$。B 与硝酸银氨溶液作用无沉淀生成, 不能使四氯化碳溴溶液褪色。将 B 与浓硫酸作用可得到分子式均为 C_5H_{10} 的两个异构体 C 和 D。C 和 D 都能使四氯化碳溴溶液褪色, 它们经钯催化加氢得到 2-甲基丁烷。C 经奥氧化锌粉水解反应可得到乙醛和丙酮, 试推测 A~D 化合物的结构, 并写出有关的反应式。

四、脂环烃

1. 写出下列化合物较稳定的构象。

(1) 反-1-甲基-2-叔丁基环己烷

(2) 反-1-甲基-3-叔丁基环己烷

(3) 反-1-甲基-4-叔丁基环己烷

(4) 顺-1-甲基-4-叔丁基环己烷

(5) 〔环己烷结构: CH₃, CH₃, C(CH₃)₃〕

2. 完成下列反应式

(1) ▷-CH₃ $\xrightarrow[\triangle]{H_2/Ni}$

(2) □ $\xrightarrow[\triangle]{H_2/Ni}$

(3) ▷-CH=CH₂ $\xrightarrow[\triangle]{H_2/Pt}$

(4) 〔1-甲基环己烯〕 $\xrightarrow{HCl}$

(5) 〔环己烷〕 $\xrightarrow{Br_2, h\nu}$

(6) 〔1-甲基环己烯〕 $\xrightarrow[\text{2. Zn, H}_2\text{O}]{\text{1. O}_3}$

(7) 〔环戊二烯〕 + CH=C(O)-O-C(O)=CH 〔马来酸酐〕

(8) ▷-CH₃ $\xrightarrow{HI}$

(9) 〔环戊烯〕 $\xrightarrow{NBS}$

3. 用简便的方法区别下列各组化合物。

(1) 丙基环丙烷、乙基环丁烷、环己烯。

(2) 环己烷、环己烯和 1-己炔。

4. 推测结构

(1) 化合物 A 分子式为 C_4H_8, 它能使溴溶液褪色, 但不能使稀的高锰酸钾溶液褪色, 1mol A 与 1mol HBr 作用生成 B, B 也可以从 A 的同分异构体 C 与 HBr 作用得到。C 能使溴溶液和稀的高锰酸钾溶液褪色。试推测 A、B、C 的结构式, 并写出各步反应式。

(2) 1,3-丁二烯聚合时, 除生成高分子聚合物外, 还得到一种二聚体。该二聚体能发生下列反应: a. 催化加氢后生成乙基环己烷; b. 和溴作用可加四个溴原子; c. 用过量高锰酸钾氧化, 生成 β-羧基己二酸。根据以上反应结果, 推测该二聚体的结构。

(3) 有 A、B、C、D 四种化合物, 分子式均为 C_6H_{12}, A 与奥氧作用水解得 CH_3CH_2CHO 及 CH_3COCH_3, D 却得到一种产物; B、C 与奥氧和 H_2/Pt 不反应; 核磁共振测定 B 的化学位移: δ: 0.9 (3H, 双峰); 1.0 (9H, 多峰); C 的谱图上只呈现一个吸收单峰, 试推断 A、B、C、D 的结构式。

第7章 卤代烃

> 💬 **本章提要** 简要介绍了卤代烃的物理性质和化学性质；着重阐明影响亲核取代和消除反应的因素，涉及底物结构、试剂、溶剂等诸方面，能使学生全面了解取代和消除反应的竞争性。本章还就含氟化合物作了介绍，特别是对氟里昂的应用与对臭氧层的耗损作了理论上的说明，以唤起大家的环保意识。
>
> 📶 **关键词** 卤代烃 亲核取代 消除反应 氟化物 氟里昂 臭氧层 稳定性 碳正离子 过渡态 聚四氟乙烯

维克多·格利雅（Victor Grignard，1871～1935） 生于法国，是一位造船工的儿子，曾经担任过南锡大学和里昂大学的化学教授。

他于1890年报道合成了第一个格氏试剂。在以后的五年中，他发表了有关格氏试剂的文章200余篇，为确定格氏试剂的结构和格氏试剂的应用作出了开创性的工作。由此荣获了1912年诺贝尔化学奖。

卤素（氟、氯、溴、碘）直接与烃分子中的碳原子相连（卤素取代烃中氢原子）的化合物、称为卤代烃。

根据卤代烃烃基结构的不同，可分为卤代烷烃（CH_3Cl，CH_2—CH_2）、卤代烯烃（CH_2=$CHCl$ ，CH_2=CH—CH_2—Cl）和卤代芳烃（ ﹣、 ﹣）；也可依据卤代烃分子中的卤素多寡分为一卤代烃（CH_3I）、二卤代烃（CH_2CH_2）和多卤代烃（CCl_4，CF_2=CF_2）等。

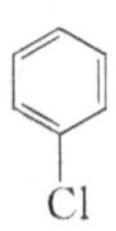

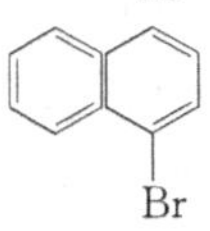

由于制备碘化物费用比较昂贵，反应较为困难而少有研究（特殊领域除外）。而氟化物因氟原子结构的特殊性，其性质与其他卤代烃有显著不同，并且制备氟化物的方法较为特殊，近年来含氟化合物的特殊性质和特殊用途正不断被报道，所以氟化物正成为众多科学家关注领域，为此，氟化物在专门的章节中讨论。

7.1 卤代烃的物理性质

各类卤代烃的物理性质见表7.1。从表中我们可以发现当烃基相同时，其沸点高低为氯代烃＜溴代烃＜碘代烃；当卤素相同时，化合物的沸点随着烃基碳原子数的增加而增高。另

表 7.1　各类卤代烃的物理性质

结 构 式	氯		溴		碘	
	b. p. /℃	$\rho(20℃)/(g/mL)$	b. p. /℃	$\rho(20℃)/(g/mL)$	b. p. /℃	$\rho(20℃)/(g/mL)$
$CH_3—X$	-24	0.920	5	1.732	42	2.279
$CH_3CH_2—X$	13	0.910	38	1.430	72	1.933
$CH_3CH_2CH_2—X$	46	0.890	71	1.353	102	1.747
$(CH_3)_2CH—X$	37	0.860	60	1.310	89	1.702
$CH_3(CH_2)_3—X$	78	0.884	102	1.275	130	1.617
$(CH_3)_2CHCH_2—X$	69	0.875	91	1.263	120	1.609
$CH_3CH_2—CHX—CH_3$	68	0.871	91	1.261	119	1.595
$(CH_3)_3C—X$	51	0.851	73	1.222	100 分解	
$CH_3(CH_2)_4—X$	108	0.883	130	1.223	157	1.517
$CH_3(CH_2)_5—X$	134	0.882	156	1.173	180	1.441
⬡—X	143	1.000	165			
$CH_2=CH—CH_2—X$	45	0.938	71	1.398	102	1.848
CH_2X_2	40	1.336	99	2.490	180 分解	3.325
CHX_3	61	1.489	151	2.89	固体	
CX_4	77	1.597	189	3.242	固体	
⬡—X	132	1.106	155	1.499	189	1.832
$CH_2=CH—X$	-160	0.912	-138	1.493		

外，氯代烃的沸点比与其相同烃基结构的烷烃高，但与相对分子质量相近的烷烃沸点相差不大。从相对密度观察，一氯代烃的相对密度小于1，而一溴代烃和一碘代烃的相对密度均大于1。

　　无论卤代烃的极性如何，通常都难溶于水，并且像烷烃那样也不溶于冷的浓硫酸中，利用此性质，可用浓硫酸来纯化卤代烃（浓硫酸能与烯烃、炔烃、醇等反应）。卤代烃能溶于醇、醚、烃类等有机溶剂中，有些卤代烃本身就是常用的有机溶剂。

7.2　卤代烃的化学性质

　　卤代烃分子中的卤原子（Cl、Br、I）通常情况下比较活泼，能与一些试剂作用，发生多种类型的反应，其中有两类反应最为典型：①官能团卤原子被其他原子或基团取代的反应，称为饱和碳上的亲核取代反应；②通过消除卤化氢，得到碳碳双键的反应，称为消除反应。

7.2.1　亲核取代反应（反应机理见第4章亲核取代）

　　卤代烃可以与亲核试剂（例如 OH^-，CN^-，RO^-，X^- 等）作用得到取代反应产物。

　　(1) 被羟基取代得到醇（水解）　伯卤烷（或卤甲烷）与氢氧化钠的乙醇水溶液作用，得到相应的醇，碱性溶液可加快反应速率。

$$CH_3CH_2CH_2Br+NaOH \xrightarrow[回流]{乙醇+水} CH_3CH_2CH_2OH+NaBr$$

采用乙醇水溶液作溶剂是为了增加卤烷在水中的溶解度，使反应在均相体系中进行，对反应有利。

　　(2) 被氰基取代得到腈（氰解）　伯卤烷与氰化钠在乙醇水溶液中反应，可得到相应的腈。利用腈水解，可得到比原来卤代烃多一个碳原子的羧酸，常用于制备脂肪酸。腈也可还原制备胺。

$$CH_3CH_2Br + NaCN \xrightarrow[\text{回流}]{\text{乙醇+水}} CH_3CH_2CN + NaBr$$

$$\xrightarrow[\triangle]{OH^-} CH_3CH_2COO^- \xrightarrow{H^+} CH_3CH_2COOH$$

因为氰化钠等剧毒，应用上有一定限制，生产工艺在不断完善中。

（3）被烷氧基取代得到醚（醇解） 伯卤烷与醇钠在相应醇为溶剂的条件下，得到醚。该反应称为 Willamson 合成法，常用于制备混醚。

$$CH_3CH_2CH_2CH_2Br + CH_3CH_2ONa \xrightarrow[\text{回流}]{\text{乙醇}} CH_3CH_2CH_2CH_2OCH_2CH_3 + NaBr$$

上述三类取代反应，若采用叔卤烷，将难以得到相应的取代产物，而主要得到消除产物烯烃。若采用仲卤烷，取代反应产率较低。

（4）被碘离子取代得到碘代烷 氯代烷或溴代烷在丙酮溶液中可与 NaI 作用，发生卤原子之间的取代反应，得到碘代烷，此反应又称为卤素交换反应。反应按 S_N2 历程进行，这是制备碘代烷常用的方法之一。

$$\underset{\underset{Br \downarrow}{|}}{CH_3CHCH_2CN} + NaI \underset{}{\overset{\text{丙酮}}{\rightleftharpoons}} \underset{\underset{I}{|}}{CH_3CH}-CH_2CN + NaBr \downarrow$$

反应得以进行，溶剂丙酮起了主要的作用，丙酮能溶解碘化钠而不能溶解氯化钠和溴化钠。反应生成的氯化钠或溴化钠以固体形式析出，使反应朝着生成碘代物的方向进行。

（5）与硝酸银-乙醇溶液作用，得到硝酸烷基酯和卤化银沉淀 卤代烃与 $AgNO_3^-$ 乙醇溶液作用，可观察到卤化银沉淀的生成，反应按 S_N1 历程进行：

$$R-X + AgNO_3 \xrightarrow{\text{乙醇}} R-O-NO_2 + AgX \downarrow$$

不同结构的卤代烷与 $AgNO_3^-$ 乙醇溶液作用的现象是不同的：

$$\underset{\text{叔卤烷}}{R_3C-X} + AgNO_3 \xrightarrow{\text{乙醇}} \text{沉淀立刻生成}$$

$$\underset{\text{仲卤烷}}{R_2CH-X} + AgNO_3 \xrightarrow{\text{乙醇}} \text{沉淀慢慢生成}$$

$$\underset{\text{伯卤烷}}{RCH_2-X} + AgNO_3 \xrightarrow{\text{乙醇}} \text{需加热才有沉淀生成}$$

利用这一试剂，可以鉴别不同结构的卤代烃。

例题 7.1 写出异丁基溴分别与下列试剂反应时的产物。
（1）KOH/H_2O　　（2）$AgNO_3$/乙醇　　（3）$NaCN$/水-乙醇　　（4）$NaSCH_3$　　（5）NaI/丙酮

7.2.2 消除反应（反应机理见第 4 章消除反应）

卤代烷在碱性条件下，水解生成醇的取代反应和消除生成烯烃的反应是相互竞争的。例如：

$$CH_3CH_2CH_2Br \overset{\text{稀 NaOH,乙醇 - 水,回流}}{\underset{\text{浓 NaOH- 乙醇,回流}}{\rule{3cm}{0pt}}} \begin{array}{l} CH_3CH_2CH_2-OH + NaBr \\ CH_3CH=CH_2 + NaBr + H_2O \end{array}$$

不同结构的卤代烷发生消除反应的活性顺序为叔卤烷＞仲卤烷＞伯卤烷。结构相同的卤代烃发生消除反应的活性为 RI＞RBr＞RCl。

当消除反应生成烯烃有两种不同取向时，遵循 Saytzeff 规则，即生成支链较多的稳定性较好的烯烃。例如：

$$CH_3CH_2-\underset{\underset{CH_3}{|}}{\overset{\overset{Br}{|}}{C}}-CH_3 \xrightarrow{C_2H_5ONa} CH_3CH=\underset{\underset{CH_3}{|}}{C}-CH_3 + CH_3CH_2-\underset{\underset{CH_3}{|}}{C}=CH_2$$

$$ \quad 71\% \qquad\qquad\qquad 29\%$$

需注意的是，当碱的体积特别大或离去基团（例—NR_3）的离去能力较差时，消除反应取向依 Hofmann 规则，生成支链较少的烯烃。例如：

$$75\% \qquad\qquad 25\%$$

例题 7.2　写出下列反应的主要产物。

(1) $\underset{\underset{CH_3}{|}\ \underset{Br}{|}}{CH_3CH_2CH-CHCH_2CH_3} \xrightarrow[\text{乙醇，}\triangle]{KOH}$　(2) $\xrightarrow[\text{乙醇，}\triangle]{KOH}$

(3) $CH_3CHBrCH_2CH_2CHBrCH_3 \xrightarrow[\text{乙醇}]{KOH}$

7.2.3　与金属反应

卤代烃能与 Li，Na，K，Mg，Al 等金属作用生成有机金属化合物，此类化合物中都含有碳-金属（$C^{\delta-}-M^{\delta+}$）键的特殊结构，是一类非常强的亲核试剂。

$$CH_3CH_2CH_2Cl + \begin{cases} Li \\ Mg \end{cases} \longrightarrow \begin{cases} CH_3CH_2CH_2Li \\ CH_3CH_2CH_2MgCl \end{cases}$$

（1）与金属锂作用　卤代烃在纯乙醚或烷烃等惰性溶剂中，能与金属锂反应，得到有机锂化合物，反应有必要在氮气保护下进行，以隔绝影响反应的水和氧。

$$2Li + n\text{-}C_4H_9Cl \xrightarrow[-10℃]{\text{己烷}} n\text{-}C_4H_9Li + LiCl$$

$$\text{正丁基氯} \qquad\qquad \text{正丁基锂}$$

有机锂试剂活性较高，难以长期保存，通常使用时及时制备。将有机锂试剂与卤化亚铜作用，可以生成重要的有机合成试剂二烷基铜锂：

$$2RLi + CuI \longrightarrow R_2CuLi + LiI$$

二烷基铜锂主要应用于制备各类烷烃，例如：

$$CH_3CH_2CH_2Br \xrightarrow[\text{乙醚}]{Li} CH_3CH_2CH_2Li \xrightarrow{CuI}$$

$$(CH_3CH_2CH_2)_2CuLi \xrightarrow{CH_3I} CH_3CH_2CH_2CH_3 + CH_3CH_2CH_2Cu + LiBr$$

$$\phantom{(CH_3CH_2CH_2)_2CuLi \xrightarrow{CH_3I} CH_3CH_2} 80\%$$

$$(CH_3)_2CuI + \text{} \longrightarrow$$

$$75\%$$

（2）与金属镁作用　20 世纪初，法国化学家 Philippe Barbier 发现碘甲烷、丙酮、镁混合，会发生反应，感到非常意外，他将这种现象告诉了青年学生 Victor Grignard（格利雅），要求他对此进行研究。Grignard 对反应原料进行分组实验，发现用碘甲烷和金属镁混合可以形成一个新的化合物，再加入丙酮，可以得到最初三者混合后所得的相同有机镁化合物，并且发现乙醚是引起卤代烷和镁之间反应的一种特别有效的溶剂。他又将有机镁化合物应用于有机合成。

卤代烃在纯乙醚或四氢呋喃（THF）的溶剂中与金属镁作用，可以得到烷基卤代镁（RMgX），该化合物称为 Grignad 试剂。

$$(Ar)R—X + Mg \xrightarrow[\text{或 THF}]{\text{纯乙醚}} (Ar)R—MgX$$

原料卤代烃以碘代烃最易反应，氯代烃较难反应而氟代烃难以形成 Grignard 试剂。自 Grignard 试剂被发现的几十年来，科学家对 Grignard 试剂的乙醚溶液的组成作了细致的研究，但对它的结构仍然不太清楚。Grignard 试剂的结构一般可写成 RMgX，但事实上还应包括 R_2Mg，MgX_2 和 $(RMgX)_n$。在乙醚溶液中，Grignard 试剂以溶剂化的形式存在，对稳定 Grignard 试剂起了重要的作用。乙醚是 Lewis 碱，而有机镁化合物是 Lewis 酸，形成的配合物结构如下所示：

$$
\begin{array}{ccccc}
C_2H_5 & & R & & C_2H_5 \\
& \diagdown & \vdots & \diagup & \\
& O & :Mg: & O & \\
& \diagup & \vdots & \diagdown & \\
C_2H_5 & & X & & C_2H_5
\end{array}
$$

Grignard 试剂生成后不需分离，直接进行下一步反应。

Grignard 试剂在有机合成中是用途很广泛的一类有机合成试剂。Grignard 试剂的反应一般可分为两大类。

① 格氏试剂和羰基双键或其他极性双键或叁键（如 —C≡N ， $\overset{O}{\overset{\|}{—C—X}}$ ， $\overset{O}{\overset{\|}{—C—OR'}}$ 等）发生加成反应（在以后有关章节讨论）。

② 格氏试剂和含有活泼氢原子或活泼卤原子的化合物发生复分解反应。水、醇、酚、羧酸、胺、乙炔等都是含有活泼氢的化合物。Grignard 试剂遇到活泼氢，则 Grignard 试剂中的烷基转变为烷烃，格氏试剂被分解，所以在制备格氏试剂时反应环境应避免含活泼氢的物质。

$$
RMgX + \left\{ \begin{array}{l} HX \\ R—OH \\ NH_3 \\ RC\equiv C—H \end{array} \right. \longrightarrow RH + \left\{ \begin{array}{l} MgX_2 \\ ROMgX \\ NH_2MgX \\ RC\equiv CMgX \end{array} \right.
$$

由于此类反应是定量进行的，在有机分析中常用甲基卤化镁与含活泼氢化合物作用，根据反应生成的甲烷量来测定活泼氢的含量。

例题 7.3　含有 D 同位素的有机化合物是重要试剂，如何在烃分子中引入 D 同位素。

7.3　影响卤代烃亲核取代反应活性的因素

卤代烃亲核取代反应可以分为 S_N1 历程和 S_N2 历程两类，卤代烃按哪一方式进行主要受到卤代烃分子结构、亲核试剂、离去基团、溶剂性质等因素的影响。

7.3.1　烃基结构的影响

（1）烃基结构对 S_N1 反应的影响

当选用不同烃基卤化物在极性较强的甲酸水溶液中水解时，测得这些反应按 S_N1 历程进行的相对反应速率，见表 7.2。

表 7.2　各类溴代烷 S_N1 历程水解反应的相对速率

$$R{-}Br+H_2O \xrightarrow{HCOOH} R{-}OH+HBr$$

反　应　物	烷基类型	反应相对速率	反　应　物	烷基类型	反应相对速率
$CH_3{-}Br$	$CH_3{-}$	1.0	$(CH_3)_2CHBr$	仲卤烷（2°）	3.2
CH_3CH_2Br	伯卤烷（1°）	1.6	$(CH_3)_3CBr$	叔卤烷（3°）	10^7

从表 7.2 中我们可以得出不同结构卤代烃发生 S_N1 反应的活泼顺序为 3°>2°>1°>$CH_3{-}$。如何从理论上加以解释呢？

已知 S_N1 历程是分两步进行的，其中第一步生成碳正离子中间体是决速步骤，碳正离子中间体愈稳定，相应的反应活化能愈低，反应就愈迅速。

碳正离子稳定性主要受到电子效应和空间效应的影响。从电子效应（诱导、超共轭效应）观点可以得出碳正离子稳定性顺序与卤代烃发生 S_N1 反应的活泼顺序是一致的，即 $3°C^+>2°C^+>1°C^+>\overset{+}{CH_3}$。我们也可以很容易解释为什么苄卤（ ⟨CH₂X 苯环结构⟩ ）和烯丙基卤化物（$CH_2{=}CH{-}CH_2{-}X$）的 S_N1 反应比叔卤烷还要快。因为中间体 ⟨$\overset{+}{CH_2}$ 苯环结构⟩ 和 $CH_2{=}CH{-}\overset{+}{CH_2}$ 存在 p-π 共轭而有很好的稳定性。从空间效应观点分析，卤代烃中心碳原子由 sp^3 杂化的四面体结构转变为碳正离子 sp^2 杂化的平面型结构，基团（R 或 H）与中心碳原子之间的键角也由 109.5°改变为 120°左右，基团之间的拥挤程度可得到一定改善，这一改善程度随着中心碳原子上烷基增多（增大）而变大。可以预计，叔卤烷的改善程度比其他各类卤烷都大，所以从空间效应考虑的卤代烃 S_N1 反应的活性顺序与电子效应考虑的结果是一致的，即 $(CH_3)_3C{-}X>(CH_3)_2CHX>CH_3CH_2X>CH_3X$。

对于 S_N1 反应，取代基之间的拥挤程度远比在 S_N2 过渡态中要小，通常情况下，对 S_N1 反应活性影响主要考虑电子效应。

（2）烃基结构对 S_N2 反应的影响

当选用不同烃基卤化物在弱极性的丙酮溶剂中进行卤素置换反应时，测得这些反应按 S_N2 历程进行的相对反应速率。见表 7.3。

表 7.3　各类溴代烷以 S_N2 历程进行卤素置换反应的相对反应速率

$$R{-}Br+I^- \xrightarrow{丙酮} R{-}I+Br^-$$

反　应　物	烷基类型	相对反应速率	反　应　物	烷基类型	相对反应速率
$CH_3{-}Br$	$CH_3{-}$	200000	$(CH_3)_2CH{-}Br$	仲卤烷（2°）	12
$CH_3CH_2{-}Br$	伯卤烷（1°）	1000	$(CH_3)_3C{-}Br$	叔卤烷（3°）	1

从表 7.3 中数据我们可以得出不同结构的卤代烃在 S_N2 的反应环境中的活泼顺序为 $CH_3X>1°>2°>3°$。与 S_N1 反应的活泼顺序刚好相反。

S_N2 历程是一步进行的，反应速度的快慢取决于反应的活化能的大小，即活化过渡态稳定性的大小。从电子效应方面考虑，在反应物中，随着中心碳原子上烃基的增多，烃基的供电子诱导效应不利于亲核试剂的进攻，但反应物卤代烃到达过渡态阶段，中心碳原子上的电荷分布变化不大，$Nu^{\delta-}\cdots\underset{\underset{R}{|}}{\overset{\overset{R}{|}}{C}}\cdots X^{\delta-}$，所以烃基结构变化对过渡态稳定性影响不大。从空间效应考虑，卤代烃转变到过渡态阶段，中心碳原子从四价转变为五价（类似五价碳化合物），

基团之间必定显得更为拥挤，基团愈大，拥挤程度愈大，过渡态能量愈高，对反应愈不利。显然，我们可以得出空间效应对 S_N2 反应的活性顺序为：

$$CH_3X > RCH_2X > R_2CHX > R_3CX$$

上述讨论的是 α-取代烷基对 S_N2 反应活性的影响，若 β-碳原子上的基团改变，对 S_N2 反应活性又有何影响呢？见表 7.4。

表 7.4　β-碳原子上基团变化，对 S_N2 反应活性的影响

（反应 $R-Br + CH_3CH_2O^- \xrightarrow{S_N2} R-O-CH_2CH_3 + Br^-$）

R	相对反应速率	R	相对反应速率
$\overset{\beta}{CH_3}CH_2-$	500000	$CH_3-\overset{\overset{\displaystyle CH_3}{\displaystyle \vert}}{\underset{\overset{\displaystyle \vert}{\displaystyle CH_3}}{\overset{\beta}{C}}}-CH_2-$	1
$CH_3\overset{\beta}{C}H_2CH_2-$	28000		
$CH_3-\underset{\overset{\displaystyle \vert}{\displaystyle CH_3}}{\overset{\beta}{C}}HCH_2-$	4000		

可以明显看出当 R 基团中的 β-碳原子上取代基增多时，空间位阻增大，反应速度相应降低，与前面讨论的结果是一致的。

通常情况下，对 S_N2 反应活性影响主要考虑空间效应。

（3）烯丙基型和苄基型卤化物对 S_N 反应活性的影响

烯丙基型和苄基型卤化物以 S_N1 和 S_N2 反应方式都是容易的。

对 S_N1 体系我们已经认识到能使中间体碳正离子稳定性提高，则对反应有利。由烯丙基卤化物生成的烯丙基碳正离子（$CH_2=CH-\overset{+}{C}H_2$）和由苄基卤化物生成的苄基碳正离子（ ⬡$-\overset{+}{C}H_2$ ），分子内都存在 p-π 共轭体系，如图 7.1 所示，能使正电荷得到较好的分散，碳正离子稳定性得到很大提高。就此可以得出在 S_N1 反应条件下烯丙基卤化物或苄基卤化物的反应活性强于叔卤烷。

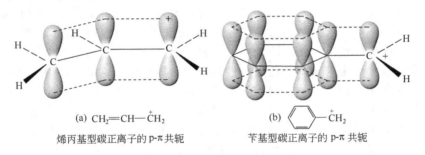

(a) $CH_2=CH-\overset{+}{C}H_2$　　　　　(b) ⬡$-\overset{+}{C}H_2$

烯丙基型碳正离子的 p-π 共轭　　　苄基型碳正离子的 p-π 共轭

图 7.1　碳正离子的 p-π 共轭

此外，烯丙基型卤化物在 S_N1 反应中，往往有烯丙位重排产物生成。例如：1-氯-2-丁烯在以 S_N1 反应形式水解时，可得到 2-丁烯-1-醇和 3-丁烯-2-醇两种产物。其原因就在于生成的碳正离子经 p-π 共轭，正电荷被重新分配到两个碳原子上，然后与亲核试剂作用时，就有两个部位发生结合，而得到两种产物。通过下列共振结构式能更容易得出结论。

$$CH_3-CH=CH-CH_2-Cl \xrightarrow[\text{慢}]{-Cl^-} [CH_3-CH=CH-\overset{+}{C}H_2 \longleftrightarrow CH_3-\overset{+}{C}H-CH=CH_2]$$

$$H_2O \downarrow 迅速 \qquad\qquad\qquad H_2O \downarrow 迅速$$

$$CH_3-CH=CH-CH_2-OH \qquad CH_3-\underset{\overset{\displaystyle \vert}{\displaystyle OH}}{CH}-CH=CH_2$$

$$40\% \qquad\qquad\qquad\qquad 60\%$$

在 S_N2 反应体系中，烯丙基和苄基卤代物分子中的 π 键都能对反应中形成的过渡态起到稳定作用，对降低反应活化能有利。可按 S_N2 机理反应，但更容易脱掉 X^-，主要按 S_N1 机理进行。

（4）乙烯型卤化物对 S_N 反应活性的影响

由于乙烯型卤化物（$CH_2{=\!=}CH{-}X$，$\langle\!\!\bigcirc\!\!\rangle{-}X$ ）中的卤原子直接与不饱和碳原子相连，共轭效应使 C—X 键的键能增强，卤原子难以离去。所以，乙烯型卤化物，无论是 S_N1 反应还是 S_N2 反应，都是困难的。

例题 7.4 比较下列各组化合物分别进行 S_N1 及 S_N2 反应时的反应速率，简单阐明依据。

（1）苄基氯　α-苯基氯乙烷　β-苯基氯乙烷

（2）3-甲基-1-溴戊烷　　2-甲基-2-溴戊烷　　　2-甲基-3-溴戊烷

7.3.2 亲核试剂的影响

亲核试剂对 S_N1 反应来说影响不大，因为 S_N1 反应的决速步骤与亲核试剂的浓度无关。

亲核试剂对 S_N2 反应来说有着直接的影响。S_N2 反应是一步完成的，亲核试剂参与了过渡态的形成，因此亲核试剂的浓度和亲核性强弱对 S_N2 反应有很大的影响。提高亲核试剂的浓度和增强亲核试剂的亲核性对 S_N2 反应都是有利的。

试剂的亲核性是指它与带正电荷碳原子的结合能力，带有未共享电子对的物质都具有一定的亲核能力，可以说 Lewis 碱都是亲核试剂。对于亲核原子相同的亲核试剂，碱性强亲核性也强。例如，含氧化合物的碱性和亲核性强弱顺序同为：

$$C_2H_5O^- > HO^- > C_6H_5O^- > CH_3COO^- > H_2O$$

需要指出的碱性和亲核性是两个不同的概念。碱性指的是对质子或 Lewis 酸的亲和力，亲核性指的是对带正电荷碳原子的亲和力。由于质子和碳原子核的大小不同，使得试剂亲核性强弱除了与碱性因素有关外，还与试剂的可极化度和溶剂化效应有关。我们知道卤素离子的碱性强弱顺序为 $F^- > Cl^- > Br^- > I^-$，而在质子性溶剂水中的亲核性强弱顺序为 $F^- < Cl^- < Br^- < I^-$，与碱性恰好相反，其原因就在于试剂的可极化度和溶剂化效应。

氟离子半径很小，电荷集中，在质子性溶剂中很容易形成氢键，使得氟离子周围被溶剂所包围，溶剂化作用很强，氟离子很难与碳原子结合，而氢质子半径很小，很容易进入溶剂化分子内部与氟离子结合，所以氟离子显示出强碱性和弱亲核性。而碘离子半径较大，很难与质子形成氢键，溶剂化作用小，原子核对核外电子的束缚能力较差，在外电场作用下，易发生变形（可极化度大），当碳原子与其靠近时，变形的电子云伸向碳原子，显示出强的亲核性。对于一个亲核取代反应来说，改变亲核试剂可能会导致反应历程的改变。当亲核试剂的亲核性增强时，反应可能由 S_N1 转变为 S_N2。

在极性溶剂中一些亲核试剂的亲核性强弱为：

$$HS^- > RS^- > CN^- > I^- > NH_3 > NO^- > N_3^- > Br^- > RO^- > Cl^- > F^- > H_2O$$

7.3.3 离去基团的影响

亲核取代反应无论是 S_N1 还是 S_N2，决定反应速率的一步都涉及碳卤键的断裂，所以离去基团的离去能力大小对两类反应都有影响，即离去基团的离去能力越强，对反应就越有利。不过从两种反应历程的特点来说，离去能力强的离去基团对 S_N1 反应更有利，因为更易形成碳正离子。一般来说，亲核性强的试剂是一个差的离去基团，但有例外。我们知道碘离子是一个好的亲核试剂，但同时又是一个好的离去基团。这是由于碘离子半径较大，与碳形成的共价键的键能较弱（约 221.8kJ/mol），比其他碳卤键更易断裂。

7.3.4　溶剂的影响

溶剂不但能影响亲核取代反应的速率，而且还会影响反应的类型。溶剂对 S_N1 反应影响较大，由于碳卤键的断裂，反应物由中性分子转化为带电荷的离子，显然极性溶剂或质子性溶剂对 C—X 键的解离和碳正离子的稳定性都是有利的。例如：叔丁基氯在50%乙醇水溶液中进行溶剂解反应比在纯乙醇中的反应快 100000 倍。但是卤代烃以水作溶剂解反应时，却得不到很好效果。这是由于卤烷难溶于水，溶剂解反应是非均相的，分子之间难以有足够的碰撞概率。如果在水中加入一些可溶性的有机溶剂，增加卤烷在混合溶剂中的溶解度，则反应速率可被加快。

溶剂对反应类型的影响也很大。伯卤烷难以按 S_N1 历程进行反应。但是，在极性质子性溶剂中，选择亲核性较差的亲核试剂时，反应基本可按 S_N1 历程进行。例如：在甲酸水溶液中，伯卤烷的水解反应就是按 S_N1 历程进行的。

溶剂对 S_N2 反应的影响较弱。这是因为在 S_N2 反应中，亲核试剂和过渡态都带有一个负电荷，电荷变化不大，只是过渡态时电荷被分散。所以溶剂极性的变化对 S_N2 反应速率影响不大。但是质子性溶剂和非质子性溶剂对 S_N2 反应却有较大影响。由于极性质子性溶剂往往能与亲核试剂形成氢键而显示出良好的溶剂化作用，亲核试剂必须脱去溶剂才能与卤化物接触，使得亲核试剂的亲核能力大大降低，导致反应速率下降。而极性非质子性溶剂因溶剂化作用小而对反应影响不大。

总之，影响两种亲核取代反应的因素很多，也很复杂。S_N1 和 S_N2 反应机理区别见表 7.5。

表 7.5　S_N1 和 S_N2 反应机理区别

类　项	S_N1 反应	S_N2 反应
化学动力学	单分子	双分子
速率方程	$v=k_1[RX]$	$v=k_2[RX][Nu:]$
立体化学	通常产物外消旋化	产物构型完全反转
卤烷活性	苄　基 烯丙基 $>3°>2°>1°>$甲基	苄　基 烯丙基 $>$甲基$>1°>2°>3°$
特征	可能有重排发生	没有重排现象

7.4　影响卤代烃消除反应的因素

对消除反应产生影响的因素主要是烃基结构、试剂、溶剂和反应温度等。通过对各种因素的讨论，可以为有机合成提供有效的控制手段。

(1) 烃基结构的影响　消除反应可以分为单分子消除历程（E1）和双分子消除历程（E2）两类。E1 历程的决速步骤是碳卤（C—X）键的断裂，这与 S_N1 历程相似，反应的快慢取决于碳正离子的稳定性，所以不同烃基结构的卤代烃发生 E1 反应的活性顺序为：$R_3CX>R_2CHX>RCH_2X$。根据 E2 历程，碱性试剂进攻的是 β-H（S_N2 反应，亲核试剂进攻 α-C），与 α-碳上所连基团数目（决定卤烷结构）所引起的空间障碍关系不大，反而因 α-碳上烃基的增多而增加了 β-H 的数量，对碱进攻更有利，并且 α-碳上烃基增多对产物烯烃的稳定性也是有利的。所以 E2 反应的活性顺序与 E1 是一致的。即：$R_3CX>R_2CHX>RCH_2X$。伯卤烷发生消除反应活性较差，若使伯卤烷 β-碳上的烃基增多，则消除反应活性也可相应增大。例如，一溴代烷在乙醇钠-乙醇体系中（55℃）生成烯烃的产率为：

CH_3CH_2Br 0.9%，$CH_3CH_2CH_2Br$ 8.9%，$(CH_3)_2CHCH_2Br$ 60%。

（2）试剂的影响 E1 反应速率不受试剂的影响。而对 E2 反应来说，消除反应是用碱夺取氢质子的反应，所以试剂的碱性愈强，对 E2 反应愈有利。

（3）溶剂的影响 溶剂极性对 E1 和 E2 反应的影响是不一致的。溶剂极性增大，对 E1 反应有利，对 E2 反应影响不大。因为 E1 反应的中间体碳正离子电荷集中，极性溶剂对其有很好的稳定性；E2 反应过渡态负电荷分散，极性溶剂对其稳定性作用不大。

（4）温度的影响 消除反应同时涉及 C—X、C—H 键的断裂，需要较高的活化能，因此升高温度对消除反应有明显的促进作用。

（5）消除反应的立体化学 当卤代烃消除卤化氢有不同取向时，产物主要按 Saytzeff 规律生成，即生成含取代基较多的烯烃（脱去含氢较少一边的 β-H）。例如：

$$CH_3CHCH_2CH_3 \ (Br) \xrightarrow[C_2H_5OH]{C_2H_5ONa} CH_3CH{=}CHCH_3 \ (81\%) + CH_2{=}CHCH_2CH_3 \ (19\%)$$

$$CH_3CH_2{-}C(CH_3)_2{-}Br \xrightarrow[C_2H_5OH]{C_2H_5ONa} CH_3CH{=}C(CH_3)_2 \ (71\%) + CH_3CH_2{-}C(CH_3){=}CH_2 \ (29\%)$$

无论是 E1 反应还是 E2 反应机理，消除反应的取向都由生成烯烃过渡态的活化能大小决定（E1 反应是第二步）。由于此过渡态形式有部分双键特性，其稳定性与产物烯烃的稳定性更相近，所以产物稳定性愈好，那么其过渡态的活化能就愈低，对反应就愈有利。卤代烃消除含氢较少一边的 β-H，能生成较为稳定的烯烃。

当卤代烃分子中含有不饱和键，能与新生成的双键形成共轭时，消除反应的取向以形成稳定共轭烯烃为主。例如：

$$CH_2{=}CH{-}CH(Br){-}CH_3 \xrightarrow[C_2H_5OH]{NaOH} CH_2{=}CH{-}CH{=}CH_2$$

$$C_6H_5{-}CH_2{-}CH(Br){-}CH_2CH_3 \xrightarrow[C_2H_5OH]{NaOH} C_6H_5{-}CH{=}CH{-}CH_2CH_3$$

对于一个 E1 反应来说是完全非立体选择的，因为在两个键断裂步骤之间没有任何的关联，生成的两种构型烯烃几乎等同（特殊情况例外）。对于一个 E2 反应来说，大多数反应都是反式共平面消除历程。由于双键的形成和基团的离去是协同进行的。反应过程中 α-碳和 β-碳原子的杂化轨道由 sp^3 逐渐变化为 sp^2，要使它们之间形成 π 键，必须使新形成的 p 轨道相互平行重叠，故消除反应时两个离去的基团位于共平面构象进行。以交叉式构象进行的消除反应为反式消除，以对位交叉式构象进行的消除为主；以重叠式构象进行的消除反应为顺式消除。由于重叠式构象不如交叉式构象稳定，并且重叠式构象消除时，进攻的碱试剂与离去基团处于同一侧，对反应不利，所以 E2 反应主要采用反式共平面消除。例如：2-溴戊烷脱溴化氢，生成主产物 E-2-戊烯的过渡态是两烃基处于对位的交叉式，而生成 Z-2-戊烯的过渡态为邻位交叉式，能量较高。

E 式　　　　　Z 式

例题 7.5　按照消除 HBr 难易顺序排列下列卤化物，并写出消除产物。

$(CH_3)_2CBrCH_2CH_3$　　　　　$(CH_3)_2CHCH_2CH_2Br$　　　　　$(CH_3)_2CHCHBrCH_3$

7.5　取代反应与消除反应的竞争

取代反应与消除反应是同时存在的两个相互竞争的反应。当试剂进攻 α-碳时就发生取代反应；当试剂进攻 β-H 时就发生消除反应。反应以何种方式进行往往与诸多因素有关。

(1) 卤代烃的结构　伯卤烷易发生亲核取代反应，叔卤烷易发生消除反应，仲卤烷的活性介于两者之间。卤代烃的支链愈多，对消除反应愈有利。

(2) 试剂的碱性和亲核性　试剂影响双分子的反应。试剂的碱性愈强对消除反应愈有利，消除反应常用试剂为：KOH/乙醇溶剂，RONa/乙醇溶液和 RONa/DMSO 溶液。碱性增强，反应对 E2 更有利。

试剂的亲核性愈强对亲核取代反应更有利。亲核性增强，反应对 S_N2 更有利。试剂的体积愈大，对消除反应愈有利。例如：

$$CH_3\text{—}\overset{\overset{\displaystyle CH_3}{|}}{C}HBr + Nu:^- \longrightarrow CH_3\text{—}\overset{\overset{\displaystyle CH_3}{|}}{C}H\text{—}Nu + CH_3\text{—}\overset{\overset{\displaystyle CH_3}{|}}{C}H\text{=}CH_2$$

$Nu:^- = CH_3CH_2O^-$

　　　　　(CH_3CH_2ONa/C_2H_5OH)　　　25%　　　　75%

$Nu:^- = Cl^-$　　　　　　　　　　　　100%　　　　0%

　　　$(n\text{-}Bu_4N^+Cl^-/丙酮)$

(3) 反应温度　提高反应温度对取代和消除反应均有利，由于消除反应较取代反应需断裂的键更多，活化能更高，故高温对消除更有利。例如：

$$CH_3CH_2O^- + CH_3\text{—}\overset{\overset{\displaystyle CH_3}{|}}{\underset{\underset{\displaystyle CH_3}{|}}{C}}\text{—}Br$$

$\xrightarrow[25℃]{C_2H_5OH}$　$CH_3\overset{\overset{\displaystyle CH_3}{|}}{\underset{\underset{\displaystyle CH_3}{|}}{C}}\text{—}OCH_2CH_3 + CH_3\text{—}\overset{\overset{\displaystyle CH_3}{|}}{C}\text{=}CH_2$

　　　　　　　　　　　　　　10%　　　　90%

$\xrightarrow[55℃]{C_2H_5OH}$　$CH_3\text{—}\overset{\overset{\displaystyle CH_3}{|}}{C}\text{=}CH_2$

　　　　　　　　100%

例题 7.6　试预测下列反应的主要产物，并说明理由。

(1) $(CH_3)_3CBr + CN^- \longrightarrow$　　　　　　(2) $CH_3(CH_2)_4Br + CN^- \longrightarrow$

(3) $(CH_3)_3CBr + CH_3CH_2ONa \longrightarrow$　　(4) $(CH_3)_3CONa + CH_3CH_2Cl \longrightarrow$

7.6　有机氟化合物

1886 年，法国的 H. Moissan（莫瓦桑）采用电解法制得了氧化性最强的单质元素氟，标志着人类对氟化学研究的开始，并获得了 1906 年的诺贝尔化学奖。1926 年人们才制得最简单的有机氟化合物四氟甲烷（CF_4）。1930 年由于发现了氯氟碳化合物 CCl_2F_2（商品名氟里昂-12）是很好的制冷剂后，才使有机氟化合物一跃成为大量生产的工业品，导致了有机氟工业的诞生，促进了有机氟化学的研究。由于第二次世界大战的核武器研发中同位素分离浓缩的需要，含氟化合物被列为军需品。由于氟原子结构的特异性，有机氟产品一般都具有非凡的性能。例如：1937 年发现的液体全氟烷烃在原子能工业中可用作封闭液和润滑油，1946 年工业化的聚四氟乙烯具有高度的化学惰性，可用作容器、管道、衬里等。从此以后，相继合成了耐高温、耐油、耐腐蚀的氟橡胶和有机氟药物，甚至还将全氟萘烷和全氟叔胺与无机盐水溶液制成的乳液作为代用血液，代替红细胞的携氧功能。有机氟产品已被广泛应用在尖端科学、军事和国民经济的各个领域，有机氟工业已成为精细化工和化工新材料的重要门类。2013 年全球含氟聚合物的年产能达到 22 万吨，其中聚四氟乙烯、聚偏氟乙烯、聚全氟乙丙烯、氟橡胶四大品种占比 85％；国内氟聚合物产能为 4 万吨。中国有丰富的萤石资源，是发展氟化工的有利条件。

7.6.1　有机氟化合物的命名

有机氟化合物性质特殊，命名也较为特别，有些化合物主要以商品名命名。

（1）少氟有机化合物的命名　分子中含一个或少数氟原子的化合物可采用系统命名法给予命名。例如：

$$CH_2F—CHF—CH_3 \qquad\qquad CH_3\overset{\text{O}}{\overset{\|}{C}}CH_2CH_2F$$

1,2-二氟丙烷　　　　　　　　　　　4-氟-2-丁酮

（2）全氟有机化合物的命名　分子中不含氢及其他卤原子，母体碳原子上的氢（官能团中的除外）全部被氟原子取代的化合物称为全氟有机化合物。命名时在名称前冠以"全氟"。

$$CF_3—CF_2—CF_2—CF_2—CF_3 \qquad\qquad CF_3—CF\begin{smallmatrix}CF_2—CF_2\\ |\qquad|\\ CF_2—CF_2\end{smallmatrix}$$

全氟戊烷　　　　　　　　　　　　全氟甲基环戊烷

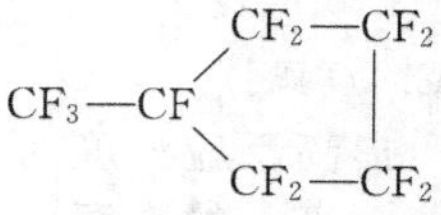

（3）多氟有机化合物的命名　分子中氟原子数超过碳链上其他原子数目时，即氢原子没有完全被氟取代的化合物称为多氟有机化合物，命名时按全氟化合物命名，然后在全氟词头前加"氢代"，例如：

$$CF_3CHF—(CF_2)_4CHF_2 \qquad\qquad CF_3CF_2CF_2CH_2OH$$

1,6-二氢全氟庚烷　　　　　　　　1,1-二氢代全氟-1-丁醇

（4）含氟和氯或溴的烷烃（通常是甲烷、乙烷）　在商业和技术文献上称为氟里昂（Freon）。每个化合物用它所含有的碳、氟、氯或溴的原子数目来表示和区别，书写时以短横连接氟里昂和一组数字或在缩写 F 后接一组数字。命名规则如下：

① 个位数代表氟原子数；

② 十位数代表氢原子数加一；

③ 百位数代表碳原子数减一，数字零可忽略；

④ 氯原子数不必写出，根据通式推算；

⑤ 溴原子用字母 B 表示，其数目用阿拉伯数字写在 B 之后，一并写在一组数字最后；

⑥ 如系环状化合物，则用字母 C 写在 F 之后表示；

⑦ 如系异构体用字母 a 表示，放在一组数字最后。

例如：

$FCCl_3$　氟里昂-11，F11；ClF_2CCF_2Cl　F114；CCl_2FCClF_2　F113；$CCl_3—CF_3$ F113a；CCl_2F_2　F12；CBr_2F_2　F12B2；$CF_2\begin{smallmatrix}—CF_2\\ |\qquad|\\ —CF_2\end{smallmatrix}$　FC318。

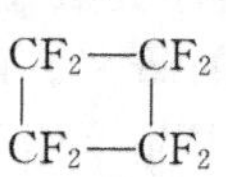

7.6.2 有机氟化合物的制备

有机氟化物主要通过各种反应在有机化合物中引进氟原子。

(1) 氟化氢加成 无水氟化氢可与烯烃或炔烃加成得到氟化物，但不与芳环加成。加成反应遵守 Markovnikov 规律。烯烃加成有两种方式，低温有利加成，高温有利聚合。若双键碳上连有卤素，加成困难，需在三氟化硼催化下，才起加成反应，同时有取代反应发生。

HF
−78~−20℃
F
HF,100℃
聚合物

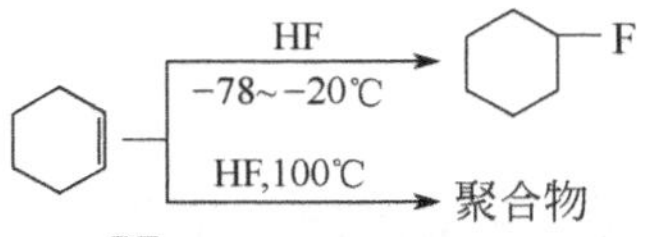

$$CHCl{=}CCl_2 + HF \xrightarrow[120℃]{BF_3} \underset{\substack{\text{加成产物} \\ 35\%}}{CH_2Cl{-}CCl_2F} + \underset{\substack{\text{加成及取代产物} \\ 22\%}}{CH_2Cl{-}CClF_2}$$

炔烃与 HF 加成在常压、低温时即可进行，但乙炔非常特殊，常压时，300℃以下不与 HF 作用。在高压下乙炔与 HF 加成主要得到两分子加成产物，而在催化剂 $HgCl_2$ 和 $BaCl_2$ 下，主要发生一分子加成。

$$HC{\equiv}CH + HF \xrightarrow{20℃, 1.3MPa} \underset{35\%}{CH_2{=}CHF} + \underset{65\%}{CH_3{-}CHF_2}$$

$$HC{\equiv}CH + HF \xrightarrow[97\sim104℃]{HgCl_2, BaCl_2, C} \underset{82\%}{CH_2{=}CHF} + \underset{4\%}{CH_3{-}CHF_2}$$

(2) 以氟化钾中的氟取代卤素 卤代烃与 KF 反应，在乙二醇或二缩乙二醇为溶剂时产率较高。

$$\underset{\text{1-氯己烷}}{C_6H_{13}Cl} + KF \xrightarrow{200℃} \underset{\substack{\text{1-氟己烷} \\ 20\%}}{C_6H_{13}F}$$

$$C_6H_{13}Cl + KF \xrightarrow[175\sim185℃]{HOCH_2CH_2OH} \underset{54\%}{C_6H_{13}F}$$

KF 也可置换 2,4-二硝基氯苯分子中的氯：

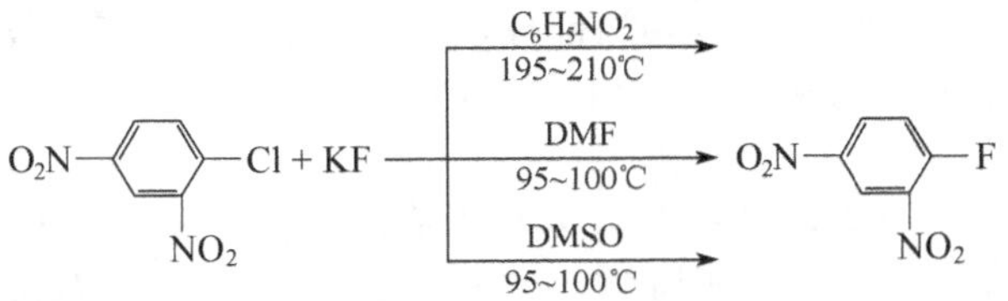

C6H5NO2
195~210℃
O2N
Cl + KF
DMF
95~100℃
DMSO
95~100℃
NO2
F

(3) 以氟化锑的氟置换卤素 这是一个非常实用的实验室制氟化物的方法。五氟化锑的反应活性大于三氟化锑，但三氟化锑的活性可由添加氯、溴或五氯化锑，使三价锑转变为五价锑而得到提高。

$$CHCl_3 \xrightarrow[100℃, 高压]{SbF_3 + SbCl_5} CHClF_2 \quad F22$$

$$CHBr_3 \xrightarrow[0.4MPa]{SbF_3 + Br_2} CHBrF_2 \quad F22B1 \quad 80\%$$

$$CCl_4 \xrightarrow{SbF_3 + SbCl_5} CCl_2F_2 \quad F12 \quad 88\%\sim94\%$$

这些反应有一个共同特点，同一碳原子上的卤原子最多只被氟取代两个。

(4) 电解氟化　电解氟化是把有机物溶解或分散于无水氟化氢中，在装有回流冷凝器的铁制或镍制电解槽中进行电解。

电解氟化适用于制备多氟和全氟有机化合物。

$$(CH_3)_3N \xrightarrow[4\sim8V,2A/dm^2]{HF} (CF_3)_3N$$

全氟三甲胺

7.6.3　氟里昂与臭氧层耗损

(1) 氟里昂的用途

氟里昂是一类甲烷或乙烷含氟、氯或溴的衍生物。几种常见氟里昂的物理性质见表 7.6。

表 7.6　几种常见氟里昂的物理性质

商品名	化学式	熔点/℃	沸点/℃	商品名	化学式	熔点/℃	沸点/℃
F11	CCl_3F	-111.1	23.77	F22	$CHClF_2$	-160	-40.8
F12	CCl_2F_2	-158	-29.8	F23	CHF_3	-163	-82.2
F13	$CClF_3$	-182	-81.5	F113	$C_2Cl_3F_3$	-35	47.57
F14	CF_4	-184	-128	F114	$C_2Cl_2F_4$	-94	3.55
F21	$CHCl_2F$	-135	8.92	F115	C_2ClF_5	-106	-38

由于氟里昂大都无毒、无臭、不燃烧，与空气混合也不爆炸，对金属不腐蚀，并且有适当的沸点范围，所以自 1930 年杜邦公司生产 F12 和 F11 以后，各类氟里昂的合成得到迅猛发展，它们的特性也日趋完美，先前的应用十分广泛，主要在以下几个方面。

a. 制冷剂　占总用量 30%。其中 F11 和 F12 应用于小型家用空调和冰箱，一台家用冰箱约需 1kg 的 F12 制冷剂。

b. 气雾剂　占总用量 25%。在发胶、摩丝、药物、杀虫剂的喷雾罐中加入 F12 以产生气溶胶，使喷出的物质分散为雾状形式。

c. 发泡剂　占总用量 25%。制造各种泡沫塑料时需加 F11 或 F12，起到发泡作用。

d. 清洗剂　占总用量 20%。干洗衣物、清洗电子元件、首饰时用 F113 作溶剂，利用其高溶解力和无腐蚀性。

e. 灭火剂　利用氟里昂的不燃性和不爆炸性，可用作灭火剂。例如手提灭火器中可用 F12B1，重要建筑物的固定灭火系统可用 F13B1。这些灭火剂对扑灭各类火灾十分有效，特别是一些怕水场合。

氟里昂的大量生产和使用，使其相当部分进入大气，由于其惰性，不被雨水冲刷，寿命极长，它们可完好无损地扩散到 $10\sim50km$ 高的平流层中。

(2) 臭氧层的耗损

臭氧在大气中的浓度不高，其中 10% 分布于从地表至 10km 的对流层中，90% 存在于高度为 $10\sim50km$ 的平流层中，即形成所谓的"臭氧层"。平流层的臭氧是由氧分子吸收太阳及宇宙射线中紫外光生成的。O_3 的生成反应

$$O_2 \xrightarrow{h\nu,\lambda<242nm} O+O$$

$$O+O_2+M \longrightarrow O_3+M \quad (M 为 N_2 或 O_2)$$

O_3 的消耗反应

$$O_3 \xrightarrow{h\nu,\lambda<200\sim320nm} O+O_2$$

$$O+O_3 \longrightarrow O_2+O_2 \quad (慢)$$

由于 O_3 的消耗反应吸收紫外线，臭氧层成为太阳紫外辐射的天然屏障，为地球上的人类、生物和植物等创造了适宜的生活、生长环境。

1970 年荷兰人、瑞典皇家工程科学院院士 Paul Crutzen 提出，NO 和 NO_2 可以对 O_3 的损耗起催化作用：

$$NO + O_3 \longrightarrow NO_2 + O_2$$
$$NO_2 + O \longrightarrow NO + O_2$$
$$O_3 + UV\text{-}light \longrightarrow O_2 + O$$

$$\overline{\qquad\qquad\qquad\qquad\qquad}$$

$$净反应\ 2O_3 \longrightarrow 3O_2$$

1974 年 6 月，Mario Molina（墨西哥人）和 F. Sherwood Rowland（美国人）两位科学家（现均为美国国家科学院院士）共同提出了氯氟烃（氟里昂）与臭氧之间的关系文章，指出化学惰性的氯氟烃进入平流层后，受到强烈紫外光照射，被分解为氯自由基，或与光解产物 O 反应，释放氯自由基。氯自由基引起臭氧耗损的反应以链反应方式进行：

$$CF_2Cl_2 \xrightarrow{h\nu} CF_2Cl \cdot + Cl \cdot$$
$$Cl \cdot + O_3 \longrightarrow ClO \cdot + O_2$$
$$ClO \cdot + O \longrightarrow Cl \cdot + O_2$$

据估计在平流层中，一个氯原子可以与 10^5 个 O_3 发生链反应，即使进入平流层的氯氟烃量极微，也能导致臭氧层的破坏。按当时氯氟烃的产量认为百年后臭氧层将减少 7%～13%。鉴于上述三位大气科学家的出色工作，他们获得了 1995 年诺贝尔化学奖，这是有史以来诺贝尔化学奖首次进入环境化学领域。

1985 年英国 J. Farman 首先提出南极上空出现"臭氧洞"。1994 年国际臭氧委员会宣布，自 1969 年以来全球臭氧层总量减少 10%，南极上空的臭氧下降了 70%。

科学家们的研究在不断地深入，已有足够的证据证明氯氟烃是臭氧耗损的罪魁祸首。而含溴的简单卤代烷可能比氯危害更大。

由此 1987 年 9 月，由 43 国签订《关于消耗臭氧层物质的蒙特利尔议定书》对氯氟烃化合物的使用提出控制；1990 年 6 月我国加入此议定书修正案，对部分氯氟烃化合物提出了逐步淘汰方案。

1994 年秋，由 226 位世界知名气象学家组成的专门小组报告，氯氟烃在大气中的增加速度正逐渐降低，保护臭氧层的努力已经见效。

（3）氟里昂的替代品

氟里昂产品受到极大限制后，人们正在开发它们的替代品。

制冷方面以 F32、F125、F134a 和 F143a 代替 F12，这些化合物分子中都不含氯，对臭氧层无破坏作用。

发泡方面以液体 CO_2 作发泡剂代替 F11，也可采用 F134a 或 F152a 作替代品。另外聚苯乙烯和聚乙烯挤出发泡可采用丁烷或戊烷等作发泡剂。

气溶胶方面可采用液化石油气体作替代品。

电子材料清洗方面可采用水或清洁的溶剂（如醇类）作替代品。

氟利昂替代品的性能和价格是这一系统工程的制约因素，寻找更好的氯氟烃的替代品需要全球科学家的不懈努力和坚定的环保意识。

7.6.4　含氟高分子材料

含氟高分子材料主要为含氟树脂和含氟橡胶，在这里简要介绍聚四氟乙烯和氟橡胶。

（1）聚四氟乙烯

聚四氟乙烯（Teflon）自 1946 年工业化，是全氟高分子化合物，半透明蜡状，俗称塑料王。目前家庭常用的不粘锅、生胶带是聚四氟乙烯的产品。它由四氟乙烯聚合而成：

$$nCF_2=CF_2 \xrightarrow[H_2O]{K_2S_2O_8} \begin{bmatrix} CF_2-CF_2 \end{bmatrix}_n$$

由于氟原子的电负性极强，使 C—F 键较之 C—H 键和 C—X 键都强，C—F 键难以断裂。经测定聚四氟乙烯分子中 C—C 键的键长为 0.147nm，比聚乙烯分子中的 C—C 键（0.153nm）短，意味着 C—C 较难均裂。此外，C—F 键键能大，键的极化率小，极性试剂进攻不易使 C—F 键断裂。加上氟原子大小适当（范德华半径 0.135nm），使得聚四氟乙烯的全氟碳链上碳原子之间的距离空隙恰好被氟原子所盖住，起到了空间屏蔽作用，即便是最小的氢原子也钻不进去，这就是聚四氟乙烯具有高度化学稳定性的原因。

聚四氟乙烯有四大特点如下。

a. 优良的耐高、低温特性　能在 250℃ 下长期使用，也能在液氢中（−260℃）保持很好的韧性。可用作宇航登月服的防火涂层。

b. 优异的耐化学腐蚀性　它不被已知溶剂溶解或溶胀，在氢氟酸、发烟硫酸、浓碱、王水中煮沸也不发生作用。甚至原子能工业中的强腐蚀剂六氟化铀对它也不会腐蚀，所以它可作耐高温、耐腐蚀的化工输液管道和容器。

c. 摩擦系数低　可用石墨填充的聚四氟乙烯作无油润滑活塞环；可用青铜粉填充的聚四氟乙烯作轴瓦、轴承垫等。

d. 优异的介电性能　一片 0.025mm 厚的聚四氟乙烯薄膜能耐 500V 电压，可作耐高温微小电容器。

以上四大特性的结合是其他材料所没有的，所以聚四氟乙烯被称为"塑料王"。世界上聚四氟乙烯的生产能力也随着其应用的不断开发而迅速增长。

（2）氟橡胶

这是一类有机氟高分子弹性体。由于氟原子的存在，使得氟橡胶具有优良的耐高温、耐低温、耐腐蚀的性能。主要用于汽车工业，约占总消费量的 50%，其次是化学、石油、航空航天、军事等。近年来的世界产量在 10kt/a 左右。

氟橡胶品种很多，下面简要介绍 Kel-F 和 Viton 橡胶。

a. Kel-F 橡胶　Kel-F 橡胶是由三氟氯乙烯与偏氟乙烯进行共聚制得：

$$nClFC=CF_2 + nCH_2=CF_2 \xrightarrow[-25\sim50℃]{共聚} \begin{bmatrix} \begin{matrix} F & F & H & F \\ | & | & | & | \\ C-C-C-C \\ | & | & | & | \\ Cl & F & H & F \end{matrix} \end{bmatrix}_n$$

商品 Kel-F3700 是由 30% 的三氟氯乙烯和 70% 的偏氟乙烯共聚而成，Kel-F5500 则是两种单体各 50% 共聚而成。

Kel-F 橡胶白色半透明，相对分子质量 50 万～100 万，能耐高温和耐油侵蚀，可在石油或润滑油中长期使用。

b. Viton 橡胶　Viton 橡胶是将偏氟乙烯（30%～70%）与全氟丙烯（70%～30%）进行共聚而得。

$$nCH_2=CF_2 + nCF_2=CF \xrightarrow[85\sim100℃,高温]{K_2S_2O_8,K_2SO_3} \begin{bmatrix} CH_2-CF_2-CF_2-CF \\ \qquad\qquad\qquad | \\ \qquad\qquad\quad CF_3 \end{bmatrix}_n$$
$$\qquad\quad | \\ \quad CF_3$$

Viton 橡胶在热稳定性、化学稳定性及耐溶剂方面，都是目前含氟橡胶中性能较优良的品种，其温度适用范围为 −54～+315℃。它能溶于丙酮及酯类化合物中，利用这一性质可把它制成油漆涂料。

含氟化合物应用领域十分广泛，是近几十年来的新兴课题，除了在上述介绍的日用化工、高分子材料方面已取得的许多成就之外，在医学领域，特别是新的含氟药物的合成与应用得到极大的发展。

7.7 卤代烃的制备及典型化合物介绍

(1) 烷烃的卤代 在光照或高温条件下，烷烃可以与卤素反应得到卤代烷烃，反应不易停留在一元取代阶段，也不易控制在某个碳原子上，通常得到的是一卤烷与多卤烷的混合物。只有一些结构较为特殊的烷烃可以制得一卤烷。例如：

$$\text{（环己烷）} + Cl_2 \xrightarrow{h\nu} \text{（氯代环己烷）Cl} + HCl$$

$$CH_2=CH-CH_3 \xrightarrow[500℃]{Cl_2} CH_2=CH-CH_2-Cl + HCl$$

(2) 烯烃加卤化氢或卤素 烯烃加卤化氢可以得到一卤烷，加成遵循 Markovnikov 规律。烯烃与卤素加成可得到二卤烷。

$$CH_3CH=\underset{\underset{CH_3}{|}}{\overset{\overset{CH_3}{|}}{C}} + HBr \longrightarrow CH_3-CH_2-\underset{\underset{Br}{|}}{\overset{\overset{CH_3}{|}}{C}}-CH_3$$

$$CH_3CH=CH_2 + Cl_2 \longrightarrow CH_3-\underset{\underset{Cl}{|}}{CH}-\underset{\underset{Cl}{|}}{CH_2}$$

(3) 炔烃加卤化氢或卤素 炔烃加卤化氢可以进行一分子加成，也可以进行两分子加成反应，分别得到一卤烷和二卤烷。炔烃与卤素加成可得到二卤代烷或四卤代烷。

$$CH\equiv CH \xrightarrow{HCl} CH_2=\underset{\underset{Cl}{|}}{CH} \xrightarrow{HCl} CH_3CHCl_2$$

$$\xrightarrow{Cl_2} \underset{\underset{Cl}{|}}{CH}=\underset{\underset{Cl}{|}}{CH} \xrightarrow{Cl_2} H-\underset{\underset{Cl}{|}}{\overset{\overset{Cl}{|}}{C}}-\underset{\underset{Cl}{|}}{\overset{\overset{Cl}{|}}{C}}-H$$

(4) 由醇制备 醇分子中的羟基被卤原子取代可得到相应的卤烷。常用氢卤酸、卤化磷和亚硫酰氯（SOCl₂）等试剂。使用氢卤酸作试剂时，仲醇、叔醇的转化率较差，反应可能会有消除和重排副产物生成。其他试剂与醇反应基本无重排产物。

$$CH_3CH_2CH_2CH_2OH \xrightarrow[H_2SO_4]{HBr} CH_3CH_2CH_2CH_2Br + H_2O$$
$$95\%$$

$$\text{（环己醇OH）} \xrightarrow{PBr_3} \text{（溴代环己烷Br）} + P(OH)_3$$

$$CH_3CH_2-OH \xrightarrow[\triangle]{P,I_2} CH_3CH_2-I$$

$$CH_3\underset{\underset{OH}{|}}{CH}-\overset{\overset{CH_3}{|}}{CH}-CH_3 \xrightarrow{SOCl_2} CH_3\underset{\underset{Cl}{|}}{CH}-\overset{\overset{CH_3}{|}}{CH}-CH_3$$

(5) 典型化合物介绍

① 氯甲烷 工业上由甲醇与氯化氢反应或由甲烷氯代来制备。

$$CH_3OH + HCl \xrightarrow{ZnCl_2} CH_3Cl + H_2O$$

室温下，氯甲烷为气体，可用于生产聚硅酮和用作各种聚合过程的溶剂。

② 氯乙烷　工业上由乙烯加氯化氢制备，可用作局部麻醉剂，广泛应用于运动场所。

③ 三氯甲烷　商品名为氯仿，工业上由甲烷氯代或四氯化碳还原生产。

$$CCl_4 + H_2 \xrightarrow{Fe} CHCl_3 + HCl$$

三氯甲烷是一种无色有甜味的透明液体，不溶于水，是一种不燃性有机溶剂。三氯甲烷的溶解性能很好，是高分子化合物的良好溶剂。纯净的氯仿在医学上用作全身麻醉剂，但对肝脏有严重伤害，现已很少使用。

氯仿在光照下能产生剧毒物光气，若在氯仿中加入 1% 的乙醇可增加其稳定性。

④ 四氯化碳　工业上由二硫化碳与氯在 $SbCl_5$ 或 $AlCl_3$ 等催化下制取。

$$CS_2 + 3Cl_2 \xrightarrow[400℃]{SbCl_5} CCl_4 + S_2Cl_2$$

$$2S_2Cl_2 + CS_2 \longrightarrow CCl_4 + 6S \downarrow$$

四氯化碳不燃烧，其蒸气比空气重，能隔绝燃烧物与空气的接触，是一种常用的灭火剂，但因其在高温下遇水能产生光气，而被许多国家禁止用作灭火剂。四氯化碳也是一种良好的溶剂，但对肝脏有损伤，应慎用。

⑤ 杀虫剂 DDT　DDT 为 1,1,1-三氯-2,2-二(4′-氯苯基)-乙烷，其结构式：

杀虫剂 DDT 是有机氯杀虫剂的一种，其杀虫效果很好，促进了世界农业生产和减少了许多国家的疟疾发病率，但其缺点是不能迅速降解为无毒物质。DDT 经使用后大量遗留在土地和水中，积累的增加，导致对人体的损害。目前已被淘汰。

选读材料

有机氟化学的应用

1. 有机氟化学在药物中的应用

随着有机氟化学的理论、反应方法学的发展以及科学技术的发展日新月异，人们对氟原子的化学及物理性质的认识不断深入发展。具有生物活性的含氟化合物的合成及性质研究引起化学家、生物和药物学家们浓厚的兴趣。美国、日本、德国以及英国等发达国家知名的化学公司均在氟化学精细化工占有很大的比重。20 世纪 50 年代末，以 5-氟尿嘧啶为代表的高生理活性的核酸拮抗剂（nucleic acid antagonist）的合成更是含氟杂环化合物发展史上的里程碑，它为含氟杂环化合物的合成及应用研究奠定了坚实的基础，也大大地促进了整个有机氟化学的发展。又如，近年来含氟喹诺酮类抗菌剂在国际抗生素市场的占有率较大。含氟农药、医药及高分子材料相继问世。这主要是因为含氟化合物在农药、医药的性能上与相应不含氟的化合物相比具有如下的特点：用量少、药效高、稳定性好、良好的脂溶性易于被生物体吸收。含氟抗病毒药物、抗生素、中枢神经系统治疗药物、抗肿瘤等药物如雨后春笋般地涌现，比如，氧氟沙星、氟哌酸、环丙沙星、安确治等已成为常见的药物。例如：

5-三氟甲基尿嘧啶类
（抗肿瘤药物）　　喹诺酮类化合物
（广谱抗菌药物）　　氟西汀
（抗抑郁症药物）　　16-二氟 PGF2α
（抗生育活性）

含氟醚类化合物由于符合麻醉剂的两个基本标准，即不引起炎症和很少参与代谢。含氟醚类麻醉剂已应用于人们的临床麻醉而造福于人类。含氟醚类麻醉剂常见如安氟醚、异氟醚和七氟醚。

$$CHClFCF_2OCHF_2$$
安氟醚
（enflurane）

$$CF_3CHClOCHF_2$$
异氟醚
（isoflurane）

$$(CF_3)_2CHOCH_2F$$
七氟醚
（sevoflurane）

2. 含氟材料和含氟功能材料的研究

含氟材料和含氟功能材料的研究也是氟化学研究的一个重要领域。如全氟离子磺酸膜应用在纯碱工业消灭过去汞法生产引起的严重的环境污染，这一新技术引起了纯碱工业一次革命性的发展。这一成果的取得是和氟化学基础研究的发展分不开的。一般认为氟烯烃只能起亲核反应，正是发现它能起亲电反应，如四氟乙烯与三氧化硫生成全氟磺内酯而导致了全氟磺酸树脂的工业化并造福人类。同时，人们使用该磺酸树脂膜应用于燃料电池的隔膜，使用氢气或甲醇为燃料产生能源，这项技术革命在世界发达国家中正在广泛开展研究并取得了初步的成功。这项技术成果将推动能源工业的一场革命。人类将摆脱依靠地球上有限的石油资源的束缚走上可持续发展道路。另一方面，含氟高分子在光纤通讯方面得到应用。光纤通讯是近代信息传送重大革命的标志。有机光导纤维是20世纪80年代初迅速发展的光学纤维材料。目前在宇宙、军事、空间科学等高技术领域中找到潜在的应用前景。例如美国"小鹰号"航空母舰在服役期间曾利用有机光导纤维具有保密性好、不受干扰、无法窃听等特性，把有机光纤光缆应用在保密电话通讯系统和闭路电路传送系统。有机光纤材料的芯材通常是聚甲基丙烯酸甲酯（PMMA），而含氟树脂作为鞘层材料。含氟树脂通常是含氟丙烯酸树脂。例如：

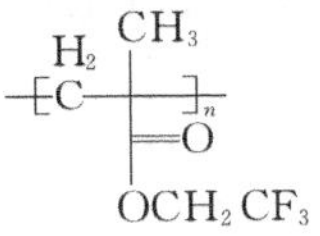

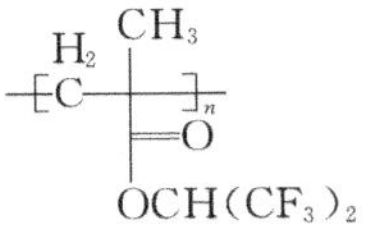

有机氟化学在有机光纤上的应用不仅在光学、电子学等学科开拓新的研究领域，而且在整个光电科学领域中将产生革命性的变化。

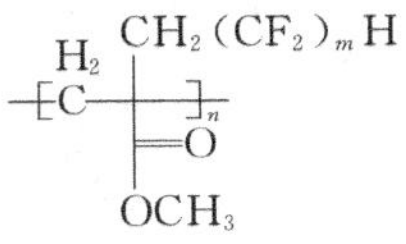

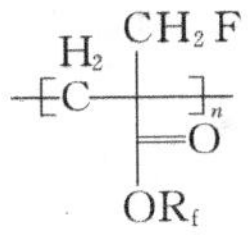

3. 有机氟化学在绿色化学中的应用——当今有机化学的热点之一

化学在推动着社会发展的同时又对人们赖以生存的地球环境带来了负面的影响。目前所进行的化学工业的生产过程有不少是难以符合可持续发展的要求，因此探索在温和条件下发展新的对环境友好的经济的绿色工艺路线，创造和研制无污染的化学材料是所有化学工作者面临的任务。对于化学来说，研究化学反应的介质、反应条件的影响，从而提高反应的选择性和达到低的能耗，生产出低毒和对环境以及人类安全的化学品，始终是化学研究工作的主题。由于含氟或全氟的流体如全氟烷烃、全氟烷基醚、全氟烷基胺等具有好的化学稳定性、热稳定性、极性小、密度大以及水溶性差和有机溶剂相溶性差等特点，近年来，化学家发展了氟两相体系的反应和可重复使用的三氟磺酸稀土路易斯酸催化剂以及含氟的离子液体反应，为合成有机化学品提供清洁技术。下面就以上几个方面进行简要描述。

（1）氟两相体系的反应

所谓的氟两相体系的反应和有机相转移反应具有相似性。把水相换成有机氟溶剂，含氟催化剂由于具有相似相溶的性质而溶解在有机氟相的溶剂中。在反应过程中随着反应温度的变化成为均相，而反应结束时成非均相的反应体系。从而使催化剂和反应产物分别存在于氟相和有机层中，达到反应产物易于分离和催化剂的回收利用。通常作为氟相的溶剂有C_6F_{14}（全氟己烷），$(C_2F_5)_3N$（全氟三乙基胺），$(C_4F_9)_3N$（全氟三丁基胺），$C_{10}F_{18}$（F-萘烷）等。氟两相体系已应用于氧化反应和碳—碳键的形成反应以及不对称催化反应。使用含氟有机物为催化剂，一般能多次循环利用，而反应的化学产率和选择性没有明显变化。

（2）水相稳定的三氟磺酸稀土路易斯酸

三氟磺酸稀土化合物一方面具有强的路易斯酸的性质，另一方面它与其他过渡金属路易斯酸具有明显的不同点，就是它们对水具有稳定性，也就是说在水溶液中不水解。通常，一般的过渡金属路易斯酸在参与反应中需要化学计量，而三氟磺酸稀土路易斯酸在反应中通常使用催化量，此外它们在大多数有机溶剂中具有良好的溶解性。它们在有机化学反应中已被广泛应用于催化剂，参与众多的有机合成反应，并在绿色有机合成化学中日益发挥作用。例如：

$$R_1\text{C(O)CH}_3 + R_2\text{C(OTMS)=CHR}_3 \xrightarrow[\text{SDS/H}_2\text{O}]{\text{Sc(OTf)}_3\,[10\%(\text{摩尔分数})]} R_2\text{CH(R}_3)\text{CH(OH)C(O)R}_1$$

$$\text{4-Cl-C}_6\text{H}_4\text{NH}_2 + \text{HCHO} + \text{环戊烯} \xrightarrow[\text{H}_2\text{O-EtOH-甲苯}]{\text{Yb(OTf)}_3\,[10\%(\text{摩尔分数})]}$$

$$\text{Ac}_2\text{O} + \text{C}_6\text{H}_5\text{OMe} \xrightarrow[\text{(C}_2\text{F}_5)_3\text{N}]{\text{Sc(OTf)}_3\,[20\%(\text{摩尔分数})]} \text{CH}_3\text{C(O)-C}_6\text{H}_4\text{-OMe}$$

4. 展望及建议

有机氟化学近年来已得到了迅速发展，并广泛地应用于人类生产和生活的各个方面。这些应用技术的取得无不来源于化学家对有机氟化学的基础研究所取得的成果和认识。我国有机氟化学研究是从国家战略的客观需要开始的，即从国家急需的氟油、氟橡胶和塑料研究工作开始，从而带动有机氟工业的发展。改革开放后客观和主观上都要求作基础研究，但基本思想还是为了解决国民经济所需的氟材料等。今后，氟化学的研究领域可以预见到与生命科学、材料科学的联系，将不断加强并相互渗透。随着合成手段的不断推陈出新，合成方法的不断完善，各种含氟功能材料、精细氟有机产品、高效的含氟药物、无污染的含氟农药将会不断问世。经过几代人半个世纪的努力，我国的氟化学研究已在世界上占有了一席之地。总之，我们相信随着对有机氟化学理论研究的不断深入，必将会进一步丰富和促进有机化学乃至整个化学学科的发展。

◆ 习 题 ◆

1. 完成下列反应式。

(1)
$$\text{CH}_3(\text{CH}_2)_3\text{CH}_2\text{—Cl} \xrightarrow{A} \text{CH}_3(\text{CH}_2)_3\text{CH}_2\text{—OH}$$
$$\downarrow B$$
$$\text{CH}_3(\text{CH}_2)_2\text{CH=CH}_2 \xrightarrow{C} \text{CH}_3(\text{CH}_2)_2\text{CHBrCH}_3 \xrightarrow{\text{AgNO}_3（醇）} D$$

(2)
$$(\text{CH}_3)_2\text{CH—Br} \xrightarrow[\text{丙酮}]{\text{NaI}} E$$

(3)
$$(\text{CH}_3)_3\text{C—Br} \xrightarrow{F} (\text{CH}_3)_2\text{C=CH}_2 \xrightarrow{G} (\text{CH}_3)_2\text{C(OH)CH}_2\text{OH}$$

$$\downarrow \text{KCN（醇）} \qquad \downarrow \text{KMnO}_4,\ \text{H}^+$$
$$\qquad H \qquad\qquad\qquad I$$

(4)
$$\text{C}_2\text{H}_5\text{Br} + \text{CH}_3\text{CH}_2\text{CH}_2\text{C≡CNa} \longrightarrow J \begin{array}{l} \xrightarrow{\text{H}_2,\text{Lindlar}} K \\ \xrightarrow[\text{H}_2\text{SO}_4]{\text{Hg}^{2+},\text{H}_2\text{O}} L \end{array}$$

(5) $\text{C}_6\text{H}_5\text{CH}_2\text{Cl} + \text{NaCN} \longrightarrow M$

(6) $\text{ClCH=CHCH}_2\text{Cl} \xrightarrow{\text{NaOH·H}_2\text{O}} N$

(7)
$$\underset{\overset{|}{CH_2Cl}}{\overset{CH=CHBr}{\bigcirc}} + NaCN \longrightarrow O$$

2. 用化学方法区别下列各组化合物。

(1)　$CH_3CH=CHCl$，$CH_2=CHCH_2Cl$，$CH_3CH_2CH_2Cl$

(2) 环己烷、环己烯、溴代环己烷、3-溴环己烯

(3) 苄氯、氯苯、氯代环己烷

3. 预测下列反应，何者较快，简述理由。

(1)　$\underset{\overset{|}{CH_3}}{CH_3CH_2CHCH_2Br} + CN^- \longrightarrow \underset{\overset{|}{CH_3}}{CH_3CH_2CHCH_2CN} + Br^-$

$CH_3CH_2CH_2CH_2Br + CN^- \longrightarrow CH_3CH_2CH_2CH_2CN + Br^-$

(2)　$(CH_3)_3C-Br \xrightarrow[\triangle]{H_2O} (CH_3)_3C-OH + HBr$　　$(CH_3)_2CHBr \xrightarrow[\triangle]{H_2O} (CH_3)_2CH-OH + HBr$

(3)　$CH_3I + NaOH \xrightarrow{H_2O} CH_3OH + NaI$　　$CH_3I + NaSH \xrightarrow{H_2O} CH_3SH + NaI$

(4)　$(CH_3)_2CHCH_2Cl \xrightarrow{H_2O} (CH_3)_2CHCH_2OH$　　$(CH_3)_2CHCH_2Br \xrightarrow{H_2O} (CH_3)_2CHCH_2OH$

4. 反应 $R-X + OH^- \xrightarrow{H_2O,\ C_2H_5OH} R-OH$，有下列现象发生的反应按照 S_N1 还是 S_N2 机理。

(1) 产物的构型完全转化。(2) 有重排产物。(3) 碱浓度增加反应速率增加。

(4) 叔卤烷反应速率大于仲卤烷。(5) 增加溶剂的含水量反应速率明显加快。

(6) 反应不分阶段，一步完成。(7) 试剂亲核性愈强反应速率愈快。

5. 观察下列卤代烃并回答问题。

a.　$\underset{\overset{|}{Br}}{CH_3CH_2CHCH_3}$　　b.　$\underset{\overset{|}{Br}}{\overset{\overset{CH_3}{|}}{CH_3CH_2C-CH_3}}$　　c.　$\underset{\overset{|}{Br}}{\overset{\overset{CH_3}{|}}{CH_3-CH-CH-CH_3}}$

d.　$\underset{\overset{|}{CH_3}}{BrCH_2CH_2CHCH_3}$　　e.　$\overset{\overset{CH_3}{|}}{CH_3CH_2-CH-CH_2Br}$

(1) 按 S_N2 反应活性由低到高排列。　　(2) 按 S_N1 反应活性由低到高排列。

(3) 按 E1 反应活性由低到高排列。　　(4) 按 E2 反应活性由低到高排列。

6. 以 1-溴丁烷为原料制取下列化合物，应选择怎样的亲核试剂。

(1) $CH_3CH_2CH_2CH_2OH$　　(2) $CH_3CH_2CH_2CH_2OCH_3$　　(3) $CH_3CH_2CH_2CH_2SH$

(4) $CH_3CH_2CH_2CH_2CN$　　(5) $CH_3CH_2CH_2CH_2O\overset{\overset{O}{\|}}{C}CH_3$　　(6) $CH_3CH_2CH_2CH_2C\equiv CCH_3$

7. 按下列反应的条件，写出产物，并指出产物的立体属性。

(1) R-2-溴己烷 $+OH^- \xrightarrow{S_N2}$　　　　(2) R-2-溴己烷 $+OH^- \xrightarrow{E2}$

(3) 反-1-氯-2-甲基环己烷 $+CH_3O^- \xrightarrow{S_N1}$　　(4) $(2S,3S)$-2-氯-3-甲基戊烷 $+CH_3O^- \xrightarrow{S_N2}$

(5) $(2S,3R)$-2-氯-3-甲基戊烷 $+CH_3O^- \xrightarrow{E2}$

8. 2-溴-2,3-二甲基丁烷按 E2 反应条件，可生成 2,3-二甲基-1-丁烯和 2,3-二甲基-2-丁烯。

(1) 下列哪一个碱试剂可以得到高收率的 1-烯烃？

(2) 下列哪一个碱试剂可以得到高收率的 2-烯烃？

a.　$\underset{\overset{|}{CH_3}}{\overset{\overset{CH_3}{|}}{CH_3C-O^-}}$　　b.　$\underset{\overset{|}{CH_2CH_3}}{\overset{\overset{CH_2CH_3}{|}}{CH_3CH_2C-O^-}}$　　c. $CH_3CH_2O^-$　　d.　$\underset{\overset{|}{CH_3}}{\overset{\overset{CH_3}{|}}{CH_3CH_2C-O^-}}$

9. 合成下列化合物。

(1) $CH_3CH{=}CH_2 \longrightarrow \underset{\underset{OH\ OH OH}{|\ |\ |}}{CH_2CHCH_2}$ (2) 丁二烯 $\longrightarrow$ 己二腈

(3) 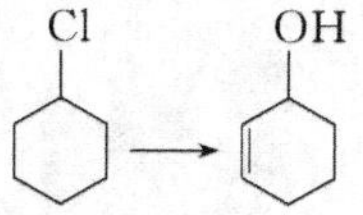   (4) $\underset{\underset{Cl}{|}}{CH_3CHCH_3} \longrightarrow CH_3CH_2CH_2Cl$

10. 推测结构。

(1) 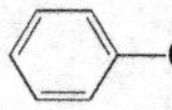 $-CH_2CH_3 \xrightarrow[h\nu]{Br} A \xrightarrow{叔丁醇钾} B \xrightarrow{Br_2} C \xrightarrow{叔丁醇钾} D$

(2) 卤代烃 C_3H_7Br（A）与氢氧化钾醇溶液作用生成 C_3H_6（B），B 经氧化得到乙酸、二氧化碳和水。B 与溴化氢作用得到 A 的异构体 C。试推测 A、B、C 的结构，并写出各步反应。

(3) 用叔丁醇钾处理 2-甲基-2-苯基-3-溴丁烷（E2），生成化合物 A。化合物 A 能与溴反应得到二溴化物。化合物 A 的 NMR 谱在 $\delta7.3$，$\delta5.8$，$\delta5.1$ 有多重峰，在 $\delta1.1$ 有单峰，其相对强度 5∶1∶2∶6。试推测 A 的结构。

(4) 在 E1 条件下，2-甲基-2-苯基-3-溴丁烷的反应生成的主要产物是化合物 B。化合物 B 是上题化合物 A 的异构体，其 NMR 谱包含 $\delta7.5$ 有多重峰，在 $\delta1.65$、$\delta1.58$、$\delta1.50$ 有三个单峰，其相对强度为 5∶3∶3∶3。试推测 B 的结构。

(5) 某烃 A，分子式 C_5H_{10}，它与溴水不发生反应，在紫外光照射下与溴作用只得到一种 B（C_5H_9Br）。将化合物 B 与 KOH 的醇溶液作用得到 C（C_5H_8），化合物 C 经臭氧氧化并在锌粉存在下水解得到戊二醛。写出化合物 A、B、C 的构造式，并写出各步反应式。

11. 2,3-二甲基-2-氯丁烷消除反应时，得到 A 和 B 二种产物。用 IR 谱区别这两种产物。

$$\underset{\underset{Cl}{|}}{(CH_3)_2CHC(CH_3)_2} \xrightarrow{-HCl} \underset{A}{(CH_3)_2C{=}C(CH_3)_2} + \underset{B}{\underset{\underset{CH_3}{|}}{(CH_3)_2CHC{=}CH_2}}$$

第8章 芳 烃

💬 **本章提要** 本章介绍了以苯为代表的单环芳烃，以联苯、萘为代表的多环芳烃，以及环戊二烯负离子为代表的非苯芳烃。以芳香性为主线索，阐述了芳烃的稳定性、化学反应性。

🔖 **关键词** 苯 联苯 萘 环戊二烯负离子 芳香性 烷基化 酰基化 定位规则

凯库勒（Friedrich August Kekule，1829～1896） 德国人，有机化合物结构的奠基者，其中以引入苯环（ring formula for benzene）的结构最为著名。

凯库勒生于德国 Darmstadt。在 Giessen 的 Justus Liebig（1803～1873）指导下取得博士学位。1857 年提出了碳四价学说，介绍了甲烷等简单碳化合物的组成式。1865 年，凯库勒从梦中悟到"六个碳原子构成一环，各与一个氢原子连结"。如此可以圆满地解决各种相关问题。1896 年逝世于 Bonn。

芳烃是芳香族化合物的母体。大多数芳烃含有苯的六碳环结构，少数称非苯芳烃者，虽然不含苯环，但却有与苯环相同或相似的特性。由于芳环的特有结构，使芳香族化合物的性质比较特殊。一般情况下，芳环上不易发生加成反应，不易氧化，而容易起取代反应。根据是否含有苯环以及所含苯环的数目和联结方式的不同，芳烃可分为如下三类。

(1) 单环芳烃 分子中只含有一个苯环，如苯、甲苯、苯乙烯等。

苯　　　　甲苯　　　　苯乙烯

(2) 多环芳烃 分子中含有两个或两个以上的苯环，如联苯、萘、蒽等。

联苯　　　　　萘　　　　　　蒽

(3) 非苯芳烃 分子中不含有苯环，但含有结构及性质与苯环相似的芳环，并具有芳香族化合物的共同特性。如环戊二烯负离子、环庚三烯正离子、薁等。

环戊二烯负离子　　　环庚三烯正离子　　　　薁

8.1　单环芳烃

8.1.1　苯的结构

（1）凯库勒结构式

苯的分子式是 C_6H_6。从分子式看，苯显示了高度不饱和性。然而在一般情况下，苯并不发生烯烃一类的亲电加成反应，也不被高锰酸钾氧化。只有在加压下，苯催化加氢还原才能生成环己烷。

$$C_6H_6 + 3H_2 \xrightarrow[\text{压力}]{Ni}$$

环己烷

虽然苯不易亲电加成，不易氧化，但却容易发生亲电取代反应。例如，苯分子中的氢原子容易被硝基（—NO_2）、磺酸基（—SO_3H）、溴原子或氯原子等取代，分别生成硝基苯（$C_6H_5NO_2$）、苯磺酸（$C_6H_5SO_3H$）、溴苯（C_6H_5Br）、氯苯（C_6H_5Cl）等。在这些取代反应中都保持了苯环原有的结构。以上的反应充分说明了苯环的化学稳定性，苯的不易加成、不易氧化、容易取代和碳环异常稳定的特性，不同于一般不饱和化合物的性质，总称为芳香性。

苯加氢还原可以生成环己烷，可以说明苯具有六碳环的结构；苯的一元取代产物只有一种，说明碳环上六个碳原子和六个氢原子的地位是等同的。因此 1865 年凯库勒提出，苯的结构是一个对称的六碳环，每个碳原子上都连有一个氢原子（1）。为了满足碳的四价，凯库勒把苯的结构写成（2）。（2）就叫做苯的凯库勒式。

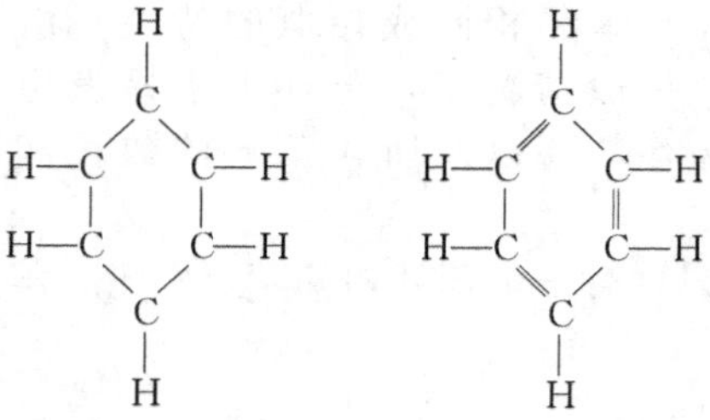

凯库勒提出苯的环状结构观点，在有机化学发展史上起了卓越的作用。它说明了为什么苯只存在一种一元取代产物。但是根据凯库勒式，苯的邻位二元取代产物似乎应当有两种异构体。但实际上却只有一种。

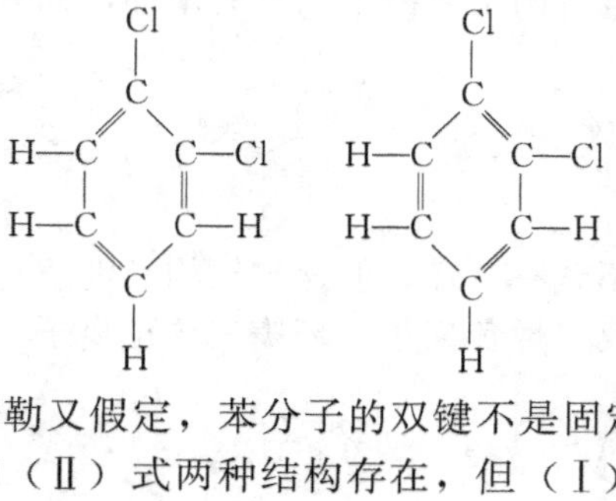

为了解释这个问题，凯库勒又假定，苯分子的双键不是固定的，而是在不停地迅速地来回移动着，所以有（Ⅰ）式和（Ⅱ）式两种结构存在，但（Ⅰ）和（Ⅱ）迅速互变，不能分离出来。

$$(\text{I}) \qquad\qquad (\text{II})$$

因此，苯的邻位二元取代产物只有一种。凯库勒式并不能说明为什么苯具有特殊稳定性。因为按凯库勒的说法，苯分子中存在三个双键，虽然它们来回不停地移动着，但双键始终是存在的。既然有双键的结构就必然会具有烯烃那样的不饱和性，也不可能具有异常的稳定性。

苯的稳定性可以从它的低氢化热值得到证明。已知环己烯催化加氢时，一个双键加上两个氢原子变为一个单键，放出 120kJ/mol 的热量。

$$\bigcirc + H_2 \longrightarrow \bigcirc \qquad \Delta H = -120\text{kJ/mol}$$

如果苯分子含有三个双键，由苯加氢变为环己烷时，放出来的热量应为 $3 \times 120 = 360\text{kJ/mol}$。但实际上，苯氢化为环己烷所放出的热量只有 208kJ/mol。

$$\bigcirc + 3H_2 \longrightarrow \bigcirc \qquad \Delta H = -208\text{kJ/mol}$$

按凯库勒式的计算值和实测值相差 $360 - 208 = 152\text{kJ/mol}$。这说明苯比凯库勒所假定的环己三烯式要稳定 152kJ/mol。氢化反应是放热反应，反之，脱氢反应是吸热反应。脱去两个氢原子形成一个双键时一般需要供给 $117\sim126\text{kJ/mol}$ 的热量。但 1,3-环己二烯脱去两个氢原子成为苯时，不但不吸热，反而有少量的热释出。

$$\bigcirc \xrightarrow{-H_2} \bigcirc + H_2 \qquad \Delta H = -23\text{kJ/mol}$$

这说明当 1,3-环己二烯脱去一分子氢后，它的分子结构还发生了另外的变化，变成了一个比环己三烯远为稳定的体系。

此外，按凯库勒式，苯分子中有交替的碳碳单键和碳碳双键，而单键和双键的键长是不相等的，那么苯分子应是一个不规则六边形的结构，但事实上苯分子中碳碳键的键长完全等同，都是 0.139nm，即比一般的碳碳单键（烷烃碳碳单键键长为 0.154nm）短，比一般碳碳双键（乙烯双键键长为 0.133nm）长一些。由以上讨论可以得知，凯库勒式并不能代表苯分子的真实结构。

（2）苯分子结构的近代概念

物理方法测定苯分子是平面的正六边形结构。苯分子的六个碳原子和六个氢原子都分布在同一平面上，相邻碳碳键之间的键角为 120°。

按照分子轨道理论，苯分子中六个碳原子都是 sp^2 杂化的，每个碳原子都以 sp^2 杂化轨道与相邻碳原子相互交盖形成碳碳 σ 键，每个碳原子又都以 sp^2 杂化轨道与氢原子的 s 轨道相互交盖形成 C—H σ 键。每个碳原子的三个 sp^2 杂化轨道的对称轴都分布在同一平面上，而且两个对称轴之间的夹角为 120°，这样就形成了正六边形的碳架，所有的碳原子和氢原子都处在同一平面上。此外，每个碳原子还有一个垂直于此平面的 p 轨道，它们的对称轴都相互平行。每个 p 轨道都能以侧面与相邻的 p 轨道相互交盖，结果形成了一个包含六个碳原子在内的闭合共轭体系，见图 8.1。

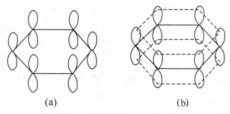

(a)　　　　　　(b)

图 8.1　苯的 p 轨道交盖

　　六个 p 原子轨道通过线性组合，可组成六个分子轨道。这六个分子轨道如图 8.2 所示，其中三个是成键轨道，以 ψ_1、ψ_2 和 ψ_3 表示，三个是反键轨道，以 ψ_4、ψ_5 和 ψ_6 表示。图中虚线表示节面。三个成键轨道中，ψ_1 是能量最低的，没有节面，而 ψ_2 和 ψ_3 都具有一个节面，能量相等（叫做简并轨道），但比 ψ_1 高。反键轨道 ψ_4 和 ψ_5 各有两个节面，它们也是能量彼此相等的简并轨道，但比成键轨道能量要高。ψ_6 有三个节面，是能量最高的反键轨道。苯的基态是三个成键轨道的叠加。在基态时，苯分子的六个 π 电子都处在成键轨道上，即具有闭壳层的电子构型。这六个离域的 π 电子总能量，和它们分别处在孤立的即定域的 π 轨道中的能量相比要低得多。因此苯的结构很稳定。由于 π 电子是离域的，苯分子中所有碳碳键都完全相同，键长也完全相等（0.139nm），它们既不是一般的碳碳单键（0.154nm），也不是一般的碳碳双键（0.133nm），而是每个碳碳键都具有这种闭合的大 π 键的特殊性质（参见第 2 章轨道杂化与分子结构）。

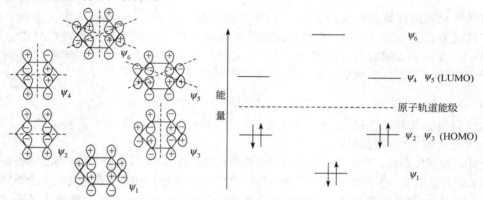

图 8.2　苯的 π 分子轨道和能级图

　　由上面的讨论可以看出，苯环中并没有一般的碳碳双键，凯库勒式并不能满意地表示苯的结构，因此后人采用了正六边形中画一个圆圈（ ⬡ ）作为苯结构的表示方式，圆圈代表大 π 键的特殊结构。但这种方式不同于有机化学上习惯使用的价键结构式，因此也不能完全令人满意。在目前的文献资料中，这两种表示方式都有。在本书中一般以 ⬡ 代表苯的结构。

8.1.2　单环芳烃的物理性质

　　苯及其常见同系物一般是液体，相对密度小于 1，不溶于水，溶于乙醇、乙醚等有机溶剂。某些溶剂（如环丁砜、N,N-二甲基甲酰胺、N-甲基吡咯烷-2-酮等）对芳烃有高选择性溶解作用，可用来萃取芳烃。

　　在苯的二取代异构体中，对位异构体的对称性最好，因此熔点较高；而邻位异构体往往有较高的沸点。由于苯环具有闭合的 π-π 共轭体系及较高的 π 电子云密度，故芳烃的折光率较烯烃、炔烃都大。一些常见的单环芳烃的物理性质见表 8.1。

表 8.1　一些常见单环芳烃的物理性质

名　　称	熔点/℃	沸点/℃	相对密度 d_4^{20}	折光率 n_D^{20}
苯	5.5	80.1	0.8787	1.5011
甲苯	−95	110.6	0.8669	1.4961
乙苯	−95	136.1	0.8670	1.4959
丙苯	−99	159.3	0.8620	1.4920
异丙苯	−96	152.4	0.8618	1.4915
邻二甲苯	−25	144	0.8802	1.5055
间二甲苯	−48	139	0.8642	1.4972
对二甲苯	13	138	0.8611	1.4958
连三甲苯	−25.5	176.1	0.8940	
偏三甲苯	−44	169.2	0.8760	
均三甲苯	−45	164.6	0.8652	1.4994
均四甲苯(1,2,4,5-四甲基苯)	79	197	0.8875	1.5116
苯乙烯	−31	145	0.9060	
苯乙炔	−45	142	0.9030	

8.1.3　单环芳烃的化学性质

芳烃容易发生亲电取代反应，反应时芳环体系不变。由于芳环的稳定性，只有在特殊的条件下才能起自由基加成及还原加成反应。侧链烃基则具有脂肪烃的基本性质。

（1）加成反应

环上芳烃比一般不饱和烃要稳定得多，只有在特殊的条件下发生加成反应。

a. 加氢还原　苯在催化剂存在时，于较高温度或加压下才能加氢生成环己烷。

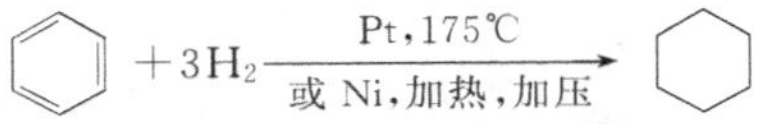

b. 自由基加氯　在紫外线照射下，苯能与氯作用生成六氯化苯。

$$Cl_2 \xrightarrow{\text{光}} 2Cl\cdot$$

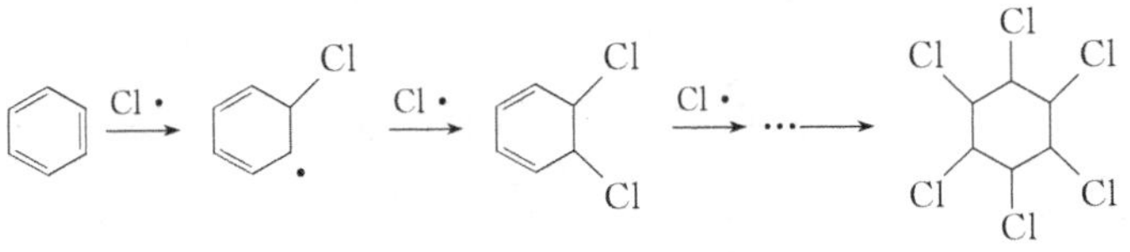

六氯化苯

六氯化苯（$C_6H_6Cl_6$）简称六六六。目前已知的六氯化苯八种异构体中，只有 γ 异构体具有显著的杀虫活性，它的含量在混合物中占 18% 左右。六六六曾是一种有效的杀虫剂，但由于它的化学性质稳定，残存毒性大，已禁止生产。

（2）芳烃侧链反应

a. 氧化反应　常见的氧化剂如高锰酸钾、重铬酸钾加硫酸、稀硝酸等都不能使苯环氧化。烷基苯在这些氧化剂作用下，只有支链发生氧化，例如：

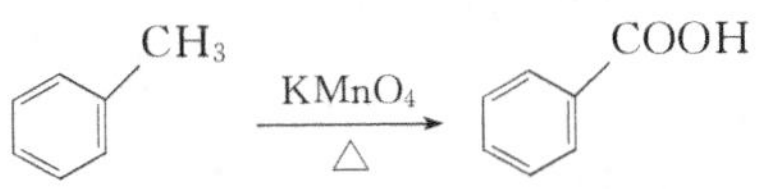

苯甲酸

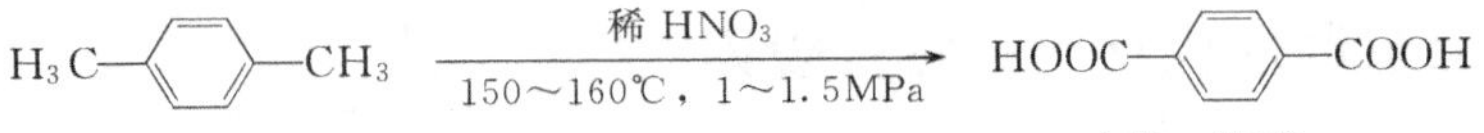

对苯二酸

在过量氧化剂存在下，无论环上支链长短如何，只要含有 $\alpha\text{-}H$，最后都氧化生成苯甲酸。例如：

$$\underset{}{\text{C}_6\text{H}_5}-\text{CH}_2\text{CH}_3 \xrightarrow[\triangle]{\text{KMnO}_4} \underset{}{\text{C}_6\text{H}_5}-\text{COOH}$$

上述反应说明了苯环是相当稳定的,同时也说明由于苯环的影响,和苯环直接相连的碳上的氢原子(称做 $\alpha-\text{H}$)活泼性增加,因此氧化反应首先发生在 α 位上,这就导致了烷基都氧化为羧基。

苯环在一般条件下不被氧化,但在特殊条件下,也能发生氧化而使苯环破裂。例如在催化剂存在下,于高温时,苯可被空气氧化而生成顺丁烯二酸酐。

$$\underset{}{\bigcirc} + \text{O}_2 \xrightarrow[400\sim450℃]{\text{V}_2\text{O}_5} \begin{array}{c} \text{HC}-\text{C} \\ \parallel \quad \diagdown \\ \quad\quad \text{O} \\ \text{HC}-\text{C} \\ \quad\quad \text{O} \end{array}$$

顺丁烯二酸酐

b. 氯化(自由基取代)反应 在较高温度或光照射下,烷基苯可与卤素作用,但并不发生环上取代,而是与甲烷的氯化相似,芳烃的侧链氯化反应也是按自由基历程进行的。但甲苯氯化时,反应容易停留在生成苯一氯甲烷阶段。这是因为氯化反应进行中生成的苄基自由基($\text{C}_6\text{H}_5\text{CH}_2\cdot$)比较稳定的缘故。苄基自由基稳定是由于它的亚甲基碳原子(sp^2 杂化)上的 p 轨道与苯环上的大 π 键是共轭的,这就导致亚甲基上 p 电子的离域,所以这个自由基就比较稳定。

$$\underset{\text{CH}_3}{\bigcirc} \xrightarrow[h\nu]{\text{Cl}_2} \underset{\text{CH}_2\text{Cl}}{\bigcirc} + \text{HCl}$$

(3)环上亲电取代反应(反应机理见第 4 章亲电取代反应)

单环芳烃重要的取代反应有卤化、硝化、磺化、烷基化和酰基化等。

卤化反应: $\quad \bigcirc + \text{X}_2 \xrightarrow{\text{FeX}_3} \underset{\text{X}}{\bigcirc} + \text{HX}$ (X=Br 或 Cl)

硝化反应: $\quad \bigcirc + \text{HNO}_3 \xrightarrow{\text{H}_2\text{SO}_4} \underset{\text{NO}_2}{\bigcirc} + \text{H}_2\text{O}$

磺化反应: $\quad \bigcirc + \text{H}_2\text{SO}_4 \rightleftharpoons \underset{\text{SO}_3\text{H}}{\bigcirc} + \text{H}_2\text{O}$

烷基化反应: $\quad \bigcirc + \text{RX} \xrightarrow{\text{AlX}_3} \underset{\text{R}}{\bigcirc} + \text{HX}$

酰基化反应: $\quad \bigcirc + \text{R}-\overset{\text{O}}{\underset{}{\text{C}}}-\text{X} \xrightarrow{\text{AlX}_3} \underset{\text{COR}}{\bigcirc} + \text{HX}$

8.1.4 苯环上亲电取代反应的定位规则

(1)定位规律

从前面讨论的一些亲电取代反应可以看出,当苯环上已有一个烷基存在时,如果让它再进一步发生取代反应,则无论发生什么取代反应,都比苯容易进行,而且第二个取代基主要进入烷基的邻位和对位。这可以从苯和甲苯的硝化和磺化的反应条件和产物组成的比较中看出来。

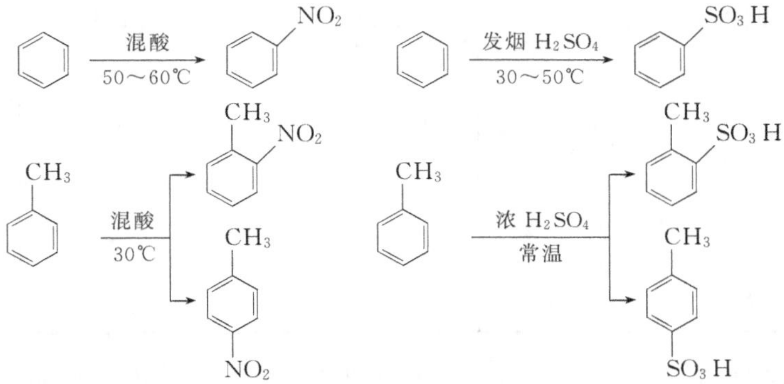

当苯环上已有硝基或磺酸基存在时，情况就不一样，例如，如果让硝基苯、苯磺酸进一步发生取代反应，这些取代反应的进行要比苯困难些，而且第二个取代基主要进入硝基或磺酸基的间位。

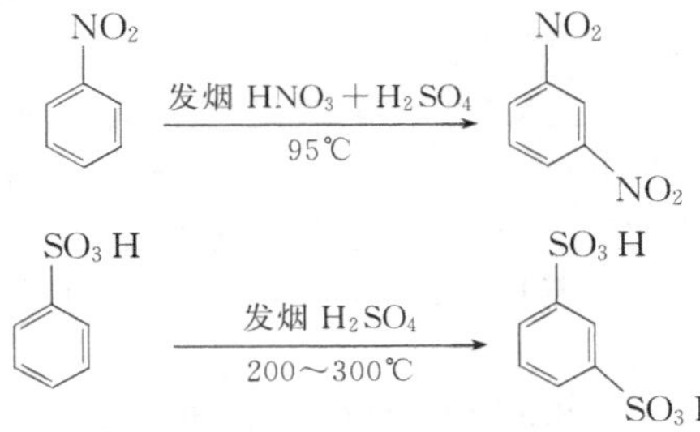

当苯环上已有一个取代基，如再引入第二个取代基时，则第二个取代基在环上的位置可以有三种，即对位、间位和邻位；其中邻位和间位各有两个位置，而对位只有一个位置。

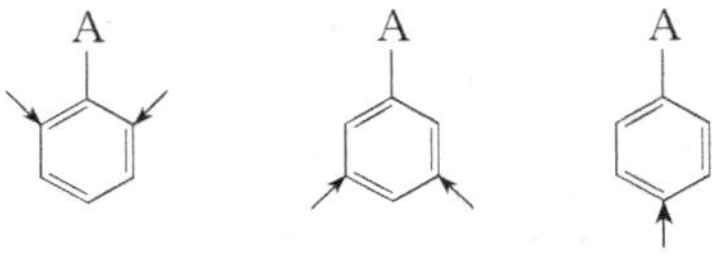

取代反应的事实表明，这三个不同位置被取代的机会并不是均等的，第二个取代基进入的位置，主要由苯环上原有取代基的性质所决定。

大量的实验结果表明（见表8.2），不同的一元取代苯在进行同一取代反应时（例如硝化反应），按所得产物比例的不同，可以分成两类。一类是取代产物中邻位和对位异构体占优势，且其反应速度一般都要比苯快些；另一类是间位异构体为主，而且反应速度比苯慢。因此，按所得取代产物的不同组成来划分，可以把苯环上的取代基分为邻对位定位基和间位定位基两类。

表 8.2　一元取代苯反应产物异构体分布

苯环上已有的取代基	二元取代物各种异构体所占的比例/%			
	间	邻	对	邻＋对
—OH	微量	50～55	45～50	100
—NHCOCH$_3$	2	19	79	98
—CH$_3$	4	58	38	96
—CH$_2$CH$_3$	<1	55	45	100
—C(CH$_3$)$_3$	8	12	80	92
—F	微量	12	88	100
—Cl	微量	30	70	100
—Br	微量	38	62	100

苯环上已有的取代基	二元取代物各种异构体所占的比例/%			
	间	邻	对	邻＋对
—I	微量	41	59	100
(H)	(40)	(40)	(20)	(60)
—N$^+$(CH$_3$)$_3$	100	0	0	0
—NO$_2$	93.3	6.4	0.3	6.7
—CN	88.5	—	—	11.5
—SO$_3$H	72	21	7	28
—COOH	80	19	1	20
—CHO	79	—	—	21
—CCl$_3$	64	7	29	36
—COCH$_3$	55	45	0	45
—COOCH$_2$CH$_3$	68	28	4	32

a. 邻对位定位基 邻对位定位基又叫做第一类定位基。例如：—O$^-$、—NH$_2$、—NHR、—NR$_2$、—OH、—OCH$_3$、—NHCOCH$_3$、—OCOR、—C$_6$H$_5$、—CH$_3$、 —X 等。这些取代基与苯环直接相连接的原子上，一般只具有单键或带负电荷。这类取代基使第二个取代基主要进入它们的邻位和对位，即它们具有邻对位定位效应，而且反应比苯容易进行（卤素例外），也就是它们能使苯环活化。

b. 间位定位基 间位定位基又叫做第二类定位基。例如：—N$^+$（CH$_3$）$_3$、—NO$_2$、—CN、—COOH、—SO$_3$H、—CHO、—COR 等。这些取代基与苯环相连接的原子上，一般具有重键或带正电荷。这类取代基使第二个取代基主要进入它们的间位，即它们具有间位定位效应。和苯相比，这些取代反应的进行都比较困难些，也就是它们可使苯环钝化。

各种基团的归类情况见表 8.3。

表 8.3　邻对位和间位定位基团

性　能	邻 对 位 定 位 基					间 位 定 位 基	
强度	最强	强	中	弱	弱	强	最强
取代基	—O$^-$	—NR$_2$ —NHR —NH$_2$ —OH —OR	—OCOR —NHCOR	—NHCHO —C$_6$H$_5$ —CH$_3$ —CR$_3$	—F —Cl，—Br，—I —CH$_2$Cl —CH＝CHCO$_2$H —CH＝CHNO$_2$	—COR，—CHO —CO$_2$R，—CONH$_2$ —CO$_2$H，—SO$_3$H —CN，—NO$_2$ —CF$_3$，—CCl$_3$	—R$_3$N$^+$
基团的电子效应	具有给电子诱导效应和给电子共轭效应	—CH$_3$ 给电子超共轭效应，—CR$_3$ 只有给电子诱导效应，其余基团的吸电子诱导效应小于给电子共轭效应			各基团的吸电子诱导效应大于给电子共轭效应	—CF$_3$，—CCl$_3$ 只有吸电子诱导效应，其余基团具有吸电子诱导效应和吸电子共轭效应	只有吸电子诱导效应

（2）定位规律的解释

用分子轨道法的计算结果很容易就能解释上述现象，但为便于形象化理解，下面以共振论法解释。要解释定位规律，首先必须了解为什么第一类定位基可以使苯环活化，而第二类定位基的影响都是使苯环钝化。我们知道，在芳烃和亲电试剂的取代反应过程中，需要一定的活化能才能生成 σ 络合物（即碳正离子中间体）。所以 σ 络合物的生成这一步比较慢，它是决定整个反应速度的步骤。

要了解取代基对苯环究竟是活化还是钝化，就要研究这个取代基在亲电取代反应中对中间体碳正离子的生成有何影响，要看它是使中间体稳定性增加（活化能降低），还是使稳定性降低（活化能增加）。如果取代基的存在可以使中间体碳正离子更加稳定，那么 σ 络合物的生成就比较容易，也就是需要的活化能不大。这样，这一步反应速度就比苯快，整个取代反应的速度也就比苯快，那么这个取代基的影响就是使苯环活化。反之，如果该取代基的作用使碳正离子的稳定性降低，那么生成碳正离子需要较高的活化能，这就使这步反应比较困难，它的反应速度也就比苯慢，那么这个取代基的影响就是使苯环钝化。

下面根据不同情况分别讨论取代基如何影响 σ 络合物的稳定性。

a. 邻对位定位基的影响　邻对位定位基对苯环具有推电子效应，因而使苯环电子云密度增加。

以甲苯为例，定位基是甲基，当试剂进攻甲苯不同位置时，可仿照苯取代反应时生成 σ 络合物的写法，写出所形成的中间体碳正离子的共振结构式。可以看出，这几个共振结构式的特点是它们在取代基（E）的邻位或对位都具有正电荷。

亲电试剂进攻邻位：

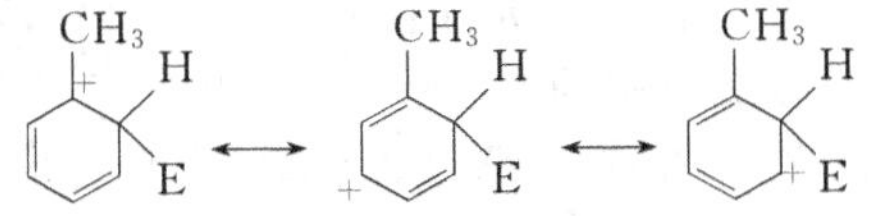

（Ⅰ）

亲电试剂进攻对位：

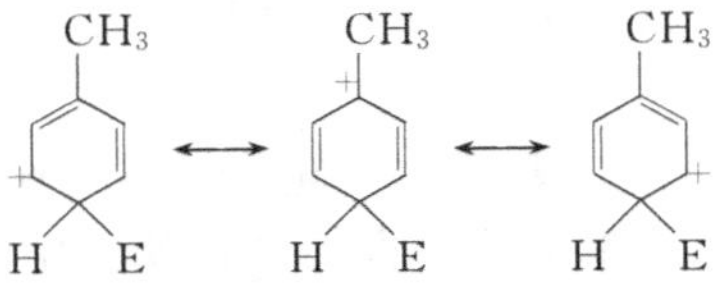

（Ⅱ）

亲电试剂进攻间位：

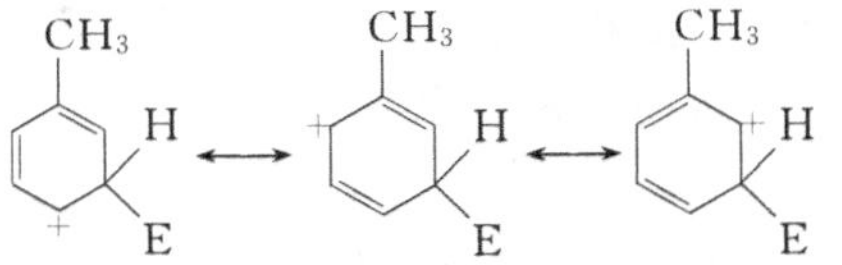

一般认为甲基与苯环相连时，甲基具有推电子性，即甲基可以通过它的诱导效应和超共轭效应把电子云推向苯环，使整个苯环的电子云密度增加。这种推电子性有利于中间体碳正离子正电性的减弱而增加其稳定性。因此我们称甲基是活化基团，它使苯环活化。但甲基对苯环的影响，在环上的不同位置是不同的。受甲基影响最大的应是和它直接相连的碳原子的位置。在进攻甲基的邻位和对位而生成的中间体碳正离子共振结构式中，（Ⅰ）式和（Ⅱ）式恰恰都在和甲基相连的碳原子上带正电荷。由于甲基的推电子效应，正电荷直接被电性中和而分散减弱，因此这两个共振结构的能量比较低，也比较稳定，它们在共振杂化体中的参与或贡献也最大。这种结构在进攻间位而形成的中间体碳正离子的共振结构中却不存在。因此总的来说，进攻甲基的邻位和对位所形成的中间体要比进攻间位所生成的中间体能量更低，它们更稳定些，形成时所需的活化能也比较小。这样邻位和对位发生取代的速率就快，从而使第二个取代基主要进入甲基的邻位和对位。

如果苯环上的第一类定位基是—NH_2、—OH 等，则它们与苯环直接相连的杂原子上都具有未共用电子对。由于杂原子上未共用 p 电子对可以通过共轭效应向苯环离域，所以就增加了苯环的电子云密度。当苯环的邻位和对位受到进攻时，所形成的中间体碳正离子的共振结构式中，除了具有与进攻甲基邻位和对位相似的共振结构式外，还应包括下列共振结构式：

亲电试剂进攻对位：

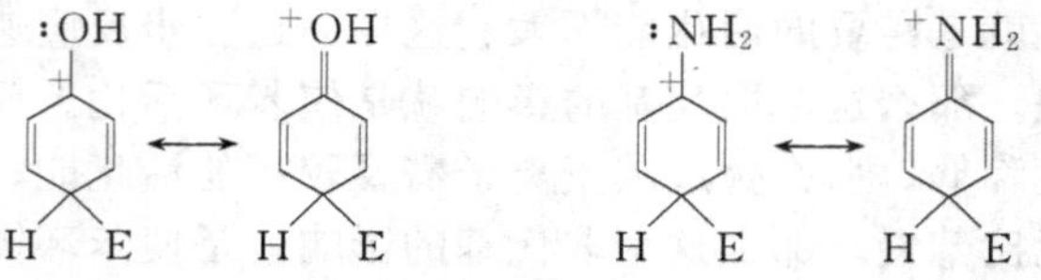

（Ⅲ）　　　　　　　（Ⅳ）

亲电试剂进攻邻位：

（Ⅴ）　　　　　　　（Ⅵ）

从（Ⅲ）、（Ⅳ）、（Ⅴ）、（Ⅵ）四个共振结构式可以看出，参与共轭体系的原子都具有八隅体的结构。这样的结构是特别稳定的。所以它们在共振杂化体中的参与程度要比其他的共振结构大得多，因此包含这些共振结构的共振杂化体碳正离子也特别稳定，而且容易生成。所以苯环上有—NH₂和—OH等存在时，都可以使取代反应容易进行，它们都是强的邻对位定位基。由此可见，第一类定位基能使苯环活化都是由于这类定位基的推电子性所引起的。所谓苯环活化，实质是指取代反应中，中间体碳正离子容易生成，特别是邻对位被取代的中间体碳正离子更容易生成。第一类定位基所以能定位于邻位和对位，只是因为它对邻位和对位的活化要比间位强得多。

b. 间位定位基的影响　间位定位基具有吸电子效应，它使苯环的电子云密度下降，从而增加了中间体碳正离子生成时的正电荷，这种碳正离子中间体能量比较高，稳定性低，不容易生成，这就是钝化的实质。但是间位定位基对苯环的不同位置也是不同的。以硝基苯为例来加以说明。硝基对苯环具有强的吸电子诱导效应和共轭效应。虽然这种吸电子效应的影响是遍及整个苯环的，但和硝基直接相连的碳原子上影响最大。硝基苯在取代反应中形成的中间体碳正离子可以用下列共振结构式来表示。

亲电试剂进攻邻位：

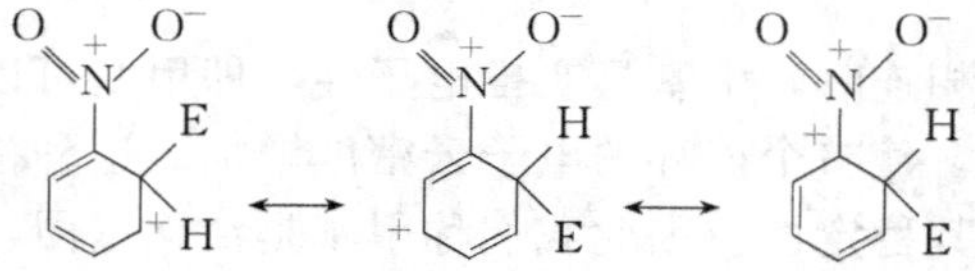

（Ⅶ）

亲电试剂进攻对位：

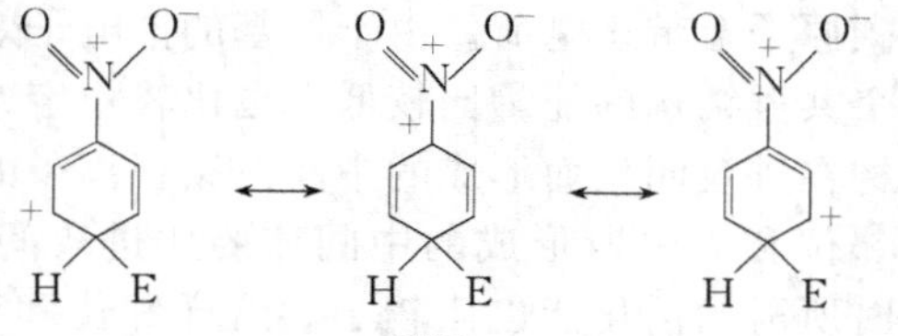

（Ⅷ）

亲电试剂进攻间位：

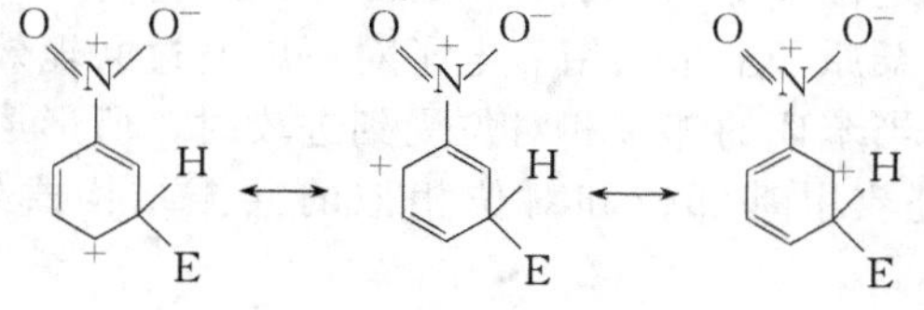

　　亲电试剂进攻硝基的邻位和对位时所生成的碳正离子共振结构式（Ⅶ）和（Ⅷ）中，硝基氮原子和它直接相连的碳原子都带正电荷，能量特别高，因而是不稳定的共振结构。而在亲电试剂进攻硝基间位的共振结构中，却不存在这种结构。因此进攻硝基间位生成的碳正离子中间体要比进攻邻位和对位生成的中间体碳正离子的能量低，因此更稳定些，所以在硝基间位上的亲电取代反应要比邻位和对位上的亲电取代快得多，取代产物以间位为主。由此可知，第二类定位基使苯环钝化，是由于这类定位基的吸电子性引起的，这种影响遍及苯环的所有位置，但邻位和对位上的影响更大。第二类定位基所以定位于间位，只是因为邻位和对位受到的钝化影响更甚于间位受到的影响，相对来说，间位取代的中间体碳正离子比较稳定些，比较容易生成，所以主要得到间位取代产物。

　　例题 8.1　硝基是一个吸电子基团带是给电子基团？在硝基丙烷及硝基苯中的电子效应是否相同？解释原因。

　　c. 卤原子的定位效应　卤原子的情况比较特殊，它是钝化苯环的邻对位定位基。这是两个相反的效应——吸电子诱导效应和推电子共轭效应的综合结果。卤原子是强吸电子取代基，通过诱导效应，可使苯环钝化，所以卤原子是个钝化基团。但是当发生亲电取代反应时，卤原子上未共用 p 电子对和苯环的大 π 键共轭而向苯环离域，当卤原子的邻位和对位受亲电试剂进攻时，所生成的碳正离子中间体应该还有下面的共振结构共同参与贡献。

亲电试剂进攻邻位：

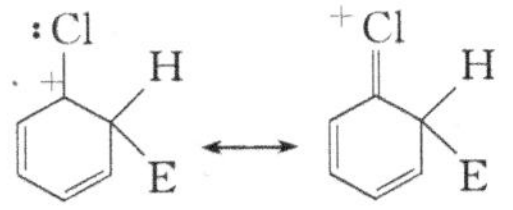

（Ⅸ）

亲电试剂进攻对位：

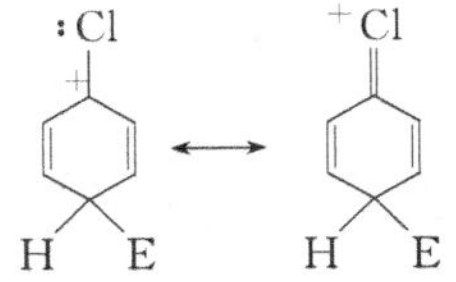

（Ⅹ）

在共振结构（Ⅸ）和（Ⅹ）式中，参与共轭体系的各原子都是八隅体结构，它们都是很稳定的共振结构，因而也是重要的参与结构。当卤原子的间位受到进攻时，形成的中间体碳正离子却不存在这种比较稳定的共振结构。因此进攻邻位和对位的中间体碳正离子比较容易生成，也比较稳定，取代产物中邻位和对位产物占优势。由此可见，卤原子的诱导效应使苯环钝化，使亲电取代反应的进行比苯困难。而卤原子的未共用 p 电子对的共轭效应却使邻位和对位上的钝化作用小于间位，所以主要得到邻位和对位取代产物。

　　(3) 苯的二元取代产物的定位规律

　　苯环上已有两个取代基时，第三个取代基进入的位置，则由原有两个取代基来决定。

　　a. 两个取代基的定位效应一致时，第三个取代基进入位置由上述取代基的定位规则来决定。例如：

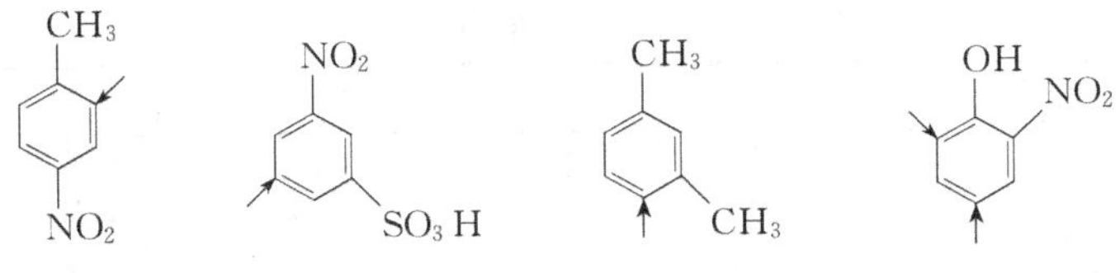

（Ⅰ）　　　　（Ⅱ）　　　　（Ⅲ）　　　　（Ⅳ）

（箭头表示取代基进入的位置）

有时也受到其他因素的影响，例如（Ⅲ）式所示，由于空间效应的影响，两个甲基之间的位置就很难进入取代基，虽然这个位置是两个甲基的邻位。

b. 两个取代基的定位效应不一致时，且两取代基为同一类型，第三个取代基进入的位置主要由定位效应强的取代基所决定。例如：

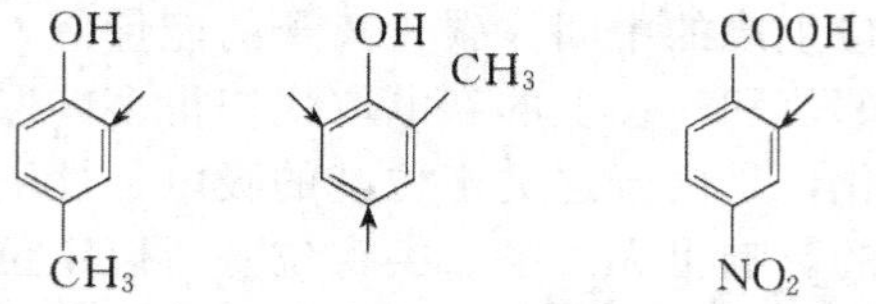

当两个取代基属于不同类型时，第三个取代基进入位置一般由致活苯环的邻对位定位基决定。例如：

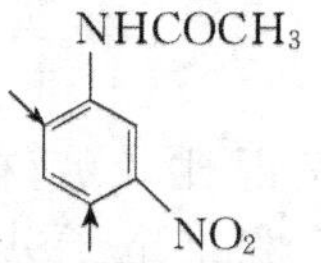

例题 8.2 用箭头表示新基团进入苯环的哪个位置？

(1) 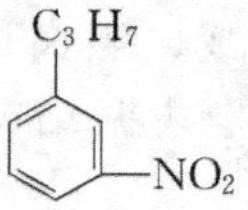 (2) 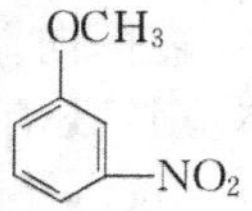 (3) 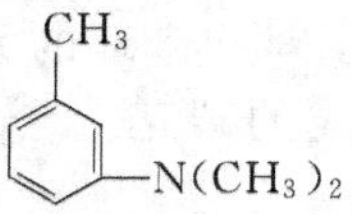 (4) 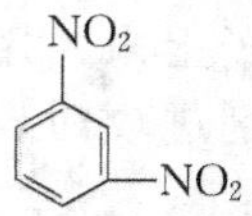

(5) 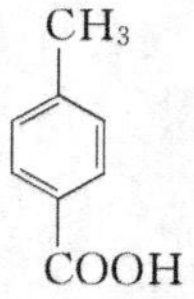 (6) 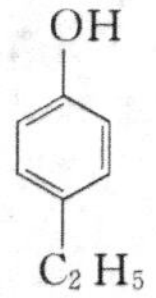 (7) 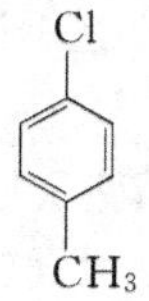 (8) 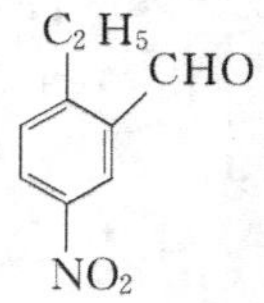

例题 8.3 完成下列反应。

(1) 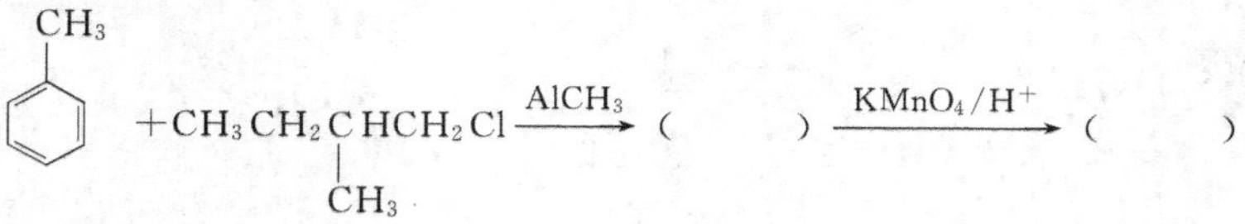

(2) 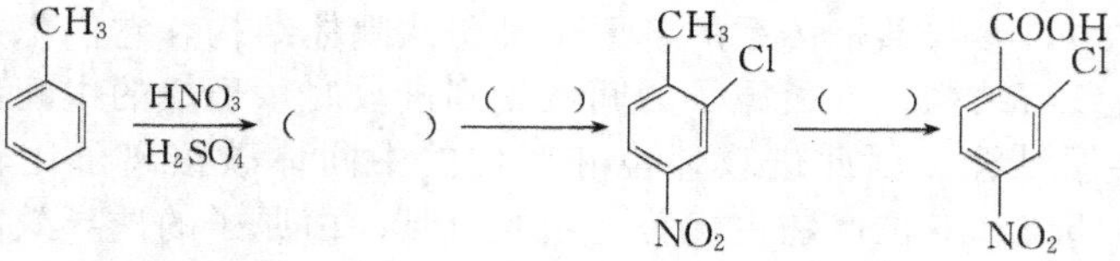

8.1.5 单环芳烃的来源和制法

(1) 煤的干馏 煤在炼焦炉里隔绝空气加热至1000～1300℃，煤即分解而得固态、液态和气态产物。固态产物是焦炭，液态产物有氨水和煤焦油，气态产物是焦炉气，也就是煤气。

煤焦油中含有大量的芳香族化合物，表8.4给出了煤焦油分馏的各种馏分。

表 8.4 煤焦油的分馏产物

馏 分	沸点温度/℃	产率/%	主要成分
轻油	<180	0.5～1.0	苯、甲苯、二甲苯
酚油	180～210	2～4	苯酚、甲苯酚、二甲酚
萘油	210～230	9～12	萘
洗油	230～300	6～9	萘、苊、芴
蒽油	300～360	20～24	蒽、菲
沥青	>360	50～55	沥青、游离碳

（2）石油的芳烃化　随着塑料、纤维和橡胶三大合成材料工业的飞速发展，芳烃的需要量也不断增加。从煤焦油（以及煤气）中分离出来的芳烃远远不能满足需要，因此发展了以石油为原料来制取芳烃的方法。这个方法主要是将轻汽油馏分中含 6～8 个碳原子的烃类，在催化剂铂或钯等的存在下，于 450～500℃ 进行脱氢、环化和异构化等一系列复杂的化学反应而转变为芳烃。工业上这一过程称为铂重整，在铂重整中所发生的化学变化叫做芳构化。芳构化的成功使石油成为芳烃的主要来源之一。芳构化主要有下列几种反应。

　a. 环烷烃催化脱氢

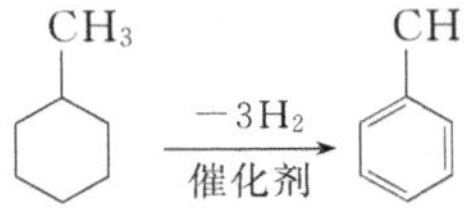

　b. 烷烃脱氢环化和再脱氢

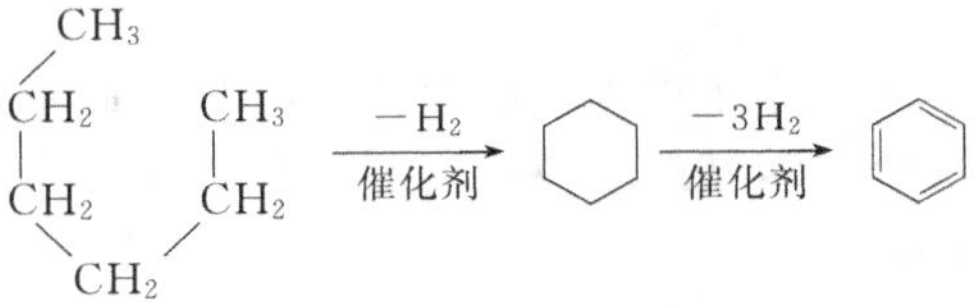

　c. 环烷烃异构化和脱氢

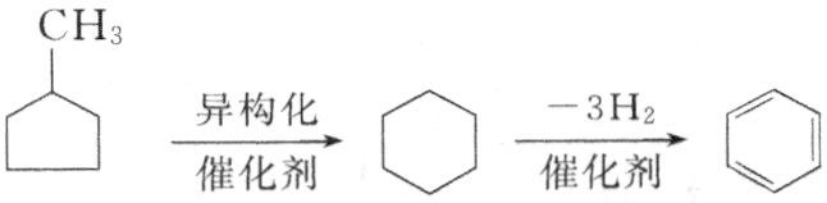

另外，以生产乙烯为目的的石油裂解过程中，也有一定量的芳烃生成，可以从液态焦油中回收得到。由于生产乙烯的石油裂解工厂较多，规模也很庞大，所以副产物的芳烃数量也很大，已成为芳烃的重要来源之一。

8.2　多环芳烃和非苯芳烃

按照苯环相互联结方式，多环芳烃可分为如下三种。

（1）联苯和联多苯类　这类多环芳烃分子中有两个或两个以上的苯环直接以单键相联结，如联苯、联三苯等。

联苯　　　　　　　对联三苯　　　　　　　4,4'-二苯基联苯（联四苯）

（2）多苯代脂烃类　这类多环芳烃可看作是脂肪烃中两个或两个以上的氢原子被苯基取代，如二苯甲烷、三苯甲烷等。

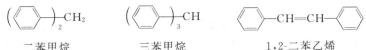

二苯甲烷　　　　　三苯甲烷　　　　　　1,2-二苯乙烯

（3）稠环芳烃　这类多环芳烃分子中有两个或两个以上的苯环以共用两个相邻碳原子的方式相互稠合，如萘、蒽、菲等。

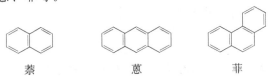

萘　　　　　　　蒽　　　　　　　菲

8.2.1　联苯及其衍生物

工业上联苯是由苯蒸气通过温度在 700℃ 以上红热的铁管，反应得到。

实验室中可由碘苯与铜粉共热而制得。

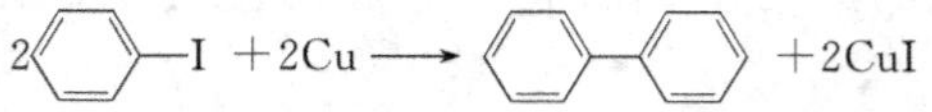

联苯为无色晶体，熔点 70℃，沸点 254℃，不溶于水而溶于有机溶剂。联苯的化学性质与苯相似，在两个苯环上均可发生磺化、硝化等取代反应。联苯环上碳原子的位置采用下式所示的编号来表示：

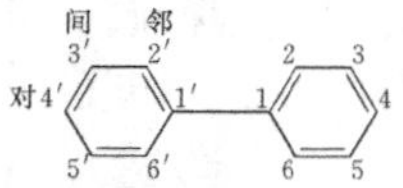

联苯可以看作是苯的一个氢原子被苯基所取代，而苯基是邻对位定位基，所以当联苯发生取代反应时，取代基主要进入苯基的对位，同时也有少量的邻位产物生成。例如联苯硝化时，主要是生成 4,4'-二硝基联苯。

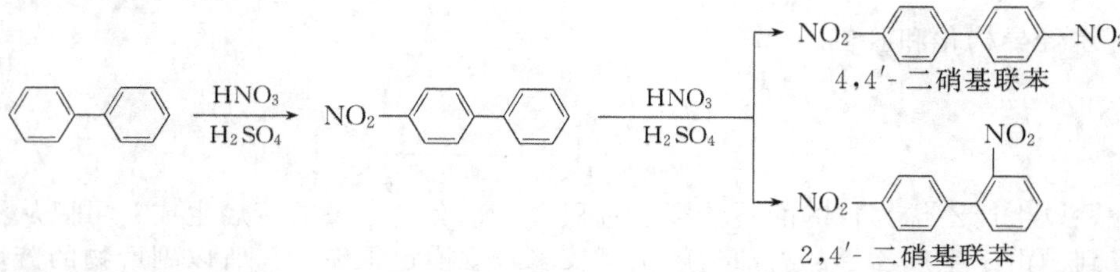

在联苯分子中，两个苯环可以围绕两个环之间的单键自由地相对旋转。但当这两个环的邻位有取代基存在时，例如在 6,6'-二硝基-2,2'-联苯二甲酸分子中，由于这些取代基的空间阻碍，联苯分子的自由旋转受到限制，从而使两个环平面不在同一平面上，这样就有可能形成下列两种异构体。

联苯最重要的衍生物是 4,4'-二氨基联苯，也称联苯胺。联苯胺可由 4,4'-二硝基联苯还原得到。但工业上，联苯胺可方便地由硝基苯为原料制取。硝基苯在碱性溶液中还原时可得到氢化偶氮苯，氢化偶氮苯在强无机酸（盐酸或硫酸）存在下，能发生重排而得到联苯胺，这个重排反应称为联苯胺重排。

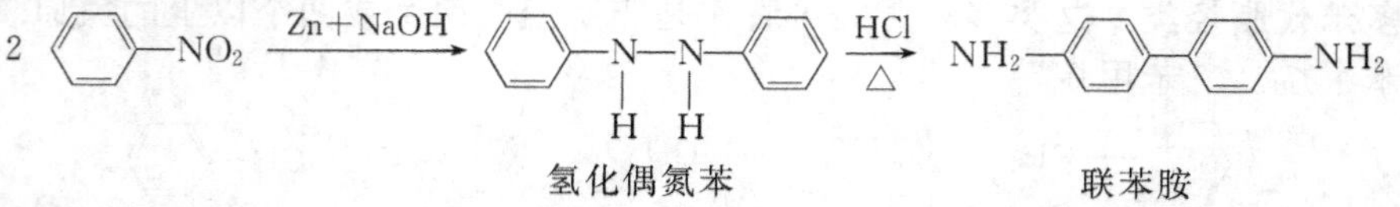

氢化偶氮苯的衍生物也能发生这种重排，因此利用这个反应，可以由氢化偶氮苯衍生物来制取联苯胺的衍生物。

联苯胺是无色晶体，熔点 127℃。它曾是许多合成染料的中间体，但由于该化合物对人体有较大毒性，且有致癌可能，近来已很少使用。

8.2.2　多苯代脂烃

二苯甲烷、三苯甲烷、1,2-二苯乙烷都是比较简单的多苯代脂烃。

在多苯代脂烃中，每个苯环都保持了苯环的结构特性，但是苯环受取代基的影响变得更为活泼，比苯更易发生各种取代反应；而与苯基相连的甲基、亚甲基和次甲基受苯环的影响也有很好的反应活性。例如：

氧化：

$$(C_6H_5)_3CH \xrightarrow[HOAc]{H_2CrO_4} (C_6H_5)_3COH$$

取代：

$$(C_6H_5)_3CH \xrightarrow{Br_2} (C_6H_5)_3CBr$$

酸碱反应：

$$(C_6H_5)_3CH + Na^+NH_2^- \rightleftharpoons (C_6H_5)_3C^-Na^+ + NH_3$$

三苯甲基负离子呈深红色，它的钠盐是有机合成中常用的强碱。三苯甲烷的许多衍生物是有用的染料或分析中用的指示剂，如碱性孔雀绿、结晶紫、酚酞等。三苯甲烷染料也称为品红染料。它色泽鲜艳，着色力强，色谱范围广。

与其他碳正离子、碳自由基、碳负离子相比，三苯甲基正离子、自由基、负离子都是最稳定的。如将各类碳正离子、碳自由基按稳定性大小排列，可得如下的次序：

碳正离子的稳定性比较：

$$(C_6H_5)_3\overset{+}{C} > (C_6H_5)_2\overset{+}{C}H > R_3\overset{+}{C} > R_2\overset{+}{C}H \approx C_6H_5\overset{+}{C}H_2 \approx CH_2\!=\!CH\,\overset{+}{C}H_2 > R\,\overset{+}{C}H_2 > \overset{+}{C}H_3$$

碳自由基的稳定性比较：

$$(C_6H_5)_3\overset{\cdot}{C} > (C_6H_5)_2\overset{\cdot}{C}H > C_6H_5\overset{\cdot}{C}H_2 \approx H_2C\!=\!CH\,\overset{\cdot}{C}H_2 > R_3\overset{\cdot}{C} > R_2\overset{\cdot}{C}H > R\,\overset{\cdot}{C}H_2 > \overset{\cdot}{C}H_3$$

为什么三苯甲基正离子、自由基、负离子具有很好的稳定性？这是因为它们都能同时和几个苯环发生离域作用，从而把这些不稳定的基团稳定下来。用共振论来解释，它们都是多个极限结构的杂化体。

三苯甲基自由基是最早被发现的自由基。1900 年，Gomberg M（刚伯格）试图用氯代三苯甲烷通过 Wurtz 反应合成六苯乙烷。

$$2(C_6H_5)_3CCl \xrightarrow{Ag} (C_6H_5)_3C\!-\!C(C_6H_5)_3$$

但他得到的是一个黄色的溶液，如果在氧的存在下，得到的是一个无色的二（三苯甲基）过氧化物。

$$2(C_6H_5)_3\overset{\cdot}{C} + O_2 \longrightarrow (C_6H_5)_3C\!-\!O\!-\!O\!-\!C(C_6H_5)_3$$

但在无氧的条件下，将黄色溶液蒸发，得到一个三苯甲基的二聚体。长期以来，认为这就是 Gomberg 期望得到的六苯乙烷，但是近来的研究证明，该二聚体是一个环己二烯的衍生物。

三苯甲基自由基　　　　　　二聚体

8.2.3 稠环芳烃

（1）萘及其衍生物

萘是最简单的稠环芳烃，分子式为 $C_{10}H_8$。它是煤焦油中含量最多的化合物，约达 6%，可以从煤焦油中提炼得到。

① 萘的结构、同分异构现象和命名　萘的结构和苯类似，它也是一个平面状分子。萘

分子中每个碳原子也是以 sp^2 杂化轨道与相邻的碳原子及氢原子的原子轨道相互交盖而形成 σ 键。十个碳原子都处在同一平面上，连接成两个稠合的六元环，八个氢原子也在同一平面上。每个碳原子还有一个 p 轨道，这些对称轴平行的 p 轨道侧面相互交盖，形成包含十个碳原子在内的 π 分子轨道。在基态时，10 个 π 电子分别处在五个成键轨道上。所以萘分子中没有一般的碳碳单键，也没有一般的碳碳双键，而是特殊的大 π 键。由于 π 电子的离域，萘具有 255kJ/mol 的共振能（离域能）。图 8.3 表示萘分子结构及其 π 电子轨道示意图。

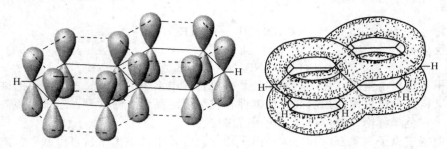

图 8.3   萘分子结构及其 π 电子轨道示意图

萘的各碳碳键的键长并不完全相等，经 X 衍射法测定，萘分子各键的键长如下：

0.142nm 0.137nm
0.139nm
0.140nm

萘分子结构可用如下共振结构式表示：

（Ⅰ）　　　　（Ⅱ）　　　　（Ⅲ）

但一般常用下式来表示：

α   α
β   β
β   α   β
或
8   1
7   2
6   3
5   4

萘分子中不仅各个键的键长有所不同，各碳原子的位置也不完全等同，其中 1、4、5、8 四个位置是等同的，叫做 α 位；2、3、6、7 四个位置也是等同的，叫做 β 位。因此萘的一元取代物可有两种。例如：

Cl

Cl

α-氯萘　　　　　β-氯萘

萘的二元取代物的异构体就更多。两个取代基相同的二元取代物可有 10 种，两个取代基不同时则有 14 种。萘的二元取代物的命名可以参照下例。

CH₃

NO₂

SO₃H

NO₂

对甲萘磺酸　　　1,5-二硝基萘

② **萘的性质**　萘是白色晶体，熔点 80.5℃，沸点 218℃，有特殊的气味，易升华。不溶于水，易溶于热的乙醇及乙醚。常用作防蛀剂。

萘的结构形式上可看作是由两个苯环稠合而成，但它的共振能并不是苯的 2 倍，即 2×

152＝304kJ/mol，而只有 255kJ/mol。因此萘的稳定性比苯弱一些。萘的 α 位活性比 β 位大，所以取代反应中一般得到 α 取代产物。

a. 亲电取代反应　亲电取代反应中，萘的 α 位活性大于 β 位，一般也可以用中间体碳正离子的稳定性及其形成过渡态时的活化能高低予以解释。当萘的 α 位被取代时，中间体碳正离子的结构可以用下列共振结构式来表示：

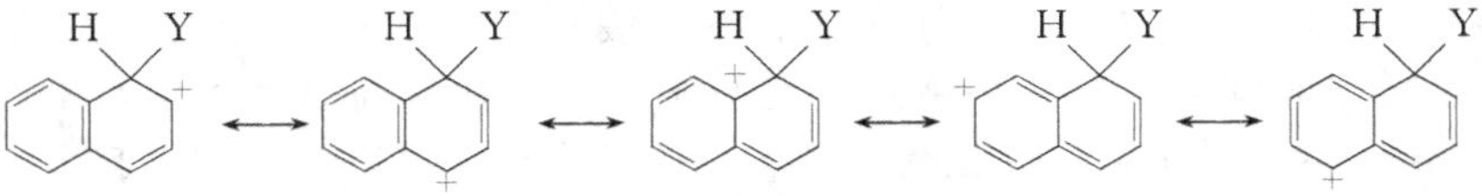

如果 β 位被取代，则中间体碳正离子的结构可以用下列共振结构式表示：

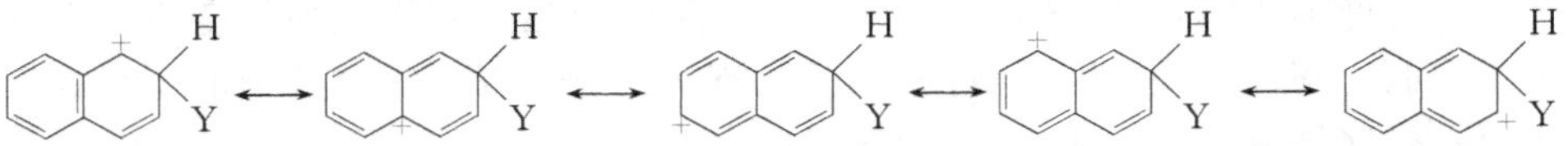

在 α 位取代所得的共振结构式中，第一、第二两个共振结构式仍保持了一个苯环的结构，它们的能量比较低，在共振杂化体的组成中贡献比较大。在 β 位取代的共振结构式中，只有第一个共振结构式保留了苯环的结构，它的能量低，贡献大，其余四个共振结构式能量都比较高，所以就整个共振杂化体来说，β 取代的能量高，β 取代的中间体碳正离子在形成过渡态时，活化能也高，因此萘的亲电取代一般发生在 α 位。

（a）卤化　将氯气通入萘的苯溶液中，可得 α-氯（代）萘，其沸点 259℃，无色液体，可用于高沸点溶剂和增塑剂。

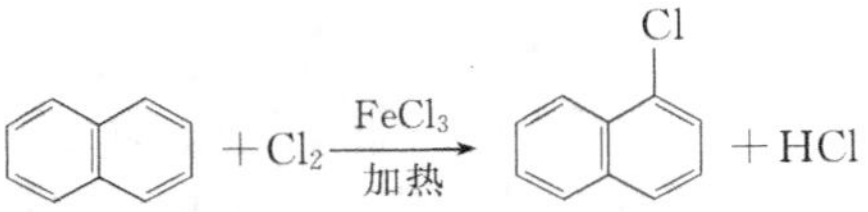

（b）硝化　萘用混酸硝化，主要产物为 α-硝基萘，其熔点为 61℃，黄色针状结晶，用于制备 α-萘胺。α-萘胺是合成偶氮染料重要的中间体。

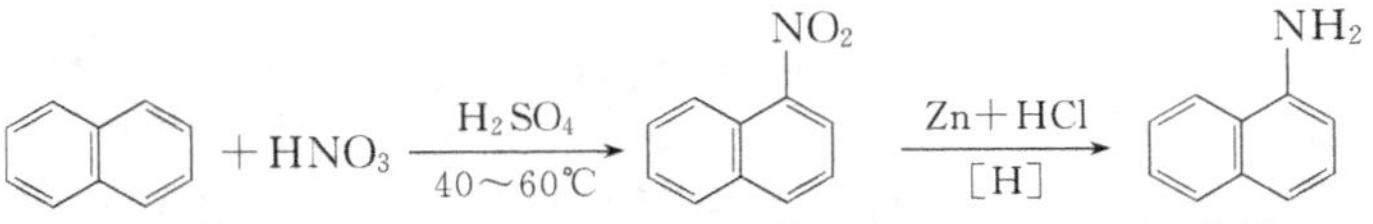

（c）磺化　萘的磺化反应也是可逆反应。磺酸基进入的位置和反应温度有关。萘与浓硫酸在 80℃ 以下作用，主要产物为 α-萘磺酸；在较高温度下（165℃）作用，主要产物为 β-萘磺酸。

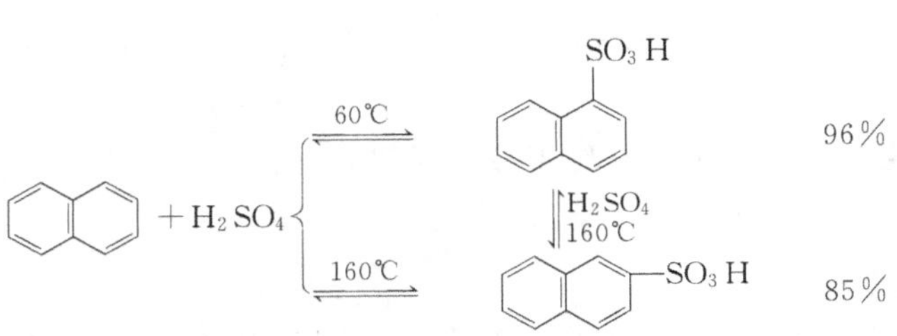

由于萘的 α 位活性比 β 位大，萘在较低温度下磺化，反应产物主要是 α-萘磺酸，但由于磺酸基的体积比较大，α-萘磺酸中，1-位的磺酰基与 8-位的氢原子之间存在互斥力，因此 α-萘磺酸是比较不稳定的。虽然如此，但在较低的磺化温度下，α-萘磺酸的生成速度快，而且在低温时逆反应并不显著，α-萘磺酸生成后不易转变成其他化合物，所以仍可以得到 α 取代产物。当在较高温度下磺化时，先生成的 α-萘磺酸也可发生显著的逆反应而仍转变为萘，即它的脱磺酸基反应的速度也增加。此外，在较高温度下磺化时，β-萘磺酸也容易生成，且由于不存在磺酸基与邻环 α-H 的空间干扰，它比 α-萘磺酸稳定，生成后又不易脱去磺酸基，

即逆反应很慢，因此它是高温磺化时的主要产物。

α-萘磺酸位阻大（1,8-位互斥） 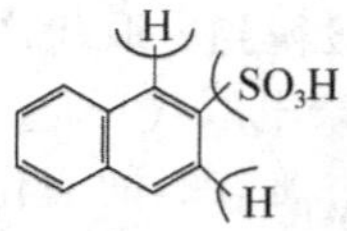　　　β-萘磺酸位阻小（1-,2-,3-位不互斥）

　　实验证明，在 165℃ 左右，α-萘磺酸、β-萘磺酸和未作用的萘能迅速达成平衡，而在 100℃ 以下则需要长时间才能达到平衡。这说明 α-萘磺酸在较高温度下水解的速度加快。β-萘磺酸比较稳定，生成后水解速度也慢，随着反应的进行，可以逐渐积累起来，达到平衡后 β 异构体就成为主要产物。α-萘磺酸如果加热到 165℃ 左右也能逐渐变成 β-萘磺酸。由此可见，萘在较低温度磺化得 α 异构体，是因为 α 位活泼，α-萘磺酸生成的速度快，此时反应产物受动力学控制。萘在较高温度下磺化，由于反应能迅速达成平衡，就有利于更稳定的 β 异构体的生成，因此反应产物是受热力学控制的。

　　萘的亲电取代反应一般发生在 α 位，主要得到 α 取代产物。但 β 位取代只有 β-萘磺酸比较容易得到。因此萘的其他 β 衍生物往往通过 β-萘磺酸来制取。例如，由萘磺酸碱熔可得到萘酚：

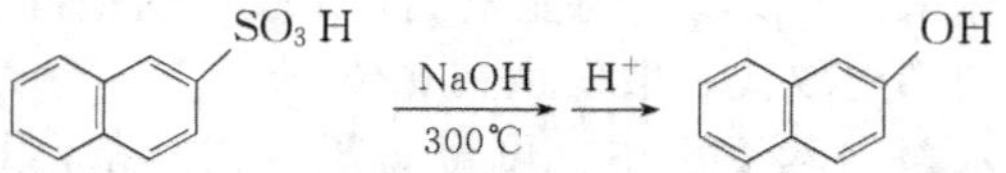

和苯酚不同，萘酚的羟基比较容易被氨基置换而生成萘胺。

这个反应叫布赫雷尔（Bucherer）反应。此反应是可逆的，又叫羟氨互换反应。在亚硫酸盐存在下，β-萘胺也容易水解生成 β-萘酚。α-萘酚也有同样的反应。

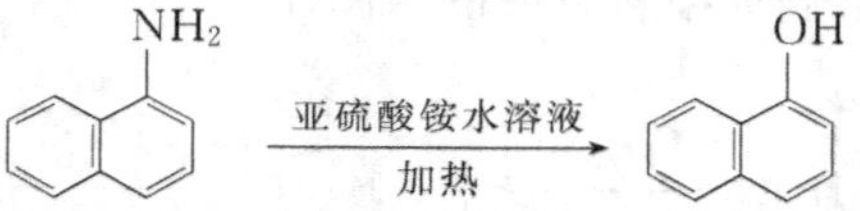

　　因此利用这个反应，按照不同条件，可由萘酚制萘胺或由萘胺制萘酚。

　　萘酚和萘胺都是合成偶氮染料重要的中间体，因此萘的磺化反应，尤其是高温磺化，在有机合成上，特别是合成染料方面有着重要的应用。

　　b. 加氢还原　萘比苯容易起加成反应，用钠和乙醇就可以使萘还原成 1,4-二氢化萘：

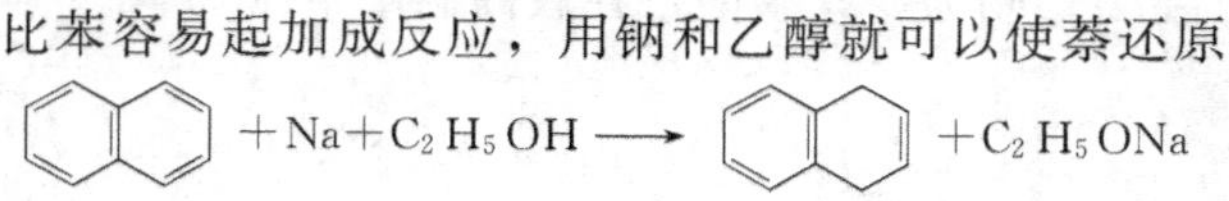

$$\text{萘} + Na + C_2H_5OH \longrightarrow \text{（1,4-二氢化萘）} + C_2H_5ONa$$

1,4-二氢化萘

1,4-二氢化萘不稳定，与乙醇钠的乙醇溶液一起加热，容易异构变成 1,2-二氢化萘：

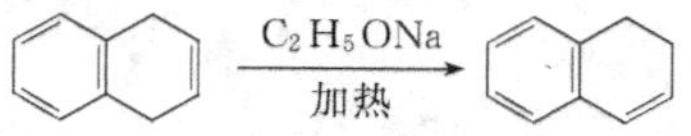

1,2-二氢化萘

用钠和戊醇使萘还原，反应在更高温度下进行，这时得到 1,2,3,4-四氢化萘。萘催化加氢也生成四氢化萘，如果催化剂或反应条件不同，也可以生成十氢化萘：

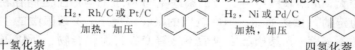

十氢化萘　　　　　　　　　　　　　　　　　　　　　　四氢化萘

四氢化萘又叫萘满，是沸点 270.2℃ 的液体，与溴反应是实验室中制取少量干燥 HBr 的方法。十氢化萘又叫萘烷，是沸点 191.7℃ 的液体，它们都是良好的高沸点溶剂。

　　十氢化萘有两种构象异构体，即两个环己烷分别以顺式或反式相稠合。顺式沸点 194℃，反式沸点

185℃，电子衍射证明这两个环都以椅型存在。它们的构象可以表示如下：

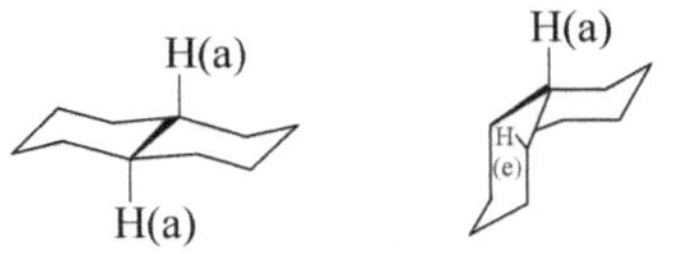

反十氢化萘　　　　　顺十氢化萘

十氢化萘分子中一个环可以看作是另一个环上的两个取代基。在反十氢化萘中，这两个取代基都是 e 键；在顺十氢化萘中，则一个取代基是 e 键，另一个是 a 键。因此反式构象比顺式稳定。

c. 氧化反应　　萘比苯容易氧化，不同条件下，得到不同的氧化产物。例如，萘在醋酸溶液中用氧化铬进行氧化，则其中一个环被氧化成醌，生成 1,4-萘醌（也叫 α-萘醌）。

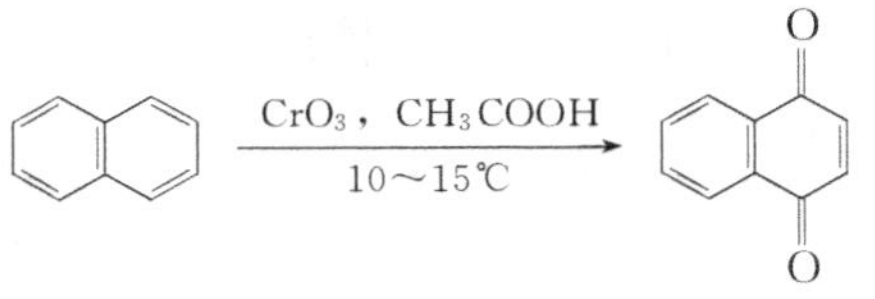

1,4-萘醌

在强烈氧化条件下，则一个环破裂，得到邻苯二甲酸酐：

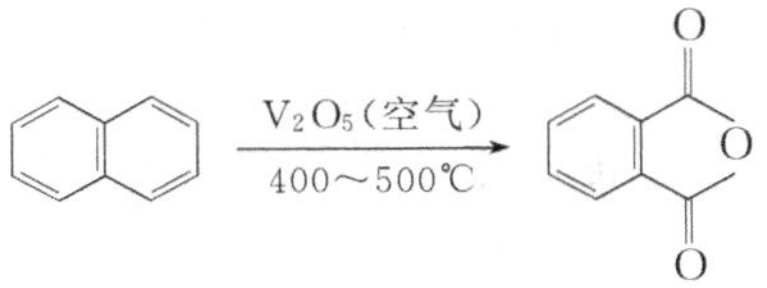

邻苯二甲酸酐在化学工业上有广泛的用途，它是许多合成树脂、增塑剂、染料等的原料。

③ **萘环的取代规律**　　萘衍生物进行取代反应的定位作用，要比苯衍生物复杂些，原则上讲，在萘环中引入第二个取代基的位置，要由原有取代基的性质和位置以及反应时的条件来决定，但由于 α 位的活性高，在一般情况下，第二个取代基进入 α 位。此外，环上的原有取代基还决定发生同环取代或是异环取代。

当第一个取代基是邻对位定位基时，由于它能使和它连接的苯环活化，因此第二个取代基就进入该环，即发生"同环取代"。如果原来取代基是在 α 位，则第二个取代基主要进入同环的另一 α 位。例如：

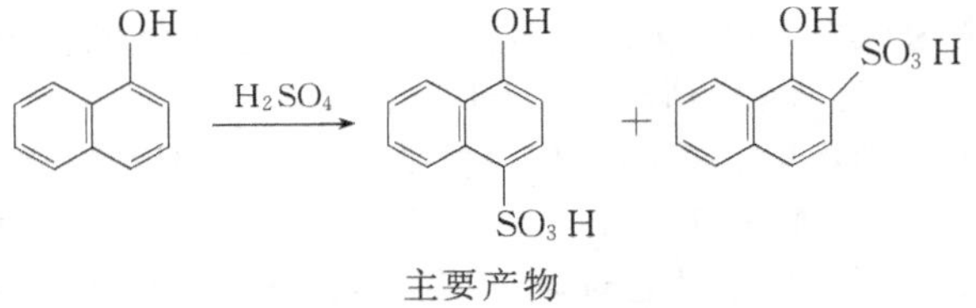

主要产物

如果原有取代基在 β 位，则第二个取代基主要进入与它相邻的 α 位。例如：

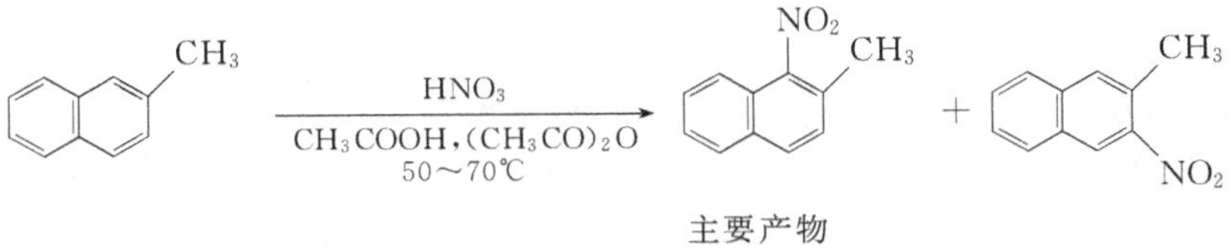

主要产物
　　　　　　　　　　　　　　10　　　：　　　1

当第一个取代基是间位定位基时，它使所连接的环钝化，第二个取代基便进入另一个环上，发生了"异环取代"。不论原有取代基是在 α 位还是 β 位，第二个取代基一般是进入另一环上的 α 位。例如：

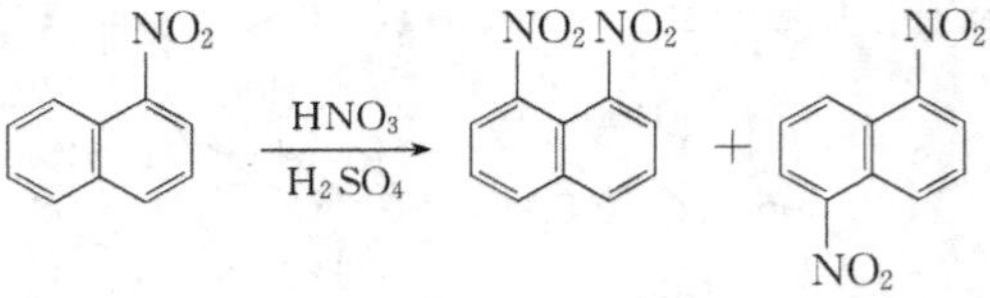

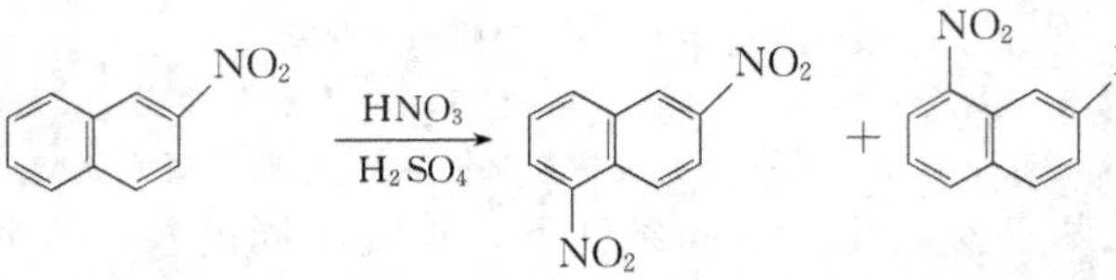

上面所讨论的仅仅是一般原则，实际上影响萘环取代的因素比较复杂，因此有许多萘衍生物取代反应的定位并不完全符合上述规律。例如：

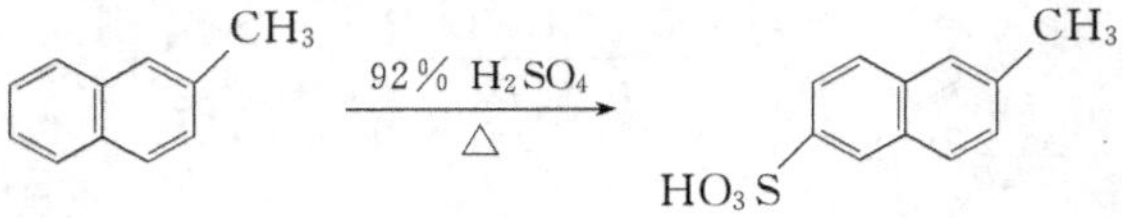

例题 8.4 分别写出 1-乙基萘与下列试剂反应的产物。

(1) HNO_3，CH_3COOH　　　　(2) CH_3COCl，$AlCl_3$，200℃　　　　(3) Br_2，Fe

(2) 蒽及其衍生物

① **蒽的来源和结构**　蒽存在于煤焦油中，分子式为 $C_{14}H_{10}$。它可以从分馏煤焦油的蒽油馏分中提取。

蒽分子中含有三个稠合的苯环，X 衍射法证明，蒽所有的原子都在同一平面上。环上相邻碳原子的 p 轨道侧面相互交盖，形成了包含 14 个碳原子的 π 分子轨道。与萘相似，蒽的碳碳键键长也并不完全相同。蒽的结构和键长可表示如下：

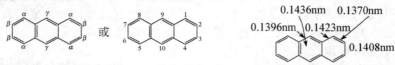

蒽的各碳原子的位置并不完全等同，其中 1、4、5、8 位是相同的，称为 α 位；2、3、6、7 位也相同，称为 β 位；9、10 位等同，叫做 γ 位，或称中位。因此蒽的一元取代物有 α、β 和 γ 三种异构体。

② **蒽的性质**　蒽为无色的单斜片状晶体，具有蓝紫色的荧光，熔点 216℃，沸点 340℃。不溶于水，难溶于乙醇和乙醚，能溶于苯。

蒽比萘更容易发生化学反应。蒽的 γ 位最活泼，反应一般都发生在 γ 位。蒽的共振能是 351kJ/mol。与苯、萘的共振能比较，可以看出，随着分子中稠合环的数目增加，每个环的共振能数值却逐渐下降，所以稳定性也逐渐下降。与此相应，它们也越来越容易进行氧化和加成反应。

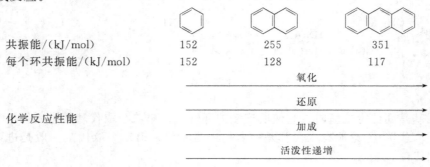

共振能/(kJ/mol)	152	255	351
每个环共振能/(kJ/mol)	152	128	117

氧化
→

还原
→

加成
→

化学反应性能

活泼性递增
→

a. 加成反应　蒽容易在 9、10 位上起加成反应。例如催化加氢生成 9,10-二氢化蒽。

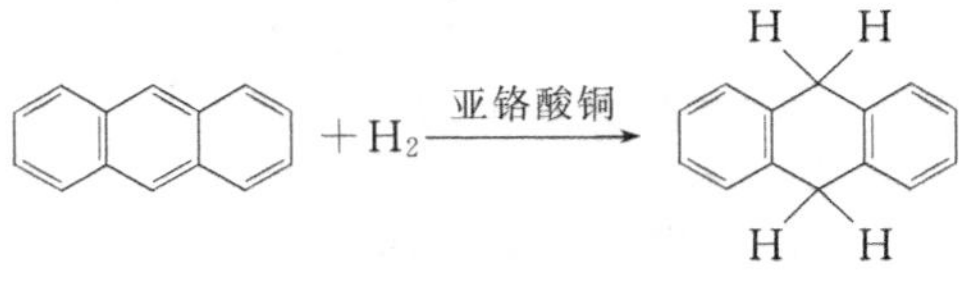

9,10-二氢化蒽

也可以用钠和乙醇使蒽还原为 9,10-二氢化蒽。

氯或溴与蒽在低温下即可进行亲电加成反应。例如：

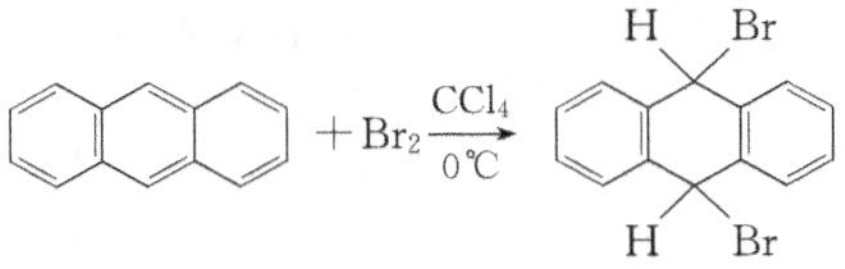

9,10-二溴-9,10-二氢化蒽

蒽的加成反应发生在 γ 位的原因是由于加成后能生成稳定产物。因为 γ 位加成产物的结构中还留有两个苯环（共振能约为 301kJ/mol），而其他位置（α 位或 β 位）的加成产物中则留有一个萘环（共振能约为 255kJ/mol）前者比后者更为稳定，因此 9、10 位容易发生加成反应。蒽的其他反应也往往发生在 γ 位上。

b. 氧化反应　重铬酸钾加硫酸可使蒽氧化为蒽醌。

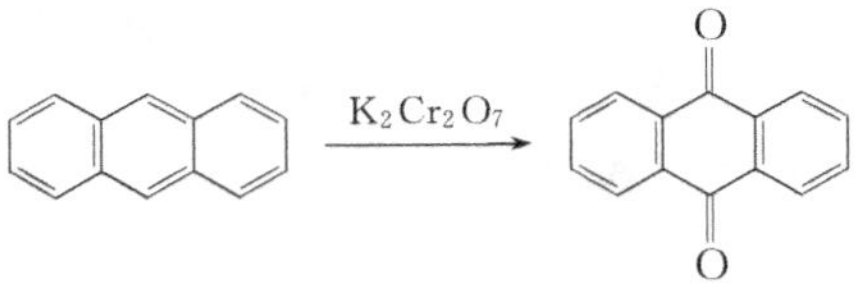

工业上一般以 V_2O_5 为催化剂，采用在 300～500℃ 空气催化加氢的方法制造蒽醌。它也可以由苯与邻苯二甲酸酐通过傅-克酰基化反应来合成。

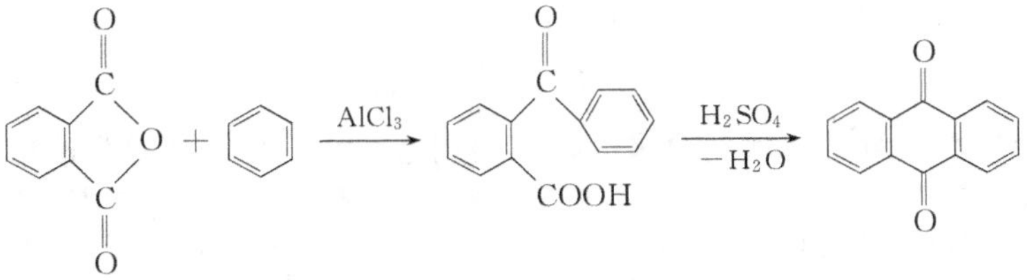

蒽醌是浅黄色晶体，熔点 275℃。蒽醌不溶于水，也难溶于多数有机溶剂，但易溶于浓硫酸。

蒽醌和它的衍生物是许多蒽醌类染料的重要原料，其中 β-蒽醌磺酸尤为重要。它可由蒽醌磺化得到：

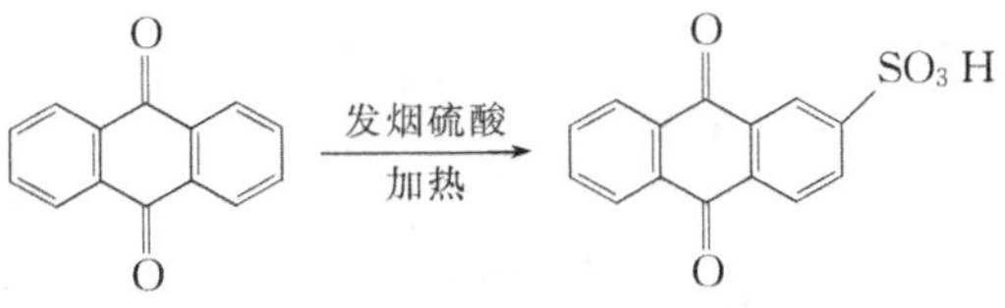

β-蒽醌磺酸

β-蒽醌磺酸也是重要的染料中间体。

蒽容易发生取代反应。但由于取代产物往往都是混合物，故在有机合成上实用意义不大。

（3）菲

菲也存在于煤焦油的蒽油馏分中，分子式为 $C_{14}H_{10}$，是蒽的同分异构体。与蒽相似，它也是由三个苯环稠合而成的，但是菲的三个六元环不是连成一条直线，而是形成了一个角度。菲的结构和碳原子的编号如下式所示：

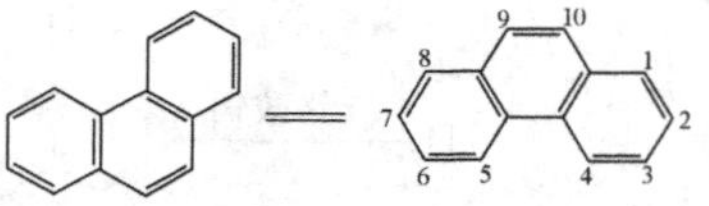

从上式可以看出，在菲分子中有五个相对应的位置，即 1、8；2、7；3、6；4、5 和 9、10。因而菲的一元取代物就有五种。

菲是无色有荧光的单斜形片状晶体，熔点 100℃，沸点 340℃，易溶于苯和乙醚，菲的共振能为 381.6kJ/mol，比蒽大，因此菲比蒽稳定。化学反应易发生在 9,10 位，例如，将菲氧化可得 9,10-菲醌。菲醌是一种农药，可防止小麦莠病、红薯黑斑病等。

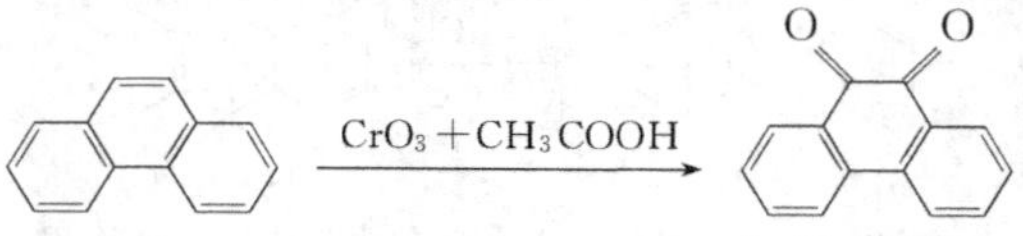

9,10-菲醌

（4）其他稠环芳烃

萘、蒽、菲等均为由苯环稠合的稠环芳烃。此外，也有不完全是由苯环稠合的，例如苊和芴，它们都可以从煤焦油洗油馏分中提取得到。

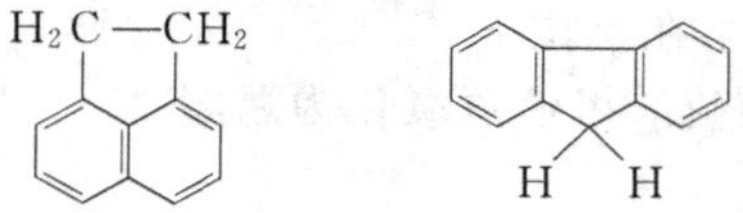

苊　　　　　　　芴

苊是无色针状晶体，熔点 95℃，沸点 278℃，不溶于水，溶于有机溶剂。它也可以看作是萘的衍生物。

芴是无色片状结晶，有蓝色荧光，熔点 114℃，沸点 295℃，它的亚甲基上氢原子相当活泼，可被碱金属取代。例如：

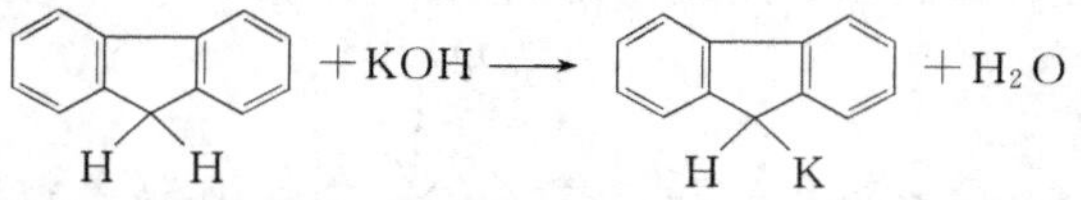

生成的钾盐加水分解则又得到原来的芴。利用这种性质可以从煤焦油中分离芴。

致癌烃的概念：在 20 世纪初，人们已经注意到长期从事煤焦油作业的人员中有皮肤癌的病例。后来用动物试验的方法（如在动物体上长期涂煤焦油），也证实了煤焦油的某些高沸点馏分能引起癌变，即具有致癌作用。经过一系列的研究，发现用合成方法制得的 1,2,5,6-二苯并蒽有显著的致癌性。煤焦油中存在的微量 3,4-苯并芘有着高度的致癌性。

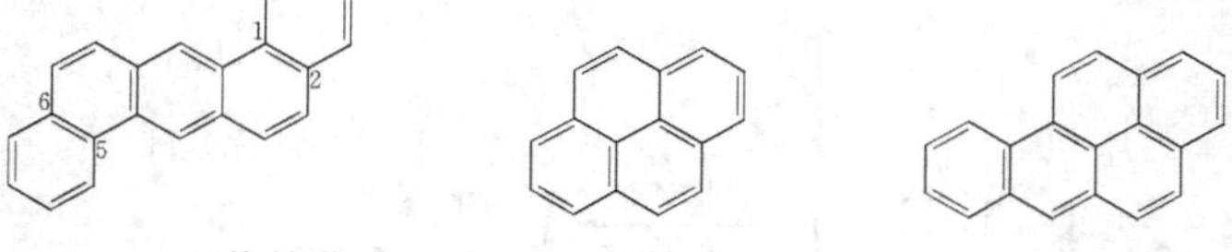

1,2,5,6-二苯并蒽　　　　　芘　　　　3,4-苯并芘

近年来，致癌烃多为蒽和菲的衍生物，当蒽的 10 位或 9 位上有烃基时，其致癌性增强，例如下列化合物都有显著致癌作用。

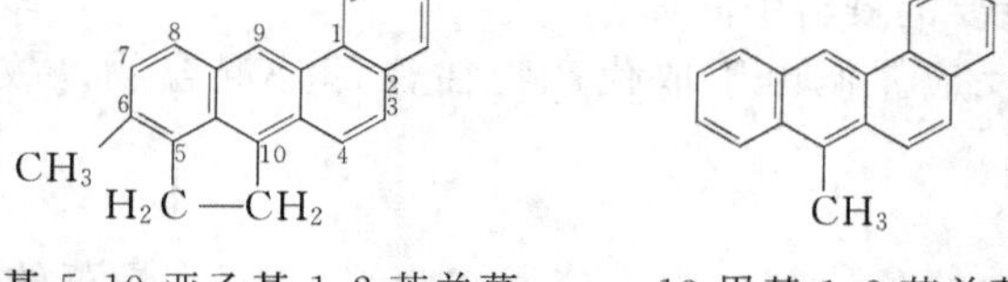

6-甲基-5,10-亚乙基-1,2-苯并蒽　　10-甲基-1,2-苯并蒽

活性的致癌烃中也有菲的衍生物。例如：

2-甲基-3,4-苯并菲　　　　　　　1,2,3,4-二苯并菲

　　多环芳烃的结构和致癌的关系，现在只有一些初步的经验规律。有关致癌机理以及它和致癌结构的关系都还很不清楚，这方面的工作对于环境保护，对于癌病的治疗和预防都有很重要的意义。

8.3　非苯芳烃

　　前面讨论的芳烃都含有苯环结构，它们都具有一定的共振能，在化学性质上表现为易起亲电取代反应，不易起亲电加成反应等，即具有不同程度的芳香性。芳香性首先是由于 π 电子离域而产生的稳定性所致，在基态下，它们的 π 电子占据并充满了能量低的成键轨道（有些也充满非键轨道）。因此它们的稳定性特别大。

　　是不是具有芳香性的化合物一定要含有苯环？为了解决这个问题，休克尔（E. Huckel）发现：如果一个单环状化合物只要它具有平面的离域体系，它的 π 电子数为 $4n+2(n=0,1,2,\cdots$ 整数)，就具有芳香性。其中 n 相当于简并成对的成键轨道和非键轨道的对数（或组数）。[简并成对（degenerate pair）：指处于同一能量水平且成对出现的成键轨道或非键轨道] 这就是休克尔规则，也叫做休克尔 $4n+2$ 规则。

　　这个规则简明扼要地归纳了大量的化学事实，而且具有科学的量子化学基础。凡符合休克尔规则，具有芳香性，但又不含苯环的烃类化合物就叫做非苯芳烃。

8.3.1　环多烯的分子轨道和休克尔规则

　　环多烯的通式为 C_nH_n。可以认为苯（C_6H_6）就是环多烯的一种。当一个环多烯分子所有的碳原子（n 个）处在（或接近）一个平面上，由于每个碳原子都具有一个平面垂直的 p 原子轨道，它们可以组成 n 个分子轨道。三到八个碳原子的各环多烯烃的 π 分子轨道能级及基态 π 电子构型见图 8.4。

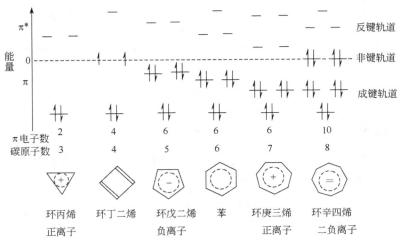

图 8.4　环多烯（C_nH_n）的 π 分子轨道能级和基态 π 电子构型

这种能级关系也可简便地用图 8.5 所示顶角朝下的各种正多边形来表示。图 8.5 中正多

边形的每一个顶角的位置相当于一个分子轨道的能级，其中处在最下边的一个顶角位置，代表一个能量最低的成键轨道，正多边形中心的位置相当于未成键的原子轨道，即非键轨道的能级，中心水平线上面的顶角位置相当于反键轨道的能级。

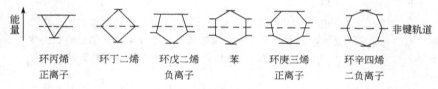

图 8.5　环多烯 π 分子轨道能级图

例如，π 电子数为 6 时，正六边形的三个顶角在中心水平线以下，这相当于三个成键轨道；另外三个顶角则在中心水平线以上，这相当于三个反键轨道。

从这两幅图中可以看出，当环上的 π 电子数为 $2,6,10,\cdots$（即 $4n+2$）时，π 电子正好填满成键轨道（有些也填满非键轨道），即都具有闭壳层的电子构型。例如，苯含有六个 π 电子，基态下四个 π 电子占据了一组简并的成键轨道，另两个 π 电子占据能量最低的成键轨道。又如环辛四烯二负离子，它含有十个 π 电子，其中有一组简并的成键轨道和一组简并的非键轨道（$n=2$），这四个轨道上填满了八个 π 电子，另两个 π 电子则占据最低的成键轨道。因而它们都具有稳定的闭壳层电子构型，所以这些环多烯或环多烯离子的能量都比相应的直链多烯烃低，它们都是相当稳定的。

充满简并的成键轨道和非键轨道的电子数正好为 4 的倍数，而充满能量最低的成键轨道需要两个电子，这就是 $4n+2$ 数目的合理性所在。

根据休克尔规则，环丁二烯应没有芳香性。环丁二烯有四个 π 电子，不符合 $4n+2$ 的要求。它有一组简并的非键轨道（$n=1$）和一个成键轨道，基态下其中两个 π 电子占据了能量最低的成键轨道，但两个简并的非键轨道中只有两个 π 电子，就是说它是半充满的。按照洪特规则，它的两个 π 电子分别各占据一个非键轨道，这是个极不稳定的双基自由基。实验证实，环丁二烯只能在极低温度下才能存在。

环丁二烯的 π 电子数和休克尔规则要求的 $4n+2$ 的电子数相差两个电子，即为 $4n$，凡电子符合 $4n$ 的离域的平面环状体系，基态下它们的 N 组简并轨道都如环丁二烯那样缺少两个电子，也就是说，都含有半充满的电子构型，这类化合物不但没有芳香性，而且它们的能量都比相应的直链多烯烃要高得多。即它们的稳定性很差，通常将它们叫做反芳香性化合物。

环辛四烯分子有八个 π 电子。它具有一组简并的成键轨道和一组简并的非键轨道（$n=2$），属 $4n$ 体系。但与环丁二烯不一样，环辛四烯却是一个稳定的环多烯化合物。它的沸点为 152℃。环辛四烯不显示一般反芳香性化合物（如环丁二烯）那样异常高的反应活性，却能发生一般的单烯烃所具有的典型反应。也就是说，环辛四烯既不是反芳香性化合物，也不是芳香性化合物。这是因为环辛四烯是个非平面分子，因而 $4n$ 规则不适用于环辛四烯分子。经测定，环辛四烯的八个碳原子不在同一平面上，其中碳碳双键和碳碳单键的长度分别为 0.134nm 和 0.148nm。因此它具有烯烃的性质，是个非芳香性的化合物。

环辛四烯

8.3.2　环丙烯正离子

环丙烯失去一个氢原子和一个电子后，就得到只有两个 π 电子的环丙烯正离子。它的 π 电子数符合休克尔规则（$n=0$，$4n+2=2$）。

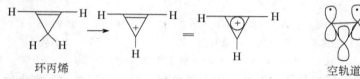

环丙烯　　　　　　　　　　　　　　　　　　　　　空轨道

经测定，环丙烯正离子的三元环中，碳碳键的长度都是 0.140nm，和苯环中碳碳键的键长（0.139nm）很接近。这说明环丙烯正离子的两个 π 电子是完全离域而分布在三个碳原子上的。从图 8.5 可以看出，它有三个分子轨道，其中一个是成键轨道，两个是反键轨道。基态下两个 π 电子正好填满一个成键轨道。已经合成出一些稳定的含有取代环丙烯正离子的盐。例如：

$$C_6H_5 \quad C_6H_5 \quad BF_4^- $$
$$C_6H_5$$

8.3.3　环戊二烯负离子

环戊二烯无芳香性。但当用强碱，如叔丁醇钾和它作用，亚甲基上的一个氢原子就被取代，成为下式所示的钾盐，原来的环戊二烯转变为环戊二烯负离子。

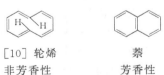

$+(CH_3)_3COK \longrightarrow + (CH_3)_3COH$

环戊二烯负离子具有六个 π 电子，它们离域分布在五个碳原子上。基态下三个成键轨道正好被六个电子填满。所以环戊二烯负离子虽然不含苯环，但它具有六个 π 电子，符合休克尔 $4n+2$ 规则，因此它具有芳香性。和苯相似，它也可以发生亲电取代反应。

8.3.4　环庚三烯正离子

环庚三烯正离子又称䓬正离子，可由环庚三烯和三苯甲基正离子在 SO_2 溶液中作用，三苯甲基正离子取得了环庚三烯的一个负离子而成。

$+(C_6H_5)_3C^+ \xrightarrow{SO_2} + (C_6H_5)_3CH$

环庚三烯正离子也有六个 π 电子，它们离域分布在七个碳原子上。与环戊二烯负离子一样，它也符合休克尔 $4n+2$ 规则，因此具有芳香性。

8.3.5　轮烯

通常将 $n \geqslant 10$ 的环多烯烃 C_nH_n 叫做轮烯。

[10] 轮烯（又叫环癸五烯）有 10 个 π 电子，按休克尔规则它应该有芳香性（$n=2$，$4n+2=10$），但是它并不稳定，因为它中间两个环内氢彼此干扰，使环离开平面，破坏了共轭，因此失去芳香性。

[10] 轮烯　　　　萘
非芳香性　　　芳香性

若将这两个反式的环内氢除去，则就成为共轭的平面分子，该化合物就是萘，它具有芳香性。如果把休克尔规则用于稠环化合物上，则是计算成环一组外围（即周边）的 π 电子数。萘、蒽、菲都是平面形分子，它们的外围 π 电子数分别是 10、14 和 14，所以它们都有芳香性。在芘这个平面形分子中，虽然有 16 个 π 电子，但它的外围只有 14 个 π 电子，因而芘也有芳香性。

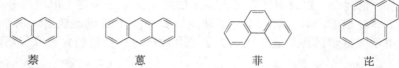

萘　　　　蒽　　　　　菲　　　　　　芘

[18] 轮烯（又叫环十八碳九烯，$C_{18}H_{18}$）是个平面形分子，它的 π 电子数符合 $4n+2$（$n=4$，$4n+2=18$），具有芳香性。

[18] 轮烯

和环辛四烯相类似，一些大的轮烯如 [16] 及 [20] 轮烯，虽然它们的 π 电子数符合 $4n$，但因它们都是柔顺的非平面形分子，因而都是非芳香性化合物。

从上述讨论可知：凡平面的单环分子，其 π 电子数符合休克尔 $4n+2$ 规则的就具有芳香性；符合 $4n$ 的为反芳香性化合物。而非平面的环多烯分子则为非芳香性化合物。随着结构理论的发展，芳香性概念还在不断深化发展。

例题 8-5　根据休克尔规则判断下列化合物哪些具有芳香性？

(1)　　　　　　(2)　　　　　　(3)　　　　　　(4)

8.3.6　足球烯

1985 年 10 月，美国 Rice 大学的 H. W. Kroto 和 R. E. Smalley 等在实验中发现除石墨、金刚石、无定形碳外碳的第四种单质形式。他们利用激光束使石墨蒸发，并让其通过高压喷嘴，便得到一系列稳定的碳的同素异形体，C_{60}、C_{70} 等。

研究表明，这些碳的同素异形体的主要组分是 C_{60}。其结构如球状且具有烯烃性质。C_{60} 被取名为富勒烯（Buckminster fullerene），也称足球烯。

（1）足球烯的结构

足球烯（footballene）是单纯由 C 元素结合形成的稳定分子，分子式为 C_{60}，它具有 60 个顶点和 32 个面，60 个顶点均被碳原子占据。32 个面中，12 个面为正五边形，20 个面为正六边形，整个分子形似足球，因此得名。其结构如图 8.6 所示。

在足球烯中处于顶点的碳原子与相邻顶点的碳原子各用 sp^2 杂化轨道重叠形成 σ 键，每个碳原子的三根 σ 键分别为一个五边形的边和两个六边形的边。碳原子的三根 σ 键不是共平面的，键角约为 108° 或 120°，因此整个分子为球状。每个碳原子用剩下的一个 p 轨道互相重叠形成一个含 60 个 π 电子的闭壳层电子结构，因此在近似球形的笼内和笼外都围绕着 π 电子云。分子轨道计算表明：足球烯具有较大的离域能。足球烯的共振结构数高达 12500 个，按每个碳原子的平均共振能比较，共振稳定性约为苯的两倍。因此足球烯是一个具有芳香性的稳定体系。

（2）足球烯的性质

C_{60} 是迄今为止所发现的对称性最高的大分子，由于存在一个环绕整个球体分子的共轭大 π 体系，其结构应具芳香性。不过，实验表明，足球烯似乎更具不饱和性。C_{60} 可以发生

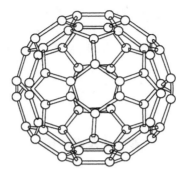

图 8.6 足球烯

加成、氧化、还原等一系列反应。

a. 卤化反应 当 C_{60} 与氯气在玻管中加热至 250℃ 时，就会发生氯化反应；溴化反应则在较温和的条件下即可发生，这一性质与烯烃和卤素的加成反应类似。通常一分子 C_{60} 可加 24 个氯原子或 4 个溴原子。

$$C_{60} + Cl_2 \xrightarrow{250℃} C_{60}Cl_n \ (n \leqslant 24)$$

$$C_{60} + Br_2 \xrightarrow{20\sim50℃} C_{60}Br_m \ (m \leqslant 4)$$

b. Friedel-Crafts 反应 在无水 $AlCl_3$ 催化下，C_{60} 和芳香烃发生傅-克反应，其机理与酸催化下烯烃对芳烃的烷基化反应机理相仿：

$$C_{60} + H-Ar(过量) \xrightarrow{AlCl_3(无水)} C_{60}(Ar)_n \ (n \leqslant 22)$$

c. Diels-Alder 反应 由于 C_{60} 存在球状大 π 体系，其缺电子特征使它可以作为亲二烯体进行 Diels-Alder 反应，这方面的研究近年来已有许多报道。例如由亚胺叶立德试剂与 C_{60} 反应可得 [3+2] 环加成产物吡咯烷衍生物。这类衍生物带有活泼基团（如氨基），在此基础上还能作多次化学修饰。

$$CH_3NHCH_2CO_2H + HCHO \xrightarrow[\triangle]{-H_2O, \ -CO_2} \left[\begin{array}{c} CH_3 \\ | \\ N^+ \\ \diagup \ \diagdown \\ CH_2 \quad CH_2 \end{array} \right] \xrightarrow[\text{甲苯}]{C_{60}} C_{60} \diagup N-CH_3$$

亚胺叶立德　　　　　　C_{60} 吡咯烷衍生物

d. 还原反应 C_{60} 在 Li/液氨和叔丁醇溶液中可以发生还原反应生成 $C_{60}H_{36}$。反应中所加的 36 个 H 均匀地加在 12 个五元环上，每个五元环还剩有一个双键，C_{60} 的基本骨架不变。当 $C_{60}H_{36}$ 在一定条件下回流，又可脱氢生成 C_{60}，可逆性很强。当然，有关 C_{60} 的化学性质远不止这些，而且还有许多新的反应正不断地被发现。

$$C_{60} \underset{-H_2}{\overset{Li/NH_3/t\text{-}BuOH}{\rightleftharpoons}} C_{60}H_{36}$$

(3) 足球烯的制备

最初 C_{60} 是通过激光汽化石墨获得 C_{60}，其制备量甚微。为了寻找 C_{60} 高产率的制备方法，人们进行了广泛的探索，先后出现了石墨电弧放电法、石墨高频电炉加热蒸发法、苯火焰燃烧法等，其产量已从痕量到毫克量直至克量级。

a. 石墨激光汽化法 1985 年，Kroto 发现 C_{60} 就是通过这种方法。这种方法是在室温下氦气流中用脉冲激光技术蒸发石墨，碳蒸气经快速冷却形成 C_{60}。生成量极其微弱，不适合常量生产。

b. 石墨电弧放电法 1990 年，Kratschmer 和 Huffman 等人采用石墨电弧放电法制备 C_{60}，这是首次产出常量级 C_{60} 的一种制备方法。这种方法是采用强电流，使石墨蒸发器在氦气氛中放电。该法已成为目前应用最为广泛的一种制备方法。

c. 苯火焰燃烧法　1991 年，Howard 等人通过燃烧用氩气稀释过的苯、氧混合物可获得 C_{60} 和 C_{70} 混合物，通常燃烧 1kg 苯可以得到 3g 这样的混合物，该法适合于足球烯的大量制备。

 **选读材料**

富勒烯及其应用

碳元素的同素异形体有金刚石、石墨和无定形碳。1970 年，日本科学家小泽预言，自然界中碳元素还应该有第四种同素异形体存在。经过世界上各国科学家的不懈努力，1985 年，美国 Rice 大学的 Kroto H W 等采用质谱仪研究激光蒸发石墨电极粉末，发现在不同数量碳原子形成的碳簇结构中含 60 个和 70 个碳原子的团簇具有更高的稳定性。于是他们将由 60 个碳原子构成的稳定球形结构称为 C_{60}。其半径为 0.71nm，具有笼形结构特点。从物理及化学性质上分析，C_{60} 可看做是三维的芳香化合物，分子立体构型具 $D5h$ 点群对称性。证实 C_{60} 属于碳的第四种同素异形体，命名为足球烯或 Fullerene（富勒烯）。Fuller 是美国一著名工程师，他于 1967 年设计了蒙特利尔博览会美国展馆，这个展馆外形看上去像个四分之三球面，球顶完全由六边形构成。这种设计给 C_{60} 的发现者极大的启发，所以他们把发现的这些碳结构以他的名字命名。以后又相继发现了 C_{44}、C_{50}、C_{76}、C_{80}、C_{84}、C_{90}、C_{94}、C_{120}、C_{180}、C_{540} 等纯碳组成的分子，它们均属于富勒烯家族，其中 C_{60} 的丰度约为 50%。

1990 年，Kratschmer W 等采用石墨棒作为电极，在直流电作用下发生电弧放电，石墨电极中碳蒸发得到了大量灰状产物，其中包含了大量的 C_{60}，特别是发现 C_{60} 比较容易溶解于苯中，通过对处理灰状产物可以得到大量高纯的 C_{60}，从而进一步推动了富勒烯研究的深入开展。Kroto H W，Smalley R E，Curl R F 因在这一领域的突出贡献而荣获了 1996 年的诺贝尔化学奖。

由于特殊的结构和性质，C_{60} 在材料、光学、催化、磁性、超导及生物等方面表现出优异的性能，得到广泛的应用。特别是 1990 年以来 Kratschmer 和 Huffman 等人制备出克量级的 C_{60}，使 C_{60} 的应用研究更加全面、活跃。

1. 光学材料

由于 C_{60} 分子中存在的三维高度非定域电子共轭结构使得它具有良好的光学及非线性光学性能。如在实际应用中可作为光学限幅器。C_{60} 还具有较大的非线性光学系数和高稳定性等特点，作为新型非线性光学材料具有重要的研究价值，有望在光计算、光记忆、光信号处理及控制和有机太阳能电池等方面有所应用。

2. 功能高分子材料

将 C_{60} 作为新型功能基团引入高分子体系，得到具有优异导电、光学性质的新型功能高分子材料。从原则上讲，C_{60} 可以引入高分子的主链、侧链或与其他高分子进行共混。以 C_{60} 制备的有机金属高分子 $C_{60}Pd_n$ 已见报道，并从实验和理论上研究了它具有的催化二苯乙炔加氢的性能，将 C_{60}/C_{70} 的混合物渗入发光高分子材料聚乙烯咔唑中，可得到新型高分子光电导体，其光导性能可与某些最好的光导材料相媲美。这种光电导材料在静电复印、静电成像以及光探测等技术中有广泛应用。

3. 生物活性材料

有报道称 C_{60} 对田鼠表皮具有潜在的肿瘤毒性，认为 C_{60} 与超氧阴离子之间存在相互作用。一种水溶性 C_{60} 羧酸衍生物在可见光照射下具有抑制毒性细胞生长和使 DNA 开裂的性能，为 C_{60} 衍生物应用于光动力疗法开辟了广阔的前景。1994 年报道了一种水溶性 C_{60}——多肽衍生物，可能在人类单核白细胞趋药性和抑制 HIV-1 蛋白酶两方面具有潜在的应用。有人发现水溶性 C_{60} 脂质体，其对癌细胞具有很强的杀伤效应。多羟基 C_{60} 衍生物具有吞噬黄嘌呤/黄嘌呤氧化酶产生的超氧阴离子自由基的功效，还对破坏能力很强的羟基自由基具有优良的清除作用。

4. 超导体

C_{60} 分子本身是不导电的绝缘体，但当碱金属嵌入 C_{60} 分子之间的空隙后，C_{60} 与碱金属的系列化合物将转变为超导体。与氧化物超导体比较，C_{60} 系列超导体具有完美的三维超导性，电流密度大，稳定性高，易于展成线材等优点，是一类极具价值的新型超导材料。

5. 有机软铁磁体

在 C_{60} 的甲苯溶液中加入过量的强供电子有机物四（二甲氨基）乙烯（TDAE），得到了 C_{60}（TDAE）$_{0.86}$ 的黑色微晶沉淀，经磁性研究后表明是一种不含金属的软铁磁性材料。居里温度为 16.1K，高于迄今报道的其他有机分子铁磁体的居里温度。由于有机铁磁体在磁性记忆材料中有重要应用价值，因此研究和开发 C_{60} 有机铁磁体，特别是以廉价的碳材料制成磁铁替代价格昂贵的金属磁体具有非常重要的意义。

6. 其他应用

C_{60} 的衍生物 $C_{60}F_{60}$ 俗称"特氟隆"，可作为"分子滚珠"和"分子润滑剂"，在高技术发展中起重要作用。将锂原子嵌入碳笼内有望制成高效能锂电池。碳笼内嵌入稀土元素铕可望成为新型稀土发光材料。水溶性钆的 C_{60} 衍生物有望作为新型核磁造影剂。高压下 C_{60} 可转变为金刚石，开辟了金刚石的新来源。C_{60} 及其衍生物可能成为新型催化剂和新型纳米级的分子导体线、分子碳管和晶须增强复合材料。C_{60} 与环糊精、环芳烃形成的水溶性主客体复合物将在超分子化学、仿生化学领域发挥重要作用。

◆ 习 题 ◆

1. 对下列化合物，指出与 HNO_3/H_2SO_4 作用时，硝化反应发生的位置。

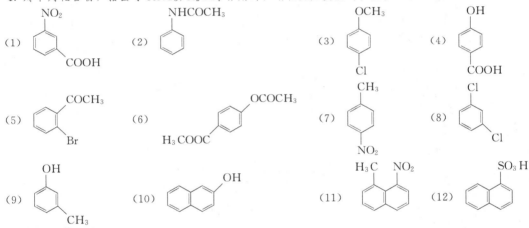

2. 给出下列化合物与 $Br_2/FeCl_3$ 反应产物。

3. 给出过量苯与下列试剂的反应产物。
   - （1）异丁基氯＋$AlCl_3$
   - （2）丙烯＋HF
   - （3）丙烯＋$AlCl_3$
   - （4）正丙基氯＋$AlCl_3$
   - （5）二氯甲烷＋$AlCl_3$
   - （6）丙酰氯＋$AlCl_3$

4. 间或对二甲苯哪个与 $Cl_2＋AlCl_3$ 反应快，请解释。

5. 写出下列化合物的磺化产物。

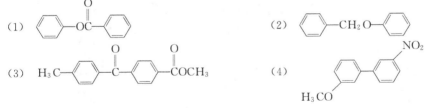

6. 请指出下列哪些化合物具有芳香性。

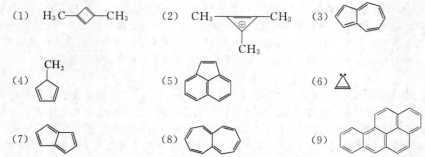

(1) H_3C——CH_3 (2) CH_3——$\oplus$——CH_3 , CH_3 (3)

(4)   (5)   (6)

(7)   (8)   (9)

7. 化合物 A，分子式为 C_9H_{12}，^1H NMR 谱数据如下：

δ：1.25（6H，双重峰）；2.95（1H，七重峰），7.25（5H，多重峰）推导 A 的结构式。

8. 化合物 A（$C_{14}H_{12}$）的 ^1H NMR 数据如下：δ7.1（单峰，2H），7.2～7.5（多重峰，10H）。A 与稀、冷 $KMnO_4$ 的碱性溶液反应，得到产物 B（$C_{14}H_{14}O_2$）无旋光性，但 B 可拆分为一对对映体 B_1 和 B_2。写出 A 和 B_1 及 B_2 的结构式。

9. 用 ^1H NMR 谱方法鉴别以下化合物：

(1) 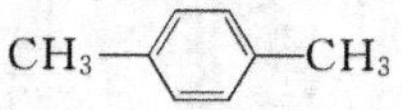 CH_3——⬡——CH_3 与 ⬡——CH_2CH_3 (2) 对二甲苯和均三甲苯

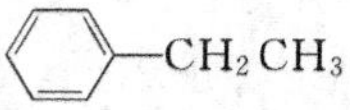

第 9 章　杂环化合物

💬 **本章提要**　介绍了三元、四元、五元、六元以及稠合的含氮、含硫、含氧杂环化合物的结构、芳香性、反应性。

📶 **关键词**　呋喃　糠醛　噻吩　吡咯　吡啶　吲哚　靛蓝　噻唑　吡唑　喹啉　嘌呤　嘧啶

　　卟啉、胆红素（结构见 9.4.4）和黄疸症　人体内的血红蛋白含有卟啉与铁的配合物，平均一个人每天消耗 6g 血红蛋白。蛋白部分和铁是重复使用的，但卟啉环则被分解。首先它被还原生成绿色的胆绿素，随后又被还原成黄色的胆红素。如果胆红素的形成量超出了肝的分解排泄能力，就蓄积在血液中。当血液中胆红素的浓度达到一定值，它就扩散进肌肉组织，使后者变黄，这一症状就是人们熟知的黄疸症。

　　本章讨论与开链族化合物和碳环化合物不同的另一类环状化合物，它们参与成环的原子除碳原子外，还有其他元素的原子。一般把除碳以外的成环原子叫做杂原子，常见的杂原子有氧、硫和氮。这类环状化合物叫做杂环化合物。环系中可以含一个、两个或更多相同或不同的杂原子。环可以是三元环、四元环、五元环、六元环或更大的环，也可以是各种稠合的环。例如：

　　由于组成杂环的杂原子的种类和数量不同，环的大小及稠合的方式不同，因此杂环化合物的种类繁多，数目可观，约占全部已知的有机化合物的三分之一。由于杂环化合物特殊的性能，在有机化学领域内，有关杂环化合物的研究工作占了相当大的比重。

　　根据杂环化合物的定义，在其他章节中涉及的一些环状化合物如内酯、内酰胺、环氧化合物等，也属于杂环化合物。例如：

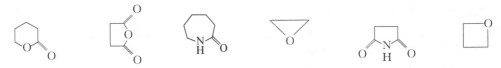

α-戊内酯　　　丁二酸酐　　　ε-己内酰胺　　　环氧乙烷　　　丁二酰亚胺　　　氧杂环丁烷

但这些化合物的性质与相应的脂肪族化合物比较接近，既容易由开链化合物闭环得到，也容易开环变成链状化合物。因此，通常不将这些化合物归在杂环化合物的范围内讨论。本章所要讨论的主要是环系比较稳定，且都具有不同程度的芳香性的杂环化合物（简称为芳杂环化合物）。

　　杂环化合物广泛存在于自然界中，如植物中的叶绿素和动物中的血红素都含有杂环结构，石油、煤焦油中有含硫、含氮及含氧的杂环化合物。许多药物如止痛的吗啡、抗菌消炎的黄连素、抗结核的异烟肼、抗癌的喜树碱和不少维生素、抗生素、农药、染料，以及近年来出现的耐高温聚合物如聚苯并噁唑等都是杂环化合物。许多杂环化合物的结构相当复杂，而且不少具有重要的生理作用。特别近几年来已表现出比芳烃类更为引人注目的各种物理、化学及生物方面的应用性能。遗传可归因于五种杂环化合物即嘌呤碱和嘧啶碱在核酸长链上的排列方式。因此，杂环化合物无论在理论研究或实际应用方面都很重要。

9.1 杂环化合物的结构与芳香性

9.1.1 五元杂环的芳香性

如呋喃、噻吩、吡咯在结构上有共同点：即五元杂环的五个原子都位于同一平面上，彼此以 σ 键相连接；每一碳原子还有一个电子在 p 轨道上，杂原子有两个电子在 p 轨道上，这五个 p 轨道垂直于环所在的平面相互交盖形成大 π 键——一个闭合的共轭体系。杂原子的未共用电子对参加了芳香性的六 π 电子体系的形成，这样，五元杂环的六个 π 电子就分布在包括环上五个原子在内的分子轨道中。因此五元杂环化合物如呋喃、噻吩及吡咯在环上都有六个 π 电子，符合休克尔 $4n+2$ 规则的要求，所以都具有芳香性。如图 9.1 所示。

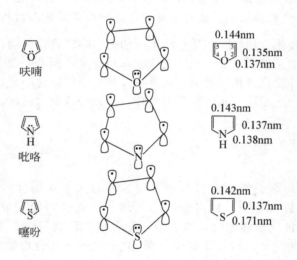

图 9.1 呋喃、噻吩、吡咯的原子轨道示意图

呋喃、噻吩、吡咯杂环中，由于杂原子不同，因此它们的芳香性在程度上也不完全一致，键长的平均化程度也不一样。从图 9.1 中键长的数据可以看出，碳原子和杂原子（O、S、N）之间的键，都比饱和化合物中相应键长（C—O 0.143nm，C—N 0.147nm，C—S 0.182nm）为短，而 C^2—C^3 或 C^4—C^5 的键长较乙烯的 C＝C 键（0.134nm）为长，C^3—C^4 的键长则较乙烷的 C—C 键（0.154nm）为短。说明这些杂环化合物的键长在一定程度上发生了平均化。另一方面，从键长数据说明它们在一定程度上仍具有不饱和化合物性质。

呋喃、噻吩、吡咯具有很高的离域能，分别为 67kJ/mol，88kJ/mol 和 117kJ/mol。在核磁共振谱中，环上的氢的核磁共振信号都出现在低场，通常位于芳香化合物的区域内。这些也是它们具有芳香性的一种标志。

$$\delta$$

呋喃	α-H	7.42	β-H	6.37
噻吩	α-H	7.30	β-H	7.10
吡咯	α-H	6.68	β-H	6.22

由于呋喃、噻吩、吡咯环上的杂原子上的未共用电子对参与了环的共轭体系，使环上的电子云密度增大，故它们都比苯容易发生亲电取代反应，取代通常发生在 α 位上。

一般认为亲电试剂进攻 α 位时所形成的中间体正离子，比进攻 β 位时形成的中间体正离子更为稳定。这可以从这些中间体正离子的共振式中看出来。当亲电试剂 E^+ 进攻 α 位时，在反应中形成的中间体正离子可能有三个共振式参与共振；而进攻 β 位时，形成的中间体正离子只可能有两个共振式参与共振。因此呋喃、噻吩、吡咯的亲电取代通常都发生在 α 位上。

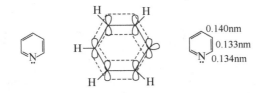

9.1.2　六元杂环的芳香性

六元杂环芳香性的结构可以用吡啶为例来说明。吡啶环与苯环很相似，氮原子与碳原子处在同一平面上，原子间是以 sp^2 杂化轨道相互交盖形成六个 σ 键，键角为 $120°$。环上每一个原子还有一个电子在 p 轨道上，p 轨道与环平面垂直，相互交盖形成包括六个原子在内的分子轨道。π 电子分布在环的上方和下方，每个碳原子的第三个 sp^2 杂化轨道与氢原子的 s 轨道交盖形成 σ 键。氮原子的第三个 sp^2 杂环轨道上有一对未共用电子对。如图 9.2 所示。

图 9.2　吡啶原子轨道示意图

吡啶的结构与苯相似，符合休克尔规则（$n=1$）故也有芳香性。但由于氮原子的电负性较强，吡啶环上的电子云密度不像苯那样分布均匀。吡啶的碳碳键长与苯（0.140nm）近似，但 C—N 键长（0.134nm）比一般 C—N 单键（0.147nm）短，而比 C=N 键（0.128nm）长。说明吡啶环上电子云密度并非完全平均化。在吡啶的核磁共振谱中，环上氢的 δ 值移向低场。吡啶如同间位定位效果的硝基苯。亲电取代反应主要发生在 β 位上，相对说来，吡啶较易发生亲核取代反应，取代基往往进入 α 位。

由于吡啶环上氮原子的一对未共用电子对并不参与形成大 π 键，这一对电子可以与酸结合生成稳定的盐。所以吡啶的碱性较吡咯和苯胺都要强。

其他如嘧啶、吡嗪、哒嗪的电子结构都与吡啶类似，同样较易闭合的六个电子组成的大 π 键体系。

由于芳杂环中电子的离域作用，环中的单、双键与孤立的单、双键不同，因此它们的结构式也有用下面形式表示的：

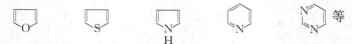

也可用共振式的叠加来表示它们的结构，例如吡咯如下式所示：

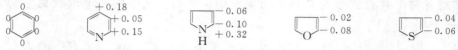

　　曾经对芳香族化合物的电荷分布进行了定量的描述。以苯环碳原子的电荷密度为标准（作为零），正值表示电荷密度（有效电荷）比苯小，负值表示电荷密度比苯大。以下列出一些化合物的有效电荷分布：

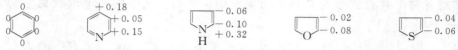

上述化合物中，环上碳原子电荷密度比苯大的称为多 π 芳杂环，通常都是五元芳杂环。环上碳原子电荷密度比苯小的，称为缺 π 芳杂环，通常都是六元含氮芳杂环。

　　尽量把性质和结构有机地联系起来，可与杂环骨架分类法互为补充。近年来也有人把杂环化合物分为多 π 芳杂环和缺 π 芳杂环两大类，这种根据杂环上碳原子的电荷密度不同而分类的方法，不仅对结构的本质作了基本描述，而且对性质也作了简明概括。

9.2　三元杂环化合物

　　常见的三元杂环如下，由于形成三元环键角严重扭曲，因而具有明显的张力能，可发生许多开环反应。常见的反应有酸性条件下的亲核加成反应和碱性条件下的亲核加成反应。

环丙烷　　　　　　环氮丙烷　　　　　　环氧丙烷　　　　　　环硫丙烷
张力能：100kJ/mol　　57kJ/mol　　　　53kJ/mol　　　　37kJ/mol

　　在三元杂环中，最常见的是环氧化合物，它是由细胞色素 P_{450} 酶催化下生成。环氧化合物的形成往往是进入人体的外源化合物（如药、香烟）变成水溶性化合物而排出体外的第一步，它同样亦是合成或生物合成苯酚的主要中间体。

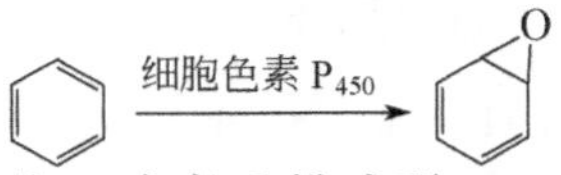

它在亲核试剂进攻下可形成加成产物，或者重排成酚。

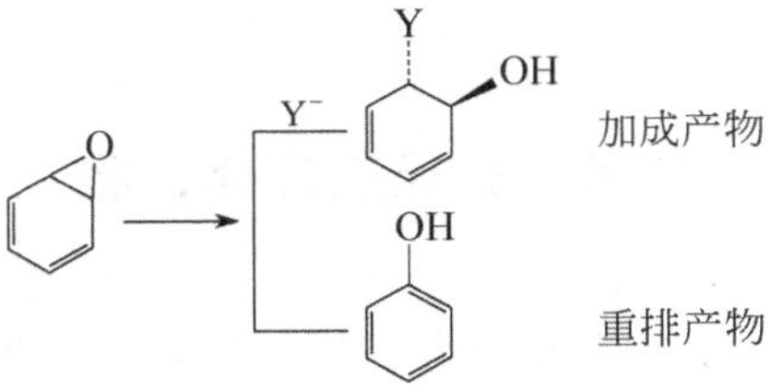

加成产物

重排产物

机理为：

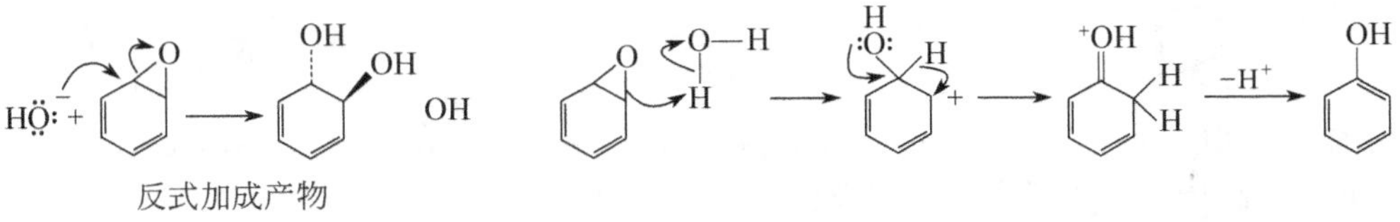

反式加成产物

如：

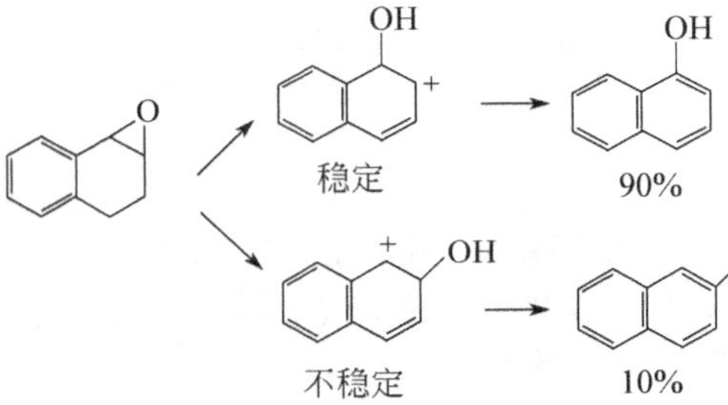

稳定　　　　90%

不稳定　　　10%

　　下列芳香化合物是熟知的致癌物，实际上，这些芳环首先形成环氧化合物，再与 DNA 中的碱基反应，而导致癌变。

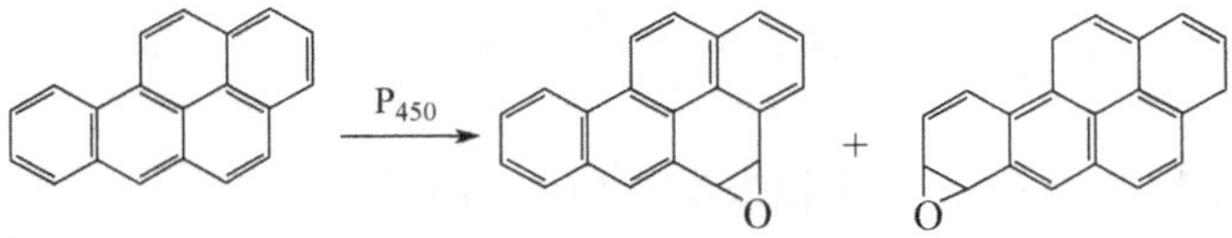

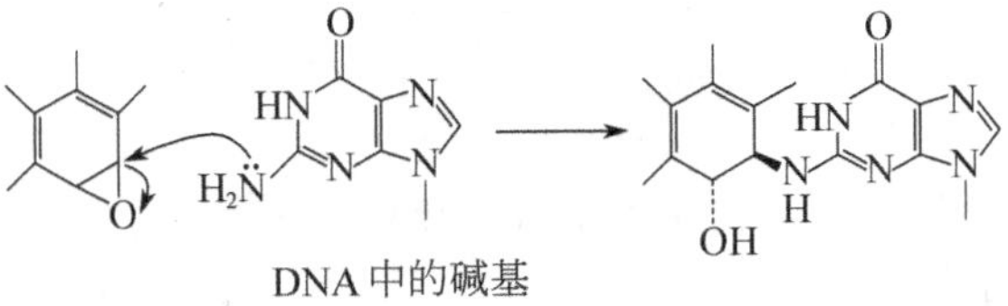

DNA 中的碱基

9.3　四元杂环化合物

　　较为有名的是环二氧丁烷，它是由烯烃与单线态氧反应生成，很容易分解。在一些生物体内，如荧光体内，此反应进行后，进而激发色素产生化学荧光。

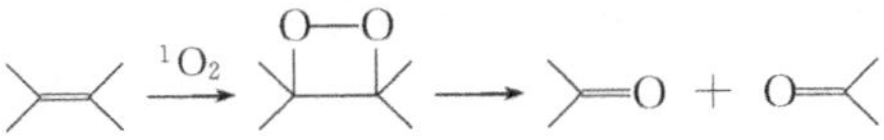

四元杂环不如三元杂环那么活泼，它容易发生酸催化开环，无酸存在下时则需较苛刻条件。青霉素的活性主要在于容易打开的四元环。

$$\text{（四元环 O）}+CH_3CH_2OH \xrightarrow{H^+} CH_3CH_2OCH_2CH_2CH_2OH$$

$$\text{（四元环 O）}+\text{（苯基）}-CH_2S^- \xrightarrow[100℃，6h]{CH_3OH} \text{（苯基）}-CH_2SCH_2CH_2CH_2OH$$

9.4 五元杂环化合物

五元杂环化合物的共振能皆小于苯，其中以含电负性最小的硫杂原子的噻吩共振能最大，而以含电负性最大的氧杂原子的呋喃共振能最小。

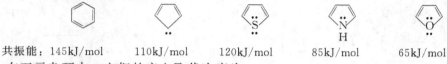

共振能：145kJ/mol   110kJ/mol   120kJ/mol   85kJ/mol   65kJ/mol

在五元杂环中，它们的亲电取代次序为：

$$\text{吡咯} > \text{呋喃} > \text{噻吩} > \text{苯}$$

9.4.1 呋喃

呋喃存在于松木焦油中，为无色液体，沸点 32℃，相对密度 $d_4^{20}=0.9336$，具有类似氯仿的气味，难溶于水，易溶于有机溶剂。它的蒸气遇有被盐酸浸湿过的松木片时，即呈现绿色，叫做松木反应，可用来鉴定呋喃的存在。

（1）制法

工业上将 α-呋喃甲醛（俗称糠醛）和水蒸气在气相下通过加热至 $400\sim415℃$ 的催化剂（$ZnO\text{-}Cr_2O_3\text{-}MnO_2$），糠醛即脱去羰基而成呋喃。

$$\text{（呋喃-CHO）}+H_2O \xrightarrow[400\sim450℃]{催化剂} \text{（呋喃）}+CO_2+H_2$$

实验室中则采用糠酸在铜催化剂和喹啉介质中加热脱羧而得。

$$\text{（呋喃-COOH）} \xrightarrow[\triangle]{Cu，喹啉} \text{（呋喃）}+CO_2$$

（2）化学性质

呋喃具有芳香性，较苯活泼，容易发生取代反应。另外，它在一定程度上还具有不饱和化合物的性质，可以发生加成反应。

a. 取代反应 呋喃与溴作用，生成 2,5-二溴呋喃。呋喃因比较活泼，当其受无机酸的作用时，容易发生环的破裂和树脂化，因此不能使用一般的硝化、磺化试剂，而必须采用比较缓和的试剂。例如：

$$\text{（呋喃）}+2Br_2 \longrightarrow \text{（Br-呋喃-Br）}+2HBr \qquad \text{（呋喃）}+CH_3COONO_2 \xrightarrow{-5\sim30℃} \text{（呋喃-NO_2）}$$

$$\text{（呋喃）}+C_5H_5N^+\cdot SO_3^- \xrightarrow{ClCH_2CH_2Cl} \text{（呋喃-SO_3^-·吡啶 N^+H）} \xrightarrow{HCl} \text{（呋喃-SO_3H）}$$

呋喃也可起傅列德尔-克拉夫茨酰基化反应，反应时一般用比较缓和的路易斯酸催化剂。例如：

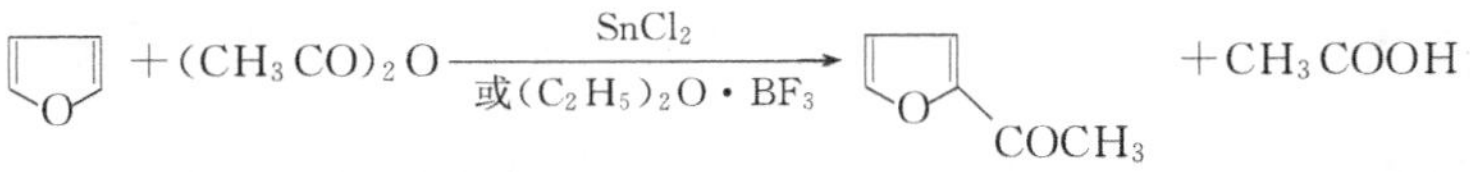

$$\text{呋喃} + (CH_3CO)_2O \xrightarrow[\text{或}(C_2H_5)_2O \cdot BF_3]{SnCl_2} \text{产物}(COCH_3) + CH_3COOH$$

b. 加成反应　呋喃也具有共轭双键的性质，它和顺丁烯二酸酐发生 1,4-加成作用，即双烯合成反应，产率很高。

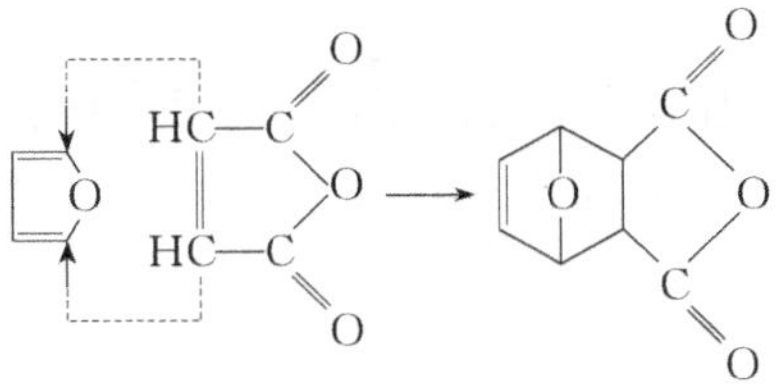

在催化剂作用下，呋喃加氢生成四氢呋喃：

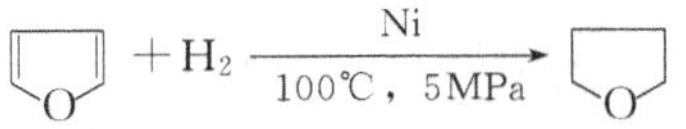

$$\text{呋喃} + H_2 \xrightarrow[100℃，5MPa]{Ni} \text{四氢呋喃}$$

四氢呋喃为无色液体，沸点 65℃，是一种优良的溶剂和重要的合成原料，常用以制取己二酸、己二胺、丁二烯等产品。

呋喃的衍生物在自然界广泛存在。阿拉伯糖、木糖等五碳糖都是四氢呋喃的衍生物。合成药物中呋喃类化合物也不少，例如抗菌药物呋喃唑酮（痢特灵）、呋喃坦丁等，维生素类药物中称为新 B_1（长效 B_1）的呋喃硫胺（实际是四氢呋喃衍生物）等。

9.4.2　糠醛

糠醛学名 α-呋喃甲醛，是呋喃衍生物中最重要的一个，它最初从米糠与稀酸共热制得，所以叫糠醛。

（1）制法

工业上除米糠外，其他农副产品如麦秆、玉米芯、棉子壳、甘蔗渣、花生壳、高粱秆、大麦壳等都可用来制取糠醛。这些物质中都含有碳水化合物多缩戊糖，在稀酸（硫酸或盐酸）作用下多缩戊糖水解成戊糖，戊糖再进一步去水环化则得糠醛。

$$(C_5H_8O_4)_n + H_2O \xrightarrow{H_2SO_4} nC_5H_{10}O_5$$

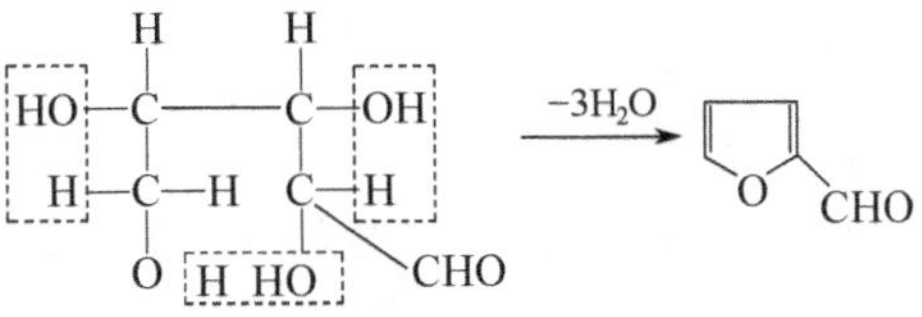

戊糖　　　　　　　糠醛

（2）性质和用途

纯糠醛为无色液体，沸点 162℃，熔点 −36.5℃，相对密度 1/60，可溶于水，并与醇、醚混溶。在酸性或铁离子催化下易被空气氧化颜色逐渐变深，由黄色→棕色→黑褐色。为防止氧化，可加入少量氢醌作为抗氧剂，再用碳酸钠中和游离酸。糠醛可发生银镜反应。糠醛在醋酸存在下与苯胺作用显红色，可用来检验糠醛。

糠醛具有一般醛基的性质。例如：

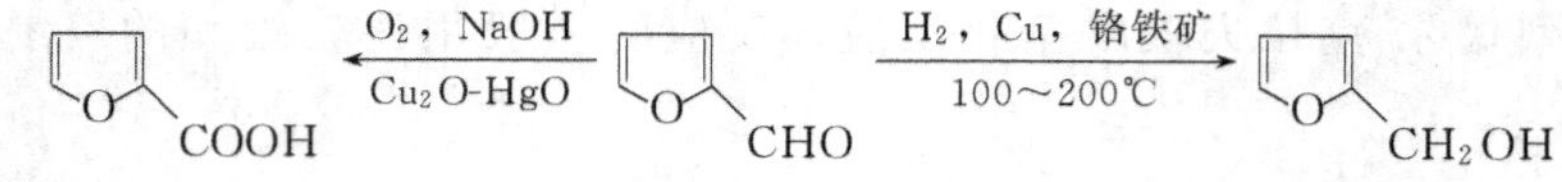

糠酸（90%） 糠醇

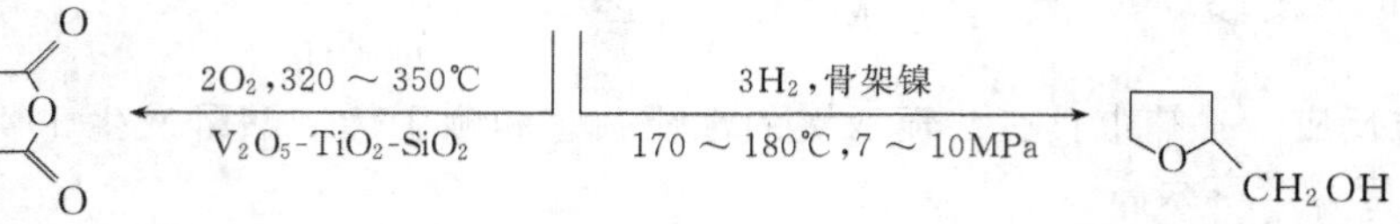

顺丁烯二酸酐 四氢糠醇

糠醛是不含 α 氢原子的醛，其化学性质与苯甲醛或甲醛相似。例如：

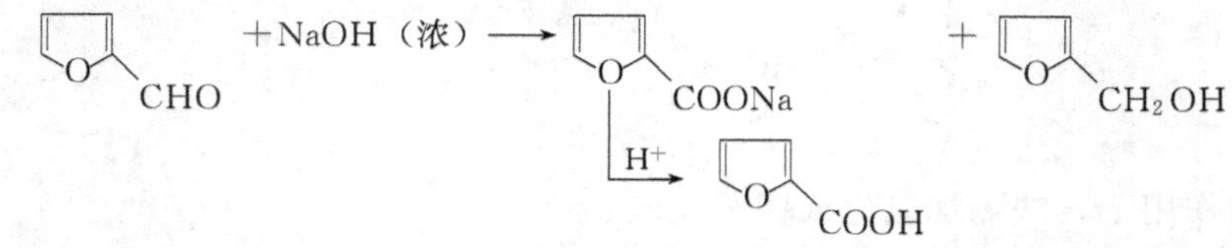

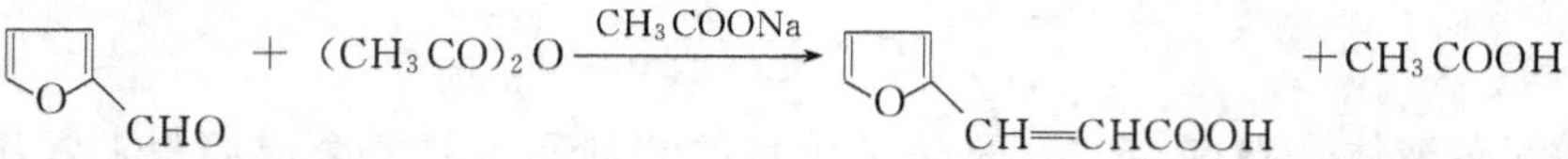

糠醛为常用的优良溶剂，也是有机合成的重要原料，与苯酚缩合可生成类似电木的酚糠醛树脂。由糠醛通过以上反应转变而得的一些化合物也都是有用的化工产品。例如，糠醇（呋喃甲醇）为无色液体，沸点 170～171℃，也是个优良的溶剂，是制造糠醇树脂（用作防腐蚀涂料及制玻璃钢）的原料；糠酸（呋喃甲酸）为白色结晶，熔点 133℃，可作防腐剂及制造增塑剂等的原料；四氢糠醇是无色液体，沸点 177℃，也是一种优良溶剂和合成原料。

9.4.3 噻吩

噻吩存在于煤焦油的粗苯中，约为粗苯含量的 0.5%，石油和页岩油中也含有噻吩及其同系物。由于噻吩及其同系物的沸点与苯及其同系物的沸点非常接近，故难以用一般的分馏法将它们分开。如果将煤焦油中取得的粗苯在室温下反复用浓硫酸提取，噻吩即被磺化而溶于浓硫酸中。将噻吩磺酸去磺化即可得到噻吩。

(1) 制法

工业上噻吩可以由丁烷、丁烯或丁二烯和硫迅速通过 600～650℃的反应器（接触时间仅为 1s），然后迅速冷却而制得：

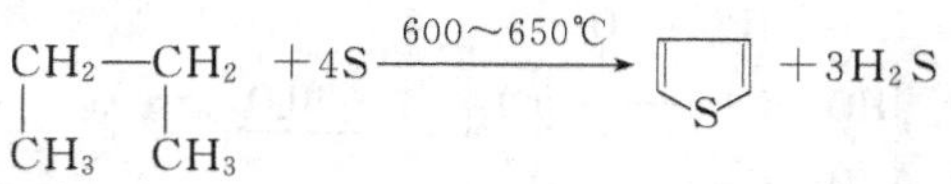

另外，用乙炔通过加热至 300℃的黄铁矿（分解出 S），或与硫化氢在 Al_2O_3 存在下加热至 400℃均可制取噻吩。

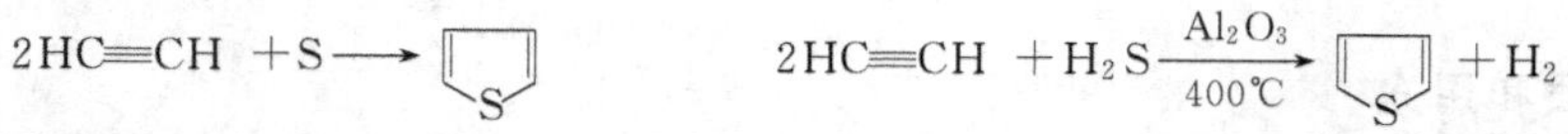

实验室中亦常采用丁二酸钠盐或 1,4-二羰基化合物与三硫化二磷作用制得。

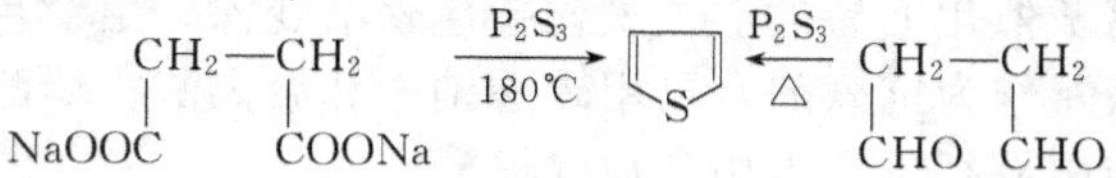

(2) 性质

噻吩是无色液体，沸点 84℃，不易发生水解、聚合反应。它是含一个杂原子的五元杂环化合物中最稳定的一个。噻吩在浓硫酸存在下，与靛红一同加热显示蓝色，反应灵敏，可用作检验噻吩。噻吩不具备二烯的性质，不能氧化成亚砜和砜，但比苯更易发生亲电取代反应。和呋喃类似，噻吩的亲电取代反应也发生在 α 位。例如：

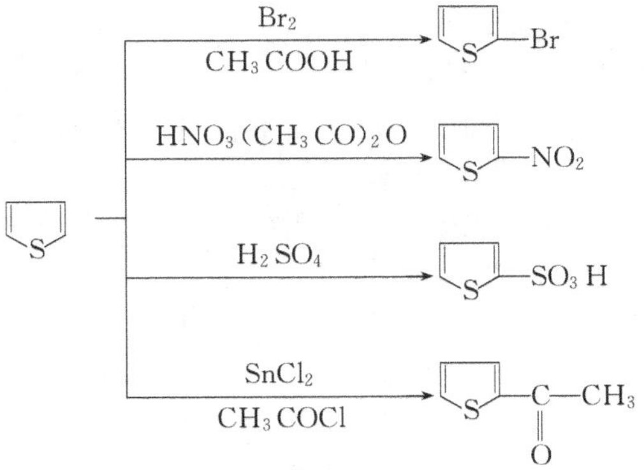

噻吩与苯相似，还可发生加氢、加氯反应。噻吩经氢化为四氢噻吩后，即显示出一般硫醚的性质，易于氧化成砜——环丁砜和亚砜。这充分说明噻吩环系被还原后，共轭体系被破坏，失去了芳香性。环丁砜是重要的溶剂。

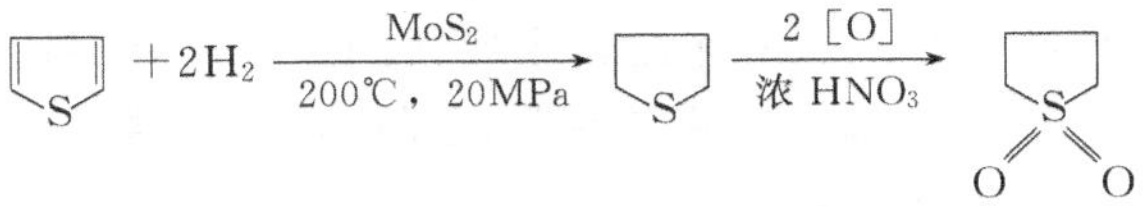

　　噻吩的衍生物中有许多是重要的药物，例如维生素 H（又称生物素）及半合成头孢菌素——先锋霉素等。

9.4.4　吡咯

　　吡咯及其同系物主要存在于骨焦油中，存在的量很少。吡咯可由骨焦油分馏取得，或用稀碱处理，再用酸酸化后分馏提纯。

（1）制法

工业上可用氧化铝为催化剂，从呋喃和氨在气相中反应制得：

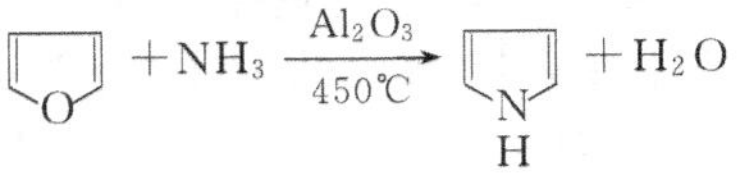

也可用乙炔与氨通过红热的管子来合成。

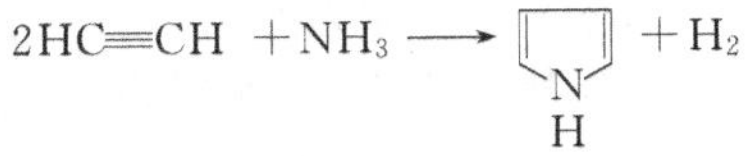

$$2HC \equiv CH + NH_3 \longrightarrow \underset{H}{\boxed{}}\!N + H_2$$

（2）性质

　　吡咯为无色油状液体，沸点 131℃，有微弱的类似苯胺的气味，难溶于水，易溶于醇或醚中，在空气中颜色逐渐变深。吡咯的蒸气或其醇溶液，能使浸过浓盐酸的松木变成红色，这个反应可用来检验吡咯及其低级同系物的存在。

　　吡咯分子中存在—NH—原子团，虽可看作是个环状的亚胺，但由于 N 上的未共用电子对参与了杂环上的共轭体系，不易与质子结合，故而碱性极弱（比一般的仲胺弱得多）。它遇浓酸不能形成稳定的盐，但会发生聚合形成红色树脂状物质。吡咯的重要化学性质如下。

　　a. 弱酸性　由于 N 上未共用电子对参与了杂环的共轭体系，吡咯具弱酸性（pH＝5），与 N 相连的 H 可被碱金属取代形成盐。例如：

$$\underset{H}{\boxed{N}} + KOH（固体）\longrightarrow \underset{K}{\boxed{N}} + H_2O$$

吡咯具弱酸性，是因为吡咯的负离子比吡咯更为稳定，这可用下列共振式表示出来：

$$\underset{N}{\boxed{\quad}} \longleftrightarrow \underset{N}{\boxed{\quad}} \longleftrightarrow \underset{N}{\boxed{\quad}} \longleftrightarrow \underset{N}{\boxed{\quad}} \longleftrightarrow \underset{N}{\boxed{\quad}}$$

和吡咯的共振式不同的是，吡咯负离子不存在能量较高的相邻原子具异电荷的共振式。

b. 取代反应 吡咯具有芳香性，比苯容易发生亲电取代反应。由于吡咯遇酸易聚合，故一般不用酸性试剂进行卤化、磺化等反应。例如，在碱性介质中吡咯与碘作用可生成四碘吡咯。四碘吡咯常用来代替碘仿作伤口消毒剂。

$$\underset{H}{\boxed{N}} + 4I_2 + 4NaOH \longrightarrow \underset{I\quad H\quad I}{\overset{I\quad\quad I}{\boxed{N}}} + 4NaI + 4H_2O$$

吡咯与三氧化硫和吡啶的络合物作用，可磺化生成 α-吡咯磺酸。

$$\underset{H}{\boxed{N}} + C_5H_5NSO_3 \longrightarrow \underset{H}{\boxed{N}}-SO_3H + C_5H_5N$$

吡咯在 $-10℃$ 时，与乙酰基硝酸酯作用，主要得到 α-硝基吡咯，在四氯化锡存在下，吡咯亦能发生酰化反应。与苯酚相似，吡咯很容易和芳香族重氮盐发生偶合作用，生成有色的偶氮化合物。

$$\underset{H}{\boxed{N}} + \boxed{\quad}-N_2Cl \xrightarrow[CH_3COONa]{C_2H_5OH,\ H_2O} \underset{H}{\boxed{N}}-N=N-\boxed{\quad} + HCl$$

c. 加氢还原反应 吡咯与还原剂作用或催化加氢时，可生成二氢吡咯或四氢吡咯：

$$\underset{H}{\boxed{N}} \xrightarrow{Zn+CH_3COOH} \underset{H}{\boxed{N}} \xrightarrow[200℃]{H_2,\ Ni} \underset{H}{\boxed{N}}$$

二氢吡咯和四氢吡咯都不是共轭体系，因此它们具有脂肪族仲胺的性质，它们都是较强的碱。

吡咯的衍生物在自然界分布很广，植物中的叶绿素和动物中的血红素都是吡咯的衍生物。此外还有胆红素、维生素 B_{12} 等天然物质的分子中都含有吡咯或四氢吡咯环，它们在动、植物的生理过程中起着重要的作用。

叶绿素和血红素的基本结构是由四个吡咯环的 α 碳原子通过四个次甲基（$—CH=$）相连而成的共轭体系，称为卟吩，其取代物则称为卟啉。卟吩本身在自然界并不存在，但卟啉却广泛存在，一般是和金属形成络合物。在叶绿素中络合的金属原子是镁，在血红素中是铁，在维生素 B_{12} 中则为钴。

卟吩

9.4.5 吲哚

吲哚是苯环和吡咯环稠合而成的稠环化合物，因此也可叫做苯并吡咯。苯并吡咯类化合物有吲哚和异吲哚两类。

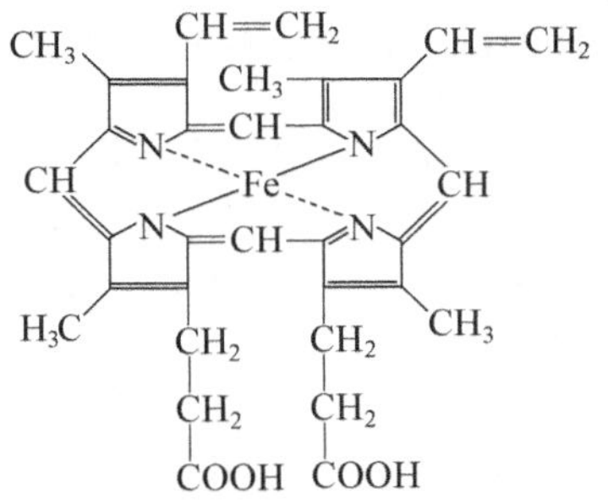

血红素 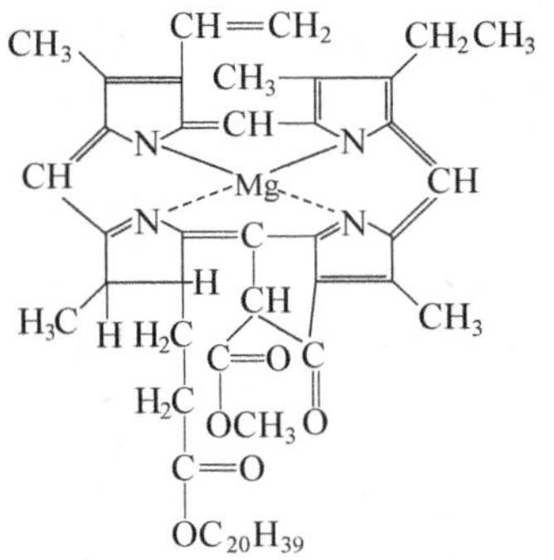　　　　　　　　　叶绿素

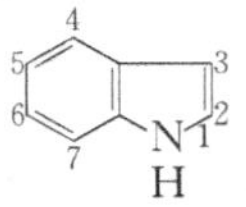

吲哚 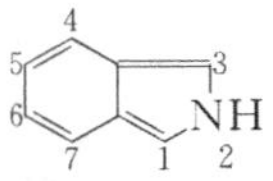　　　　　　　　异吲哚

吲哚及其衍生物在自然界分布很广，常存在于动、植物中，如素馨花香精油及蛋白质的腐败产物中都有含量。在动物粪便中，也含有吲哚及其同系物 β-吲哚乙酸，吲哚乙酸能刺激植物生长，使植物具有向光性。一些生物碱如利血平、麦角碱等都是吲哚的衍生物，它们在动、植物体内起着重要作用。

（1）制法

在实验室内，由邻甲苯胺制备吲哚最为简便。

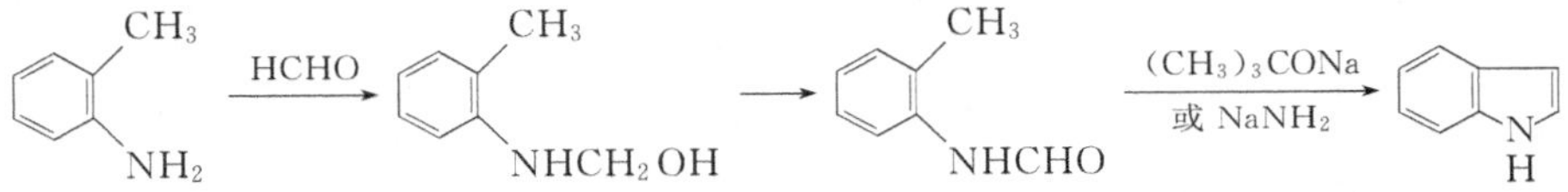

（2）性质

吲哚为片状结晶，熔点 52℃，具有粪臭味，但纯吲哚的极稀溶液则具有香味，可用于制造茉莉型香精。吲哚与吡咯相似，几乎无碱性，也能与钾作用生成吲哚钾。吲哚的亲电取代反应发生在 3 位碳上，加成和取代都在吡咯环上进行。吲哚也能使浸有盐酸的松木片显红色。

9.4.6　靛蓝

靛蓝是一种色泽鲜艳而又耐久的蓝色染料，常用作牛仔裤染料，它是最早发现的天然染料之一，也是我国古代最重要的蓝色染料。靛蓝为深蓝色固体，熔点 390～392℃，不溶于水、醇及醚，可溶于氯仿及硝基苯中。靛蓝是从木蓝属和崧蓝植物中取得的靛蓝素经水解生成 β-羟基吲哚后，再被空气氧化而得到的。

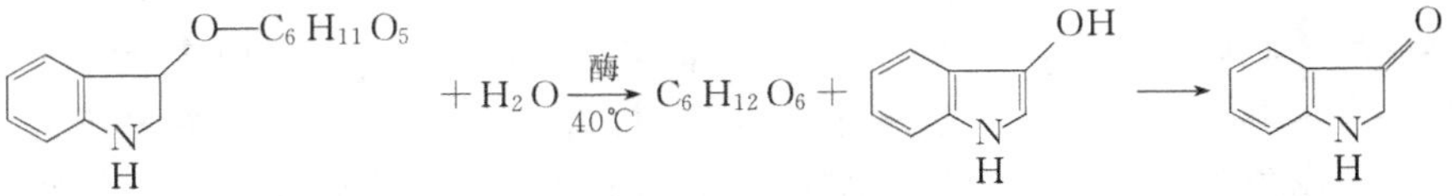

葡萄糖　　　β-羟基吲哚　　　（酮式）

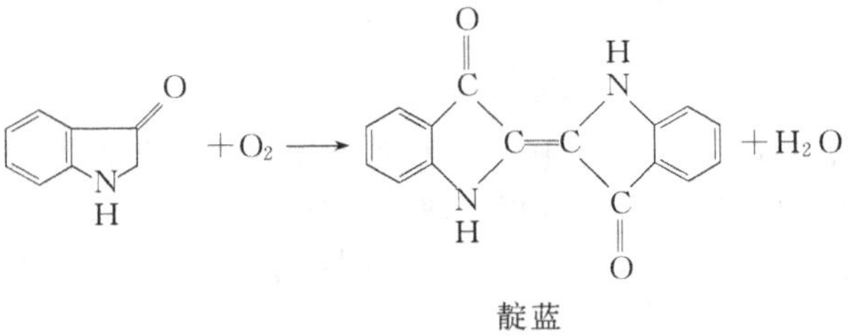

靛蓝

靛蓝是一种还原染料，可被还原为无色可溶性的靛白，然后放置空气中，又被氧化为原来不溶性的靛蓝。

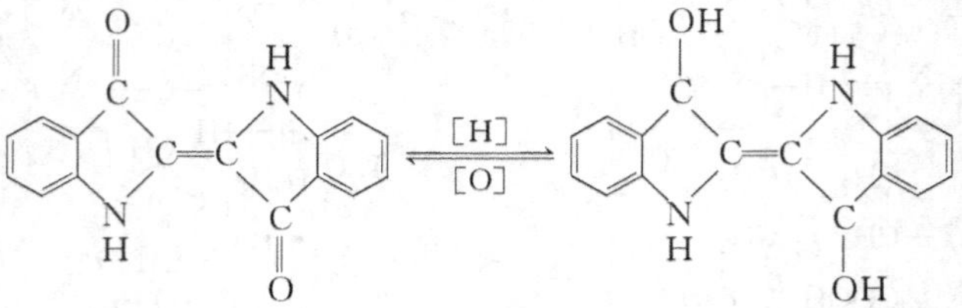

靛白

近代工业上，靛蓝由合成方法制得。一般先合成 β-羟基吲哚，然后经氧化而变成靛蓝。例如用苯胺和氯乙酸为原料，经缩合、环化，然后氧化即得靛蓝。

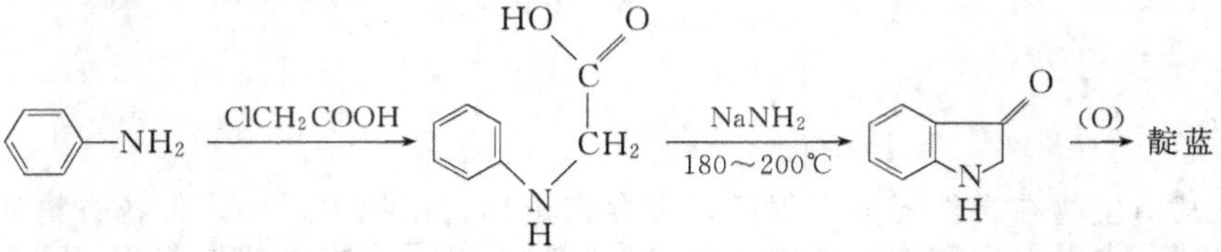

1880 年达尔文指出有一种特殊物质——植物激素在起作用导致植物的向光性。1934 年人们从尿和植物体内分离出吲哚乙酸，并证明了是它引起植物的向光性，从而激发了人们对植物生长调节剂的研究。

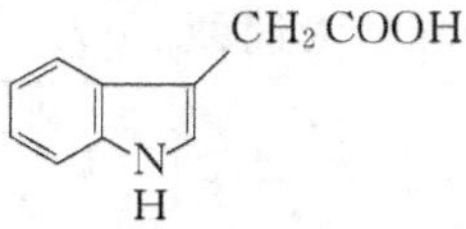

9.4.7　噻唑、吡唑及其衍生物

噻唑、吡唑都是具有两个杂原子的五元杂环。噻唑可看作噻吩的 3 位上 CH 被 N 取代，而吡唑可看作吡咯的 2 位上 CH 被 N 取代。由于噻唑、吡唑有噻吩、吡咯的基本结构，形成闭合的共轭体系，因此都具有不同程度的芳香性。此外，由于还插入一个—N＝基，此氮原子上的未共用电子对在 sp^2 杂化轨道上，并不与环平面垂直，因此它不参与芳香大 π 共轭体系，可与质子结合而显示不同程度的碱性。

噻唑为无色液体，沸点 117℃，相对密度 1.2，碱性很弱（$pK_a＝2.5$），但能与酸生成稳定的盐，和卤烷作用形成噻唑镝盐。例如：

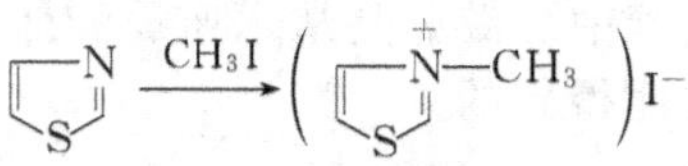

与噻吩比较，噻唑环上少一个碳原子，增加一个氮原子，这个氮原子的 p 轨道上有一个电子参加芳香大 π 共轭体系。由于氮的电负性较碳强，所以相对而言，噻唑环上的电子云密度比噻吩低，不易发生亲电取代反应。如在一般情况下，不起卤化反应，不与硝酸作用，磺化反应必须在硫酸汞存在下才能发生。

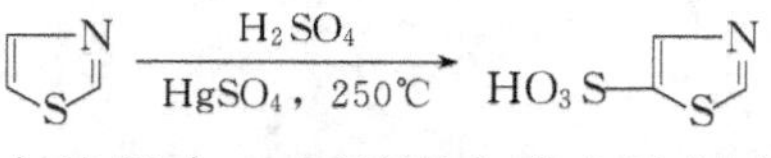

噻唑及其衍生物都存在于自然界中，也可用合成方法制备，如青霉素、维生素 B_1、磺胺噻唑、某些染料、橡胶促进剂都含有噻唑或氢化噻唑的结构。

吡唑为无色固体，熔点 70℃，沸点 188℃，能溶于水、醇、醚中，吡唑常呈两分子缔合状态。

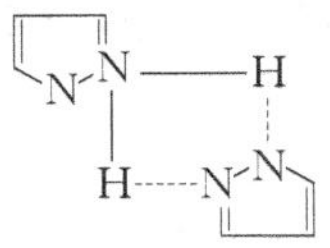

吡唑衍生物中最重要的是吡唑啉酮衍生物，亦常简称吡唑酮衍生物。例如，检定钙的试剂、增白剂 AD、彩色胶片中使用的品红成色剂，以及常用退热药的安替比林、安乃近等都具有吡唑酮的基本结构。

例题 9.1 写出下列反应产物及命名。

(1) 噻吩＋1mol 溴（于乙酸中）　　　(2) 噻吩＋发烟硝酸（于乙酸中）

(3) 噻吩＋浓硫酸　　　　　　　　　(4) 噻吩＋乙酐，氯化锌

(5) 生成物（1）＋Mg，CO_2 再 H^+　(6) 糠醛＋浓氢氧化钠

(7) 吡咯＋吡啶，SO_3　　　　　　　(8) 吡咯＋H_2，Ni

9.5　六元杂环化合物

9.5.1　吡啶

(1) 存在与制取

吡啶存在于煤焦油及页岩油中。和它一起存在的还有甲基吡啶。工业上吡啶多从煤焦油中提取，将煤焦油分馏出的轻油部分用硫酸处理，则吡啶生成磷酸盐而溶解，再用碱中和，吡啶即游离出来，然后再蒸馏精制。

(2) 性质

吡啶是无色而具有特殊臭味的液体，沸点 115℃，熔点 -42℃，相对密度 0.982，可与水、乙醇、乙醚等混溶，还能溶解大部分有机化合物和许多无机盐类，因此吡啶是一个很好的溶剂。吡啶能与无水氯化钙络合，所以吡啶的干燥一般是用固体氢氧化钾或氢氧化钠进行干燥。

由于氮原子的电负性比碳原子强，杂环碳原子上的电子云密度有所降低，所以吡啶的亲电取代不如苯活泼，而与硝基苯类似。其相对亲电反应活性如下：

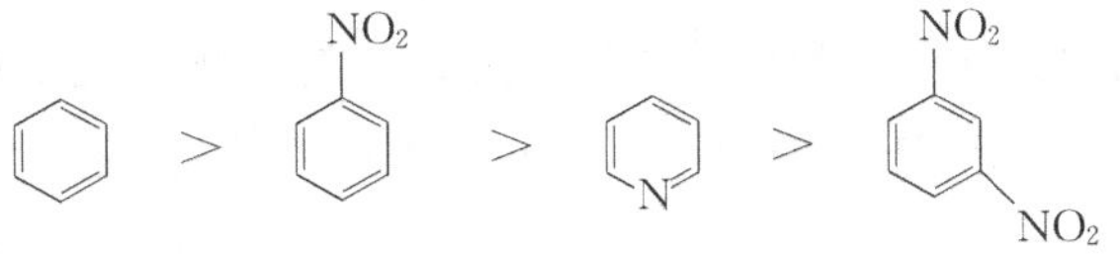

a. 碱性　吡啶环上的氮原子有一对未共用电子对处于 sp^2 杂化轨道上，它并不参与环上的共轭体系，因此能与质子结合，具有弱碱性。它的碱性（$pK_a = 5.2$）比苯胺强（$pK_a = 4.7$），但比脂肪胺及氨弱得多，吡啶可与无机酸生成盐。例如：

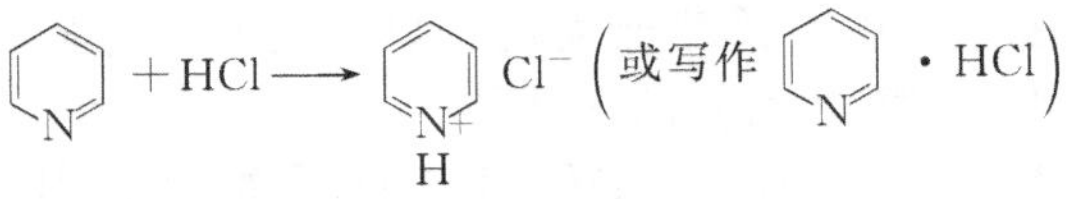

因此吡啶可用来吸收反应中所生成的酸，工业上常用吡啶为敷酸剂。

吡啶容易和三氧化硫结合成为无水 N-磺酸吡啶，后者可作为缓和的磺化剂。

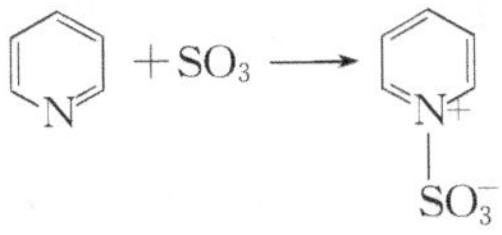

吡啶与叔胺相似，也可与卤烷结合生成相当于季铵盐的产物，这种盐受热则发生分子重排而生成吡啶的同系物。

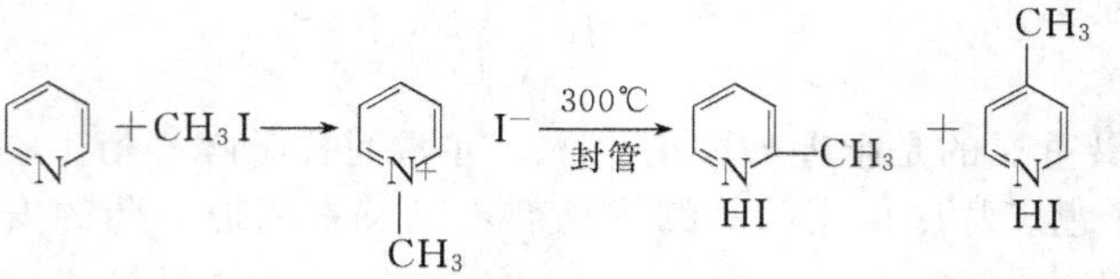

吡啶与酰氯作用也能生成盐，产物是良好的酰化剂。

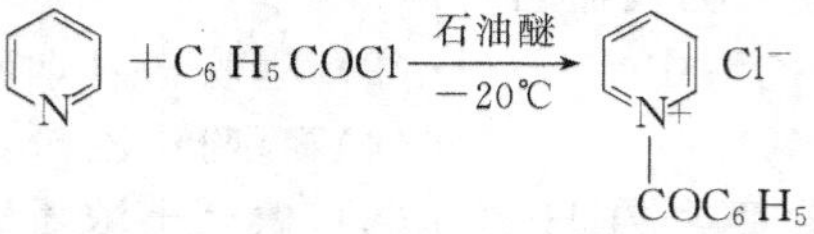

b. 取代反应　吡啶的亲电取代反应类似于硝基苯，发生在 β 位上。它较苯难于磺化、硝化和卤化。吡啶不能起傅列德尔-克拉夫茨反应。例如：

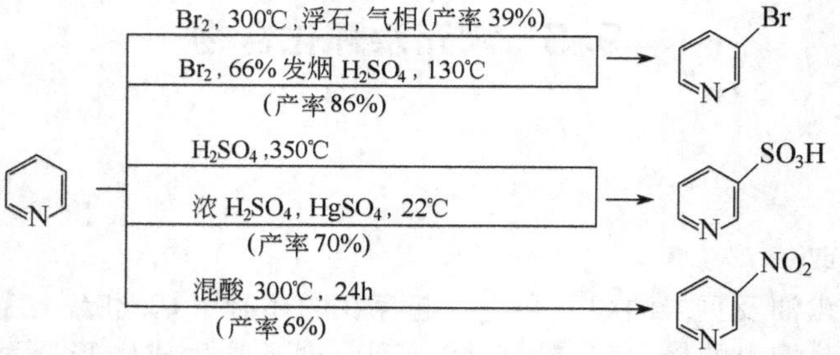

与硝基苯相似，吡啶可与强的亲核试剂起亲核取代反应，主要生成 α 取代产物。例如：

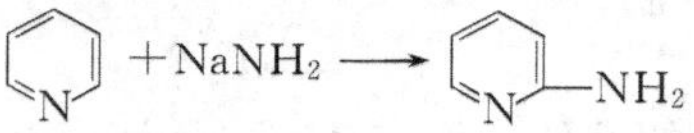

此反应称为齐齐巴宾反应。

与 2-硝基氯苯相似，2-氯吡啶与碱或胺等亲核试剂作用，可生成相应的羟基吡啶或氨基吡啶。

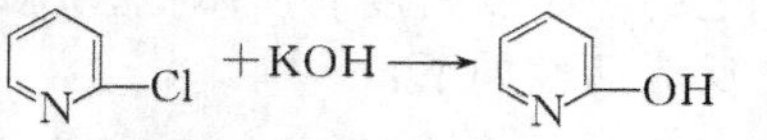

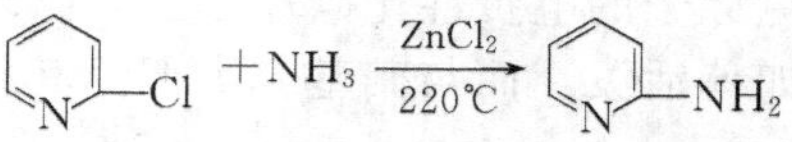

c. 氧化与还原　吡啶环比苯稳定，它不易被氧化剂氧化。吡啶的同系物氧化，总是侧链先氧化而芳杂环不破坏，结果生成相应的吡啶甲酸。例如：

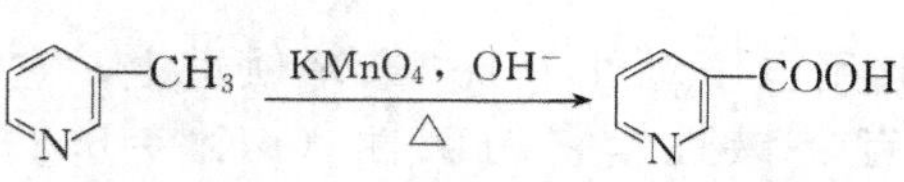

3-吡啶甲酸（烟酸） 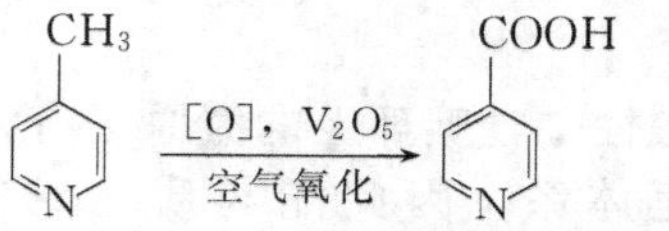　　　　　　　　　　4-吡啶甲酸（异烟酸）

烟酸为 B 族维生素之一，用于治疗癞皮病、口腔类及血管硬化等症。异烟酸是制造抗结核病药物异烟肼（商品名叫雷米封）的中间体。

吡啶用过氧羧酸氧化（或与 30% 的 H_2O_2 和 CH_3COOH 作用）时，生成吡啶 N-氧化物或称氧化吡啶：

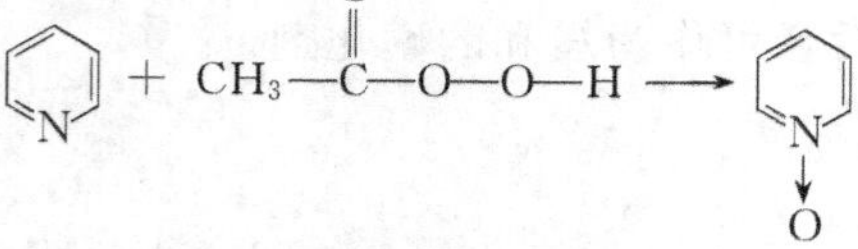

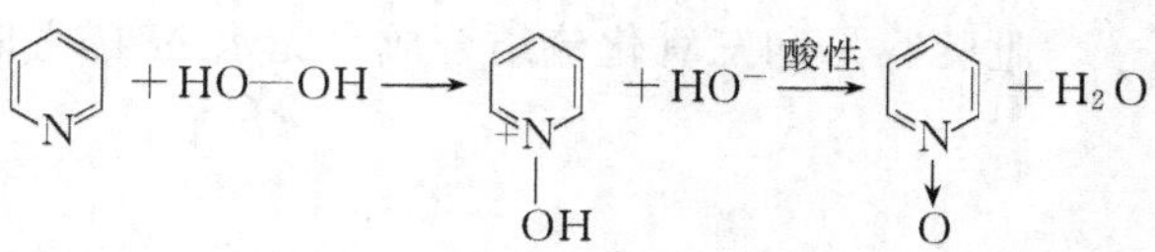

氧化吡啶的亲电活泼性高于吡啶，其 4-位较易发生亲电反应。

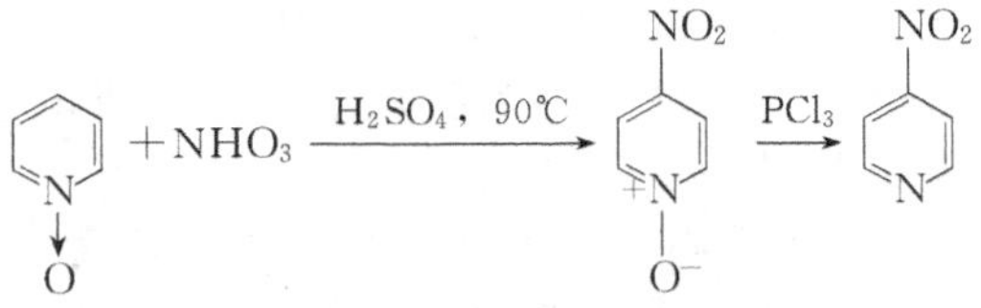

吡啶经催化氢化或用乙醇和钠还原，可得六氢吡啶。例如：

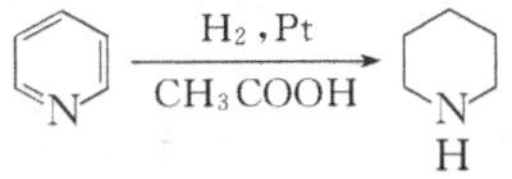

六氢吡啶又称哌啶，为无色具有特殊臭味的液体，沸点 106℃，熔点 -7℃，易溶于水。它的碱性比吡啶大，化学性质和脂肪族仲胺相似，常用作溶剂及其有机合成原料。

吡啶和哌啶的衍生物在自然界及药物中分布和存在甚广，例如维生素 B_6 以及吡啶系生物碱中的烟碱（尼古丁）、毒芹碱和颠茄碱等。

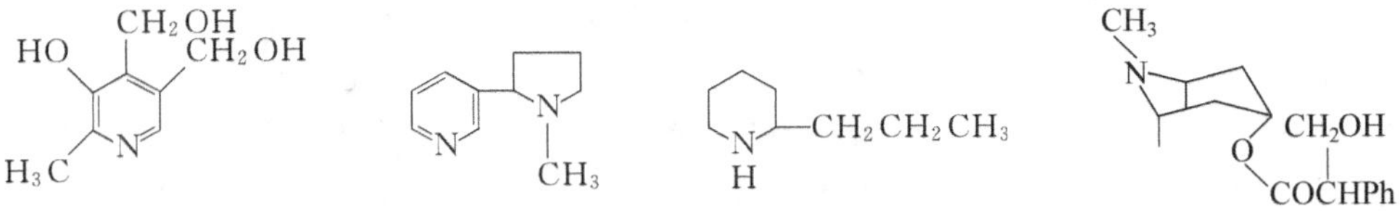

维生素 B_6 烟碱   毒芹碱   颠茄碱（阿托品）

维生素 B_6 是维持蛋白质正常代谢的必要维生素。烟碱是有效的农业杀虫剂，也能被氧化剂氧化成烟酸。毒芹碱盐酸盐在小量使用时有抗痉挛作用。颠茄碱磷酸盐有镇痛及解痉挛等作用，常用作麻醉前给药、扩大瞳孔药及抢救有机磷中毒药。

例题 9.2 下列反应的产物是 4-吡啶甲酸，而非苯甲酸，试解释。

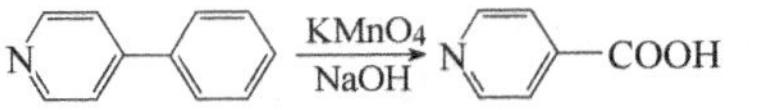

例题 9.3 吡啶不能直接进行付氏酰基化反应，设计一种方法合成 3-苯甲酰基吡啶。

9.5.2 喹啉和异喹啉

喹啉和异喹啉都是苯环与吡啶稠合而成的化合物，它们是同分异构体，都存在于煤焦油和骨焦油中，可用稀硫酸提取，也可用合成方法制得。

（1）喹啉

喹啉及其衍生物的常用制法是斯克洛浦合成法，即用苯胺、甘油、浓硫酸和硝基苯（或 As_2O_5 等缓和氧化剂）共热制得喹啉。反应过程可能是甘油首先在浓硫酸作用下脱水成丙烯醛，然后和苯胺加成，生成 β-苯胺基丙醛，再经环化、脱水成二氢喹啉，最后被硝基苯氧化去氢变成喹啉。反应实际上是一步完成的。

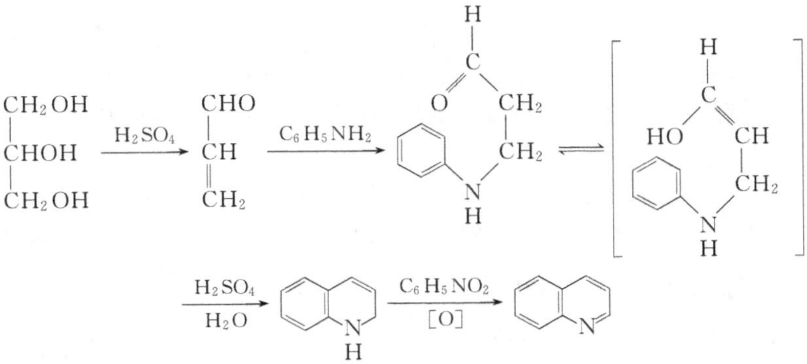

用其他芳胺或不饱和醛代替苯胺和丙烯醛，可以制备各种喹啉的衍生物。例如，用邻氨基苯酚代替苯胺，就可以制得 8-羟基喹啉。苯胺环上间位有供电子基时，主要得到 7-取代喹啉，有吸电子基时，则主要得到 5-取代喹啉。

喹啉是无色油状液体，有特殊臭味，沸点 238℃，相对密度 1.095，难溶于水，易溶于有机溶剂。它是一种有用的高沸点溶剂。喹啉与吡啶有相似之处。它是一个弱碱（pK_a＝4.9），与酸可以成盐。喹啉与重铬酸形成难溶的复盐 $(C_8H_7N)_2 \cdot H_2Cr_2O_7$，可用此法精制喹啉。喹啉也能与卤烷形成季铵盐。

喹啉是苯并吡啶，由于吡啶环上氮原子的电负性使吡啶环上电子云密度相对比苯环少，通常亲电取代基进入苯环，亲核取代基进入吡啶环。喹啉可有七种一元取代物。其化学反应举例如下。

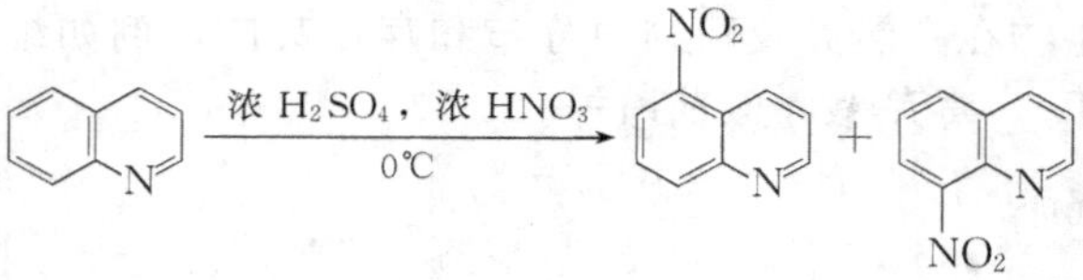

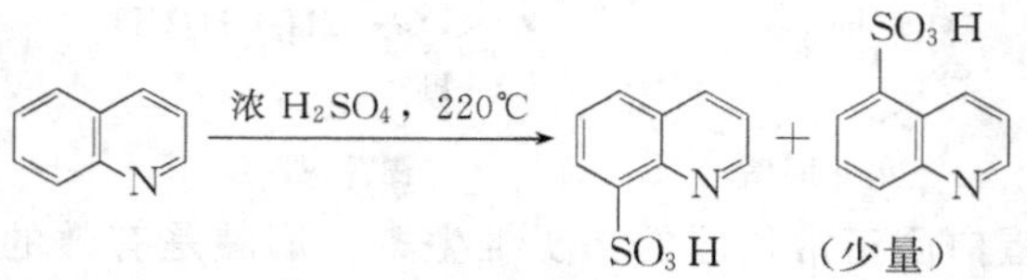

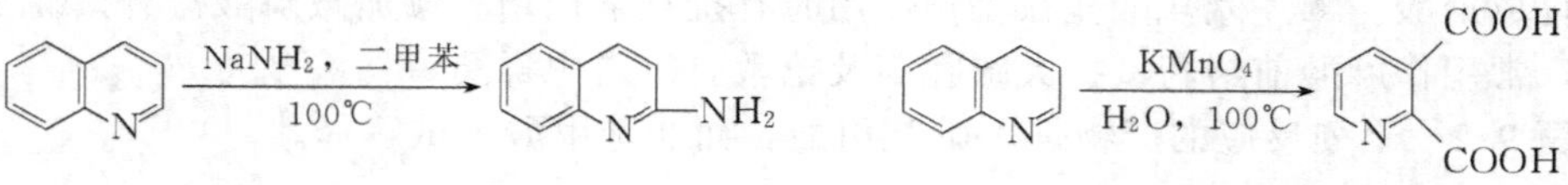

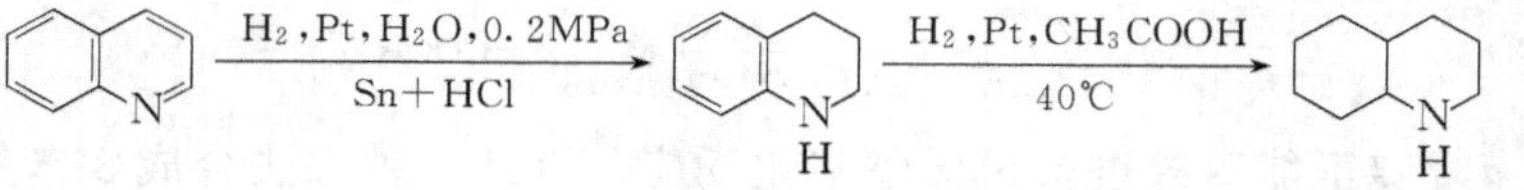

不少天然的和合成的产物中都含有喹啉环，例如抗疟药奎宁（又名金鸡纳碱）、氯喹、抗癌药喜树碱、抗风湿病药阿托方（又名辛可芬）等。

（2）异喹啉

异喹啉是一个具有香味的低熔点（24℃）结晶，沸点 243℃，微溶于水，易溶于有机溶剂，能随水蒸气挥发。从煤焦油得到的粗喹啉中异喹啉约占 1%，两者可利用碱性的不同来分开。异喹啉的碱性（pK_a＝5.4）强，这是因为异喹啉相当于是苄胺的衍生物，而喹啉可认为是苯胺的衍生物。

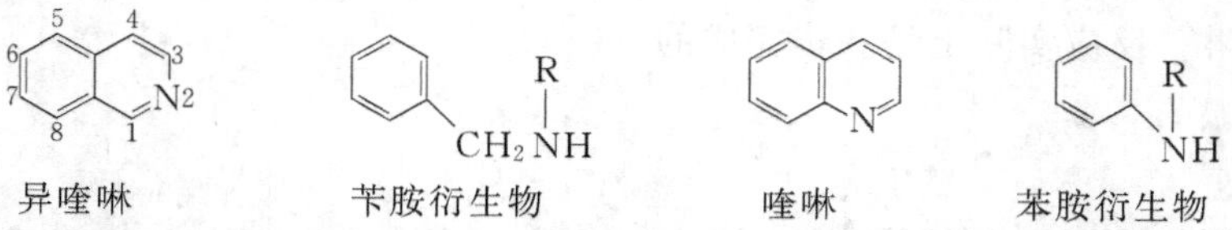

异喹啉　　　　苄胺衍生物　　　　喹啉　　　　苯胺衍生物

工业上常用喹啉的酸性硫酸盐溶于乙醇，而异喹啉的酸性硫酸盐则不溶的性质来进行分离。

异喹啉可发生亲电取代反应，一般以 5 位碳取代物为主，而发生亲核取代则主要在 1 位碳上，大致与喹啉相似。异喹啉的衍生物比较重要的有罂粟碱、小檗碱（又名黄连素）等。

9.5.3　嘧啶、嘌呤及其衍生物

嘧啶又称间二嗪，是含有两个氮原子的六元杂环化合物，本身并不存在于自然界中。

它为无色结晶，熔点 22℃，易溶于水，它的碱性（$pK_a = 1.3$）比吡啶弱（$pK_a = 5.2$）。嘧啶的衍生物广泛分布于生物体内，在生理和药理上都具有重要作用。含有嘧啶环的碱性化合物，也常称为嘧啶碱，例如，嘧啶的羟基衍生物——尿嘧啶和胸腺嘧啶，以及尿嘧啶的氨基衍生物——胞嘧啶，它们是核酸的重要组成部分。维生素 B_1 和磺胺嘧啶中也含有嘧啶环。

嘧啶   尿嘧啶   胸腺嘧啶   胞嘧啶

嘌呤是由一个嘧啶环和一个咪唑环稠合而成的。嘌呤为无色晶体，熔点 216～217℃，易溶于水，其水溶液呈中性，但却能与酸或碱生成盐。嘌呤的结构式及原子编号如下：

或

嘌呤本身不存在于自然界中，但其衍生物（也常称为嘌呤碱）在自然界分布很广。如腺嘌呤和鸟嘌呤是核酸的组成部分。

腺嘌呤   鸟嘌呤

尿酸和咖啡碱也是常见的嘌呤衍生物。尿酸是人体和高等动物核酸的代谢产物，存在于尿中。咖啡碱含于茶叶和咖啡中，对人体有兴奋、利尿等功能，是常用退热药 APC 中成分之一。

尿酸   咖啡碱

以医学进展为依托的药物化学

科学技术的进步，特别是化学、医学及生物学的交叉融合有力地推动了药物化学的发展。药物化学一方面注重新药的开发，另一方面也十分重视许多临床使用的药物新的应用价值的挖掘。

例如，20 世纪 50 年代，揭示了单胺氧化酶作为关键酶在精神病发病中的作用，以及脑内多巴胺的水平与精神病及神经衰弱的相关性。于是，利血平由高血压治疗药扩展为安定药，氯丙嗪由抗过敏药扩展为精神病治疗药；20 世纪 80 年代，揭示了促进微管聚合与抑制微管聚合一样对于抑制肿瘤细胞生长具有重要意义，推动了通过抑制微管解聚的抗微管药物研究。于是，早在 70 年代就从紫杉木中分离到的紫杉醇成为优秀的抗肿瘤药物进入了临床；20 世纪 90 年代，揭示了血栓形成的途径之一是花生四烯酸在环氧化酶的参与下通过前列腺素中间体而发展为血栓形成素，揭示了阿司匹林的抗炎作用是通过环氧化酶的活性中心选择性乙酰化实现的。于是，早在 100 多年以前就已经上市的阿司匹林成为预防血栓形成的优秀药物。

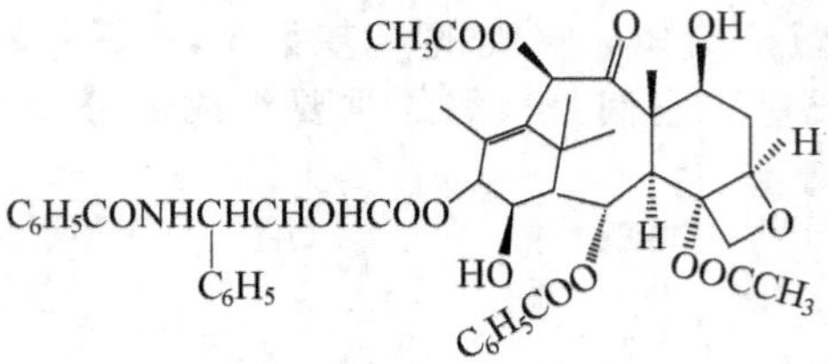

紫杉醇

在过去的 50 年间，医学和生物学的进展逐步加深了对药物毒副作用的认识。由此出发，不少临床使用的药物由于显示重大的毒副作用或撤出临床或被严格限定使用范围。最典型的例子是反应停和己烯雌酚。20 世纪 50 年代末，反应停（沙利度胺，Thalidomide）在加拿大和欧洲上市，广泛用于治疗妊娠妇女晨吐。20 世纪 60 年代初，开始揭露因反应停引起的新生儿畸形案例，从此新药的致畸问题开始引起广泛关注。后来的研究既揭示了反应停的致畸与代谢物的生成有关，又揭示了反应停的致畸与构型相关。这样一来，反应停的生殖毒性引发了至少三方面的思考。例如，新药研究从此必须阐明对胎儿的安全性、必须阐明代谢途径以及代谢产物的性质、必须阐明手性化合物的性质。己烯雌酚作为合成激素于 20 世纪 40 年代上市，临床广泛用于预防妊娠综合征，特别是应用预防易患流产妇女的妊娠综合征。20 世纪 60 年代，临床显示己烯雌酚不仅缺乏疗效，还显示了毒副作用。20 世纪 70 年代，确认了怀孕妇女服用己烯雌酚有引发女性胎儿阴道发育异常和阴道癌的危险。因此而受到疾病折磨的女婴长大之后被特别称为"己烯雌酚女儿"。后来发现，己烯雌酚的致癌毒性也扩展到男婴，并出现了遭受疾病折磨的"己烯雌酚儿子"。临床医学对药物致畸和致癌作用的阐述，从此引起了药物化学对结构与毒性依赖关系的关注。

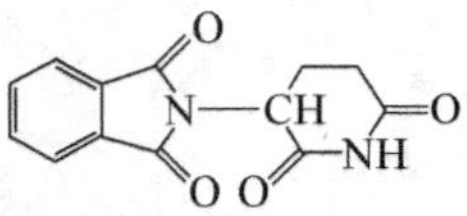

反应停(沙利度胺) 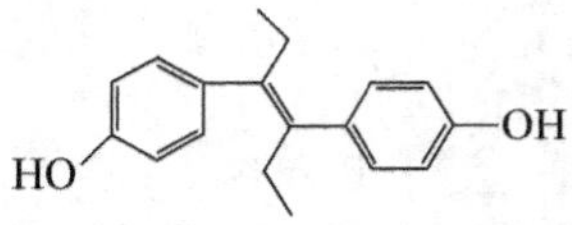　　　　　　　　己烯雌酚

医学和生物学发展尤其是临床医学的发展从毒性和疗效方面对药物化学提出了进一步的要求。例如，20 世纪 50 年代为缓解结核病对社会的压力和针对链霉素的毒性不仅推动了异烟肼走向市场的进程，还发现了链霉素和对氨基水杨酸联合用药可以显示优秀的抗结核作用。联合用药于 20 世纪 70 年代拓宽了领域，发展为肿瘤临床中的手术与化疗相结合的联合治疗。1975 年，美国的一次合作研究工作显示乳腺癌经手术之后再结合溶肉瘤素化疗效果显著。后来，肿瘤临床中的联合治疗变得更加普遍。例如乳腺癌经手术治疗之后再结合环磷酰胺、氨甲蝶呤或 5-氟尿嘧啶化疗效果显著。临床医学主张的联合用药和联合治疗正是按这种方式不断地给药物化学提出无休止的课题。

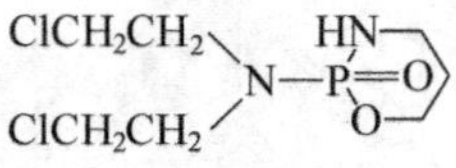

环磷酰胺 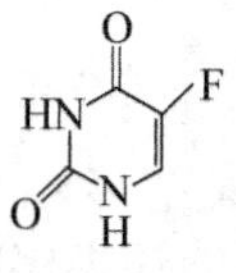　　　　　5-氟尿嘧啶 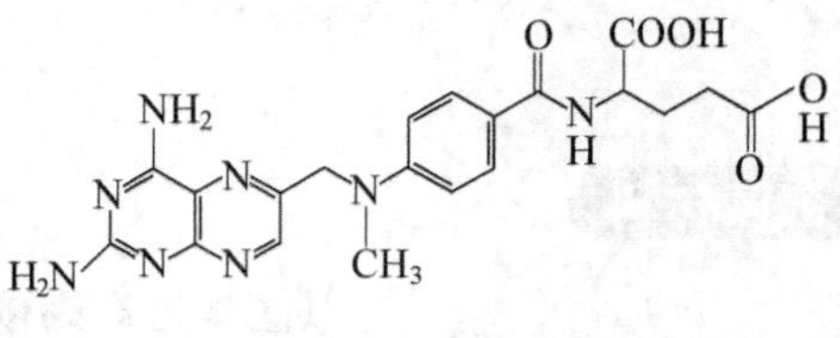　　　　　　　　甲氨蝶呤

20 世纪 90 年代，利用可用于生物医学研究的 HPLC、MS 和 NMR 等仪器采集和汇集数据，通过计算机计算、模拟蛋白质的三维结构，以便直接观测配体与蛋白质活性部位的结合。蛋白质的三维结构不仅可以提供与生物功能相关的信息，还可以提供包括反应的催化作用和蛋白质与 DNA、RNA，以及蛋白质的结合信息等在内的生物信息。通过这类结合信息可以获取与细胞生长或细胞死亡相关的信息。这类细胞信息对药物化学至关重要。利用与生物医学相适应的仪器支持的新技术，研究疾病过程中靶蛋白的结构、了解靶蛋白的活性部位或配体结合位点，再通过合理药物设计寻找与某种感兴趣的生物应答相对应的抑制剂或激动剂，已成为药物化学的重要领域。结构与生物活性的关系早在 20 世纪 70 年代就已成为生物信息学革命的基础。20 世纪 90 年代，

结构与生物活性的关系开始成为基因组和蛋白质组转化为医药产品这一过程的基础。

21世纪以人类基因组计划为开端，药物化学进入了一个新的发展时期。对人类基因组排序为了解疾病提供了新途径。破译疾病基因至少可以为家族式遗传性疾病的临床治疗揭开新的一页。临床医学将提高到分子医学水平。由此产生的各式命题都会直接关联到药物化学。

1. 小分子目标

由人类基因组计划取得的阶段性进展抽提的信息，虽然在药物发现领域里发挥的作用还极为有限，但是这种有限的作用可以为药物发现提供一种识别新靶点的方法。事实上，寻找新靶点是一项困难的工作。在新基因和新靶点之间需要构筑模拟复杂系统的模型，靶点识别作为一门与药物化学相关的新生学科正在形成。

强调基因在新药发现中作为靶点的作用，并不意味忽略调控基因表达的蛋白质的作用。例如，通过调控基因表达的蛋白质可以发现引起细胞分化而阻止肿瘤发展的抗癌药物。细胞无限度增殖而又未分化，形成某种特定的细胞类型，是癌症的重要标志之一。于是，调控DNA与蛋白质的结合来启动基因的蛋白质便可以成为设计新型抗癌药物的靶点。有限的研究工作显示，已经积累了按照这种思路获得的抗癌化合物发挥作用的机理性知识，甚至已经获得了一些化合物与调控蛋白结合生成的复合物的X衍射晶体数据。这些化合物与调控蛋白结合之后，便可以启动基因、引起细胞分化、终止癌症发展。这种研究模式在抗癌药物设计中预计有明确的发展潜力。

2. 蛋白质药物

20年前，人们很难想象蛋白质药物会成为药物库中的主要组成部分。然而现在人们已经认识到，今后将有越来越多的蛋白质、抗体和多肽药物进入市场。在上市的新药中蛋白质、抗体和多肽药物所占的比例将越来越大。在这些蛋白质药物中，有80%将是抗体。抗体的一种作用是充当"分子海绵"，阻止蛋白质与蛋白质之间的相互作用。

与小分子药物相比，抗体更具特异性和高度专一性，引起毒副作用的可能性更小。然而，所有可口服的小分子药物几乎都存在肝毒性和药物-药物之间相互作用问题。

在新药研究中，针对蛋白质组的研究比针对基因组的研究有更大的发展前景。所谓蛋白质组研究是研究细胞或组织内完整的蛋白质补体。蛋白质组研究是一种比mRNA表达更直接针对某一系统的研究手段。相信在不久的将来，最大的挑战是为蛋白质组研究提供强有力的工具。预计最有力的工具是巨大的小分子库。一旦发现某类化合物可以特异性地与一个靶点或甚至与一组靶点相互作用，那么这类小分子便会受到特别关注。以其结构为基础，不仅要定义这类小分子蛋白质，而且要把它们作为研究靶的有效工具。在解决重大基因组问题中，小分子化合物有巨大的潜力。另外，小分子工具针对功能性基因组，使科学家更接近确认小分子潜在治疗手段。

将化学与生物学研究完整结合，将使得生物学研究变得更加简捷和方便。这些小分子工具的特别之处在于，它们将使生物学研究发生巨大变化。小分子探针的发展、革新与融入，使其作为独特的微扰物质来探索生物学问题。

3. 基因与基因产物治疗

在过去的几年内基因治疗虽然并未引起太多公众的关注，但研究者坚信在不久的将来基因治疗将起重要作用。从本质上说，基因治疗只是输送蛋白质的一种方法。

目前，蛋白质输送仍然不能通过基因治疗来实施，因为还没有找到可用来把基因传送至细胞的理想载体。对于载体的认识有两种不同的观点。一种观点认为，不同的靶点需要不同的载体，应当选择不同的系统进行研究。这种观点目前占主导地位。另一种非主流的观点认为，可能存在一种或两种非常有效的普遍适用的载体。

普遍认为，载体即先导候选物是与腺体相关的病毒，针对治疗目标用动物模型表达基因产物有一些引人注意的结果。

虽然最引人注目的DNA相关的疫苗已获得成功，运用这种技术进行的各种动物实验也已产生显著性免疫应答，但仍不能用于人类。

基因治疗将给世界带来什么影响？基因治疗将给药物化学的发展带来什么影响？就人类健康而言，巨大的影响既可能来自诸如疫苗和新的预防措施，也可能来自新的治疗手段和基因治疗。小分子在某些代谢途径上无疑可以抑制酶和细胞上的受体，无疑可以影响疾病的治疗过程。此外，小分子还可以像基因治疗那样有影响疾病的潜力。基因治疗在细胞内非常有效，可以在细胞内产生蛋白质类天然物质，以更特异性更有潜力的方式干预疾病。

可以预言，基因治疗将与分子治疗（即小分子用作调剂治疗基因）相结合。体细胞的基因治疗将越来越普遍和有效，病菌治疗最终也将有效。预计病菌细胞与抗癌和抗衰老基因一样，必要时也将与小分子药物一起发挥作用。

4. 个性化药学

药物遗传学的发展使药学发展越来越个性化。药物遗传学集中研究药物代谢酶的多态性和药物作用结果的多样性。基因上的细微差别，这种差别有时小到单一碱基对的变化，能影响药物的代谢途径。药物遗传学从特定药物疗法来识别患病人群。整个制药工业已经认识到，今后将使越来越少的患者服用同一种特定的药物。事实上，医生今后会依据个体的基因表达来指导患者服药。

有朝一日所有的病人都会有他们自己的基因碎片图。针对各个病人的基因选择所需的药物，使医生能确切地预见到该药物疗法是否能对患者产生积极的作用。

药物遗传学不仅在选择何种药物疗法方面有重要的作用，也能帮助决定药物发展方向。如果研究的靶点对普遍人群有明显的易变性，那么这种靶点也许不适合继续研究下去。显然，这方面的信息将有助于预先选择好研究靶点。

5. 修复医学

预计，所有与再生及修复相关的医学，在21世纪将变得越来越重要。

特别是人类基因的应用、抗体蛋白、替换修复及更新有病的、衰老的及外伤性损伤的细胞等研究将占主导地位。

再生疗法是用天然生物物质，修复医学使用人类干细胞和合成的工程物质。医学将用更耐用的物质替代人体的某些部件，从各个方面扩展人的才能。自动化工程技术和人体的完美结合，将最大限度地发挥人的潜能。

与这些技术相关的领域的基础研究已经取得了重大进展，人们已经分离到具有特征的完整的人类基因，寻找到了可与人体再生器官相媲美的医学材料。目前面临的只是具体的工程和技术问题。

21世纪的医学将朝干细胞的应用方向发展，成为使人体恢复活力的重要疗法。要实现这项目标，需要突破一系列问题。例如，必须建立从胚胎提取干细胞的技术，必须要有适当的控制手段，必须要解决干细胞怎样用于医疗的技术。

在医学发展的依托下，药物化学具有辉煌的过去。例如，医学和生物学的发展，使药物化学在过去50年间创造了大批优秀药物；毒理学的发展，使药物化学在过去的50年间避免了因药物的毒副作用造成的不必要的灾难；微生物学的发展，使药物化学能够以最小的投入，以最小的代价认识成千上万种化学物质的致癌性；临床医学对致病菌多药耐药性的认识，使药物化学重新审视原已控制的传染病的用药；现代分析仪器和技术的进步，使药物化学主动用结构和生物活性的关系去构筑基因组和蛋白质组转化为医药产品过程的基础。在医学发展的依托下，药物化学具有广阔的未来。例如，后基因组时代药物化学具有明确的小分子目标；体外毒性、活性和ADME综合评价体系，使药物化学致力于建立实用化的特征化评价模式；蛋白质、抗体和多肽药物的安全性和特异性，使药物化学用更多的兴趣发展相适应的药物；基因与基因产物治疗的发展，对药物化学中的生物技术提出了更高的要求与需求；药物遗传学的发展，使药物化学朝个性化药学开拓奠定了基础；修复医学的发展，必定在一定程度上改变药物化学的观念。这些都充分体现了以医学进展为依托，发展药物化学的不可替代性，具有明确的战略意义。

◆ 习 题 ◆

1. 卟啉具有芳香性吗？

2. 当乙酰氯与吡啶反应时会形成酰胺吗？如果是，为什么，如果不是，又是为什么？

3. 推测下列反应的机理，并指出反应中形成的其他产物。

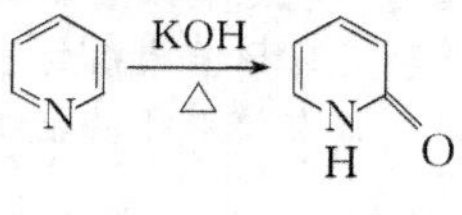

4. 试用中间体的相对稳定性解释：呋喃的亲电取代主要发生在 α-位。

5. 指出如何由吡啶制备下列化合物。

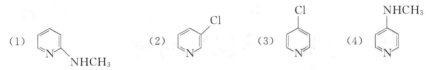

6. 就从甲基上移出一个质子的难易程度，将下列化合物排序。

7. 完成下列反应。

(1) [喹啉] + HNO₃ $\xrightarrow{H_2SO_4}$ (2) [异喹啉] + Cl₂ $\xrightarrow{AlCl_3}$ (3) [喹啉] $\xrightarrow[2.\ H_2O]{1.\ CH_3CH_2MgBr}$

(4) [异喹啉] $\xrightarrow[2.\ H_2O]{1.\ CH_3CH_2MgBr}$ (5) [苯并呋喃] $\xrightarrow{CH_3\overset{O}{\overset{\|}{C}}Cl}$ (6) [噻吩-Br] $\xrightarrow[2.\ CO_2,\ 3.\ H^+]{1.\ Mg/Et_2O}$

(7) [呋喃-CH₃] $\xrightarrow{CH_3\overset{O}{\overset{\|}{C}}Cl}$ (8) [吡啶] $\xrightarrow[2.\ CH_3CH_2CH_2Br]{1.\ NH_3}$

8. 给出反应主要产物。

(1) [甲基氮丙啶] + H₂O $\xrightarrow{H^+}$ (2) [甲基环氧乙烷] + H₂O $\xrightarrow{HO^-}$

(3) [甲基氮杂环丁烷] + CH₃CH₂OH $\xrightarrow{H^+}$ (4) [甲基氧杂环丁烷] + CH₃CH₂OH $\xrightarrow{H^+}$

9. 写出下列反应的机理。

2 [吡咯] + H₂C=O $\xrightarrow{\text{痕量 } H^+}$ [二吡咯甲烷]

10. 给出下列反应的主产物。

(1) [3-乙酰基呋喃] + HNO₃ $\longrightarrow$ (2) [4-二甲氨基吡啶] + CH₃I $\longrightarrow$ (3) [吡咯] + Br₂ $\longrightarrow$

(4) [2-吡啶酮] + PCl₅ $\longrightarrow$ (5) [1,4-二甲基吡啶鎓] $\xrightarrow[2.\ H_2C=O,\ 3.\ H^+]{1.\ HO^-}$ (6) [吡咯] + CH₃CH₂MgBr $\longrightarrow$

第 10 章　含氧化合物

> **本章提要**　本章通过对含氧化合物的系统论述，着重说明含氧化合物中各官能团的特性，以及它们在物理性质与化学性质上的区别，特别是对醛、酮的亲核加成反应，羧酸衍生物的亲核取代反应以及活泼亚甲基化合物的反应作了分析。
>
> **关键词**　Lucas 试剂　氢键　酸性 Williamson 合成法　锌盐　亲核取代
> 亲核加成　醇　醚　醛　酮　羧酸　衍生物　脱羧　氧化还原

　　冠醚的发现　C.J.彼德森（C.J.Pederson）1904 年 10 月 3 日生于朝鲜釜山，父亲是挪威人，母亲是日本人。17 岁时到美国 Dayton 大学学习，1927 年在美国麻省理工学院获得有机化学硕士学位，之后在美国杜邦公司任职，直到 1969 年退休。20 世纪 60 年代初，他在研究寻找用于烯烃聚合的含钒催化剂的工作中，需要合成用于络合钒的配位试剂保护一个羟基：

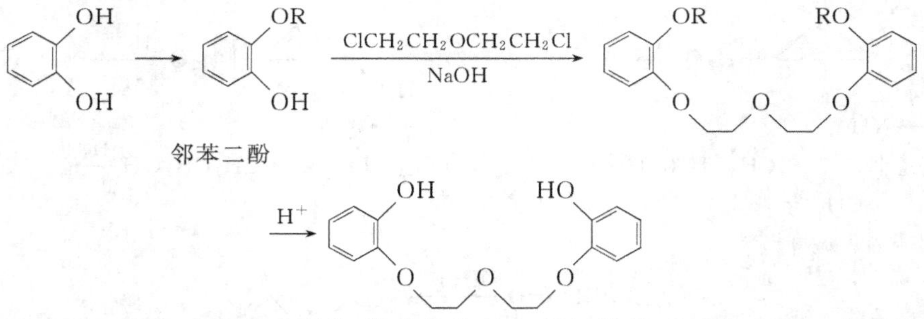

邻苯二酚

　　第一步反应后，未起反应的少量邻苯二酚未经分离，继续下一步反应，未得到所需化合物，而是仅得约 0.4% 产率的光亮纤维状晶体。

　　1962 年 Pederson 用紫外光谱法对产物进行鉴定，发现未知物能与钠离子形成络合物。未知物的元素分析与结构（Ⅰ）相符合，但相对分子质量是（Ⅰ）的两倍，即结构应为（Ⅱ）。这是 Pederson 合成的第一个冠醚。到了 1962 年年底，他已合成了 8 种冠醚。

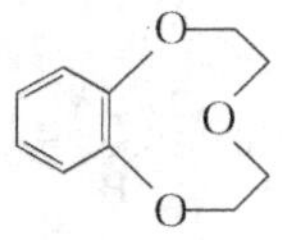

（Ⅰ） 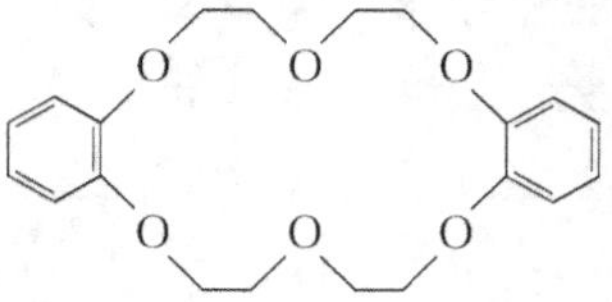　　　　　　　　（Ⅱ）

　　从分子模型，Pederson 认识到，分子中有一个空腔可以容纳一个金属离子，氧原子上的孤对电子可对金属离子起到稳定作用，他认为冠醚是一种人工的离子载体，对许多金属离子有络合作用，到了 1968 年他已合成出了 60 多种环中含 4～20 个氧原子的冠醚。

　　Pederson 的工作受到了世界各国科学家的广泛注意，几十年来合成了上千种的大环多醚（冠醚）类的化合物，从各个角度研究了它们的性质，特别是美国化学家 C. J. Cram 和法国化学家 J. M. Lehn 做了大量工作。他们三位于 1987 年共同获得了诺贝尔化学奖。

含氧有机化合物主要包括以碳氧单键（C—O）形式存在于分子中的醇（R—OH）、酚（Ar—OH）、醚（R—O—R′）和以碳氧双键（C＝O）形式存在于分子中的醛（R—C(O)—H）、酮（R—C(O)—R′）、羧酸（R—C(O)—OH）等。这些化合物之间在分子结构和化学性质方面都有很好的相关性。

10.1　醇

10.1.1　醇的结构

羟基直接与饱和碳原子（sp^3 杂化）相连的化合物称为醇（alcohols）。根据羟基所连接碳原子结构，醇可分为 RCH_2—OH 伯醇，R_2CH—OH 仲醇和 R_3C—OH 叔醇。

在醇分子中含有碳碳双键的化合物称为不饱和醇，例如 CH_2＝CH—CH_2—OH（烯丙醇）。羟基直接与不饱和碳原子（sp^2 或 sp 杂化）相连而形成的化合物为烯醇，在绝大多数情况下，都是不稳定的，能以酮式-烯醇式互变异构的方式，转变为更稳定的酮式结构。

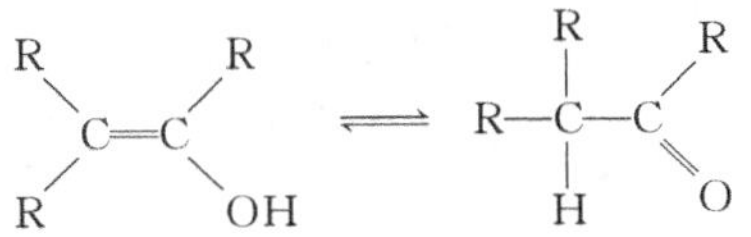

烯醇　　　　　　酮

我们从两类化合物的键能计算，就可获得满意回答。如果只考虑过程中变化了的键：

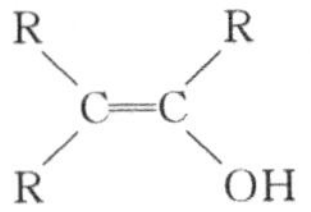

含一个 C＝C 键　键能 611kJ/mol
一个 C—O 键　键能 356kJ/mol
一个 O—H 键　键能 464kJ/mol
+）＿＿＿＿＿＿
1431kJ/mol

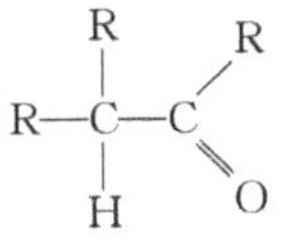

含一个 C—C 键　键能 347kJ/mol
一个 C—H 键　键能 414kJ/mol
一个 C＝O 键　键能 749kJ/mol
+）＿＿＿＿＿＿
1510kJ/mol

两者键能之和相差约 79kJ/mol，说明酮式结构化合物稳定性更好。但是羟基与芳环的不饱和碳原子直接相连形成的酚却是较稳定的结构，原因是苯环获得的共振能有 151kJ/mol，足以抵消形成酮式结构所具有的键能优势，互变异构平衡有利于苯酚。

含有多个羟基的醇称为多元醇。多元醇分子中的羟基一般都连接在不同的碳原子上，例如 CH_2—CH_2 乙二醇；CH_2CHCH_2 丙三醇。而两个或三个羟基连在同一碳原子上的化合物一般是极不稳定的，易脱水生成醛、酮或羧酸：

$$RHC(OH)_2 \underset{+H_2O}{\overset{-H_2O}{\rightleftharpoons}} RC\underset{H}{\overset{O}{\diagup}} \qquad \underset{R'}{\overset{R}{\diagdown}}C(OH)_2 \underset{+H_2O}{\overset{-H_2O}{\rightleftharpoons}} \underset{R'}{\overset{R}{\diagdown}}C=O$$

醛　　　　　　　　　　　　　　　　　　酮

$$R-C(OH)_3 \underset{+H_2O}{\overset{-H_2O}{\rightleftharpoons}} R-C\underset{OH}{\overset{O}{\diagup}}$$

羧酸

10.1.2　醇的物理性质

低级一元醇为无色液体，有显著的刺激性酒味，随着碳原子数的增加，$C_4 \sim C_{11}$ 的直链醇为具有不愉快气味的油状液体，C_{12} 以上的直链醇为无臭无味的蜡状固体。各类醇的物理性质见表 10.1。

表 10.1　各类醇的物理性质

名　称	结　构	熔点/℃	沸点/℃	相对密度	溶解度/(g/100g H_2O)
甲醇	CH_3OH	-97	64.7	0.792	∞
乙醇	CH_3CH_2OH	-114	78.3	0.789	∞
1-丙醇	$CH_3CH_2CH_2OH$	-126	97.2	0.804	∞
1-丁醇	$CH_3CH_2CH_2CH_2OH$	-90	117.7	0.810	7.8
1-戊醇	$CH_3(CH_2)_3CH_2OH$	-78.5	138	0.817	2.3
1-己醇	$CH_3(CH_2)_4CH_2OH$	-52	155.8	0.820	0.6
1-庚醇	$CH_3(CH_2)_5CH_2OH$	-34	176	0.822	0.2
1-辛醇	$CH_3(CH_2)_6CH_2OH$	-16	194	0.827	0.052
2-丙醇	$(CH_3)_2CHOH$	-88.5	82.3	0.786	∞
2-甲基-1-丙醇	$(CH_3)_2CHCH_2OH$	-108	107.9	0.802	10
2-丁醇	$CH_3CH(OH)CH_2CH_3$	-114	99.5	0.808	12.7
2-甲基-2-丙醇	$(CH_3)_3COH$	25	82.5	0.789	∞
3-甲基-1-丁醇	$(CH_3)_2CHCH_2CH_2OH$	-117	131.5	0.812	3
2-甲基-2-丁醇	$CH_3CH_2C(CH_3)(OH)CH_3$	-12	101.8	0.809	12.9
2,2-二甲基-1-丙醇	$(CH_3)_3CCH_2OH$	52	113	0.812	
环戊醇	环-C_5H_9OH		140	0.949	
环己醇	环-$C_6H_{11}OH$	-24	161.5	0.962	
烯丙醇	$CH_2=CHCH_2OH$	-129	97	0.855	∞
苄醇	$\underset{}{\bigcirc}-CH_2OH$	-15.3	205.4	1.046	4
二苯甲醇	$\left(\bigcirc\right)_2CHOH$	69	298		0.05
三苯甲醇	$\left(\bigcirc\right)_3COH$	162.5			
乙二醇	$HOCH_2CH_2OH$	-16	197	1.113	∞
丙三醇	$HOCH_2CH(OH)CH_2OH$	18	290	1.261	∞

醇分子中的羟基是一个强极性基团（$-O^{\delta-}-H^{\delta+}$），它的极性引起了醇在熔点、沸点和溶解度等方面的反常变化。从表 10.1 可以得出直链伯醇沸点随着碳原子数的增加而增高，同系物之间每增加一个 $-CH_2-$，沸点约升高 20℃，这一特点与烷烃相似。含支链的醇比相同碳原子数的直链伯醇的沸点低，如叔丁醇沸点为 82.5℃，正丁醇沸点却高达 117.7℃，这一特点也与烷烃性质相似。但是，如果将醇与相对分子质量相近的烷烃比较，就发现醇的沸点比烷烃高得多。例如：正丁醇（相对分子质量 74）的沸点为 117.7℃，正戊烷（相对分子质量 72）的沸点却只有 36℃；乙醇（相对分子质量 46）的沸点为 78.3℃，丙烷（相对分

子质量 44）的沸点却只有 −42.2℃。为什么它们的沸点有如此大的差异呢？大家已经学过了元素周期律，知道氧、氮、氟元素形成氢化物与同族元素比较具有异常高的沸点的原因是分子之间可以通过氢键形成缔合分子，当这些氢化物由液相转化为气相时，不但要克服分子间的范德华力，还必须克服较强的氢键键能（约16～33kJ/mol），这一能量的提供只有通过提高温度来达到。醇具有较高的沸点也是这一原因。

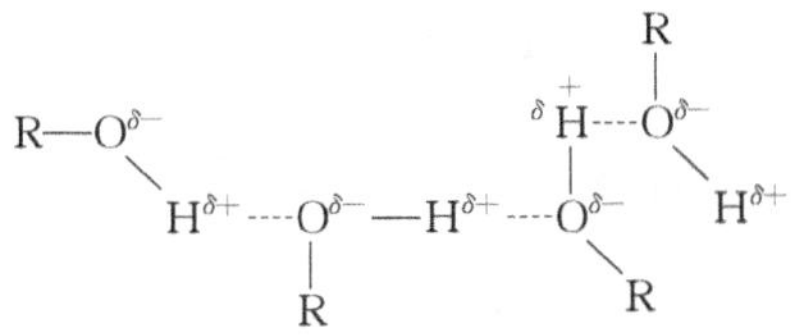

醇分子间的氢键

醇分子中氢键不但影响沸点高低，而且对溶解度也有很大影响。含三个碳原子以下的一元醇可与水无限混溶，因为低分子量的一元醇的结构与水分子有很好的相似性，醇分子可以取代水分子的位置，与水形成氢键，达到很好的溶解性。随着碳原子数的增多，一元醇的溶解度也发生较大变化，例如，正丁醇溶解度为 7.8g/100g H_2O；正己醇溶解度仅为 0.6g/100g H_2O，几乎不溶于水。其原因是随着碳原子数的增多，醇分子中的烃基相应增大，对羟基形成氢键的阻碍作用（空间阻碍）也相应增大，因此其在水中的溶解度下降，相反其脂溶性增大。

多元醇分子中，羟基所占份额较大，能形成较多的氢键，而体现出具有较高的沸点（乙二醇沸点为 197℃，丙三醇沸点为 290℃）和较好的水溶性（1,4-丁二醇、1,5-戊二醇能与水互溶）。

一元醇的相对密度都小于 1，但比相应烷烃的密度大。

例题 10.1 以 Newman 式画出（S，S）-2,3-丁二醇的各稳定构象式（以 C^2—C^3 键为旋转轴），判断哪个为优势构象，说明理由。

10.1.3 醇的化学性质

醇的化学性质与官能团羟基有关，由于氧具有较强的电负性，使得 C—O 键和 O—H 键成为极性键，易受到带电试剂进攻而发生取代、氧化等反应。

（1）醇的酸性，醇盐的生成

众所周知，水是一个弱酸（pK_a＝15.7），它能与碱金属和碱土金属反应生成氢气。例如：金属钠与水作用，反应非常剧烈，能观察到火焰。

$$2H_2O+2Na \longrightarrow 2Na^+ +2OH^- +H_2 \uparrow$$

相对分子质量较低的一元醇与水分子结构非常相似，它们也能与碱金属或碱土金属反应，放出氢气。例如金属钠与乙醇作用，反应比较缓和，有氢气逸出，但不发生燃烧，利用这一特性，在实验室中常用乙醇处理多余的少量金属钠。

$$2C_2H_5OH+2Na \longrightarrow 2Na^+ +2C_2H_5O^- +H_2 \uparrow$$

醇的酸性强弱可以从它们的 pK_a 数值加以认识。见表 10.2。

表 10.2 醇的酸性 R—O—H $\Longrightarrow$ RO$^-$ +H$^+$ $\quad pK_a = -\lg \dfrac{[RO^-][H^+]}{[ROH]}$

醇	pK_a	醇	pK_a
CH_2OH	15.5	$(CH_3)_2CHOH$	18
CH_3CH_2OH	15.9	$(CH_3)_2COH$	19.2

从 pK_a 数值可以看出它们都是较弱的酸，除甲醇之外，其他醇的酸性都比水弱。不同结构的醇的酸性大小的顺序为：

甲醇＞伯醇＞仲醇＞叔醇

将金属钾放入甲醇中时，反应非常迅速，几乎是爆炸反应，而将金属钾放入叔丁醇中时，反应需较长时间才能完全。

在溶液中醇可以发生电离：$R\text{—}OH \rightleftharpoons RO^- + H^+$，影响这一电离平衡体系的主要是烷氧负离子的稳定性。从电子理论观点出发，烷基是供电子基团，烷基愈多，供电子能力愈强，氧原子上负电荷愈多，则烷氧负离子愈不稳定，醇就难以电离，酸性弱。各类烷氧负离子的稳定性顺序为：

$$CH_3 \to O^- > R \to CH_2 \to O^- > R \to \overset{R}{\underset{}{CH}} \to O^- > R \to \overset{R}{\underset{R}{C}} \to O^-$$

可相应得出各类醇的酸性强弱顺序为：

$$CH_3OH > RCH_2OH > R_2CHOH > R_3COH$$

此外，醇的酸性还与溶剂化效应有关。在溶液中烷氧负离子是溶剂化的，伯醇的共轭碱 RCH_2O^- 被多个水分子包围，通过溶剂化作用使负电荷分散，稳定性增加。而叔醇的共轭碱 R_3CO^-，因 α-碳上烷基的空间阻碍，只有较少的水分子能靠近氧原子，溶剂化作用较小，稳定性减弱，相应酸性较小。

醇钠的碱性比氢氧化钠强，遇水几乎完全水解。例如：

$$C_2H_5ONa + H_2O \rightleftharpoons C_2H_5OH + NaOH$$

这一平衡体系为制取醇钠提供了有效的途径。在工业生产中，为了避免使用危险性较大、价格昂贵的金属钠，在乙醇和氢氧化钠反应体系中加入一定量的苯，使反应生成的微量水与乙醇和苯形成三元共沸物（三元共沸物组成含苯 74.1%，乙醇 18.5%，水 7.4%，沸点 68.85℃），在较低的温度下，将反应生成的水带离反应体系，使平衡向生成乙醇钠的方向移动，最终可达到大规模生产乙醇钠的目的。

醇羟基氧原子上含有孤对电子，是一个 Lewis 碱，它能与质子或 Lewis 酸结合，生成盐：

$$C_2H_5\text{—}O\text{—}H + H^+ \longrightarrow C_2H_5\text{—}\overset{H}{\underset{}{O^+}}\text{—}H$$

$$\underset{\text{Lewis 碱}}{C_2H_5\text{—}O\text{—}H} + ZnCl_2 \longrightarrow C_2H_5\text{—}\overset{H}{\underset{\vdots\,Zn^{\delta-}Cl_2}{O^{\delta+}}}\text{—}H$$

盐的生成对醇的进一步反应起到了很好的促进作用。

例题 10.2　将下列化合物按碱性排序。

$$(CH_3)_3CCH_2ONa \quad CH_3CH_2CH_2ONa \quad CH_3CF_2CH_2ONa$$

(2) 生成卤代烃（反应机理见第 4 章亲核取代反应）

醇与氢卤酸（HCl、HBr、HI）作用，可生成相应的卤代烃：

$$R\text{—}OH + HX \longrightarrow RX + H_2O$$

反应活性顺序：

$$R_3C\text{—}OH > R_2CH\text{—}OH > RCH_2\text{—}OH；\ HI > HBr > HCl$$

生成碘代烷烃常用浓的氢碘酸作为反应试剂；生成溴代烷烃可用浓的氢溴酸或直接采用溴化钠滴加浓硫酸的方法；生成氯代烷必须采用浓盐酸加无水氯化锌（$ZnCl_2$）作为反应试剂，因为浓盐酸或氯化氢只能与较活泼的醇（如烯丙醇、苄醇）进行反应。

$$CH_3CH_2CH_2\text{—}OH \xrightarrow[\triangle]{\text{浓 HI}} CH_3CH_2CH_2\text{—}I + H_2O$$

$$CH_3CH_2CH_2\underset{OH}{CH}CH_3 \xrightarrow[\triangle]{\text{浓 HI}} CH_3CH_2CH_2\underset{I}{CH}CH_3 + H_2O$$

$$CH_3CH_2CH_2CH_2OH \xrightarrow[\text{回流}]{NaBr,\ H_2SO_4} CH_3CH_2CH_2CH_2Br + H_2O$$

$$85\% \sim 90\%$$

$$\text{（环戊基）-OH} \xrightarrow[\triangle]{HBr(g)} \text{（环戊基）-Br} + H_2O$$

$$\text{（苯基）-CH_2-OH} \xrightarrow[\triangle]{\text{浓 HCl}} \text{（苯基）-CH_2Cl} + H_2O$$

$$CH_3CH_2CH_2CH_2OH \xrightarrow[\text{回流}]{HCl,\ ZnCl_2} CH_3CH_2CH_2CH_2Cl + H_2O$$

$$CH_3CH_2\underset{\underset{OH}{|}}{C}HCH_3 \xrightarrow[\text{回流}]{HCl,\ ZnCl_2} CH_3CH_2\underset{\underset{Cl}{|}}{C}HCH_3 + H_2O$$

浓盐酸与无水氯化锌配制的试剂称为 Lucas 试剂，在室温下它与伯、仲、叔醇反应的现象有明显差异，可用于鉴别醇的种类。

$$RCH_2{-}OH \xrightarrow[\text{室温}]{HCl,\ \text{无水 } ZnCl_2} \text{不反应（加热后可反应）} \quad \text{不分层、不混浊}$$

伯醇

$$R_2CHOH \xrightarrow[\text{室温}]{HCl,\ \text{无水 } ZnCl_2} \text{反应缓慢} \quad \text{几分钟后逐渐混浊并分层}$$

仲醇

$$R_3COH \xrightarrow[\text{室温}]{HCl,\ \text{无水 } ZnCl_2} \text{反应迅速} \quad \text{立刻混浊并分层}$$

叔醇

低级醇能溶解在 Lucas 试剂中，而卤代烃不溶，一旦转化为卤代烃，反应液就会出现混浊或分层。

醇与氢卤酸的反应也有两种取代方式，即单分子取代机理（S_N1）和双分子取代机理（S_N2）。在质子酸或 Lewis 酸（如 $ZnCl_2$）催化下，仲醇和叔醇主要以 S_N1 机理转变为卤代烃；伯醇主要以 S_N2 机理转变为卤代烃。

S_N1 机理：

$$R_3C{-}OH + H^+ \rightleftharpoons R_3C\overset{+}{\underset{\underset{H}{|}}{O}}{-}H \xrightarrow[-H_2O]{\text{慢}} R_3C^+ \xrightarrow[\text{快}]{X^-} R_3C{-}X$$

叔醇　　　　　　　　锌盐　　　　　　　　　　　卤代烃

$$R_3C{-}OH + ZnCl_2 \rightleftharpoons [R_3C{-}\overset{\delta+}{\underset{\underset{H}{|}}{O}} \cdots Zn^{\delta-}Cl_2] \longrightarrow R_3C^+ + ZnCl_2(OH)^-$$

$$\downarrow Cl^- \qquad\qquad \downarrow H^+$$

$$R_3C{-}Cl \qquad ZnCl_2 + H_2O$$

生成的锌盐或络合物很容易离去中性分子水或 $ZnCl_2(OH)^-$（因为它们都是很好离去基团），形成稳定性较好的仲碳正离子或叔碳正离子，质子酸和无水 $ZnCl_2$ 起到了催化剂的作用。

S_N2 机理：

$$RCH_2{-}OH + H^+ \rightleftharpoons RCH_2{-}\overset{+}{\underset{\underset{H}{|}}{O}}{-}H \quad \text{（醇的质子化）}$$

锌盐

$$X^- + CH_2{-}\overset{+}{\underset{\underset{H}{|}}{O}}{-}H \longrightarrow [X^{\delta-} \cdots CH_2 \cdots \overset{\delta+}{O}{-}H] \longrightarrow X{-}CH_2 + H_2O$$

$$\qquad\quad |\qquad\quad\qquad\qquad |\qquad |\qquad\qquad\qquad |$$

$$\qquad\quad R\qquad\qquad\qquad\qquad R\quad H\qquad\qquad\quad R$$

过渡态

质子化后的醇羟基离去能力有所提高，受到卤原子亲核作用而脱去，反应过程中无碳正离子生成（因为伯碳正离子稳定性较差）。

在 S_N1 反应机理中，因有碳正离子的生成，在条件许可的情况下，产物中往往会有以重排为主的产物生成。例如：

$$CH_3CHCHCH_3 \xrightarrow[\text{回流}]{\text{浓 HBr}} CH_3-\overset{CH_3}{\underset{H}{\overset{|}{C}}}-CHCH_3 + CH_3\overset{CH_3}{\underset{Br\ H}{\overset{|}{C}}}-CHCH_3$$

反应机理：

$$CH_3-\overset{CH_3}{\underset{H}{\overset{|}{C}}}-\overset{}{\underset{OH}{\overset{|}{C}}}HCH_3 \xrightarrow{H^+} CH_3-\overset{CH_3}{\underset{H}{\overset{|}{C}}}-\overset{}{\underset{^+OH_2}{\overset{|}{C}}}-CH_3 \xrightarrow{-H_2O} CH_3-\overset{CH_3}{\underset{H}{\overset{|}{C}}}-\overset{+}{C}HCH_3 \xrightarrow{Br^-} CH_3-\overset{CH_3}{\underset{H}{\overset{|}{C}}}-\overset{}{\underset{Br}{\overset{|}{C}}}HCH_3$$

重排

$$CH_3-\overset{CH_3}{\underset{H}{\overset{|}{\overset{+}{C}}}}-CHCH_3 \xrightarrow{Br^-} CH_3-\overset{CH_3}{\underset{Br}{\overset{|}{C}}}-CH_2CH_3$$

由于生成的仲碳正离子稳定性比 1,2-H 重排后得到的叔碳正离子稳定性差，所以反应更有利于重排产物的生成。

新戊醇是一个伯醇，因基团空间阻碍较大，对 S_N2 反应非常不利，相对而言，它形成碳正离子的速度却要快得多，所以新戊醇与氢卤酸的反应主要以 S_N1 方式进行，以重排产物为主。

$$CH_3-\overset{CH_3}{\underset{CH_3}{\overset{|}{C}}}-CH_2-OH \xrightarrow[-H_2O]{H^+} CH_3-\overset{CH_3}{\underset{CH_3}{\overset{|}{C}}}-\overset{+}{C}H_2 \xrightarrow{\text{重排}} CH_3-\overset{CH_3}{\underset{CH_3}{\overset{|}{\overset{+}{C}}}}-CH_2 \xrightarrow{X^-} CH_3-\overset{CH_3}{\underset{X}{\overset{|}{C}}}-CH_2CH_3$$

这一碳链变化形式，常被称为 Wagner-Meerwein 重排。

由醇生成卤代烃采用其他卤化试剂（如氯化亚砜、卤化磷等）也能反应，并且几乎没有重排产物生成。

生成氯代烃常用氯化亚砜（$SOCl_2$）作为反应试剂，它是低沸点（b. p. 79℃）的液态化合物，反应后剩余试剂可蒸出回收；反应产生的副产物 SO_2 和 HCl 都以气体形式离开反应体系，对反应和反应液后处理都十分有利。例如：

$$CH_3(CH_2)_5CHCH_3 + SOCl_2 \xrightarrow{\triangle} CH_3(CH_2)_5CHCH_3 + SO_2\uparrow + HCl\uparrow$$
$$\underset{OH}{\overset{|}{}} \qquad\qquad\qquad\qquad \underset{Cl}{\overset{|}{}}$$

以 PBr_3 或 $P+I_2$ 为试剂与伯醇或仲醇作用，可以得到收率较高的相应卤代烃，若以叔醇为原料，则叔卤烷的收率较低。

$$CH_3CH_2OH \xrightarrow[\triangle]{P,I_2} CH_3CH_2I + P(OH)_3$$

$$\text{（环己基）}-OH \xrightarrow{PBr_3} \text{（环己基）}-Br + P(OH)_3$$

$$(CH_3)_2CHOH \xrightarrow{PBr_3} (CH_3)_2CH-Br + P(OH)_3$$

例题 10.3 鉴别 2-戊醇、异戊醇、叔戊醇。

（3）生成烯烃和醚

醇在不同的反应条件下，可以进行分子内脱水得到烯烃，也可以发生分子间脱水得到醚。

a. 生成烯烃（反应机理见第 4 章消除反应） 醇在硫酸、磷酸等存在下，经加热脱水可生成烯烃。不同结构的醇脱水生成烯烃由易到难的顺序为：

$$\text{叔醇} > \text{仲醇} > \text{伯醇}$$

比较下列某些反应条件（如温度、酸浓度），可以认识到不同结构的醇的反应活性差异。

$$CH_3CH_2OH \xrightarrow[170℃]{浓\ H_2SO_4} CH_2=CH_2$$

$$CH_3CH_2CH_2CH_2OH \xrightarrow[150℃]{75\%\ H_2SO_4} CH_3CH_2CH=CH_2 + CH_3CH=CHCH_3$$

　　　　　　　　　　　　　　　　　　　　　　　　　　　主要产物

$$CH_3CH_2\underset{\underset{OH}{|}}{CH}CH_3 \xrightarrow[95℃]{60\%\ H_2SO_4} CH_3CH_2CH=CH_2 + CH_3CH=CHCH_3$$

　　　　　　　　　　　　　　　　　　　　　　　　　　　主要产物

$$CH_3\underset{\underset{CH_3}{|}}{\overset{\overset{CH_3}{|}}{C}}-OH \xrightarrow[90℃]{20\%\ H_2SO_4} CH_3\overset{\overset{CH_3}{|}}{C}=CH_2$$

$$\bigcirc\!\!-OH \xrightarrow[135℃]{1:1\ H_2SO_4} \bigcirc$$

　　醇在酸存在下的脱水反应是按 E1 机理进行的，在碳正离子稳定性许可的情况下，有重排产物生成。醇脱水反应产物以生成支链较多的烯烃为主，即脱水取向符合 Saytzeff 规则。

$$CH_3CH_2CH_2CH_2OH+H^+ \rightleftharpoons CH_3CH_2CH_2CH_2\overset{+}{\underset{\underset{H}{|}}{O}}-H \xrightarrow{-H_2O} CH_3CH_2CH_2\overset{+}{C}H_2 \longrightarrow$$

$$\xrightarrow{-H^+} CH_3CH_2CH=CH_2$$
$$\xrightarrow[重排]{} CH_3CH_2\overset{+}{C}HCH_3 \xrightarrow{-H^+} CH_3CH=CHCH_3$$

　　　　　　　　　　　　　　　　　　主要产物

　　若是环烷基醇化合物，经碳正离子重排，可导致扩环。例如：

$$\bigcirc\!\!-CH_2OH \xrightarrow[\triangle-H_2O]{H^+} \bigcirc\!\!-\overset{+}{C}H_2 \xrightarrow{重排} \bigcirc\!\!-H \xrightarrow{-H^+} \bigcirc$$

　　b. 生成醚　伯醇在酸和一定的反应温度下，可以发生分子间脱水反应，生成醚。反应按 S_N2 机理进行。若采用结构不同的两种醇作反应原料，则反应产物为醚的混合物。

$$CH_3CH_2OH+CH_3CH_2OH \xrightarrow[140℃]{浓\ H_2SO_4} CH_3CH_2OCH_2CH_3+H_2O$$

$$CH_3CH_2CH_2CH_2OH+CH_3CH_2CH_2CH_2OH \xrightarrow[150℃]{浓\ H_2SO_4} CH_3CH_2CH_2CH_2OCH_2CH_2CH_2CH_3$$

　　　　　　　　　　　　　　　　　　　　　　　　　　二丁醚

　　由于仲醇和叔醇在酸存在下更易生成碳正离子，难以按 S_N2 机理进行，而主要以 E1 机理发生消除反应，得到烯烃。

　　例题 10.4　选择适当的醇脱水制取下列烯烃。

（1）$CH_3CH_2CH_2CH=CH_2$

（2）$(CH_3)_2C=CHCH_2CH_2OH$（脱一分子水）

　　（4）醇的氧化

　　含有 α-氢的伯醇和仲醇可以被氧化或脱氢，生成相应的醛或酮，醛还可进一步被氧化为酸。叔醇不含 α-氢，在通常氧化条件下，不能被氧化，只有在强烈氧化条件下，发生碳碳键的断裂，生成小分子产物。由于伯、仲、叔醇的氧化产物不同，因此，根据氧化产物的结构，可以区别它们。

$$\underset{伯醇}{RCH_2OH} \xrightarrow{[O]} \underset{醛}{R\overset{\overset{O}{||}}{C}-H} \xrightarrow{[O]} \underset{羧酸}{R\overset{\overset{O}{||}}{C}-OH}$$

$$R_2CHOH \xrightarrow{[O]} R\overset{\displaystyle O}{\overset{\|}{C}}R$$

仲醇　　　　　酮

$$R_3C{-}OH \xrightarrow{[O]} 不反应$$

叔醇

伯醇被氧化难以停留在中间产物醛阶段，因为醛比醇的还原性更强，一旦生成更易与氧化剂作用，最终得到羧酸。

$$CH_3(CH_2)_6CH_2OH \xrightarrow[\triangle]{K_2Cr_2O_7,\,H_2SO_4} \left[CH_3(CH_2)_6\overset{\displaystyle O}{\overset{\|}{C}}{-}H \right] \xrightarrow{K_2Cr_2O_7 \atop H_2SO_4} CH_3(CH_2)_6\overset{\displaystyle O}{\overset{\|}{C}}{-}OH$$

1-辛醇　　　　　　　　　　　　　　　　　　　　　　　　正辛酸

要使反应停留在生成醛的阶段，一般可以采取两种氧化方法：①利用反应物醇和产物醛的沸点差异控制反应。低分子量的醇的沸点比相应醛高得多，当生成的醛沸点低于反应温度时，可经过分馏及时地离开氧化反应体系，而不被进一步氧化。②选择具有特殊性质的氧化剂，使氧化反应停留在醛阶段。这种特殊氧化剂为铬酐的吡啶溶液 $\left(CrO_3, \raisebox{-0.5em}{\text{吡啶}}\right)$。

$$\underset{\text{(b. p. }107\sim108\text{℃)}}{CH_3\overset{\displaystyle CH_3}{\overset{|}{CH}}{-}CH_2OH} \xrightarrow[\triangle]{K_2Cr_2O_7,\,H_2SO_4} \underset{\text{(b. p. }65\text{℃)}}{CH_3\overset{\displaystyle CH_3}{\overset{|}{CH}}\overset{\displaystyle O}{\overset{\|}{C}}{-}H}$$

$$CH_3CH_2OH \xrightarrow{CrO_3,\,\text{吡啶}} CH_3\overset{\displaystyle O}{\overset{\|}{C}}{-}H$$

$$\underset{\text{1-辛醇}}{CH_3(CH_2)_6CH_2OH} \xrightarrow{CrO_3,\,\text{吡啶}} \underset{\text{正辛醛}}{CH_3(CH_2)_6\overset{\displaystyle O}{\overset{\|}{C}}{-}H}$$

仲醇氧化只能得到酮，难以继续被氧化，所以对氧化剂选择要求不高。常用的氧化剂为铬酸（$K_2Cr_2O_7 + H_2SO_4$）、高锰酸钾、铬酐-吡啶溶液和异丙醇铝-丙酮溶液（Oppenaner 氧化法）。

$$CH_3\overset{\displaystyle OH}{\overset{|}{CH}}CH_2CH_3 \xrightarrow[\text{或 }CrO_3,\text{吡啶}]{K_2Cr_2O_7,\,H_2SO_4} CH_3\overset{\displaystyle O}{\overset{\|}{C}}CH_2CH_3$$

$$\underset{\text{环己醇}}{\text{(环己醇结构)}} \xrightarrow[NaOH,\,H_2O]{KMnO_4} \underset{\text{环己酮}}{\text{(环己酮结构)}}$$

紫罗醇 $+ CH_3\overset{O}{\overset{\|}{C}}CH_3 \xrightarrow{(i\text{-}PrO)_3Al} $ 紫罗酮 $+ CH_3\overset{OH}{\overset{|}{CH}}CH_3$

Oppenaner 氧化法可以保留分子中的碳碳不饱和键，其他氧化试剂可能在氧化羟基的同时，将碳碳不饱和键也一并氧化。这一反应是可逆的，调节反应原料，可改变反应方向。

醇的氧化不但能在溶液中用氧化试剂进行反应，还能在气相中由金属铜催化进行脱氢，得到相应的醛和酮。

$$RCH_2OH \xrightarrow{Cu,\,200\sim300\text{℃}} R\overset{\displaystyle O}{\overset{\|}{C}}{-}H + H_2$$

$$R\overset{\displaystyle OH}{\overset{|}{CH}}R \xrightarrow{Cu,\,200\sim300\text{℃}} R\overset{\displaystyle O}{\overset{\|}{C}}R + H_2$$

例题 10.5 完成下列反应。

(1) 环己基-CH$_2$OH $\xrightarrow{\text{KMnO}_4/\text{H}^+}$ (　　)

(2) CH$_3$-苯-CH$_2$OH $\xrightarrow{\text{KMnO}_4/\text{H}_2\text{O}}$ (　　)

(3) 环己烷(H, OH, CH$_3$) $\xrightarrow{\text{Na}_2\text{Cr}_2\text{O}_7,\ \text{H}^+}$ (　　)

10.2　酚

羟基直接与芳环连接的化合物（Ar—OH）称为酚（phenols）。

10.2.1　酚的结构

酚羟基和醇羟基在结构上有很大不同。酚羟基氧原子上的孤对电子能与芳环发生共轭，而使 C—O 键键能增强。酚的结构可用下列共振结构来表示：

从共振结构可以看出，羟基氧上的电子向苯环流动。

10.2.2　酚的物理性质

纯的酚和酚的衍生物一般为无色结晶的固体。但是，通常因夹杂着酚的氧化产物而带有粉红色或红色。

酚羟基与醇羟基相似，分子之间或与溶剂水分子可以形成氢键。酚显示出有较高的熔点和沸点，在水中有较大的溶解度。酚及其常见衍生物的物理性质见表 10.3。

表 10.3　酚及其常见衍生物的物理性质

名　称	分　子　式	m. p. /℃	b. p. /℃	溶解度 /(g/100g H$_2$O)	K_a
苯酚	C$_6$H$_5$OH	43	181	9.3	1.28×10^{-10}
邻甲苯酚	o-CH$_3$-C$_6$H$_4$OH	30	191	2.5	6.5×10^{-11}
间甲苯酚	m-CH$_3$-C$_6$H$_4$OH	11	201	2.5	9.8×10^{-11}
对甲苯酚	p-CH$_3$-C$_6$H$_4$OH	35.5	201	2.3	6.7×10^{-11}
邻氯苯酚	o-Cl-C$_6$H$_4$OH	8	176	2.8	7.7×10^{-9}
间氯苯酚	m-Cl-C$_6$H$_4$OH	29	214	2.6	1.7×10^{-9}
对氯苯酚	p-Cl-C$_6$H$_4$OH	37	217	2.8	6.5×10^{-10}
对氟苯酚	p-F-C$_6$H$_4$OH	48	185		1.1×10^{-10}
对溴苯酚	p-Br-C$_6$H$_4$OH	64	236	1.4	5.6×10^{-10}
对碘苯酚	p-I-C$_6$H$_4$OH	94			6.3×10^{-10}
邻硝基苯酚	o-NO$_2$-C$_6$H$_4$OH	44.5	214	0.2	6.0×10^{-8}
间硝基苯酚	m-NO$_2$-C$_6$H$_4$OH	96	分解	1.4	5.0×10^{-9}
对硝基苯酚	p-NO$_2$-C$_6$H$_4$OH	114	279(分解)	1.7	6.8×10^{-8}
2,4-二硝基苯酚	2,4-(NO$_2$)$_2$-C$_6$H$_3$OH	113	分解	0.56	1.0×10^{-5}
2,4,6-三硝基苯酚	2,4,6-(NO$_2$)$_3$-C$_6$H$_2$OH	122	分解(300℃爆炸)	1.4	6.0×10^{-1}
邻苯二酚	1,2-(OH)$_2$-C$_6$H$_4$	105	245	45	4×10^{-10}
间苯二酚	1,3-(OH)$_2$-C$_6$H$_4$	110	281	123	4×10^{-10}
对苯二酚	1,4-(OH)$_2$-C$_6$H$_4$	170	286	8	1×10^{-10}
α-萘酚	α-C$_{10}$H$_7$OH	94	279	难溶	4.9×10^{-10}
β-萘酚	β-C$_{10}$H$_7$OH	123	286	0.1	2.8×10^{-10}

将苯酚（相对分子质量 94）与结构相似的环己醇（相对分子质量 100）物理常数比较，苯酚和环己醇的沸点分别为 181℃ 和 161℃，熔点分别为 43℃ 和 26℃，显示出苯酚有较高的沸点和熔点，其原因是苯酚能形成较大的缔合分子（形成较多的氢键）。苯酚在水中的溶解度是 9.3g/100g H_2O，环己醇在相同条件下的溶解度仅为 3.6g/100g H_2O，显然苯酚与水形成氢键的能力比环己醇强。

有些酚衍生物的异构体由于形成氢键的方式不同而引起物性上的明显差异。例如：硝基苯酚的三个位置异构体中，间位和对位硝基苯酚能形成分子间氢键而使物质的熔点和沸点较高或能与水分子形成氢键而使它们在水中微溶；而邻硝基苯酚能形成分子内氢键，难以形成分子间氢键，导致它的熔点和沸点都较低，在 100℃ 时邻硝基苯酚有较高的蒸气压，可运用水蒸气蒸馏法从三个异构体中分离出来。并且，邻硝基苯酚因形成分子内氢键，使其与水形成氢键的能力下降，难溶于水。

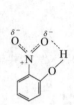

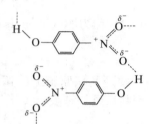

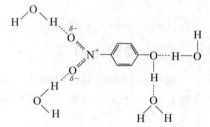

邻硝基苯酚分子内氢键　　　　　　对硝基苯酚分子间氢键　　　　　　对硝基苯酚与水形成氢键

10.2.3　酚的化学性质

酚羟基因与芳环直接相连，受到苯环的共轭影响，导致在性质上与醇有很大的差别。

(1) 酸性

我们已经知道醇是一个非常弱的酸，其电离常数约在 $10^{-16} \sim 10^{-18}$ 之间。苯酚的电离常数为 1.28×10^{-10}，可以说它的酸性比醇强得多，但仍是一个弱酸，它的酸性比碳酸（$CO_2 + H_2O$，$K_a = 4.27 \times 10^{-7}$）还要弱。所以，可以利用强酸制弱酸的方法将 CO_2 通入酚盐水溶液中，提取苯酚。

苯酚的电离平衡　　　　　　　　　　　　　$K_a = 1.28 \times 10^{-10}$

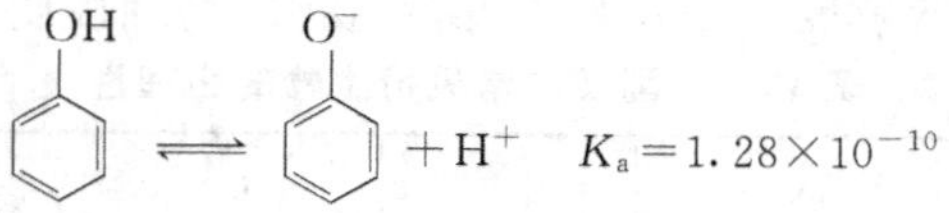

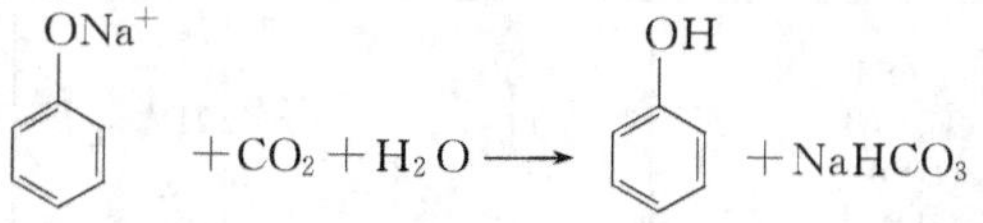

从酚的电离平衡方程式可以看出苯酚（酸）的共轭碱是苯氧负离子，由于苯环与氧原子上孤对电子的共轭，使氧原子上负电荷被分散到苯环上（从苯氧负离子的共振结构中可明显观察到），则苯氧负离子显示出较好的稳定性，电离平衡对质子离解有利，苯酚的酸性较强（相对醇而言）。

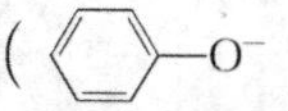

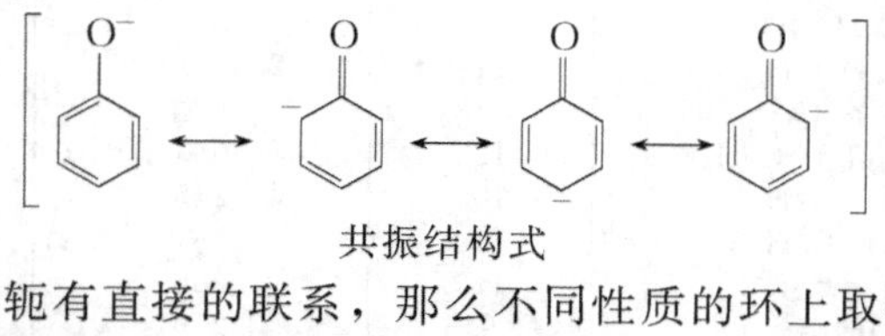

共振结构式

酚的酸性与苯环的共轭有直接的联系，那么不同性质的环上取代基必将对酚的酸性强弱产生影响。从表 10.3 中我们可看出吸电子基如 $—NO_2$、$—X$ 等能使酚的酸性增强；供电子基如—CH$_3$ 等能使酚的酸性减弱。对硝基苯酚的 $K_a = 6.8 \times 10^{-8}$，比苯酚的 K_a 值大 100 多倍，其原因在于对硝基苯氧负离子共振结构式（Ⅳ）是四个共振结构式中能量最低，对共振杂化体贡献最大的结构，硝基的存在使负电荷被分散的区域更大，负离子的稳定性更好，有利于酸的电离。同样道理，在酚羟基的邻位或对位，硝基取代愈多，则酸性就愈强，2,4,6-三硝基苯酚几乎是一个强酸。

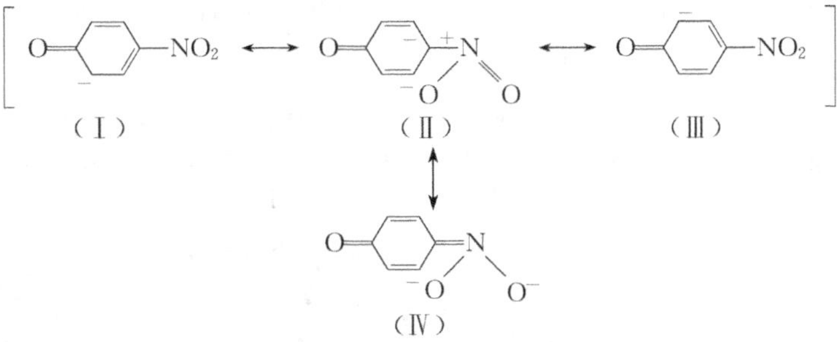

利用酚的酸性特性，可将含酚有机混合物进行分离。

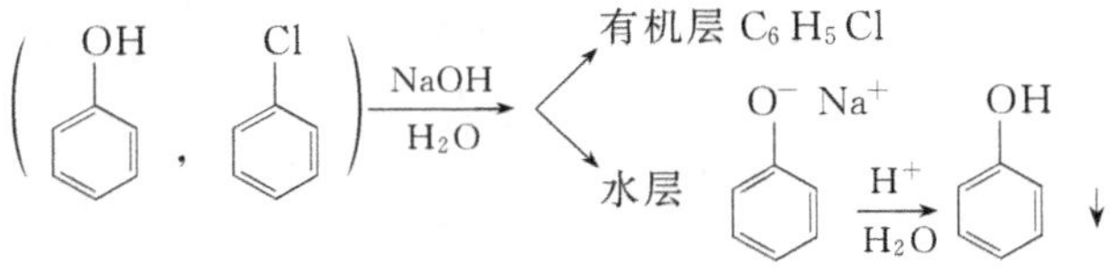

（2）酚醚和酯的生成

苯酚在碱性条件下，可与伯卤烷反应，生成醚。这一反应也称为 Williamson 制醚法：

反应以苯氧负离子为亲核试剂，与伯卤烷进行双分子亲核取代（S$_N$2），如果采用仲卤烷，则有部分发生消除反应得到烯烃；若采用叔卤烷，则主要以消除反应产物烯烃为主。

制备苯甲醚或苯乙醚可用相应的卤烷与酚钠作用之外，也常用 (CH$_3$)$_2$SO$_4$ 或 (C$_2$H$_5$)$_2$SO$_4$ 作为烷基化剂制备醚。例如：

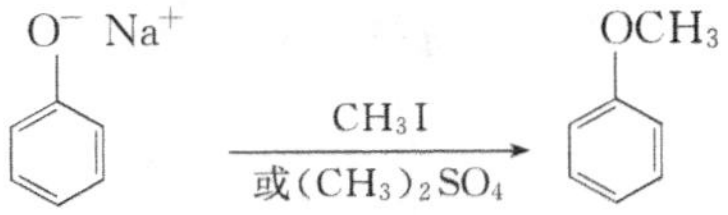

酚醚的性质类似于烷基醚，在碱或氧化剂环境中是稳定的，在强酸条件下会分解得到酚。

利用这一特性，通常将易被氧化的酚羟基转化成醚进行保护，待其他反应结束后，再用酸将其分解得到酚。例如：由 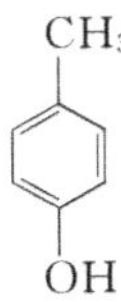 制备 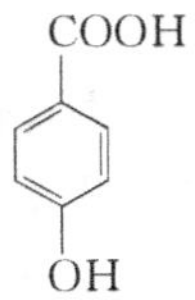 。因酚羟基在氧化条件下不稳定，反应不能采用直接氧化反应进行，可以按下列步骤进行：

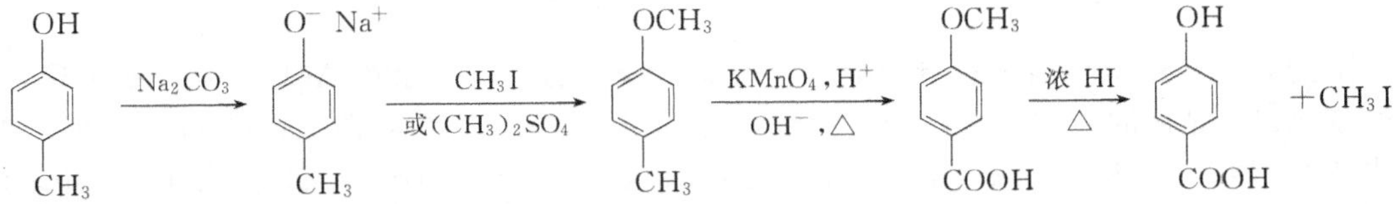

酚能与酰卤或酸酐作用形成酯，而难以与羧酸作用生成酯。

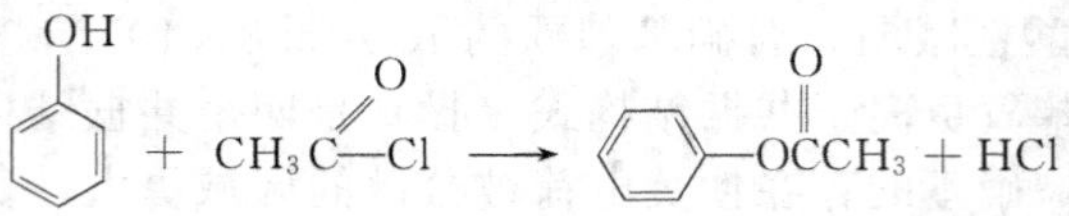

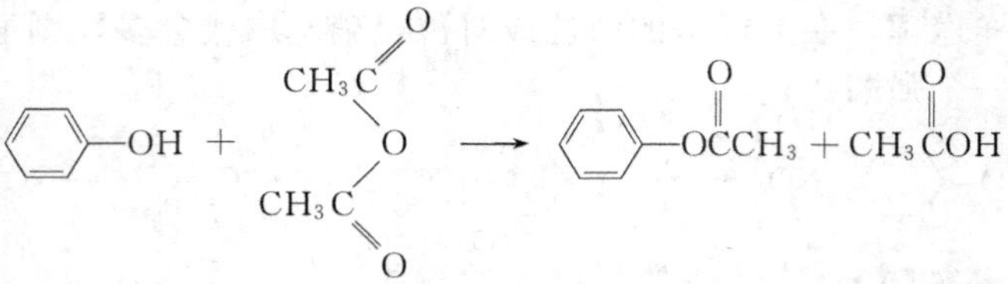

生成的酚酯若在 AlCl₃ 存在下加热，酰基可重排到羟基的邻位或对位，这一反应称为 Fries 重排。

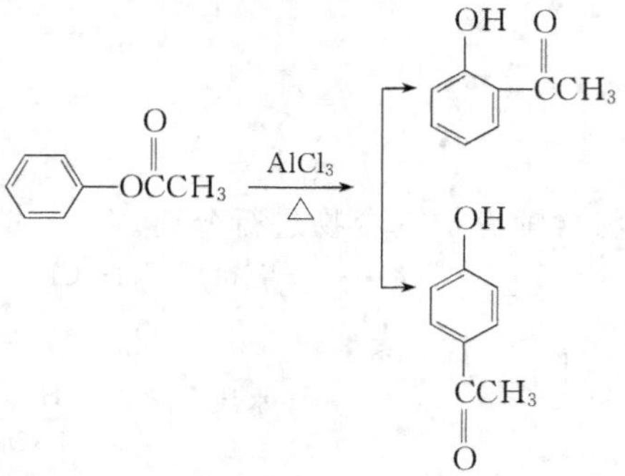

两个重排产物可以用水蒸气蒸馏法进行分离。

（3）酚的氧化

酚和一些取代酚很容易被氧化，氧化产物随氧化方式的不同而不同。以下就一些常用的氧化剂的氧化情况作一些讨论。

酚或取代酚最常见的氧化产物是 1,4-苯醌（或称对苯醌）。

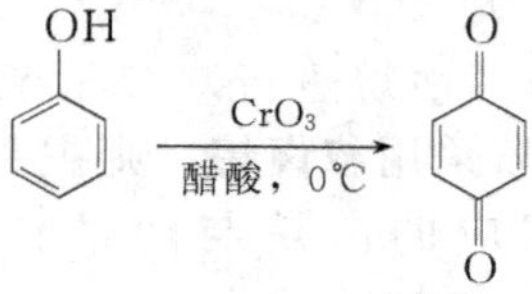

黄色

当芳环上有强的供电子基团存在时，酚更容易被氧化。例如对氨基苯酚只需用三价铁离子就能将其氧化。

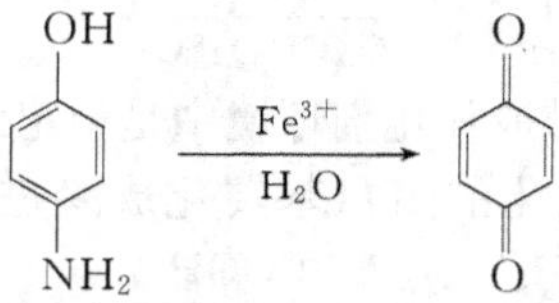

利用强烈的氧化条件，可使羟基对位上的取代基发生消除。例如：

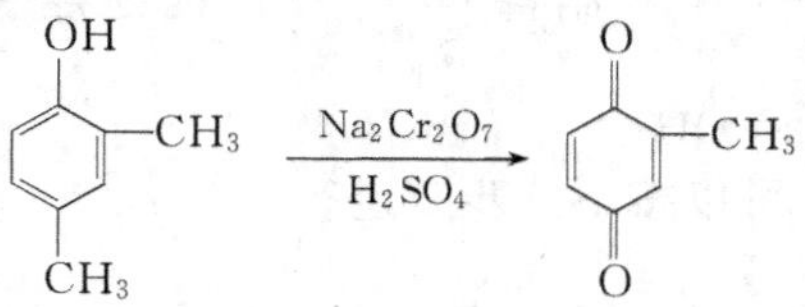

酚的氧化在日常生活中也有用处，例如黑白胶片的片基上涂有 AgBr，当 AgBr 曝光后，可改变 AgBr 晶体的结构形式，变成活性很好的 AgBr*，曝了光的 AgBr* 可与对苯二酚作用生成对苯醌，而未曝光的 AgBr 不能发生此反应。AgBr* 反应后，被还原的 Ag 留在底片上，未发生反应的 AgBr，用 $Na_2S_2O_3$ 与其作用，将 AgBr 从底片上溶解下来，这样在底片

上就留下了“影”。

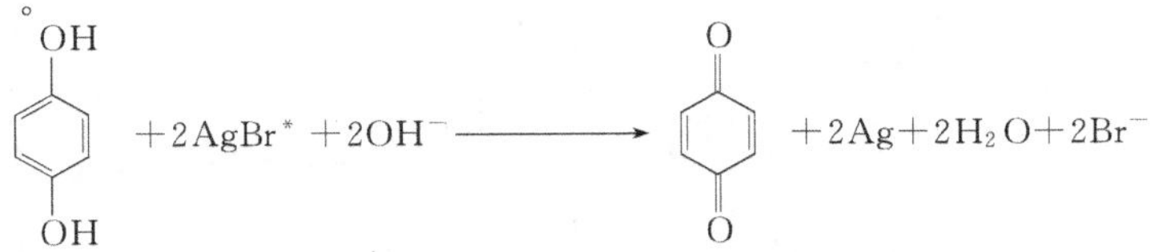

(4) 酚芳环上的亲电取代反应（反应机理见第 4 章亲电取代反应）

芳环上的羟基是引起芳环亲电取代反应活性增加和生成邻、对位产物的主要因素。酚羟基及相似基团对芳环亲电取代反应活化能力强弱顺序为：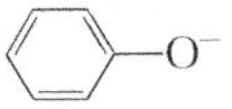 > 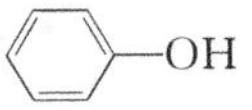 > 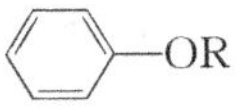。酚的芳环上可以进行卤代、硝化、磺化、烷基化等反应。

a. 卤代 苯酚可以在较高温度、无溶剂、无催化剂条件下与氯气反应，得到邻氯苯酚和对氯苯酚，其中后者为主要产物。

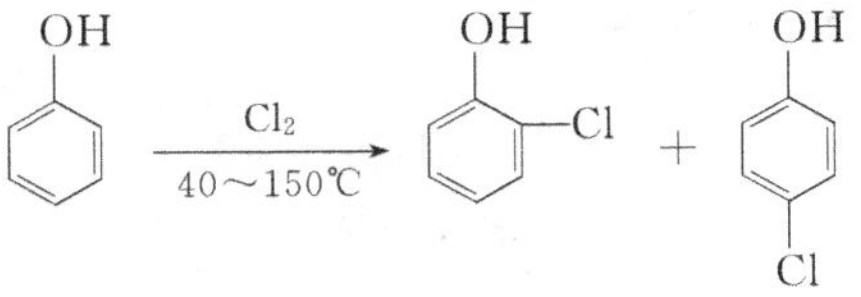

主要产物

苯酚在较低温度和非极性溶剂下与溴反应，可以得到一取代产物：

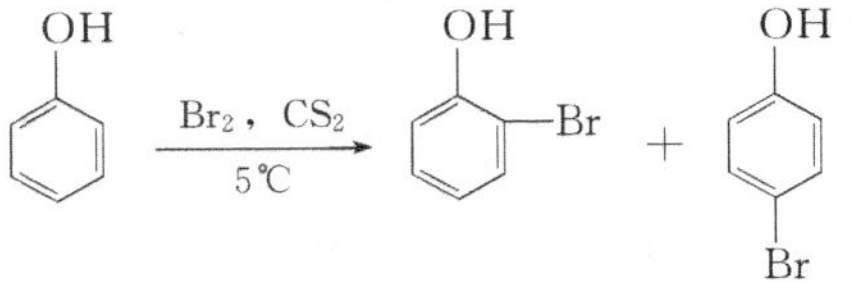

主要产物

若苯酚与溴水（Br_2+H_2O）作用，产物主要是 2,4,6-三溴苯酚，以白色沉淀出现。反应不需任何 Lewis 酸催化。

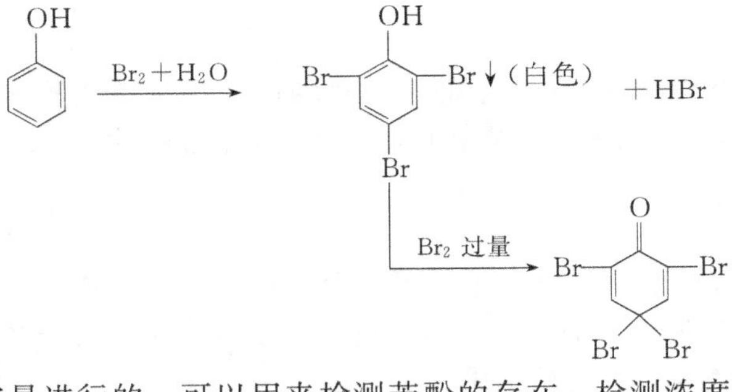

这一反应几乎是定量进行的，可以用来检测苯酚的存在，检测浓度可低于十万分之一。

b. 硝化 酚与稀硝酸在室温下就可发生硝化反应，生成邻位和对位两种硝基苯酚，以邻硝基苯酚为主。两种异构体可用水蒸气蒸馏方法给予分离。由于硝酸有较强的氧化性，所以产物的总收率较低。

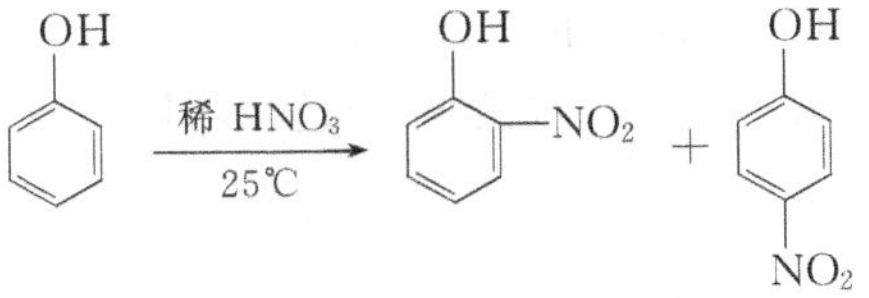

主要产物

c. 磺化 酚的磺化反应随着硫酸的浓度变化和反应温度的不同而得到不同的异构体磺

化产物。

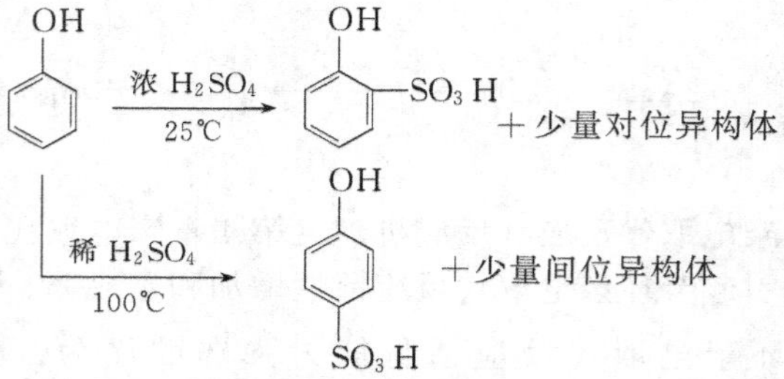

d. 烷基化　酚的烷基化反应非常活泼，往往得到多烷基取代产物。在弱的 Lewis 酸催化下，可得到一取代产物。

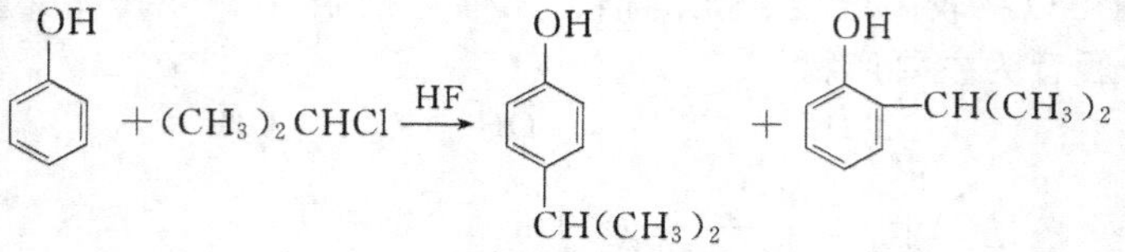

例题 10.6　完成下列反应。

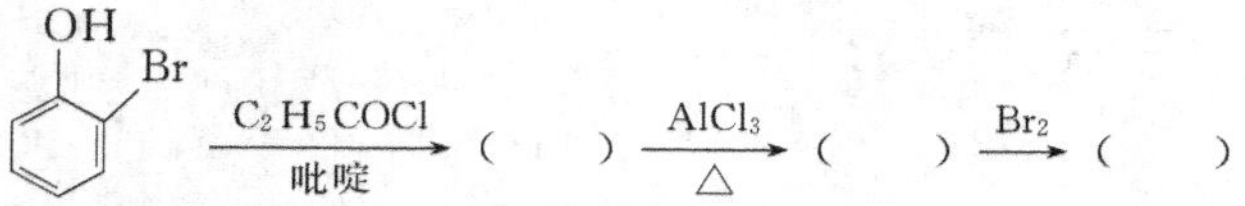

10.3　醚

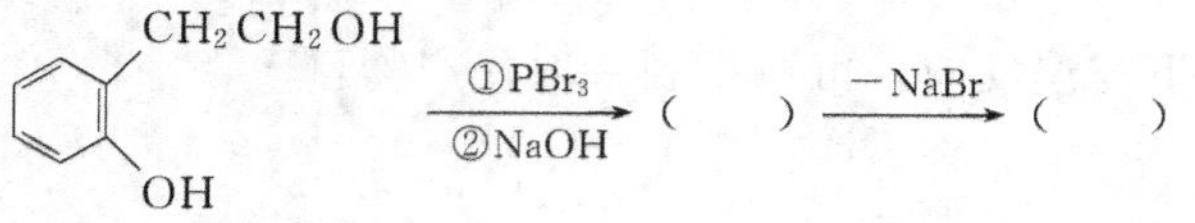

醚（ethers）可以看作是水分子中的两个氢均已被烃基取代的水的衍生物，与醇不同，醚没有氧-氢键，所以，醚的物理性质和化学性质与它们的羟基异构体有着显著的差异。

10.3.1　醚的结构

最简单的甲醚分子，其 $\angle COC = 111.7°$，大于水和甲醇的键角，与 sp^3 杂化轨道键角相近，另外 C—O 键键长为 0.141nm，与醇相近，可以认为甲醚分子中的氧原子为 sp^3 杂化，两对孤对电子处于两个 sp^3 杂化轨道中。

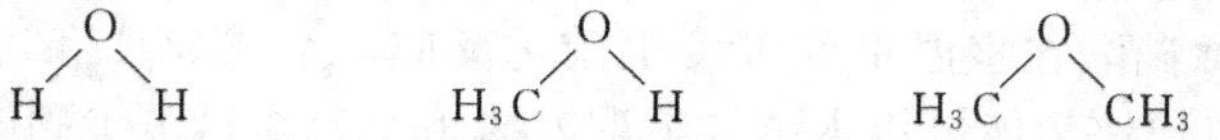

$$\angle HOH = 105° \qquad \angle COH = 108.9° \qquad \angle COC = 111.7°$$

苯甲醚分子的 $\angle C_环 OC = 121°$，$C_环$—O 键的键长为 0.136nm，比甲醚中的 C—O 键短，可以认为苯甲醚中的氧原子为 sp^2 杂化，孤对电子所处的 p 轨道与苯环的 π 电子形成共轭体系。

10.3.2　醚的物理性质

甲醚为气体，低相对分子质量的烷基醚为液体。

醚的沸点比相同相对分子质量的醇低得多，而与相对分子质量相近的烷烃相似。例如：

乙醚沸点为 34.5℃，与乙醚相对分子质量相同的正丁醇、仲丁醇、异丁醇和叔丁醇的沸点分别是 117.7℃、99.5℃、107.9℃ 和 82.5℃；与乙醚相对分子质量相近的戊烷沸点为 36.1℃。其原因主要是醚分子之间不能形成氢键，这也导致了醚密度比醇小。但是，醚的氧原子上有孤对电子，能与水形成氢键，因此，低相对分子质量的醚在水中有一定的溶解度。醚的物理常数见表 10.4。

表 10.4　醚的物理常数

名　称	结　构	熔点/℃	沸点/℃	相对密度
甲醚	$CH_3—O—CH_3$	-140	-24.9	0.661
甲乙醚	$CH_3—O—C_2H_5$		7.9	0.725
乙醚	$C_2H_5—O—C_2H_5$	-116	34.5	0.714
正丙醚	$(CH_3CH_2CH_2)_2O$	-122	90.5	0.736
异丙醚	$[(CH_3)_2CH]_2O$	-60	68	0.735
正丁醚	$(CH_3CH_2CH_2CH_2)_2O$	-95	141	0.768
乙基乙烯基醚	$CH_3CH_2—O—CH=CH_2$		36	0.763
二乙烯基醚	$CH_2=CH—O—CH=CH_2$		39	0.773
二烯丙基醚	$(CH_2=CH—CH_2)_2O$		94	0.826
环氧乙烷	![环氧乙烷结构] $\overset{CH_2—CH_2}{\underset{O}{\diagdown\diagup}}$	-111.3	10.7	$0.8969(d_9^4)$
四氧呋喃	![四氢呋喃结构]	-108	65.4	0.888
1,4-二氧六环(二㗂烷)	![二氧六环结构]	11	101	1.034
苯甲醚	![苯甲醚结构] $—O—CH_3$	-37.3	154	0.994
苯乙醚	![苯乙醚结构] $—O—C_2H_5$	-33	172	0.970
二苯醚	![二苯醚结构]	27	259	1.072

10.3.3　醚的化学性质

从醚的结构特点就能发现，醚是一类化学反应很不活泼的化合物。由于氧原子上含有孤对电子，因此可作为 Lewis 碱参与一些反应。

(1) 醚链的断裂（反应机理见第 4 章亲核取代反应）

在较高温度下，醚可以与浓的氢卤酸作用，发生 C—O 键的断裂，生成卤烷和醇或在氢卤酸过量时生成两分子卤烷。氢卤酸的反应能力为 HI＞HBr＞HCl。例如：

$$CH_3—O—C_2H_5 \xrightarrow{HI} CH_3I + C_2H_5OH$$

$$\xrightarrow[]{\text{过量 HI}} C_2H_5I + H_2O$$

$$\underset{O}{\bigcirc} \xrightarrow[150℃]{\text{浓 HI (过量)}} ICH_2CH_2CH_2CH_2I + H_2O$$

$$65\%$$

醚与氢卤酸的反应主要按 S_N2 机理进行的：

$$CH_3O—CH_2CH_3 \xrightarrow{HI} CH_3\overset{+}{\underset{H}{O}}CH_2CH_3 + I^-$$

$$\text{锌盐}$$

$$I^- + CH_3 - \overset{+}{\underset{H}{O}} - CH_2CH_3 \xrightarrow{S_N2} CH_3I + CH_3CH_2OH$$

氢碘酸先与醚生成锌盐，使离去基团的离去能力增加（碱性 $RO^- > ROH$），碘离子以 S_N2 方式进攻空间位阻小的烷基，生成碘甲烷，反应中生成的醇可继续与氢碘酸作用，生成碘代烷。

苯甲醚与浓的氢碘酸作用，只得到酚和碘甲烷，不能得到碘苯。其原因是氧原子上的孤对电子与苯环共轭，增强了苯氧键的键能，使其不易断裂；另外空间位阻也起了一定的作用。氢碘酸不能断裂二芳醚。

（2）醚的氧化，生成过氧化物

醚对氧化剂是稳定的，但在放置过程中，可被空气缓慢氧化，而生成过氧化物。氧化主要发生在 α-碳上。

$$CH_3CH_2OCH_2CH_3 \xrightarrow{O_2} \underset{OOH}{CH_3CHOCH_2CH_3}$$

当含过氧化物的醚蒸馏时，沸点较低的醚先蒸出，沸点较高的过氧化物留在蒸馏瓶中，一旦达到了过氧化物的爆炸浓度，就会发生爆炸。

通常在蒸馏以前，用碘化钾水溶液检验过氧化物，如有过氧化物存在，可观察到 I_2 的生成。用硫酸亚铁或亚硫酸钠可除去过氧化物。

例题 10.7　完成以下反应。

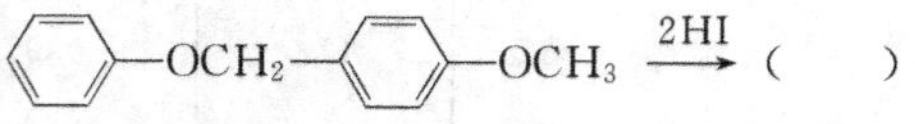

10.3.4　环醚

由碳原子与氧原子结成环状结构的醚称环醚（epoxides）。环醚的代表化合物是环氧乙烷 $\left(\underset{O}{\overset{CH_2-CH_2}{\diagdown\diagup}} \right)$。

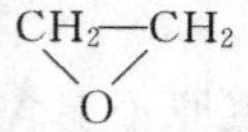

环氧乙烷分子结构中，环张力很大，反应活性高于开链醚。在酸性或碱性溶液中容易受亲核试剂进攻，发生 C—O 键断裂的开环反应。

（1）酸性条件下的开环反应

环氧乙烷在酸性条件下：

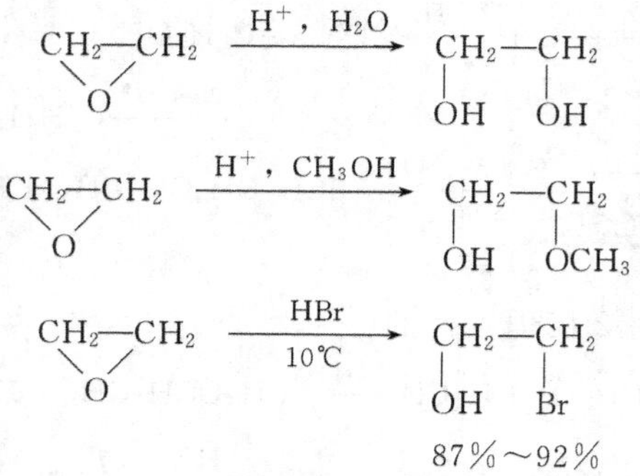

$87\% \sim 92\%$

在酸性介质中环氧乙烷先质子化形成锌盐，然后受到亲核试剂进攻，发生开环。

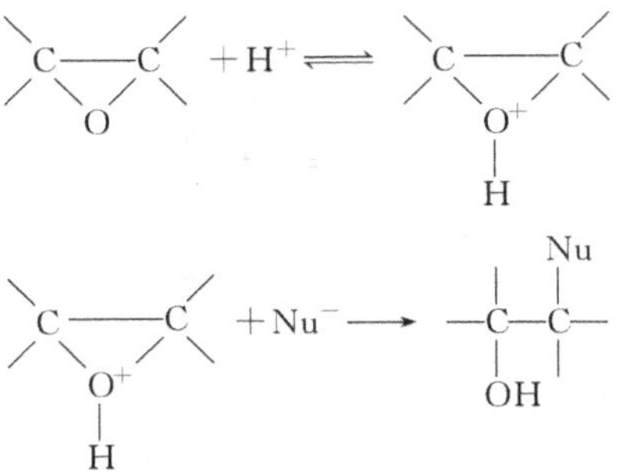

不对称环醚的酸性开环反应，亲核试剂主要与含氢较少的碳原子结合（由碳正离子稳定性决定）。

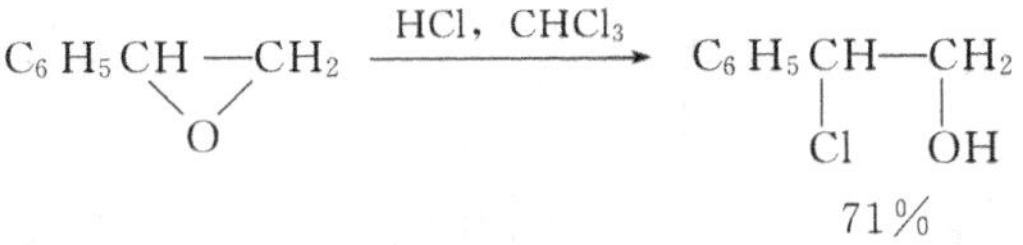

（2）碱性条件下的开环反应

环氧乙烷在碱性条件下：

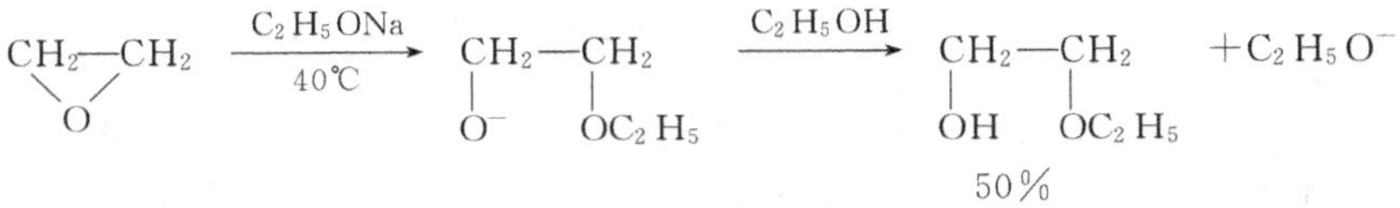

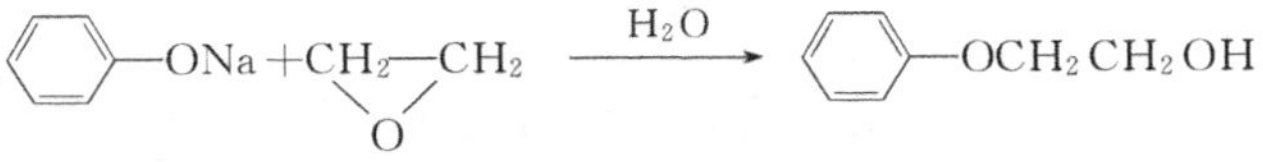

碱催化下的开环反应，首先受到亲核试剂的进攻，开环得到烷氧负离子，然后结合溶剂中的氢，得到产物；或者烷氧负离子作为新的亲核试剂再与一分子环氧乙烷作用，又生成烷氧负离子，以此作亲核试剂又可生成相对分子质量更大的化合物。

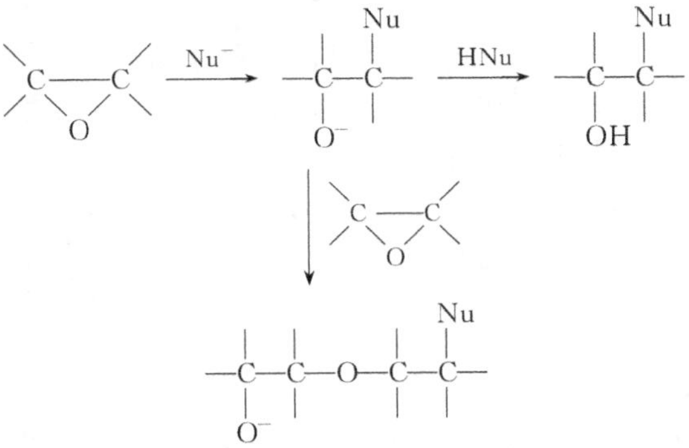

例如：

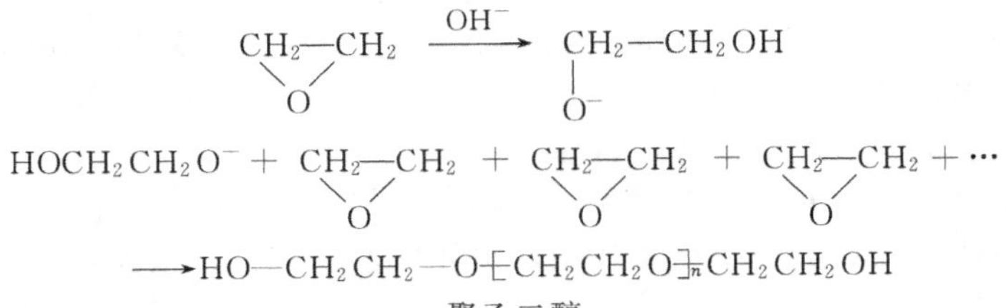

不对称环醚的碱性开环反应，亲核试剂主要与含氢较多的碳原子结合（由空间位阻大小

决定）。

$$CH_3-\overset{\underset{\displaystyle CH_3}{|}}{C}-CH_2 + CH_3CH_2OH \xrightarrow{CH_3CH_2ONa} CH_3-\overset{\underset{\displaystyle OH}{|}}{\overset{\displaystyle |}{C}}-CH_2-OCH_2CH_3$$

例题 10.8 完成下列反应。

(1) $C_2H_5-\overset{\underset{\displaystyle O}{}}{CH_3} + H_2^{18}O \xrightarrow{H^+}$ (　　　　)

(2) $\overset{\underset{\displaystyle H\ OH}{}}{\underset{\displaystyle ClCH_3}{\bigcirc}} \xrightarrow{OH^-}$ (　　) $\xrightarrow[C_2H_5OH]{C_2H_5ONa}$ (　　　　)

10.3.5　冠醚

冠醚（crown ethers）是一类大环多醚，冠醚分子空腔大小不同可以容纳不同的金属离子。利用这一性质可以分离金属或作为相转移催化剂，加速某些反应的进行。例如：

$$\bigcirc \xrightarrow[18\text{-冠-6}]{KMnO_4} \overset{\underset{\displaystyle CH_2CH_2COOH}{|}}{CH_2CH_2COOH}$$
$$100\%$$

用高锰酸钾氧化环己烯，因高锰酸钾难溶于烯烃中，而使反应难以进行。当加入 18-冠-6 后，钾离子被冠醚络合，与 MnO_4^- 形成离子时，溶于环己烯中，促进了氧化剂与反应物接触，加速了氧化反应的进行。

冠醚具有较大的毒性，应避免吸入其蒸气或与皮肤接触。

10.4　硫醇和硫醚

硫和氧同在周期表中的 ⅥA 族，与氧相似，也存在硫醇（thiols）、硫醚（sulfides）等含硫化合物。—SH 和 —SR 作为取代基时，分别称为巯基和烷硫基。

$$C_2H_5SH \qquad \overset{\underset{\displaystyle SH}{|}}{CH_3CHCH_3} \qquad \overset{\underset{\displaystyle SH}{|}}{CH_3CHCH_2OH} \qquad CH_3-S-CH_3 \qquad \overset{\underset{\displaystyle CH_3}{|}}{CH_3CHSCH_2CH_2CH_2CH_3}$$

乙硫醇　　　　　异丙硫醇　　　　1-巯基丙醇　　　　　甲硫醚　　　　　　1-异丙硫基丁烷

10.4.1　硫醇

（1）硫醇的物理性质

在室温下，甲硫醇为气体，其他硫醇为液体和固体。硫醇的沸点比相对分子质量相近的烷烃高，但比结构相似的醇低得多。例如：甲硫醇的沸点为 5.9℃，甲醇沸点却高达 64.7℃；乙硫醇的沸点为 37℃，乙醇的沸点高达 78.3℃。其原因是，硫醇分子间有偶极和偶极的吸引力，沸点比烷烃高；硫醇分子间难以形成氢键，分子不能缔合，沸点比醇低。同样道理，硫醇在水中的溶解度也比醇低得多。

低相对分子质量的硫醇有强烈而讨厌的气味，空气中有 500 亿分之一的乙硫醇，即可被人嗅出，利用这一特性，在城市管道煤气中，加入微量的硫醇，以检查煤气的泄漏。

（2）硫醇的制备

卤代烷与硫氢化钠或硫氢化钾作用生成硫醇：

$$RX + KHS \xrightarrow{S_N2} RSH + KX$$

为了防止生成硫醚，必须使用过量的硫氢化钾。

（3）硫醇的化学性质

硫醇具有一定的酸性，乙硫醇的 $pK_a = 10.6$，其酸性远远强于醇。其原因可能是硫原子半径较大，容易极化，使 S—H 键比 O—H 键更易电离。利用硫醇酸性的特性，工业上用氢氧化钠水溶液洗脱石油中所含的少量硫醇，使其生成溶于水而不挥发的盐。

$$CH_3CH_2SH + H_2O \Longrightarrow CH_3CH_2S^- + H_3O^+$$

硫醇还能与重金属汞、铜、银、铅等形成不溶于水的盐、可用作汞等中毒的解毒剂。例如 2,3-二巯基-1-丙醇就是一个很好的解毒试剂。

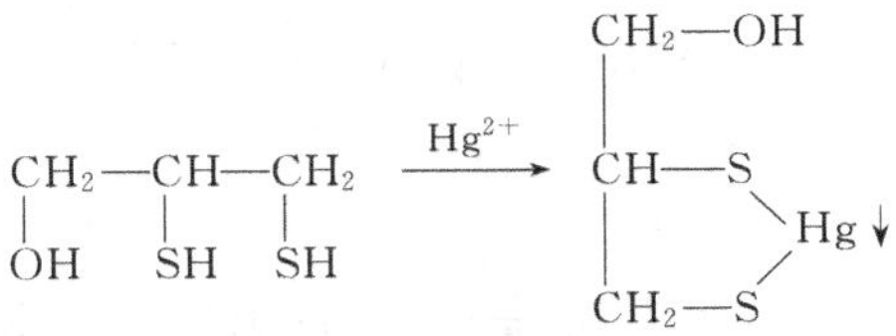

硫醇用弱氧化剂氧化可以生成二硫化合物。例如：

$$2CH_3CH_2SH + I_2 + 2NaOH \longrightarrow CH_3CH_2SSCH_2CH_3 + 2NaI + 2H_2O$$

这一反应是定量进行的，可用于测定巯基化合物的含量。

硫醇用强氧化剂（$KMnO_4$、HNO_3、HIO_4 等）氧化，可得到磺酸。

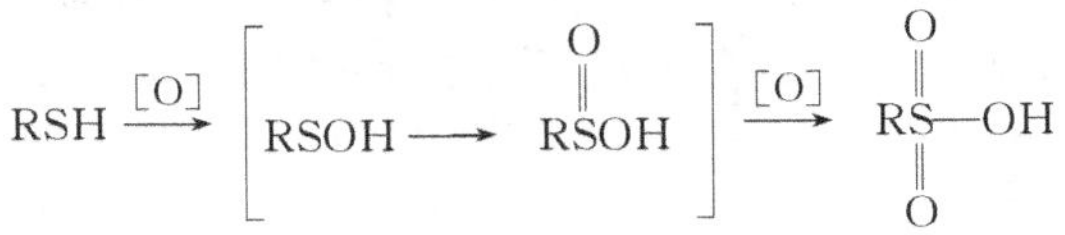

硫醇在催化加氢条件下脱硫，生成相应的烃。

$$RSH + H_2 \xrightarrow[\triangle]{MoS_2} RH + H_2S$$

10.4.2　硫醚

（1）硫醚的物理性质

硫醚的沸点比相应的醚高（$CH_3CH_2SCH_2CH_3$，b.p. 92℃），不溶于水，低级硫醚有臭味。

（2）硫醚的制备

硫醇在碱性溶液中与卤代烷等烃化试剂作用，可生成硫醚，方法类似于 Williamson 制醚法。

$$RS^- + R'X \longrightarrow RSR' + X^-$$

（3）硫醚的反应

硫醚分子中的硫具有较强的亲核性，与卤代烷作用，生成卤化三烷基锍。卤化三烷基锍为结晶固体，加热时分解为硫醚和卤代烷。

$$R_2S + RX \Longrightarrow R_3S^+X^-$$

硫醚用浓 HNO_3、过氧化氢等氧化，可生成亚砜，在强烈的氧化条件下，用过氧羧酸氧化，可生成砜。

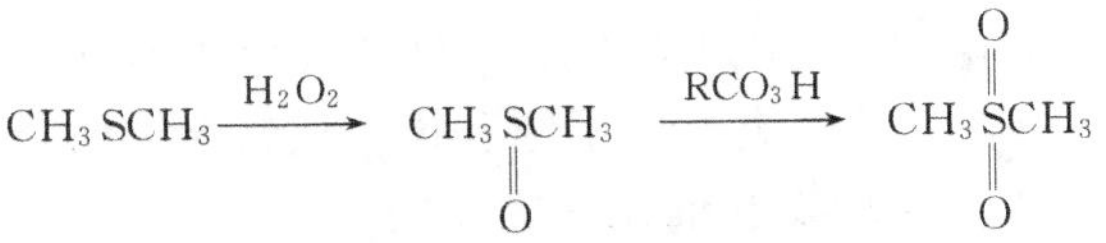

二甲亚砜是一个良好的非质子极性溶剂，能与水混溶。

10.5　醇、酚、醚的制备及典型化合物介绍

10.5.1　醇的制备

(1) 酸催化下烯烃水合

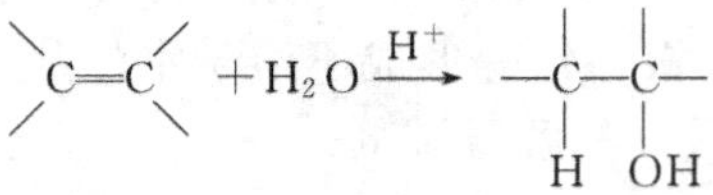

$$\text{C=C} + H_2O \xrightarrow{H^+} \underset{H\ OH}{-\overset{|}{C}-\overset{|}{C}-}$$

特点：①不对称烯烃加成方向符合 Markovnikov 规则；②在碳正离子稳定性许可下，可发生重排。

(2) 卤代烃的水解

伯卤烷　　　$RCH_2X \xrightarrow[H_2O]{OH^-} RCH_2OH$　　　S_N2 机理

仲卤烷　　　$R_2CHX \xrightarrow[H_2O]{OH^-} R_2CHOH$　　　S_N1 或 S_N2 机理

叔卤烷　　　$R_3CX \xrightarrow{H_2O} R_3COH$　　　S_N1 机理

特点：①伯、仲卤烷水解需碱参与，叔卤烷不需要；②主要副反应是消除，尤其是叔卤烷；③以 S_N1 历程进行的反应，可能会生成重排产物；④反应更适合于烯丙基卤化物和苄基卤化物这样的高活性卤化物。

(3) 硼氢化氧化反应

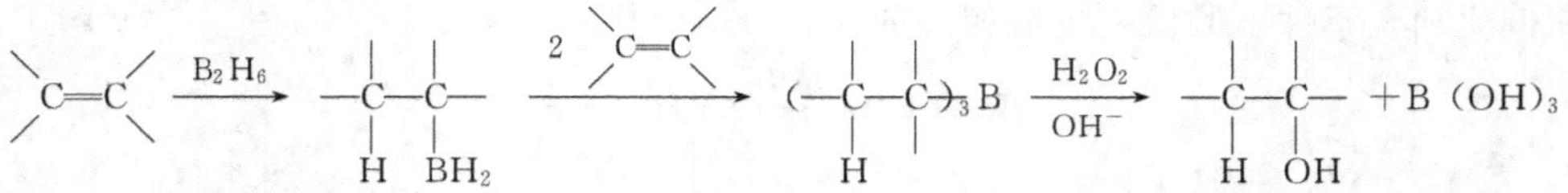

$$\text{C=C} \xrightarrow{B_2H_6} \underset{H\ BH_2}{-\overset{|}{C}-\overset{|}{C}-} \xrightarrow[H]{2\ \text{C=C}} (\underset{H}{-\overset{|}{C}-\overset{|}{C}-})_3B \xrightarrow[OH^-]{H_2O_2} \underset{H\ OH}{-\overset{|}{C}-\overset{|}{C}-} + B(OH)_3$$

特点：①加成方向符合反 Markovnikov 规则；②是制取伯醇的好方法；③没有重排产物生成。

(4) 羰基化合物的还原

a. 催化加氢

$$RCHO \xrightarrow{\text{催化剂，}H_2} RCH_2OH$$
醛　　　　　　　　　　　　伯醇

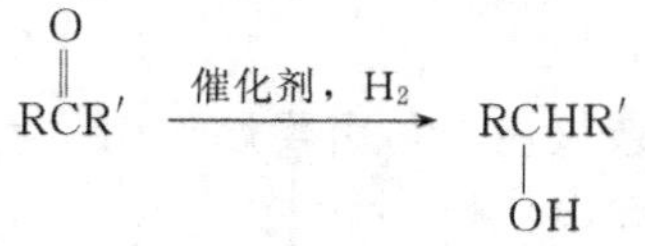

$$\overset{O}{\underset{}{\overset{\|}{RCR'}}} \xrightarrow{\text{催化剂，}H_2} \underset{OH}{R\overset{|}{C}HR'}$$
酮　　　　　　　　　　　　仲醇

$$RCOOH \xrightarrow{\text{催化剂，}H_2} RCH_2OH$$
羧酸　　　　　　　　　　　伯醇

特点：①催化剂可以采用 Pt，Pd，Ni，反应温度在室温附近；②醛和酸还原为伯醇，酮还原为仲醇；③若分子中含有其他类型的不饱和键，通常会同时被还原。

b. 用金属氢化物还原　还原产物与催化加氢相同。

特点：①LiAlH$_4$ 反应活性强于 NaBH$_4$。LiAlH$_4$ 可用于还原醛、酮、羧酸、羧酸衍生物等。NaBH$_4$ 只用于醛、酮的还原；②反应条件温和，产率高，对分子中的碳碳双键无还

原作用；③分子中有其他极性不饱和基团将同时被还原。

c. Meerwein-Ponndorf-Verley 羰基还原

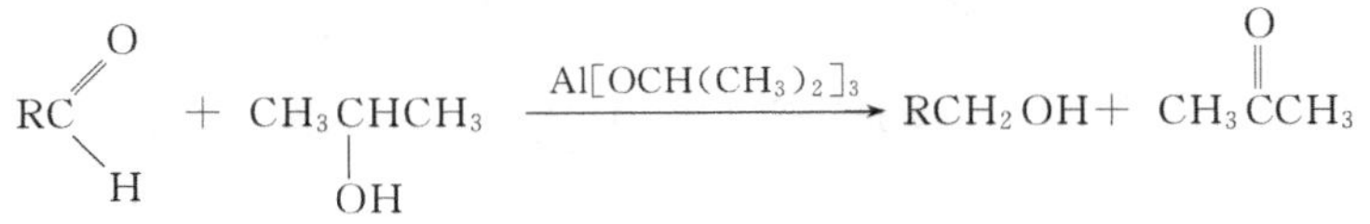

$$RCHO + CH_3CHOHCH_3 \xrightarrow{Al[OCH(CH_3)_2]_3} RCH_2OH + CH_3COCH_3$$

醛

$$R-CO-R' + CH_3CHOHCH_3 \xrightarrow{Al[OCH(CH_3)_2]_3} RCHOH R' + CH_3COCH_3$$

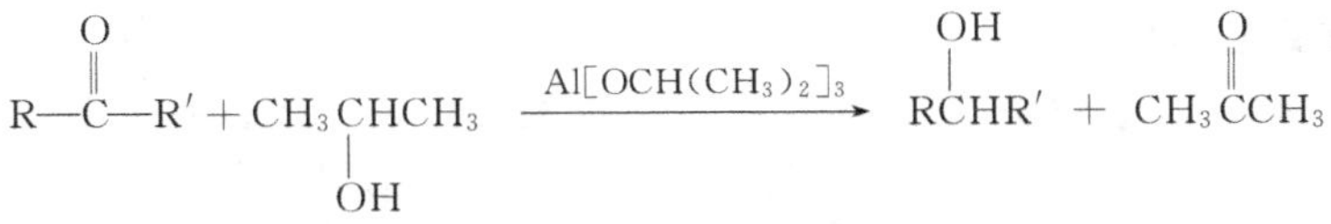

酮

特点：①反应是可逆的，可根据试剂用量，确定反应方向；②反应很温和，对分子中的 $\diagdown C=C \diagup$ ，—NO_2，—CN，—$COOR$ 等基团无影响。

（5）由格氏试剂制备

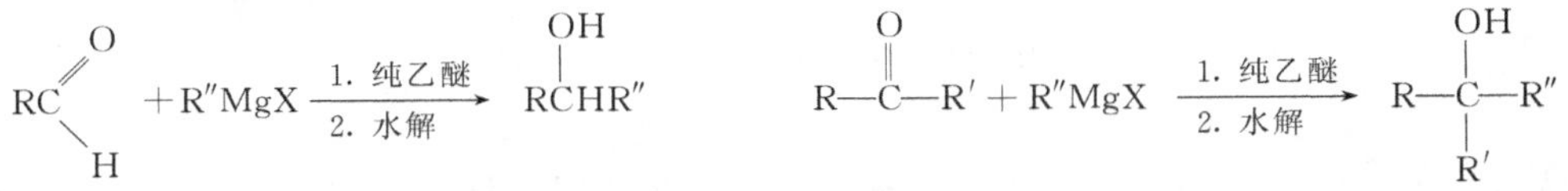

$$RCHO + R''MgX \xrightarrow[\text{2. 水解}]{\text{1. 纯乙醚}} RCHOH R''$$

醛 —— 仲醇（甲醛除外）

$$R-CO-R' + R''MgX \xrightarrow[\text{2. 水解}]{\text{1. 纯乙醚}} R-C(OH)(R')-R''$$

酮 —— 叔醇

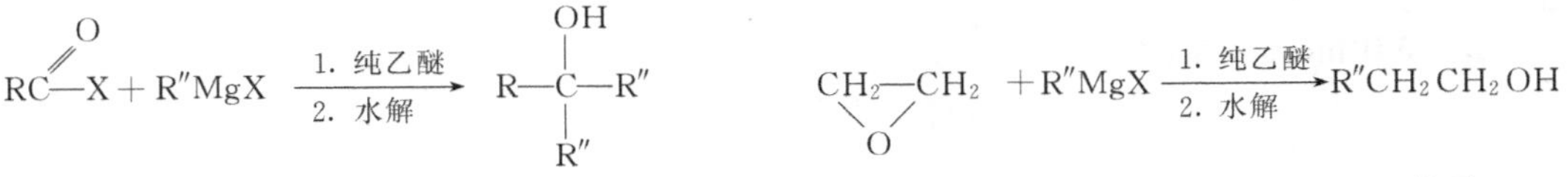

$$RCO-X + R''MgX \xrightarrow[\text{2. 水解}]{\text{1. 纯乙醚}} R-C(OH)(R'')-R''$$

羧酸衍生物 —— 叔醇

$$CH_2\text{—}CH_2(O) + R''MgX \xrightarrow[\text{2. 水解}]{\text{1. 纯乙醚}} R''CH_2CH_2OH$$

伯醇

特点：①可得到碳链增加的较复杂醇；②环氧乙烷与格氏试剂反应可得增加两个碳的伯醇；③合成对称结构奇数碳原子的仲醇可采用甲酸酯为原料。

10.5.2　酚的制备

（1）异丙苯法

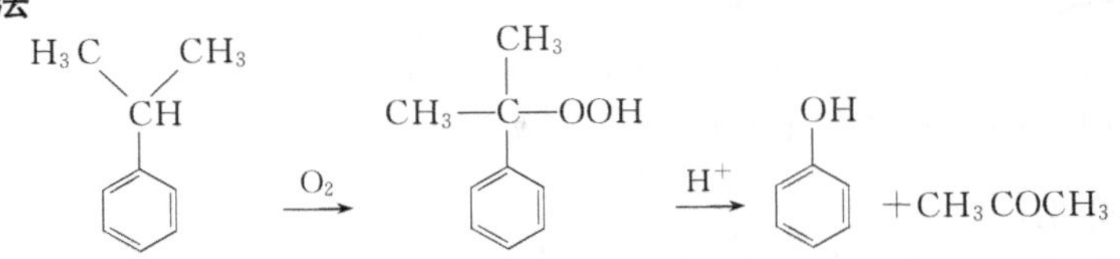

特点：①适用规模生产，设备和技术要求高；②苯酚和丙酮都是重要的工业原料，生产 1t 苯酚同时得到 0.6t 丙酮。

（2）磺化碱熔法

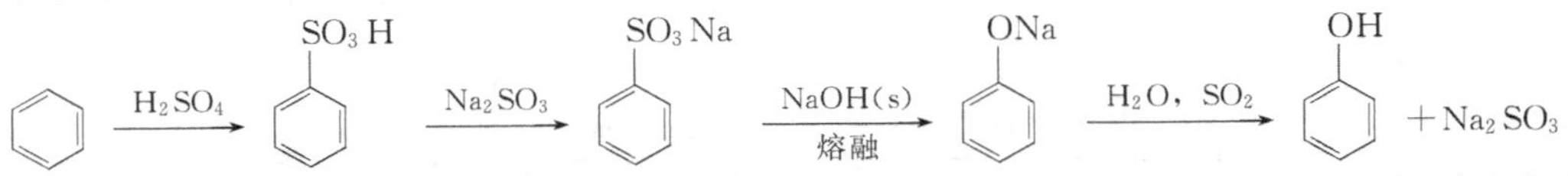

特点：①芳环上不能带有卤素、硝基、羧基等，这些基团在反应中会发生变化；②流程复杂，操作麻烦，但对设备要求低。

（3）氯苯水解

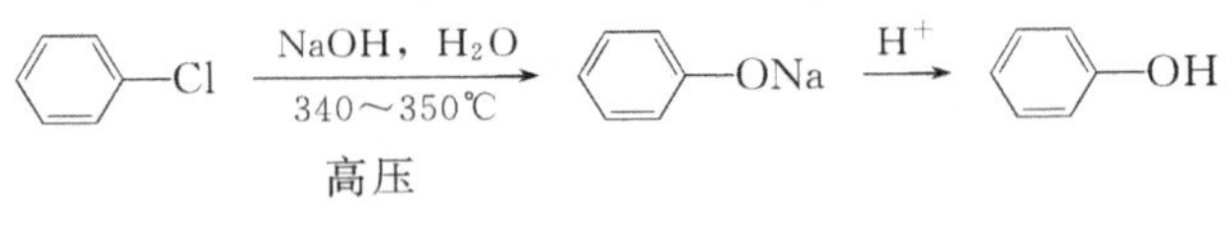

特点：①反应要求高温高压，对设备要求高；②当卤原子的邻位或对位有强的吸电子基存在时，水解变得容易。

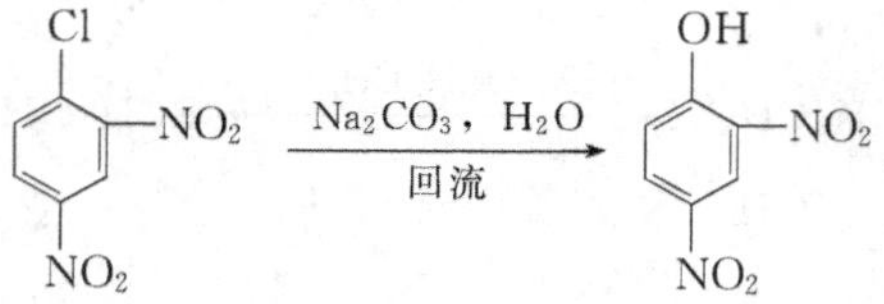

（4）苯胺重氮盐水解

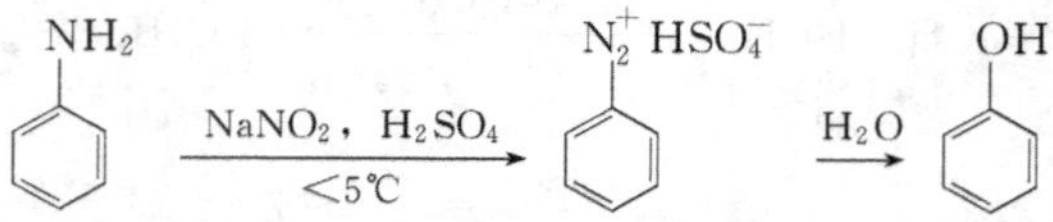

特点：①是实验室制酚的重要方法；②反应位置确定，收率较高。

10.5.3　醚的制备

（1）单醚的合成

$$2R—OH \xrightarrow[\triangle]{H_2SO_4} R—O—R + H_2O$$

单醚

特点：①反应仅适用单醚合成，混醚不适用；②适用于伯醇和仲醇，不适用叔醇和酚合成醚。

（2）Williamson 制醚法

$$RO^- + R'X \longrightarrow ROR' + X^-$$

混醚

$$ArO^- + R'X \longrightarrow Ar—O—R' + X^-$$

烷芳醚

特点：①反应类型为 S_N2，以伯卤烷反应最有利，叔卤烷不能用于 Williamson 合成；②烷芳醚采用酚钠与卤烷或硫酸二乙（甲）酯反应；③相对分子质量低的醚用醇作溶剂，相对分子质量高的醚用 DMF、DMSO 作溶剂。

（3）二芳基醚合成（Ullmann 合成法）

$$ArO^- + Ar'Br \xrightarrow{Cu} ArOAr' + Br^-$$

特点：可采用不同的酚盐和不同的芳卤合成。

10.5.4　环醚的制备

（1）由卤代醇成环

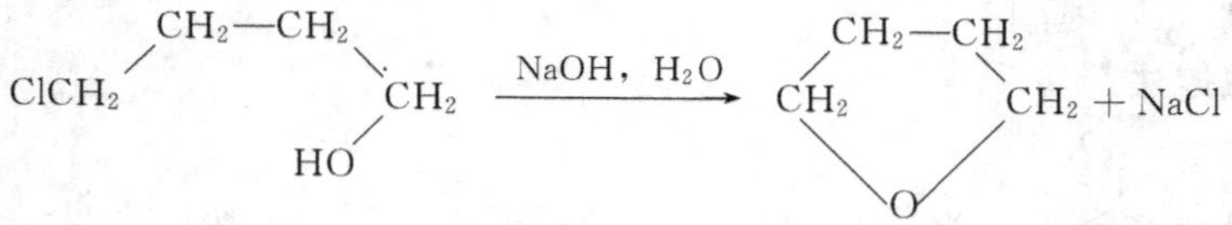

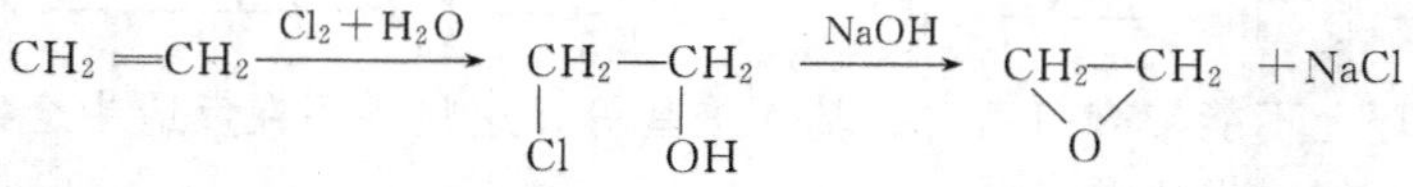

特点：反应与 Williamson 合成法相似。

（2）由乙烯氧化制环氧乙烷

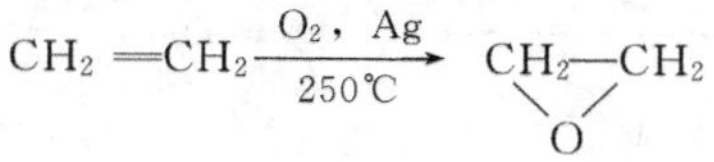

特点：用银或氧化银为催化剂，用空气氧化，可大规模生产。

10.5.5 典型化合物介绍

(1) 甲醇 工业上甲醇由一氧化碳和氢气在催化剂条件下制得。收率几乎可达 100%。

$$CO + 2H_2 \xrightarrow[\text{400℃，20MPa}]{\text{ZnO-CrO}_3} CH_3OH$$

甲醇为无色易燃液体，能与水和有机溶剂混溶。甲醇与水不生成恒沸混合物，可用分馏方法给予分离。用金属镁处理甲醇，可去除甲醇中的微量水得到无水甲醇。

工业生产的甲醇，大部分转变为甲醛或氯甲烷，一部分用作防冻剂。

甲醇有剧毒，少量饮用会使人失明，饮用 25～100mL 可致人死亡。

(2) 乙醇 乙醇是人类利用最早的有机物之一。由于它被广泛用于有机反应的溶剂和合成反应的起始原料，所以用量非常巨大。工业上乙醇主要由糖类发酵或由乙烯加水生产。

乙醇为无色易燃液体，能与水和大多数有机溶剂混溶。由于乙醇与水可形成二元恒沸物，其沸点为 78.15℃，恒沸物组成为乙醇 95.6%，水 4.4%（体积分数），这一组成是恒定的，所以采用直接蒸馏（分馏）不能将水完全除去。要得到纯乙醇，可用金属镁处理 95.6%乙醇，使少量水生成 $Mg(OH)_2$ 和 H_2；或者加入苯，使苯、乙醇、水形成三元恒沸物，利用较低的沸点，使少量水去除。

(3) 乙二醇 乙二醇是无色带有甜味的液体，俗称甘醇。沸点 197℃，在有机合成中可作为高沸点溶剂使用，能溶于水。

工业上以乙烯为原料，经环氧乙烷水合制备乙二醇。

乙二醇是合成纤维涤纶等高分子聚合物的原料。50%乙二醇水溶液的凝固点为 −34℃，因此可用于汽车冷却系统的抗冻剂。

(4) 丙三醇 丙三醇俗称甘油，可以由油脂水解得到，是肥皂工业的副产品。甘油是无色有甜味的黏稠液，沸点 290℃（分解）。能与水混溶，吸湿性强。

甘油有广泛的用途，可用于生产甘油三硝酸酯（炸药）、醇酸树脂（涂料），以及在印染、印刷、化妆品、烟草工业中作润湿剂，在医药上大量用作软膏调配剂。

(5) 苯酚 苯酚俗称石炭酸，为无色晶体，但极易被氧化而呈现红色或深褐色。苯酚微溶于水。

苯酚有毒，对皮肤有强烈的腐蚀性。苯酚有很强的杀菌能力，可用作防腐剂和消毒剂。

苯酚主要用来生产酚醛树脂和双酚 A，双酚 A 是生产环氧树脂的原料。

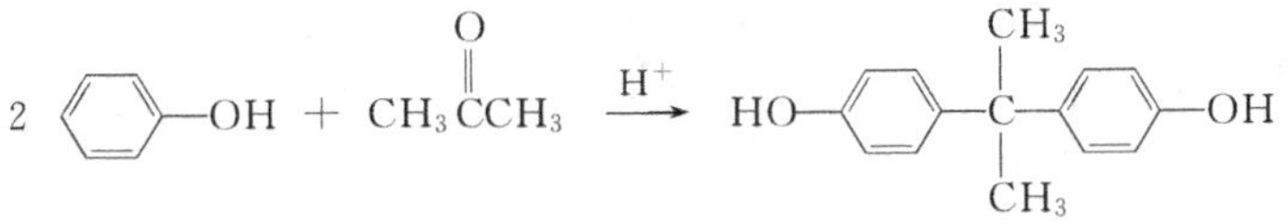

双酚 A

苯酚加氢还原为环己醇，环己醇经氧化得到的己二酸是合成尼龙-6 的原料。

(6) 对苯二酚 对苯二酚是无色固体，熔点 173℃，能溶于水、乙醇中。对苯二酚易被氧化，生成对苯醌。

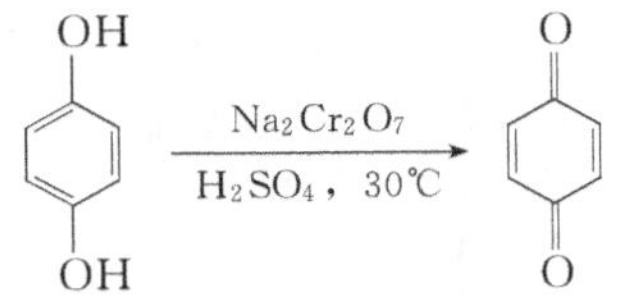

对苯二酚的醇溶液与对苯醌的醇溶液混合，可得到暗绿色晶体——醌氢醌。

对苯二酚是一个较强的还原剂，可作为黑白胶片的显影剂。

(7) 二-(2-氯乙基) 硫醚　二-(2-氯乙基) 硫醚俗称"芥子气"，是一个臭名昭著的化学毒性物质，在战争中被用作化学武器。它的合成方法是

$$CH_2{-}CH_2 \xrightarrow{H_2S} HOCH_2CH_2SCH_2CH_2OH \xrightarrow{HCl} ClCH_2CH_2SCH_2CH_2Cl$$

10.6　醛 和 酮

醛 (aldehydes) 和酮 (ketones) 分子中都含有羰基$\left(\begin{array}{c}\diagdown\\C{=}O\end{array}\right)$，醛分子中（除甲醛外）羰基与一个烃基和一个氢连接，$RCH\overset{O}{\parallel}$。酮分子中羰基与两个烃基连接，$RCR'\overset{O}{\parallel}$。

10.6.1　醛、酮的结构

羰基的碳氧双键与碳碳双键相似，也是由一个 σ 键和一个 π 键组成。羰基碳原子以 sp^2 杂化轨道与一个氧原子的 p 轨道和另两个其他原子形成三个 σ 键，这三个键处于同一平面上，键角近似 120°。碳原子还有一个 p 轨道与氧原子的 p 轨道侧面交盖形成 π 键，氧原子上另有两对孤对电子处于氧的 s 轨道和 p 轨道中，见图 10.1。

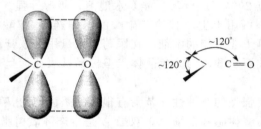

图 10.1　羰基的结构

甲醛、乙醛和丙酮分子的键长、键角数据如下：

	C=O	0.1203nm	∠HCO	121.8°
	C—H	0.1101nm	∠HCH	111.5°
	C=O	0.1207nm		
	C—C	0.1515nm	∠HCO	120.7°
	C¹—H	0.1114nm	∠CCH	117.3°
	C²—H	0.1073nm	∠HCH	108.9°
	C=O	0.1214nm	∠CCO	122°
	C—C	0.1520nm	∠CCC	116°
	C—H	0.1103nm	∠HCH	108.4°

由于氧原子的电负性强，其容纳电子的能力强，碳氧双键是极化的，氧原子上带有部分

负电荷，碳原子上带有部分正电荷。

$$\left[\overset{}{\underset{}{C}} = O \longleftrightarrow \overset{}{\underset{}{C}}{}^+ - O^- \right] \equiv \overset{}{\underset{}{C}}{}^{\delta+} = O^{\delta-}$$

10.6.2　醛、酮的物理性质

醛、酮的物理性质见表 10.5。

表 10.5　醛、酮的物理性质

名　　称	结　　构	熔点/℃	沸点/℃	相对密度
甲醛	HCHO	-92	-21	0.815
乙醛	CH_3CHO	-123	21	0.781
丙醛	CH_3CH_2CHO	-81	49	0.807
丁醛	$CH_3CH_2CH_2CHO$	-97	75	0.817
2-甲基丙醛	$(CH_3)_2CHCHO$	-66	61	0.794
戊醛	$CH_3(CH_2)_3CHO$	-91	103	0.819
3-甲基丁醛	$(CH_3)_2CHCH_2CHO$	-51	93	0.803
己醛	$CH_3(CH_2)_4CHO$		129	0.834
丙烯醛	$CH_2=CH-CHO$	-88	53	0.841
2-丁烯醛	$CH_3CH=CHCHO$	-77	104	0.859
苯甲醛	C_6H_5-CHO	-56	179	1.046
丙酮	CH_3COCH_3	-95	56	0.792
2-丁酮	$CH_3COCH_2CH_3$	-86	80	0.805
2-戊酮	$CH_3COCH_2CH_2CH_3$	-78	102	
3-戊酮	$CH_3CH_2COCH_2CH_3$	-41	101	0.814
2-己酮	$CH_3COCH_2CH_2CH_3$	-57	127	0.830
3-己酮	$CH_3CH_2COCH_2CH_2CH_3$		124	0.818
环戊酮		-51.3	130	
环己酮		-45	-157	0.948
苯乙酮		21	202	1.024
二苯甲酮		48	305	1.083

通常，醛、酮化合物的沸点比相同碳原子数的醚高，比醇低。它们也比相对分子质量相近的烷烃和烯烃的沸点高，其原因是醛、酮是极性分子。

低级醛、酮在水中有一定溶解度，因为它们与水能形成氢键。随着醛、酮碳原子数的增加，大多数化合物微溶或不溶，但易溶于有机溶剂。

10.6.3　醛、酮的化学性质

醛酮分子中的羰基是极性的，碳原子带部分正电荷，氧原子带部分负电荷，由于氧容纳负电荷能力较强，所以带部分正电荷的碳原子容易受到亲核试剂的进攻，发生亲核加成反应。

(1) 与氢氰酸加成　（反应机理见第 4 章亲核加成反应）

醛、酮与氢氰酸反应可以得到 α 羟基腈，若 $R \neq R'$，所得产物为外消旋体。

267

反应可以被碱催化，加酸则对反应不利。其原因与 HCN 是一个弱酸有关。与羰基加成的亲核试剂是 CN^-。

$$HCN \underset{H^+}{\overset{OH^-}{\rightleftharpoons}} H^+ + CN^-$$

由于氢氰酸是剧毒试剂，沸点较低，极易挥发，不便使用。常以氰化钠或氰化钾加无机酸的方法来代替，但必须控制反应的 pH 值，以防 HCN 的毒害。

$$CH_3\overset{\overset{O}{\|}}{C}CH_3 \xrightarrow[10\sim20\text{℃}]{NaCN,\ H_2SO_4} CH_3\overset{\overset{OH}{|}}{\underset{\underset{CH_3}{|}}{C}}CN$$

$$71\%\sim78\%$$

醛、酮与氢氰酸的加成活性主要受到分子结构的空间位阻影响，醛容易反应，位阻大的酮难以反应。

反应产物 α-羟基腈可通过反应得到重要的化工产品，例如：

$$CH_3\overset{\overset{O}{\|}}{C}H \xrightarrow{HCN,\ CN^-} CH_3\overset{\overset{OH}{|}}{\underset{\underset{H}{|}}{C}}CN$$

$$\xrightarrow[-H_2O]{H^+,\triangle} CH_2{=}CH{-}CN \quad \text{丙烯腈}$$

$$\xrightarrow{H^+,H_2O} CH_3\overset{\overset{OH}{|}}{\underset{\underset{H}{|}}{C}}\overset{\overset{O}{\|}}{C}{-}OH$$

α-羟基丙酸

（2）与亚硫酸氢钠加成

醛、脂肪族甲基酮和低级环酮能与饱和（40%）亚硫酸氢钠发生加成反应，得到白色晶体的加成产物。非甲基酮和苯乙酮不发生该加成反应。

$$R\overset{\overset{O}{\|}}{C}H(CH_3) + NaHSO_3 \text{（饱和）} \longrightarrow R\overset{\overset{OH}{|}}{\underset{\underset{H(CH_3)}{|}}{C}}SO_3Na \downarrow$$

加成产物可以被酸或碱分解，得到原来的醛或酮，因此，可用于醛酮的分离和提纯。

$$R\overset{\overset{OH}{|}}{\underset{\underset{H(CH_3)}{|}}{C}}SO_3Na$$

$$\xrightarrow{H^+,H_2O} R\overset{\overset{O}{\|}}{C}H(CH_3) + SO_2 + 2H_2O + Na^+$$

$$\xrightarrow{OH^-} R\overset{\overset{O}{\|}}{C}H(CH_3) + H_2O + Na^+ + SO_3^{2-}$$

由于非甲基酮不能与 $NaHSO_3$ 作用，利用此反应可判断酮的结构。

（3）与醇加成

醛与醇在强酸的催化下可形成半缩醛和缩醛。由于半缩醛不稳定，难以分离（有些如三氯乙醛、三溴乙醛形成的半缩醛是稳定的），所以在酸催化下可进一步与一分子醇作用，得到较稳定的缩醛产物。

$$R\overset{\overset{O}{\|}}{C}{-}H + H^+ \underset{}{\overset{\text{快}}{\rightleftharpoons}} R\overset{\overset{\overset{+}{O}H}{\|}}{C}{-}H \overset{R'OH}{\rightleftharpoons} R\overset{\overset{OH}{|}}{\underset{\underset{\overset{+}{O}}{|}}{C}}{-}H \overset{-H^+}{\rightleftharpoons} R\overset{\overset{OH}{|}}{\underset{\underset{O}{|}}{C}}{-}H \overset{H^+}{\rightleftharpoons}$$

半缩醛

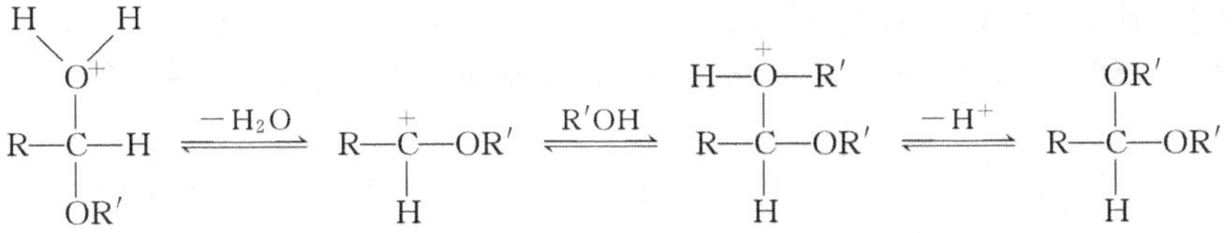

反应第一步质子化非常重要，它使羰基碳原子的正电性增强，有利于较弱的醇亲核进攻。整个反应的决速步骤是第二步亲核加成。

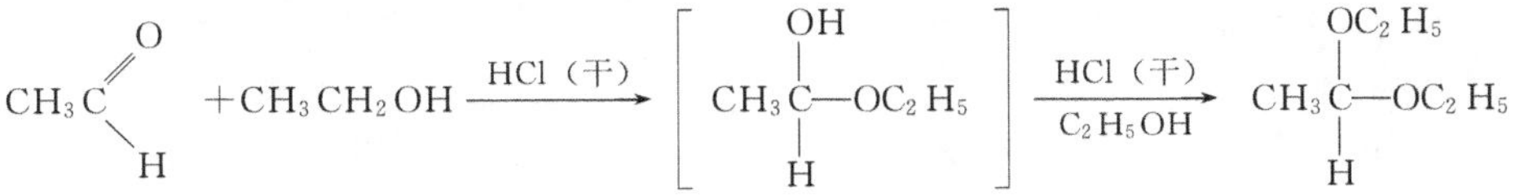

乙醛缩二乙醇，97%

酮与简单的醇反应不容易得到缩酮，例如：丙酮与乙醇反应，仅得 2% 的缩酮，但与 1,2-乙二醇能顺利地生成环状缩酮。

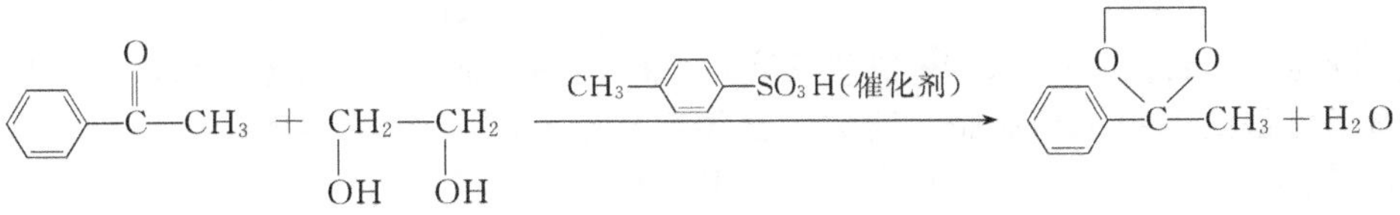

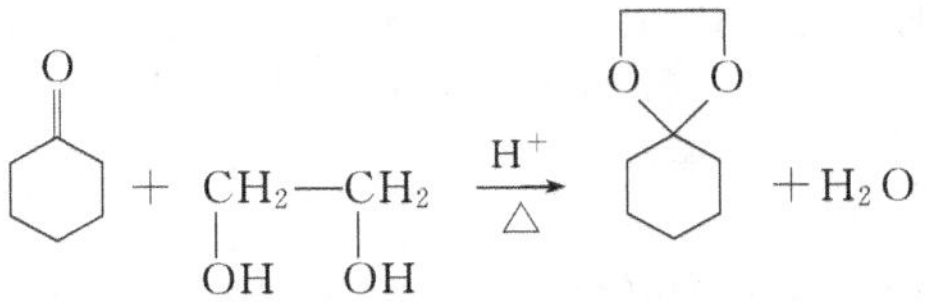

缩醛或缩酮的结构与醚相似，对碱和氧化剂是稳定的，在酸中可分解得到原来的醛或酮，利用这一特性，在有机合成反应中，常用醇与醛、酮的反应来保护羰基。例如：由 3-溴丙醛合成丙烯醛，用碱消除 HBr 时，丙烯醛在碱性条件下会聚合。若形成缩醛再消除，即可得到丙烯醛。

$$CH_2BrCH_2CHO \xrightarrow{C_2H_5OH,H^+} CH_2BrCH_2CH(OC_2H_5)_2 \xrightarrow{-OH^-}$$

3-溴丙醛缩二乙醇

$$CH_2{=}CHCH(OC_2H_5)_2 \xrightarrow{H_3O^+} CH_2{=}CHCHO$$

丙烯醛缩二乙醇

（4）与氨的衍生物反应

醛、酮与氨的衍生物（羟胺 NH_2OH、肼 NH_2NH_2、2,4-二硝基苯肼 O_2N——$NHNH_2$、氨基脲 $NH_2NH{-}\overset{O}{\overset{\|}{C}}{-}NH_2$ 等）作用，通过加成消除反应，得到肟、腙、缩氨脲等：

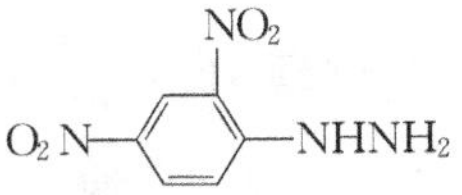

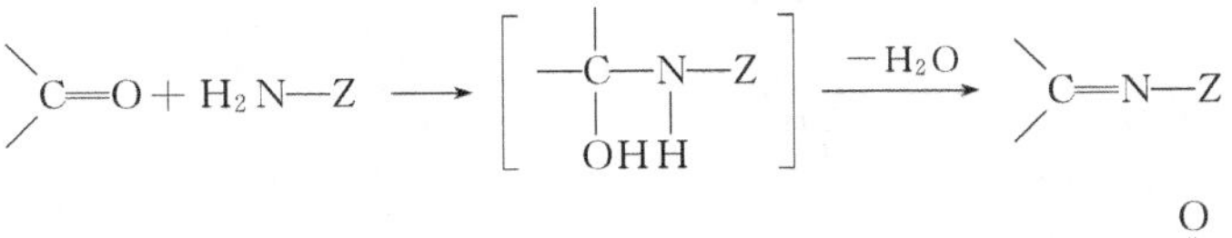

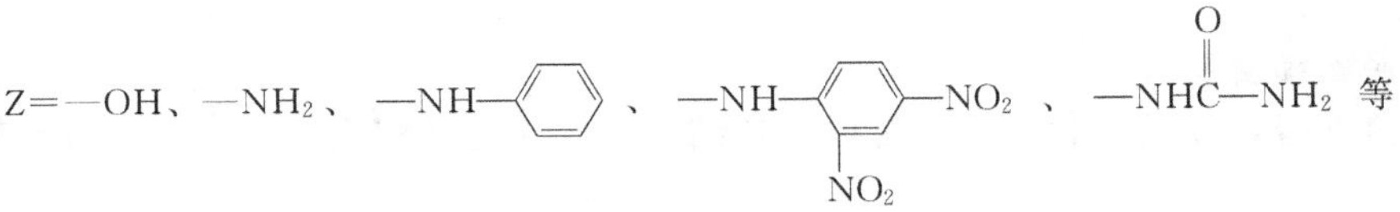

$Z={-}OH$、${-}NH_2$、${-}NH{-}$、${-}NH{-}$$NO_2$、${-}NH\overset{O}{\overset{\|}{C}}{-}NH_2$ 等

反应的产物均为具有一定熔点的固体结晶，利用此性质，可用来鉴定醛、酮的结构。反应产物又能在稀酸条件下分解，得到原来的醛、酮化合物，此反应又可用来分离、提纯醛、酮类化合物。

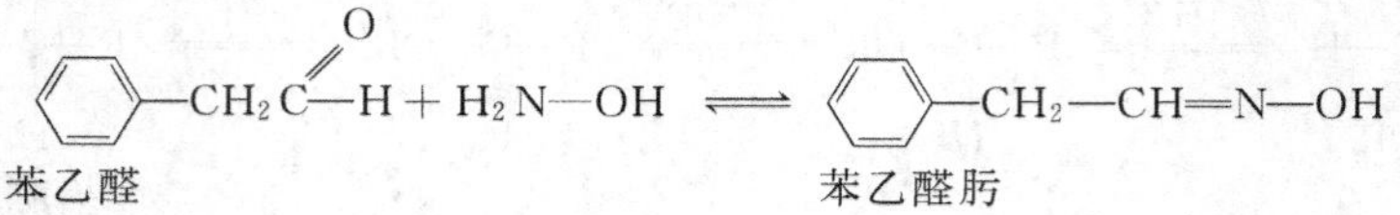

$$C_6H_5{-}CH_2{-}CHO + H_2N{-}OH \rightleftharpoons C_6H_5{-}CH_2{-}CH{=}N{-}OH$$

苯乙醛　　　　　　　　　　　　　　　　苯乙醛肟

b. p. 194℃　　　　　　　　　　　　　　m. p. 103℃

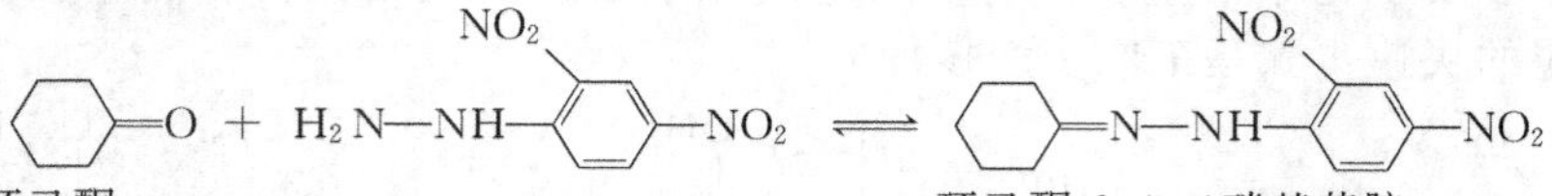

环己酮 + $H_2N{-}NH{-}C_6H_3(NO_2)_2 \rightleftharpoons$ 环己酮-2,4-二硝基苯腙

b. p. 156℃　　　　　　　　　　　　　　　m. p. 162℃

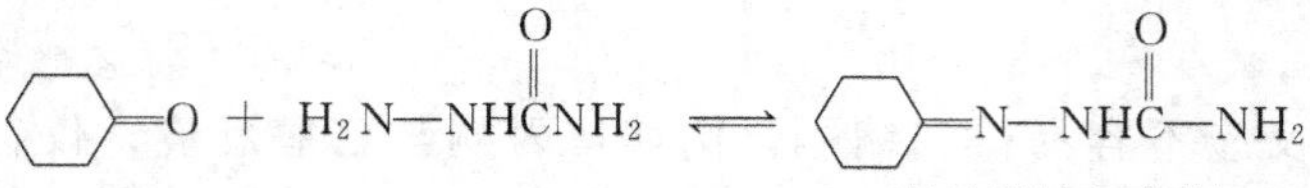

环己酮 + $H_2N{-}NHCNH_2 \rightleftharpoons$ 环己酮缩氨基脲

m. p. 167℃

醛或酮与氨（NH_3）作用，得到极不稳定的亚胺，产物易分解为原料。与伯胺（RNH_2）作用可得到不稳定的亚胺，这类化合物称为席夫碱（Schiff's base）。

$$R_2C{=}O + R'NH_2 \rightleftharpoons R_2C{=}N{-}R' + H_2O$$

若 R 或 R′有一个为芳基，则所得亚胺较为稳定。席夫碱化合物在有机合成中可用来合成仲胺。

$$C_6H_5CHO + C_6H_5NH_2 \longrightarrow C_6H_5{-}CH{=}NC_6H_5$$

苯胺　　　　　　　　　　84%～87%

（5）与 Grignard 试剂加成

Grignard 试剂中碳镁键是高度极化的，碳原子带有部分负电荷，可作为强的亲核试剂对羰基碳进行亲核加成，加成产物经酸水解得到碳原子比原料多的醇，是制醇和增碳合成常用的反应。例如：

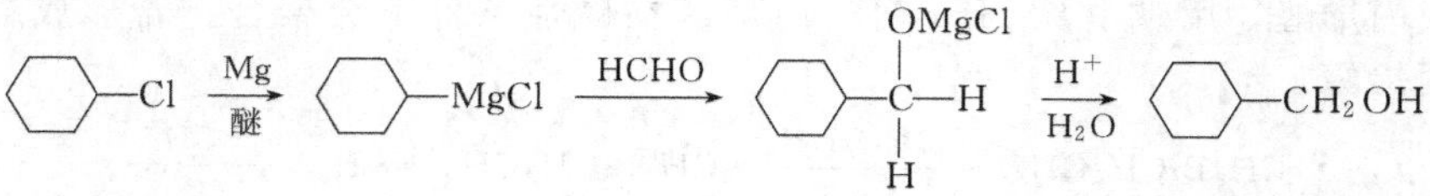

$$\text{环己基-Cl} \xrightarrow[\text{醚}]{Mg} \text{环己基-MgCl} \xrightarrow{HCHO} \text{环己基CH(OMgCl)H} \xrightarrow[H_2O]{H^+} \text{环己基-CH}_2\text{OH}$$

环己基甲醇（64%～69%）

$$C_6H_5{-}MgBr + CH_3CCH_2CH_3 \xrightarrow[H_2O]{\text{醚} \ H^+} C_6H_5{-}C(OH)(CH_3){-}CH_2CH_3$$

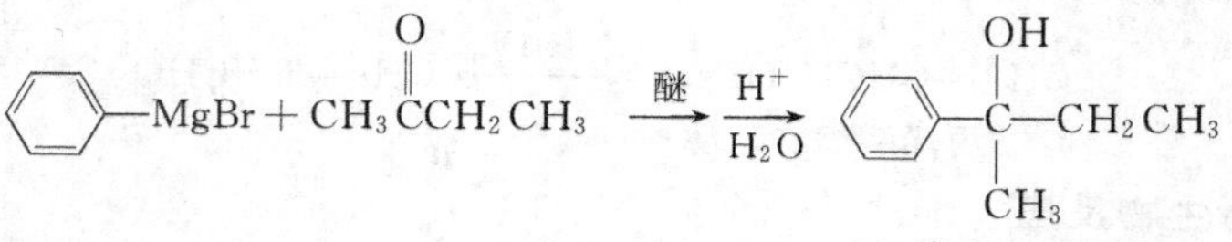

2-苯基-2-丁醇

例题 10.9 完成下列反应。

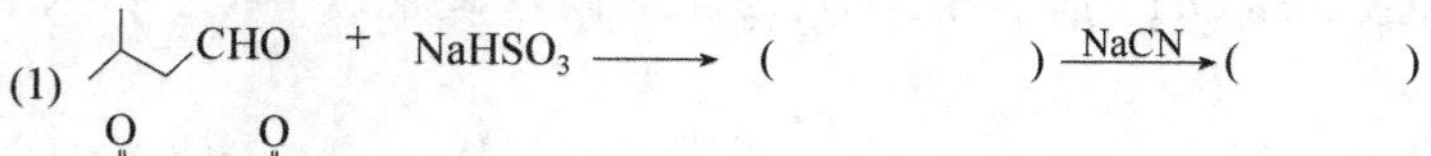

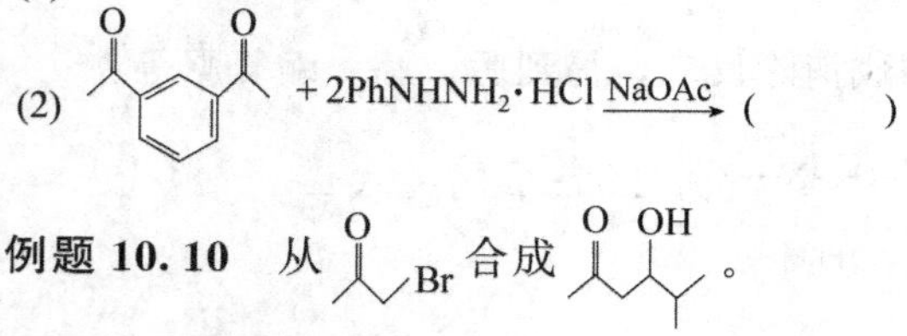

(1) $\qquad$ CHO + NaHSO$_3$ $\longrightarrow$ (　　　) $\xrightarrow{NaCN}$ (　　　)

(2) （苯环二酮）+ 2PhNHNH$_2$·HCl $\xrightarrow{NaOAc}$ (　　　)

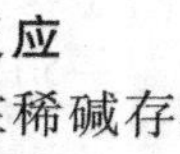

例题 10.10 从 （化合物Br）合成 （化合物）。

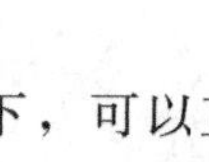

（6）羟醛缩合反应

含 α 氢的醛，在稀碱存在下，可以互相结合生成 β 羟基醛或生成 α,β 不饱和醛（有第二个 α 氢）。

$$HO^- + H-CH-C=O \rightleftharpoons H_2O + \left[\overset{-}{C}H-C=O \longleftrightarrow CH=C-O^- \right]$$
$$\underset{R}{}\ \underset{H}{} \qquad \underset{R}{}\ \underset{H}{} \qquad \underset{R}{}\ \underset{H}{}$$

$$RCH_2-\overset{O}{\overset{\|}{C}}-H + \overset{-}{C}H-C=O \xrightarrow{\text{慢}} RCH_2-\overset{O^-}{\overset{|}{C}}-CHCH=O \xrightarrow{H_2O,\ \text{快}} RCH_2\overset{OH}{\overset{|}{C}H}-CHCHO$$

$$\beta\text{-羟基醛}$$

$$RCH_2\overset{OH}{\overset{|}{C}H}-\overset{H}{\overset{|}{C}}-CHO \xrightarrow{\triangle} RCH_2CH=\overset{}{C}-CHO$$
$$\alpha,\beta\text{-不饱和醛}$$

在稀碱作用下，一分子醛的 α-H 被拉走，形成碳负离子，碳负离子可以作为亲核试剂对另一分子醛进行亲核加成反应，形成烷氧负离子，再结合水分子中的氢生成碳原子数增加一倍的 β-羟基醛。若 β-羟基醛的 α 碳上还有氢，则在较高温度下容易脱水形成稳定的 α,β-不饱和醛。

$$2CH_3\overset{O}{\overset{\|}{C}}H \xrightarrow[H_2O]{NaOH} CH_3\overset{OH}{\overset{|}{C}H}CH_2\overset{O}{\overset{\|}{C}}-H \xrightarrow{\triangle} CH_3CH=CHCHO$$

$$2CH_3CH_2CH_2\overset{O}{\overset{\|}{C}}H \xrightarrow[80\sim100℃]{NaOH,\ H_2O} CH_3CH_2CH_2CH=\overset{}{C}-CHO$$
$$\underset{CH_2CH_3}{}$$
$$86\%$$

羟醛缩合反应也能在酸催化下进行。

含有 α-H 的酮也能发生缩合反应，但反应活性较差，主要得到 α,β-不饱和酮。有些二羰基化合物经缩合反应，可生成环状化合物，可用于 5～7 元环的合成。

$$CH_3\overset{O}{\overset{\|}{C}}(CH_2)_2COCH_3 \xrightarrow[100℃]{NaOH,H_2O} \text{（环戊烯酮结构）}$$
$$3\text{-甲基-2-环戊烯酮}$$

采用不同的含 α-H 的醛化合物进行羟醛缩合，可以预料，得到四种不同结构化合物的混合物。但是，选用一分子含有 α-H 的醛，作为亲核试剂；另一分子不含 α-H 的醛，作为亲核受体，则可以得到有合成价值的产物。这一类型反应称为交叉羟醛缩合。例如：

$$HCHO + (CH_3)_2CHCH_2CH=O \xrightarrow{K_2CO_3} (CH_3)_2CHCHC\overset{O}{\overset{\|}{H}}$$
$$\underset{CH_2OH}{}$$
$$2\text{-羟甲基-3-甲基丁醛}$$
$$52\%$$

$$\text{（苯甲醛）} + CH_3\overset{O}{\overset{\|}{C}}H \xrightarrow[50℃]{NaOH,H_2O} \text{（苯基）}-CH=CH-\overset{O}{\overset{\|}{C}}H$$
$$\text{肉桂醛}$$
$$90\%$$

在有机合成中羟醛缩合是生成碳碳单键的一种重要方法。例如在氯霉素合成中，甲醛与对硝基-α-乙酰氨基-苯乙酮在碳酸氢钠催化下，缩合得对硝基-α-乙酰氨基-β-羟基-苯丙酮。

$$O_2N-\langle\ \rangle-COCH_2NHCOCH_3 + HCHO \xrightarrow[35\sim40℃]{NaHCO_3} O_2N-\langle\ \rangle-\underset{\underset{CH_2OH}{|}}{C}OCHNHCOCH_3$$

例题 10.11 写出以下反应机理。

$$\xrightarrow[\triangle]{OH^-}$$

(7) 卤化和卤仿反应

在酸或碱的催化下，醛、酮的 α-H 可以被卤代，得到 α-卤代醛或酮。

$$\bigcirc\!\!=\!\!O +Cl_2 \xrightarrow{H_2O} \text{（环己酮邻氯）} +HCl$$
$$61\%\sim66\%$$

$$CH_3-\underset{\underset{CH_3}{|}}{C}H-\underset{\underset{O}{\|}}{C}-CH_3 +Br_2 \xrightarrow{CH_3OH} CH_3-\underset{\underset{CH_3}{|}}{C}H-\underset{\underset{O}{\|}}{C}-CH_2Br + HBr$$

醛、酮在酸催化下反应，往往只能得一取代产物：

$$CH_3\overset{O}{\overset{\|}{C}}CH_3 \underset{H^+,\ 快}{\rightleftharpoons} CH_3\overset{+OH}{\overset{\|}{C}}CH_3 \xrightarrow{-H^+,\ 慢} CH_3\overset{OH}{\overset{|}{C}}=CH_2 \xrightarrow{Br-Br,\ 快} CH_3\overset{+OH}{\overset{\|}{C}}-CH_2Br + Br^-$$

$$\downarrow 快$$

$$CH_3\overset{O}{\overset{\|}{C}}-CH_2Br$$

发生一取代后，卤素的吸电子作用使羰基氧的电子云密度下降，难以形成烯醇，不利于第二个卤原子取代。

醛、酮在碱催化下反应，可以得到多取代产物，并导致碳-碳键的断裂而发生卤仿反应。

$$CH_3-\overset{O}{\overset{\|}{C}}-CH_3 + OH^- \underset{慢}{\rightleftharpoons} \left[CH_3-\overset{O}{\overset{\|}{C}}-CH_2^- \longleftrightarrow CH_3-\overset{O^-}{\overset{|}{C}}=CH_2 \right] \xrightarrow{Br-Br,\ 快} CH_3-\overset{O}{\overset{\|}{C}}-CH_2Br$$

可继续进行第二个卤原子的取代，因为卤原子的吸电子作用，使 α-H 更易被碱夺取（α-H 的酸性增强）。随后可进行第三个氢被卤原子取代，得三卤代羰基化合物：

$$CH_3-\overset{O}{\overset{\|}{C}}-CH_2Br \xrightarrow{OH^-,\ Br-Br} \cdots\cdots CH_3-\overset{O}{\overset{\|}{C}}-CBr_3$$

三卤代物在碱的存在下发生三卤甲基和羰基之间的键的断裂，得到卤仿和羧酸，这一反应称为卤仿反应。凡是具有 α-甲基酮结构 $\left(\ \underset{CH_3-C}{\overset{O}{\overset{\|}{}}}\ \right)$ 的化合物都能发生卤仿反应。

$$CH_3\overset{O}{\overset{\|}{C}}-CX_3 +OH^- \rightleftharpoons CH_3\overset{O}{\overset{\nearrow}{C}}_{\underset{O^-}{}} +HCX_3$$

例如：
$$(CH_3)_3CCOCH_3 +Cl_2 + NaOH \xrightarrow{\triangle} (CH_3)_3CCOONa + CHCl_3$$
$$(NaOCl) \qquad\qquad 74\%$$

具有 $\underset{\underset{OH}{|}}{CH_3CH}-$ 结构的醇因次卤酸能将其氧化为 $CH_3\overset{O}{\overset{\|}{C}}-$ 结构，而能发生卤仿反应

$$CH_3CH_2OH \xrightarrow{NaOX} CH_3CHO \xrightarrow{NaOX} HCOONa + HCX_3$$

因碘仿是不溶于水的黄色固体，有特殊气味，易于识别，在鉴别 α-甲基酮结构时，常用 $I_2 + NaOH$ 作为反应试剂。

例题 10.12　完成下列反应

(1) 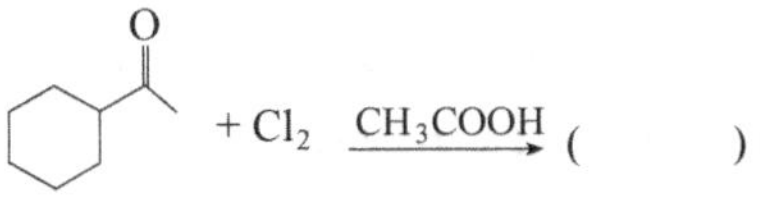 $+ Cl_2 \xrightarrow{CH_3COOH}$ (　　　)

(2) $\xrightarrow{I_2, NaOH}$ (　　　)

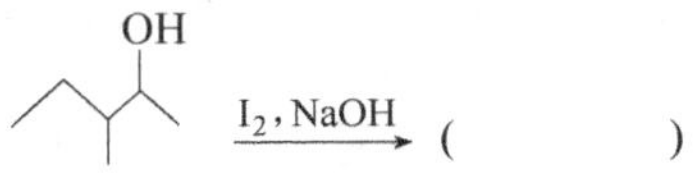

（8）还原反应

a. 催化加氢　采用 Pt、Pd、Ni 为催化剂，可以将醛还原为伯醇，酮还原为仲醇。若分子中含有碳碳不饱和键，将同时被加氢。

$$CH_3CH_2\overset{O}{\underset{\parallel}{C}}CH_3 + H_2 \xrightarrow{Ni} CH_3CH_2-\overset{OH}{\underset{|}{C}HCH_3}$$

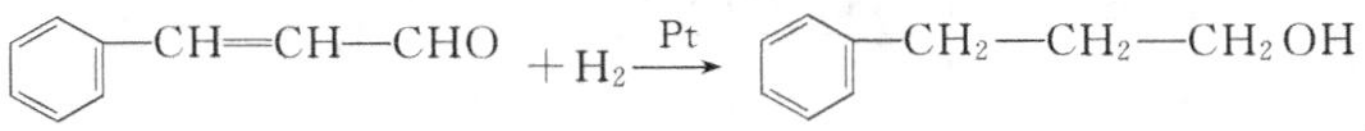

b. 用 LiAlH₄ 或 NaBH₄ 还原　用 $LiAlH_4$ 或 $NaBH_4$ 可以将醛或酮还原为伯醇或仲醇。

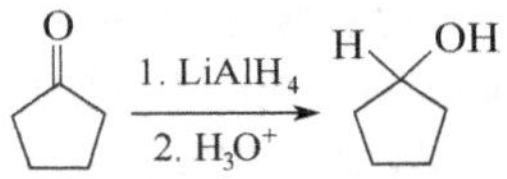

$$CH_3CH_2\overset{O}{\underset{\parallel}{C}}CH(CH_3)_2 \xrightarrow[\text{2. } H_3O^+]{\text{1. } NaBH_4} CH_3CH_2\overset{OH}{\underset{|}{C}HCH(CH_3)_2}$$

$NaBH_4$ 的还原活性比 $LiAlH_4$ 稍差，在还原共轭的 2-丁烯醛时，选择性好，只还原羰基；$LiAlH_4$ 因还原能力强，将碳碳双键也同时还原。

c. Clemmenson 还原法　醛、酮与锌汞齐和浓盐酸一起加热，羰基被还原为亚甲基，反应收率大于 50%。

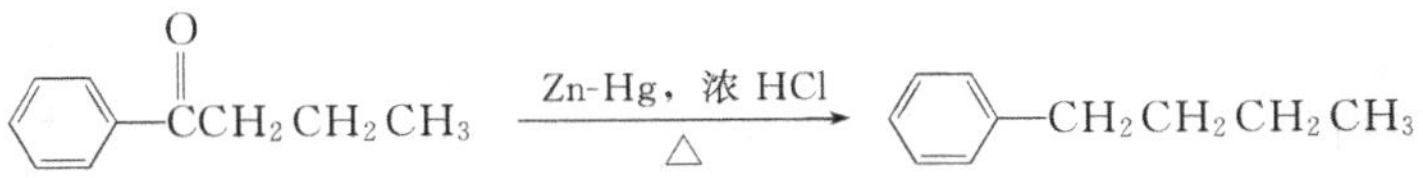

d. Wolff-Kishner 黄鸣龙还原法　将醛或酮与肼的水溶液，在高沸点溶剂 [如二缩乙二醇（$HOCH_2CH_2)_2O$ 或三缩乙二醇（$HOCH_2CH_2OCH_2)_2$] 中与碱（NaOH）一起加热，羰基先生成腙，然后将水和多余的肼蒸发，再加热到腙分解得到还原产物

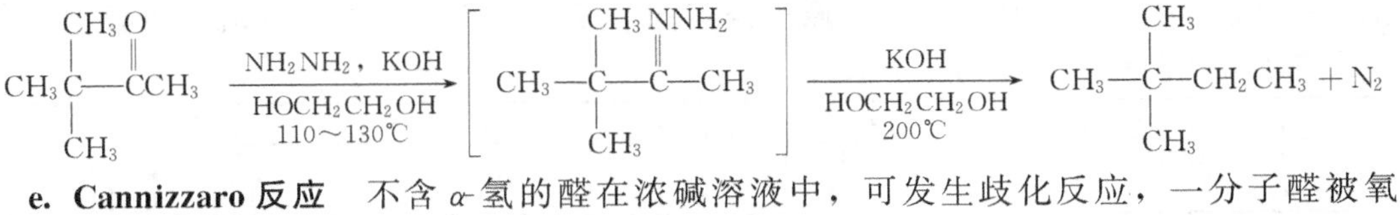

e. Cannizzaro 反应　不含 α 氢的醛在浓碱溶液中，可发生歧化反应，一分子醛被氧化成酸，另一分子醛被还原成醇。

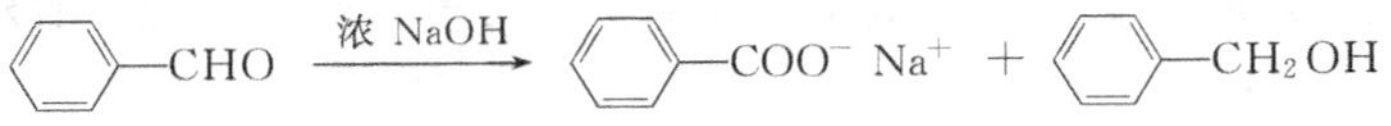

两种不同的都不含 α-氢的醛，可以发生交叉 Cannizzaro 反应。由于甲醛极易氧化，所以在反应中，它总是生成酸，而其他的醛被还原为醇。

$$\text{CHO-C}_6\text{H}_4\text{-OCH}_3 + \text{HCHO} \xrightarrow[\text{2. } \text{H}_3\text{O}^+]{\text{1. } 30\% \text{ NaOH, } \text{H}_2\text{O, } \text{CH}_3\text{OH}} \text{CH}_2\text{OH-C}_6\text{H}_4\text{-OCH}_3 + \text{HCOOH}$$

85%～90%

例题 10.13 写出 3-甲基-2-环已烯酮分别与下列试剂的反应产物。

(1) H_2，Pd-C，C_2H_5OH　　(2) $NaBH_4$，C_2H_5OH，然后 H_2O　　(3) $LiAlH_4$ 乙醚，然后 H_2O

例题 10.14 完成以下反应。

(1)
$$\text{NO}_2\text{-C}_6\text{H}_4\text{-COCH}_3 \xrightarrow[\text{HCl}]{\text{Zn–Hg}} (\qquad)$$

(2)
$$\text{Ph-CO-CH}_2\text{CH}_3 + \text{NH}_2\text{NH}_2 \xrightarrow[200℃]{\text{NaOH,(HOCH}_2\text{CH}_2)_2\text{O}} (\qquad)$$

(9) 氧化反应

醛易氧化为羧酸；酮不易氧化，只有在剧烈条件下氧化，才发生碳链的断裂。因此，可采用氧化性不强，而现象明显的试剂作为区别醛和酮的试剂，如 Fehling 试剂（酒石酸钾钠的碱性硫酸铜溶液）和 Tollens 试剂（氢氧化银氨溶液）。

$$\text{RCHO} + \text{Cu(OH)}_2 + \text{NaOH} \xrightarrow{\triangle} \text{RCOONa} + \text{Cu}_2\text{O} \downarrow + \text{H}_2\text{O}$$

蓝绿色　　　　　　　　　　　　　　　　红色

$$\text{RCHO} + \text{Ag(NH}_3)_2\text{OH} \xrightarrow{\triangle} \text{RCOONH}_4 + \text{Ag} \downarrow + \text{NH}_3 + \text{H}_2\text{O}$$

无色　　　　　　　　　　　　　　银镜

这两个氧化试剂对分子中的碳碳不饱键不起氧化作用。

10.7　羧酸及其衍生物

10.7.1　羧酸

(1) 羧酸的结构

羧酸（carboxylic acids）分子中含有官能团羧基 $-\text{C}\stackrel{\displaystyle O}{\underset{\displaystyle OH}{}}$。可以认为羧基碳原子是 sp²

杂化，三个 σ 键处于同一平面中。碳原子余下的 p 轨道与氧原子上的 p 轨道重叠，形成 π 键。据物理方法测定，甲酸的键常数为：

键长/nm		键角		键长/nm		键角	
C=O	0.120	H—C=O	124.1°	C—H	0.110	H—C=O	111.0°
C—O	0.134	O=C=O	124.9°	O—H	0.097	H—O—C	106.3°

羧酸分子中羟基氧原子上的孤对电子与羰基上的 π 电子形成共轭，其结构可用共振结构式来表示：

$$\left[R-C\overset{\displaystyle O}{\underset{\displaystyle OH}{\Big\langle}} \longleftrightarrow R-C\overset{\displaystyle \bar{O}}{\underset{\displaystyle \overset{+}{O}-H}{\Big\langle}} \longleftrightarrow R-\overset{+}{C}\overset{\displaystyle \bar{O}}{\underset{\displaystyle OH}{\Big\langle}} \right]$$

（2）羧酸的物理性质

羧酸的物理性质见表 10.6。

表 10.6　羧酸的物理性质

名　称	熔点/℃	沸点/℃	溶解度 /(g/100g H_2O)	$pK_a(pK_{a_1})$, pK_{a_2}
甲酸（蚁酸）	8.4	100.7	∞	3.77
乙酸（醋酸）	16.6	118	∞	4.76
丙酸	−21	141	∞	4.88
丁酸	−5	164	∞	4.82
戊酸	−34	186	3.7	4.86
己酸	−3	205	1.0	4.85
十二酸（月桂酸）	44	225	不溶	
十四酸	54	251(13.3kPa)	不溶	
十六酸（棕榈酸,软脂酸）	63	390	不溶	
十八酸（硬脂酸）	71.5～72	360（分解）	不溶	6.37
丙烯酸（败脂酸）	13	141.6		4.26
苯甲酸（安息香酸）	122.4	249	0.34	4.19
反-3-苯基丙烯酸（肉桂酸）	133	300	溶于热水	4.43
乙二酸（草酸）	189.5	157（升华）	8.6	1.23,4.19
丙二酸（缩苹果酸）	135.6	140（分解）	74.5	2.83,5.69
丁二酸（琥珀酸）	185	235（分解）	5.8	4.19,5.45
顺-丁烯二酸（马来酸）	130.5	130（分解）	78.8	1.83,6.07
反-丁烯二酸（富马酸）	286～287	200（升华）	溶于热水	3.03,4.44
己二酸	153	330.5（分解）	1.5	4.42,5.41
邻苯二甲酸	231（速热）		0.7	3.0,5.40

羧酸的沸点比相对分子质量相近的醇、醛、酮要高。例如：甲酸相对分子质量为 46，沸点 100.7℃，而相对分子质量同为 46 的乙醇沸点为 78℃，相对分子质量为 44 的乙醛沸点仅为 21℃。原因在于一元羧酸分子间能通过两个氢键互相结合，形成缔合的二聚体分子。

$$R-C\overset{O\cdots H-O}{\underset{O-H\cdots O}{\Big\langle\Big\rangle}}C-R$$

饱和一元羧酸，因与水能形成氢键而有较好的溶解度。C_4 以下的羧酸能与水混溶。随着相对分子质量增大，烃基所占份额的比例不断上升，羧酸的溶解度相应降低，从十二酸起完全不溶于水。二元酸的溶解度情况与一元酸相似。芳酸在水中溶解度很小，绝大多数以晶体析出。

直链饱和一元酸的熔点随碳原子数目增加而呈锯齿状升高。含偶数碳原子的羧酸的熔点高于邻近两个含奇数碳原子的羧酸。见图 10.2。

（3）羧酸的化学性质

羧酸的化学反应主要发生在官能团上，根据断键的位置不同而发生不同的反应。

羧基对 α-H 有较弱的致活作用，可发生卤代。

$$R-\overset{\overset{\displaystyle H}{|}}{\underset{\underset{\displaystyle H}{|}}{C}}-\overset{\overset{\displaystyle O}{\|}}{C}-O-H \qquad \text{a.酸性，b.取代，c.脱羧}$$

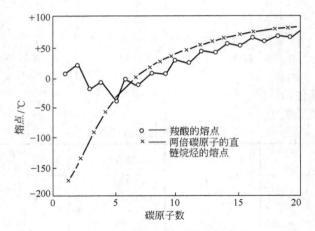

图 10.2　直链饱和一元羧酸的熔点

a. 酸性　羧酸在水溶液中的电离平衡：

$$RCOOH + H_2O \rightleftharpoons RCOO^- + H_3O^+ \qquad K_a = \dfrac{[RCOO^-][H_3O^+]}{[RCOOH]}$$

羧酸的 pK_a 约为 4～5，属于弱酸，但比碳酸强。

羧酸电离后生成的羧酸根负离子，比羧酸有更好的稳定性。从共振结构观察，羧酸根负离子中羧基碳原子上的 p 轨道与两个氧原子上的 p 轨道重叠，负电荷可分散到两个氧原子上，而羧酸共振结构中不存在这一稳定作用。

从羧酸的电离平衡可知，羧酸根负离子稳定性愈好，相应羧酸的酸性愈强。影响羧酸根负离子稳定性的因素主要是 R 基团的电子效应。R 基团上连有吸电子基，对电荷分散有利，酸性增强；R 基团上连有供电子基，对电荷分散不利，酸性减弱。

b. α-氢的卤代　饱和一元羧酸 α 碳上的氢受到羧基的吸电子作用，显示一定的活性。在少量红磷的存在下可被卤素取代，生成 α 卤代酸。

$$CH_3(CH_2)_3CH_2COOH + Br_2 \xrightarrow[\triangle]{P} CH_3(CH_2)_3\underset{\underset{Br}{|}}{C}HCOOH + HBr$$

83%～89%

c. 羧酸衍生物的生成　羧酸分子中羧基上的羟基可以被卤素取代生成酰卤，被羧酸根取代生成酸酐，被烷氧基取代生成酯，被氨基取代生成酰胺。这四个产物统称为羧酸衍生物（derivatives of carboxylic）。

生成酰氯：将羧酸与三氯化磷、五氯化磷或氯化亚砜作用，都可生成酰氯。

$$RC\!-\!OH + PCl_3 \longrightarrow RCCl + P(OH)_3$$

$$RC\!-\!OH + PCl_5 \longrightarrow RC\!-\!Cl + POCl_3 + HCl$$

$$RC\!-\!OH + SOCl_2 \longrightarrow RCCl + SO_2 + HCl$$

例如：

$$CH_3CH_2CH_2\overset{O}{\overset{\|}{C}}-OH + SOCl_2 \xrightarrow{\triangle} CH_3CH_2CH_2\overset{O}{\overset{\|}{C}}Cl + SO_2 + HCl$$

85%

生成酸酐：两分子羧酸在脱水剂（P_2O_5 或乙酐）存在下，加热可生成酸酐。

$$\begin{matrix} R-\overset{O}{\overset{\|}{C}} \\ | \\ OH \\ OH \\ | \\ R-\overset{\|}{\underset{O}{C}} \end{matrix} \xrightarrow[\triangle]{P_2O_5 \text{ 或乙酐}} \begin{matrix} R-\overset{O}{\overset{\|}{C}} \\ | \\ O + H_2O \\ | \\ R-\overset{\|}{\underset{O}{C}} \end{matrix}$$

生成酯：在质子酸催化下，羧酸与醇反应可生成酯。另外也可通过酰氯、酸酐的醇解来制取。

$$R-\overset{O}{\overset{\|}{C}}{\underset{OH}{}} + HOR' \underset{}{\overset{H^+}{\rightleftharpoons}} R-\overset{O}{\overset{\|}{C}}{\underset{OR'}{}} + H_2O$$

生成酰胺：羧酸与氨在较低温度下生成铵盐，铵盐在较高温度下脱水生成酰胺。另外酰胺也可通过酰氯、酸酐的氨解反应来制取。

$$R-\overset{O}{\overset{\|}{C}}{\underset{OH}{}} + NH_3 \xrightarrow{25℃} RC\overset{O}{\overset{\|}{}}{\underset{O^- NH_4^+}{}} \xrightarrow{\triangle} R-\overset{O}{\overset{\|}{C}}-NH_2 + H_2O$$

d. 脱羧反应　一元饱和羧酸在强碱条件下，脱羧生成 CO_2 和烃类混合物。

当羧酸的 α-碳上连有强的吸电子基时，脱羧变得容易。例如：

$$CCl_3COOH \xrightarrow{\triangle} CHCl_3 + CO_2 \uparrow$$

$$CH_3\overset{O}{\overset{\|}{C}}CH_2COOH \xrightarrow{\triangle} CH_3\overset{O}{\overset{\|}{C}}CH_3 + CO_2 \uparrow$$

$$C_2H_5-\overset{COOH}{\underset{COOH}{\overset{|}{C}H}} \xrightarrow{\triangle} CH_3CH_2CH_2COOH + CO_2 \uparrow$$

有关脱羧反应的应用参阅"β-二羰基化合物"。

e. 还原　羧酸中的羰基受到羟基的影响，活性降低，必须选择强还原剂进行还原反应。羧酸能被 $LiAlH_4$ 还原为醇，也能在高温、高压下被催化加氢。$NaBH_4$ 不能还原羧酸。

$$\bigcirc\!\!-\overset{O}{\overset{\|}{C}}-OH \xrightarrow[\text{2. } H_3O^+]{\text{1. } LiAlH_4,\text{ 干醚}} \bigcirc\!\!-CH_2OH$$

$$CH_3CH_2\overset{O}{\overset{\|}{C}}CH\overset{O}{\overset{\|}{C}}-OH \begin{cases} \xrightarrow[\text{2. } H_3O^+]{\text{1. } LiAlH_4,\text{ 干醚}} CH_3CH_2CH_2\overset{OH}{\overset{|}{C}H}CHCH_2OH \underset{CH_3}{} \\ \\ \xrightarrow[\text{2. } H_3O^+]{\text{1. } NaBH_4} CH_3CH_2\overset{OH}{\overset{|}{C}H}CH\overset{O}{\overset{\|}{C}}-OH \underset{CH_3}{} \end{cases}$$

若要使分子中的羰基不还原，可采用形成缩醛的方法加以保护。

例题 10.15 完成下列反应。

(1) $\xrightarrow{Cl_2/PCl_3}$ (　　　)

(2) $HO-\langle\ \rangle-CH_2OH \xrightarrow[H^+]{CH_3COOH}$ (　　　　)

(3) $\xrightarrow{\triangle}$ (　　　)

(4) $\xrightarrow{LiAlH_4} \xrightarrow{H_2O}$ (　　　　)

10.7.2　羟基酸

羧酸分子中烃基上的氢被羟基取代后的产物称为羟基酸。根据羟基与羧基的相对位置可称为 α-羟基酸、β-羟基酸……，其中 ω-表示羟基连接在碳链末端的碳原子上。

（1）羟基酸的制法

a. α-羟基酸的制法　α-羟基酸可以由羰基化合物与氢氰酸加成产物 α-羟基腈水解得到，也可以由 α-卤代酸水解得到。

$$CH_3CH_2CH \xrightarrow{HCN} CH_3CH_2\overset{OH}{\underset{}{C}}HCN \xrightarrow{稀\ HCl} CH_3CH_2\overset{OH}{\underset{}{C}}HCOOH$$

$$CH_3COOH \xrightarrow[\triangle]{Br_2,\ P} \overset{}{\underset{Br}{C}}H_2COOH \xrightarrow{NaOH} \overset{}{\underset{OH}{C}}H_2COOH$$

b. β-羟基酸制法　β-羟基酸可以由 α-卤代酸酯有机锌与醛或酮进行 *Reformatsky* 反应制取，也可以由烯烃经次卤酸加成，再转化为 β-羟基腈水解得到。

Reformatsky 反应：

$$Zn+BrCH_2COOC_2H_5 \xrightarrow{干醚} BrZnCH_2COOC_2H_5 \xrightarrow{\overset{O}{\overset{\|}{CH_3CCH_3}}}$$

$$CH_3\overset{CH_3}{\underset{OZnBr}{C}}CH_2COOC_2H_5 \xrightarrow{H^+,\ H_2O} CH_3\overset{CH_3}{\underset{OH}{C}}CH_2COOC_2H_5 \xrightarrow[\triangle]{H^+,\ H_2O} CH_3\overset{CH_3}{\underset{OH}{C}}CH_2COOH$$

$$CH_2=CH_2 \xrightarrow{Cl_2+H_2O} \overset{}{\underset{OH}{C}}H_2-\overset{}{\underset{Cl}{C}}H_2 \xrightarrow{NaCN} \overset{}{\underset{OH}{C}}H_2\overset{}{\underset{CN}{C}}H_2 \xrightarrow{H^+,\ H_2O} CH_2CH_2COOH\underset{OH}{}$$

（2）羟基酸的性质

羟基酸通常为固体或黏稠液体，因分子中的羟基和羧基都能与水形成氢键，而显示出比醇或羧酸更好的溶解度。

a. 酸性　在脂肪碳链上连接的羟基是个吸电子基，通过诱导效应对羧基的酸性有增强作用。

例如：　　　　CH_3COOH　$pK_a 4.76$，　$\overset{}{\underset{OH}{C}}H_2COOH$　$pK_a 3.85$

连接在芳环上的羟基因共轭和诱导的双重作用（方向相反），而使对羟基苯甲酸的酸性降低。

$pK_a 4.18$　　　　　$pK_a 2.96$　　　　　$pK_a 4.07$　　　　　$pK_a 4.58$

其中邻羟基苯甲酸（水杨酸）的酸性异常强，是因为分子内形成氢键，有利羧酸电离的缘故。

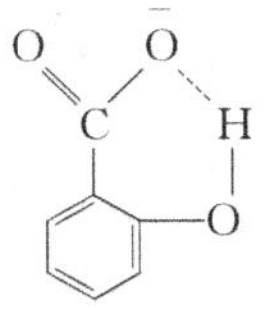

b. 脱水反应　不同结构的羟基酸受热脱水的产物有很大区别。α-羟基酸两分子交错脱水得到交酯；β-羟基酸脱水得到 α,β-不饱和羧酸；γ 和 δ-羟基酸脱水更易形成内酯；而羟基与羧基相隔更远的羟基酸则发生分子间脱水形成聚酯。

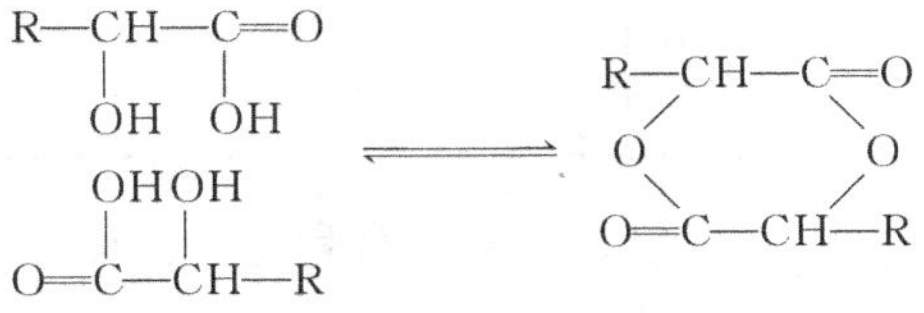

交酯

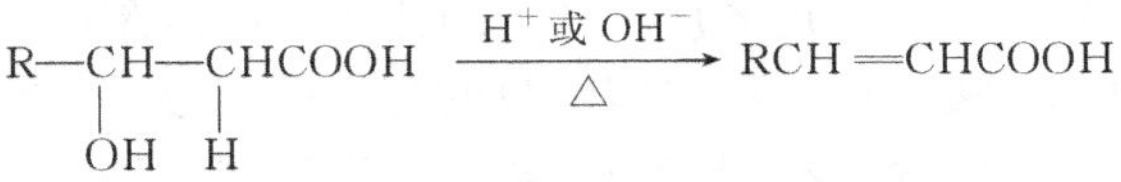

α,β-不饱和羧酸

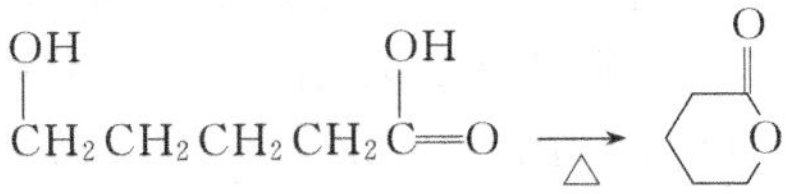

内酯

$$m\,HO(CH_2)_n COOH \longrightarrow H{\left[O(CH_2)_n CO\right]}_m OH + (m-1)H_2O \quad (n\geqslant 5)$$

聚酯

例题 10.16　完成以下反应。

(1)

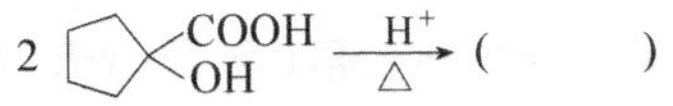

(2)

10.7.3　羧酸衍生物

（1）羧酸衍生物的物理性质

羧酸衍生物的物理性质见表 10.7。

表 10.7　羧酸衍生物的物理性质

组　成	酰　氯		酸　酐		乙　酯		酰　胺	
	m.p./℃	b.p./℃	m.p./℃	b.p./℃	m.p./℃	b.p./℃	m.p./℃	b.p./℃
HC— (O)	不存在		不存在		−80	54	2	193
CH₃C— (O)	−112	52	−73	140	−84	77.1	82	222
CH₃CH₂C— (O)	−94	80	−45	168	−74	99	80	213
CH₃CH₂CH₂C— (O)	−89	102	−75	198	−93	121	116	216

续表

组　成	酰　氯		酸　酐		乙　酯		酰　胺	
	m. p. /℃	b. p. /℃	m. p. /℃	b. p. /℃	m. p. /℃	b. p. /℃	m. p. /℃	b. p. /℃
（苯甲酰基结构式）	−1	197	42	360	−35	213	130	290
（邻苯二甲酰基结构式）	11		131	284		296	219	

　　酰氯的沸点比相应的羧酸低，与相对分子质量相近的醛酮相似。低级酰氯是有刺激性的无色液体。酰氯不溶于水，低级酰氯遇水强烈水解。

　　酸酐的沸点比相对分子质量相近的羧酸低，但比相应的羧酸高。

　　酯的沸点比相应的醇和羧酸低，而与同碳数的醛、酮相近。酯在水中的溶解度较小，但能溶于有机溶剂中，具挥发性的酯有特殊的香味，可用于制作香料。

　　酰胺分子间可形成氢键，分子缔合使酰胺的沸点高于相应的酸。当氨基上的氢被烃基取代后，导致形成氢键的能力下降，缔合程度减小，沸点降低。例如：N,N-二甲基甲酰胺（b. p. 153℃），N-甲基甲酰胺（b. p. 180～185℃），甲酰胺（210.5℃分解）低相对分子质量的酰胺能溶于水和绝大多数有机溶剂，是经常使用的优良溶剂。

　　（2）羧酸衍生物的亲核取代（加成-消除）**反应**（反应机理见第 4 章加成消除反应）

　　羧酸衍生物可以与亲核试剂作用发生亲核取代（加成-消除历程）反应，得到酰基保留的化合物，可称作酰基化反应。

　　羧酸衍生物的反应活性取决于离去基团的离去能力，碱性愈弱，基团愈易离去。各离去基团的离去能力强弱顺序为：$Cl^- > RCOO^- > RO^- > NH_2^-$，因此羧酸衍生物亲核取代反应的活性强弱顺序为酰氯＞酸酐＞酯＞酰胺。

　　a. 羧酸衍生物的水解　酰氯极易水解，乙酰氯遇水反应剧烈。酸酐遇水迅速水解，但反应比酰氯慢。酯的水解需在酸或碱的催化下才能进行。酰胺难以水解，需在酸或碱的存在下加热才水解，反应比酯慢。

$$\underset{\text{RC}}{\overset{O}{\|}}-Z \xrightarrow{H_2O} \underset{\text{RC}}{\overset{O}{\|}}-OH + HZ \qquad Z = X^-,\ R'COO^-,\ RO^-,\ NH_2^-$$

酯的水解可被酸或碱催化。

酸催化：

$$\underset{RC}{\overset{O}{\|}}-OR' \rightleftharpoons \underset{RC}{\overset{\overset{+}{O}H}{\|}}-OR' \xrightarrow{HOH} \underset{\overset{+}{O}H_2}{\overset{OH}{R-\underset{\ }{C}-OR'}} \rightleftharpoons \underset{OH}{\overset{OH}{R-\underset{\ }{C}-OR'}} + H^+$$

$$\underset{OH}{\overset{OH}{R-\underset{\ }{C}-OR'}} \xrightarrow{H^+} \underset{OHH}{\overset{OH}{R-\underset{\overset{+}{\ }}{C}-OR'}} \longrightarrow \underset{OH}{\overset{\overset{+}{O}H}{R-\underset{\ }{C}}} + R'OH$$

$$R-\overset{\overset{\displaystyle +}{O}H}{\underset{\displaystyle OH}{C}} \rightleftharpoons R-\overset{\displaystyle O}{\underset{}{C}}-OH + H^+$$

羰基氧原子的质子化是必须的，它能使羰基碳原子显更多的正电性，更易受到亲核试剂的进攻。水是一个弱的亲核试剂，不能对未质子化的羰基进行亲核反应。

碱催化：

$$HO^- + \overset{\overset{\displaystyle R}{|}}{\underset{\underset{\displaystyle O}{\|}}{C}}-OR' \longrightarrow HO-\overset{\overset{\displaystyle R}{|}}{\underset{\underset{\displaystyle O^-}{|}}{C}}-OR' \longrightarrow HO-\overset{\overset{\displaystyle R}{|}}{\underset{\underset{\displaystyle O}{\|}}{C}} + R'O^- \longrightarrow R\overset{\displaystyle O}{\underset{\displaystyle O^-}{C}} + R'OH$$

b. 羧酸衍生物的醇解　羧酸衍生物与醇反应，进行亲核取代得到酯。

$$R-\overset{\overset{\displaystyle O}{\|}}{C}-Z \xrightarrow{R''OH} R\overset{\displaystyle O}{\underset{}{C}}-OR'' + HZ$$

$$Z = X^-，R'COO^-，R'O^-$$

酰氯和酸酐可以直接与醇作用生成相应的酯。酯的醇解生成新的酯和醇，称为酯交换反应。酰胺难以醇解。酸或碱对反应有催化作用。

$$CH_3\overset{\overset{\displaystyle O}{\|}}{C}Cl + (CH_3)_3COH \xrightarrow{乙醚，C_6H_5N(CH_3)_2} CH_3\overset{\overset{\displaystyle O}{\|}}{C}OC(CH_3)_3$$
$$63\% \sim 68\%$$

$$CH_3\overset{\overset{\displaystyle O}{\|}}{C}-O\overset{\overset{\displaystyle O}{\|}}{C}CH_3 + CH_3\underset{\underset{\displaystyle OH}{|}}{C}HCH_2CH_3 \xrightarrow{H_2SO_4} CH_3\overset{\overset{\displaystyle O}{\|}}{C}O\underset{\underset{\displaystyle CH_3}{|}}{C}HCH_2CH_3 + CH_3\overset{\overset{\displaystyle O}{\|}}{C}OH$$
$$60\%$$

$$\underset{COOCH_3}{\overset{COOCH_3}{\bigcirc}} + HOCH_2CH_2OH \xrightarrow{C_2H_5ONa} \underset{COOCH_2CH_2OH}{\overset{COOCH_2CH_2OH}{\bigcirc}} + CH_3OH$$

对苯二甲酸二（乙二醇）酯

c. 羧酸衍生物的氨解　酰氯、酸酐和酯能与氨、伯胺、仲胺作用得到酰胺和取代酰胺。

$$R-\overset{\overset{\displaystyle O}{\|}}{C}-Z \begin{cases} \xrightarrow{NH_3} RC\overset{\overset{\displaystyle O}{\|}}{}-NH_2 + HZ \\ \xrightarrow{R''NH_2} RC\overset{\overset{\displaystyle O}{\|}}{}-NHR'' + HZ \\ \xrightarrow{R''_2NH} RC\overset{\overset{\displaystyle O}{\|}}{}-NR''_2 + HZ \end{cases}$$

$$Z = Cl^-，R'COO^-，R'O^-$$

d. 酰卤、酯与 Grignard 试剂作用　羧酸衍生物酰卤、酯与 Grignard 试剂作用，可得到中间产物酮，格氏试剂与酮继续作用，产物为含两相同烃基的叔醇。

$$CH_3\overset{\overset{\displaystyle O}{\|}}{C}Cl + CH_3CH_2CH_2CH_2MgI \xrightarrow[-70℃]{FeCl_3，醚} CH_3\overset{\overset{\displaystyle O}{\|}}{C}CH_2CH_2CH_2CH_3$$
$$72\%$$

$$CH_3CH_2\overset{\displaystyle O}{\overset{\|}{C}}{-}OCH_2CH_3 \xrightarrow{CH_3MgBr,\ 醚} CH_3CH_2\overset{\displaystyle OMgBr}{\underset{\underset{\displaystyle CH_3}{|}}{\overset{|}{C}}}{-}OCH_2CH_3 \xrightarrow[\;\;\;]{\overset{\displaystyle OCH_2CH_3}{\underset{\displaystyle Br}{-\ Mg\ }}}$$

$$CH_3CH_2\overset{\displaystyle O}{\overset{\|}{C}}CH_3 \xrightarrow[醚]{CH_3MgBr} CH_3CH_2\overset{\displaystyle OMgBr}{\underset{\underset{\displaystyle CH_3}{|}}{\overset{|}{C}}}CH_3 \xrightarrow{H_3O^+} CH_3CH_2\overset{\displaystyle OH}{\underset{\underset{\displaystyle CH_3}{|}}{\overset{|}{C}}}CH_3$$

例题 10.17　解释反应机理。

$$\text{（β-内酯）}\xrightarrow[H_2O]{OH^-} H^{18}OCH_2CH_2COO^-$$

例题 10.18　完成以下反应。

邻-（羟甲基）苯甲酸 $\xrightarrow{H^+}$（　　　）$\xrightarrow[②H_3O^+]{①过量CH_3MgBr}$（　　　）

10.8　β-二羰基化合物

分子中含有两个羰基官能团的化合物，称为二羰基化合物，其中两个羰基中间夹着一个亚甲基的化合物称为 β-二羰基化合物（β-dicarbonyl compounds）。

$$\underset{\text{2,4-戊二酮}}{CH_3\overset{\displaystyle O}{\overset{\|}{C}}CH_2\overset{\displaystyle O}{\overset{\|}{C}}CH_3} \qquad \underset{\text{丙二酸二乙酯}}{CH_2\overset{\nearrow COOC_2H_5}{\searrow COOC_2H_5}} \qquad \underset{\text{3-丁酮酸乙酯}}{CH_2\overset{\displaystyle O}{\overset{\|}{C}}CH_2\overset{\displaystyle O}{\overset{\|}{C}}OC_2H_5}$$

亚甲基受到两个羰基（酯基）吸电子的影响，α-碳原子上的氢原子变得很活泼。这类化合物也称为活泼亚甲基化合物。可以进一步认识，当 A—CH$_2$—A′ 形式化合物中 A 和 A′ 都为强的吸电子基（A 和 A′ 为：RCO—，—CN，—NO$_2$ 等）时，亚甲基都能显示出特有的活性。本节所讨论的反应，也都能适用。

10.8.1　β-二羰基化合物的酮-烯醇平衡

β-二羰基化合物活泼亚甲基上的 α-氢有酸性，pK_a 在 9～13 之间，存在酮式-烯醇式互变异构。以乙酰乙酸乙酯为例：

$$CH_3\overset{\displaystyle O}{\overset{\|}{C}}CH_2\overset{\displaystyle O}{\overset{\|}{C}}OC_2H_5 \xrightarrow{互变} CH_3\overset{\displaystyle O-H\cdots O}{\overset{|\quad\quad\|}{C=CH\quad C}}OC_2H_5$$

烯醇式因分子内形成氢键而使沸点较酮式结构低。在水中烯醇式结构占 0.39%，在环己烷的稀溶液中烯醇式结构可占 51%。

在碱作用下，β-二羰基化合物可生成稳定的负离子，因为负电荷能得到充分的分散。

$$CH_3\overset{\displaystyle O}{\overset{\|}{C}}CH_2\overset{\displaystyle O}{\overset{\|}{C}}OC_2H_5 + OH^- \longrightarrow \left[\begin{array}{c} CH_3\overset{\displaystyle O}{\overset{\|}{C}}\overset{\displaystyle \bar{\ }}{CH}COC_2H_5 \\ CH_3\overset{\displaystyle O^-}{\overset{|}{C}}=CH\overset{\displaystyle O}{\overset{\|}{C}}OC_2H_5 \end{array} \longleftrightarrow CH_3\overset{\displaystyle O}{\overset{\|}{C}}CH=\overset{\displaystyle O^-}{\overset{|}{C}}OC_2H_5\right] + H_2O$$

生成的具有一定稳定性的碳负离子是很好的亲核试剂，可以与卤化物作用得到烷基化或酰基化产物。

10.8.2　Claisen 酯缩合反应

含有 α-氢的羧酸酯在醇钠存在时可以发生缩合反应，生成 β-酮酸酯。

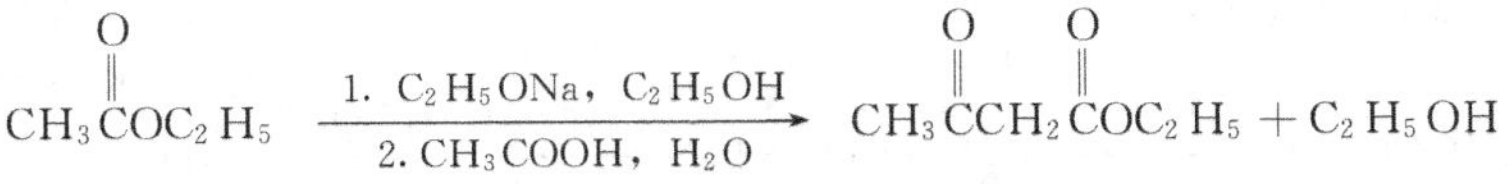

$$CH_3COC_2H_5 \xrightarrow[\text{2. }CH_3COOH, H_2O]{\text{1. }C_2H_5ONa, C_2H_5OH} CH_3CCH_2COC_2H_5 + C_2H_5OH$$

乙酰乙酸乙酯
75%

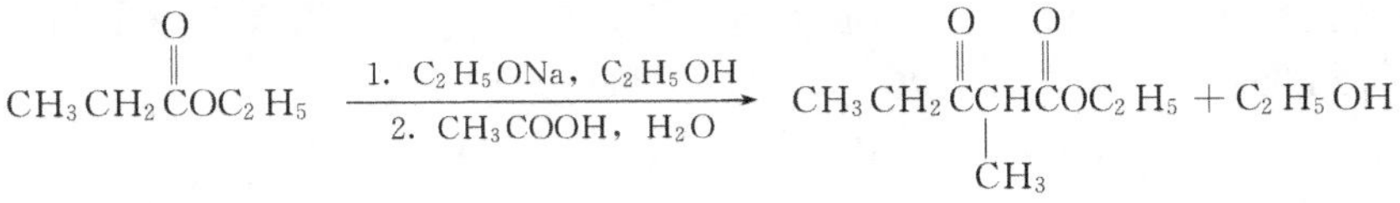

$$CH_3CH_2COC_2H_5 \xrightarrow[\text{2. }CH_3COOH, H_2O]{\text{1. }C_2H_5ONa, C_2H_5OH} CH_3CH_2CCHCOC_2H_5 + C_2H_5OH$$
$$\underset{CH_3}{|}$$
81%

反应机理：

$$CH_3COC_2H_5 + C_2H_5O^- \rightleftharpoons \left(\bar{C}H_2COC_2H_5 \leftrightarrow CH_2=C-OC_2H_5 \right) + C_2H_5OH$$

$$CH_3COC_2H_5 + \bar{C}H_2COC_2H_5 \rightleftharpoons CH_3\underset{OC_2H_5}{\overset{O^-}{C}}-CH_2COC_2H_5$$

$$CH_3\underset{OC_2H_5}{\overset{O^-}{C}}-CH_2COC_2H_5 \longrightarrow CH_3CCH_2COC_2H_5 + C_2H_5O^-$$

$$CH_3CCH_2COC_2H_5 + C_2H_5O^- \rightleftharpoons CH_3CCHCOC_2H_5 + C_2H_5OH$$

$$CH_3CCHCOC_2H_5 + CH_3COH \longrightarrow CH_3CCH_2COC_2H_5 + CH_3C-O^-$$

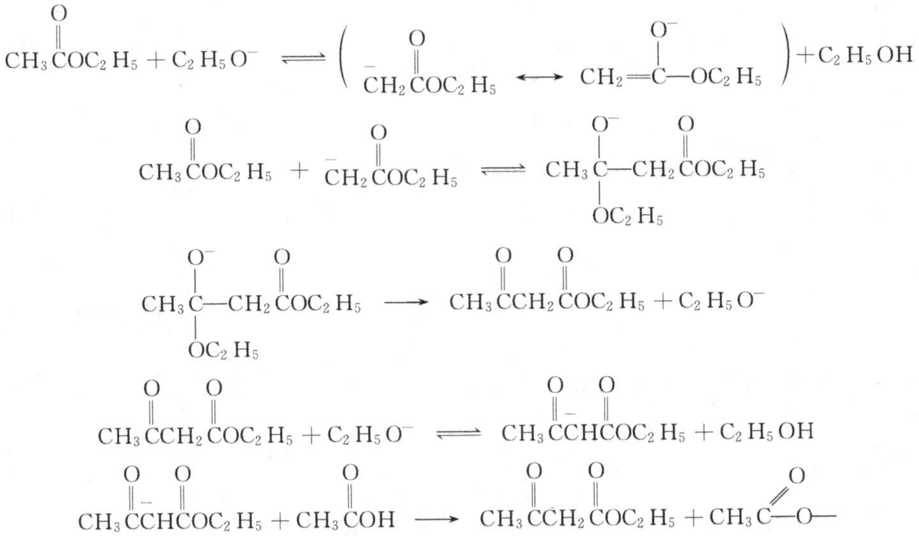

选择一分子没有 α-氢，另一分子有 α 氢的羧酸酯，可以发生交叉酯缩合。

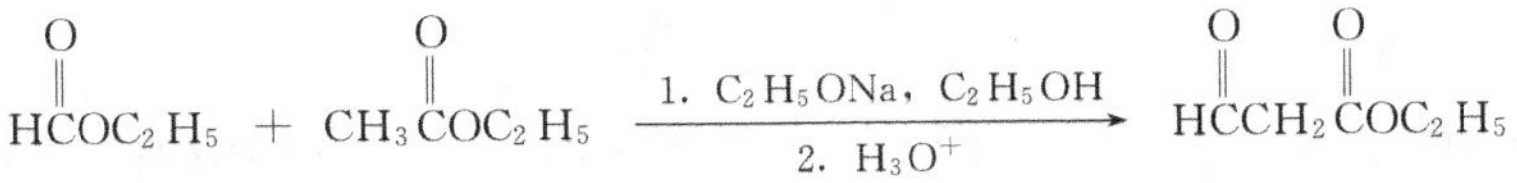

$$HCOC_2H_5 + CH_3COC_2H_5 \xrightarrow[\text{2. }H_3O^+]{\text{1. }C_2H_5ONa, C_2H_5OH} HCCH_2COC_2H_5$$
79%

若选用己二酸酯或庚二酸酯，可发生分子内的缩合，生成环状 β-酮酸酯。称为 Dieck-mann 反应。

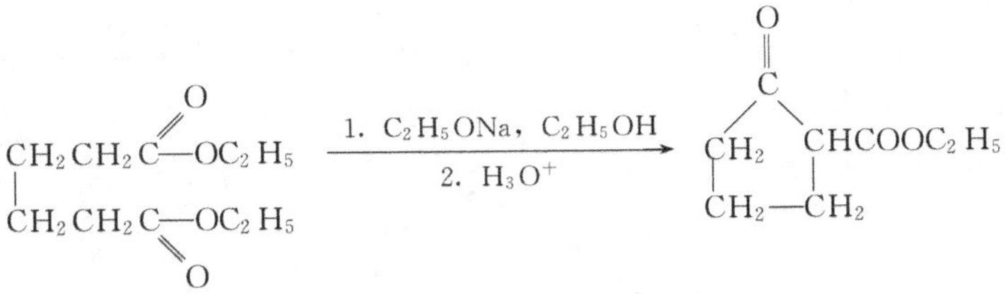

$$\begin{matrix} CH_2CH_2C-OC_2H_5 \\ | \\ CH_2CH_2C-OC_2H_5 \end{matrix} \xrightarrow[\text{2. }H_3O^+]{\text{1. }C_2H_5ONa, C_2H_5OH} \text{环状产物}$$

75%～80%

例题 10.19　写出以下交叉酯缩合反应的机理。

$$HCOOC_2H_5 + C_6H_5CH_2COOC_2H_5 \xrightarrow{C_2H_5ONa} C_6H_5\underset{\underset{CHO}{|}}{C}HCOOC_2H_5$$

10.8.3　丙二酸酯在有机合成中的应用

丙二酸二乙酯的制备：

$$\underset{\underset{Cl}{|}}{C}H_2COONa \xrightarrow[OH^-]{NaCN} \underset{\underset{CN}{|}}{C}H_2\text{—}COONa \xrightarrow{2C_2H_5OH,\ H_2SO_4} \underset{\underset{COOC_2H_5}{|}}{\overset{COOC_2H_5}{|}}{C}H_2$$

丙二酸二乙酯在醇钠的作用下，可形成碳负离子，碳负离子可作为亲核试剂与卤代烃发生 S_N2 反应，得到烃基化产物，若有两个 α-氢，则可引入两个烃基。

$$\underset{\underset{COOC_2H_5}{|}}{\overset{COOC_2H_5}{|}}CH_2 + C_2H_5ONa \longrightarrow Na^+ \underset{\underset{COOC_2H_5}{|}}{\overset{COOC_2H_5}{|}}CH \longrightarrow$$

$$\underset{\underset{COOC_2H_5}{|}}{\overset{COOC_2H_5}{|}}\overset{-}{C}H \xrightarrow{RX} R\underset{\underset{COOC_2H_5}{|}}{\overset{COOC_2H_5}{|}}CH \xrightarrow[H_2O]{H^+} RC\underset{\underset{COOH}{|}}{\overset{COOH}{|}}H \xrightarrow[\triangle]{-CO_2} RCH_2COOH$$

$$R\underset{\underset{COOC_2H_5}{|}}{\overset{COOC_2H_5}{|}}CH \xrightarrow{(CH_3)_3COK} R\underset{\underset{COOC_2H_5}{|}}{\overset{COOC_2H_5}{|}}\overset{-}{C} \xrightarrow{R'X} \underset{\underset{R'}{|}}{\overset{R}{|}}C(COOC_2H_5)_2 \xrightarrow[H_2O]{H^+} \underset{\underset{R'}{|}}{\overset{R}{|}}C(COOH)_2$$

$$\xrightarrow[\triangle]{-CO_2} \underset{\underset{R'}{|}}{\overset{R}{|}}CHCOOH$$

利用丙二酸酯合成法，可以合成一烃基乙酸衍生物和二烃基乙酸衍生物。例如：合成 α-甲基戊酸：

$$CH_2(COOC_2H_5)_2 \xrightarrow{C_2H_5ONa} [CH(COOC_2H_5)_2]^- Na^+ \xrightarrow{CH_3CH_2CH_2Br} CH_3CH_2CH_2CH(COOC_2H_5)_2$$

$$\xrightarrow{(CH_3)_3COK} [CH_3CH_2CH_2C(COOC_2H_5)_2]^- Na^+ \xrightarrow{CH_3Br} CH_3CH_2CH_2\underset{\underset{CH_3}{|}}{C}(COOC_2H_5)_2 \xrightarrow[\triangle]{H_2O,OH^-}$$

$$CH_3CH_2CH_2\underset{\underset{CH_3}{|}}{\overset{COO^-}{|}}C\text{—}COO^- \xrightarrow{H^+} CH_3CH_2CH_2\underset{\underset{CH_3}{|}}{\overset{COOH}{|}}C\text{—}COOH \xrightarrow[\triangle]{-CO_2} CH_3CH_2CH_2\underset{\underset{CH_3}{|}}{C}HCOOH$$

合成 α-甲基丁二酸：

$$CH_2(COOC_2H_5)_2 \xrightarrow{C_2H_5ONa} [CH(COOC_2H_5)_2]^- Na^+ \xrightarrow{\overset{Br}{\overset{|}{CH_3CHCOOC_2H_5}}}$$

$$C_2H_5OOC\underset{\underset{CH_3}{|}}{\overset{}{C}}HCH(COOC_2H_5)_2 \xrightarrow[\triangle]{H_2O,OH^-} {}^-OOC\underset{\underset{CH_3}{|}}{C}H\text{—}\overset{COO^-}{\overset{|}{CH}}COO^- \xrightarrow{H^+}$$

$$HOOC\underset{\underset{CH_3}{|}}{C}H\text{—}\overset{COOH}{\overset{|}{CH}}COOH \xrightarrow[\triangle]{-CO_2} HOOC\underset{\underset{CH_3}{|}}{C}HCH_2COOH$$

例题 10.20　为何不用丙二酸与乙醇直接酯化来制备丙二酸二乙酯？

例题 10. 21 以丙二酸二乙酯法合成 $CH_2\!=\!CHCH_2\underset{\underset{CH_3}{|}}{CH}COOH$。

10.8.4 乙酰乙酸乙酯在有机合成中的应用

乙酰乙酸乙酯与丙二酸酯类似，活泼亚甲基的 α-碳上能发生烃基化反应。乙酰乙酸乙酯或其烃基化产物可以在稀碱条件下按酮式分解，在浓碱条件下按酸式分解，酸式分解产物的收率较低。

$$CH_3\overset{O}{\overset{||}{C}}CH_2\overset{O}{\overset{||}{C}}OC_2H_5 \xrightarrow[\text{酮式分解}]{5\% \text{ NaOH}} CH_3\overset{O}{\overset{||}{C}}CH_3 + CO_2 + C_2H_5OH$$

$$CH_3\overset{O}{\overset{||}{C}}CH_2\overset{O}{\overset{||}{C}}OC_2H_5 \xrightarrow[\text{酸式分解}]{40\% \text{ NaOH}} 2CH_3\overset{O}{\overset{||}{C}}\!-\!OH + C_2H_5OH$$

乙酰乙酸乙酯在醇钠作用下，与卤代烃作用生成一烃基化合物或二烃基化合物，经稀碱分解后，得到丙酮的一烃基衍生物或丙酮的二烃基衍生物；或经浓碱分解后，得到乙酸的一烃基衍生物或乙酸的二烃基衍生物。

$$CH_3COCH_2COOC_2H_5 \xrightarrow{C_2H_5ONa} CH_3CO\overset{-}{C}HCOOC_2H_5 \xrightarrow{RX}$$

$$\underset{\underset{R}{|}}{CH_3COCHCOOC_2H_5} \begin{array}{l} \xrightarrow[\text{酮式分解}]{5\% \text{NaOH}} CH_3COCH_2\!-\!R + CO_2 + C_2H_5OH \\[2mm] \xrightarrow[\text{酸式分解}]{40\% \text{NaOH}} R\!-\!CH_2COOH + CH_3COOH + C_2H_5OH \end{array}$$

$$\Big\downarrow \begin{array}{l}1.(CH_3)_3COK \\ 2.R'X \end{array}$$

$$\underset{\underset{R'}{|}}{\overset{\overset{R}{|}}{CH_3COC}}\!-\!COOC_2H_5 \begin{array}{l} \xrightarrow[\text{酮式分解}]{5\% \text{NaOH}} CH_3CO\underset{\underset{R'}{|}}{\overset{\overset{R}{|}}{C}}H + CO_2 + C_2H_5OH \\[3mm] \xrightarrow[\text{酸式分解}]{40\% \text{NaOH}} R\!-\!\underset{\underset{R'}{|}}{C}HCOOH + CH_3COOH + C_2H_5OH \end{array}$$

例如合成 2-庚酮 $CH_3COCH_2CH_2CH_2CH_2CH_3$：

$$CH_3COCH_2COOC_2H_5 \xrightarrow[\text{2. } n\text{-}C_4H_9Br]{\text{1. } C_2H_5ONa, \, C_2H_5OH} \underset{COOC_2H_5}{\overset{\overset{O}{||}}{\diagup}} \xrightarrow[\text{2. 酸化}]{\text{1. } 5\% \text{NaOH}} \overset{\overset{O}{||}}{\diagup}$$

2-庚酮

例题 10. 22 以乙酰乙酸乙酯法合成 $CH_3\overset{O}{\overset{||}{C}}CH_2\underset{\underset{CH_3}{|}}{CH}COOH$。

10.8.5 Michael 加成反应

碳负离子和 α,β-不饱和羰基化合物的亲核加成称为 Michael 加成，反应类似于 1,3-丁二烯的 1,4-加成方式。丙二酸酯和乙酰乙酸乙酯是很好的反应试剂。

反应机理：$CH_2(COOC_2H_5)_2 + C_2H_5O^- \Longleftrightarrow \overset{-}{C}H(COOC_2H_5)_2 + C_2H_5OH$

$$\overset{-}{C}H(COOC_2H_5)_2 + CH_2\!=\!CH\!-\!CH\!=\!O \Longleftrightarrow \underset{H_5C_2OOC}{\overset{H_5C_2OOC}{\diagdown}}CH\!-\!CH_2\!-\!CH\!=\!CH\!-\!O^-$$

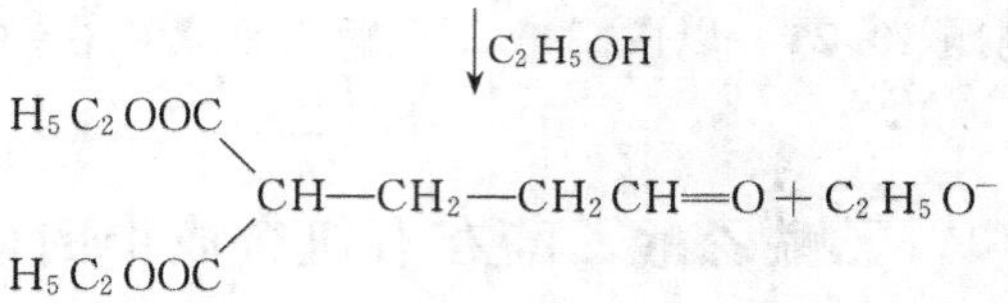

$$\downarrow C_2H_5OH$$

$$\underset{H_5C_2OOC}{\overset{H_5C_2OOC}{>}}CH-CH_2-CH_2CH=O+C_2H_5O^-$$

例如：

$$CH_3CCH=CH_2 + CH_2(COOC_2H_5)_2 \xrightarrow{KOH,C_2H_5OH} CH_3CCH_2CH_2CH(COOC_2H_5)_2$$
$$83\%$$

$$\xrightarrow[\text{2. } H_3O^+,\triangle]{\text{1. } KOH,C_2H_5OH,H_2O} CH_3CCH_2CH_2CH_2COOH$$
$$42\%$$

例题 10.23 完成以下反应。

$$\text{⬡}=O + CH_2(COOC_2H_5)_2 \xrightarrow{C_2H_5ONa} (\qquad)$$

10.9 醛、酮、羧酸及其衍生物的制备和典型化合物介绍

10.9.1 醛的制备

(1) 伯醇氧化 由伯醇控制氧化是制备醛的重要方法：

$$R-CH_2-OH \underset{伯醇}{} \left[\begin{array}{l} \overset{CrO_3-\text{吡啶}}{}\\ \overset{K_2Cr_2O_7,\ H_2SO_4}{}\\ \overset{Cu,\ 200\sim300℃}{} \end{array}\right] \longrightarrow R-\overset{O}{C}-H \underset{醛}{}$$

注意：用 $K_2Cr_2O_7$，H_2SO_4 氧化适合于生成低相对分子质量易挥发的醛。

(2) 烯烃臭氧化物水解 本反应主要用于确定烯烃结构，但也能用于制备醛或酮：

$$\underset{H}{\overset{R}{>}}C=C\underset{R''}{\overset{R'}{<}} \xrightarrow[\text{2. } H_2O,\ Zn]{\text{1. } O_3} R-\overset{O}{C}-H + R'-\overset{O}{C}-R''$$

(3) 由酰氯经 Rosenmund 还原 酰氯经控制加氢还原可得到醛，金属催化剂采用被"中毒"的 Pd-BaSO$_4$。

$$(Ar)R-\overset{O}{C}-Cl \xrightarrow[\text{Pd-BaSO}_4]{H_2} (Ar)R-\overset{H}{C}=O$$

例如：

$$CH_3-\underset{CH_3}{CH}CH_2-\overset{O}{C}-Cl \xrightarrow[\text{Pd-BaSO}_4]{H_2} CH_3-\underset{CH_3}{CH}-CH_2-\overset{H}{C}=O$$

$$\text{⬡}-\overset{O}{C}-Cl \xrightarrow[\text{Pd-BaSO}_4]{H_2} \text{⬡}-\overset{H}{C}=O$$

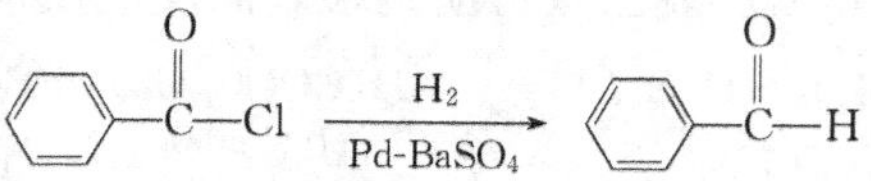

(4) 由 LiAlH[OC(CH$_3$)$_3$]$_3$ 还原酰氯 LiAlH[OC(CH$_3$)$_3$]$_3$ 是一个高度选择性还原试剂，可以将酰氯还原为醛：

$$
(Ar)R-\overset{\overset{\displaystyle O}{\|}}{C}-Cl \xrightarrow{\text{LiAlH}[OC(CH_3)_3]_3} (Ar)R-\overset{\overset{\displaystyle O}{\|}}{C}-H
$$

(5) 由甲苯卤代水解 甲苯经二卤代得同碳二卤化物，然后水解可得醛：

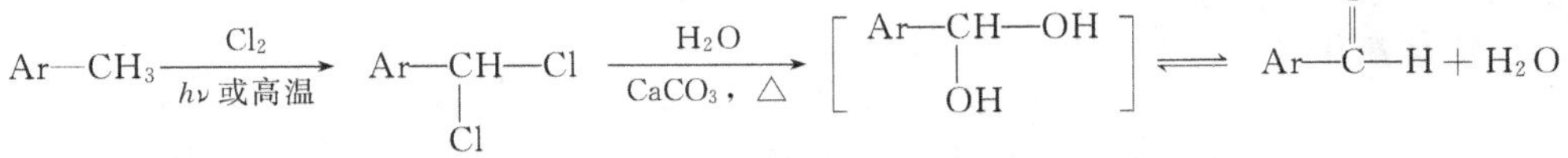

$$
Ar-CH_3 \xrightarrow[h\nu \text{ 或高温}]{Cl_2} Ar-\underset{\underset{\displaystyle Cl}{|}}{\overset{\overset{\displaystyle Cl}{|}}{C}}-H \xrightarrow[CaCO_3, \triangle]{H_2O} \left[Ar-\underset{\underset{\displaystyle OH}{|}}{\overset{\overset{\displaystyle OH}{|}}{C}}-H \right] \rightleftharpoons Ar-\overset{\overset{\displaystyle O}{\|}}{C}-H + H_2O
$$

(6) Gattermann-Koch 反应 带有活化基团的芳烃，在催化剂无水 AlCl₃ 和 CuCl 存在下，通入 CO 和 HCl 可得到芳醛：

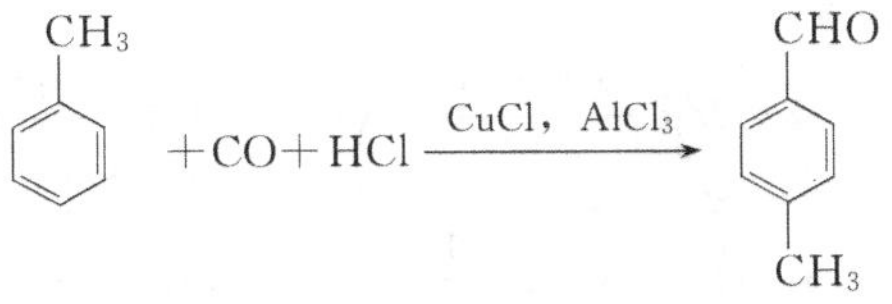

10.9.2 酮的制备

(1) 仲醇氧化

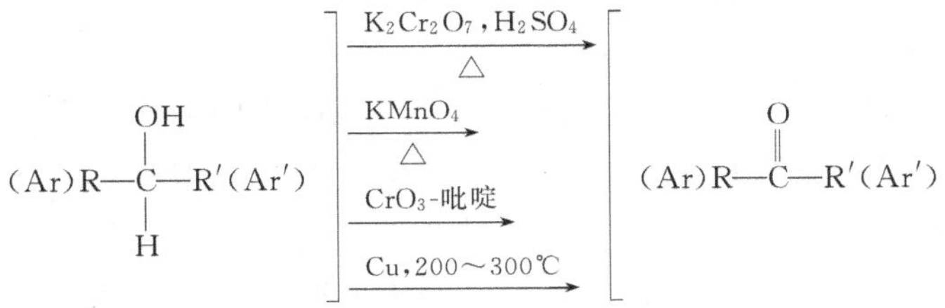

(2) 烯烃臭氧化物水解 （见本章醛的制备）

(3) 炔烃水合 除乙炔外，炔烃加水都得到酮，加成符合 Markovnikov 规则：

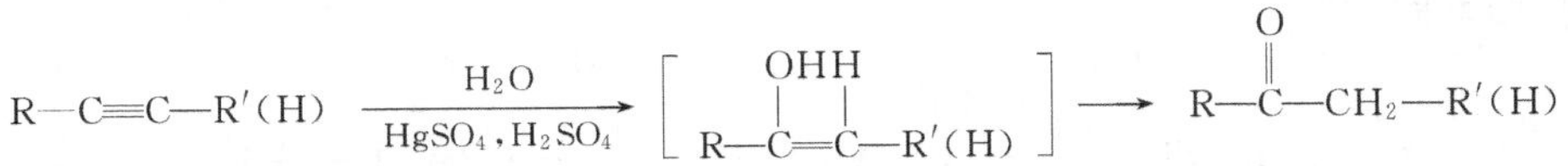

(4) 傅-克酰基化 芳烃经 Friedel-Crafts 酰基化反应，可得到芳酮：

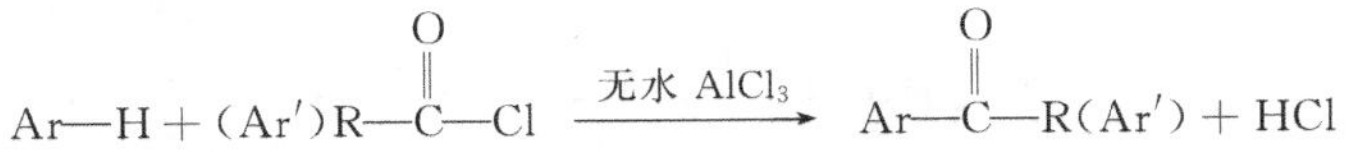

$$
Ar-H + (Ar')R-\overset{\overset{\displaystyle O}{\|}}{C}-Cl \xrightarrow{\text{无水 AlCl}_3} Ar-\overset{\overset{\displaystyle O}{\|}}{C}-R(Ar') + HCl
$$

例如：

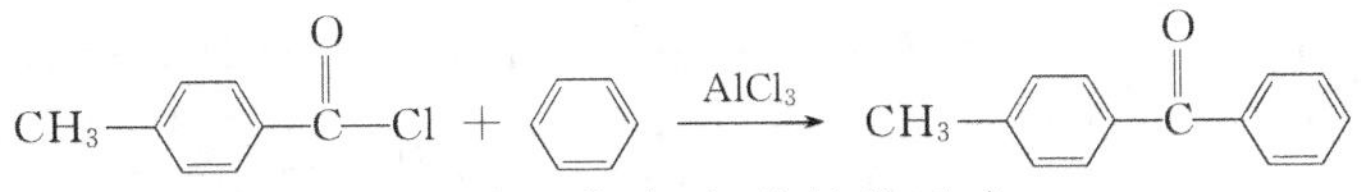

注意：芳烃上连有强的吸电子基时不能发生酰基化反应。

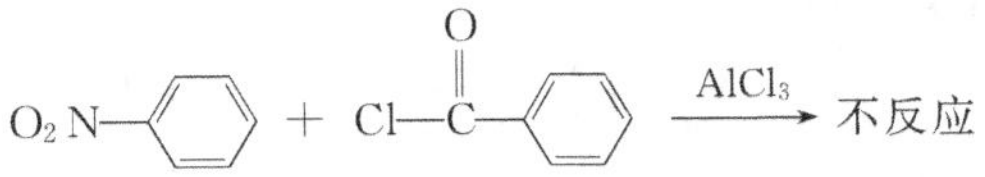

10.9.3 羧酸的制备

(1) 伯醇氧化

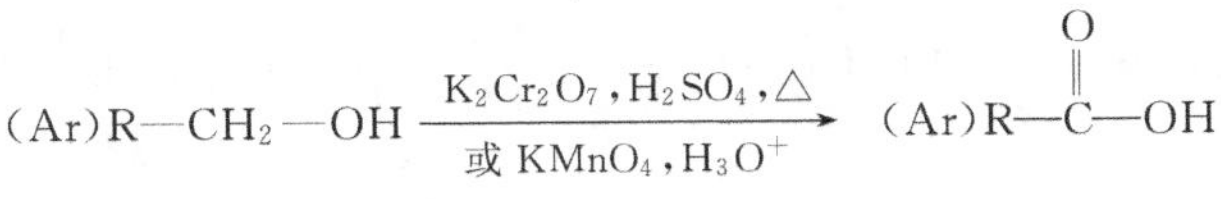

$$
(Ar)R-CH_2-OH \xrightarrow[\text{或 KMnO}_4, H_3O^+]{K_2Cr_2O_7, H_2SO_4, \triangle} (Ar)R-\overset{\overset{\displaystyle O}{\|}}{C}-OH
$$

（2）烷基苯的氧化

$$Ar-R \xrightarrow[\text{或 KMnO}_4, H_3O^+]{K_2Cr_2O_7, H_2SO_4, \triangle} ArC-OH$$

注意：R—为伯或仲烷基

（3）烯烃氧化

$$\underset{H \quad\quad H}{\overset{R \quad\quad R'}{C=C}} \xrightarrow[\triangle]{KMnO_4, H_3O^+} RC-OH + R'C-OH$$

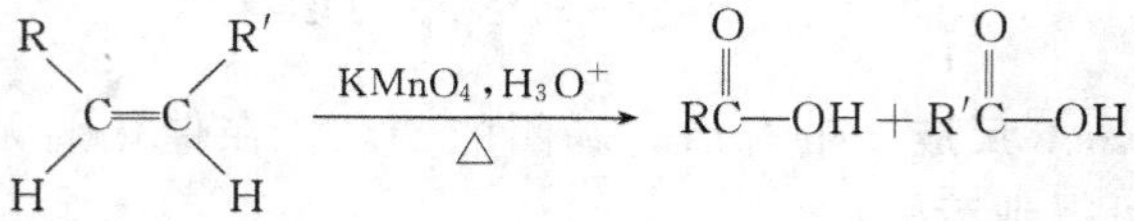

（4）由 Grignard 试剂制备

$$(Ar)R-X + Mg \xrightarrow{\text{无水乙醚}} (Ar)R-MgX \xrightarrow{\text{干冰}(CO_2)}$$

$$(Ar)R-\overset{O}{\overset{\|}{C}}-OMgX \xrightarrow{H_3O^+} (Ar)R-\overset{O}{\overset{\|}{C}}-OH$$

例如：

$$CH_3CH_2\underset{OH}{CHCH_3} \xrightarrow{PBr_3} CH_3CH_2\underset{Br}{CHCH_3} \xrightarrow[\text{2. CO}_2]{\text{1. Mg, 无水乙醚}}$$

$$CH_3CH_2\underset{CH_3}{CH}-\overset{O}{\overset{\|}{C}}-OMgBr \xrightarrow{H_3O^+} CH_3CH_2\underset{CH_3}{CH}-\overset{O}{\overset{\|}{C}}-OH$$

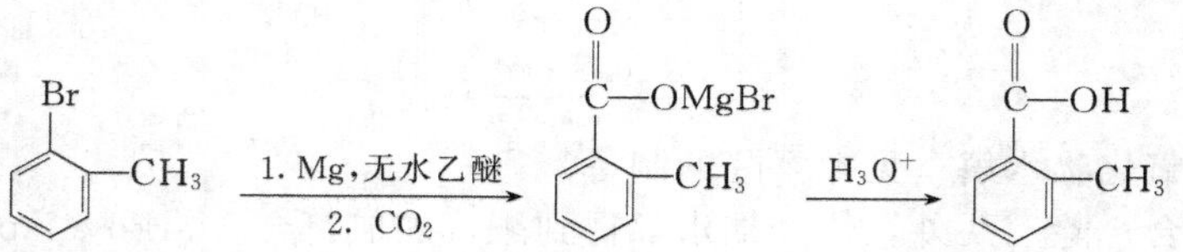

（5）腈水解

$$(Ar)R-CN \xrightarrow[\triangle]{OH^-} (Ar)R-\overset{O}{\overset{\|}{C}}-O^- \xrightarrow{H_3O^+} (Ar)R-\overset{O}{\overset{\|}{C}}-OH$$

例如：

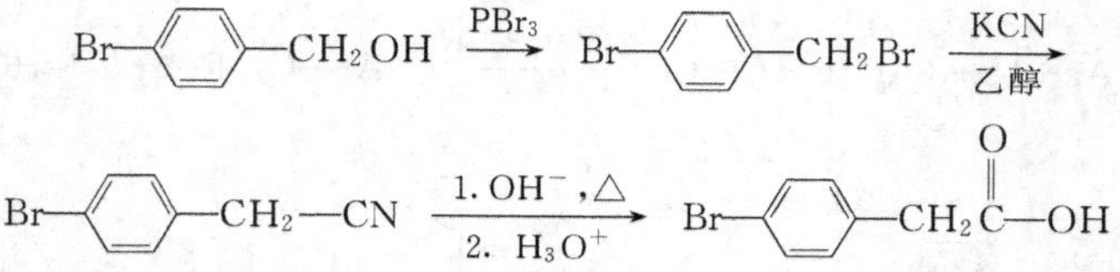

$$Br-\langle\rangle-CH_2OH \xrightarrow{PBr_3} Br-\langle\rangle-CH_2Br \xrightarrow[\text{乙醇}]{KCN}$$

$$Br-\langle\rangle-CH_2-CN \xrightarrow[\text{2. }H_3O^+]{\text{1. }OH^-, \triangle} Br-\langle\rangle-CH_2\overset{O}{\overset{\|}{C}}-OH$$

对-溴苯乙酸

10.9.4　羧酸衍生物的制备

见羧酸的化学性质。

10.9.5　β-二羰基化合物的制备

β-酮酸酯化合物可以通过酯的 Claisen 缩合反应来制取。

$$RCH_2COOR' + RCH_2COOR' \xrightarrow[\text{2. }CH_3COOH]{\text{1. }NaOC_2H_5} RCH_2\overset{O}{\overset{\|}{C}}\underset{R}{CH}\overset{O}{\overset{\|}{C}}OR'$$

$$RCH_2COOR' + R''COOR' \xrightarrow[\text{2. } CH_3COOH]{\text{1. } NaOC_2H_5} R''\overset{O}{\underset{}{C}}\overset{O}{\underset{R}{CH}}COR'$$

（无 α-H）

丙二酸酯化合物可以通过 α 卤代酸盐与 NaCN 反应后水解酯化得到。

$$\underset{Cl}{CH_2-COO^- Na^+} \xrightarrow{NaCN} \underset{CN}{CH_2COO^- Na^+} \xrightarrow{H_3O^+} CH_2(COOH)_2 \xrightarrow[H_2SO_4]{C_2H_5OH} CH_2(COOC_2H_5)_2$$

10.9.6　典型醛、酮、羧酸及其衍生物介绍

（1）甲醛　是醛类化合物中最简单的化合物，它是一种无色带刺激气味的气体，沸点为 $-21℃$，易溶于水，与水形成甲二醇，这是一个动态平衡，不能单独得到甲二醇。

$$HCHO + H_2O \rightleftharpoons HOCH_2-OH$$

甲二醇

甲醛的工业制备是用金属银或金属铜作催化剂，在高温下用空气氧化甲醇。甲醛非常容易聚合，在常温下，能聚合成三分子的环状聚合物——三聚甲醛。三聚甲醛是白色固体，熔点 $62℃$，沸点 $112℃$，在强酸下可以解聚为甲醛。蒸发浓缩甲醛的水溶液，可以得到链状聚合物——多聚甲醛 $HO{-}(CH_2O)_n{-}H$。多聚甲醛为白色固体，含甲醛 $91\% \sim 98\%$，聚合度 $15 \sim 50$，加热可分解得到甲醛。因此常以聚合物的形式进行储存和运输，甲醛可作为合成酚醛树脂、氨基塑料的原料。

含 40% 甲醛的水溶液称为"福尔马林"，它能使蛋白质变性，通常用作消毒剂和生物标本的防腐剂。

甲醛与氨作用可生成环状化合物六亚甲基四胺，商品名"乌洛托品"，可用作橡胶促进剂，也可作为制备旋风炸药的原料。

（2）乙醛　乙醛沸点为 $20.8℃$，是无色透明液体，有刺激性气味。易溶于水和醇，在少量酸的存在下易聚合为三聚乙醛。三聚乙醛沸点 $124℃$，是一种有香味的液体，用稀酸蒸馏时可解聚为乙醛。

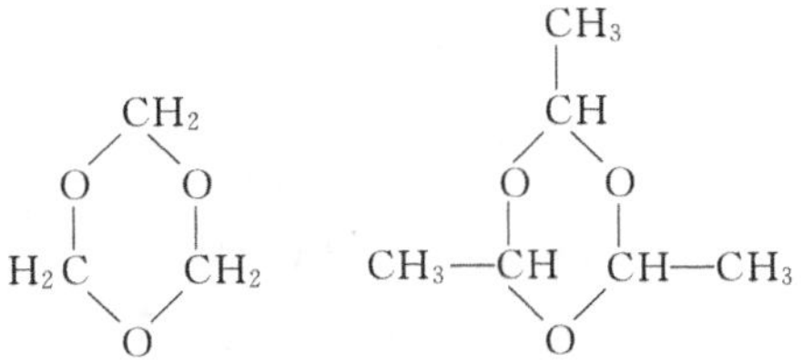

三聚甲醛　　　　三聚乙醛

工业上制备乙醛主要由乙醇氧化、乙炔水合以及乙烯氧化：

$$CH_3CH_2OH \xrightarrow{Cu, \ 250℃} CH_3CHO \qquad CH{\equiv}CH \xrightarrow[H_2SO_4]{HgSO_4, \ H_2O} CH_3CHO$$

$$CH_2{=}CH_2 + O_2 \xrightarrow{PdCl_2\text{-}CuCl_2} CH_3CHO$$

乙醛可用来合成乙酸、乙酐、季戊四醇等。

（3）苯甲醛　苯甲醛为无色液体，沸点 $178℃$，自然界存在于杏仁种子中，俗称苦杏仁油。苯甲醛是合成多种香料、染料和药物的原料。

（4）丙酮　是最简单的酮类化合物，常温下是无色液体，沸点 $56℃$。丙酮是有机反应的良好溶剂，也是合成甲基丙烯酸甲酯（它的聚合物称为"有机玻璃"的物质）和双酚 A （与环氧氯丙烷缩聚得到环氧树脂）的原料。

丙酮可以由 2-丙醇氧化或金属铜高温脱氢得到，2-丙醇可以由丙烯加水得到。

(5) 环己酮　环己酮沸点 155.7℃，可由环己醇氧化制得，环己醇可由苯酚加氢得到。工业上环己酮主要用于制取己二酸和己内酰胺，它们是合成尼龙-66 和尼龙-6 的原料。

(6) 乙烯酮　乙烯酮沸点 −56℃，工业上由乙酸或丙酮热裂得到：

$$CH_3COOH \xrightarrow[700℃]{磷酸三乙酯} CH_2{=}C{=}O + H_2O$$

$$CH_3COCH_3 \xrightarrow{700\sim750℃} CH_2{=}C{=}O + CH_4$$

乙烯酮为无色有剧毒气体，易两分子聚合，生成二乙烯酮。

$$2CH_2{=}C{=}O \longrightarrow \begin{array}{c} CH_2{=}C\text{---}O \\ | \quad\quad | \\ CH_2\text{---}C{=}O \end{array}$$

乙烯酮具有累积双键结构，性质非常活泼，能与含活泼氢的化合物作用，作为乙酰化剂在化合物中引入乙酰基：

$$CH_2{=}C{=}O + \begin{cases} HOH \longrightarrow CH_3\overset{O}{\underset{}{C}}\text{---}OH \\ HCl \longrightarrow CH_3\overset{O}{\underset{}{C}}\text{---}Cl \\ ROH \longrightarrow CH_3\overset{O}{\underset{}{C}}\text{---}OR \\ CH_3COOH \longrightarrow (CH_3CO)_2O \\ NH_3 \longrightarrow CH_3\overset{O}{\underset{}{C}}\text{---}NH_2 \\ CH_3NH_2 \longrightarrow CH_3\overset{O}{\underset{}{C}}\text{---}NHCH_3 \end{cases}$$

(7) 甲酸　俗名蚁酸，是 17 世纪在红蚂蚁中发现的。甲酸为无色液体，广泛存在于植物界中，例如，在刺荨麻、松树针叶和某些果实中，都已查明有它的存在。

甲酸的工业制法是将一氧化碳和氢氧化钠在加热加压下先制成甲酸钠，再用硫酸酸化就能得到甲酸。

$$CO + NaOH \xrightarrow{210℃，0.6\sim0.8MPa} HC\overset{O}{\underset{}{\|}}\text{---}ONa \xrightarrow{H_2SO_4} HC\overset{O}{\underset{}{\|}}\text{---}OH$$

甲酸结构较为特殊，酸性强，可以代替无机酸，具有还原性，能与 Tollens 试剂作用生成银镜。

甲酸在工业上主要用于纺织工业中的染色和整理过程。

(8) 乙酸　是工业上最重要的羧酸。乙酸的稀溶液叫做醋。自然界中的许多微生物具有转变多种有机化合物为乙酸的能力。例如酸牛奶和酸酒。

乙酸的工业生产方法包括乙醛、乙醇、丁烷的空气氧化。

$$CH_3\overset{O}{\underset{H}{C}} \xrightarrow[60\sim80℃]{(CH_3COO)_2Mn,\ O_2} CH_3\overset{O}{\underset{OH}{C}}$$

$$CH_3CH_2CH_2CH_3 \xrightarrow[95\sim100℃，1\sim5.5MPa]{O_2，催化剂} CH_3\overset{O}{\underset{OH}{C}}$$

乙酸主要用来转化为乙酐、乙酸乙烯酯等，也可作为腌制食品的防腐剂。

（9）苯甲酸　俗称安息香酸，存在于多种树脂中。苯甲酸为白色晶体，熔点 121.7℃，可溶于热水和乙醇中。

苯甲酸的工业制法主要是甲苯的氧化和三氯甲苯的水解。

$$\text{（苯环-CCl}_3) + H_2O \longrightarrow \text{（苯环-COOH）} + 3HCl$$

在工业上，常用苯甲酸钠作为食物防腐剂。

（10）水杨酸　水杨酸为白色晶体，熔点 159℃，能溶于热水和乙醇中。工业上通过二氧化碳与苯酚钠作用（Kolbe 反应）来生产的：

$$\text{（苯环-ONa）} \xrightarrow[\text{加热，加压}]{CO_2} \text{（邻-OH-COONa）} \xrightarrow{H^+} \text{（邻-OH-COOH）}$$

水杨酸

水杨酸的羧基经甲醇酯化，生成叫做冬青油的化合物，医药上可用作外敷药。用乙酸使水杨酸的羟基酯化，生成的化合物是大名鼎鼎的阿司匹林（Aspirin，乙酰水杨酸），它是退热解痛的常用药，是世界上应用最广泛的药物。

（11）己二酸　己二酸是无色结晶固体，熔点 151℃。工业上可以由苯或苯酚为原料制取，也可以由环己烷氧化制取。

$$\text{（苯）} \xrightarrow[\text{H}_2]{\text{催化剂}} \text{（环己烷）} \xrightarrow{[O]} \text{（环己酮）} + \text{（环己醇）}$$

$$\xrightarrow{HNO_3, V_2O_5} \begin{array}{l} CH_2CH_2COOH \\ | \\ CH_2CH_2COOH \end{array}$$

$$\text{（苯酚-OH）} \xrightarrow[\text{H}_2]{\text{催化剂}} \text{（环己醇-OH）} \xrightarrow{[O]} \text{（环己酮）} \xrightarrow{[O]} \begin{array}{l} CH_2CH_2COOH \\ | \\ CH_2CH_2COOH \end{array}$$

己二酸与己二胺可以发生缩聚反应，得到高分子化合物俗称尼龙-66 的聚酰胺类合成纤维。

（12）邻苯二甲酸　白色晶体，溶于热水，加热至 200℃ 以上可脱水生成邻苯二甲酸酐。邻苯二甲酸及其酸酐是合成染料、树脂、药物、合成纤维的原料，邻苯二甲酸的酯（二丁酯、二-2-乙基己醇酯、二辛酯等）可用作增塑剂。

邻苯二甲酸可由邻二甲苯氧化得到，也可由萘氧化后水解得到。

$$\text{（邻二甲苯）} \xrightarrow{KMnO_4} \text{（邻苯二甲酸 COOH,COOH）}$$

$$\text{（萘）} \xrightarrow{O_2, V_2O_5} \text{（邻苯二甲酸酐）} \xrightarrow[\text{2. HCl}]{\text{1. NaOH}} \text{（邻苯二甲酸 COOH,COOH）}$$

 **选读材料**

手 性 技 术

1966 年日本化学家 Nazoki 和 Noyori 首次报道了手性金属络合物催化的不对称合成。1968 年 Knowles 和

Horner 分别报道了手性膦铑络合物的不对称催化氢化。由于这种催化过程属于一个手性增殖（chiral multiplication）的过程，即使用少量的手性催化剂就可产生大量的手性产物，不对称催化合成受到了学术界和工业界的广泛关注。至 1993 年已有多项不对称催化合成技术应用于工业生产中，特别是不对称氢化（表 10.8）。

表 10.8　金属络合物催化的不对称合成的工业应用

公司名称	金属	反应类型	手性产品	公司名称	金属	反应类型	手性产品
孟山都	Rh	氢化	L-多巴	ARCO	Ti	环氧化	缩水甘油
住友	Cu	环丙烷化	西司他丁	高砂	Rh	重排	L-灼醇
Anic，Enichem	Rh	氢化	L-苯丙氨酸	默克	B	羰基还原	酶抑制剂 MK-0417
J. T. Baker				E. 默克	Mn	环氧化	抗高血压药
中国科学院上海有机所	Ti	环氧化	disparlure	高砂	Ru	氢化	羰青霉烯类

美国食品与药品管理局（FDA）在总结手性药物的临床经验与教训（如反应停 thalidomide 事件）的基础上，1992 年发布了手性药物的指导原则。新规定要求，所有在美国上市的消旋体类新药，生产者需提供报告，说明药物中所含的对映体各自的药理作用、毒性和临床效果。这大大地促进了世界手性药物的发展。

在现有的手性化学品的工业生产中，不对称催化合成具有极其广泛的应用前景。在下列上市的手性药物中，其手性中间体均可通过现有的重（双）键（C=C，C=O 和 C=N）不对称还原技术，特别是不对称氢化和不对称转移氢化来合成，参见图 10.3。

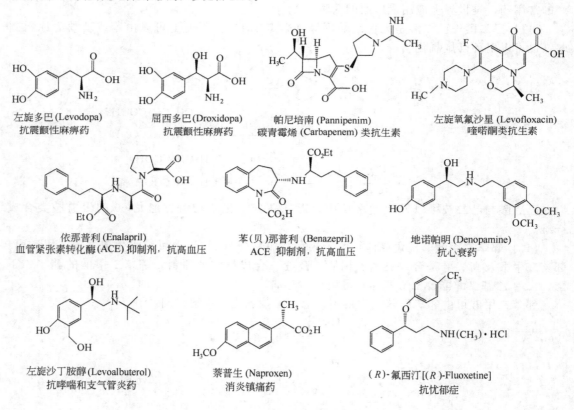

图 10.3　不对称还原合成的手性药物

可是，至今为止在不对称催化合成中，昂贵的手性配体和贵金属的使用，以及手性催化剂的催化效率（TON 或 TOF 值）仍是制约其在手性技术上应用的关键。因而，手性催化剂的设计和合成，以及催化剂的回收循环使用是当今不对称催化合成研究的方向。

多数手性化合物，特别是手性药物都是含氧和氮的碳水化合物。不对称催化氢化反应是在手性催化剂作用下，分子氢对不饱和双键（如 C=C，C=O，C=N 等）的加成反应，从而构成了连接碳、氧和氮的手性碳。

现代医药、农业以及香料工业对手性技术的需求日益高涨，环境对化学工业要求也越来越高。不对称氢化反应是典型的原子经济反应并使用清洁的氢气，随着高选择性和高效率的手性催化剂的开发，不对称催化氢化及其相关的手性技术将会得到工业界的高度重视和社会的高度关注。2001 年的化学诺贝尔奖授予了日本的 Noyori 教授、美国的 Knowles 教授和 Sharpless 教授，主要是奖励他们在不对称催化氢化和不对称催化氧化研究中的贡献，特别是他们已经将这些技术应用于多种手性药物、香料等的工业生产，如 L-多巴，羰青霉烯和 L-灼醇等的工业合成。这将激励化学家们更加关注不对称催化氢化的研究领域，特别是其在工业上的应用。

◆ 习 题 ◆

一、醇、酚、醚

1. 完成下列反应

(1) $CH_3CH_2CH_2CH_2OH + PBr_3 \longrightarrow$

(2) $\text{(苯环)}-CH_2CH_2OH + SOCl_2 \longrightarrow$

(3) $\text{(甲基环己烯)} + H_2O \xrightarrow{H_2SO_4}$

(4) $(CH_3)_2C=O + \text{(苯环)}-MgBr \longrightarrow \xrightarrow{H^+}$

(5) $CH_3CH_2\underset{\underset{OCH_3}{|}}{\overset{\overset{CH_3}{|}}{C}}H-CH_3 \xrightarrow[\triangle]{H_2SO_4}$

(6) $\text{(环己基)}-OH \xrightarrow{?} \text{(环己酮)}=O$

(7) $CH_3-\underset{}{\overset{\overset{CH_3}{|}}{C}}=CH_2 \begin{array}{l} \xrightarrow{H_2O, H^+} \\ \xrightarrow[\text{2. }H_2O_2, H^+]{\text{1. }B_2H_6} \end{array}$

(8) $CH_3CH=CH_2 \xrightarrow{?} ClCH_2CH=CH_2 \xrightarrow{?} HOCH_2CH=CH_2$

(9) $\text{(萘)} \xrightarrow{?} \text{(萘)}-SO_3H \xrightarrow[\text{熔融}]{NaOH} \xrightarrow{H^+, H_2O}$

(10) $\text{(苯酚)}-OH \xrightarrow{Br_2, H_2O}$

(11) $(CH_3)_2CCH_2CH_2OH \xrightarrow[\text{脱一分子水}]{H_2SO_4, \triangle}$ （OH 在第二个碳上）

(12) $\text{(苯)}-CH_2\underset{\underset{OH}{|}}{C}HCH_2CH_3 \xrightarrow{H^+, \triangle}$

(13) $CH_3CH_2Br + CH_3CH_2\underset{\underset{CH_3}{|}}{C}HONa \longrightarrow$

(14) $CH_3-\underset{\underset{Cl}{|}}{\overset{\overset{CH_3}{|}}{C}}-CH_3 + CH_3CH_2CH_2ONa \longrightarrow$

(15) $CH_3\underset{\underset{CH_3}{|}}{C}HCH_2OCH_3 + HI\text{（浓）} \xrightarrow{\triangle}$

(16) $CH_3CH_2\underset{\underset{O}{\diagdown}}{C}H-\overset{\diagup}{\underset{\diagdown}{C}}\underset{\underset{CH_3}{|}}{\overset{\overset{CH_3}{|}}{}} + CH_3OH \xrightarrow{H^+}$

(17) $CH_3CH_2\underset{\underset{O}{\diagdown}}{C}H-\overset{\diagup}{\underset{\diagdown}{C}}\underset{\underset{CH_3}{|}}{\overset{\overset{CH_3}{|}}{}} + CH_3OH \xrightarrow{CH_3O^-}$

2. 下列各组化合物，在 H_2SO_4 作用下，脱水较快的是哪一个？

(1) $\text{(环己基)}-\underset{\underset{OH}{|}}{C}HCH_3$ 或 $\text{(苯基)}-\underset{\underset{OH}{|}}{C}HCH_3$

(2) $\text{(苯基)}-CH_2CH_2OH$ 或 $\text{(苯基)}-\underset{\underset{OH}{|}}{C}HCH_3$

(3) 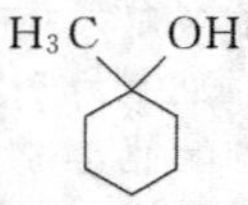 或 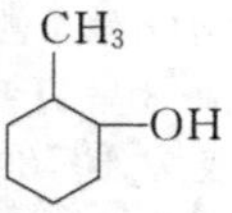 　　　(4) 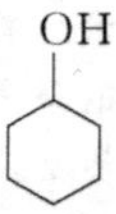 或

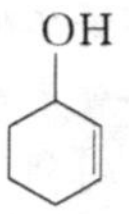

3. 预测下列化合物与卢卡斯（Lucas）试剂反应速率的次序。

(1) 正丙醇，2-甲基-2-戊醇，二乙基甲醇

(2) $CH_3CH_2CH_2OH$，$(CH_3)_2\overset{\overset{\displaystyle CH_2CH_3}{|}}{C}\!-\!OH$，$(CH_3CH_2)_2CHOH$

4. 用化学方法区别下列各组化合物。

(1) 环己醇和环己烷　　　　　　(2) 环己醇和环己烯

(3) $CH_2\!=\!CH\!-\!CH_2CH_2OH$ 和 $CH_3CH\!=\!CH\!-\!CH_2OH$

(4) $CH_3CH_2CH_2CH_2OH$、$(CH_3)_2CHOH$ 和 $(CH_3)_3C\!-\!OH$

(5) 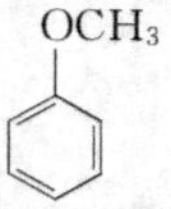 　、 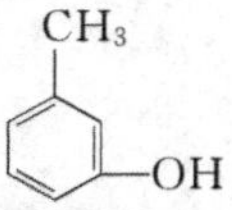　　和 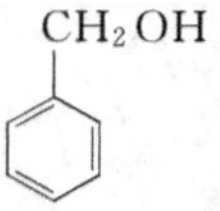　

5. 下列各醚与过量浓的氢碘酸加热，生成何种物质。

(1) 苯甲醚　　(2) 2-甲氧基戊烷　　(3) 2-甲基-1-甲氧基丁烷

6. 实现下列转变。

(1) $HC\!\equiv\!CCH_3 \longrightarrow (CH_3)_2CHOH$　　　　(2) $(CH_3)_2C\!=\!CH_2 \longrightarrow (CH_3)_2CHCH_2OH$

(3) 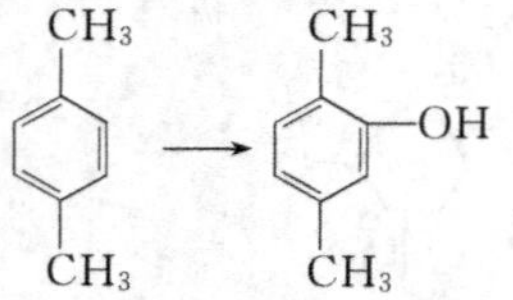 $\longrightarrow$ 　　　(4) 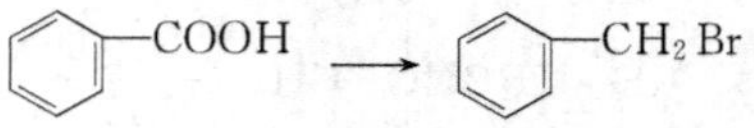 $\longrightarrow$

(5) $\longrightarrow$ 　　　(6) 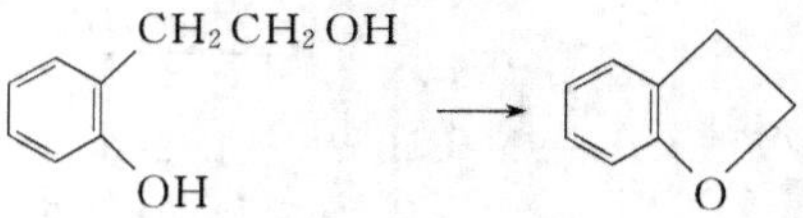 $\longrightarrow$

7. 比较下列化合物的酸性强弱。

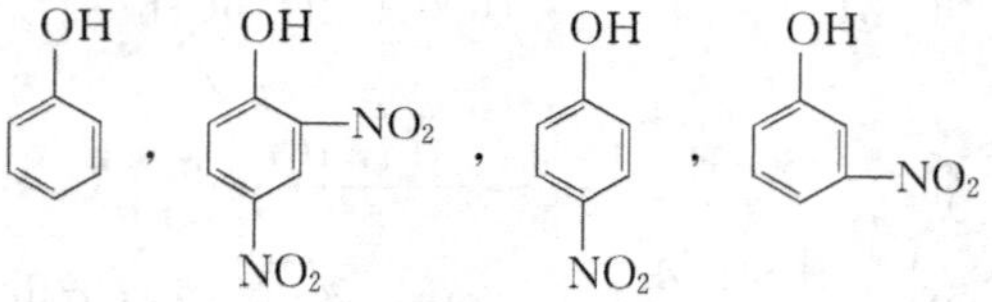

8. 写出邻甲苯酚与下列各种试剂作用的反应式。

(1) Br_2 水溶液　　(2) $CH_3\overset{\overset{\displaystyle O}{\|}}{C}\!-\!Cl$　　(3) $(CH_3CO)_2O$　　(4) 稀 HNO_3　　(5) $NaOH/(CH_3)_2SO_4$

9. 合成题

(1) 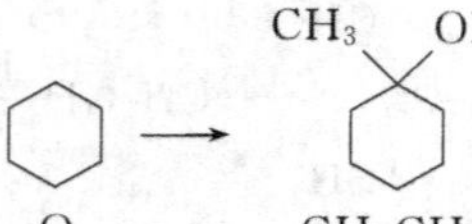 $\longrightarrow$ 　　　(2) 正丙醇，异丙醇 $\longrightarrow$ 2-甲基-2-戊醇

(3) 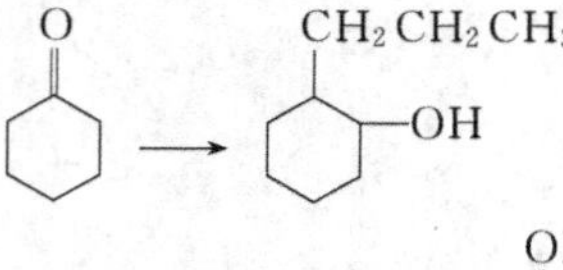 $\longrightarrow$ 　　　(4) 甲醇，2-丁醇 $\longrightarrow$ 2-甲基丁醇

(5) $\leqslant C_5$ 有机物 $\longrightarrow$ 　　　(6) 乙烯 $\longrightarrow$ 正丁醚

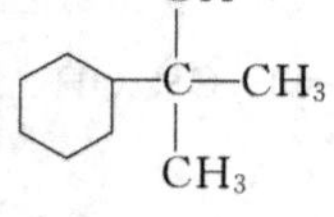

(7)  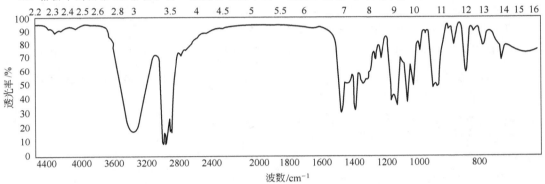 , CH₃OH ⟶ (结构)

(7) ⟨苯⟩ , CH₃OH ⟶ ⟨苯-OCH₃⟩

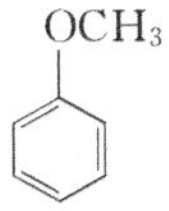

(8) CH₂=CHCH₃ ⟶ CH₂—CH—CH₂ (Cl, O)

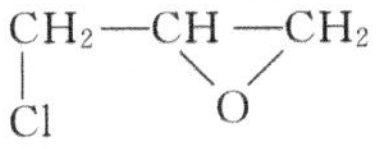

(9) 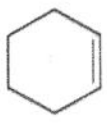 ⟨环己烯⟩ , C₂H₅OH ⟶ ⟨环己基-OC₂H₅⟩

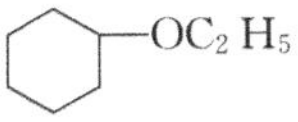

(10) ≤C₄ 有机物 ⟶ CH₃CH₂CH₂C(CH₂CH₃)(CH₃)—OCH₃

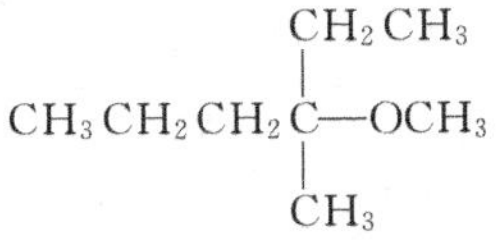

10. 推测结构

(1) 化合物 A，分子式 $C_5H_{11}Br$，与 NaOH 水溶液共热后生成 $B(C_5H_{12}O)$。B 能与金属钠作用放出氢气，B 能被 $KMnO_4$ 氧化，能与 Al_2O_3 共热生成 $C(C_5H_{10})$。C 经 $K_2Cr_2O_7$ 硫酸作用，生成丙酮和乙酸。试推测 A、B、C 的结构，并写出有关的反应式。

(2) 有一芳香族化合物 A，分子式为 C_7H_8O，不与钠发生反应，但能与浓 HI 作用生成 B 和 C 两个化合物，B 能溶于 NaOH，并与 $FeCl_3$ 作用呈紫色。C 能与 $AgNO_3$ 溶液作用，生成黄色碘化银。写出 A、B、C 的构造式。

11. 指出下列两张 IR 谱图，哪一张是 2-己醇和哪一张是正丙基醚的，为什么。

(a)

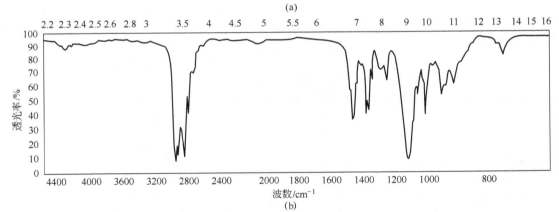

(b)

二、醛、酮

1. 完成下列反应式

(1) CH₃CH₂CH=CH₂ —?→ CH₃CH₂CH(OH)CH₃ $\xrightarrow{\text{K}_2\text{Cr}_2\text{O}_7}{\text{H}_2\text{SO}_4}$

(2) ⟨苯⟩ + CH₃CH₂COCl $\xrightarrow{\text{AlCl}_3}$ $\xrightarrow[\text{HOCH}_2\text{CH}_2\text{OCH}_2\text{CH}_2\text{OH}]{\text{NH}_2\text{NH}_2, \text{NaOH}}$

(3) CH₃CH₂CHO + NaOH ⟶

(4) 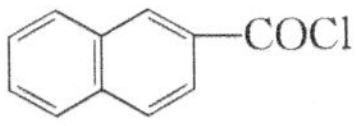 ⟨萘-COCl⟩ $\xrightarrow{\text{H}_2, \text{Pd-BaSO}_4}$ $\xrightarrow{\text{NH}_2\text{OH}}$

(5)
$$\text{(邻-苯二乙醛)} \quad + \text{NaOH} \longrightarrow$$

(6) $\text{CH}_3\text{—}$ 苯 $\text{—CHO} + \text{CH}_3\text{CHO} \xrightarrow{\text{稀 NaOH}}$

(7) $\text{CH}_3\text{—}$ 苯 $\text{—CHO} + \text{HCHO} \xrightarrow{\text{浓 NaOH}}$

(8) $\text{CH}_3\text{—}$ 苯 $\text{—CHO} \xrightarrow{\text{KMnO}_4, \text{ H}^+}$

(9) 苯$\text{—COCH}_3 \xrightarrow{\text{Cl}_2, \text{ NaOH}}$

(10) 苯$\text{—COCH}_3 \xrightarrow{\text{HNO}_3, \text{ H}_2\text{SO}_4}$

(11) $\text{CH}_3\text{CH}_2\text{CHO} + \text{C}_6\text{H}_5\text{MgBr} \xrightarrow[\text{H}_2\text{O}]{\text{H}^+}$

(12) $\text{CH}_3\overset{\underset{\displaystyle \text{CH}_3}{|}}{\text{CH}}\text{CHO} \xrightarrow{\text{Br}_2, \text{ CH}_3\text{COOH}}$

(13) $\text{HC}\equiv\text{CH} \xrightarrow[\text{2. 1 分子 C}_2\text{H}_5\text{Br}]{\text{1. NaNH}_2, \text{ NH}_3} \xrightarrow[\text{H}_2\text{SO}_4]{\text{Hg}^{2+}, \text{ H}_2\text{O}} \xrightarrow{\text{I}_2, \text{ OH}^-}$

(14)
$$\text{(3-溴环己酮)} \xrightarrow[\text{干醚}]{\text{干 HCl, 乙二醇}} \xrightarrow{\text{Mg}} \xrightarrow[\text{2. H}_3\text{O}^+]{\text{1. HCHO}}$$

(15)
$$\text{(二氢萘)} \xrightarrow[\text{2. Zn, H}_2\text{O}]{\text{1. O}_3} \xrightarrow{\text{稀 NaOH}}$$

2. 写出正丁基溴化镁与下列试剂作用后的水解产物。

(1) 丙酮　(2) 苯甲酸　(3) 环戊基甲醛　(4) 环氧乙烷

3. 下列化合物中哪些能发生碘仿反应？哪些能和饱和 NaHSO_3 水溶液加成？

(1) $\text{CH}_3\text{COCH}_2\text{CH}_3$　(2) $\text{CH}_3\text{CH}_2\text{CHO}$　(3) $\text{CH}_3\text{CH}_2\text{OH}$　(4) 苯—CHO

(5) $\text{CH}_3\overset{\underset{\displaystyle \text{OH}}{|}}{\text{CH}}\text{CHCH}_3$　(6) 环己酮=O　(7) 苯—COCH_3　(8) $\text{CH}_3\text{CH}_2\text{COCH}_2\text{CH}_3$

4. 由指定原料合成下列化合物

(1) ≤C_4 有机物，苯或甲苯合成

a. $\text{CH}_2\text{=CH—CHO}$　b. 季戊四醇　c. 正戊醛　d.
$$\text{(对位 Br, COCH}_3 \text{ 苯)}$$
e.
$$\text{苯—CH}_2\overset{\underset{\displaystyle \text{OH}}{|}}{\overset{\displaystyle \text{CH}_3}{\underset{}{\text{C}}}}\text{—苯}$$

f. 间硝基二苯酮

(2) $\text{CH}_2\text{=CH}_2$, $\text{BrCH}_2\text{CH}_2\text{CHO} \longrightarrow \text{CH}_3\overset{\underset{\displaystyle \text{OH}}{|}}{\text{CH}}\text{CH}_2\text{CH}_2\text{CHO}$

(3) $\text{CH}_3\text{CH=CH}_2$, $\text{CH}\equiv\text{CH} \longrightarrow \text{CH}_3\text{CH}_2\text{CH}_2\overset{\underset{\displaystyle \text{O}}{||}}{\text{C}}\text{CH}_2\text{CH}_2\text{CH}_3$

(4) 乙烯，1-丁烯 $\longrightarrow \text{CH}_3\text{CH}_2\overset{\underset{\displaystyle \text{OH}}{|}}{\text{CH}}\text{CH}_2\text{CH}_2\text{CH}_3$

5. 推测结构

(1) 化合物 A($\text{C}_5\text{H}_{12}\text{O}$) 有旋光性。它在碱性 KMnO_4 溶液作用下生成 B($\text{C}_5\text{H}_{10}\text{O}$)，无旋光性。化合物 B 与正丙基溴化镁作用水解生成 C，后者能拆分出两个对映体。试推测 A、B、C 的结构。

(2) 化合物 A 具有分子式 $\text{C}_6\text{H}_{12}\text{O}_3$，在 1710cm^{-1} 处有强红外吸收峰。A 用碘的氢氧化钠溶液处理时，得到黄色沉淀，与 Tollens 试剂不发生银镜反应，若 A 先用稀 H_2SO_4 处理，然后再与 Tollens 试剂作用有银镜产生。A 的 NMR 数据为：

$\delta 2.1$（3H）单峰　$\delta 3.2$（6H）单峰　$\delta 2.6$（2H）二重峰　$\delta 4.7$（1H）三重峰

试推测 A 的结构。

三、羧酸及其衍生物、β-二羰基化合物

1. 完成下列反应

(1) 写出丁酸与下列试剂作用的主要产物（不能反应需指明）。

a. Br_2/P b. $SOCl_2$ c. $NH_3/\triangle$ d. $(CH_3CO)_2O$

e. 1. $LiAlH_4/2. H_2O$ f. $NaBH_4/NaOH$，H_2O g. C_2H_5OH/H_2SO_4

(2) 环己酮 $\xrightarrow{?}$ 1-乙基环己醇 $\xrightarrow{?}$ 1-溴-1-乙基环己烷 $\xrightarrow[\text{2. } CO_2, H_3O^+]{\text{1. Mg, 干醚}}$

(3) $CH_3CH_2\overset{O}{\overset{\|}{C}}Cl + CH_3CH_2\overset{O}{\overset{\|}{C}}ONa \longrightarrow$ (4) $CH_3\overset{O}{\overset{\|}{C}}CH_2\overset{O}{\overset{\|}{C}}OCH_3 + CH_3OH(过量) \xrightarrow{CH_3O^-}$

(5) $C_6H_5\overset{O}{\overset{\|}{C}}OH \xrightarrow{SOCl_2} \xrightarrow{CH_3NH_2}$ (6) β-羟基丁酸 $\xrightarrow{\triangle}$ (7) δ-羟基戊酸 $\xrightarrow{\triangle}$

(8) $CH_3CH_2COOH \xrightarrow{?} CH_3CH_2COCl \xrightarrow{?} CH_3CH_2CHO$ (9) 四氢萘 $+ KMnO_4 \xrightarrow{H^+}$

(10) 苯甲酸 $\xrightarrow{?}$ 苯甲酰胺 $\xrightarrow{Br_2, NaOH}$ (11) (R)-2-溴丙酸 $+ (S)$-2-丁醇 $\xrightarrow[\triangle]{H^+}$

(12) $HCCOOC_2H_5$ / $HCCOOC_2H_5$ + 环己烯 $\xrightarrow{\triangle}$ (13) $2CH_3CH_2COOC_2H_5 \xrightarrow[\text{2. } CH_3COOH]{\text{1. } NaOC_2H_5} ?$

(14) $CH_3CH_2COOC_2H_5 + C_6H_5COOC_2H_5 \xrightarrow[\text{2. } CH_3COOH]{\text{1. } NaOC_2H_5} ?$

(15) $\underset{CH_2CH_2COOC_2H_5}{\overset{CH_2CH_2COOC_2H_5}{|}} \xrightarrow[\text{2. } H^+]{\text{1. } NaOC_2H_5} ?$ (16) $CH_3COCH_2COOC_2H_5 \xrightarrow[HCl]{乙二醇} ? \xrightarrow[\text{2. } H_3O^+]{\text{1. } 2C_6H_5MgBr}$

2. 比较下列化合物的酸性

(1) 醋酸，丙二酸，草酸，苯酚和甲酸

(2) CH_3COOH，CF_3COOH，$CH_2ClCOOH$，C_2H_5OH，C_6H_5-OH

(3) 对硝基苯甲酸，对甲基苯甲酸，对氯苯甲酸，苯甲酸

3. 用化学方法区别下列各组化合物。

(1) 乙醇，乙醛，乙酸   (2) 水杨酸，苯甲酸，苯甲醇

(3) $CH_3COCH(CH_3)COOC_2H_5$ 和 $CH_3COC(CH_3)COOC_2H_5$，其中后者带 C_2H_5

4. 排列下列化合物在碱性条件下发生醇解的反应速率次序。

(1) CH_3COOCH_3，$CH_3COOC_2H_5$，$CH_3COOCH(CH_3)_2$，$CH_3COOC(CH_3)_3$，$HCOOCH_3$

(2) $O_2N-C_6H_4-COOCH_3$，$Cl-C_6H_4-COOCH_3$，$C_6H_5-COOCH_3$，$CH_3O-C_6H_4-COOCH_3$

5. 完成下列转变

(1) $CH_3CH_2CHO \longrightarrow CH_3CH_2\overset{O}{\overset{\|}{C}}CH_2CH_2CH_3$

(2) $CH_3CH_2CH_2CH_2OH \longrightarrow CH_3CH_2CH_2CH_2COOH$

(3) 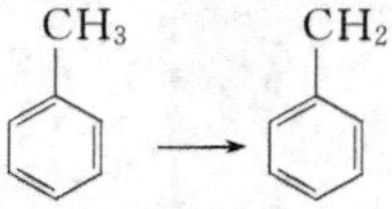 (4) 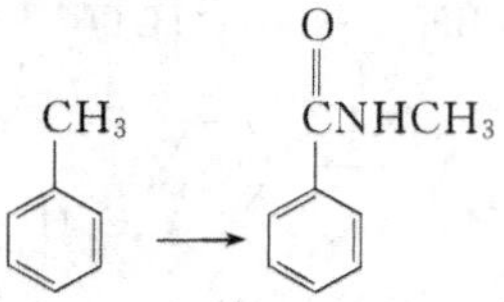

(5) 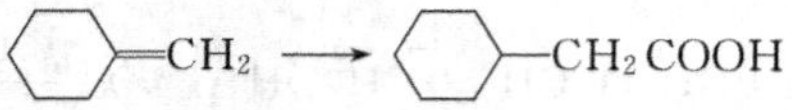

6. 合成下列化合物

(1) 乙炔⟶丙烯酸甲酯 (2) 乙烯⟶β-羟基丙酸

(3) 乙烯⟶α-甲基-β-羟基戊酸 (4) 环戊酮，乙醇⟶β-羟基环戊烷乙酸

(5) 乙醇⟶正己酸 (6) 甲醇，乙醇⟶3-甲基己二酸

(7) 乙醇⟶环丙烷甲酸 (8) 乙醇⟶3-乙基-2-戊酮

(9) 乙醇⟶2,7-辛二酮 (10) 乙醇⟶γ-戊酮酸

7. 推测结构

(1) 化合物A的分子式为$C_5H_6O_3$。它能与乙醇作用得到两个互为异构体的化合物B和C。B和C分别与亚硫酰氯作用后再加入乙醇，则二者生成同一化合物D。试推测A、B、C和D的结构。

(2) 某酯类化合物A($C_5H_{10}O_2$)，用乙醇钠的乙醇溶液处理，得到另一个酯B($C_8H_{14}O_3$)。B能使溴水褪色，将B用乙醇钠的乙醇溶液处理后再与碘乙烷反应，又得到另一个酯C($C_{10}H_{18}O_3$)。C和溴水在室温下不发生反应，C经稀碱水解后再酸化，加热，即得到一个酮D($C_7H_{14}O$)。D不发生碘仿反应，用锌汞齐还原则生成3-甲基己烷。试推测A、B、C、D的结构并写出各步反应式。

8. 化合物$C_6H_{12}O_2$在1740cm^{-1}、1250cm^{-1}、1060cm^{-1}有强的红外吸收峰。在2950cm^{-1}以上无红外吸收。核磁共振谱图上有两个单峰$\delta=3.4$ (3H)，$\delta=1.0$ (9H)。请写出该化合物的结构式。

9. 用指定波谱技术区别化合物：

(1) 用红外区别 A 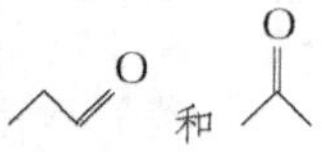

B 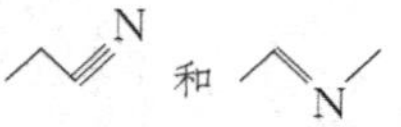 (指出大约的波数情况)

(2) 用NMR区别 A 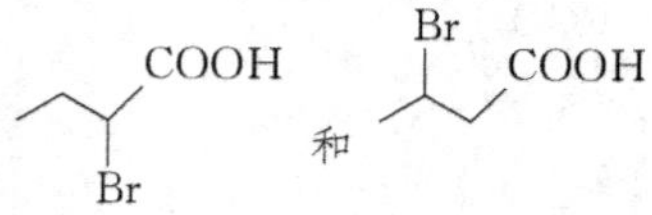

B 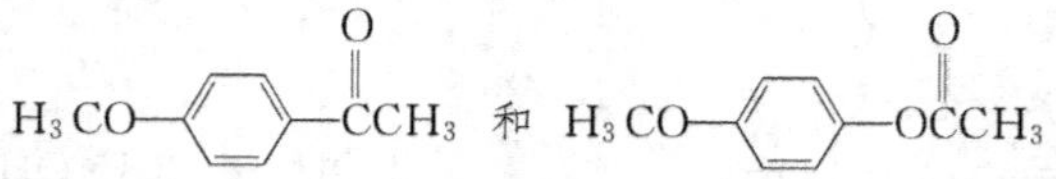

(指出大约的化学位移值)

第 11 章　含氮化合物

💬 **本章提要**　介绍了硝基化合物、胺类化合物、季铵盐及季铵碱、重氮化合物、偶氮化合物以及叠氮化合物的物理与化学性质，硝基化合物及胺的制备以及典型化合物重氮甲烷与卡宾。

📶 **关键词**　硝基化合物　胺　季铵盐　季铵碱　重氮化合物　偶氮化合物　叠氮化合物　重氮甲烷　卡宾　烷基化反应　酰基化反应　磺酰化反应　重氮化反应　偶合反应。

　　维勒诺贝尔 A. B.（Alfred Bernhard Nobel 1833~1896）瑞典人，炸药发明者。1833 年 10 月 21 日生于瑞典斯德哥尔摩。1842 年，随母亲离开斯德哥尔摩去俄国。在父亲和家庭教师的指导下攻读工程学和化学，1850 年离开俄国去巴黎从事一年化学研究，继而去美国，在著名工程师 J. 埃里克森指导下工作四年，再回到彼德堡其父工厂工作，直至 1859 年其父经营的商号破产而回到瑞典。他最初制造的炸药是液体硝化甘油炸药（当时称作爆炸油），1864 年初投产后发生爆炸。随后在研究中发现用硅藻土吸收硝化甘油，使后者得以安全搬运和使用，从而制出代那迈特和起爆这种炸药的雷管。10 年后，他又制出爆胶。又过 10 年，生产出第一种硝化甘油无烟火药巴力斯太。

　　诺贝尔一生四海为家，经历千辛万苦，开办的工厂遍布英、德、法、俄、意、美等十几个国家，得到专利权的发明创造达 355 项，成为欧洲最富有的"流浪汉"。到 19 世纪末，他在近 20 个国家里拥有 90 个企业。1896 年 12 月 10 日在意大利圣雷莫逝世。在去世前一年，他立下遗嘱，把遗产作为基金（基金会于 1900 年成立），每年奖励世界上对和平、文学、物理学、化学、生理学或医学贡献最杰出的人，这就是当今国际上具有极崇高荣誉的诺贝尔奖。1968 年瑞典国家银行为纪念诺贝尔建立诺贝尔经济科学奖并提供奖金。

11.1　硝基化合物

11.1.1　硝基化合物的物理性质

　　脂肪族硝基化合物是无色而具有香味的液体，难溶于水，易溶于醇和醚。大部分芳香族硝基化合物都是淡黄色固体，有些一硝基化合物是液体，它们具有苦杏仁味。硝基化合物的相对密度都大于 1，不溶于水，而溶于有机溶剂。多硝基化合物在受热时一般易分解而发生爆炸。芳香族硝基化合物都有毒性。硝基化合物的物理性质见表 11.1。

表 11.1 硝基化合物的物理性质

名　　称	结　构　式	熔点/℃	沸点/℃
硝基甲烷	CH_3NO_2	−28.5	100.8
硝基乙烷	$CH_3CH_2NO_2$	−50	115
1-硝基丙烷	$CH_3CH_2CH_2NO_2$	−108	131.5
2-硝基丙烷	$(CH_3)_2CHNO_2$	−98	120
硝基苯	$C_6H_5NO_2$	5.7	210.8
间二硝基苯	$1,3\text{-}C_6H_4(NO_2)_2$	89.8	303(102658Pa)
1,3,5-三硝基苯	$1,3,5\text{-}C_6H_3(NO_2)_3$	122	315
邻硝基甲苯	$1,2\text{-}CH_3C_6H_4NO_2$	−4	222.3
对硝基甲苯	$1,4\text{-}CH_3C_6H_4NO_2$	54.5	238.3
2,4-二硝基甲苯	$1,2,4\text{-}CH_3C_6H_3(NO_2)_2$	71	300
2,4,6-三硝基甲苯	$1,2,4,6\text{-}CH_3C_6H_2(NO_2)_3$	82	分解

11.1.2 硝基化合物的化学性质

(1) 还原反应

硝基化合物与还原剂（如铁、锡和盐酸）作用，可以得到胺类化合物。由于催化加氢法在产品质量和收率等方面都优于化学还原法，因而工业生产已愈来愈多采用催化加氢（如以镍、铂等为催化剂）由硝基化合物制备胺。

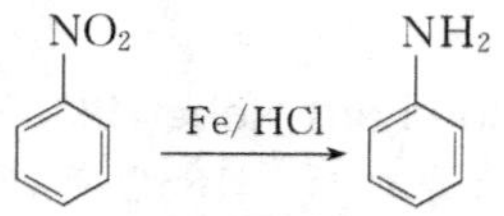

$$\text{硝基苯} \xrightarrow{Fe/HCl} \text{苯胺}$$

用催化加氢法还原硝基还有一个特点，反应是在中性条件中进行，因此对于那些带有酸性或碱性条件下易水解基团的化合物可用此法还原。例如：

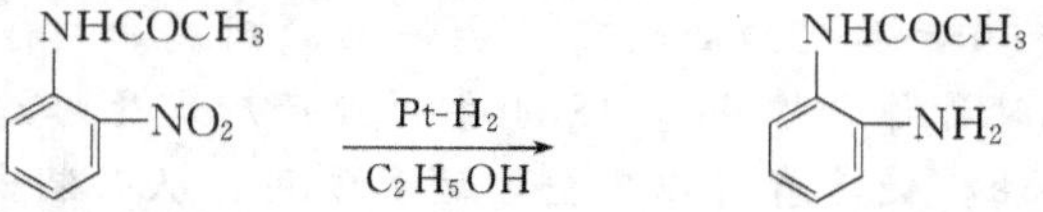

$$\text{邻硝基乙酰苯胺} \xrightarrow[C_2H_5OH]{Pt\text{-}H_2} \text{邻氨基乙酰苯胺（90\%）}$$

硝基苯还原时，在不同介质中（酸性、中性或碱性）可以得到不同的产物。如在酸性条件下以铁和盐酸为还原剂最终得到苯胺。在酸性溶液的还原反应中，有许多中间体生成。其还原过程可以表示如下：

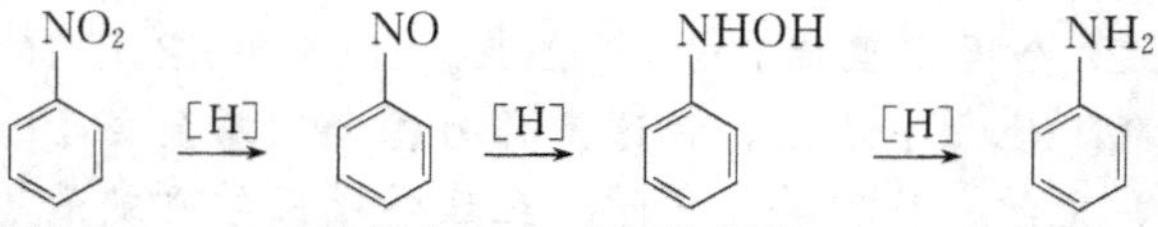

$$\text{硝基苯} \xrightarrow{[H]} \text{亚硝基苯} \xrightarrow{[H]} N\text{-羟基苯胺} \xrightarrow{[H]} \text{苯胺}$$

在酸性溶液中，亚硝基苯和 N-羟基苯胺这两个中间产物都比硝基苯还原得更迅速，因此它们不能被分离出来。在中性介质中还原，很容易停留在 N-羟基苯胺一步。

硝基苯在不同的碱性介质中还原时，可以分别得到氧化偶氮苯、偶氮苯或氢化偶氮苯等不同还原产物：

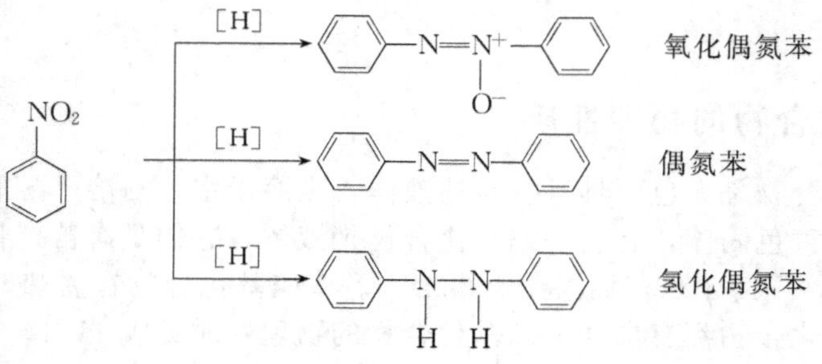

氧化偶氮苯

偶氮苯

氢化偶氮苯

它们可能是由两分子不同的中间产物缩合而成的。例如：

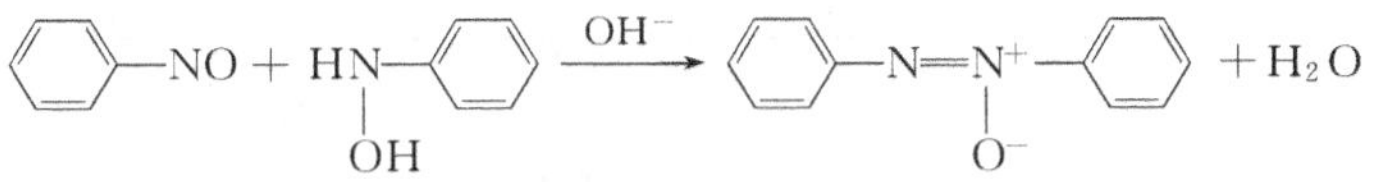

氧化偶氮苯如进一步还原也可得偶氮苯或氢化偶氮苯。所有这些还原中间产物，如在强烈还原条件下进一步还原，最后都可得到苯胺。

芳香族多硝基化合物用碱金属的硫化物或多硫化物、硫氢化铵、硫化铵或多硫化铵为还原剂还原，可以选择性地还原其中的一个硝基成为氨基。例如：

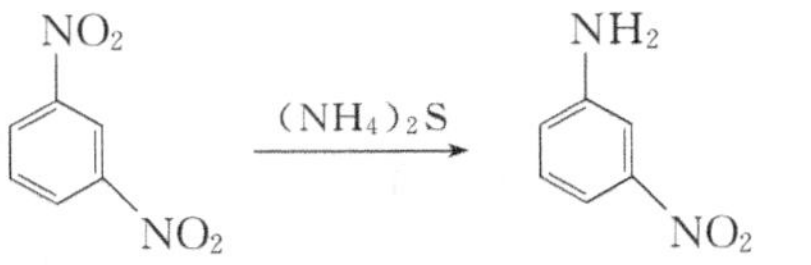

间二硝基苯　　　　　　间硝基苯胺（80%）

例题 11.1　完成以下反应。

（2）苯环上的取代反应

硝基是间位定位基，它使苯环钝化。例如：

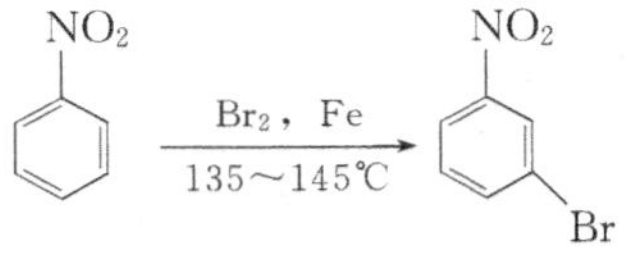

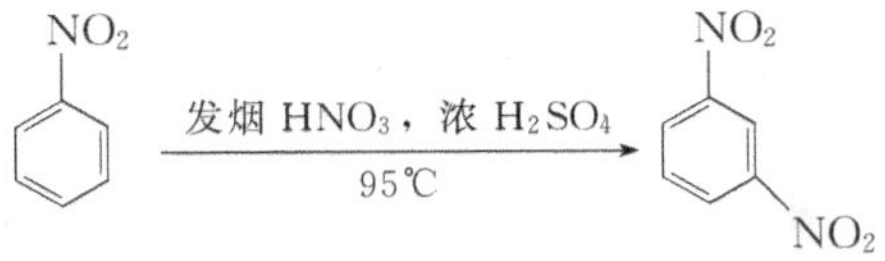

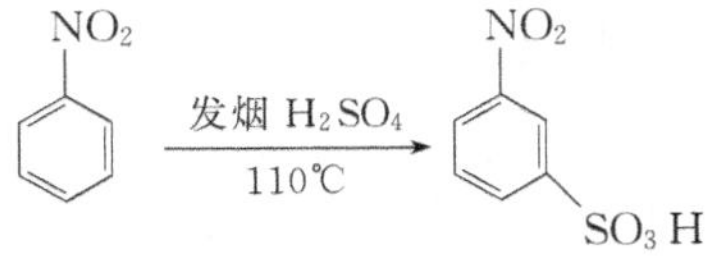

从上列反应式的条件可见，硝基化合物的卤化、硝化和磺化反应都比较困难。由于硝基使苯环电子云密度降低得较多（尤其是它的邻位和对位），以致硝基苯不能发生傅列德尔-克拉夫茨反应，因此硝基苯可用作这类反应的溶剂。

（3）硝基对苯环上其他取代基的影响

硝基对其邻位和对位上取代基的化学性质有比较显著的影响。

a. 对卤原子活泼性的影响（反应机理见第4章亲核取代反应）　氯苯分子中的氯原子并不活泼，将氯苯与氢氧化钠溶液共热到200℃，也不能水解生成苯酚。若在氯苯的邻位或对位有硝基时，氯原子就比较活泼。例如，邻硝基氯苯或对硝基氯苯与碳酸钠溶液共热到130℃左右，就能水解生成相应的硝基苯酚（在碱性溶液中生成酚盐，酸化后得到酚）。如果邻、对位上硝基数目越多，氯原子就越活泼。

b. 对酚类酸性的影响　苯酚的酸性比碳酸还弱，它呈弱酸性。当苯环上引入硝基时，能增强酚的酸性。例如，2,4-二硝基苯酚的酸性与甲酸相近，2,4,6-三硝基苯酚的酸性几乎与强无机酸相近。苯酚及硝基酚类的 pK_a 值见表 11.2。

硝基对酚羟基的影响和硝基与羟基在环上的相对位置有关。当硝基处在羟基的邻位或对位时，由于可以生成负电荷更分散因而也更稳定的硝基苯氧负离子，所以酸性增强。可以用下列共振式表示负离子的电荷分散性和稳定性。

表 11.2 苯酚及硝基酚类的 pK_a 值

名　称	结 构 式	pK_a 值(25℃)	名　称	结 构 式	pK_a 值(25℃)
苯酚	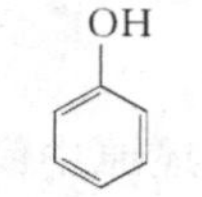	9.98	对硝基苯酚	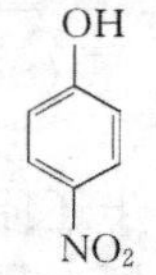	7.15
邻硝基苯酚	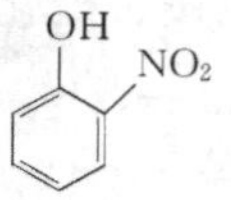	7.23	2,4-二硝基苯酚	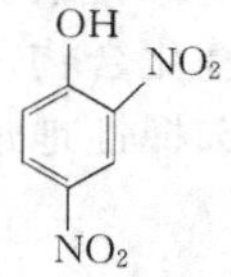	4.0
间硝基苯酚	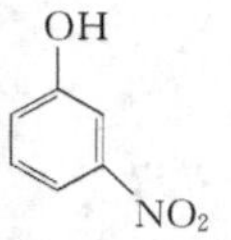	8.40	2,4,6-三硝基苯酚	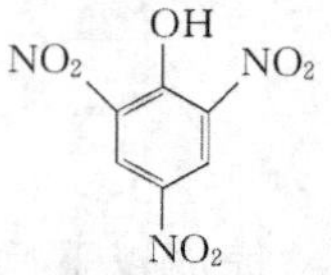	0.71

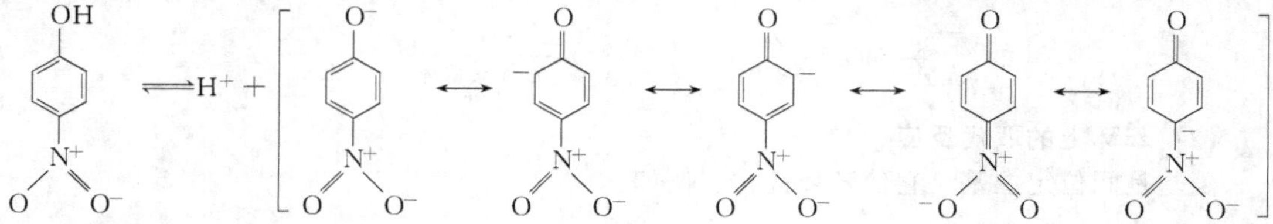

例题 11.2 完成下列反应。

(1) 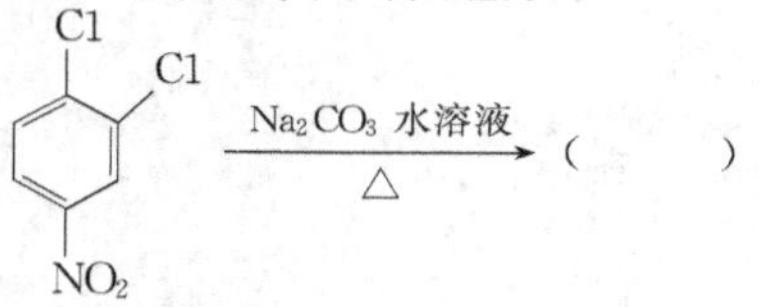 $\xrightarrow[\triangle]{Na_2CO_3 \text{ 水溶液}}$ （　　） (2)  $Cl-\!\!\!\!\bigcirc\!\!\!\!-NO_2 + CH_3NH_2 \xrightarrow[160℃]{醇}$ （　　）

11.2 胺

11.2.1 胺的物理性质

　　脂肪族胺中甲胺、二甲胺、三甲胺和乙胺是气体，丙胺以上是液体，高级胺是固体。低级胺溶于水，具有令人不愉快的气味，如三甲胺有鱼腥味。高级脂肪胺不溶于水，几乎没有气味。伯胺和仲胺由于形成分子间的氢键，它们的沸点比相对分子质量相近的烷烃沸点要高。例如，正丁胺（相对分子量为 73）的沸点为 77.8℃，二乙胺（相对分子量为 73）的沸点为 56.3℃，而正戊烷（相对分子量为 72）的沸点为 36.1℃。叔胺由于氮上没有氢原子，不能形成氢键，其沸点与相对分子质量相近的烷烃沸点相近似。例如三乙胺（相对分子量为 101）的沸点为 89.3℃，而 3-乙基戊烷（相对分子量为 100）的沸点为 93.3℃。芳香族胺是无色液体或固体，它们都具有特殊的臭味和毒性，长期吸入苯胺蒸气会使人中毒。芳胺易渗入皮肤，被吸收以致中毒。胺的物理性质见表 11.3。

11.2.2 胺的化学性质

(1) 碱性

　　胺与氨相，它们都具有碱性。这是由于氮原子上的未共用电子对能与质子结合，形成

表 11.3 胺的物理性质

名 称	结 构 式	熔点/℃	沸点/℃	相对密度(d_4^{20})
甲胺	CH_3NH_2	−93.5	−6.3	0.7961(−10℃)
二甲胺	$(CH_3)_2NH$	−93	7.4	0.6604(0℃)
三甲胺	$(CH_3)_3N$	−117.2	2.9	0.7229(25℃)
乙胺	$C_2H_5NH_2$	−81	16.6	0.706(0℃)
二乙胺	$(C_2H_5)_2NH$	−48	56.3	0.705
三乙胺	$(C_2H_5)_3N$	−114.7	89.4	0.756
正丙胺	$CH_3CH_2CH_2NH_2$	−83	47.8	0.719
正丁胺	$CH_3CH_2CH_2CH_2NH_2$	−49.1	77.8	0.740
正戊胺	$CH_3CH_2CH_2CH_2CH_2NH_2$	−55	104.4	0.7614
乙二胺	$H_2NCH_2CH_2NH_2$	8.5	116.5	0.899
己二胺	$H_2N(CH_2)_6NH_2$	41	204	
苯胺	—NH₂	−6.3	184	1.022
N-甲基苯胺	—NHCH₃	−57	196.3	0.989
N,N-二甲基苯胺	—N(CH₃)₂	2.5	194	0.956
二苯胺	—NH—	54	302	1.159
三苯胺	(—)₃N	127	365	0.774(0℃)
联苯胺	H_2N——NH_2	127	401.7	1.250
α-萘胺	NH₂-萘	50	300.8	1.131
β-萘胺	NH₂-萘	113	306.1	1.0614(25℃)

带正电荷铵离子的缘故。

$$:NH_3+H^+ \rightleftharpoons NH_4^+ \qquad\qquad RNH_2+H^+ \rightleftharpoons RNH_3^+$$

胺溶解于水时，发生下列离解反应：

$$RNH_2+H_2O \rightleftharpoons RNH_3^+ +OH^-$$

胺的碱性强度常用它的离解常数 K_b 或 pK_b 表示：

$$K_b=\frac{[RNH_3^+][OH^-]}{[RNH_2]} \qquad pK_b=-\lg K_b$$

胺的碱性强度也常用它的共轭酸 RNH_3^+ 的离解常数 K_a 或 pK_a 表示：

$$RNH_3^+ +H_2O \rightleftharpoons RNH_2+H_3O^+ \qquad K_a=\frac{[RNH_2][H_3O^+]}{[RNH_3^+]} \qquad pK_a=-\lg K_a$$

胺的 K_b 与其共轭酸的 K_a 有下列关系：

$$K_a \cdot K_b=K_w \qquad pK_a+pK_b=pK_w$$

在 25℃时，K_w（水的离子积）为 $1×10^{-14}$，故而

$$pK_a+pK_b=14$$

如果一个胺的 K_b 愈大或 pK_b 愈小，则此胺的碱性愈强。如果一个胺的共轭酸的 K_a 愈大或 pK_a 愈小，则此胺的碱性愈弱。一些胺的 pK_b 值及其共轭酸的 pK_a 值见表 11.4。

表 11.4　一些胺的 pK_b 及其共轭酸的 pK_a 值

胺	$pK_b(25℃)$	共 轭 酸	$pK_a(25℃)$
NH_3	4.76	NH_4^+	9.24
CH_3NH_2	3.38	$CH_3NH_3^+$	10.62
$(CH_3)_2NH$	3.27	$(CH_3)_2NH_2^+$	10.73
$(CH_3)_3N$	4.21	$(CH_3)_3NH^+$	9.79
$C_6H_5NH_2$	9.40	$C_6H_5NH_3^+$	4.60
$(C_6H_5)_2NH$	13.21	$(C_6H_5)_2NH_2^+$	0.79

从表 11.4 所列出的 pK_b 值可以看到，甲胺、二甲胺和三甲胺在水溶液中碱性强弱的次序是：
$$(CH_3)_2NH > CH_3NH_2 > (CH_3)_3N > NH_3$$

胺分子中的氢原子被甲基取代后，由于甲基的供电子性使氮原子上的电子云密度增加，更容易与质子结合，因此甲胺的碱性（$pK_b=3.38$）比氨（$pK_b=4.76$）强。二甲胺有两个甲基，碱性（$pK_b=3.27$）又有增强。三甲胺有三个甲基，似乎碱性应更强，但实际上碱性（$pK_b=4.21$）却又有所下降。这是因为脂肪胺在水溶液中呈现碱性的强弱还与溶剂化效应有关，它取决于生成的铵正离子是否容易溶剂化。如果胺的氮上的氢原子愈多，溶剂化的程度愈大，铵正离子就愈稳定，胺的碱性就愈强。

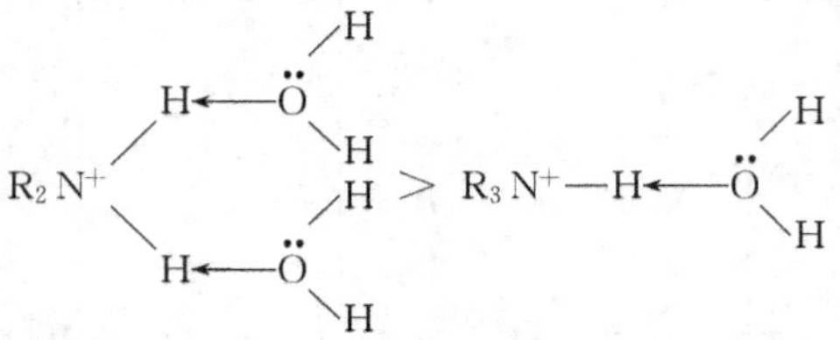

从电子效应考虑，烷基愈多，碱性愈强；从溶剂化效应考虑，烷基愈多，碱基愈弱。此外，还有立体效应的影响。故而胺的碱性强弱可能是电子效应、溶剂化效应和立体效应共同影响的结果。

芳胺的碱性比氨弱，例如，苯胺的 pK_b 值为 9.40，而氨为 4.76，这是由于苯胺分子中氮原子上的未共用电子对与苯环的 π 电子组成共轭体系，发生电子的离域，使氮原子上的电子云密度部分地移向苯环，从而降低了氮原子上的电子云密度，因此它与质子结合的能力相应地减弱，所以苯胺的碱性比氨弱得多。

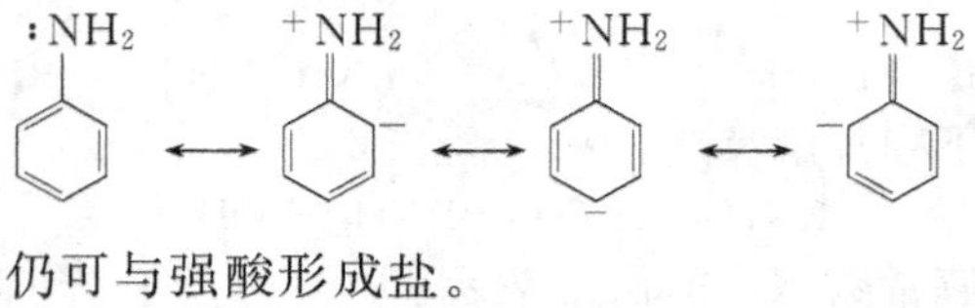

苯胺的碱性虽弱，但仍可与强酸形成盐。

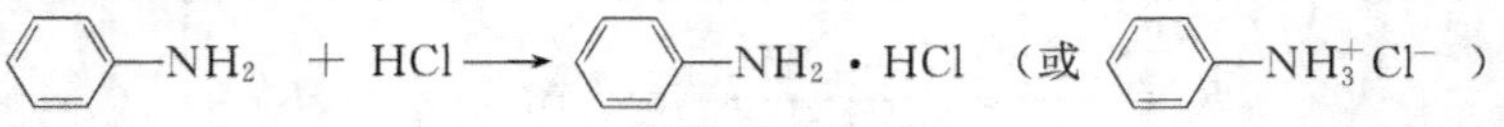

苯胺盐酸盐

二苯胺的氮原子与两个苯环相连，氮原子上的电子云密度降低得更多，故而碱性更弱（$pK_b=13.21$），它虽可与强酸生成盐，而所生成的盐在水溶液中完全水解。三苯胺即使和强酸也不能生成盐。

胺和无机酸生成的盐，例如二甲胺与氢溴酸生成的盐，可以写成 $[(CH_3)_2NH_2]^+Br^-$，称为二甲基溴化铵，也可以写成 $(CH_3)_2NH·HBr$，称为二甲胺氢溴酸盐。铵盐易溶于水而不溶于醚、烃等有机溶剂。铵盐是弱碱生成的盐，若加较强的碱，就会使胺游离出来，这可用来精制和鉴别胺类。

（2）芳胺氮原子上氢的取代反应

a. 烷基化　胺和氨一样，可与卤烃或醇等烷基化剂作用，氨基上的氢原子被烷基取代。

脂肪族或芳香族伯胺与卤烷作用，发生烷基化反应而生成仲胺、叔胺和季铵盐。

$$\text{C}_6\text{H}_5\text{—NH}_2 \xrightarrow{\text{RX}} \left[\text{C}_6\text{H}_5\text{—}\overset{+}{\text{N}}\text{H}_2\text{R}\right]\text{X}^- \xrightarrow{\text{NaOH}} \text{C}_6\text{H}_5\text{—NHR} + \text{NaX} + \text{H}_2\text{O}$$

$$\text{C}_6\text{H}_5\text{—NHR} \xrightarrow{\text{RX}} \left[\text{C}_6\text{H}_5\text{—}\overset{+}{\text{N}}\text{HR}_2\right]\text{X}^- \xrightarrow{\text{NaOH}} \text{C}_6\text{H}_5\text{—NR}_2 + \text{NaX} + \text{H}_2\text{O}$$

$$\text{C}_6\text{H}_5\text{—NR}_2 \xrightarrow{\text{RX}} \left[\text{C}_6\text{H}_5\text{—}\overset{+}{\text{N}}\text{R}_3\right]\text{X}^-$$

上述反应中，胺作为亲核试剂与卤代烷发生了亲核取代反应，结果得到在氮上逐步烷基化产物。

工业上也可以在加压、加热和无机酸催化下，用甲醇来进行甲基化。例如，苯胺与甲醇及硫酸的混合物在 2.5～3MPa、230℃下作用，得到 N-甲基苯胺，但如用过量甲醇，则主要产物为 N,N-二甲基苯胺。

$$\text{C}_6\text{H}_5\text{—NH}_2 + \text{CH}_3\text{OH} \xrightarrow[2.5\sim3\text{MPa},230℃]{\text{H}_2\text{SO}_4} \text{C}_6\text{H}_5\text{—NHCH}_3 + \text{H}_2\text{O}$$

$$\text{C}_6\text{H}_5\text{—NH}_2 + \text{CH}_3\text{OH}（过量） \xrightarrow[2.5\sim3\text{MPa},230℃]{\text{H}_2\text{SO}_4} \text{C}_6\text{H}_5\text{—N(CH}_3)_2 + \text{H}_2\text{O}$$

N-甲基苯胺和 N,N-二甲基苯胺都是液体，对氧化剂都比苯胺稳定，它们是有机合成的原料。

b. 酰基化　与氮上烷基化反应类似，酰基化试剂（如酰卤、酸酐）可发生氮上的酰基化反应，伯胺和仲胺氮上的氢原子被酰基取代生成相应的 N-取代酰胺，叔胺分子中的氮原子上没有氢原子，不发生酰基化反应。例如：

$$\text{RNH}_2 + \text{CH}_3\text{COCl} \longrightarrow \text{RNHCOCH}_3 + \text{HCl}$$

$$\underset{R}{\overset{R}{\diagdown}}\text{NH} + \text{CH}_3\text{COCl} \longrightarrow \underset{R}{\overset{R}{\diagdown}}\text{NCOCH}_3 + \text{HCl}$$

N-取代酰胺经还原又得到胺。因此利用胺的酰基化和酰胺还原反应，可以一种胺为原料制取另一类的胺化合物。

芳胺也容易与酸酐（或酰氯）作用，生成芳胺的酰基衍生物。

$$\text{C}_6\text{H}_5\text{—NH}_2 + (\text{CH}_3\text{CO})_2\text{O} \longrightarrow \text{C}_6\text{H}_5\text{—NHCOCH}_3 + \text{CH}_3\text{COOH}$$

乙酰苯胺

$$\text{C}_6\text{H}_5\text{—NHCH}_3 + (\text{CH}_3\text{CO})_2\text{O} \longrightarrow \text{C}_6\text{H}_5\text{—N(CH}_3)\text{COCH}_3 + \text{CH}_3\text{COOH}$$

N-甲基乙酰苯胺

N-取代酰胺呈现中性，不能与酸生成盐。因此在醚溶液中，伯、仲、叔胺的混合物经乙酸酐酰化后，再加稀盐酸，则只有叔胺能与盐酸作用生成盐，利用这个性质可以使叔胺从混合物中分离出来，而伯、仲胺的酰化产物经水解后又可得到原来的胺。

$$\text{CH}_3\text{CONHR} + \text{H}_2\text{O} \xrightarrow{\text{H}^+ \text{或} \text{OH}^-} \text{RNH}_2 + \text{CH}_3\text{COOH}$$

$$\text{CH}_3\text{CONR}_2 + \text{H}_2\text{O} \xrightarrow{\text{H}^+ \text{或} \text{OH}^-} \text{R}_2\text{NH} + \text{CH}_3\text{COOH}$$

芳胺的酰基衍生物不像芳胺那样容易被氧化，它们容易由芳胺酰化制得，又容易水解再转变成原来的芳胺，所以在有机合成上，常利用酰基化来保护氨基以避免芳胺在进行某些反应（如硝化等）时被破坏。

c. 磺酰化 伯胺或仲胺与磺酰化试剂（可以引入磺酰基 $ArSO_2^-$ 的试剂，如苯磺酰氯或对甲苯磺酰氯）作用，氨基上的氢原子被磺酰基取代，生成相应的磺酰胺，称为胺的磺酰化反应，又称为兴斯堡（Hinsberg）反应。此反应常用来鉴别或分离伯、仲、叔胺。伯胺反应后生成的磺酰胺可溶于碱溶液中，仲胺反应后生成的磺酰胺不能溶于碱溶液中，叔胺不反应。例如：

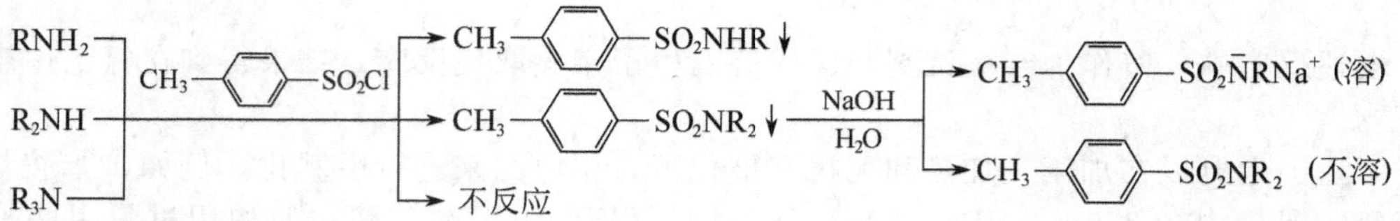

(3) 与亚硝酸的反应

各类胺与亚硝酸反应时可生成不同的产物。由于亚硝酸不稳定，一般用亚硝酸钠与盐酸（或硫酸）代替亚硝酸。

脂肪族伯胺与亚硝酸作用生成极不稳定的脂肪族重氮盐，它立即分解成氮气和一个碳正离子 R^+，然后此碳正离子可发生各种反应而生成醇、烯烃及卤烃等的混合物：

$$\underset{(NaNO_2 + HCl)}{RNH_2 + HNO_2} \longrightarrow R^+N_2X^- \longrightarrow N_2 + \underbrace{R^+ + X^-}_{\text{醇、烯烃、卤烃等混合物}}$$

例如：

$$CH_3CH_2CH_2NH_2 \xrightarrow{NaNO_2,HCl} [CH_3CH_2CH_2N^+{\equiv}NCl^-] \longrightarrow CH_3CH_2CH_2^+ + Cl^- + N_2\uparrow$$

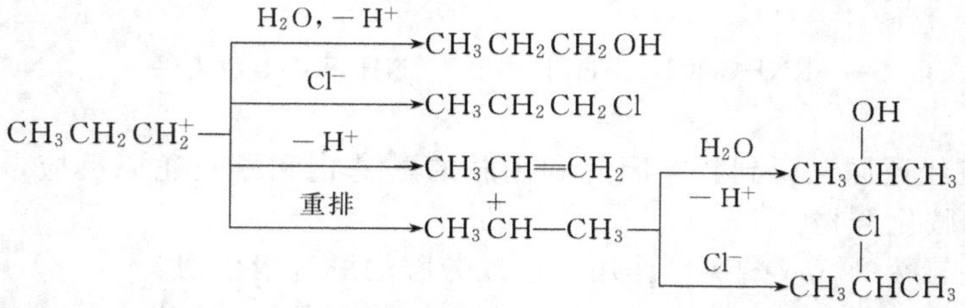

这个反应很复杂，得到的是混合物，所以没有合成价值。但由于放出氮气是定量的，因此可用于脂肪族伯胺的定性鉴别与定量分析。

芳香族伯胺与亚硝酸在低温（一般在5℃以下）及强酸水溶液中反应，生成芳基重氮盐，这个反应称为重氮化反应。例如：

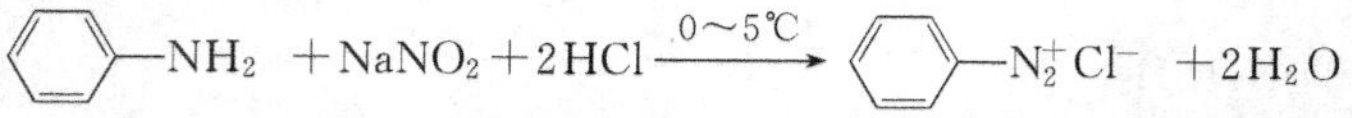

芳基重氮盐虽然也不稳定，但在低温下可保持不分解，在有机合成上是很有用的化合物。关于重氮化反应以及重氮盐的性质和应用，将在9.4中详细讨论。

脂肪族和芳香族仲胺与亚硝酸作用都生成 *N*-亚硝基胺。例如：

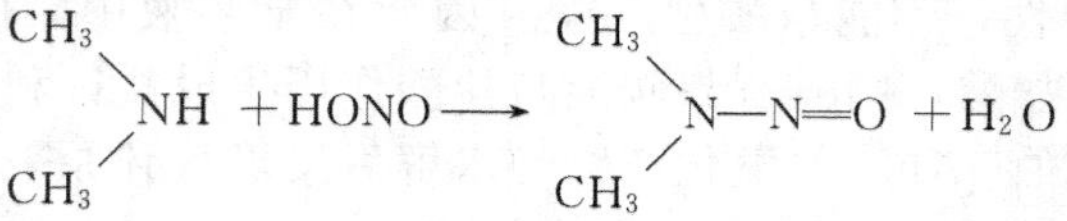

N-亚硝基二甲胺

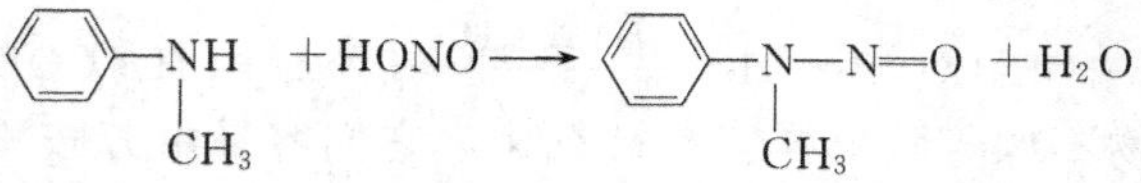

N-甲基-*N*-亚硝基苯胺

一般的 *N*-亚硝基胺都是黄色油状液体，它与稀盐酸共热时，则水解而成原来的仲胺，可以用来分离或提纯仲胺。

脂肪族叔胺一般无上述相类似的反应。虽然在低温时能与亚硝酸生成盐，但是这个盐并不稳定，很易水解，加碱后可重新得到游离的叔胺。

芳香族叔胺与亚硝酸作用，则发生环上亚硝化反应，生成对亚硝基取代产物。例如：

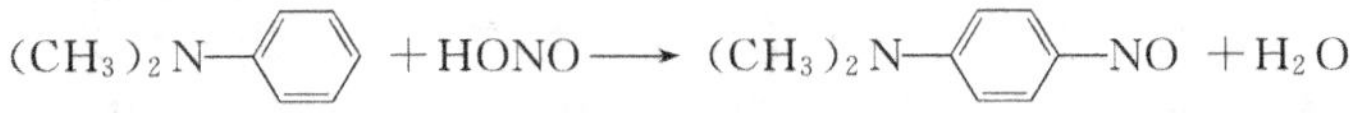

$$(CH_3)_2N\text{—}\underset{}{\bigcirc}\text{—} + HONO \longrightarrow (CH_3)_2N\text{—}\underset{}{\bigcirc}\text{—}NO + H_2O$$

对亚硝基-N,N-二甲基苯胺

综上所述，可以利用亚硝酸与伯、仲、叔胺反应的不同，来鉴别伯、仲、叔胺。

亚硝基化合物一般都具有致癌毒性。

（4）氧化反应

芳胺，尤其是伯芳胺，极易氧化。苯胺放置时，就能因空气氧化而颜色变深，由无色透明液体逐渐变为黄色、浅棕色以至红棕色。苯胺的氧化反应很复杂。例如，苯胺遇漂白粉溶液即呈明显的紫色（含有醌型结构的化合物），可利用来检验苯胺。其反应可能如下式所示：

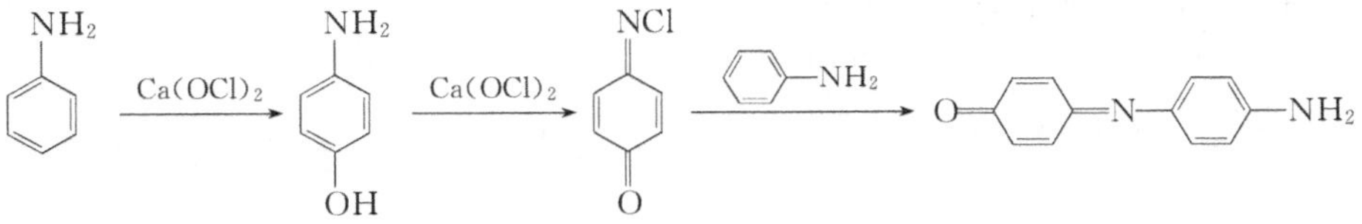

苯胺用重铬酸钠或三氯化铁氧化可得到黑色染料——苯胺黑，它也是具有复杂醌型结构的化合物。如将苯胺用二氧化锰及硫酸氧化，则主要生成苯醌，其他芳胺的氧化反应也都很复杂。

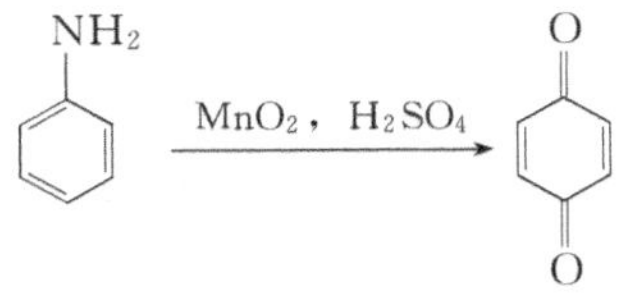

（5）芳环上的取代反应

氨基是很强的邻对位定位基，在邻、对位上容易发生亲电取代反应。

a. 卤化　苯胺在水溶液中与卤素的反应非常快，溴化生成 2,4,6-三溴苯胺，氯化生成 2,4,6-三氯苯胺。

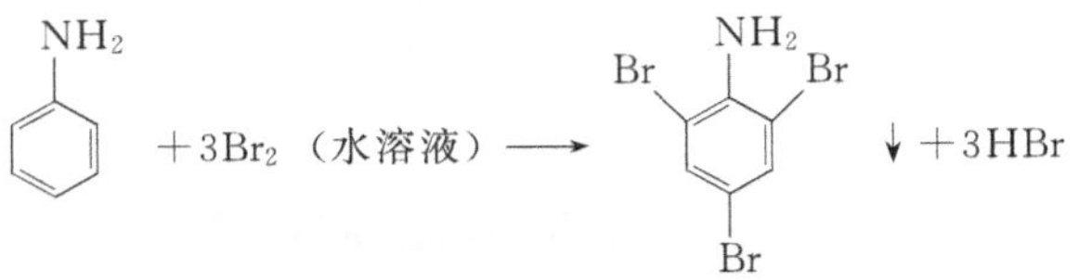

2,4,6-三溴苯胺的碱性很弱，在水溶液中不能与氢溴酸成盐，因而生成白色沉淀。这个反应常被用来检验苯胺的存在，也可用于苯胺的定量分析。

苯胺与碘作用时，则只能得到一元碘化物。

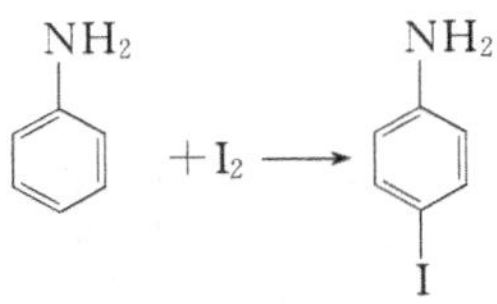

如果要制备苯胺的一元溴化物，必须使苯胺先乙酰化，生成的乙酰苯胺再溴化，可得主要产物对溴乙酰苯胺，然后水解即得对溴苯胺。

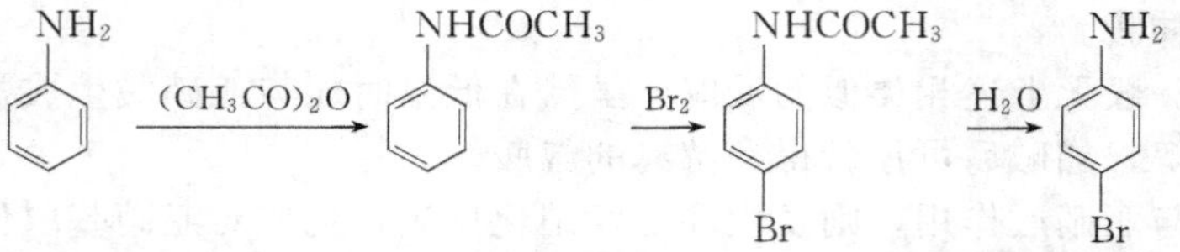

$$NH_2 \xrightarrow{(CH_3CO)_2O} NHCOCH_3 \xrightarrow{Br_2} NHCOCH_3\text{-}Br \xrightarrow{H_2O} NH_2\text{-}Br$$

b. 硝化　苯胺硝化时，因硝酸有氧化作用，故有氧化反应相伴发生。为了避免苯胺被氧化，可将苯胺溶解于浓硫酸，使之先生成苯胺硫酸盐后再硝化。因为—NH_3^+ 是间位定位基，并能使苯环稳定，不至于被硝酸氧化，故硝化的主要产物是间位取代物。取代产物最后再与碱作用，则得到间硝基苯胺。

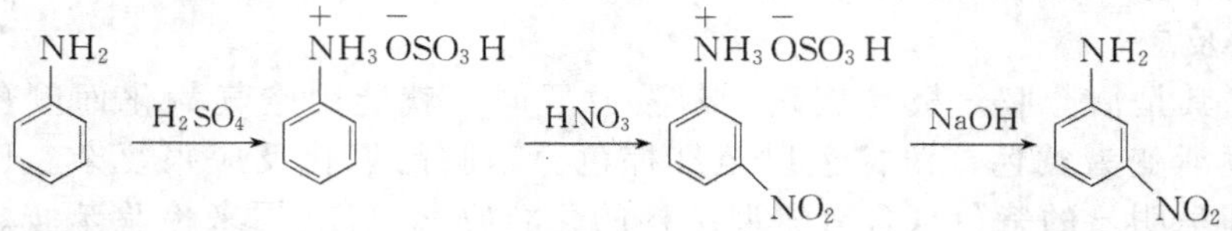

$$NH_2 \xrightarrow{H_2SO_4} \overset{+}{N}H_3\ \bar{O}SO_3H \xrightarrow{HNO_3} \overset{+}{N}H_3\ \bar{O}SO_3H\text{-}NO_2 \xrightarrow{NaOH} NH_2\text{-}NO_2$$

也可以采用氨基的乙酰化来"保护氨基"以避免苯胺被氧化。乙酰苯胺硝化主要生成对硝基乙酰苯胺，经水解即得对硝基苯胺。

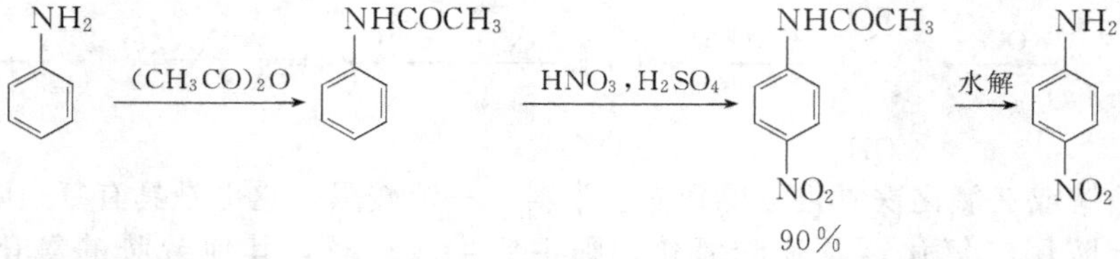

$$NH_2 \xrightarrow{(CH_3CO)_2O} NHCOCH_3 \xrightarrow{HNO_3,H_2SO_4} NHCOCH_3\text{-}NO_2 \xrightarrow{\text{水解}} NH_2\text{-}NO_2$$

90%

c. 磺化　苯胺与浓硫酸混合，可生成苯胺硫酸盐。苯胺硫酸盐在 $180\sim190℃$ 烘焙，即得对氨基苯磺酸（烘焙法）。

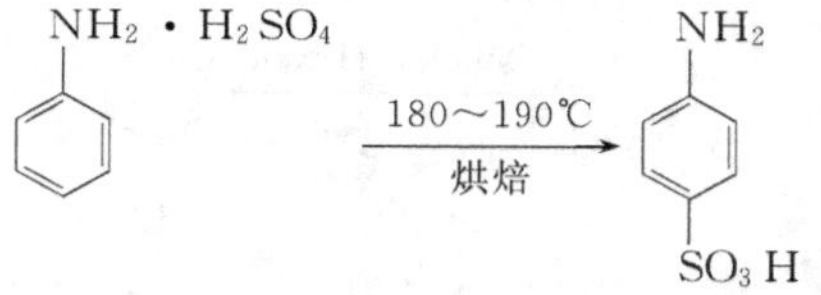

$$NH_2\cdot H_2SO_4 \xrightarrow[\text{烘焙}]{180\sim190℃} NH_2\text{-}SO_3H$$

对氨基苯磺酸分子中同时具有酸性的磺酸基和碱性的氨基，它们之间可以中和成盐。这种在分子内形成的盐称为内盐。

例题 11.3　比较三种胺：苯胺、N-甲基苯胺、N,N-二甲基苯胺与下列试剂的反应。

（1）稀盐酸　　　　　　　（2）$NaNO_2+HCl$　　　　（3）碘甲烷
（4）对甲苯磺酰氯+NaOH　（5）乙酐　　　　　　　　（6）溴水

11.3　季铵盐和季铵碱

11.3.1　季铵盐

叔胺与卤烷作用生成季铵盐：

$$R_3N+RX \longrightarrow \left[\begin{matrix} R \\ | \\ R-N-R \\ | \\ R \end{matrix} \right]^+ X^-$$

季铵盐是结晶固体，它具有盐的性质，溶于水，而不溶于非极性的有机溶剂。季铵盐在加热时分解，生成叔胺和卤烷。

$$[R_4N]^+X^- \xrightarrow{\triangle} R_3N + RX$$

具有长碳链的季铵盐可作为阳离子型表面活性剂。例如，溴化二甲基苄基十二烷基铵 $[(CH_3)_2N-C_{12}H_{25}]^+Br^-$ 是具有商品名"新洁尔灭"，既去污能力的表面活性剂，也是具有

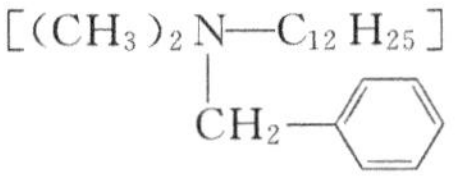

$$\underset{\underset{\bigcirc}{CH_2}}{}$$

强的杀菌能力的消毒剂。

季铵盐与伯、仲、叔胺的盐不同，它与强碱作用时，不能使胺游离出来，而是得到含有季铵碱的平衡混合物。

$$R_4N^+X^- + KOH \rightleftharpoons R_4N^+OH^- + KX$$

这个反应在强碱的醇溶液中进行，则由于碱金属的卤化物（如碘化钾）不溶于醇而沉淀析出，使平衡破坏，反应向右进行而生成季铵碱。

如用氢氧化银，反应也能顺利进行。例如：

$$(CH_3)_4N^+I^- + AgOH \rightleftharpoons (CH_3)_4N^+OH^- + AgI\downarrow$$

11.3.2 季铵碱

季铵碱是强碱，其碱性可与氢氧化钠、氢氧化钾相当。它易吸潮和溶于水，并能吸收空气中的二氧化碳，加热则分解生成叔胺和烯烃。例如，氢氧化四乙胺受热则分解为三乙胺和乙烯。

$$CH_3CH_2N^+(CH_2CH_3)_3OH^- \xrightarrow{\triangle} CH_2=CH_2 + (CH_3CH_2)_3N + H_2O$$

这是由于氢氧根离子进攻 β-氢原子，发生了双分子消除反应（E2）的缘故。

又如，氢氧化三甲基仲丁基铵（或称氢氧化三甲基-2-丁基铵）受热，主要生成 1-丁烯。

$$[\underset{\underset{N(CH_3)_3}{}}{CH_3-CH_2-CH-CH_3}]^+OH^- \xrightarrow{\triangle} (CH_3)_3N + CH_3CH_2-CH=CH_2 + CH_3-CH=CH-CH_3$$
$$\qquad\qquad\qquad\qquad\qquad\qquad\qquad 95\% \qquad\qquad\qquad\qquad 5\%$$

这个反应能将一个胺降解为烯，常用于测定分子结构及烯的制备，这个方法，称为霍夫曼彻底甲基化法，或霍夫曼降解。例如一个未知结构的碱，已知分子内含有氨基，可能为伯胺、仲胺或叔胺，即可用足量的碘甲烷处理，生成季铵盐，不同的胺与碘甲烷反应的数目不一样，1mol 伯胺与 3mol CH_3I 反应，仲胺与 2mol、叔胺只与 1mol CH_3I 反应，氮原子上的氢均被甲基取代，因此称为彻底甲基化，从反应消耗的 CH_3I 亦可判断原料是哪一种胺。甲基化后的胺，用湿的氧化银处理，得季铵碱，将干燥的季铵碱加热分解，C—N 键断裂，分解为三种胺及烯。例如：

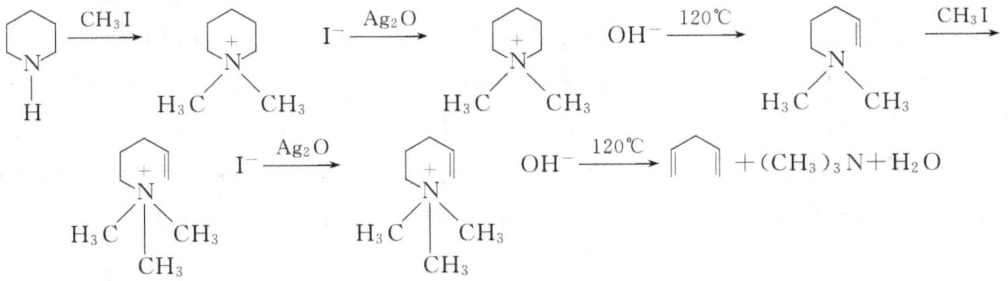

因为上例具有环状结构，因此首先产生有烯键的叔胺，再重复这些步骤，得叔胺及一个二烯化合物。根据所得烯烃的结构，可以推想原来胺的分子结构。这是在测定含氮杂环的分子结构时经常使用的一种手段。

当季铵碱化合物存在二个或二个以上的烃基可以进行消除反应时，得到的主要产物为双键上烷基最小的烯烃，既被消除的 β-氢反应难易的次序为—$CH_3 >RCH_2- > R_2CH-$，叫作霍夫曼规则。例如：

$$CH_3CH_2CH_2\overset{|}{\underset{+N(CH_3)_3}{CH}}CH_3 \xrightarrow[C_2H_5OH]{KOC_2H_5,\ 120℃} CH_3CH_2CH_2CH=CH_2 + CH_3CH_2CH=CHCH_3$$

$$\phantom{CH_3CH_2CH_2CHCH_3 \xrightarrow{KOC_2H_5} } 98\%\ 1\text{-戊烯} \qquad 2\%\ 2\text{-戊烯}$$

如果季铵碱的烃基上没有 β-氢原子，则加热时生成叔胺和醇。

$$(CH_3)_4N^+OH^- \xrightarrow{\triangle} (CH_3)_3N + CH_3OH$$

例题 11.4 完成下列反应。

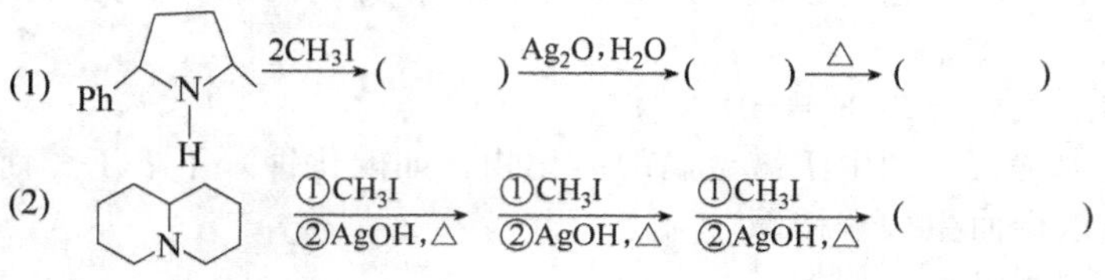

(1)
$$Ph\text{-}\underset{H}{\overset{}{N}}\text{-pyrrolidine} \xrightarrow{2CH_3I} (\qquad) \xrightarrow{Ag_2O,H_2O} (\qquad) \xrightarrow{\triangle} (\qquad)$$

(2)
$$\text{(quinolizidine)} \xrightarrow[②AgOH,\triangle]{①CH_3I} \xrightarrow[②AgOH,\triangle]{①CH_3I} \xrightarrow[②AgOH,\triangle]{①CH_3I} (\qquad)$$

11.4 重氮和偶氮化合物

11.4.1 重氮化反应

伯芳胺在低温及强酸水溶液中，与亚硝酸作用生成重氮盐的反应称为重氮化反应。例如，苯胺在盐酸溶液中与亚硝酸钠在低温下作用，生成氯化重氮苯（或称重氮苯盐酸盐）。

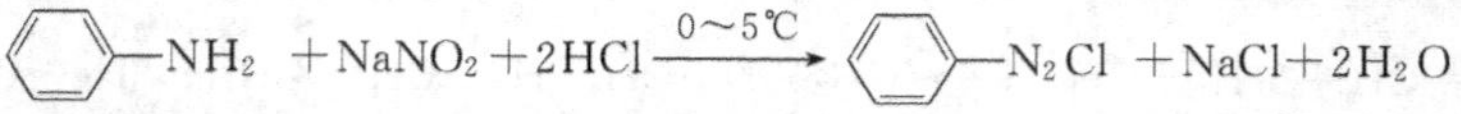

$$\text{C}_6\text{H}_5\text{-NH}_2 + NaNO_2 + 2HCl \xrightarrow{0\sim5℃} \text{C}_6\text{H}_5\text{-N}_2Cl + NaCl + 2H_2O$$

重氮化试剂是亚硝酸钠和酸，最常用的酸是盐酸或硫酸。亚硝酸是弱酸，$pK_a = 3.23$，在溶液中具有下列平衡：

$$2HONO \rightleftharpoons N_2O_3 + H_2O$$

$$HON=O + H^+ \rightleftharpoons H_2\overset{+}{O}NO \qquad H_2\overset{+}{O}NO \rightleftharpoons \overset{+}{N}O + H_2O$$

如果进行重氮化反应时，所用酸为盐酸，则在溶液中还有氯离子：

$$H_2\overset{+}{O}NO + Cl^- \rightleftharpoons ClNO + H_2O$$

这里，N_2O_3、NO^+、H_2O^+NO、$ClNO$ 均是重氮化试剂。

重氮化反应的操作一般是先将伯芳胺溶于盐酸（或硫酸）中，在冰冷却下保持温度在 $0\sim5℃$ 之间，然后在搅拌情况下逐渐加入亚硝酸钠溶液。反应时，酸的用量要过量，一般用量在 $2.5\sim3mol$ 之间，其中一摩尔是用来和亚硝酸钠作用产生亚硝酸，另一摩尔用来形成重氮盐，多下来的酸是使溶液保持一定的酸度，以避免生成的重氮盐与未起反应的芳胺发生偶合反应。亚硝酸不能过量，因为它的存在会加速重氮盐本身的分解。当反应混合物使淀粉碘化钾试纸呈蓝紫色时即为反应终点。过量的亚硝酸可以加入尿素来除去。

$$H_2N\overset{\overset{\displaystyle O}{\|}}{C}NH_2 + 2HNO_2 \longrightarrow 2N_2\uparrow + CO_2\uparrow + 3H_2O$$

重氮盐能和湿的氢氧化银作用，生成一个类似季铵碱的强碱——氢氧化重氮化合物：

$$ArN_2X + AgOH \longrightarrow ArN_2OH + AgX\downarrow$$

因此，重氮盐和铵盐相似，其结构式可表示为：$[ArN^+\equiv N]X^-$，或简写成 $ArN_2^+X^-$。已知重氮正离子的两个氮原子和苯环相连的碳原子是线型结构，而且两个氮原子的 π 轨道和苯环的 π 轨道形成离域的共轭体系，其结构如图 11.1 所示。

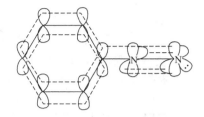

图 11.1 ArN₂ 的结构示意

重氮正离子还可以用下列两个主要的共振结构式的叠加来表示：

$$C_6H_5-\overset{+}{N}=N: \longleftrightarrow C_6H_5-\overset{..}{N}=\overset{+}{N}:$$

重氮盐具有盐的性质，它易溶于水，不溶于有机溶剂，在水溶液中能离解成正离子 ArN_2^+ 和负离子 X^-。干燥状态的重氮盐极不稳定，当受热或震动时，易发生爆炸。只有在冷的水溶液中，它们才比较稳定，但在温度较高时，就容易分解。有许多重氮盐在室温就要分解，所以重氮化反应一般都保持在较低温度下进行。

重氮盐的稳定性和苯环上的取代基以及重氮盐中的酸根有关。取代基为卤素、硝基、磺酸基等时会增加重氮盐的稳定性。例如，对硝基苯胺和对氨基苯磺酸生成的重氮盐就比较稳定。芳基重氮硫酸盐又比盐酸盐稳定。如果是氟硼酸的重氮盐就很稳定，只有在高温下才会分解。一般的重氮化反应都在水溶液中进行，得到的重氮盐往往不须从水溶液中分离，而可直接应用于下一步的合成反应中。

重氮化反应的历程一般认为是：

$$NaNO_2 + HCl \longrightarrow NaCl + HONO \qquad HONO + HCl \longrightarrow \overset{+}{N}O + Cl^- \cdot + H_2O$$

（反应历程结构式图）

11.4.2 重氮盐的反应及其在合成上的应用

(1) 放出氮的反应——重氮基被取代的反应

重氮盐中的重氮基被羟基、氢、卤素、氰基等原子或基团取代，在反应中同时有氮气放出。这个重氮基被取代的反应在有机合成中非常有用，通过它即可将芳环上的氨基转化成许多其他基团。

a. 被羟基取代 将重氮盐的酸性水溶液加热，即发生水解，放出氮气，并有酚生成。例如：

$$ArN_2HSO_4 + H_2O \xrightarrow[H^+]{\triangle} ArOH + N_2\uparrow + H_2SO_4$$

$$C_6H_5-N_2HSO_4 + H_2O \xrightarrow[H^+]{\triangle} C_6H_5-OH + N_2\uparrow + H_2SO_4$$

$$\text{（邻甲基重氮硫酸盐）} + H_2O \xrightarrow[H^+]{\triangle} \text{（邻甲酚）} + N_2 \uparrow + H_2SO_4$$

这个反应一般是用重氮硫酸盐，在较浓的强酸溶液（如 $40\% \sim 50\%$ 硫酸）中进行，这样可以避免反应生成的酚与未反应的重氮盐发生偶合反应。如果用重氮苯盐酸盐，则时常有副产物氯苯生成。

在有机合成上常通过生成重氮盐的途径而使氨基转变成羟基，由此来制备一些不能由芳磺酸盐碱熔而制得的酚类。例如，间溴苯酚不宜用间溴苯磺酸钠碱熔制取，因为溴原子也会在碱熔时水解。因此在有机合成上可用间溴苯胺经重氮化、水解而制得间溴苯酚。

$$\text{（间溴苯胺）} \xrightarrow{NaNO_2,\ H_2SO_4} \text{（间溴重氮盐）} \xrightarrow[\triangle]{H_2O} \text{（间溴苯酚）}$$

又如，从苯制取间硝基苯酚，不能由苯制取苯酚后再硝化得到，也不能由苯经硝化、磺化后碱熔制取，因此只得采取从苯制成间二硝基苯，再经部分还原、重氮化、水解得到。

$$\text{（苯）} \xrightarrow[\triangle]{HNO_3 + H_2SO_4} \text{（间二硝基苯）} \xrightarrow{NH_4HS} \text{（间硝基苯胺）} \xrightarrow{NaNO_2 \atop H_2SO_4} \text{（间硝基重氮盐）} \xrightarrow[\triangle]{H_2O} \text{（间硝基苯酚）}$$

本反应和磺化碱熔法相比较，不但路线长，而且产率也不高，因此通常不用于制取苯酚。只有当用磺化碱熔法制取酚受到限制时才用本方法。

b. 被氢原子取代　重氮盐与还原剂次磷酸（H_3PO_2）或氢氧化钠-甲醛溶液作用，则重氮基可被氢原子取代。

$$ArN_2HSO_4 + H_3PO_2 + H_2O \longrightarrow ArH + N_2 \uparrow + H_3PO_3 + H_2SO_4$$
$$ArN_2Cl + HCHO + 2NaOH \longrightarrow ArH + N_2 \uparrow + HCOONa + NaCl + H_2O$$

重氮盐与乙醇作用，重氮基也可被氢原子取代，但往往有副产品醚生成。如果用甲醇代替乙醇，醚的生成量很大。

$$ArN_2HSO_4 + C_2H_5OH \longrightarrow ArH + N_2 \uparrow + CH_3CHO + H_2SO_4$$
$$ArN_2HSO_4 + C_2H_5OH \longrightarrow ArOC_2H_5 + N_2 \uparrow + H_2SO_4$$

由于重氮盐是由伯胺制得的，本反应提供了一个从芳环上除去—NH_2 的方法，所以这个反应又称为脱氨基反应。其反应历程可能为：

$$H_3PO_2 \longrightarrow H^+ + H_2PO_2^- \qquad\qquad ArN_2^+ + H_2PO_2^- \longrightarrow Ar\cdot + N_2 \uparrow + H_2\dot{P}O_2$$

$$Ar\cdot + H_3PO_2 \longrightarrow ArH + H_2\dot{P}O_2 \qquad\qquad H_2\dot{P}O_2 + ArN_2^+ \longrightarrow Ar\cdot + N_2 \uparrow + H_2PO_2^+$$

$$H_2PO_2^+ + 2H_2O \longrightarrow H_3PO_3 + H_3O^+$$

利用脱氨基反应，可以在苯环上先引入一个氨基，借助于氨基的定位效应来引导亲电取代反应中取代基进入苯环的位置，然后再把氨基除去。例如，要合成三个溴原子互为间位的 1,3,5-三溴苯，已知由苯直接溴化不可能得到这个化合物，但苯胺容易溴化而生成 2,4,6-三溴苯胺，这个化合物的三个溴原子是互为间位的。因此，我们可以先使苯通过硝基苯还原得苯胺，苯胺溴化后再通过重氮盐而除去氨基，即可以达到合成 1,3,5-三溴苯的目的。

$$\text{（苯胺）} \xrightarrow{Br_2(水)} \text{（2,4,6-三溴苯胺）} \xrightarrow{NaNO_2,H_2SO_4} \text{（三溴重氮盐）} \xrightarrow{C_2H_5OH} \text{（1,3,5-三溴苯）}$$

又例如，间溴甲苯不能直接从甲苯溴化制取，也不能从溴苯烷基化制取，因为甲基和溴原子都是邻对位定位基，只能得到邻位或对位产物。若以对甲苯胺为原料，通过下列各步反应，则可制取间溴甲苯。

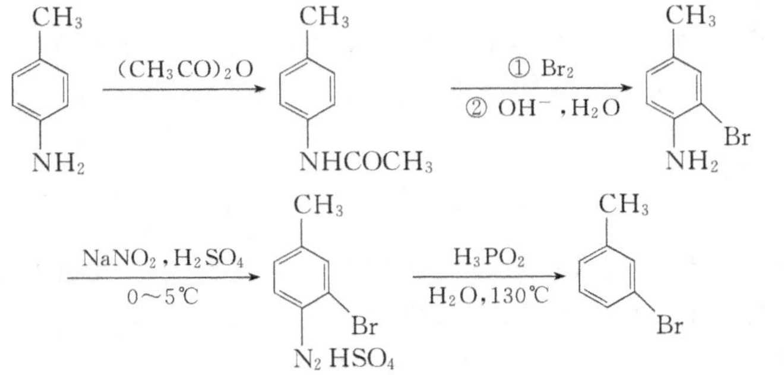

c. 被卤原子取代　重氮盐的水溶液和碘化钾一起加热，重氮基即被碘所取代，生成碘化物并放出氮气，这是将碘原子引入苯环的一个好方法，产率高。

$$ArN_2HSO_4 + KI \xrightarrow{\triangle} ArI + N_2 \uparrow + KHSO_4$$

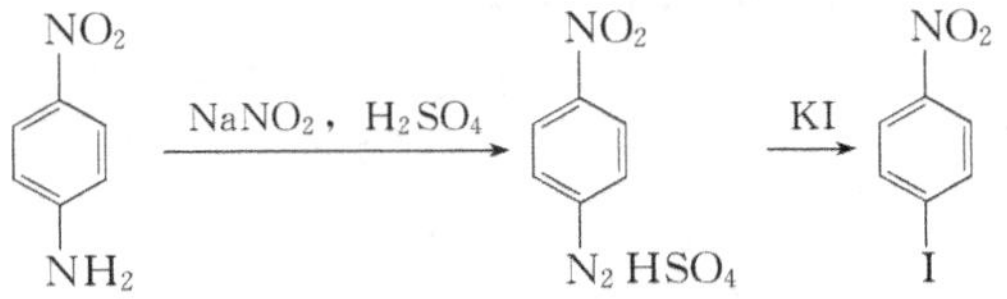

碘代反应的研究指出，本反应属于 S_N1 历程。相对说来 Cl^- 和 Br^- 的亲核能力较弱，因此 KCl 和 KBr 就难于进行上述反应，要发生该反应常常需要有亚铜盐作为催化剂，反应机理不同于碘代反应。例如在氯化亚铜的浓盐酸溶液或溴化亚铜的浓氢溴酸溶液存在下，其相应重氮盐能受热后转变成氯代或溴代芳烃。这个反应称为桑德迈尔（Sandmeyer）反应。如改用铜粉为催化剂，反应也可进行，但产率低，这个反应称为伽特曼（Gattermann）反应。

$$ArN_2Cl \xrightarrow{\text{CuCl 或 Cu}} ArCl + N_2 \uparrow \qquad ArN_2Br \xrightarrow{\text{CuBr 或 Cu}} ArBr + N_2 \uparrow$$

例如：

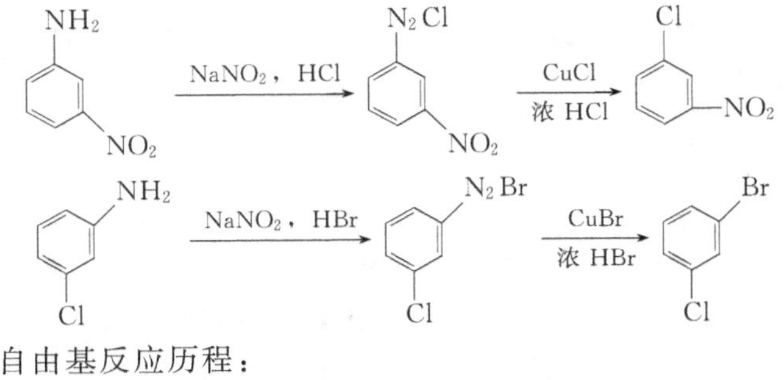

现在认为此反应属自由基反应历程：

$$CuCl + Cl^- \longrightarrow CuCl_2^-$$

$$ArN_2^+ + CuCl_2^- \longrightarrow Ar\cdot + N_2 + CuCl_2 \qquad Ar\cdot + CuCl_2 \longrightarrow ArCl + CuCl$$

芳香族氟化物也可由此方法制备，但重氮基被氟原子取代的方法和其他卤原子不一样，必须将氟硼酸加到重氮盐溶液中，使生成重氮盐氟硼酸沉淀，经分离并干燥后再小心加热，即逐渐分解而制得相应的芳香族氟化物。

$$ArN_2X \xrightarrow{HBF_4} ArN_2BF_4 \xrightarrow{\triangle} ArF + BF_3 + N_2 \uparrow$$

例如：

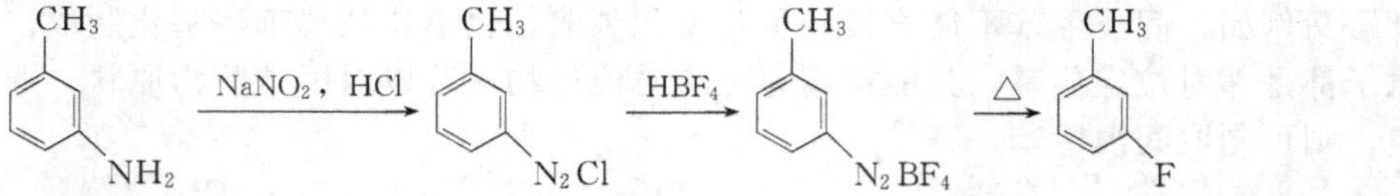

这是一个将氟原子引入苯环的常用方法，俗称希曼反应。也有文献报道用重氮氟磷酸盐可代替重氮氟硼酸盐，由于前者水溶液更小，因而产率较高。例如：

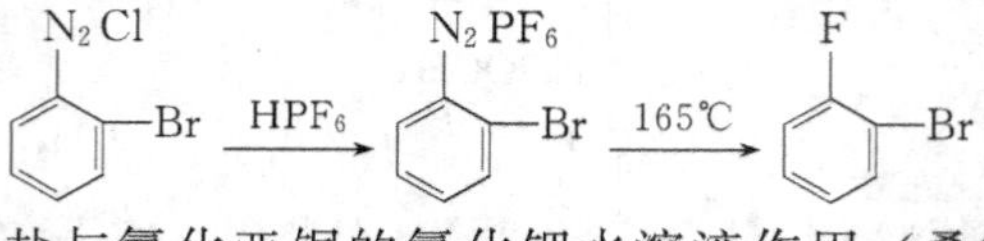

d. 被氰基取代　重氮盐与氰化亚铜的氰化钾水溶液作用（桑德迈尔反应）或在铜粉存在下和氰化钾水溶液作用（伽特曼反应），则重氮基可被氰基取代，生成芳腈。

$$ArN_2Cl \xrightarrow[\triangle]{CuCN+KCN} ArCN + N_2 \uparrow$$

由于氯苯不能直接氰解，由重氮盐引入氰基是非常重要的。又因为氰基容易水解为羧基，所以可利用此反应合成芳香酸。

例如：2,4,6-三溴苯甲酸可按如下路线合成：

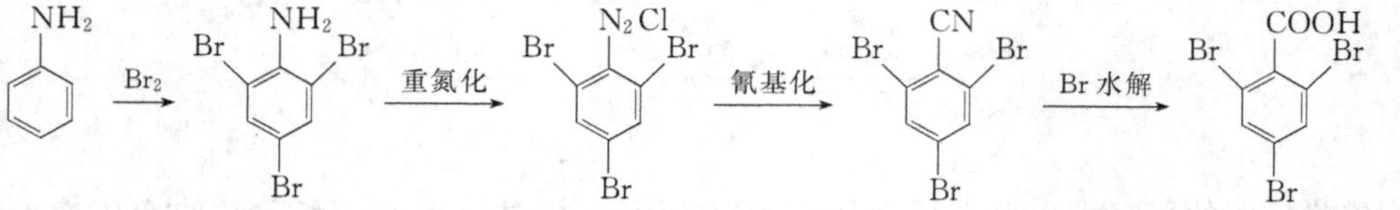

氰基可以通过水解而成羧基，因此这也是通过重氮盐在苯环上引入羧基的一个较好的方法。例如：

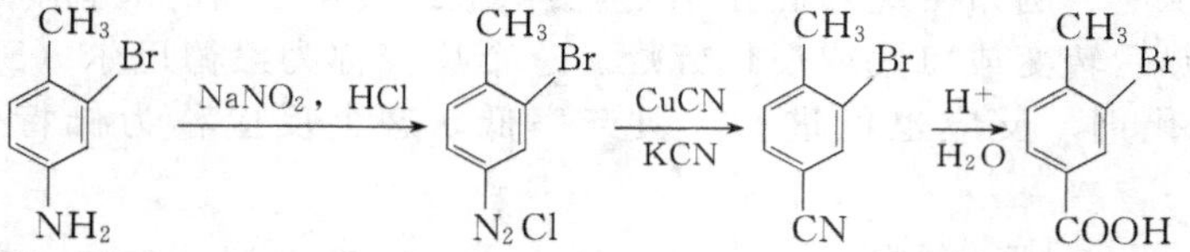

例题 11.5　完成以下反应。

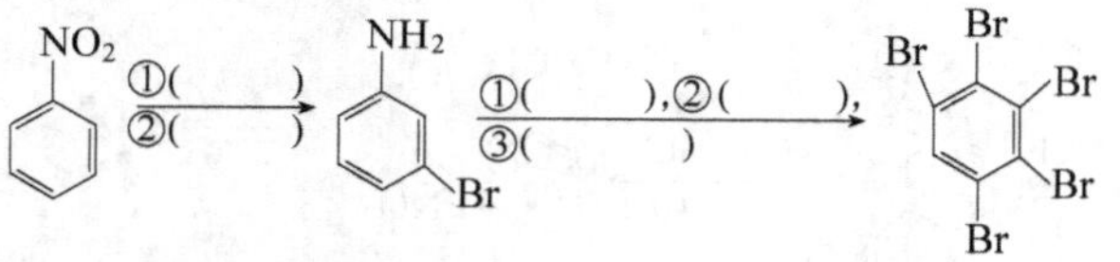

（2）保留氮的反应

留氮反应是指反应后重氮盐分子中重氮基的两个氮原子仍保留在产物的分子中。

a. 还原反应　重氮盐以氯化亚锡和盐酸（或亚硫酸钠）还原，可得到苯肼盐酸盐，再加碱即得苯肼。苯肼是常用的羰基试剂，也是合成药物和染料的原料。

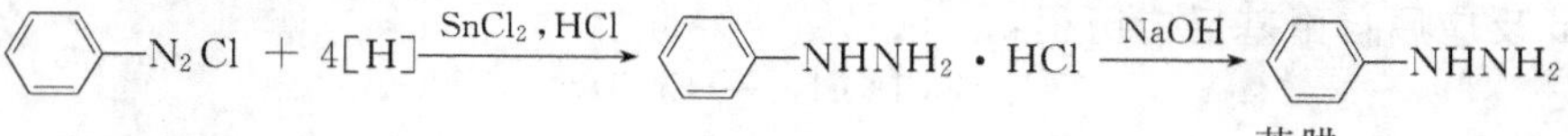

若以亚硫酸钠为还原剂，反应过程如下：

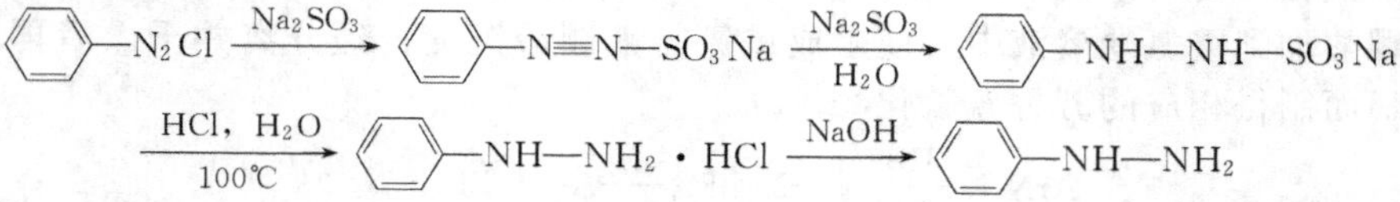

苯肼是无色液体，沸点 241℃，熔点 19.8℃，不溶于水，在空气中很容易被氧化而呈深黑

色。苯肼毒性较大，使用时应特别注意。

如用较强的还原剂（如锌和盐酸）则生成苯胺和氨。

$$\text{⟨⟩}-N_2Cl \xrightarrow{Zn,\ HCl} \text{⟨⟩}-NH_2 + NH_3$$

b. 偶合反应 重氮盐与酚或芳胺作用，此处重氮正离子作为亲电试剂，对芳环上进行亲电取代反应，由偶氮基—N＝N—将两个芳基偶联起来，生成有颜色的偶氮化合物，这个反应称为偶合反应或偶联反应。参加偶合反应的重氮盐，称为重氮组分，与其偶合的酚和芳胺叫做偶联组分。偶合反应是制备偶氮染料的基本反应。例如：

$$\text{⟨⟩}-N_2Cl + \text{⟨⟩}-OH \xrightarrow[0\ ℃]{NaOH,H_2O} \text{⟨⟩}-N＝N-\text{⟨⟩}-OH$$

对羟基偶氮苯（橘红色）

$$\text{⟨⟩}-N_2Cl + \text{⟨⟩}-N(CH_3)_2 \xrightarrow[\substack{0\ ℃\\ pH=5～7}]{CH_3COONa,H_2O} \text{⟨⟩}-N＝N-\text{⟨⟩}-N(CH_3)_2$$

对-(N,N-二甲氨基)偶氮苯（黄色）

重氮正离子 ArN_2^+ 是一个弱的亲电试剂（比 NO_2^+、SO_3 等亲电试剂弱得多），因此只能与活泼的芳香族化合物（酚或芳胺）作用，ArN_2^+ 进攻到酚羟基或二甲氨基的对位，发生亲电取代反应而生成相应的偶氮化合物。如果对位已有其他基团占据，则在邻位发生偶合。例如：

$$\text{⟨⟩}-N_2Cl + \underset{CH_3}{\overset{HO}{\text{⟨⟩}}} \longrightarrow \text{⟨⟩}-N＝N-\underset{CH_3}{\overset{HO}{\text{⟨⟩}}}$$

重氮盐和酚的偶合反应一般是在弱碱溶液中进行，因为在碱性溶液中酚成为苯氧负离子 $C_6H_5O^-$，更容易发生亲电取代反应，故而有利于偶合反应的进行。如果溶液的碱性太强（pH＞10），则对反应不利，因为在此条件下重氮盐与碱作用生成不能进行偶合反应的重氮酸或重氮酸根负离子。

$$Ar-\overset{+}{N}＝N-Cl^- \underset{}{\overset{+OH^-}{\rightleftharpoons}} [Ar-N＝\overset{+}{N}]OH^- \rightleftharpoons Ar-N＝N-OH$$

重氮盐　　　　　　　　　　　重氮碱　　　　　　　　　　重氮酸

$$Ar-N＝N-OH \overset{+OH^-}{\rightleftharpoons} \underset{Ar}{N＝N}\overset{N＝N}{O^-} \rightleftharpoons \underset{Ar}{\overset{O^-}{N＝N}}$$

重氮酸　　　　　　　　　重氮酸根离子　　　　异重氮酸根负离子

重氮盐与芳胺的偶合反应是在弱酸性或中性溶液（pH＝5～7）中进行，而不宜在强酸性溶液中进行，这是因为在强酸性溶液中，胺成为铵盐，—$\overset{+}{N}H_3$ 是一个强的间位定位基，它使苯环电子云密度降低，就不利于偶合反应的发生。

重氮盐与伯芳胺或仲芳胺发生偶合反应，可以是苯环上的氢原子被取代，也可以是氨基上的氢原子被取代。例如，氯化重氮苯与苯胺偶合，先生成苯重氮氨基苯。如果把生成的苯重氮氨基苯和盐酸或苯胺盐酸盐一起加热到 30～40℃，则又经分子重排而生成对氨基偶氮苯。

$$\text{⟨⟩}-N_2Cl + H_2N-\text{⟨⟩} \longrightarrow \text{⟨⟩}-N＝N-NH-\text{⟨⟩} + HCl$$

苯重氮氨基苯

$$\text{⟨⟩}-N＝N-NH-\text{⟨⟩}-H \xrightarrow[30～40℃]{C_6H_5NH_2·HCl} \text{⟨⟩}-N＝N-\text{⟨⟩}-NH_2$$

对氨基偶氮苯

其反应历程可表示为：

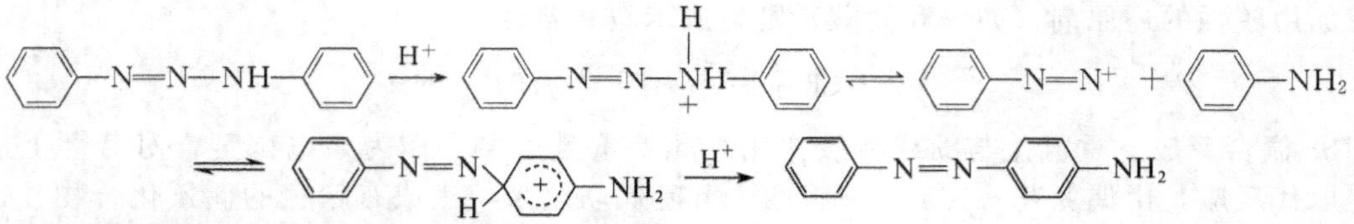

若对位已有取代基，则重排生成邻氨基偶氮苯。

如果重氮盐与间甲苯胺偶合，则主要发生苯环上的氢原子被取代的反应，这是由于甲基的存在增加了苯环的活泼性，而有利于苯环上的亲电取代反应的缘故。重氮盐与间苯二胺偶合也有类似的情况。

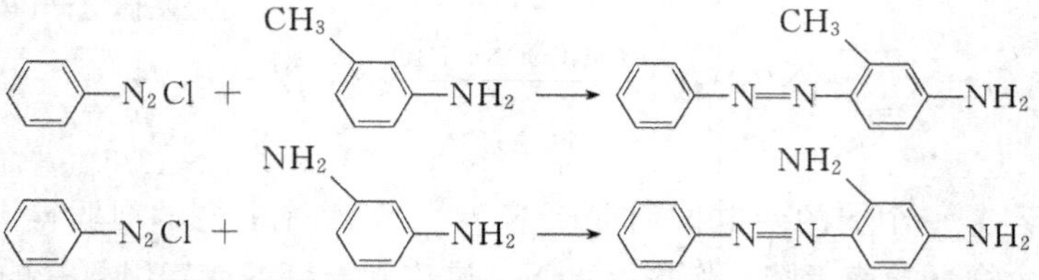

重氮盐与 α-萘酚或 α-萘胺偶合时，反应在 4 位上进行，若 4 位已被占据，则在 2 位上进行。重氮盐与 β-萘胺偶合时，反应在 1 位上进行，若 1 位被占据，则不发生反应。

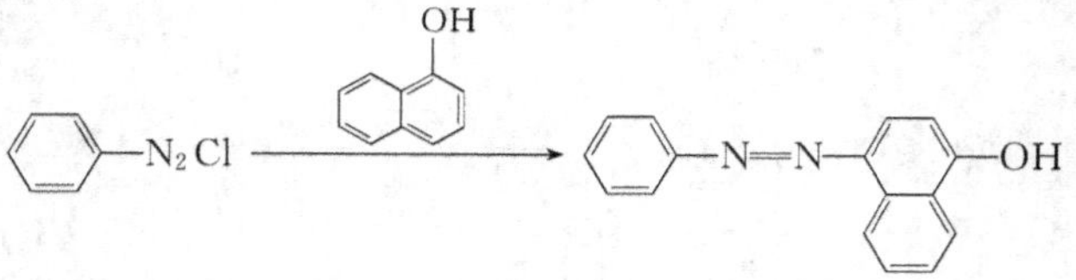

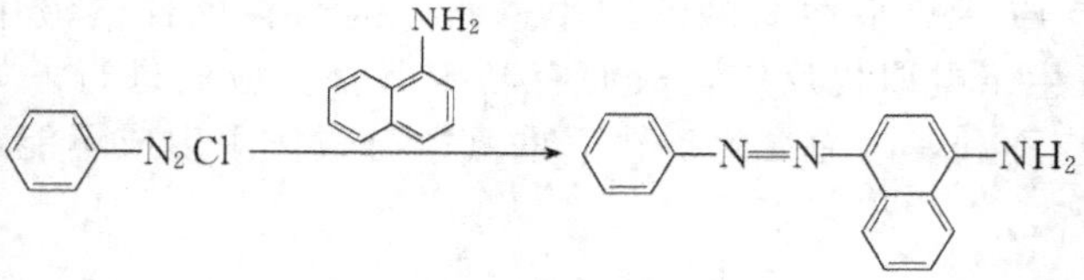

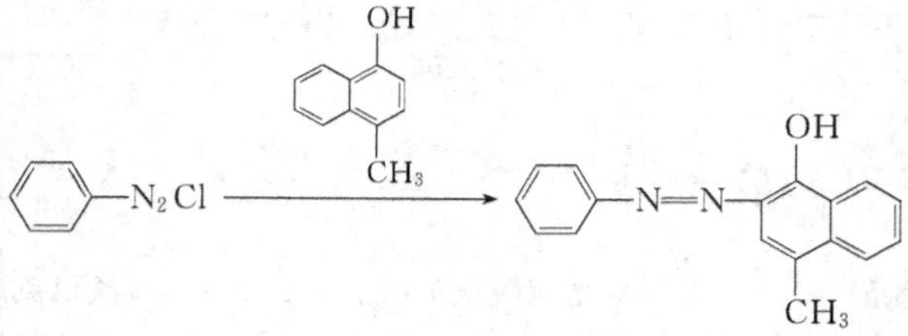

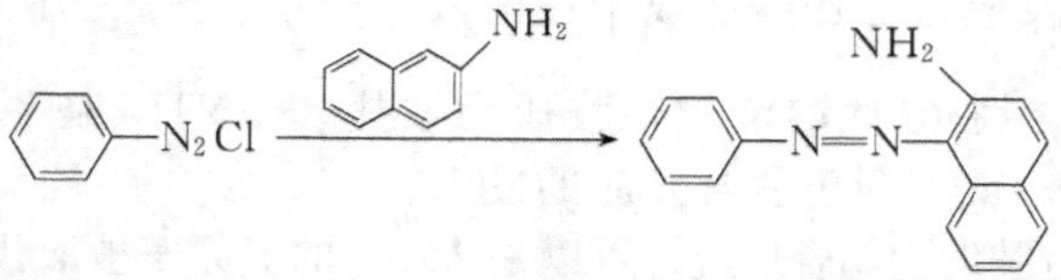

此外，反应时介质的 pH 值对同时具有氨基和酚羟基的化合物进行偶合时位置的选择显得十分重要。例如，染料中间体 H-酸在 pH 值为 5～7 时，偶合优先发生在 7 位，而当 pH 值为 8～10 时，则偶合优先发生在 2 位。

H-酸

例题 11.6　解释以下实验事实：均三甲苯能与氯化 2,4,6-三硝基重氮苯偶联，但不与氯化重氮苯偶联。

例题 11.7　完成以下反应。

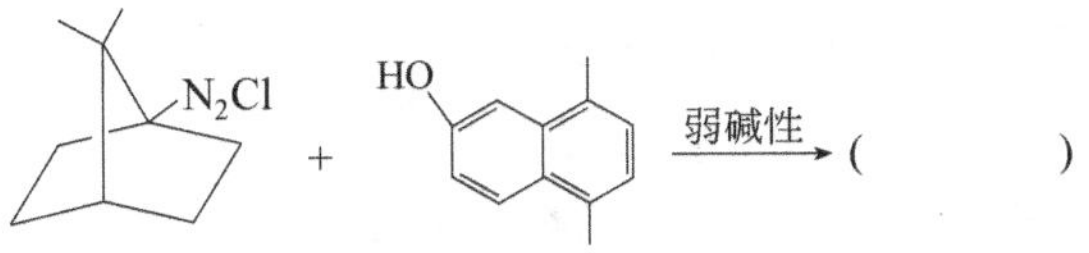

11.4.3　偶氮化合物

芳香族偶氮化合物的通式为 Ar—N＝N—Ar′，它们都具有颜色，可广泛地用作染料，称为偶氮染料。

偶氮染料的分子中都具有偶氮基—N＝N—，这类化合物所以具有颜色，与偶氮基结构有关。已知与化合物的发色有密切关系的结构，除偶氮基外，还有亚硝基（—NO）、硝基

$\left(\begin{smallmatrix} & O \\ —N & \\ & O^- \end{smallmatrix}\right)$、氧化偶氮基$\left(—N=\overset{+}{N}-\overset{-}{O}\right)$、硫代羰基$\left(\begin{smallmatrix} \\ C=S \end{smallmatrix}\right)$等。

偶氮染料是合成染料中品种最多的一种，约占全部染料的一半，包括酸性、媒染、分散、中性、阳离子等偶氮染料，颜色从黄到黑各色品种俱全，而以黄、橙、红、蓝品种最多，色调最为鲜艳。广泛应用于棉、毛、丝、麻织品以及塑料、印刷、食品、皮革、橡胶等产品的染色。而有些偶氮化合物因颜色不稳定，在酸或碱溶液中结构发生变化而显示不同颜色，不能做染料，但可以用做酸碱指示剂。例如，甲基橙：

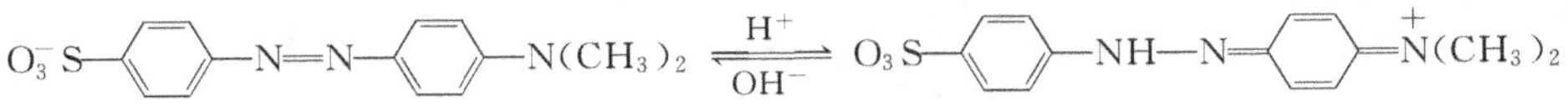

偶氮化合物可用适当的还原剂（$SnCl_2$＋HCl 或 $Na_2S_2O_4$）还原生成氢化偶氮化合物，继续还原则氮氮键断裂而生成两分子芳胺。例如：

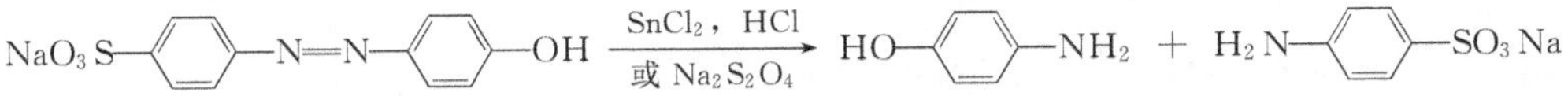

从生成的芳胺的结构，能推测原偶氮化合物的结构，因此可以用来剖析偶氮染料的结构。这个还原反应还可以用来合成某些氨基酚或二胺。

11.4.4　叠氮化合物和氮烯

（1）叠氮化合物　有机叠氮化合物的通式是 RN_3，可看成是叠氮酸（无机酸）HN_3 的烷基衍生物。R 除了是烷基外，还可以是芳基或酰基等。它们的结构可以用下列共振式来表示：

$$R—\overset{..}{\underset{..}{N}}—\overset{+}{N}≡N: \longleftrightarrow R—\overset{..}{N}=\overset{+}{N}=\overset{-}{\underset{..}{N}}: \longleftrightarrow R—\overset{..}{\underset{..}{N}}—\overset{+}{N}≡N:$$

烷基叠氮化合物是由卤烷与叠氮化钠作用而生成。例如，溴丁烷与叠氮化钠在甲醇和水溶液中作用，生成丁基叠氮。

$$CH_3CH_2CH_2CH_2Br + NaN_3 \xrightarrow[H_2O]{CH_3OH} CH_3CH_2CH_2CH_2N_3 + NaBr$$

酰基叠氮化合物是由酰氯与叠氮化钠作用而成。

$$RCOCl + NaN_3 \longrightarrow R—\overset{O}{\overset{\|}{C}}—N_3 + NaCl$$

叠氮羧酸酯可由卤代羧酸酯与叠氮化钠作用而得。例如：

$$NaN_3 + ClCH_2COOC_2H_5 \xrightarrow{\text{回流}} N_3CH_2COOC_2H_5 + NaCl$$

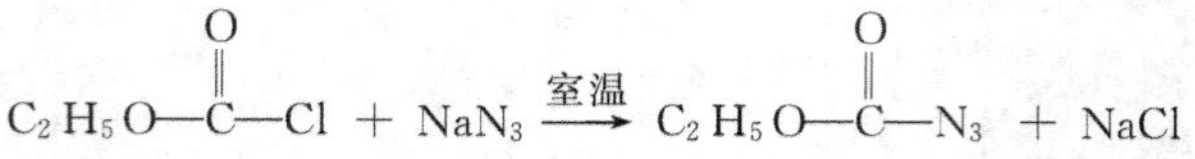

$$C_2H_5O-\overset{\overset{\displaystyle O}{\|}}{C}-Cl + NaN_3 \xrightarrow{\text{室温}} C_2H_5O-\overset{\overset{\displaystyle O}{\|}}{C}-N_3 + NaCl$$
约 70%

叠氮化合物对热不稳定，若加热则生成氮原子价电子层只有六个电子的氮烯。

（2）氮烯　氮烯又称乃春（nitrene）。氮烯的氮原子外层只有六个电子，它的化学性质活泼，也有单线态和三线态两种不同的电子状态。

氮烯可从叠氮化合物光分解或热分解而生成。氮烯能与双键（或叁键）化合物发生加成反应。

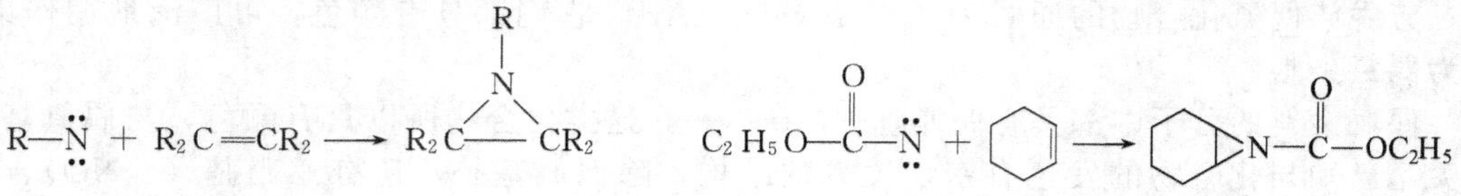

氮烯还能在饱和化合物的 C—H 键间发生插入反应。

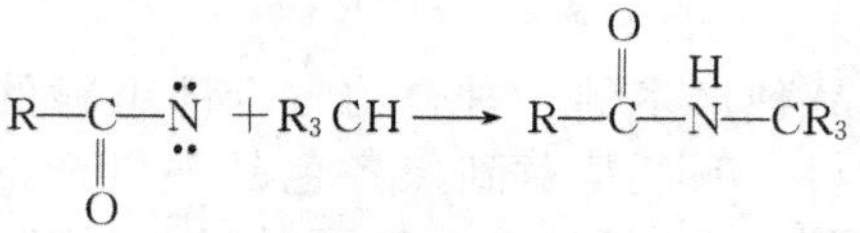

酰基氮烯不稳定，容易发生分子重排，转变为氮原子的价电子层为八个电子的稳定的异氰酸酯。

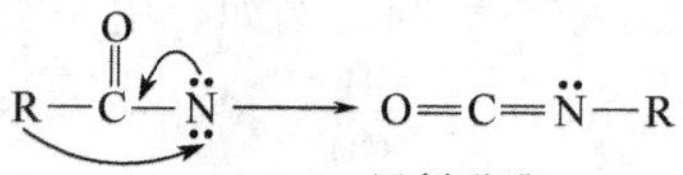

霍夫曼酰胺降解反应的反应机理就包括了这种分子重排。

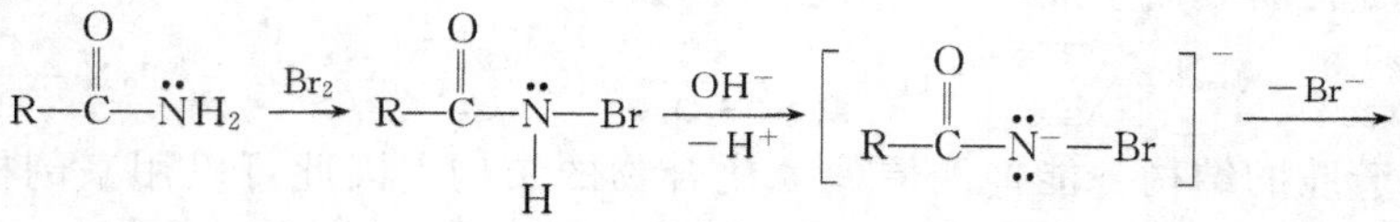

N-溴代酰胺

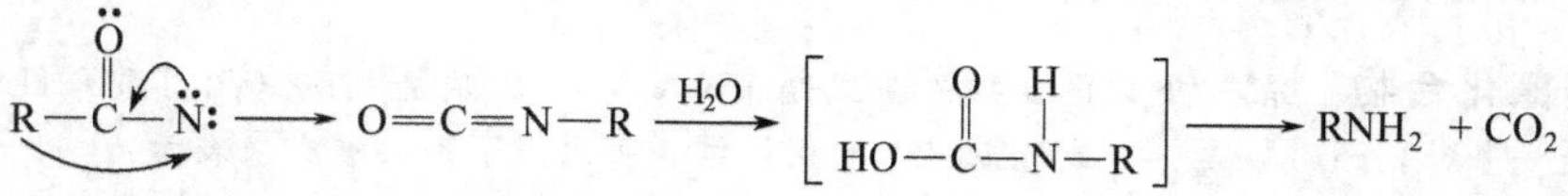

酰基氮烯　　异氰酸酯

11.5　含氮化合物的制备及典型化合物介绍

11.5.1　硝基化合物的制备

烷烃和硝酸的混合蒸气可以在 400～500℃气相中发生反应。烷烃的氢原子被硝基取代，叫硝化反应，产物主要是一硝基化合物。同时还有因碳键断裂生成的一些低级硝基化合物。例如：

$$CH_3CH_2CH_3 + HNO_3 \longrightarrow CH_3CH_2CH_2NO_2 + \underset{\underset{NO_2}{|}}{CH_2CHCH_3} + CH_3CH_2NO_2 + CH_3NO_2$$

$$\qquad\qquad\qquad\qquad\quad 32\% \qquad\qquad 33\% \qquad\qquad 26\% \qquad\quad 9\%$$

得到的混合物在工业上一般不需要分离而直接应用。它是油脂、纤维素酯和合成树脂等的良好溶剂。

工业上，芳香族硝基化合物的重要性远远超过脂肪族硝基化合物。芳香族硝基化合物一般是由芳烃及其某些衍生物直接硝化制得。常用的硝化剂是浓硝酸和浓硫酸的混合物（或称混酸）。例如，苯与浓硫酸的混合液在 50℃ 时作用，生成硝基苯。

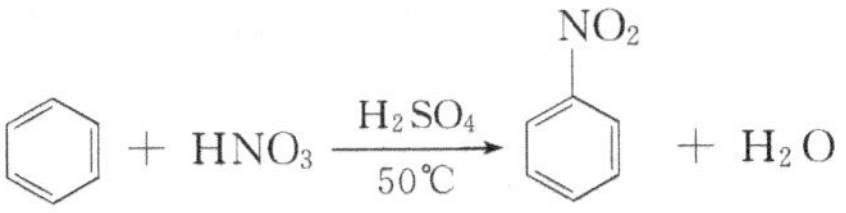

在芳香族硝化反应中，根据被硝化物质结构的不同，所需要的混酸浓度和反应温度也各不相同。当苯环上具有邻、对位定位基（卤素除外）时，硝化反应比苯容易进行，可以使用较稀的酸和在较低的温度下进行。例如：甲苯以浓硝酸、浓硫酸硝化时，温度在 30℃ 就可反应，主要得到邻硝基甲苯和对硝基甲苯。

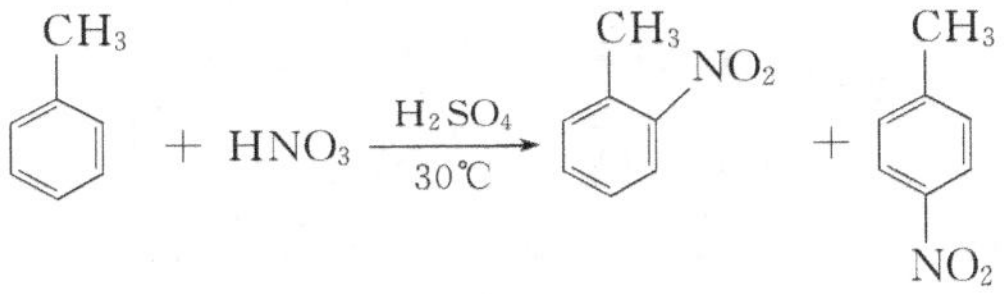

邻硝基甲苯和对硝基甲苯在 50℃ 继续硝化，生成 2,4-二硝基甲苯和 2,6-二硝基甲苯。在 100℃ 继续硝化而得到 2,4,6-三硝基甲苯。

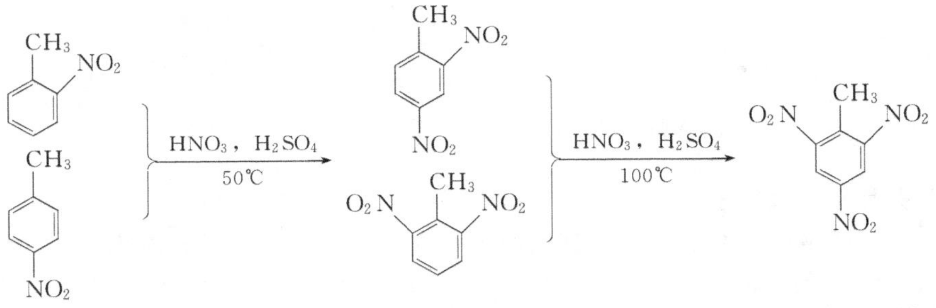

2,4,6-三硝基甲苯（简称 TNT）为黄色结晶，熔点 80.6℃，是一种重要的炸药。它熔融后并不分解，受震动后也相当稳定，故储藏和运输都比较安全。但经起爆药（如雷汞）的引发，就可发生猛烈爆炸，所以是比较理想的炸药。它可以单独使用，也可以与其他炸药混合使用。

当苯环上具有间位定位基或卤素原子时，则硝化反应比较困难，需要在较浓的酸和较高的温度下进行。例如，硝基苯的硝化，一般需要发烟硝酸和浓硫酸为硝化剂，而且反应温度要提高到 95～100℃，主要产物是间二硝基苯。

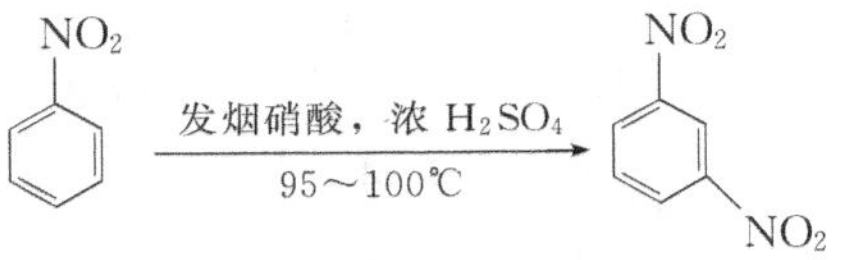

11.5.2 胺的制备

(1) 硝基化合物还原

在硝基化合物性质中已经介绍。

（2）氨的烷基化

氨水在水溶液或醇溶液中可与烷基化剂作用生成胺类。卤代烃与氨作用，首先生成伯胺的氢卤酸盐，再与过量的氨作用，可使伯胺游离出来。

$$RBr + NH_3 \longrightarrow RNH_3^+ Br^- \ (RNH_2 \cdot HBr) \qquad RNH_3^+ Br^- + NH_3 \Longrightarrow RNH_2 + NH_4Br$$

$$RNH_2 + RBr \longrightarrow R_2NH_2^+ Br^- \qquad R_2NH_2^+ Br^- + NH_3 \Longrightarrow R_2NH + NH_4Br$$

$$R_2NH + RBr \longrightarrow R_3NH^+ Br^- \qquad R_3NH^+ Br^- + NH_3 \Longrightarrow R_3N + NH_4Br$$

$$R_3N + RBr \longrightarrow R_4N^+ Br^-$$

卤代烃与氨作用得到的是伯胺、仲胺、叔胺和季铵盐的混合物。在分离上比较困难，因此这个方法在应用上受到一定的限制。

芳香族卤化物和氨的作用是困难的。氯苯在高温和高压并有铜催化剂（例如 Cu_2O）存在下，才能与氨作用生成苯胺。

$$\underset{}{\text{Cl}}\text{苯} + 2NH_3 \xrightarrow[200℃, \ 6.1\sim10.1\text{MPa}]{Cu_2O} \underset{}{\text{NH}_2}\text{苯} + NH_4Cl$$

醇和氨的混合蒸气通过加热的催化剂（例如氧化铝、氧化钍等）也能生成伯胺、仲胺和叔胺的混合物。

$$ROH + NH_3 \xrightarrow{Al_2O_3} RNH_2 + H_2O \qquad RNH_2 + ROH \xrightarrow{Al_2O_3} R_2NH + H_2O$$

$$R_2NH + ROH \xrightarrow{Al_2O_3} R_3N + H_2O$$

工业上，甲胺、二甲胺和三甲胺就是用这个方法制得的。

（3）腈还原

腈催化加氢则生成伯胺。例如：

$$\underset{\text{苯基乙腈（苄腈）}}{\bigcirc\text{—}CH_2CN} \xrightarrow[140℃]{H_2, \ Ni} \underset{\beta\text{-苯基乙胺（或 2-苯基乙胺）}}{\bigcirc\text{—}CH_2CH_2NH_2}$$

$$\underset{\text{己二腈}}{NC\text{—}CH_2CH_2CH_2CH_2\text{—}CN} \xrightarrow{H_2, Ni} \underset{\text{己二胺}}{H_2N\text{—}CH_2(CH_2)_4CH_2\text{—}NH_2}$$

（4）霍夫曼酰胺降解反应

酰胺与次卤酸钠溶液共热，可得到比原来的酰胺少一个碳原子的伯胺。

$$RCONH_2 + NaOX + 2NaOH \longrightarrow RNH_2 + Na_2CO_3 + NaX + H_2O$$

（5）盖布瑞尔（Gabriel）合成法

盖布瑞尔合成法是合成纯伯胺的方法。邻苯二甲酰亚胺具有弱酸性，可以与氢氧化钾的乙醇溶液作用生成钾盐，后者与卤代烃作用，生成 N-烷基邻苯二甲酰亚胺。

$$\underset{\text{邻苯二甲酰亚胺}}{\text{NH}} \xrightarrow{KOH} \text{N—K} \xrightarrow{RX} \underset{N\text{-烷基邻苯二甲酰亚胺}}{\text{N—R}}$$

N-烷基邻苯二甲酰亚胺在氢氧化钠水溶液中水解，则生成伯胺。

$$\text{N—R} + 2NaOH \longrightarrow RNH_2 + \underset{}{\overset{\text{COONa}}{\underset{\text{COONa}}{\bigcirc}}}$$

例题 11.8　完成以下反应。

$$\text{C}_6\text{H}_5-\text{CH}_2\text{Br} \xrightarrow{\text{NaCN}} (\qquad) \xrightarrow{\text{LiAlH}_4} (\qquad) \xrightarrow{(\text{CH}_3\text{CO})_2\text{O}} (\qquad)$$

11.5.3　典型化合物——重氮甲烷和碳烯

(1) 重氮甲烷

重氮甲烷 CH_2N_2 是最简单又是最重要的脂肪族重氮化合物。重氮甲烷的结构可用下列共振式表示：

$$:\overset{-}{\text{CH}}_2-\overset{+}{\text{N}}\!\equiv\!\text{N}: \longleftrightarrow \text{CH}_2\!=\!\overset{+}{\text{N}}\!=\!\overset{-}{\text{N}}:$$

重氮甲烷的制取方法可以从 N-烷基酰胺与亚硝酸作用，生成的 N-甲基-N-亚硝基酰胺再用氢氧化钾分解制得。

$$\text{CH}_3-\underset{\text{COR}}{\overset{\text{H}}{\text{N}}} \xrightarrow[-\text{H}_2\text{O}]{\text{HONO}} \text{CH}_3-\underset{\text{COR}}{\overset{\text{NO}}{\text{N}}} \xrightarrow{\text{KOH}} \text{CH}_2\text{N}_2+\text{RCOOK}+\text{H}_2\text{O}$$

重氮甲烷是黄色气体，剧毒且容易爆炸。液态重氮甲烷的沸点为 $-24℃$。重氮甲烷溶于乙醚，其乙醚溶液较稳定，在合成上常使用重氮甲烷的乙醚溶液。重氮甲烷的化学性质很活泼，能发生许多类型的反应，所以它在有机合成上占有重要的地位。

重氮甲烷是一个重要的甲基化剂。例如，它能与羧酸作用生成羧酸甲酯，并放出氮气。

$$\text{RCOOH}+\text{CH}_2\text{N}_2 \longrightarrow \text{RCOOCH}_3+\text{N}_2\uparrow$$

除羧酸外，弱酸性化合物如酚、烯醇等也可以和重氮甲烷作用。

$$\text{Ar}-\text{OH}+\text{CH}_2\text{N}_2 \longrightarrow \text{ArOCH}_3+\text{N}_2\uparrow$$

醇的酸性不足以使重氮甲烷质子化，在一般情况下重氮甲烷与醇不作用。

重氮甲烷又能与酰氯作用生成重氮甲基酮。

$$\text{R}-\overset{\text{O}}{\overset{\|}{\text{C}}}-\text{Cl}+2\text{CH}_2\text{N}_2 \longrightarrow \text{R}-\overset{\text{O}}{\overset{\|}{\text{C}}}-\text{CHN}_2+\text{CH}_2\text{Cl}+\text{N}_2\uparrow$$

重氮甲基酮在银催化下与水、醇或氨等作用，则得到比原来酰氯多一个碳原子的羧酸或其衍生物。

$$\text{R}-\overset{\text{O}}{\overset{\|}{\text{C}}}-\text{CHN}_2 \begin{cases} \xrightarrow{\text{H}_2\text{O}} \text{RCH}_2\text{COOH}+\text{N}_2\uparrow \\ \xrightarrow{\text{R}'\text{OH}} \text{RCH}_2\text{COOR}'+\text{N}_2\uparrow \\ \xrightarrow{\text{NH}_3} \text{RCH}_2\text{CONH}_2+\text{N}_2\uparrow \end{cases}$$

重氮甲烷受光或热作用，分解生成亚甲基（又称碳烯），因此重氮甲烷也是碳烯的来源之一。

(2) 碳烯与二氯碳烯

碳烯又称卡宾，是一个二价碳的反应中间体。它可以从重氮甲烷或乙烯酮通过光或热分解而生成。

$$\text{CH}_2\text{N}_2 \xrightarrow{\text{光或热}} :\text{CH}_2+\text{N}_2\uparrow \qquad \text{CH}_2\!=\!\text{C}\!=\!\text{O} \xrightarrow{\text{光或热}} :\text{CH}_2+\text{CO}$$

碳烯的碳原子只有六个价电子，其中有两个未成键电子。由于两个未成键电子的自旋方向有相反或相同两种，因此存在两种不同电子状态的碳烯。一种是两个未成键电子是成对的（即自旋方向相反，存在于同一原子轨道上），称为单线态碳烯；另一种是两个未成键电子的自旋方向相同（分占两个原子轨道），称为三线态碳烯。单线态碳烯（激发态）能量较高，性质更活泼，能失去能量而转变成能量较低的三线态碳烯（基态）。

碳烯有明显的不稳定性以及极大的反应活性，它是一个极活泼的反应中间体。碳烯存在的时间很短，一般在生成后立即参加下一步反应。

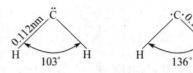

单线态碳烯　　　　三线态碳烯

a. 加成反应　碳烯的碳是缺电子的，如同其他亲电试剂一样可与烯烃发生亲电加成反应。例如，在 2-丁烯存在下，重氮甲烷光分解为碳烯（在此条件下一般生成单线态），然后立即发生加成反应而生成 1,2-二甲基环丙烷。

$$CH_3-CH=CH-CH_3 + :CH_2 \longrightarrow CH_3-CH-CH-CH_3$$

单线态或三线态碳烯与烯烃的加成方式是不同的。单线态碳烯和碳-碳双键的加成是一步反应，形成过渡态后，即得三节环产物。

$$:CH_2 + \quad \diagdown C = C \diagup \quad \longrightarrow \quad \left[\quad \right] \quad \longrightarrow$$

三线态碳烯的两个未成键电子分别在两个原子轨道上，它是一个双自由基，它的加成分两步加成，先与烯烃的一个碳原子成键，生成中间体双自由基，然后再与另一个碳原子环合。由于双自由基的碳-碳单键能够旋转，所以最后的生成物有顺式和反式两种异构体。

$$\dot{C}H_2 + \quad C = C \quad \longrightarrow \quad \longrightarrow$$

碳烯与炔烃、环烯烃或苯等也能发生加成反应。

b. 插入反应　单线态碳烯还可以插入在 C—H 键之间，发生插入反应：

$$-\overset{|}{C}-H + :CH_2 \longrightarrow -\overset{|}{C}-CH_2-H$$

例如，丙烷与重氮甲烷在光照下作用，重氮甲烷光分解生成的碳烯，立即插入丙烷的 C—H 键之间而生成丁烷和异丁烷。

$$CH_3CH_2CH_3 \xrightarrow[\text{光}]{CH_2N_2} CH_3CH_2CH_2CH_3 + CH_3-\overset{|}{\underset{CH_3}{C}H}-CH_3$$

二氯碳烯是一种卤代碳烯。氯仿和叔丁醇钾作用，发生 α-消除反应（即在同一碳原子上消除一分子氯化氢）即得二氯碳烯。

$$CHCl_3 + (CH_3)_3CO^-K^+ \longrightarrow \bar{C}Cl_3 + (CH_3)_3COH + K^+$$

$$:\bar{C}Cl_3 \longrightarrow :CCl_2 + Cl^-$$

二氯碳烯可与烯烃或环烯发生加成反应。例如，氯仿在叔丁醇钾存在下与 2-丁烯反应，生成 1,1-二氯-2,3-二甲基环丙烷；如果与环己烯反应，生成 7,7-二氯双环 [4.1.0] 庚烷。

例题 11.9　完成以下反应。

$$\diagup\diagdown C = C \diagdown\diagup + CHCl_3 \xrightarrow[t\text{-BuOH}]{KOH} (\qquad)$$

三聚氰胺与凯氏定氮法

2008 年，国内陆续报告多起婴幼儿泌尿系统结石病例。经查明，这些婴幼儿患病的主要原因是他们服用的婴幼儿奶粉中含有三聚氰胺。

1. 三聚氰胺的理化性质

三聚氰胺是一种重要的有机化工原料，分子式：$C_3N_6H_6$，为高含氮有机物，白色结晶粉末，无味。能溶解于甘油、吡啶、热乙二醇、乙酸、甲醛等有机溶剂，是重要的尿素后加工产品。

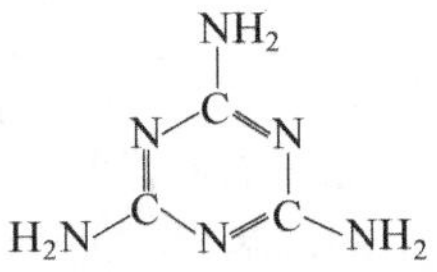

2. 三聚氰胺的生产

三聚氰胺是以尿素为原料，以氨气为载体，硅胶为催化剂，在 $380 \sim 400 ℃$ 温度下沸腾反应，先分解生成氰酸，并进一步缩合生成三聚氰胺。尿素法生产三聚氰胺每吨产品消耗尿素约 3800kg、液氨 500kg。

3. 三聚氰胺的用途

三聚氰胺与甲醛缩合聚合可制得三聚氰胺树脂，可用于塑料及涂料工业，也可作纺织物防皱、防缩处理剂。其改性树脂可做色泽鲜艳、耐久、硬度好的金属涂料，还可用于坚固、耐热装饰薄板，防潮纸及灰色皮革鞣皮剂，合成防火层板的黏结剂，防水剂的固定剂或硬化剂等。由三聚氰胺、甲醛、丁醇为原料制得的 582 三聚氰胺树脂。用作溶剂型聚氨酯涂料的流平剂，效果特佳。

4. 蛋白质的凯氏定氮法定量分析的缺陷

蛋白质为复杂的含氮有机物，目前常以凯氏定氮法测定总氮量，不同蛋白质中的含氮量不同，蛋白质中的含氮量一般为 $15\% \sim 17.6\%$。含氮量乘以蛋白质换算系数（牛奶及制品 6.38、鸡蛋-青豆-肉-玉米 6.25、全小麦 5.83）得蛋白质的含量。凯氏法以含氮量间接测定蛋白质，三聚氰胺因其高含氮且价格低廉，加入奶粉中，可导致蛋白质的检测量偏高。

5. 三聚氰胺的毒性

三聚氰胺的氮原子吸引蛋白质分子中的氢原子，能够破坏蛋白质的分子结构，属于有一定毒性的物质，造成神经系统、消化系统、排泄系统等系统的损害。三聚氰胺的杂环能够与奶粉中的钙配合，而组成含钙的分子团，这样的分子团聚集以后就形成肾结石。

习 题

1. 比较下列各组化合物的碱性，并按碱性强弱排列。

(1) CH_3CONH_2、CH_3NH_2、NH_3、苯胺-NH_2

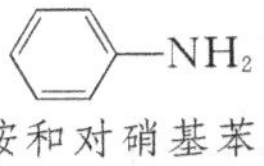

(2) 对甲苯胺、苄胺、2,4-二硝基苯胺和对硝基苯胺

(3) 苯胺、甲胺、三苯胺和 N-甲基苯胺

(4) 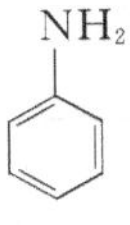 苯胺、环己胺、和乙酰苯胺

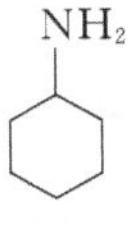

(5) 两种四氢喹啉结构

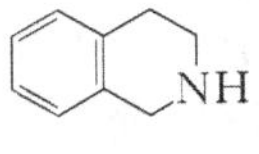

2. 完成下列反应。

(1) 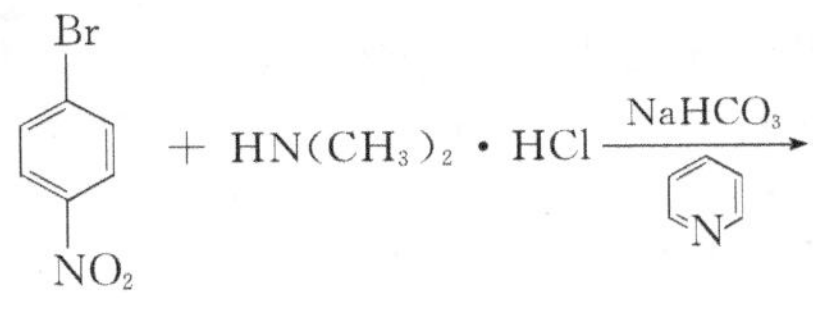 对硝基溴苯 + $HN(CH_3)_2 \cdot HCl$ $\xrightarrow[\text{吡啶}]{NaHCO_3}$

(2) 萘乙酰胺硝基衍生物 $\xrightarrow[H_2O, \triangle]{NaOH}$

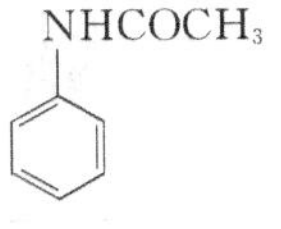

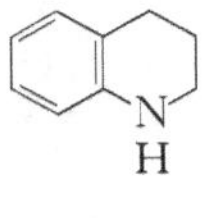

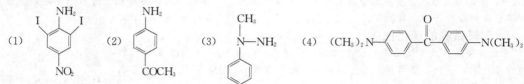

3. 由苯胺制备下列化合物。

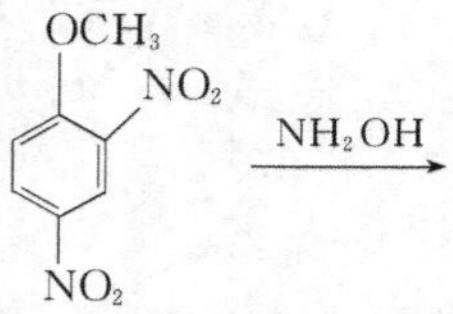

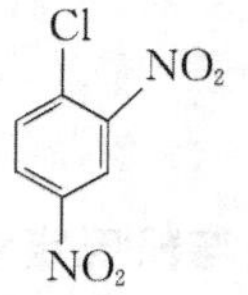

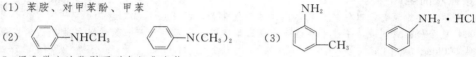

4. 如何分离下列化合物？

(1) 苯胺、对甲苯酚、甲苯

(2) 〈苯基〉—NHCH₃　　〈苯基〉—N(CH₃)₂　　(3) 间甲苯胺 NH₂/CH₃　　苯胺盐酸盐 NH₂·HCl

5. 用化学方法鉴别下列各组化合物。

(1) $ClCH_2CH_2NH_2$ 和 $CH_3CH_2\overset{+}{N}H_3Cl^-$　　(2) 丁酰胺、正丁胺、二乙胺和二甲乙胺

(3) 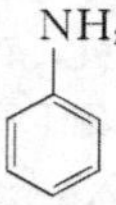 苯胺 NH₂ 和 乙酰苯胺 NHCOCH₃

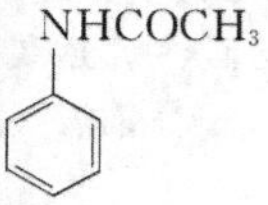

(4) 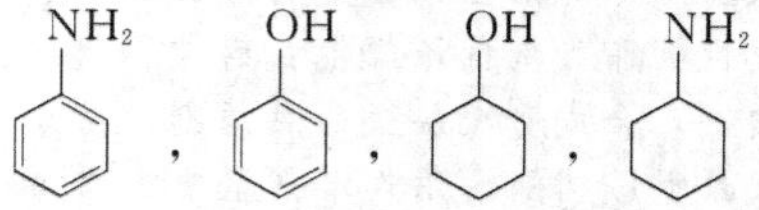 苯胺, 苯酚, 环己醇, 环己胺

6. 完成下列合成。

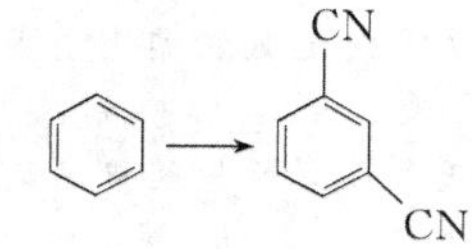

(1) 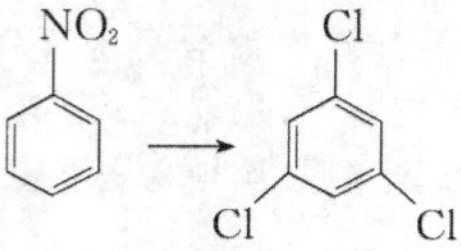 硝基苯 NO₂ ⟶ 1,3,5-三氯苯

(2) 苯 ⟶ 间苯二甲腈 CN/CN

(3) 乙酰苯胺 NHCOCH₃ ⟶ 对溴苯酚 OH/Br

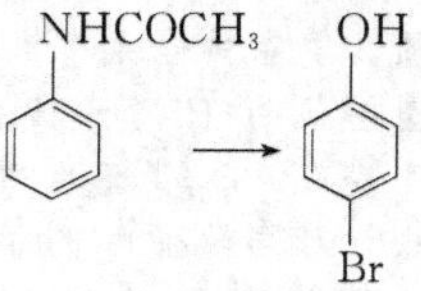

7. 以苯、甲苯及小于或等于两个碳的有机物为原料合成下列化合物。

(1) 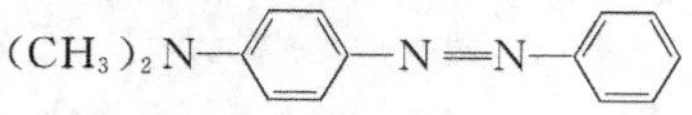 $(CH_3)_2N$—〈苯环〉—N=N—〈苯环〉

(2) 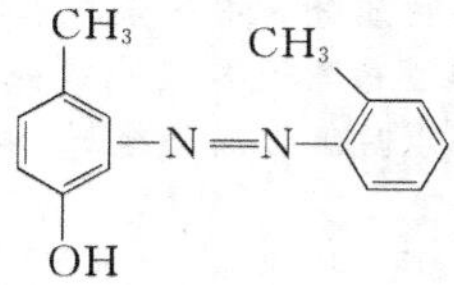 对甲基偶氮化合物

8. 指出下列偶氮染料的重氮部分与偶联部分。

(1) 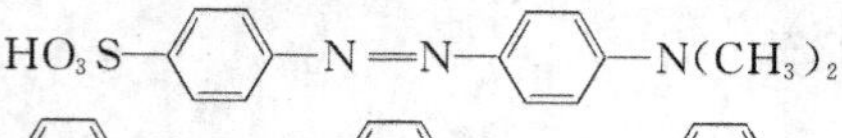 HO_3S—〈苯环〉—N=N—〈苯环〉—N(CH₃)₂

(2) 〈苯环〉—N=N—〈苯环〉—N=N—〈苯环〉—OH

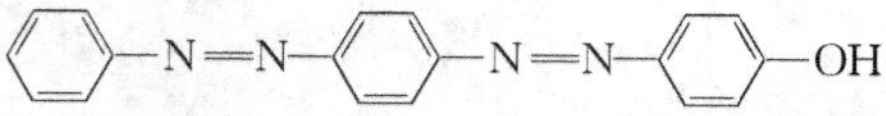

9. 化合物 A($C_6H_{13}N$) 与苯磺酰氯作用生成一种不溶于 NaOH 溶液的磺酰胺，A 彻底甲基化分解后得 $CH_3CH_2N(CH_3)_2$ 和另一个化合物 B，1mol B 吸收 2mol H_2 后生成正丁烷。试写出 A，B 的结构式。

10. 某化合物 A 分子式为 $C_6H_5Br_2NO_3S$，与亚硝酸钠和硫酸作用生成重氮盐，后者与乙醇共热生成 B ($C_6H_4Br_2SO_3$)。B 在硫酸存在下，用过热水蒸气处理生成间二溴苯。A 能够从对氨基苯磺酸经一步反应得到。推测 A 和 B 的结构式。

11. 化合物 A 的分子式为 $C_{15}H_{17}N$，用苯磺酰氯和 KOH 溶液处理，它没有作用，该混合物酸化后得一澄清的溶液。A 的核磁共振谱图如下。试推导化合物 A 的结构。

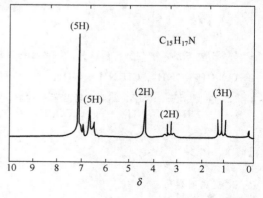

12. 用红外光谱鉴别：

(1) CH_3CONH_2 和 CH_3NH_2　　(2) CH_3NH_2，$(CH_3)_2NH$ 和 $(CH_3)_3N$

第 12 章　元素有机化合物

> 📣 **本章提要**　本章主要对部分常见的元素有机化合物，如有机硅、磷、锂、铝、铁等化合物的结构、性质、制备方法及应用作了初步介绍。
>
> 📶 **关键词**　元素有机化合物　有机硅高聚物　线型缩聚物　体型缩聚物　硅橡胶　硅油　有机磷化合物　磷叶立德　Wittig 反应　有机锂化合物　二烃基铜锂　有机铝化合物　二茂铁。

　　乔治·维梯格（George Wittig）　德国化学家，1897 年 6 月生于柏林。曾就读于威廉-金纳西姆大学、卡塞尔大学和马尔堡大学。维梯格先后在马尔堡大学、弗赖堡大学、蒂宾根大学及海德堡大学任教。1965 年入选美国纽约科学院院士、瑞士化学学会名誉会员。

　　维梯格主要研究有机金属化合物，特别是对锂、镁、铝、磷和硼进行了深入的研究。维梯格在研究三苯基亚甲膦与羰基化合物反应时，发现了一种新的烯烃合成法，这个反应后来被称为维梯格反应，它广泛用于有机合成。维梯格因此获得了 1979 年的诺贝尔化学奖。

　　有机化合物主要含有碳、氢以及氧、氮、硫、氯、溴和碘元素等。除此之外，有机化合物中所含的其他元素都称为异元素。异元素直接与碳原子相连的有机化合物称为元素有机化合物；如果异元素通过氧、硫、氮等原子间接地与碳原子相连，习惯上也把这类有机化合物归入元素有机化合物的范畴。事实上，元素有机化合物的定义并不严格，例如在甲硅烷（SiH_4）分子中甚至不含碳原子，也称作元素有机化合物。元素有机化合物分为两大类：金属元素有机化合物和非金属元素有机化合物。本章只对一些常见的元素有机化合物作简要的介绍。

12.1　有机硅化合物

　　有机硅化合物是重要的非金属元素有机化合物。在周期表中，硅和碳同属第四主族，化合价都是四价，常为 sp^3 杂化态的四面体结构。因此，有机硅化合物与碳化合物在分子结构上有着类似之处，命名类似于含碳化合物。

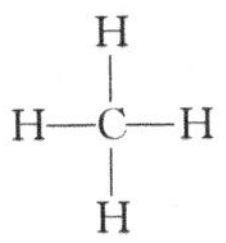

H   H

H—C—H   H—Si—H

H   H

甲烷 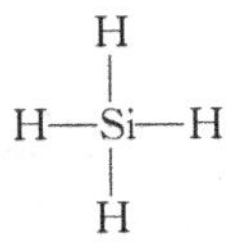   甲硅烷

但是由于硅、碳原子所处的周期不同，其性能差异也很大。例如碳原子可与氢原子形成

稳定的碳氢键（C—H），并且碳原子自身可以相互成键形成巨大的分子；而硅氢键（Si—H）却极不稳定，硅原子自身键合能力也极差，已知最大的硅烷分子仅为六个硅原子相互连缀而成的己硅烷。硅碳化合物的性质差异可以从相关的键能差异上反映出来（表 12.1）。

表 12.1　硅键和碳键共价键的键能　　　　　　　　　单位：kJ/mol

共价键	键　能	共价键	键　能	共价键	键　能
Si—Si	222	Si—O	452	C—H	414
Si—H	318	C—C	347	C—O	360

从表 12.1 不难看出，Si—Si 键能要比 C—C 键能弱得多，换句话说，Si—Si 键稳定性差，不易自身成键；但是 Si—O 键能却比 C—O 键能高得多，可以推知，Si—O 键十分稳定。事实上，由硅氧键相互键合可以形成巨大的有机硅高聚物分子：

$$----\overset{|}{Si}-O-\overset{|}{Si}-O-\overset{|}{Si}----$$

硅也可以与碳结合生成有机硅化合物，其中有些有机硅化合物是重要的工业原料，有些是重要的合成试剂，这些有机硅化合物无论是在理论研究中还是在实际应用中都起着重要的作用。

12.1.1　硅烷、烃基硅烷

硅烷又称硅氢化合物，其通式与烷烃相似：Si_nH_{2n+2}。只是硅原子的数目 n 最多不超过 6。用无机酸如盐酸对硅化镁（Mg_2Si）溶解可以获得不同硅烷的混合物，再经低温分馏就可获得各种纯的硅烷，部分硅烷的物理性质见表 12.2。

$$Mg_2Si + HCl \longrightarrow SiH_4 + Si_2H_6 + Si_3H_8 + Si_4H_{10} + MgCl_2$$

表 12.2　部分硅烷的物理性质

名　称	分子式	熔点/℃	沸点/℃	相　对　密　度
甲硅烷	SiH_4	−185	−111.9	0.65（−182℃）
乙硅烷	Si_2H_6	−132.5	−14.5	0.69（−25℃）
丙硅烷	Si_3H_8	−117.4	52.9	0.74（0℃）
丁硅烷	Si_4H_{10}	−90	109	0.83（0℃）

硅烷极不稳定，在空气中就可自燃，受热时分解为硅和氢，遇水会分解成二氧化硅：

$$SiH_4 + 2H_2O \longrightarrow SiO_2 + 4H_2$$

硅烷自身并不太重要，但是其衍生物却有着广泛的用途。与烷烃相似，硅烷也能与卤素发生卤代反应，生成卤代硅烷，以硅烷与氯气反应为例：

$$SiH_4 \xrightarrow{Cl_2} SiH_3Cl \xrightarrow{Cl_2} SiH_2Cl_2 \xrightarrow{Cl_2} SiHCl_3 \xrightarrow{Cl_2} SiCl_4$$

在氯硅烷分子中虽然氢原子被氯原子所取代，但 Si—Cl 仍较弱，易断裂，遇水易水解生成硅醇：

$$R_3SiCl + H_2O \xrightarrow{OH^-} R_3SiOH + HCl \qquad R_2SiCl_2 + 2H_2O \xrightarrow{OH^-} R_2Si(OH_2) + 2HCl$$

卤代硅烷还可在铜催化剂作用下直接以硅粉与卤代烃作原料于高温下反应而制得：

$$Si + RCl \xrightarrow[300\sim500℃]{铜催化剂} R_2SiCl_2（主）+ RSiCl_3 + R_3SiCl$$

卤代硅烷是制取烃基硅烷的重要原料。通过有机金属化合物与卤代硅烷反应，可以方便地获得烃基硅烷。以格氏试剂与四氯化硅反应为例：

$$SiCl_4 + 4RMgCl \longrightarrow R_4Si + 4MgCl_2$$

与硅烷相比，烃基硅烷的性质要稳定得多。通常四烃基硅烷（R_4Si）耐热性能好、不易水解也不容易发生其他化学反应，四甲基硅烷（TMS）常用作 NMR 测定的标准物质。

12.1.2　有机硅高聚物

有机硅化合物中，应用最为广泛的要数有机硅高聚物。以硅二醇或硅三醇为原料通过分子间脱水缩合，即可获得有机硅缩聚物。事实上，由于硅二醇和硅三醇稳定性差，在硅醇生成的同时，分子间也会发生缩合反应。

以二甲基硅二醇、甲基硅三醇为例：

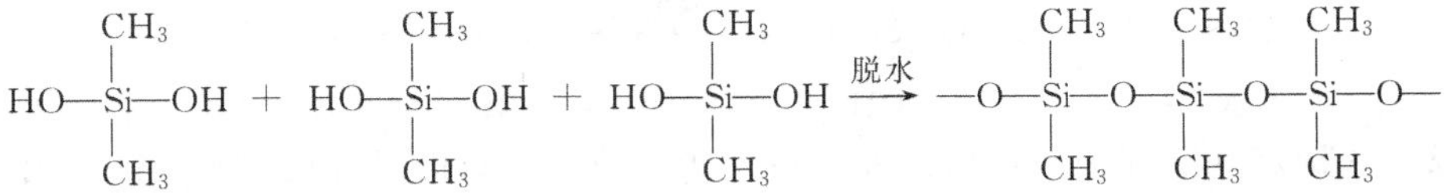

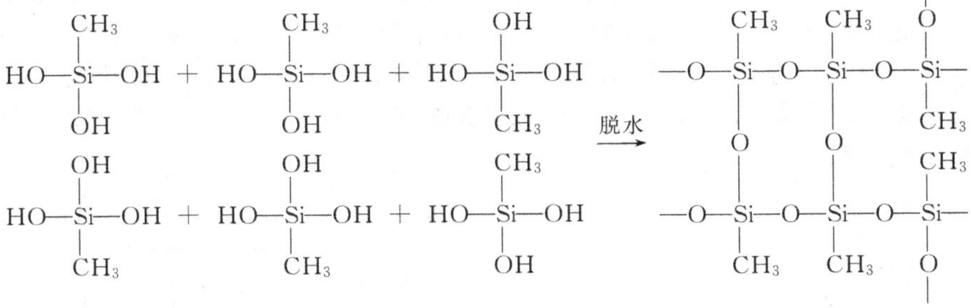

由上式不难看出，硅二醇是按一维线性的方式缩合，故称线型缩聚物；硅三醇可按二维平面或三维立体的方式缩合，故称体型（或网状）缩聚物。如前所述（见表 12.1），由于 Si—O 键能高，热稳定性好，因而以 Si—O 键为主体结构的高聚物表现出良好的耐热性；又由于悬挂在硅氧链两侧的是许许多多的憎水基团烷基，使得有机硅高聚物具有极好的耐水性。不仅如此，有机硅高聚物还具有耐腐蚀、抗氧化、电绝缘性能好等优良特性，因而在工业生产中应用十分广泛。

常见的有机硅聚合物有三类：硅油、硅橡胶和硅树脂。

（1）硅油　在室温下呈液态的有机硅聚合物称为硅油，其结构一般为线性，通式为：

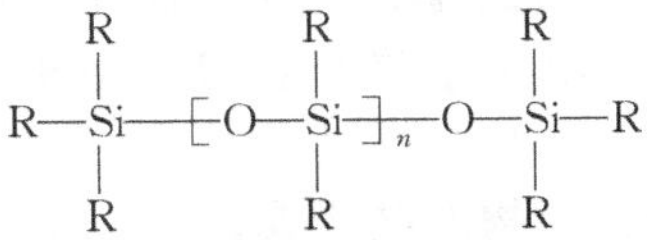

其中 R 为甲基。n 称为聚合度，表示聚合物中所含重复结构单元的数目。硅油的聚合度约为 10。

硅油为无色、无味、不易挥发的液体，其耐热性好，而且不易燃烧。例如二甲基硅油在空气中 150℃下保持 100h，其性能基本不变；若在惰性气体中加温至 300℃ 也可耐热数百小时。此外，硅油具有优良的耐水性和电绝缘性，并且表面张力小，故常用作高级润滑、绝缘油、消泡剂、脱模剂等。

二甲基硅油通常是以二甲基二氯硅烷和三甲基一氯硅烷经水解、缩合而成：

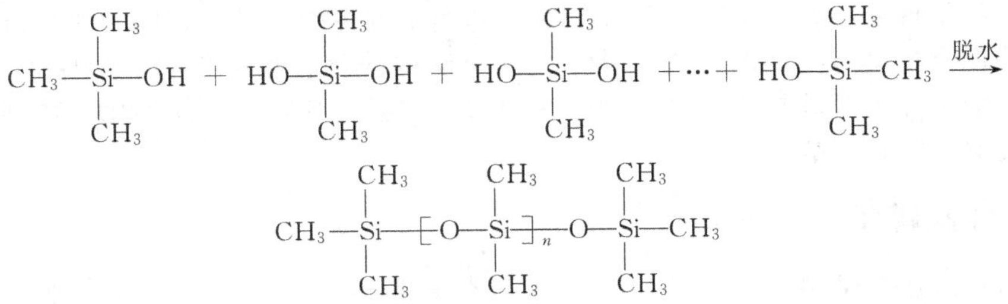

显然，硅油的相对分子质量是可以通过控制二甲基二氯硅烷和三甲基一氯硅烷的比例来加以调节。

（2）硅橡胶 高相对分子质量的有机硅聚合物称为硅橡胶，其聚合度通常在 2000 以上。应用最广的硅橡胶是甲基硅橡胶。可由高纯度（99.98%）的二甲基二氯硅烷经水解、缩聚而制得，其分子为线型结构：

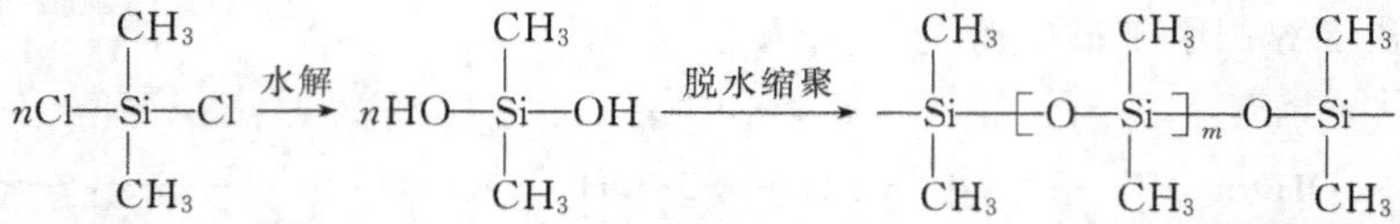

$$n\text{Cl}-\overset{\overset{\displaystyle CH_3}{|}}{\underset{\underset{\displaystyle CH_3}{|}}{Si}}-\text{Cl} \xrightarrow{\text{水解}} n\text{HO}-\overset{\overset{\displaystyle CH_3}{|}}{\underset{\underset{\displaystyle CH_3}{|}}{Si}}-\text{OH} \xrightarrow{\text{脱水缩聚}} -\overset{\overset{\displaystyle CH_3}{|}}{\underset{\underset{\displaystyle CH_3}{|}}{Si}}-\left[O-\overset{\overset{\displaystyle CH_3}{|}}{\underset{\underset{\displaystyle CH_3}{|}}{Si}}\right]_m-O-\overset{\overset{\displaystyle CH_3}{|}}{\underset{\underset{\displaystyle CH_3}{|}}{Si}}-$$

硅橡胶热稳定性能好，而且耐低温，在 $-100\sim300℃$ 间仍保持良好的弹性，因而在电子工业、汽车工业、飞机工业、航天工业等领域有着极广泛的应用。又由于硅橡胶无毒、化学性能稳定，因此，硅橡胶又常用来制作人体内部各种器官：人工心脏、人工食道、人工气管、人工肺等。现在，硅橡胶已成为医疗领域中应用最为广泛的高分子材料之一。

（3）硅树脂 以甲基三氯硅烷及二甲基二氯硅烷作原料，经水解、脱水缩聚所生成的体型高聚物称为硅树脂：

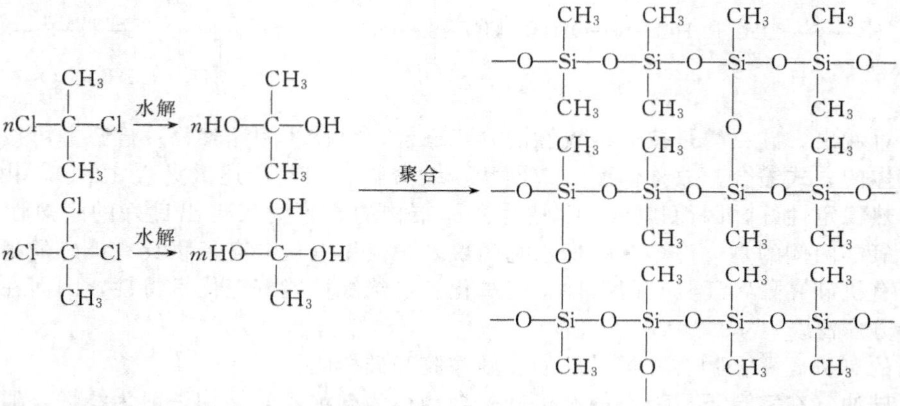

硅树脂是一种很重要的树脂，具有耐高温、耐潮、防水、防锈等特点，绝缘性能很高。因此，硅树脂被广泛用作耐热涂料、电子绝缘材料等。由于硅树脂无色透明并且具有生理惰性，它也可用于制作隐形眼镜。

例题 12.1 命名或写出下列化合物的结构式。

（1）TMS　　　　　（2）六甲基二硅氧烷　　　　　（3）$C_6H_5SiCl_3$

（4）二苯基二氯硅烷　　　（5）$(CH_3)_3SiOH$

12.2　有机磷化合物

有机磷化合物属非金属元素有机化合物。这类元素有机化合物中有许多是常用的杀虫剂，也有一些是重要的合成试剂。磷和氮原子同属第五主族，具有相同的化合价，因此，它们所形成的化合物具有类似的结构。其中，含碳磷键的化合物称作膦，磷原子为 sp^3 杂化，磷原子与一个至三个烃基相连的膦分别称为伯膦、仲膦、叔膦，其盐类化合物则称作镂，它们的命名类似于胺、铵盐。

12.2.1　有机磷化合物的制备

磷化钠和卤代烷是制取有机磷化合物的基本原料。由三氯化磷经氢化锂铝还原得磷化

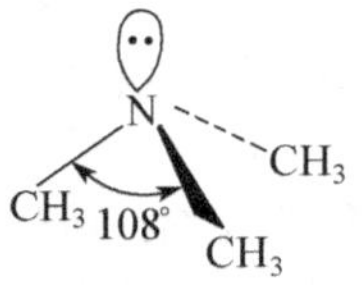

三甲胺 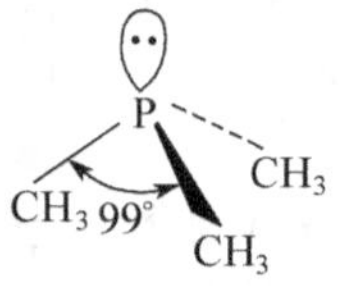　　　　　　　　　　　三甲基膦

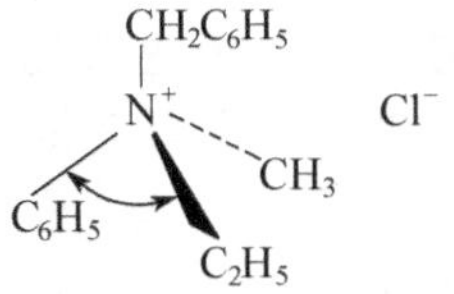

氯化甲基乙基苄基苯基铵 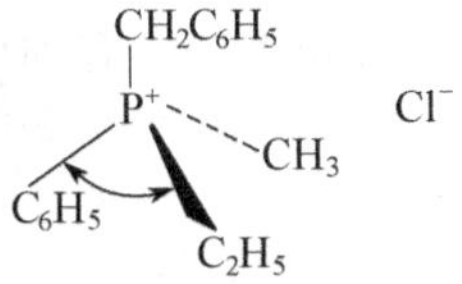　　　氯化甲基乙基苄基苯基镤

氢，这是一种极毒的气体，有芥子气味。磷化氢具有酸性，与金属钠作用即生成磷化钠。

$$PCl_3 + LiAlH_4 \xrightarrow{THF} PH_3 \xrightarrow[(C_2H_5)_2O]{Na} H_2PNa$$

磷化钠

卤代烷与磷化钠反应可以得到一取代膦（伯膦）；一取代膦继续与金属钠作用生成一取代膦化钠，若再以卤代烷与其反应，则产生二取代膦（仲膦）。例如：

$$CH_3I + H_2PNa \longrightarrow CH_3PH_2 + NaI$$
一甲膦（伯膦）

$$Na + CH_3PH_2 \longrightarrow CH_3HPNa \xrightarrow{CH_3I} (CH_3)_2PH + NaI$$
二甲膦（仲膦）

三取代膦（叔膦）通常要用格利雅试剂和三氯化磷反应来制得，不过也可以直接用卤代烷和一取代膦反应来制取叔膦。例如：

$$3CH_3MgI + PCl_3 \xrightarrow{(C_2H_5O)_2} (CH_3)_3P + 3Mg \underset{I}{\overset{Cl}{<}}$$

三甲膦（叔膦）

$$2CH_3I + CH_3PH_2 \longrightarrow (CH_3)_3P + 2HI$$

如果让叔膦与卤代烷继续反应，就可以得到季镤盐：

$$(CH_3)_3P + CH_3I \longrightarrow (CH_3)_4P^+ I^-$$

与季铵碱的形成类似，季镤盐与氢氧化银反应生成季镤碱：

$$(CH_3)_4P^+ I^- + AgOH \longrightarrow (CH_3)_4P^+ OH^- + AgI \downarrow$$

例题 12.2　命名以下化合物，并指出哪些具有旋光活性。

(1) $(CH_3CH_2CH_2)_2PH$　　　　(2) $(CH_3)_2PCH_2CH_2CH_3$

(3) 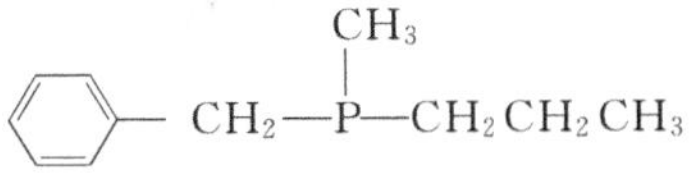 〈苯环〉$-CH_2-\overset{CH_3}{\underset{}{P}}-CH_2CH_2CH_3$

12.2.2　Wittig 反应

季镤盐在强碱（如苯基锂）作用下，失去一分子卤化氢，形成稳定的三烷基或三苯基亚甲基膦。由于磷碳键极性较强，磷原子带正电荷，碳原子带负电荷，因而三烷基亚甲基膦具有内盐的性质，故将其称为邻位两性离子，俗称叶立德（ylide，由 methyl 与 chloride 的词尾缩合而来）。

$$[(C_6H_5)_3\overset{+}{P}CH_3]I^- \xrightarrow{C_6H_5Li} (C_6H_5)_3\overset{+}{P}-\overset{-}{C}H_2 \Longrightarrow (C_6H_5)_3P=CH_2$$
碘化甲基三苯基镤　　　　　　　　　　　　　　　磷叶立德

事实上，叶立德指的是一类具有内盐性质的化合物，和磷原子一样，硫原子、氮原子都可以和碳原子形成叶立德。根据与负碳离子相键合的不同正离子，这些邻位两性离子分别称为磷叶立德、硫叶立德及氮叶立德。其中，尤以磷叶立德的应用最为广泛。本节主要就磷叶立德的制备和应用进行讨论。

叶立德具有很高的反应活性，它的碳负离子是很强的亲核试剂，它对水或空气都很敏感，通常在制备时要注意防潮，有时还要通入惰性气体（如氮气），并且制备好的叶立德一般不用分离出来，可以直接用于下一步反应。不过，如果在叶立德的碳负离子上连有吸电子取代基，使负电荷得以分散，则有利于提高其稳定性。在制取这类稳定性较高的叶立德时，只需较弱的碱（如碳酸钠）就可以获得产物，有时甚至也不需要在氮气流下操作。例如：

$$(C_6H_5)_3P + C_6H_5\overset{O}{\overset{\|}{C}}\!-\!CH_2Cl \longrightarrow [(C_6H_5)_3\overset{+}{P}\!-\!CH_2\overset{O}{\overset{\|}{C}}C_6H_5]Cl^- \xrightarrow{Na_2CO_3} (C_6H_5)_3\overset{+}{P}\!-\!\overset{-}{C}H\overset{O}{\overset{\|}{C}}C_6H_5$$

当然，这个碳负离子上带有羰基的叶立德也可以由三苯基亚甲基膦与酰氯反应而制得：

$$(C_6H_5)_3\overset{+}{P}\!-\!\overset{-}{C}H_2 + C_6H_5COCl \xrightarrow{苯} [(C_6H_5)_3\overset{+}{P}\!-\!\overset{-}{C}H_2\overset{O}{\overset{\|}{C}}\!-\!C_6H_5]Cl^-$$

$$\xrightarrow{(C_6H_5)_3\overset{+}{P}\!-\!\overset{-}{C}H_2} (C_6H_5)_3\overset{+}{P}\!-\!\overset{-}{C}H\overset{O}{\overset{\|}{C}}\!-\!C_6H_5 + (C_6H_5)_3\overset{+}{P}CH_3\overset{-}{C}l$$

叶立德所具有的高反应活性最重要的应用在于它可以和醛、酮发生亲核加成反应，其加成物分解后，得到烯烃和氧化三苯基膦，这个反应被称为 Wittig 反应。磷叶立德也因此反应而称为 Wittig 试剂。

$$\underset{H}{\overset{C_6H_5}{\diagdown}}C=O + \overset{-}{C}H_2\!-\!\overset{+}{P}(C_6H_5)_3 \xrightarrow{加成} C_6H_5\!-\!\overset{\overset{O^-}{|}}{\underset{H}{C}}\!-\!CH_2\!-\!\overset{+}{P}(C_6H_5)_3 \xrightarrow{分解} C_6H_5CH=CH_2 + O=P(C_6H_5)_3$$

Wittig 反应总的结果是将叶立德带负电荷的碳原子与醛、酮的氧原子相互交换，得到一个烯烃，这是合成烯烃的一个重要方法。例如：

$$CH_3CH_2\overset{O}{\overset{\|}{C}}\!-\!CH_3 + (C_6H_5)_3P=CH_2 \longrightarrow \underset{CH_3}{CH_3CH_2\overset{|}{C}=CH_2} + (C_6H_5)_3P=O$$

$$C_6H_5\overset{O}{\overset{\|}{C}}\!-\!H + (C_6H_5)_3P=CH\!-\!CH=CHC_6H_5 \longrightarrow C_6H_5CH=CH\!-\!CH=CHC_6H_5$$

Wittig 反应与醇醛缩合反应有些类似，其反应机理一般认为叶立德与醛酮的加成产物可能经过一个四元环过渡态，再经分解生成烯烃：

$$\diagup\!\!\diagdown C=O + \overset{-}{C}H_2\!-\!\overset{+}{P}(C_6H_5)_3 \longrightarrow \overset{\overset{\overset{-}{O}}{|}}{\underset{}{C}}\!-\!\overset{\overset{\overset{+}{P}(C_6H_5)_3}{|}}{\underset{}{C}H_2} \longrightarrow \overset{\overset{O\cdots P(C_6H_5)_3}{|\;\;\;\;\;\;|}}{\underset{}{C\cdots\cdots CH_2}} \longrightarrow \diagup\!\!\diagdown C=CH_2 + O=P(C_6H_5)_3$$

在 Wittig 反应中，用作原料的醛、酮中存在的碳碳双键、叁键及酯基等基团不干扰反应。

Wittig 反应在有机合成中应用十分广泛，尤其是在昆虫信息素、维生素 A、维生素 D 及植物色素等天然产物的合成工作中起着重要的作用。

（维生素 A）

例题 12.3　以环己酮、溴甲烷为原料合成亚甲基环己烷。若采用溴甲烷的格氏试剂与环己酮作用生成醇并脱水，只得到 1-甲基环己烯。而由溴甲烷、环己酮经 Wittig 反应可得亚甲基环己烷，解释以上反应现象。

12.2.3　有机磷农药

磷酸为三元酸，磷酸能与醇缩合生成一酯、二酯和三酯。有机磷化合物中，有许多是有毒的甚至是剧毒的化合物。其中有些用作农药，有的只是用作环境卫生杀虫剂，也有些是用作军事毒气。这类有毒的有机磷化合物的结构主要为磷酸酯衍生物。

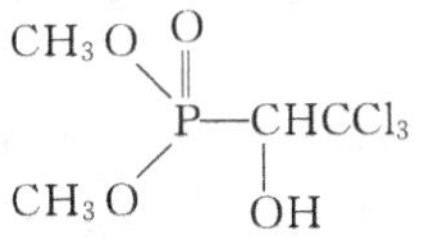

敌百虫 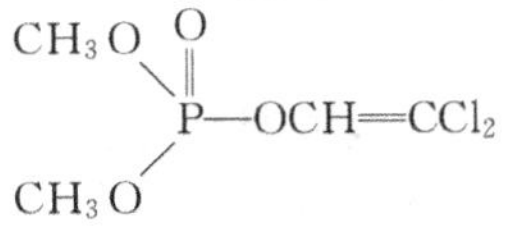　　　　　　　　　敌敌畏 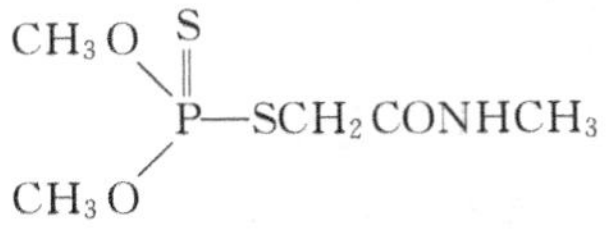　　　　　　　　乐果

敌百虫是一种广谱性杀虫剂，它不仅对蔬菜、果树、松林等多种害虫有良好的防治效果，而且对苍蝇、蟑螂、臭虫等卫生害虫也具显著的灭杀效果。

敌敌畏也属广谱性杀虫剂，其毒性比敌百虫高 10 倍，对于蚜虫、红蜘蛛、棉花红铃虫、苹果卷叶蛾、菜青虫等防治效果显著。常用于棉花、果树、蔬菜、烟草、茶叶、桑树病虫害的防治。

乐果是一种高效低毒杀虫剂。其特点是残效期短，它在作物上的药效仅维持 6～7 天。这很适合于蔬菜、果树等食用作物病虫害的防治，不留残毒，对人畜无害。

敌百虫、敌敌畏及乐果等都是重要的有机磷杀虫剂，由于它们容易分解，不仅无环境污染问题，而且分解产物还是植物本身生长所需的肥料，因此，这类农药应用十分广泛。例如敌百虫，由于它低毒高效，除了用作农药外，甚至还可以当作兽医药，适量加到饲料中，以驱杀猪、马、牛、羊等动物体内的肠胃寄生虫。

敌百虫可以三氯化磷、甲醇和三氯乙醛为原料，经酯化、加成等步骤合成而得：

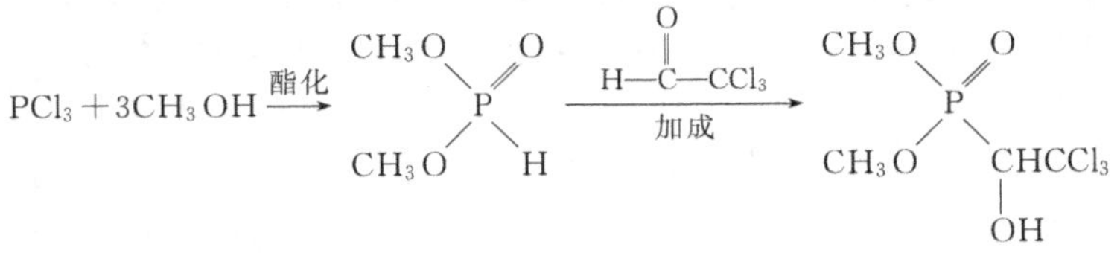

敌百虫在中性溶液中比较稳定，遇碱会脱除 HCl 并发生重排，生成敌敌畏。事实上，这是目前工业上大规模生产敌敌畏的主要方法：

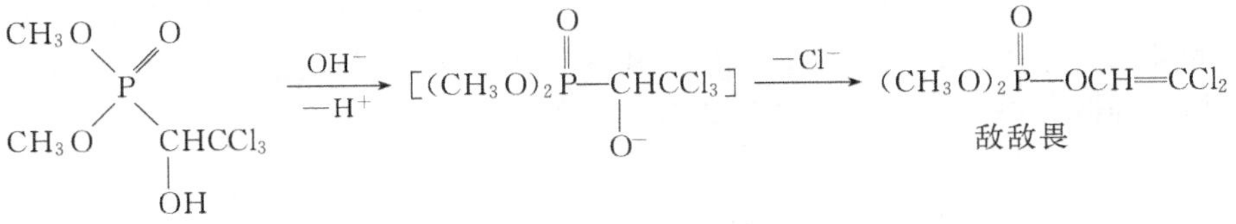

12.3　有机锂化合物

碱金属有机化合物反应活性非常高，在有机合成中有着重要的应用价值，其中，尤以有机锂化合物应用最广。

12.3.1 有机锂化合物的制备

(1) 锂与卤代烃反应 与制备格氏试剂类似，可以用金属锂与卤代烃反应制取烷基锂：

$$CH_3CH_2CH_2CH_2Br + 2Li \xrightarrow[-20\sim-10^\circ C]{\text{乙醚}} \underset{80\%\sim90\%}{CH_3CH_2CH_2CH_2Li} + LiBr$$

不同之处在于制取格氏试剂时，要以无水乙醚或四氢呋喃作溶剂；而制取烷基锂时，除了醚类溶剂外，还可用烃类溶剂，例如戊烷或石油醚。不过，由于烷基锂的活性高，制备时必须在低温、纯氮气氛中进行。所用卤代烃为氯代烃或溴代烃，而碘代烃可与生成的有机锂作用生成偶联产物。

(2) 直接锂代反应 以一种烷基锂与其他具有一定酸性的烃类化合物反应，使锂原子取代烃中的活泼氢，形成另一种烷基锂，这类反应称为直接锂代反应。在这个反应中，常用的烷基锂是丁基锂，例如：

$$CH_3CH_2CH_2CH_2C\equiv CH + CH_3CH_2CH_2CH_2Li \longrightarrow CH_3CH_2CH_2CH_2C\equiv CLi + CH_3CH_2CH_2CH_3$$

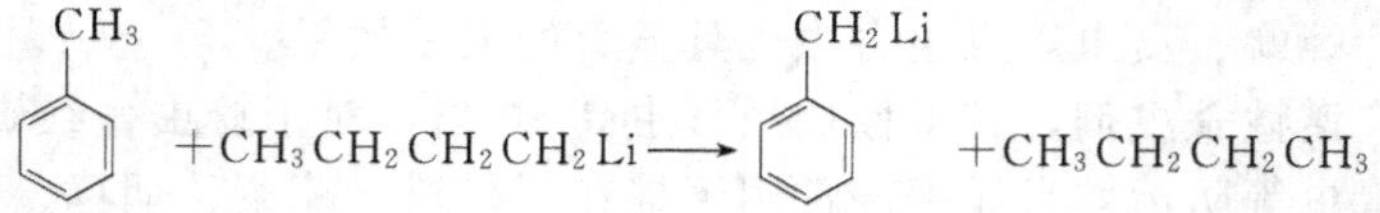

12.3.2 有机锂化合物的性质

有机锂化合物具有很高的反应活性，在空气中就会发生氧化，遇水会发生强烈的反应甚至会自燃。有机锂化合物与有机镁化合物十分相似，它们都能溶于醚类溶剂，凡是格氏试剂能发生的反应，有机锂化合物也会发生。不过，与格氏试剂相比，有机锂化合物更活泼，它具备一些格氏试剂所没有的化学反应性能。

(1) 加成反应

烷基锂可以与醛、酮发生加成反应，其产物经水解生成仲醇和叔醇，这一反应和格氏试剂的作用类似。不过由于有机锂试剂价格贵，通常用得少。只有当羰基化合物因空间位阻大，不易与格氏试剂反应，或因本身也比较贵，这时使用有机锂试剂才显得特别有意义。例如：

$$(CH_3)_3C-\overset{\overset{\Large O}{\|}}{C}-C(CH_3)_3 + (CH_3)_3CLi \xrightarrow[-70^\circ C]{\text{乙醚}} \underset{\text{三叔丁基甲醇}}{[(CH_3)_3C]_3C-OH}$$

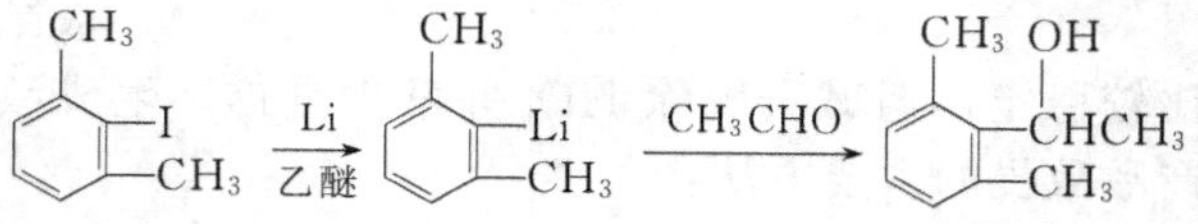

1,3-二甲基-2-(α-羟乙基)苯

除了醛、酮羰基化合物外，有机锂还可以与羧酸作用，先生成锂盐，继续反应后产生酮。显然，若不加以控制，进一步反应就会生成叔醇。例如：

$$CH_3-\underset{CH_3}{\overset{CH_3}{C}}-COOH + CH_3Li \longrightarrow CH_3-\underset{CH_3}{\overset{CH_3}{C}}-COOLi$$

$$\xrightarrow{CH_3Li} CH_3-\underset{CH_3}{\overset{CH_3}{C}}-\underset{OLi}{\overset{CH_3}{C}}-OLi \xrightarrow{\text{水解}} CH_3-\underset{CH_3}{\overset{CH_3}{C}}-\overset{O}{\overset{\|}{C}}-CH_3 + LiOH$$

3,3-二甲基丁酮

有机锂和二氧化碳的反应与上述过程十分类似：

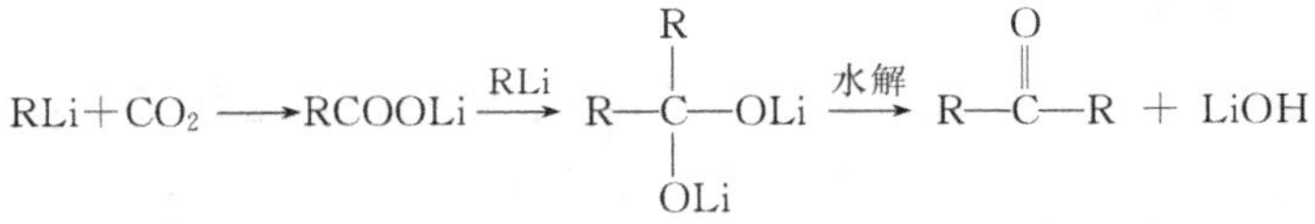

$$RLi + CO_2 \longrightarrow RCOOLi \xrightarrow{RLi} R-\overset{\overset{\displaystyle R}{|}}{\underset{\underset{\displaystyle OLi}{|}}{C}}-OLi \xrightarrow{水解} R-\overset{\overset{\displaystyle O}{\|}}{C}-R + LiOH$$

（2）烃基取代反应

有机锂试剂与卤代烃或硫酸酯可以发生取代反应。这个反应与武慈（Würtz）反应类似，但常伴有消除产物的生成：

$$CH\equiv CH + CH_3CH_2CH_2CH_2Li \longrightarrow CH\equiv CLi \xrightarrow{RX} RC\equiv CH$$

$$C_{15}H_{31}C\equiv CLi + (CH_3O)_2SO_2 \longrightarrow C_{15}H_{31}C\equiv C-CH_3$$

（3）与金属卤化物反应

有机锂试剂与一些金属卤化物作用生成含锂金属有机化合物，例如，碘化亚铜在过量的有机锂醚溶液中反应，生成二烃基铜锂：

$$2RLi + CuI \longrightarrow R_2CuLi + 2LiI$$

二烃基铜锂与卤代烃发生交叉偶联反应，合成各种烃类化合物。其中铜锂试剂中的烃基可以是烷基，也可以是芳基、甚至烯基，因此，铜锂试剂在有机合成中有很重要的用途。例如：

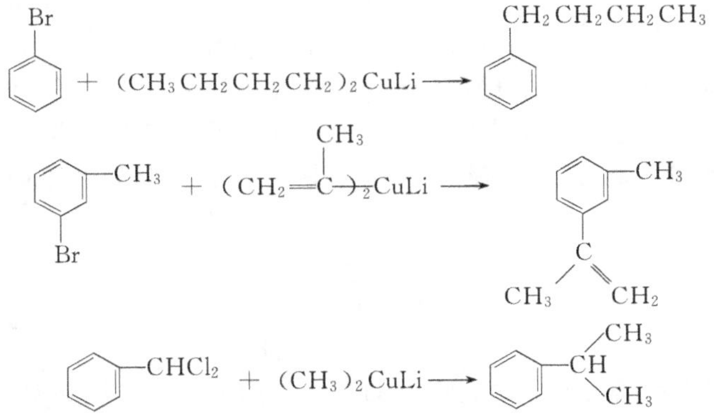

例题 12.4　完成以下反应。

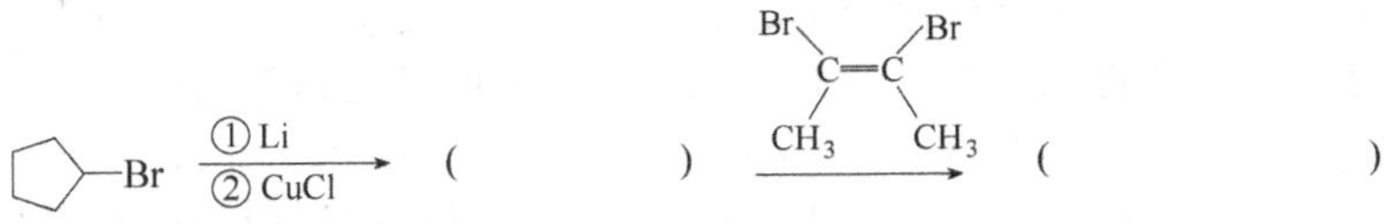

12.4　有机铝化合物

早在 1859 年，人们就已经在实验室里合成出有机铝化合物。不过，长期以来它并没有引起人们足够的重视，直到 1952 年齐格勒（Ziegler）发现三乙基铝对烯烃聚合具有催化作用，人们才开始注意到有机铝化合物。

根据与铝原子直接键合的原子或基团状态，有机铝化合物可以分为三类：

R_3Al　　　　　R_2AlX　　　　　$RAlX_2$

R：烃基，包括脂肪族、脂环族和芳香族；

X：H、F、Cl、Br、I、OR、SR、NH_2、NHR、NR_2、PR_2。

其中最为常用的是烷基铝及其卤化物，例如三乙基铝、氯化二乙基铝等。

12.4.1 烷基铝的制备

铝粉和卤代烷在惰性溶剂中反应，可以得到卤化烷基铝，也称倍半卤化物：

$$2Al+3RX \longrightarrow R_3Al_2X_3$$

倍半卤化物受热发生歧化，生成一卤二烷基铝和二卤一烷基铝混合物：

$$R_3Al_2X_3 \xrightarrow{\triangle} R_2AlX+RAlX_2$$

倍半卤化物和金属钠反应，即可还原得到三烷基铝：

$$R_3Al_2X_3+3Na \longrightarrow R_3Al+3NaX+Al$$

不过，在工业上大规模制备三乙基铝都是以乙烯和铝片或活性铝粉在加压条件下进行加成反应而制得，如果使用铝片在加成反应之前要先通氢以除去铝片表面的氧化膜：

$$3CH_2{=\!=}CH_2+Al+\frac{3}{2}H_2 \longrightarrow (CH_3CH_2)_3Al$$

12.4.2 烷基铝的性质

低级烷基铝多以双分子或三分子缔合形式存在，一般为无色透明液体。烷基铝热稳定性差，化学性质活泼，暴露在空气中就会发生氧化甚至会燃烧，遇水会剧烈反应，甚至爆炸：

$$R_3Al+3H_2O \longrightarrow 3RH+Al(OH)_3$$

因此，有烷基铝参与的反应都应在无水无氧的惰性气体中进行。

铝原子外层有三个价电子，在烷基铝分子中，其电子排布为六隅体，具有接受电子的能力。因而，烷基铝能和负离子或具有供电性的中性分子（例如：乙醚、叔胺等）形成配合物：

$$(CH_3)_3Al \cdot O \begin{matrix} C_2H_5 \\ \\ C_2H_5 \end{matrix}$$

事实上，在乙醚溶剂中制备烷基铝时，得到的只是它的配合物。烷基铝有许多具有重要应用价值的化学性质。

（1）与金属卤化物反应　根据元素有机化合物的反应规律，凡是金属活性低于铝的元素有机化合物都可以通过有机铝化合物来制取。例如，烷基铝与金属卤化物作用：

$$ZnCl_2+2R_3Al \longrightarrow R_2Zn+2R_2AlCl \quad BF_3+R_3Al \longrightarrow R_3B+AlF_3 \quad SnCl_4+4R_3Al \longrightarrow R_4Sn+4R_2AlCl$$

用这个方法制备其他元素有机化合物，其最大的优点在于不必像以格氏试剂制取元素有机化合物那样需要大量易燃的乙醚。

（2）与烯烃反应　三烷基铝可以与 α-烯烃发生加成反应，在一定温度和压力下，不断发生 Al-C 键在碳碳双键上的加成，生成长碳链产物。以三乙基铝与乙烯反应为例：

$$\underset{C_2H_5}{\overset{C_2H_5}{Al{-}C_2H_5}} +CH_2{=\!=}CH_2 \longrightarrow \underset{C_2H_5}{\overset{CH_2{-}CH_2{-}C_2H_5}{Al{-}C_2H_5}} \longrightarrow \cdots \longrightarrow \underset{(CH_2CH_2)_zC_2H_5}{\overset{(CH_2CH_2)_xC_2H_5}{Al{-}(CH_2CH_2)_yC_2H_5}}$$

$$\xrightarrow{水解} CH_3(CH_2CH_2)_xCH_3+CH_3(CH_2CH_2)_yCH_3+CH_3(CH_2CH_2)_zCH_3+Al(OH)_3$$

以三乙基铝和四氯化钛组成的复合催化剂，可以使乙烯聚合反应在常压下进行。这一催化剂也称作齐格勒-纳塔催化剂。这种常压催化烯烃聚合反应原理是现代聚烯烃工业的基础。

12.5　有机铁化合物

1951 年，人们发现由格氏试剂和无水氯化亚铁可以合成出一种新化合物，其分子式为 $(C_5H_5)_2Fe$，俗称二茂铁。研究表明，二茂铁具有形似三明治（sandwich）的夹心结构，这是首次合成出来的一种新型结构。二茂铁一经问世就立即引起人们的关注，从那以后，许多其他过渡金属的类似化合物都先后合成成功。因此，二茂铁的合成是金属有机化学发展史上的一个重要里程碑。

12.5.1　二茂铁的结构和性质

具有夹心结构的二茂铁是由亚铁离子和环戊二烯形成的配合物，碳和铁之间存在特殊的配键形式，亚铁离子位于两个相互平行且呈轴对称的环戊二烯负离子中间：

在二茂铁分子中，碳碳键键长都是均等的（C—C：0.140nm），十个氢原子的地位都是相同的，事实上两个环戊二烯负离子都具有芳香性，因而它和苯环类似，可以发生典型的亲电取代反应。不过，二茂铁不能直接与浓硫酸发生磺化反应，因为它会被氧化，但可以用 ⟨O⟩OSO$_3$ 作磺化剂进行反应。

二茂铁，橙色针状晶体，它具有芳香性，化学性质稳定，它不仅耐酸、耐碱，而且还耐高温耐紫外线辐射。将二茂铁添加在燃料中，具有助燃、消烟和抗震的作用。不过，虽然二茂铁添加在汽油中具有很好的抗震效果，但是由于在燃烧过程中产生的氧化铁沉淀在火花塞上影响发火，因而其应用受到限制。二茂铁在固体火箭燃料中应用广泛，它能促进一氧化碳向二氧化碳转化，因而能提高燃料的燃烧热，起到节能和减少污染的作用。

12.5.2　二茂铁的制备

二茂铁的制备方法有多种，其中以环戊二烯的钠盐或镁盐与氯化亚铁作用的制备方法在实验室里比较常用。

环戊二烯在强碱作用下，失去一个质子形成稳定的环戊二烯负离子，再与氯化亚铁作用也可得到二茂铁。

选读材料

导向有机合成的金属有机化学 （OMCOS）

自从 20 世纪 50 年代初合成二茂铁以来，现代金属有机化学应运而生，大量工作集中在过渡金属方面。先是合成了大量的过渡金属有机化合物，研究其结构；继而研究了各种金属和碳、氢及其他元素所成键的性质，积累了许多数据，总结出了若干个基元反应。在 20 世纪 70 年代，一些金属促进的、特别是过渡金属催化的合成反应不断被发现，如 Kumada 反应、Heck 反应、Stille 反应、Suzuki 反应、Trost-Tsuji 反应等，使有机合成进入了一个全新的境界。

由于这一背景，在 20 世纪 80 年代初，国际上新兴了一门学科，即导向有机合成的金属有机化学（OM-COS，organometallic chemistry directed towards organic synthesis）。因为金属有机化学发展到今天，已可归纳为若干基元反应。从基元反应出发来设计新的有机合成反应，已是当前金属有机化学研究的重要方向之一。人们可以从基元反应的规律出发，设计出具有选择性的新反应。

导向有机合成的金属有机化学（OMCOS）这一新的学科，它不仅用金属有机化学方法合成目标分子，还必须研究金属和各种不同原子所成键的形成和断裂的方法，研究并总结金属有机化合物基元反应的规律，发展新的金属催化反应，用配位化学原理研究反应的选择性，从而发展金属参与的有机反应的合成方法学。

金属元素占了整个周期表的 2/3，每个金属的电子数各不相同，成键性质也各不相同，金属元素和其他元素所成的键有共价键、配位键和离子键等；所以，这一学科的内容是非常丰富的。

导向有机合成的金属有机化学重点是在与合成化学的关联上。对于一个金属参与的有机反应来说，重要的是下面 3 个步骤：碳-金属键的形成；碳-金属键的反应；碳-金属键的猝灭。

由于合成反应的产物中不应再有金属，所以碳-金属键的猝灭是很重要的一步。如果猝灭后的金属物种和参与生成碳-金属键时的金属物种相同，这一反应就是金属催化的反应。

当第一个碳-金属键生成后，如果通过碳-金属键的反应，又生成了一个新的碳-金属键，这个新的碳-金属键又能发生反应，如此继续下去，就形成所谓串联反应（tandem reaction，domino reaction，cascade reaction）。串联反应是近年来发展的一个重要方法，也是过渡金属催化反应的一个重要内容。

1. OMCOS 在资源利用方面的应用

从合成反应的原料来看，应该是资源易得、反应简单、价格便宜。这是金属有机化学十分注重的方面。目前，基本有机化学工业得到了重要发展，人们可以从煤焦油获得化工原料，在金属有机化学发展的影响下，从以乙炔为原料转移到用乙烯为基本原料，形成了今天有机化学工业的面貌。

人们在对炔烃和烯烃的利用过程中，实际上第一步就是金属对炔烃和烯烃的活化，然后进行反应。所谓活化，首先是金属对烯烃或炔烃配位，一种可能是烯烃进行插入反应，另一种情况是有亲核试剂对烯烃或炔烃进攻，发生亲核金属化而生成碳-金属键，然后再进一步反应。

当然，在烯烃和炔烃方面还有许多工作可以做。但有一个尚未解决的问题是烷烃的利用。其核心问题是碳-氢键的活化。如何将饱和烃直接转化成具有官能团的化合物是一个在基础和应用两方面都非常重要的工作。在甲烷的直接利用方面，已有了一些工作，在其他饱和烃方面尚需要进一步探索。

目前，不管是脂肪烃还是芳香烃，要转化成官能团化合物，常常要通过卤化或磺化，然后再转化成其他官能团。这样，在官能团转化中必须除去原有的基团，从而造成对环境的污染。所以直接活化烷烃或芳烃是一个不论在资源上或是在环境上都非常重要的问题。

在其他碳的资源方面，一氧化碳的利用已有十分可观的工作，都是和 OMCOS 有关的。另一个重要的问题是二氧化碳的利用，这不但可以解决碳的资源问题，直接从二氧化碳制成碳酸酯等化合物，而且可以为日益严重的温室效应作出贡献。目前，地球上的温度一年比一年升高，科学家认为是二氧化碳的排出量不断增多所致，如果能把可以利用的二氧化碳利用起来，一方面人类获得了碳源，另一方面又解决了二氧化碳排出量日益增多的问题，改善了环境问题。

除了碳的资源以外，和二氧化碳相似的有二氧化硫问题，石油冶炼中所产生的二氧化硫是酸雨的祸根，如果把二氧化硫直接利用掉，就可以为解决酸雨问题作出贡献。另外，如果利用二氧化硫来直接合成有用的磺酰化合物，就解决了硫的资源问题，也可以一举两得。此外，对二氧化碳的固定，二氧化硫的固定，空气中氮的固定，氧的活化等研究也是具有十分重要的意义。

2. OMCOS 在环境保护方面的应用

化学在人类社会发展的历史长河中起着十分重要而积极的作用，但是，在人类物质生活不断提高和工业化高度发展的同时，大量排放的工业和生活污染物却反过来使人类的生存环境日益恶化，这就使化学家面临新的挑战，即要去发展对人类健康和环境较少危害的化学。

如上所述，对二氧化碳和二氧化硫的利用，空气中氧的活化以代替目前对环境有污染的氧化剂等，是 OMCOS 在解决环境污染方面的重要应用。此外，OMCOS 在环境保护方面还具有以下特征。

（1）高选择性的反应

有机反应的选择性一直是一个重要的问题，因为反应所生成的副产物不但是无用的，而且也可能产生环境污染。所以反应的高选择性有利于环境保护。

反应的选择性可以分为化学选择性、区域选择性和立体选择性。这方面 OMCOS 可以做很多工作，因为 OMCOS 所研究的都是金属促进的反应，由于金属可以和某些原子如氮、氧、硫等配位，特别是最近研究得较多的弱配位可以完全控制反应的区域选择性或立体选择性。

不对称合成迅速发展，已形成当前的一个热点。不对称合成的研究，特别是催化不对称合成的发展，和金属的配位有着密切的关系，已成为 OMCOS 的一个重要方向。

（2）原子经济性的反应

Trost 在 1991 年首先提出了原子经济性的概念，这一概念引导人们如何去设计有机合成，如何经济地利用原子，避免用保护基或离去基团。这样设计的合成方法就不会有废物而是环境友好的。Trost 认为：合成效率（synthetic efficiency）成了当今合成方法学研究中关注的焦点。合成效率包括两个方面：一是选择性，另一个就是原子经济性（atom economy），即原料分子中究竟有百分之几的原子转化成了产物。一个有效的合成反应不但要有高度的选择性，而且必须具备较好的原子经济性，尽可能地充分利用原料分子中的原子。

Noyori 等在超临界二氧化碳中，从二氧化碳和氢合成了甲酸，这被认为是最理想的反应之一。

$$scCO_2 + H_2 \xrightarrow[Et_3N]{RuH_2(PMe_3)_4} HCOOH$$

原子经济性的反应有两个显著的优点：一是最大限度地利用了原料；二是最大限度地减少了废物的生成，减少了环境污染。因此，原子经济性的反应适应了社会需要，是合成方法发展的方向，OMCOS 将发挥重要作用。

（3）反应原料的改变

以芳香胺的合成为例，一般都是以卤代芳烃为原料，用胺进行亲核取代而合成的。过去芳香胺的合成方法如下：

$$\underset{NO_2}{\overset{Cl}{\underset{|}{\bigcirc}}} + NH_3 \longrightarrow \underset{NO_2}{\overset{NH_2}{\underset{|}{\bigcirc}}} + NH_4Cl$$

而卤代芳烃已知是对环境有害的，所以 Monsanto 公司的 Stern 等用芳烃代替卤代芳烃为原料，即直接用胺亲核取代芳烃的方法，发展了所谓 NASH（nucleophilic aromatic substitution for hydrogen）的方法，这样就避免了使用卤代芳烃。

（4）反应方式和试剂的改变

以甲基化为例，常用的试剂是硫酸二甲酯，具有剧毒和致癌性，Tundo 成功地用碳酸二甲酯代替硫酸二甲酯作为甲基化试剂。

用碳酸二甲酯作为甲基化试剂：

$$PhNH_2 + DMC \xrightarrow{\text{GL-PTC}} PhNHCH_3 + CH_3OH + CO_2$$

DMC=dimethylcarbonate，碳酸二甲酯

GL-PTC=gas liquid phase transfer catalyst，气液相转移催化剂

而碳酸二甲酯以前也用光气合成，现在也可以从一氧化碳合成，即所谓 Oxidative Carbonylation。

用一氧化碳合成碳酸二甲酯：

$$2CH_3OH + \frac{1}{2}O_2 + CO \longrightarrow (CH_3O)_2CO + H_2O$$

山本明夫研究了用 Pd（0）还原羧酸的方法制备醛，以代替原来羧酸需先转化成酰氯，再用 Rosenmund 还原的方法。另一个制备醛的方法是用铬化合物氧化醇，铬化合物也是有毒的。山本的发现是一个环境友好的制备醛的方法：

$$RCOOH + H_2 \xrightarrow[\underset{\text{（再循环）}}{(^tBuCO)_2O}]{Pd(0)} RCHO + \underset{\text{（再循环）}}{^tBuCOOH}$$

在精细化学工业品的合成过程中，芳烃的硝化是一个非常重要而又造成严重污染的过程，在染料、制药、香料、塑料等工业中都有这个问题。历来都是用大大过量的硝酸和硫酸的混合物来进行硝化，在排污上存在极大的问题。近年来，这一问题受到了重视。有若干报道都是发展原子经济性的硝化反应。例如，用三氟磺酸稀土为催化剂的芳烃硝化反应：

$$ArH + HNO_3 \xrightarrow{\text{cat[10\%（摩尔分数）]}} ArNO_2$$

（5）反应条件的改变

这方面的工作集中在两个方面。

① 由于有机反应大部分以有机溶剂为介质，尤其是挥发的有机溶剂成了环境污染的主要原因，试图解决的方法如下。

a. 用超临界的液体为溶剂，这方面研究较多的有超临界的二氧化碳。

b. 用含水的溶剂代替有机溶剂作为反应介质。中国留美学者李朝军用金属铟在水相反应方面做了大量工作，并有专著。因而获得了 2001 年美国总统绿色化学奖。

但也有人警告，随着空气中溶剂污染的减少，大量污水的产生也是一个不可忽视的问题。

c. 离子液体开始用于过渡金属催化的反应中，特别是室温离子液体（RTIL），即在室温或室温以下为液体的那些盐类。用离子液体为溶剂时，反应后的产物很容易用有机溶剂提取而分离。剩下的催化剂则保留在离子液体中，可以重复使用。

② 用催化的反应来代替当量的反应。避免使用当量试剂，是减少污染最有效的办法之一。一个反应以当量进行或以催化形式进行，从反应的整体本质考虑将是非常重要的，而且将决定其环境友好的程度。在这方面，OMCOS 能起极大的作用。因为，OMCOS 的反应原来都是当量的。只要改变金属猝灭的方法，使

猝灭后所生产的金属物种和最初参与反应的物种相同，就能变成一个催化反应。

综上所述，OMCOS 在资源的有效利用、环境保护等方面有着重要的应用。有理由相信，随着人们对金属有机化学认识的不断深入，OMCOS 的应用范围必将更为广泛。

◆ 习 题 ◆

1. 命名下列化合物。

(1) $CH_3CH_2CH_2CH_2Li$

(2) $HO-\underset{\underset{CH_3}{|}}{\overset{\overset{CH_3}{|}}{Si}}-OH$

(3) $CH_3-\underset{\underset{Cl}{|}}{\overset{\overset{Cl}{|}}{Si}}-CH_3$

(4) $(C_2H_5)_4PCl$

(5) $(CH_3CH_2)_3Al$

(6) $[(C_6H_5)_3\overset{+}{P}CH_3]I^-$

2. 写出下列化合物的结构式。

(1) 氧化三苯基膦

(2) 甲基硅三醇

(3) 氯化三甲基苯基鏻

(4) 三乙基膦

(5) 苯基锂

(6) 二乙基氯化铝

3. 完成下列反应式：

(1) $CH_3CH_2CH_2CH_2Li + CH_3C\equiv CH \longrightarrow A+B$

(2) $\underset{\underset{CH_3}{|}}{\overset{\overset{CH_3}{|}}{CH}}-C\equiv CLi + CH_3I \longrightarrow C+D$

(3) $CH_3CH_2CH_2CH_2Li + \underset{\underset{CH_3}{|}}{CH_3CHOH} \longrightarrow E+F$

(4) $CH_3CH_2CH_2CH_2Li + CH_3CHO \longrightarrow G$

(5) $(CH_3)_3CLi + \underset{\overset{\parallel}{O}}{C}-CH_3 \longrightarrow H$ (苯甲酰基)

(6) $CH_3CH_2CH_2CH_2Li + CuI \longrightarrow I+J$

(7) $(CH_3CH_2)_2CuLi + \text{（间溴乙苯）} \longrightarrow K+L+M$

(8) $SiCl_4 + 4CH_3MgI \longrightarrow N+O$

(9) $(C_6H_5)_3P + CH_3I \longrightarrow P$

(10) $2(CH_3CH_2)_3Al + ZnCl_2 \longrightarrow Q+R$

4. 合成下列化合物。

(1) $CH_3C=CHCOOC_2H_5$, $\underset{\underset{CH_3}{|}}{}$

(2) $CH_3CH_2\overset{\overset{\parallel}{O}}{C}-\underset{\underset{CH_3}{|}}{C}=CHCH_2CH_3$

(3) $CH_3-\underset{\underset{C_2H_5}{|}}{C}=\underset{\overset{\overset{CCH_3}{\parallel}}{O}}{\underset{\underset{\underset{\parallel}{O}}{CCH_3}}{C}}$

(4) （对乙基异丙基苯）$\underset{CH_2CH_3}{}$ / $\underset{\underset{\underset{CH_3\ CH_3}{}}{CH}}{}$

(5) $\underset{\underset{CH_3}{|}}{\overset{\overset{CH_3}{|}}{CH}}-\overset{\overset{\parallel}{O}}{C}-CH=\underset{\underset{CH_3}{|}}{\overset{\overset{CH_3}{|}}{CH}}$

(6) （亚甲基环己烷）$=CH_2$

第 13 章　生命有机化学

> **本章提要**　本章着重介绍了与生命现象密切相关的几类有机化合物的结构、性质及反应性能，如碳水化合物、氨基酸、蛋白质以及核酸。
>
> **关键词**　碳水化合物　单糖　二糖　多糖　醛糖　酮糖　单糖的开链结构
> 单糖的环状结构　D-型糖　L-型糖　变旋光现象　糖苷链　还原糖　非还原糖
> 转化糖　氨基酸　必需氨基酸　等电点　内盐　多肽　肽键　N 端　C 端　末端分析
> 蛋白质　单纯蛋白质　结合蛋白质　纤维状蛋白质　球状蛋白质　辅基　蛋白质的变
> 性　核酸　核苷酸　核苷　RNA　DNA

　　沃尔特·诺曼·哈沃斯（Walter Norman Haworth）　英国有机化学家。1883 年 3 月生于乔利（Chorley, Lancashire），1910 年毕业于格丁根大学，获哲学博士学位。1911 年获欧文斯学院科学博士学位。哈沃斯先后在圣安德鲁大学、伯明翰大学任教，1947 年他被封为公爵，并于同年任英国国家研究局局长。

　　哈沃斯一生主要研究碳水化合物的结构。他发现碳水化合物的分子是由碳和氧原子组成的环状结构，他和同事们先后研究了麦芽糖、纤维二糖、乳糖、龙胆二糖等化学组成和结构。1934 年，哈沃斯和英国化学家埃德蒙赫斯特一起完成了抗坏血酸（维生素 C）的人工合成研究，从而使人类大规模地人工生产医用维生素 C 成为可能。

　　由于对碳水化合物研究的卓越贡献和对维生素 C 的研究成果，哈沃斯与德国有机化学家卡勒尔（Karrer）一起获得 1937 年诺贝尔化学奖。

　　虽然有机化学自身就是起源于生命现象，然而如前所述，有机化学的概念早已超过了生命现象的范畴。这里被称作生命有机化学的只是有机化学的一个分支。它所研究的对象是一些与生命现象有密切关系的有机化合物。它们主要是碳水化合物、氨基酸、蛋白质以及核酸。

13.1　碳水化合物

　　碳水化合物（carbohydrates）为多羟基醛、多羟基酮以及能水解生成多羟基醛或多羟基酮的一类化合物。很早以前，人们就发现存在于植物果实中的淀粉，茎干中的纤维素，蜂蜜和水果中的葡萄糖、果糖、蔗糖等都是由碳、氢、氧三种元素组成。分析表明，它们的结构通式可以用 $C_x(H_2O)_y$ 表示，从表观来看，这些化合物好像是由碳和水所组成，因而得名碳水化合物。虽然这些化合物并不是由碳和水简单组合而成，但由于习惯的缘故，碳水化合物的名称一直沿用至今。

依照分子的大小，碳水化合物可分为三类：单糖、低聚糖和多糖。

不能发生进一步水解的碳水化合物称作单糖；经水解能生成两、三或几个单糖分子的碳水化合物称作低聚糖；经水解能生成较多单糖分子的碳水化合物称作多糖。

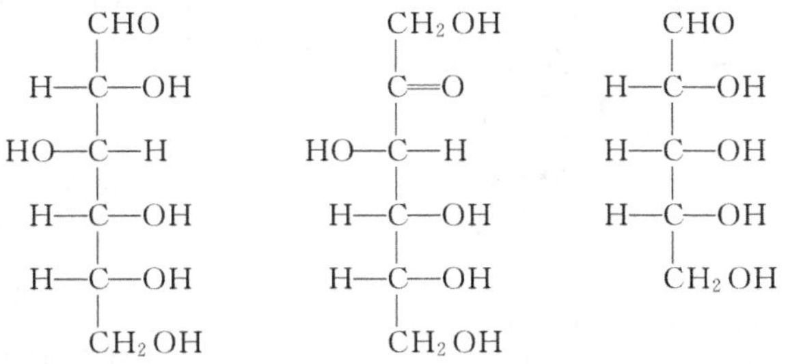

$$
\begin{array}{ccc}
\text{CHO} & \text{CH}_2\text{OH} & \text{CHO} \\
\text{H--C--OH} & \text{C=O} & \text{H--C--OH} \\
\text{HO--C--H} & \text{HO--C--H} & \text{H--C--OH} \\
\text{H--C--OH} & \text{H--C--OH} & \text{H--C--OH} \\
\text{H--C--OH} & \text{H--C--OH} & \text{CH}_2\text{OH} \\
\text{CH}_2\text{OH} & \text{CH}_2\text{OH} & \\
\text{葡萄糖} & \text{果糖} & \text{核糖}
\end{array}
$$

葡萄糖是重要的单糖，主要分布于葡萄汁或其他种类的果汁中，它也是构成淀粉或纤维素的基本单元。因此，通过淀粉或纤维素水解可以制取葡萄糖。葡萄糖不仅可用作营养物质，还可用作还原剂。

果糖比葡萄糖要甜，在水果中，尤其是在蜂蜜中，果糖的含量相当丰富。

糖是绿色植物利用太阳能，经光合作用由 CO_2 和 H_2O 转化而来。动物不能直接合成糖，只能从食物中摄取。动物吸收氧气，经体内代谢作用，将糖氧化成 CO_2 和 H_2O，同时放出生命活动所需的能量。糖是储存太阳能并维持生命的重要物质。

13.1.1　单糖的性质

常见的单糖主要是含 5～6 个碳原子的分子，故称为戊糖和己糖。根据这些单糖分子上所具有的醛基或酮基又分别称作醛糖和酮糖。例如：葡萄糖是含六个碳原子并具有醛基的单糖，故称为己醛糖；果糖是含有六个碳原子并具有酮基的单糖，故称为己酮糖。

葡萄糖是一种最具代表性的单糖，通过对它的研究，可以了解到有关单糖的基本知识。如前所述葡萄糖是己醛糖，通过元素分析及分子量测定，证实其分子式是 $C_6H_{12}O_6$。它的构造式可写成：

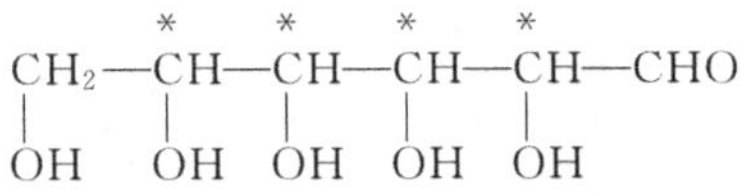

$$
\overset{}{\text{CH}_2}\text{--}\overset{*}{\text{CH}}\text{--}\overset{*}{\text{CH}}\text{--}\overset{*}{\text{CH}}\text{--}\overset{*}{\text{CH}}\text{--CHO}
$$
$$
\ \ \text{OH}\quad\text{OH}\quad\text{OH}\quad\text{OH}\quad\text{OH}
$$

显然，葡萄糖分子中含有四个手性碳原子，可以预料它有 16 种（2^4）旋光异构体。在这 16 种立体异构体中，只有一种是天然葡萄糖，有右旋光学性质，故记为（＋）-葡萄糖。那么，它究竟具有什么样的构型呢？研究表明其构型如图 13.1 所示。

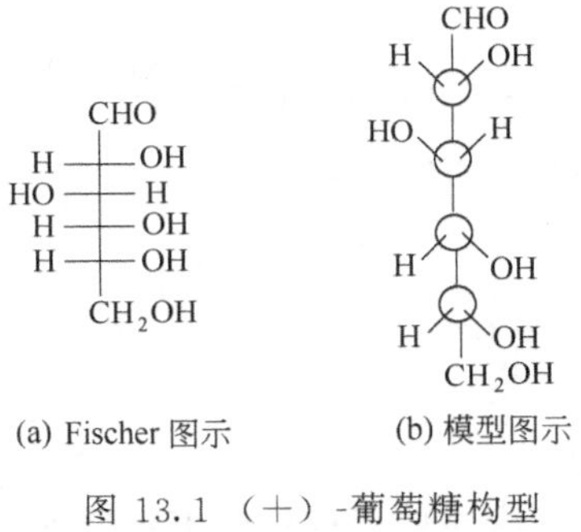

(a) Fischer 图示　　(b) 模型图示

图 13.1 （＋）-葡萄糖构型

任何一种物质的性质都与其分子结构密切相关。（＋）-葡萄糖具有哪些性质呢？由于葡萄糖分子中含有极性基团——羰基以及多个羟基，可以断定它易溶于极性溶剂而难溶于非极性溶剂。事实上，（＋）-葡萄糖极易溶于水，可溶于乙醇，难溶于乙醚等有机溶剂。葡萄糖可以进行一般羰基和羟基都会发生的化学反应：

$$\underset{\text{葡萄糖}}{CH_2\text{—}CH\text{—}CH\text{—}CH\text{—}CH\text{—}CHO} \ (OH)_5 \xrightarrow{C_6H_5NHNH_2} \underset{\text{葡萄糖苯腙}}{\begin{array}{c}CH=NNHC_6H_5\\(CHOH)_4\\CH_2OH\end{array}}$$

$$\underset{\text{葡萄糖}}{CH_2\text{—}CH\text{—}CH\text{—}CH\text{—}CH\text{—}CHO} \xrightarrow{3C_6H_5NHNH_2} \underset{\text{葡萄糖脎}}{\begin{array}{c}CH=NNHC_6H_5\\C=NNHC_6H_5\\(CHOH)_3\\CH_2OH\end{array}}$$

$$\underset{\text{葡萄糖}}{CH_2\text{—}CH\text{—}CH\text{—}CH\text{—}CH\text{—}CHO} \xrightarrow{Br_2+H_2O} \underset{\text{葡萄糖酸}}{\begin{array}{c}COOH\\(CHOH)_4\\CH_2OH\end{array}}$$

$$\underset{\text{葡萄糖}}{CH_2\text{—}CH\text{—}CH\text{—}CH\text{—}CH\text{—}CHO} \xrightarrow{HNO_3} \underset{\text{葡萄糖二酸}}{\begin{array}{c}COOH\\(CHOH)_4\\COOH\end{array}}$$

$$\underset{\text{葡萄糖}}{CH_2\text{—}CH\text{—}CH\text{—}CH\text{—}CH\text{—}CHO} \xrightarrow{H_2/Ni} \underset{\text{山梨醇}}{\begin{array}{c}CH_2OH\\(CHOH)_4\\CH_2OH\end{array}} \xrightarrow{HI} \underset{\text{正己烷}}{\begin{array}{c}CH_3\\(CH_2)_4\\CH_3\end{array}}$$

$$\underset{\text{葡萄糖}}{CH_2\text{—}CH\text{—}CH\text{—}CH\text{—}CH\text{—}CHO} \xrightarrow{HCN} \begin{array}{c}CN\\CHOH\\(CHOH)_4\\CH_2OH\end{array}$$

$$\underset{\text{葡萄糖}}{CH_2\text{—}CH\text{—}CH\text{—}CH\text{—}CH\text{—}CHO} \xrightarrow{NH_2OH} \underset{\text{葡萄糖肟}}{\begin{array}{c}CH=NOH\\(CHOH)_4\\CH_2OH\end{array}}$$

$$\underset{\text{葡萄糖}}{CH_2\text{—}CH\text{—}CH\text{—}CH\text{—}CH\text{—}CHO} \xrightarrow[\text{吐伦试剂}]{Ag(NH_3)_3^+} Ag\downarrow + \text{氧化产物}$$

上述化学性质在确定单糖的化学结构研究中起着重要的作用。例如：醛糖与氢氰酸加成后，再经水解、还原等步骤，就可以把一种醛糖转变为另一种碳链更长的醛糖（Kilani-Fischer 法）：

$$\begin{array}{c}\text{CHO} \\ \text{HO}-\text{H} \\ \text{H}-\text{OH} \\ \text{H}-\text{OH} \\ \text{CH}_2\text{OH}\end{array} \xrightarrow{\text{HCN}} \begin{array}{c}\text{CN} \\ \text{H}-\text{OH} \\ \text{HO}-\text{H} \\ \text{H}-\text{OH} \\ \text{H}-\text{OH} \\ \text{CH}_2\text{OH}\end{array} \xrightarrow[\text{H}^+]{\text{H}_2\text{O}} \begin{array}{c}\text{COOH} \\ \text{H}-\text{OH} \\ \text{HO}-\text{H} \\ \text{H}-\text{OH} \\ \text{H}-\text{OH} \\ \text{CH}_2\text{OH}\end{array} \xrightarrow[\text{pH}3\sim5]{\text{Na(Hg)}} \begin{array}{c}\text{CHO} \\ \text{H}-\text{OH} \\ \text{HO}-\text{H} \\ \text{H}-\text{OH} \\ \text{H}-\text{OH} \\ \text{CH}_2\text{OH}\end{array}$$

（一）-阿拉伯糖 　　　　　　　　　　　　　　　　　　　　（＋）-葡萄糖

$$\begin{array}{c}\text{CHO} \\ \text{HO}-\text{H} \\ \text{H}-\text{OH} \\ \text{H}-\text{OH} \\ \text{CH}_2\text{OH}\end{array} \xrightarrow{\text{HCN}} \begin{array}{c}\text{CN} \\ \text{HO}-\text{H} \\ \text{HO}-\text{H} \\ \text{H}-\text{OH} \\ \text{H}-\text{OH} \\ \text{CH}_2\text{OH}\end{array} \xrightarrow[\text{H}^+]{\text{H}_2\text{O}} \begin{array}{c}\text{COOH} \\ \text{HO}-\text{H} \\ \text{HO}-\text{H} \\ \text{H}-\text{OH} \\ \text{H}-\text{OH} \\ \text{CH}_2\text{OH}\end{array} \xrightarrow[\text{pH}3\sim5]{\text{Na(Hg)}} \begin{array}{c}\text{CHO} \\ \text{HO}-\text{H} \\ \text{HO}-\text{H} \\ \text{H}-\text{OH} \\ \text{H}-\text{OH} \\ \text{CH}_2\text{OH}\end{array}$$

（一）-阿拉伯糖 　　　　　　　　　　　　　　　　　　　　（＋）-甘露糖

如果要使一种醛糖转变为少一个碳原子的另一种醛糖，也有许多方法。例如让醛糖先与溴水发生氧化，再分别与碳酸钙、过氧化氢等试剂反应，就可以获得少一个碳原子的醛糖（Ruff 降解法）：

$$\begin{array}{c}\text{CHO} \\ \text{H}-\text{OH} \\ \text{HO}-\text{H} \\ \text{H}-\text{OH} \\ \text{H}-\text{OH} \\ \text{CH}_2\text{OH}\end{array} \xrightarrow{\text{Br, H}_2\text{O}} \begin{array}{c}\text{COOH} \\ \text{H}-\text{OH} \\ \text{HO}-\text{H} \\ \text{H}-\text{OH} \\ \text{H}-\text{OH} \\ \text{CH}_2\text{OH}\end{array} \xrightarrow{\text{CaCO}_3} \begin{array}{c}\text{COO}^-\cdot\frac{1}{2}\text{Ca}^{2+} \\ \text{H}-\text{OH} \\ \text{HO}-\text{H} \\ \text{H}-\text{OH} \\ \text{H}-\text{OH} \\ \text{CH}_2\text{OH}\end{array} \xrightarrow{\text{H}_2\text{O}_2,\ \text{Fe}^{3+}} \begin{array}{c}\text{CHO} \\ \text{HO}-\text{H} \\ \text{H}-\text{OH} \\ \text{H}-\text{OH} \\ \text{CH}_2\text{OH}\end{array}$$

（＋）-葡萄糖 　　　　　　　　　　　　　　　　　　　　（一）-阿拉伯糖

若使醛糖与羟氨反应生成肟，经脱水后再与银氨配合物反应也可以得到少一个碳原子的醛糖（Wohl 降解法）：

$$\begin{array}{c}\text{CHO} \\ \text{H}-\text{OH} \\ \text{HO}-\text{H} \\ \text{H}-\text{OH} \\ \text{H}-\text{OH} \\ \text{CH}_2\text{OH}\end{array} \xrightarrow{\text{NH}_2\text{OH}} \begin{array}{c}\text{CH}=\text{NOH} \\ \text{H}-\text{OH} \\ \text{HO}-\text{H} \\ \text{H}-\text{OH} \\ \text{H}-\text{OH} \\ \text{CH}_2\text{OH}\end{array} \xrightarrow{-\text{H}_2\text{O}} \begin{array}{c}\text{CN} \\ \text{H}-\text{OH} \\ \text{HO}-\text{H} \\ \text{H}-\text{OH} \\ \text{H}-\text{OH} \\ \text{CH}_2\text{OH}\end{array} \xrightarrow{\text{Ag(NH}_2)_2^+} \begin{array}{c}\text{CHO} \\ \text{HO}-\text{H} \\ \text{H}-\text{OH} \\ \text{H}-\text{OH} \\ \text{CH}_2\text{OH}\end{array}$$

（＋）-葡萄糖 　　　　　　　　　　　　　　　　　　　　（一）-阿拉伯糖

　　显然，通过上述降解反应可以证明（＋）-葡萄糖分子中，除去醛基以及与其相邻的碳原子外，剩余部分的构型和（一）-阿拉伯糖的构型完全一致。反之亦然，通过链增长法将已知构型的醛糖转变为多一个碳的醛糖，从而证明它们之间公共部分的构型。

13.1.2 单糖的开链结构及构型

　　虽然我们现在对于许多单糖的分子结构十分清楚，但在碳水化合物的研究初期，正确地认识它们却不是一件容易的事。不过人们还是用最基本的化学方法证明了一系列单糖的结构为开链结构。以葡萄糖为例，由元素分析和相对分子质量测定证实葡萄糖的分子式为 $C_6H_{12}O_6$；葡萄糖分子经加氢还原可得己六醇，用碘化氢作进一步还原得到正己烷。由于反应中没有涉及碳碳链断裂，这就足以说明葡萄糖的碳链结构为开链结构：

$$C_6H_{12}O_6 \xrightarrow{\text{Ni/H}_2} \begin{array}{c}\text{CH}_2-\text{CH}-\text{CH}-\text{CH}-\text{CH}-\text{CH}_2 \\ |\quad\ |\quad\ |\quad\ |\quad\ |\quad\ | \\ \text{OH}\ \ \text{OH}\ \ \text{OH}\ \ \text{OH}\ \ \text{OH}\ \ \text{OH}\end{array} \xrightarrow{\text{HI}} \text{CH}_3-\text{CH}_2-\text{CH}_2-\text{CH}_2-\text{CH}_2-\text{CH}_3$$

己六醇 　　　　　　　　　　　　　　　　　　　　　　正己烷

用同样的化学方法也可以证明果糖也是开链结构：

$$CH_2-CH-CH-CH-C-CH_2 \xrightarrow{Ni/H_2}$$
$$\quad\;\; | \quad\;\; | \quad\;\; | \quad\;\; | \quad | \quad\; |$$
$$\quad\;\; OH \quad OH \quad OH \quad OH \quad O \quad OH$$

$$CH_2-CH-CH-CH-CH-CH_2 \xrightarrow{HI} CH_3-CH_2-CH_2-CH_2-CH_2-CH_3$$
$$\quad\;\; | \quad\;\; | \quad\;\; | \quad\;\; | \quad\;\; | \quad\; |$$
$$\quad\;\; OH \quad OH \quad OH \quad OH \quad OH \quad OH$$

那么，如何证明果糖是一种酮糖，而不是醛糖呢？通过下面一系列的化学反应就可以得出结论，而且还能确定酮糖中羰基的确切位置：

$$\begin{array}{cccc}
CH_2OH & CH_2OH & CH_2OH & CH_3 \\
| & | & | & | \\
C=O & C(OH)CN & C(OH)COOH & CHCOOH \\
| & | & | & | \\
CHOH & CHOH & CHOH & CH_2 \\
| & \xrightarrow[加成]{HCN} & | & \xrightarrow{水解} & | & \xrightarrow{HI 还原} & | \\
CHOH & CHOH & CHOH & CH_2 \\
| & | & | & | \\
CHOH & CHOH & CHOH & CH_2 \\
| & | & | & | \\
CH_2OH & CH_2OH & CH_2OH & CH_3
\end{array}$$

果糖　　　　　　氰醇　　　　　　羟基酸　　　　　2-甲基己酸

由此可知，果糖中的羰基在第 2 位，即 2-己糖。

与酮不同，酮糖能同时与 Fehling 试剂和 Tollens 试剂反应，因为醛糖和酮糖在稀碱作用下能互变重排：

$$\begin{array}{ccc}
CHO & CH-OH & CH_2OH \\
| & \| & | \\
CHOH & \rightleftharpoons & C-OH & \rightleftharpoons & C=O
\end{array}$$

醛糖　　　　　　烯二醇　　　　　　酮糖

这种能还原 Fehling 试剂或 Tollens 试剂的糖称作还原糖。

无论己醛糖还是己酮糖，都含有若干个手性碳原子，这就产生了数量可观的不同立体异构体。

甘油醛具有光学异构现象，它是一种最简单的碳水化合物——丙醛糖。以甘油醛作起始原料，采用 Kliani-Fischer 碳链增长法可以获得许多其他碳水化合物。

$$\begin{array}{cc}
CHO & CHO \\
H\!-\!\!-\!OH & HO\!-\!\!-\!H \\
CH_2OH & CH_2OH
\end{array}$$

D-甘油醛　　　　　　L-甘油醛

通常以碳水化合物中离羰基最远的手性碳原子作为比较对象，和甘油醛相对比，如果构型与 D-甘油醛一致，就称为 D 型糖，如果与 L-甘油醛一致，就称为 L 型糖。

D-甘油醛　　　D-醛糖　　　D-酮糖　　　L-甘油醛　　　L-醛糖　　　L-酮糖

己醛糖共有 16 个旋光异构体，其中 D 型和 L 型各有 8 个。这些己醛糖多数是由人工合成而得，只有 D-(＋)-葡萄糖、D-(＋)-甘露糖和 D-(＋)-半乳糖存在于自然界中。

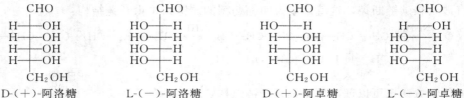

D-(＋)-阿洛糖　　　L-(－)-阿洛糖　　　D-(＋)-阿卓糖　　　L-(－)-阿卓糖

D-(＋)-葡萄糖   L-(－)-葡萄糖   D-(－)-古罗糖   L-(＋)-古罗糖

D-(＋)-甘露糖   L-(－)-甘露糖   D-(－)-艾杜糖   L-(＋)-艾杜糖

D-(＋)-半乳糖   L-(－)-半乳糖   D-(＋)-塔罗糖   L-(－)-塔罗糖

例题 13.1 用 R/S 命名法标出 D-葡萄糖、D-甘露糖、D-半乳糖中各手性碳原子的构型。

13.1.3 单糖的环状结构

通过对葡萄糖性质的研究，人们推导出它的开链结构。但是，与此同时，人们也发现一些与其开链结构相矛盾的事实。例如，一般 D-(＋)-葡萄糖结晶（熔点为 146℃）刚溶解于水中时，其旋光度为＋112°。若将溶液放置一段时间后，比旋光度会逐渐下降直至＋52.7°。若将熔点为 150℃的 D-(＋)-葡萄糖结晶（在高于 98℃温度条件下结晶而得）溶于水中，其比旋光度初测值为＋19°，随着放置时间的延长，其比旋光度会逐渐上升直至＋52.7°。葡萄糖的比旋光会发生变化的现象，称为变旋光现象。

如何解释葡萄糖的变旋光现象呢？从葡萄糖的开链结构上是无法找到答案的。人们根据醛可以和醇生成缩醛或半缩醛的性质，设想到葡萄糖分子中的醛基和羟基会不会在分子内形成半缩醛呢？后来的研究表明，事实正是如此。D-葡萄糖的醛基与 C^5 上的羟基作用形成六元环状半缩醛：

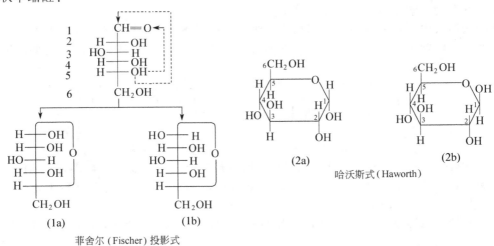

(1a)   (1b)

菲舍尔 (Fischer) 投影式

(2a)   (2b)

哈沃斯式 (Haworth)

D-葡萄糖的环状结构表达式常见的有两种：菲舍尔投影式（1a、1b）和哈沃斯式（2a、2b），比较而言，后者使用得更为普遍一些。

当醛基与 C^5 上的羟基缩合时，分子中又多出了一个手性碳原子。这时在 C^1 上出现的半缩醛羟基（也称苷羟基）就有两种取向。当 C^1 上的苷羟基朝下时（见 2a 式），称作 α-D-葡萄糖；当苷羟基朝上时（见 2b 式），称作 β-D-葡萄糖。α-D-葡萄糖和 β-D-葡萄糖是非对映异构体，它们之间的差异在于 C^1 的构型。这样的一对非对映异构体称为异头物（也称为端基差向异构体），C^1 则称作异头碳。

由于半缩醛易发生水解，因而 α- 和 β-D-葡萄糖在水溶液中都会因水解而开环，再经开链式又转变为同时包含 α- 和 β-环状异构体的平衡混合物。这就产生了变旋光现象。

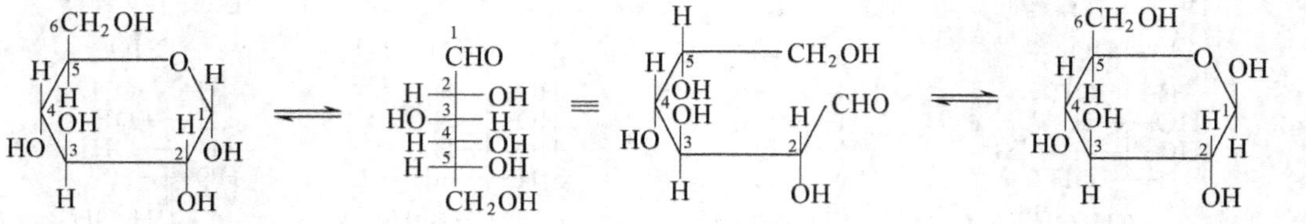

事实上，除了葡萄糖外其他单糖也有变旋光现象。例如，D-果糖在溶液中也有 α- 和 β- 两种构型，不同之处在于它是一个五元环结构：

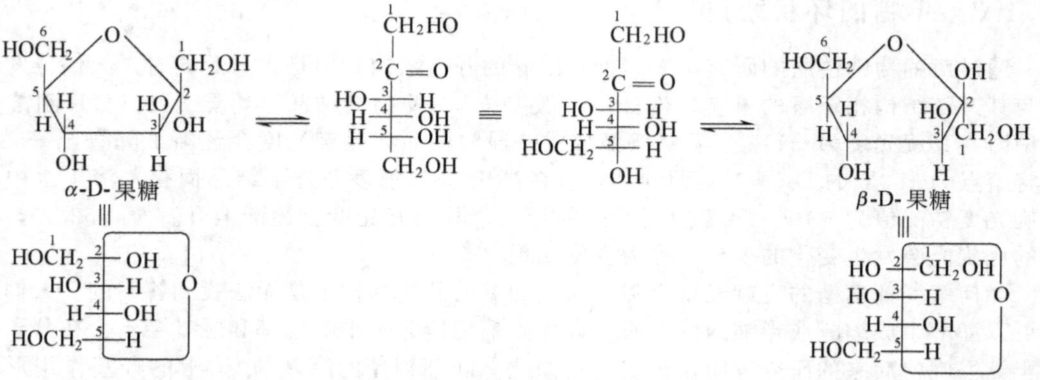

α-D- 果糖　　　　　　　　　　　　　　　　　　　　β-D- 果糖

由于单糖的五元环状结构和呋喃类似，六元环状结构和吡喃类似，因而五元环和六元环单糖又分别称为呋喃型单糖和吡喃型单糖。

在哈沃斯式中，吡喃糖的六元环和呋喃糖中的五元环都是在一个平面上。然而。X 射线分析证实，呋喃糖中的五元环是在一个平面上，而吡喃糖的六元环与环己烷类似，呈椅式构象。

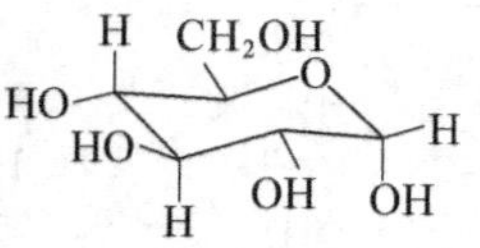

α-D- 吡喃葡萄糖 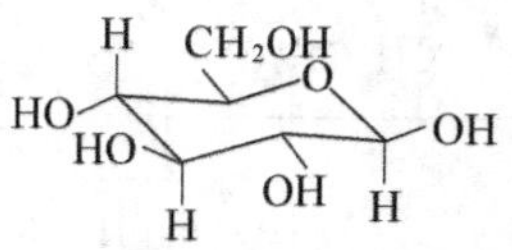　　　　　　　　　β-D- 吡喃葡萄糖

由上式可知，β-D-吡喃葡萄糖的六元环上所有羟基全处于 e 键，因而其构象要比 α-D-吡喃葡萄糖稳定。事实上，在 D-吡喃葡萄糖水溶液中，β-D-吡喃葡萄糖含量要比 α-D-吡喃葡萄糖的高（64∶36），原因就在于此。

苷羟基较其他羟基活泼，可以和醇等亲核试剂发生亲核取代反应，生成糖苷（glyco-side）。

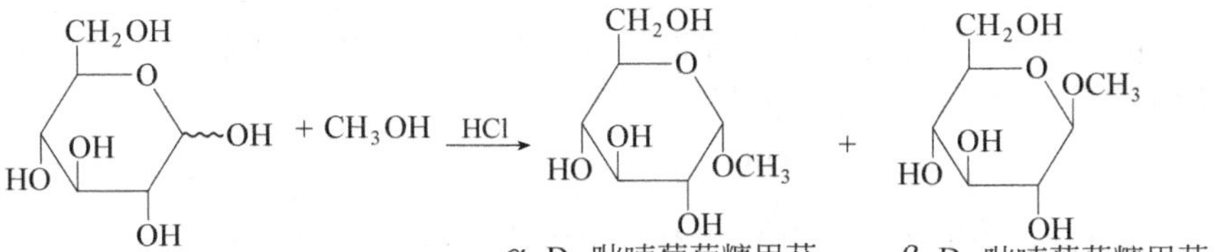

α-D-吡喃葡萄糖甲苷　　　　β-D-吡喃葡萄糖甲苷

例题 13.2　写出 β-D-吡喃阿洛糖、α-D-吡喃古罗糖、α-L-吡喃葡萄糖较稳定的构象式。

例题 13.3　写出核糖与下列试剂作用的反应产物。

（1）甲醇，HCl　　　（2）适量苯肼　　　（3）过量苯肼　　　（4）溴水

（5）硼氢化钠　　　（6）苯甲酰氯　　　（7）HCN，水解

13.1.4　低聚糖

由几个单糖结合而成的分子称为低聚糖。二糖（disaccharides）是较重要的低聚糖，它是由一个单糖分子的苷羟基和另一单糖分子的醇羟基或苷羟基之间脱水缩合而成。例如麦芽糖（maltose）就是一种二糖，它是由两个相同的单糖构成的，即由一个葡萄糖分子的 α-苷羟基与另一葡萄糖分子的 C^4 上的羟基之间脱水缩合而成：

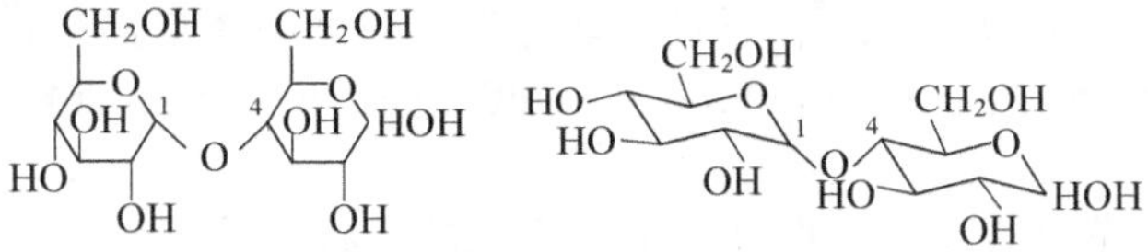

麦芽糖

4-O-（α-D-吡喃葡萄糖基）-β-D-吡喃葡萄糖苷

连接两个单糖之间的 C—O—C 键称为糖苷键（麦芽糖的苷键也称为 1,4 苷键）。由单糖的苷羟基转化而来的衍生物称作糖苷，因此麦芽糖也称 4-O-（α-D-吡喃葡萄糖基）-β-D-吡喃葡萄糖苷。糖苷像缩醛一样，在酸性条件下易水解，一分子麦芽糖水解后可得到两分子 D-葡萄糖。

由于麦芽糖含有苷羟基，为还原糖。它能还原 Tollen 试剂、Fehling 试剂，也能成脎。麦芽糖在水溶液中也会如单糖一样发生开环，进而又闭环的变化，从而产生 α-麦芽糖和 β-麦芽糖。因此，麦芽糖也有变旋光现象。

蔗糖（sucrose）也是一种二糖，它是由两种不同的单糖构成的，即由一分子 α-D-葡萄糖的苷羟基和一分子 β-D-果糖的苷羟基之间脱水缩合而成。

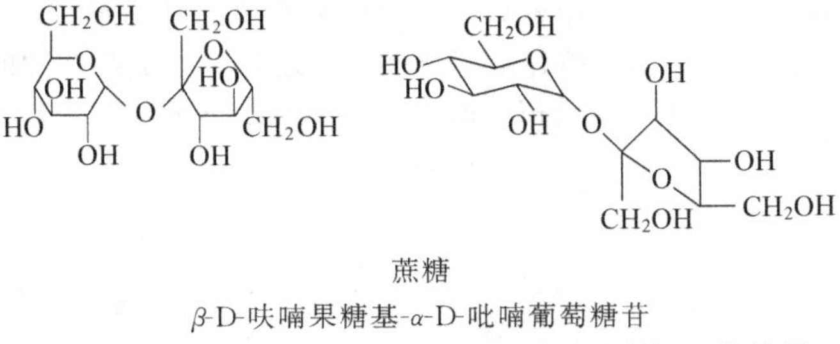

蔗糖

β-D-呋喃果糖基-α-D-吡喃葡萄糖苷

显然，由于蔗糖分子中没有苷羟基，因此它不具有还原性，蔗糖属于非还原糖。由于同样原因，蔗糖在水溶液中不会出现开环变旋光现象。蔗糖的比旋光度为 $[\alpha]_D +66°$，在稀酸中会发生水解，产生等量的 D-（+）-葡萄糖（$[\alpha]_D + 52.6°$）和 D-（−）-果糖（$[\alpha]_D -92.4°$）。在这个水解过程中，蔗糖水溶液的旋光符号会产生由正到负的变化，因而蔗糖的水解产物被称作转化糖。

纤维二糖（cellobiose）也是二糖，它是由纤维素经部分水解而产生。和麦芽糖一样，纤维二糖也是由两分子 D-葡萄糖 1,4 苷键构成，具有苷羟基，属于还原糖，所不同的是麦芽糖为 α-葡萄糖苷，而纤维二糖为 β-葡萄糖苷：

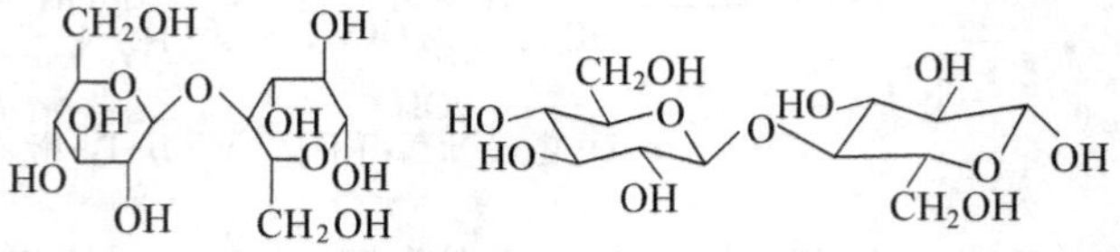

β-纤维二糖

4-O-(β-D-吡喃葡萄糖基)-β-D-吡喃葡萄糖苷

13.1.5　多糖

多糖（polysaccharides）是由许许多多个单糖通过苷键相互键合而成的天然高聚物，它广泛存在于自然界。例如，淀粉和纤维素就是与人类生活息息相关的几种多糖。虽然从结构上来看，多糖和二糖一样都是以苷键键合而成，但是由于多糖的分子量大（常常是由几百乃至数千个单糖聚合而成的大分子），这就产生了从量变到质变的差异。例如，一般多糖无还原性、无变旋光现象，并且多数不易溶于水。

（1）淀粉　淀粉（starch）是一种白色不定型固体，它是植物的养料贮备形式。多见于植物的根部或种子中，尤以米、麦、土豆、红薯等农作物中含量最丰富。通常，淀粉是由直链淀粉（amylose）和支链淀粉（amylopectin）两部分构成，其中直链淀粉约占 20%，支链淀粉约占 80%。

直链淀粉是由葡萄糖以 α-1,4-糖苷键结合而成的键状大分子：

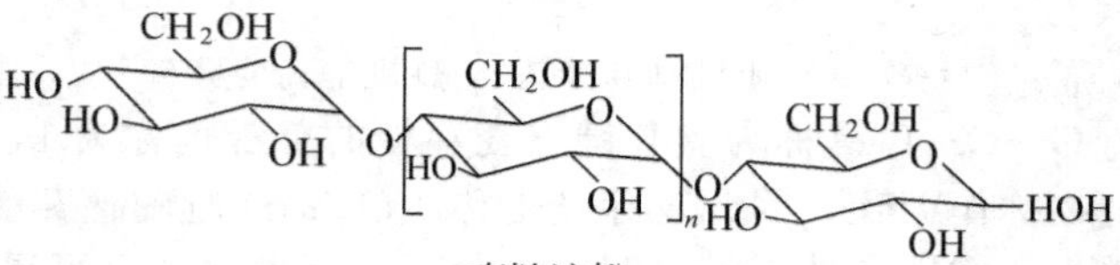

直链淀粉

其平均聚合度 n 约为 200～300。从结构上来看，直链淀粉分子中虽然含有半缩醛羟基，但在整个大分子中所占的比例太小。另外直链淀粉的分子结构并不是几何概念上的直线形，而是因卷曲而呈螺旋状结构。这种紧密堆积的螺旋状结构不利于水分子的接近，故直链淀粉的水溶性不大。螺旋结构每盘旋一周约含六个葡萄糖单元，由此所形成的孔穴空间正好能容纳碘分子，从而生成蓝色的复合物。

和直链淀粉不同，支链淀粉是由数以千计的葡萄糖单元聚合而成。在支链淀粉分子结构中，许多葡萄糖单元除了以 α-1,4-糖苷键相连接外，还有 α-1,6-糖苷键的连接方式，这就导致了支链的出现，分子中有许多暴露在外的羟基，易与水形成氢键，比直链淀粉易溶于水

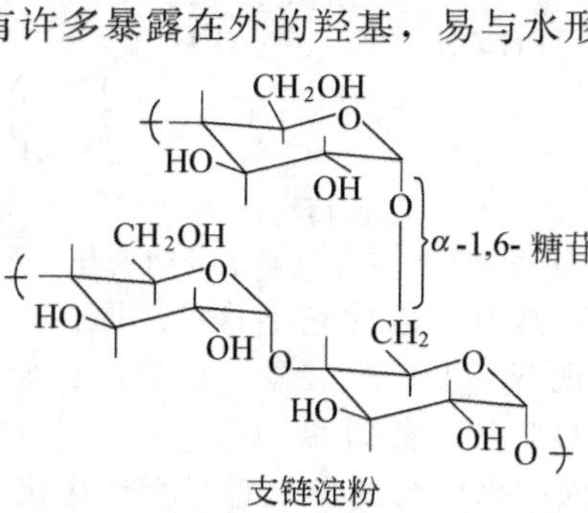

α-1,6- 糖苷键分支

支链淀粉

（2）纤维素　纤维素是木材等各种植物纤维的主要成分。一般植物茎、叶中纤维素含量

约为 15％，木材约含 50％，而棉花几乎是纯的纤维素。

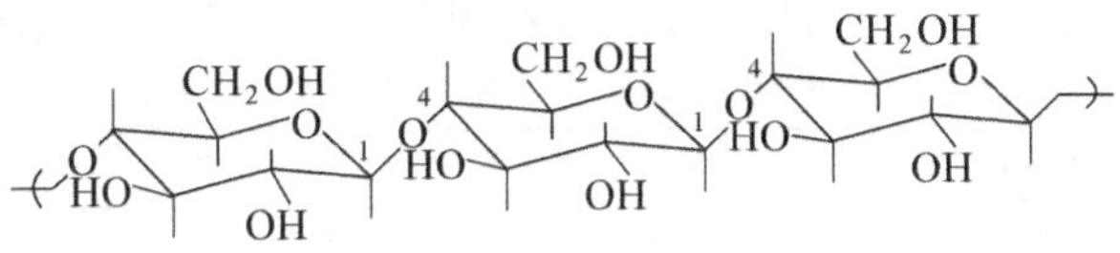

纤维素

　　纤维素无色、无味、不溶于水。它在酸性溶液中会发生水解生成纤维二糖或 D-葡萄糖。虽然纤维素和淀粉一样，它们的基本结构单元都是 D-葡萄糖，但是在纤维素分子中，各 D-葡萄糖之间都是以 β-1,4-糖苷键相键合，它不能为淀粉酶所水解。因此，人们不能以纤维素作为自己的能量物质，但纤维素具有促使肠子蠕动等重要作用。有趣的是在食草类动物体内却含有专门水解 β-1,4-糖苷键的酶，因而这类动物能以纤维素为食物。

　　从纤维素的分子结构来看，在每个结构单元——葡萄糖基上都含有三个自由的羟基。这些羟基和醇一样，与酸作用可以生成酯。纤维素的这种性质，在工业上极具应用价值。例如，纤维素在混酸（硝酸和硫酸）中进行硝化可以获得硝酸纤维酯（也称硝化纤维）。接近完全硝化的纤维素称为三硝基纤维素（即每个葡萄糖单元上有三个硝基），俗称火棉，容易燃烧甚至爆炸，常用于制造无烟火药。硝化程度较低的纤维素称为胶棉，每个葡萄糖单元含 2～3 个硝基，可以用于制造像赛璐珞类的塑料，但是这类塑料极易着火，而且在燃烧时会产生各种氧化氮类有毒气体。

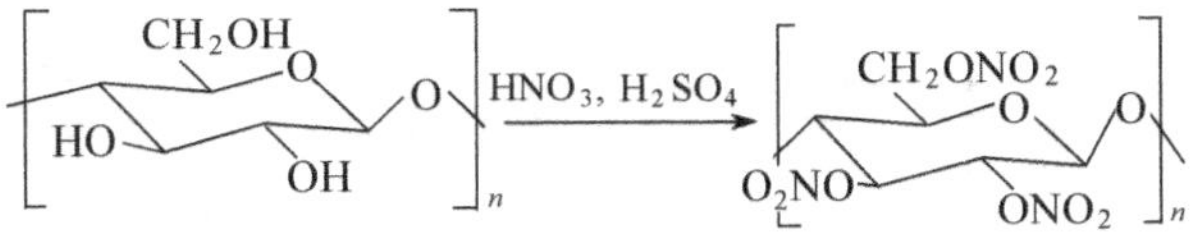

纤维素　　　　　　　　　三硝基纤维素

　　如果让纤维素与醋酐在酸性介质进行反应，就会生成乙酸纤维素，俗称醋酸纤维。相对来说，醋酸纤维要比硝酸纤维安全一些。因此，在电影胶片制造中，多以醋酸纤维作原料。

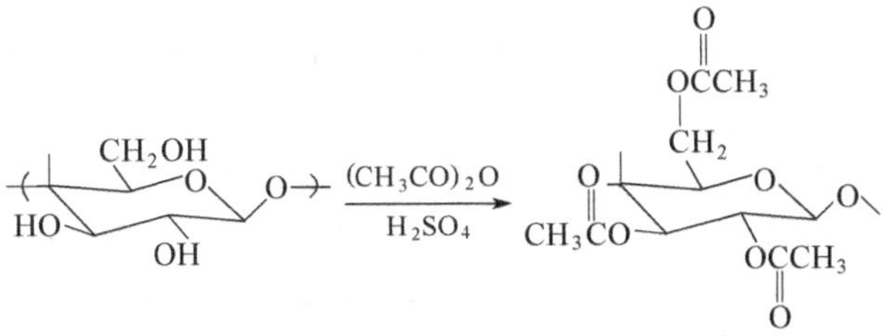

纤维素　　　　　　　　　纤维素三醋酸酯

13.2　氨基酸和蛋白质

　　蛋白质是一切生命的表现形式，它是构成所有动、植物组织的基本材料，例如肌肉、毛发、血红蛋白以及激素等都是由不同的蛋白质组成。从化学组成上来看，蛋白质主要是由氨基酸组成的。

13.2.1　氨基酸

　　分子中既有氨基又有羧基的化合物称作氨基酸（amino acids），构成蛋白质的氨基酸主要是 α-氨基酸。自然界中存在的 α-氨基酸有一百多种，但能构成蛋白质的氨基酸只有 20 多种（见表 13.1），其中有些氨基酸不能为人体所合成，必须通过食物摄取。如果人体缺乏这类氨基酸，就会产生某些疾病。因此，这类氨基酸被称为"必需氨基酸"。

表 13.1　由各种蛋白质水解所得到的 α-氨基酸

α-氨基酸的结构	名　称	简　写
$\overset{NH_2}{CH_2COOH}$	甘氨酸	甘（Gly）
$CH_3-\overset{NH_2}{CHCOOH}$	丙氨酸	丙（Ala）
$CH_3\overset{CH_3}{CH}-\overset{NH_2}{CHCOOH}$	缬氨酸*	缬（Val）
$CH_3\overset{CH_3}{CH}CH_2-\overset{NH_2}{CHCOOH}$	亮氨酸*	亮（Leu）
$CH_3CH_2\overset{CH_3}{CH}-\overset{NH_2}{CHCOOH}$	异亮氨酸*	异（ILe）
$CH_3SCH_2CH_2-\overset{NH_2}{CHCOOH}$	蛋氨酸*	蛋（Met）
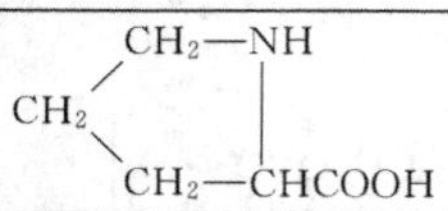 $\overset{CH_2-NH}{\underset{CH_2-CHCOOH}{CH_2}}$	脯氨酸	脯（Pro）
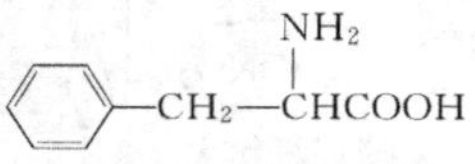 $\bigcirc-CH_2-\overset{NH_2}{CHCOOH}$	苯丙氨酸*	苯丙（Phe）
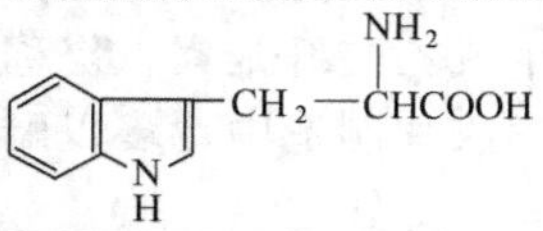 $\overset{NH_2}{CH_2-CHCOOH}$ (吲哚环)	色氨酸*	色（Trp）
$HO-CH_2-\overset{NH_2}{CHCOOH}$	丝氨酸	丝（Ser）
$CH_3\overset{OH}{CH}-\overset{NH_2}{CHCOOH}$	苏氨酸*	苏（Thr）
$HS-CH_2-\overset{NH_2}{CHCOOH}$	半胱氨酸	半胱（Cys）
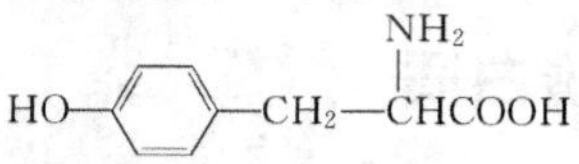 $HO-\bigcirc-CH_2-\overset{NH_2}{CHCOOH}$	酪氨酸	酪（Tyr）
$H_2N-COCH_2-\overset{NH_2}{CHCOOH}$	天门冬酰胺	天冬 NH_2（Asn）
$H_2NCOCH_2CH_2-\overset{NH_2}{CHCOOH}$	谷酰胺	谷 NH_2（Gln）
$HOOC-CH_2-\overset{NH_2}{CHCOOH}$	天门冬氨酸	天冬（Asp）

续表

α-氨基酸的结构	名　称	简　写
$\overset{\displaystyle NH_2}{HOOC-CH_2CH_2-\underset{}{CHCOOH}}$	谷氨酸	谷（Glu）
$\overset{\displaystyle NH_2}{H_2NCH_2CH_2CH_2CH_2-\underset{}{CHCOOH}}$	赖氨酸*	赖（Lys）
$\overset{\displaystyle NH}{H_2N-\overset{}{C}-NH-CH_2CH_2CH_2-\overset{\displaystyle NH_2}{CHCOOH}}$	精氨酸	精（Arg）
咪唑环—$\overset{\displaystyle NH_2}{CH_2-CHCOOH}$	组氨酸	组（His）

注：带 * 者为必需氨基酸。

天然氨基酸多以俗名命名。例如，最初从蚕丝中获得的氨基酸称为丝氨酸；一种略具甜味的氨基酸叫作甘氨酸。除了甘氨酸外，一般 α-氨基酸都含有手性碳原子，其构型的标示同糖一样，通常采用 D/L 体系。有趣的是，这些 α-氨基酸分子中的 α 碳原子的构型都与 L-甘油醛相同，同属 L 型。若以 R/S 构型命名，大多数氨基酸为 S 构型。

（1）氨基酸的性质

a. 酸碱性和等电点　由于氨基酸分子含有氨基和羧基，因而它既具有氨基的性质，也具有羧酸的性质。例如：

$$\text{（成盐）}R\!-\!\underset{NH_3^+}{CHCOOH} \xleftarrow{\ H^+\ } \underset{NH_2}{RCHCOOH} \xrightarrow{\ OH^-\ } \underset{NH_2}{RCHCOO^-}\text{（成盐）}$$

$$R\!-\!\underset{OH}{CHCOOH} \xleftarrow{\ HNO_2\ } \underset{NH_2}{RCHCOOH} \xrightarrow{\ CH_3OH,\ H^-\ } \underset{NH_2}{RCHCOOCH_3}\text{（酯化）}$$

$$R\!-\!\underset{NHCOCH_3}{CHCOOH} \xleftarrow{\ (CH_2CO)_2O\ } \underset{NH_2}{RCHCOOH} \xrightarrow{\ R'NH_2\ } \underset{NH_2}{RCHCONHR'}\text{（酰胺化）}$$

此外，由于氨基酸同时含有碱性基团和酸性基团，这两类不同性质的基团相互作用，使氨基酸表现出一些独特的性质。例如，在固态时，氨基酸是以内盐（zwitterion）的形式存在，确切地说，氨基酸的晶体应以偶极离子的形式来描述：

$$R\!-\!\underset{NH_3^+}{CHCOO^-}$$

偶极离子（也称内盐）

因此，氨基酸通常具有较高的熔点，易溶于水而不溶于乙醚。在水溶液中氨基酸具有两性离子的性质，它既可以与 H^+ 结合生成正离子，又可以失去 H^+ 形成负离子：

$$\underset{NH_2}{RCHCOO^-} \underset{OH^-}{\overset{H^+}{\rightleftharpoons}} \underset{NH_3^+}{RCHCOO^-} \underset{OH^-}{\overset{H^+}{\rightleftharpoons}} \underset{NH_3^+}{RCHCOOH}$$

负离子　　　　　偶极离子　　　　　正离子

需要指出的是，氨基酸分子中羧基质子的离解力与氨基接受质子的能力并不一定相等，这就导致其水溶液中氨基酸的正离子、负离子与偶极离子含量不均衡。不过，如果用酸或碱来调节氨基酸水溶液的 pH 值，总可以使正离子和负离子的数量正好相等，这时的偶极离子，在电场中既不会向阳极移动，也不会朝阴极移动。也就是说，溶液处于电中性状态，这时溶液的 pH 值称为氨基酸的等电点（isoelectric point，简记为 pI）。

不同的氨基酸因结构不同，其等电点也不相同。换言之，氨基酸的等电点不是中性点。氨基酸处于等电点时溶解度最小。

这一性质可用来分离氨基酸。例如，对于含有多种氨基酸的混合溶液，只要将溶液的 pH 值调至某一氨基酸的等电点，该氨基酸就会析出来。通常，当氨基酸在纯水中显酸性时，表明其羧基离解度较大，应加入适量的酸以抑制羧基的离解，从而调至其等电点；反之亦然，如果氨基酸的水溶液呈碱性，只要加入适量的碱，就可以将其溶液调至等电点。

b. 和水合茚三酮的反应　除了仲胺结构的脯氨酸和羟脯氨酸与水合茚三酮反应显黄色外，其他 α-氨基酸的水溶液和水合茚三酮反应，会生成蓝紫色产物。该性质可以用来检验 α-氨基酸，十分灵验。反应式如下：

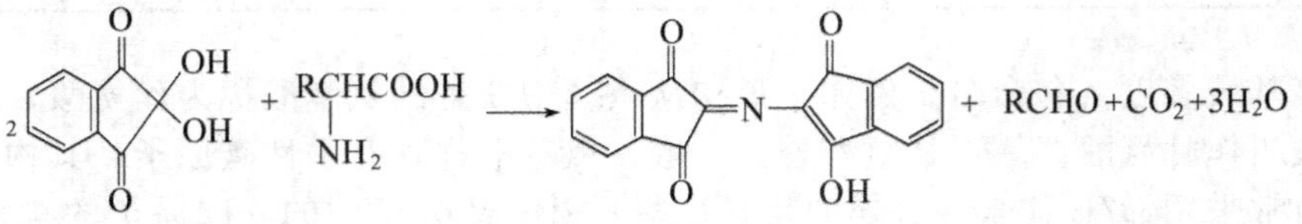

水合茚三酮　　　　　　　　　　蓝紫色产物

根据上述反应中 CO_2 的生成量或对蓝紫色溶液的比色测定，就可以对氨基酸作定量分析。

c. 氨基酸的热分解反应　与羟基酸的性质类似，氨基酸受热后会发生消除或缩合反应。根据氨基与羧基的相对位置的差异，氨基酸受热后的产物也不一样。例如，α-氨基酸受热后，发生分子间脱水反应，生成交酰胺，β-氨基酸受热后，发生消除反应，脱去一分子氨生成 α,β-不饱和羧酸；γ 或 δ-氨基酸受热后，会发生分子内脱水反应，生成环状的内酰胺；当氨基离羧基更远时，受热后会产生由许多分子缩合而成的聚酰胺。

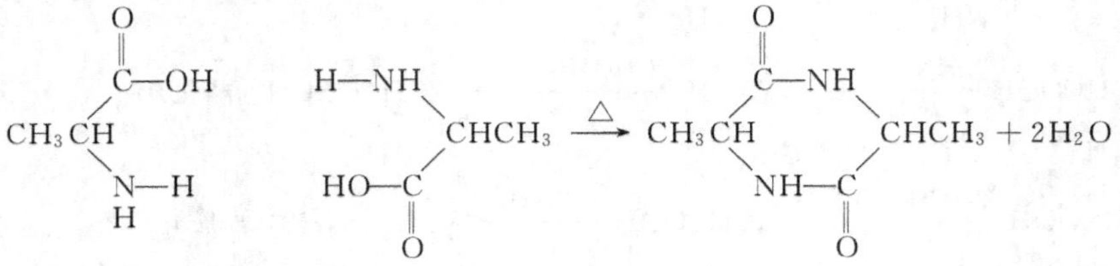

α-氨基酸　　　　　　　　　　　　　　　交酰胺

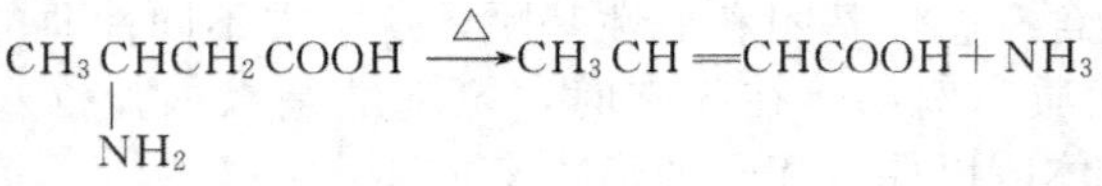

$$CH_3CHCH_2COOH \xrightarrow{\triangle} CH_3CH=CHCOOH + NH_3$$
$$\overset{|}{NH_2}$$

β-氨基酸　　　　　　　　　　α,β-不饱和酸

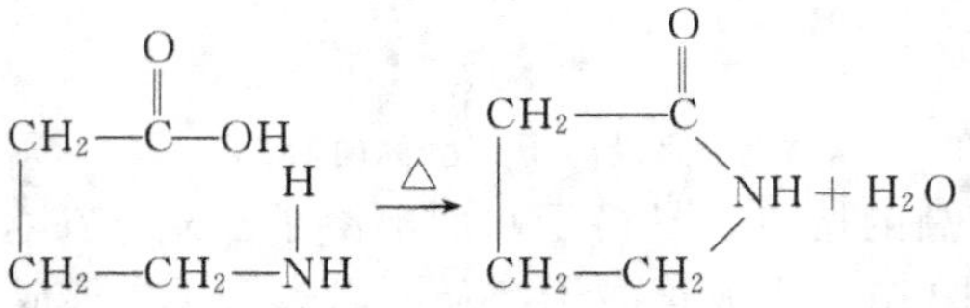

γ-氨基酸　　　　　　　　　　γ-内酰胺

$$nNH_2(CH_2)_6COOH \xrightarrow{\triangle} NH_2(CH_2)_6CO\text{-}[NH(CH_2)_6CO]_{n-2}NH(CH_2)_6COOH + (n-1)H_2O$$

ω-氨基酸　　　　　　　　　　聚酰胺

例题 13.4　写出丙氨酸与下列化合物反应的产物。

（1）浓盐酸　　　　（2）NaOH 溶液　　　　（3）$(CH_3CO)_2O$　　　　（4）CH_3CH_2OH/H^+

(2) 氨基酸的制备

氨基酸是构成蛋白质的基本单元，由蛋白质经水解并分离制备氨基酸是最直接也是最古老的一种方法。例如由毛发水解制胱氨酸。微生物发酵法也是制备氨基酸的一种重要方法。例如由微生物发酵糖类制谷氨酸（味精）。微生物发酵法最显著的优点就是由该法生产出来的氨基酸都是具有生物活性的 L-型氨基酸。不过，无论传统的制备方法有多少优点，若要大量廉价地制取氨基酸就需要采用化学合成的方法。

同时含有氨基和羧基是氨基酸的结构特征，若以导入特征基团来分类，氨基酸的合成可以分为两类。

① 以羧酸为原料导入氨基

a. α-卤代酸氨解

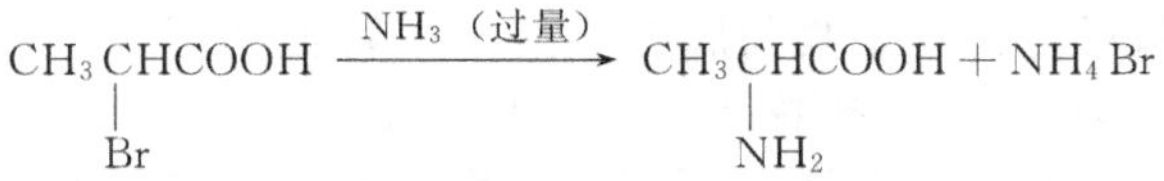

$$CH_3CHCOOH \xrightarrow{NH_3（过量）} CH_3CHCOOH + NH_4Br$$
$$\underset{Br}{|} \qquad\qquad \underset{NH_2}{|}$$

b. 以丙二酸酯制备

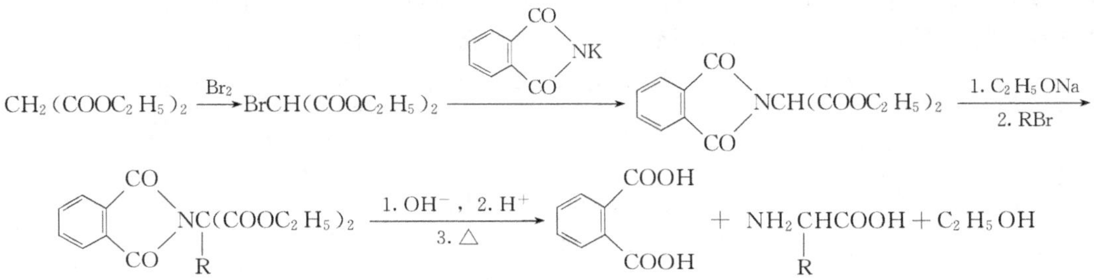

② 以醛作原料同时导入氨基和羧基

由醛与氨和氢氰酸反应得 α-氨基腈，再水解得氨基酸，称为斯特雷克（Strecker）合成法。

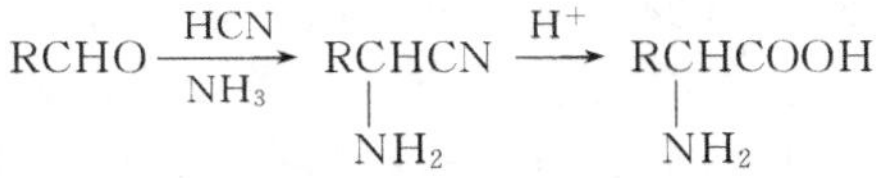

$$RCHO \xrightarrow[NH_3]{HCN} RCHCN \xrightarrow{H^+} RCHCOOH$$
$$\underset{NH_2}{|} \qquad \underset{NH_2}{|}$$

上述合成方法所制得的氨基酸都是外消旋体。若仅要其中一种旋光对映体还要进行拆分或进行不对称合成。

13.2.2 多肽

一分子 α-氨基酸中的 NH_2 和另一分子 α-氨基酸中的 COOH 之间脱除一分子水生成的酰胺化合物叫作肽（peptide），其中的酰胺键称为肽键（peptide linkages）。

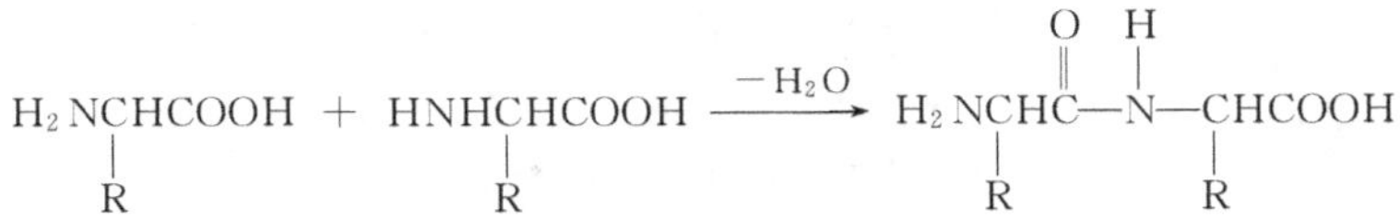

$$H_2NCHCOOH + HNHCHCOOH \xrightarrow{-H_2O} H_2NCHC-N-CHCOOH$$

由两个 α-氨基酸形成的肽称为二肽，由许多个 α-氨基酸缩合而成的肽叫作多肽（polypeptides）。开链状的肽总有两个末端。带氨基的一端称为 N 端；带羧基的一端称为 C 端。写肽链的结构式时，一般将 N 端写在左边，C 端写在右边。肽的命名从 N 端开始，称作某氨酰某氨酸。例如：

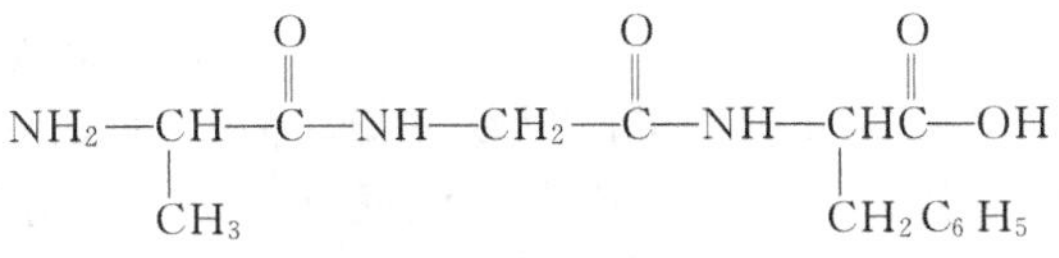

$$NH_2-CH-C-NH-CH_2-C-NH-CHC-OH$$

丙氨酰-甘氨酰-苯丙氨酸
（简称丙-甘-苯丙，或缩写为 Ala-Glg-Phe）

各种蛋白质中所具有的基本结构单元——氨基酸都是以肽键连结起来的。换句话说，蛋白质就是分子量很大的多肽。蛋白质经水解可以得到各种多肽。显然通过对多肽结构和性质的研究，将有助于了解蛋白质的微观世界。

（1）多肽结构的测定

多肽是由各种不同的 α-氨基酸按一定的顺序结合在一起的。要想了解一个多肽究竟是由哪些氨基酸所组成及各自含量，只要将这个多肽在酸性溶液中进行彻底水解，再经色层分离并逐个分析就可以知晓。至于氨基酸在肽链中排列次序的测定则困难得多，一般用端基分析法和部分水解法结合来确定。

端基分析法是以某种标记化合物与肽链中的末端特征功能团——氨基或羧基进行反应，经水解后就能确定 N 端或 C 端氨基酸种类的一种方法。

N 端氨基酸的分析可用 2,4-二硝基氟苯（又称 Sanger 试剂）作标记化合物与多肽反应，经水解可获得黄色的 N-(2,4-二硝基苯基）氨基酸，通过色层法极易检出。不过，在水解过程中整个肽链都会被破坏，因此，该法在同一个肽链上只能做一次 N 端分析：

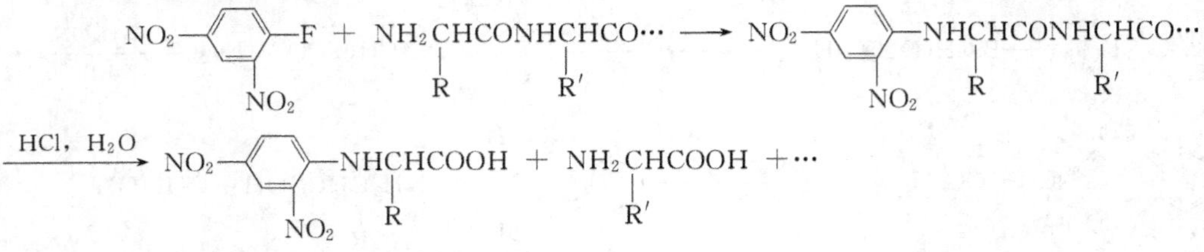

$$NO_2 \text{——}\langle\rangle\text{——}F + NH_2CHCONHCHCO\cdots \longrightarrow NO_2\text{——}\langle\rangle\text{——}NHCHCONHCHCO\cdots$$

$$\xrightarrow{HCl,\ H_2O} NO_2\text{——}\langle\rangle\text{——}NHCHCOOH + NH_2CHCOOH + \cdots$$

$$N\text{-}(2,4\text{-二硝基苯）氨基酸}$$

N 端氨基酸分析还可用异硫氰酸苯酯作标记化合物与多肽反应（称为 Edman 降解法），经无水氯化氢处理后可得到咪唑衍生物取代苯基乙内酰硫脲，通过气-液分配色谱法就可确定 N 端氨基酸，异硫氰酸苯酯再与少一氨基酸的次生肽作用。这个方法最显著的优点就是在对 N 端氨基酸进行分析时，肽链的其余部分可不受破坏，因而该法在测定同一个肽链的氨基酸序列时可以反复多次地进行测定，应用该原理设计的自动分析仪能测定多达 60 个氨基酸的多肽结构。

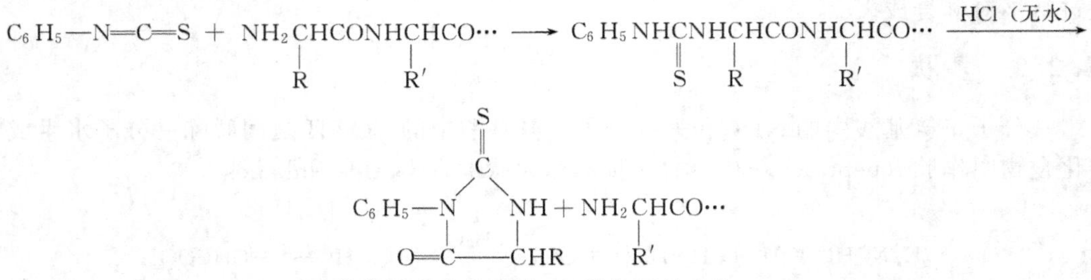

$$C_6H_5\text{—}N{=}C{=}S + NH_2CHCONHCHCO\cdots \longrightarrow C_6H_5NHCNHCHCONHCHCO\cdots \xrightarrow{HCl\ （无水）}$$

取代苯基乙内酰硫脲　　　降解后的多肽

C 端氨基酸的分析是利用羧肽酶来做标记试剂，它能选择性地水解 C 端氨基酸，并且可以在同一个肽链上进行多次：

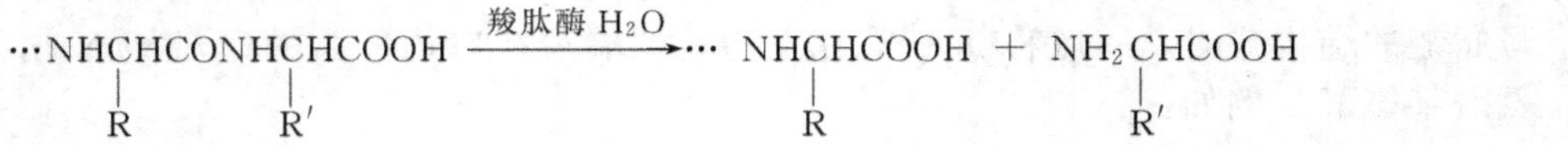

$$\cdots NHCHCONHCHCOOH \xrightarrow{羧肽酶\ H_2O} NHCHCOOH + NH_2CHCOOH$$

降解后的肽

从理论上讲，上述较多末端分析法可以反复进行，但是事实上，当被测肽链较长时，水解过程中仍会对分析产生干扰。因此，末端分析法通常只适合于分析相对分子质量较小的多肽。对于很长的肽链来说，仅仅依靠末端分析的方法来确定全部的氨基酸排列顺序是困难的，这就需要结合部分水解的方法。

部分水解的方法是利用某些蛋白酶对一定类型的肽键水解具有选择性催化作用的性质，使多肽分解成若干碎片，为其结构分析提供更多的信息。部分能促进肽键断裂的酶如表13.2所示。

表 13.2　部分能促进肽键断裂的酶

酶	易发生水解的氨基酸	不易发生水解的氨基酸
糜蛋白酶	酪氨酸、色氨酸、苯丙氨酸	谷氨酸、亮氨酸、组氨酸、天冬氨酸、赖氨酸、丝氨酸、蛋氨酸、苏氨酸
胃蛋白酶	酪氨酸、色氨酸、苯丙氨酸、亮氨酸	谷氨酸、丙氨酸、胱氨酸、半胱氨酸
胰蛋白酶	赖氨酸、精氨酸	

例如，已知一个肽键为八肽，它含有 8 种不同的氨基酸，且其比例为 1:1，它们分别是丙、苯丙、丝、亮、赖、脯、缬、酪。经末端分析得知，N 端为丙，C 端为亮。该肽用糜蛋白酶水解生成一个三肽、一个四肽和酪氨酸。再作进一步的末端分析得知，三肽的 N 端是丙，C 端是苯丙；四肽的 N 端是赖，C 端为亮。在胃蛋白酶作用下，三肽水解为苯丙和一个二肽，这个二肽的 N 端是已知的（丙），经末端分析得知二肽的 C 端为脯。在胰蛋白酶作用下四肽水解为赖氨酸和三肽，三肽的 C 端已知为亮，经测定其 N 端为丝，至此，八肽中的 7 个氨基酸序列已确定，可以推断由四肽水解得到的三肽序列必为丝-缬-亮。综上所述，八肽氨基酸序列为丙-脯-苯丙-酪-赖-丝-缬-亮。其过程示于图 13.2。

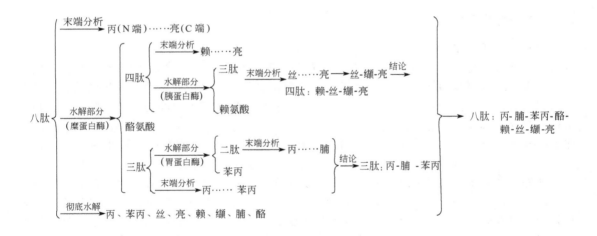

图 13.2　肽链氨基酸序列分析图解

例题 13.5　某七肽 A 用 1mol·L^{-1} HCl 水解得下列几种多肽：丝-亮-苷、苯丙-甘-酪、脯-苯丙-甘、甘-脯-苯丙、亮-甘-脯，试写出 A 的构造式。

（2）多肽合成

多肽合成中主要涉及氨基与羧基之间的脱水反应。从有机合成的角度来看，这个反应并不复杂，然而在多肽合成中，这个反应却呈现出相当的复杂性。因为在使不同的氨基酸之间发生脱水反应的同时，还须防止相同氨基酸之间的反应。也就是说，要使氨基酸按预期的途径进行反应，必须事先将部分氨基和羧基保护起来。保护试剂应满足两个条件：它既要易于接到被保护基团上去，又要在脱除时不引起肽键的断裂。通常，氨基可通过和氯甲酸苄酯反应加以保护，催化加氢即可脱除保护基；羧基可通过酯化加以保护，并在碱性条件下即可水解脱保护基。由于酯化酰胺更容易水解，因而水解时对肽键无影响。此外，对留下的基团还要进行活化，以便使反应在较温和的条件下进行。如羧基可转变为酰氯或酸酐，以增加羧基亲电能力，但酰氯易产生副反应。也可加入高效脱水剂如二环己基碳酰二亚胺等加以活化。

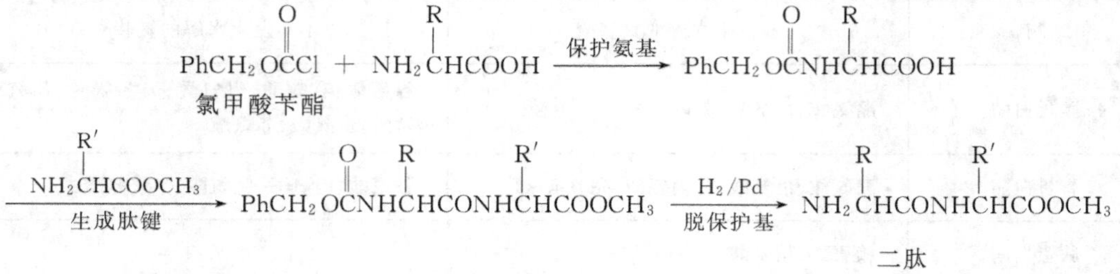

$$\underset{\text{氯甲酸苄酯}}{PhCH_2OCCl} + \underset{}{NH_2CHCOOH} \xrightarrow{\text{保护氨基}} PhCH_2OCNHCHCOOH$$

$$\xrightarrow{\text{生成肽键}} \underset{}{NH_2CHCOOCH_3} \quad PhCH_2OCNHCHCONHCHCOOCH_3 \xrightarrow[\text{脱保护基}]{H_2/Pd} \underset{\text{二肽}}{NH_2CHCONHCHCOOCH_3}$$

只要反复运用上述方式，就可以将许多不同的氨基酸按一定的顺序连结起来形成多肽。不过，多肽合成工作十分繁杂，尤其是在形成肽键和脱去保护基的反应中常会发生消旋化反应以及其他副反应，给分离提纯带来困难。随着肽链的增长，其合成难度也越来越大。20世纪60年代 Merrifield 发明的固相合成法在多肽合成中应用十分广泛。其原理是将保护好氨基的氨基酸以其羧基与带有活性基团的树脂作用形成酯，使其挂在固体树脂上，然后去掉保护基团后再和其他氨基酸反应生成肽。由于肽链挂在固体表面具有不溶性，每次成肽反应后通过洗涤就可除去杂质和多余的原料，继而再与下一个氨基酸反应形成新的肽键，最后通过氢化或溴化氢处理使多肽与树脂脱离。Merrifield 因此获得了1984年的诺贝尔化学奖，固相合成法已应用于自动化的仪器操作，合成速度大大加快。

13.2.3　蛋白质

(1) 蛋白质的结构

简单地说，蛋白质（proteins）就是相对分子质量很大（＞10000）的多肽。根据不同的来源，蛋白质的氨基酸成分和种类也不同。只含 α-氨基酸的蛋白质称为单纯蛋白质。如蛋白中的卵白蛋白、血清中的血清球蛋白、大麦中的麦胶蛋白等都是单纯蛋白质。除含单纯蛋白质外，还含有非蛋白组分（也称辅基，如糖类、脂类、磷酸和有色物质等）的一类蛋白质则称为结合蛋白质。如血液中的血红蛋白（含蛋白质和血红素）、细胞中的核蛋白（含蛋白质和脂肪）、唾液中的黏蛋白（含蛋白质和糖类）等都是结合蛋白质。

另外，根据水溶性的差异，蛋白质又可分为不溶性纤维状蛋白质和可溶性球状蛋白质。

虽然蛋白质与多肽的划分是以相对分子质量为标度，但它们之间的主要差异却不在于相对分子质量的大小，而是在于分子结构在空间上的差异。蛋白质的结构十分复杂，在其多肽链结构中除了各种氨基酸的排列次序外，还存在肽链在空间中的排布、构象以及链段之间的相互作用。其中多肽链中的氨基酸种类、比例和排列次序称为蛋白质的一级结构，也就是化学结构，它决定着蛋白质的性质。蛋白质分子中的肽链并非是直线型的，肽链由于氢键的作用而形成的一定构型称作蛋白质的二级结构。最常见的二级结构有螺旋式和折叠式构型，如图13.3所示。

在蛋白质分子中，因多肽链段发生扭曲折叠而形成的特殊空间结构称作蛋白质的三级结构。肌红蛋白的结构就是一个较典型的例子（见图13.4）。

两个或两个以上的多肽链集合而成的蛋白质，称为蛋白质四级结构。其中每一条肽链又称为亚基。例如具有输氧功能的血红蛋白就是由两种不同亚基的四聚体集合而成，其中每个亚基都是由一个类似于肌红蛋白的三级结构的肽链和一个血红素所组成，其四级结构近似椭球形（见图13.5）。

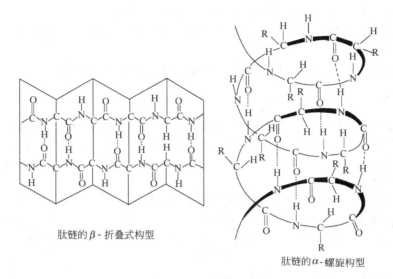

肽链的 β - 折叠式构型

肽链的 α - 螺旋构型

图 13.3　蛋白质的二级结构

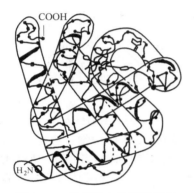

图 13.4　肌红蛋白的三级结构

图 13.5　血红蛋白的四级结构

（2）蛋白质的性质

a. 蛋白质的两性和等电点　由于蛋白质分子中肽链的 N 端有氨基，C 端有羧基，因而与氨基酸一样，属两性物质，并且具有等电点。不同的蛋白质有不同的等电点。例如酪蛋白为 4.6，胰岛素为 5.3，血红蛋白为 6.8。在等电点时，蛋白质的溶解度最小。因此，与分离纯化氨基酸类似，也可以通过调节溶液的 pH 值，使不同的蛋白质得以分离。

b. 胶体性质　蛋白质在水溶液中形成的颗粒大小与胶粒的大小相仿，具有胶体性质，不能透过半透膜。

c. 蛋白质的沉淀　如上所述，蛋白质溶液与胶体类似，性质不十分稳定。例如，向蛋白质水溶液中加入强电解质（如氯化钠）时，蛋白质就会沉淀出来，这种作用称为盐析。当加入能溶于水的有机溶剂（如乙醇、丙酮等）或加重金属离子（如 Hg^{2+}、Pb^{2+} 等），都会使蛋白质沉淀出来。

d. 蛋白质的变性　如果蛋白质因受热或受化学试剂的作用使蛋白质的二、三级空间结构结合力丧失，肽链松散，并导致蛋白质在理化和生理性质上的变化，这种现象称为蛋白质的变性。蛋白质变性后，溶解度下降，不易结晶，容易为酶所水解，蛋白质原有的生物活性消失。

e. 蛋白质的显色反应

缩二脲反应：蛋白质与硫酸铜的碱性溶液反应，呈红紫色。

蛋白黄反应：含有芳环的蛋白质，遇浓硝酸会显黄色，故称蛋白黄反应。皮肤溅上硝酸后变黄就是这个缘故。

水合茚三酮反应：蛋白质与稀的水合茚三酮一起加热呈现蓝紫色。

13.2.4 核酸

1869 年，瑞士生理学家米歇尔（F. Miescher）首次从细胞核中分离到一种酸性物质，就是现在称作核酸（nucleic acid）的一类物质。它控制着生物遗传，支配着蛋白质合成，是构成生命的最基本物质。

（1）核酸组成

通常，核酸与蛋白质结合形成核蛋白。核酸中的重复单位是核苷酸，将核酸作部分水解会生成核苷酸；进一步水解得到核苷和磷酸；若经彻底水解则生成杂环碱和戊糖，如图 13.6 所示。

$$核蛋白 \begin{cases} 蛋白质—氨基酸 \\ 磷酸 \\ 核酸 \begin{cases} 核苷 \begin{cases} 杂环碱 \\ 戊糖 \end{cases} \end{cases} \end{cases}$$

图 13.6　核蛋白水解过程

组成核苷的戊糖有两种：核糖和 2-脱氧核糖。含有核糖的核酸称为核糖核酸（ribonucleic acid，缩写 RNA）；含有 2-脱氧核糖的核酸则称为脱氧核糖核酸（deoxyribonucleic acid，缩写 DNA）。

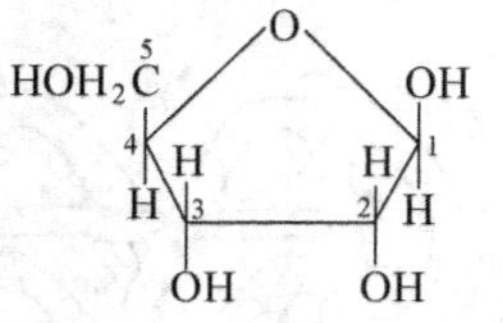

核糖 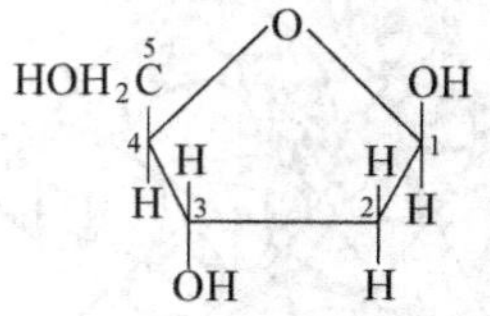　　　　　　　　　　2-脱氧核糖

核酸中所含的杂环碱称为碱基。这些碱基都属嘌呤和嘧啶的衍生物：腺嘌呤、鸟嘌呤、胞嘧啶、胸腺嘧啶、尿嘧啶。RNA 和 DNA 所含的嘌呤碱是相同的，但它们所含的嘧啶碱却不一样。RNA 中含有胞嘧啶和尿嘧啶，不含胸腺嘧啶；DNA 中含有胞嘧啶和胸腺嘧啶但不含尿嘧啶。

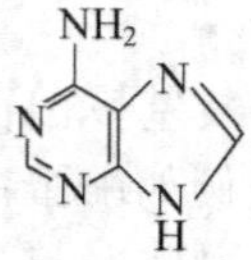

| 腺嘌呤 | 鸟嘌呤 | 胞嘧啶 | 尿嘧啶 | 胸腺嘧啶 |
| (adenine, 简记 A) | (guanine, 简记 G) | (cytosine, 简记 C) | (uracil, 简记 U) | (thymine, 简记 U) |

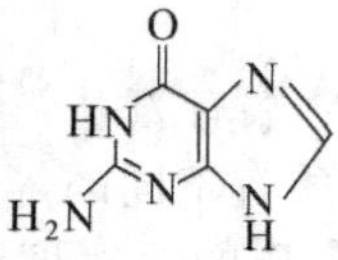

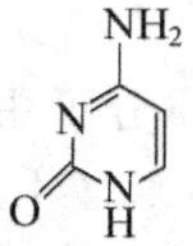

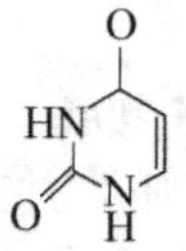

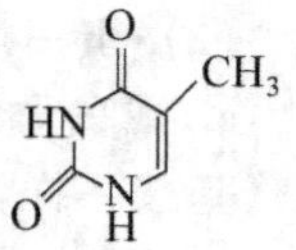

戊糖 1 位上的羟基与杂环碱之间脱水生成的苷称为核苷。如果由核糖形成的核苷，则称为某核苷，即在"核苷"的前面加上碱基名，如鸟嘌呤核苷。如果是由脱氧核糖形成的核苷就称作某脱氧核苷，如胸腺嘧啶脱氧核苷。核苷 3′ 位或 5′ 位的羟基与磷酸作用所生成的酯，称作核苷酸。如腺嘌呤核苷酸、胞嘧啶脱氧核苷酸。由 RNA 和 DNA 与碱基形成的核苷各有四个：

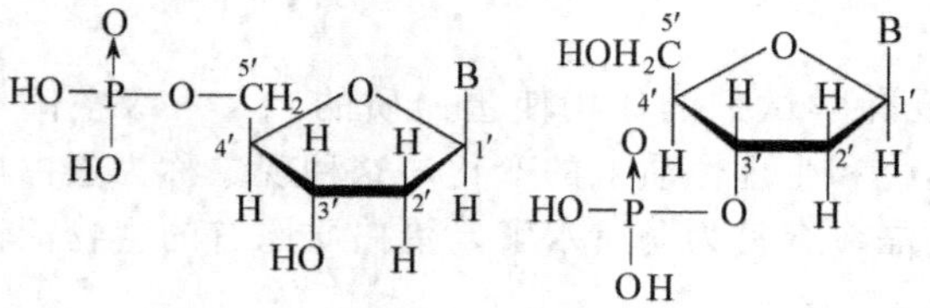

DNA 中的核苷单体 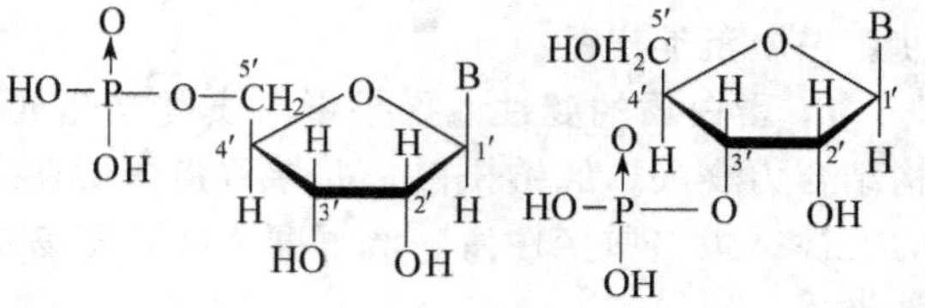　　　　　　　　　　RNA 中的核苷单体

RNA 和 DNA 的多核苷酸链结构如下：

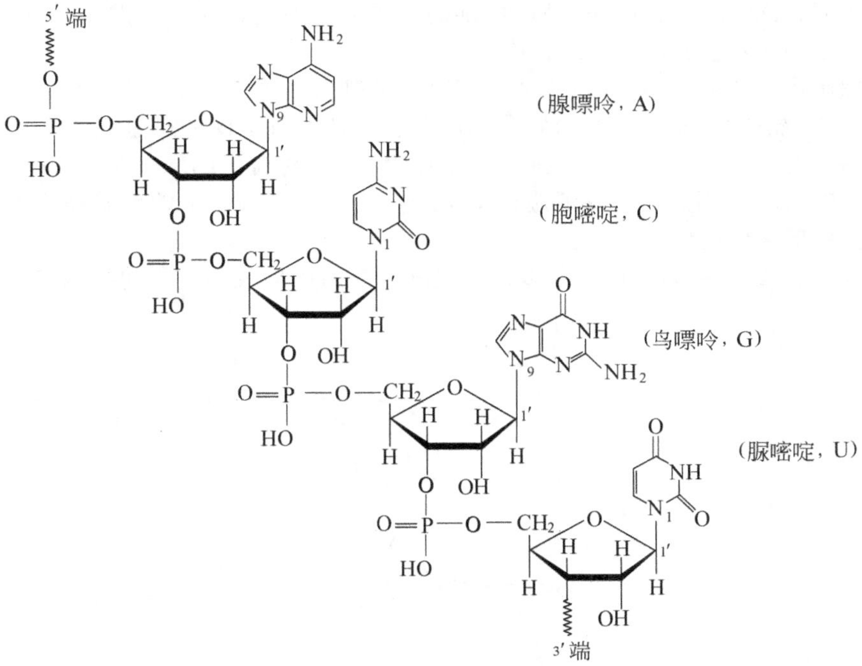

（腺嘌呤，A）

（胞嘧啶，C）

（鸟嘌呤，G）

（脲嘧啶，U）

RNA 的多核苷酸链

（腺嘌呤，A）

（胞嘧啶，C）

（鸟嘌呤，G）

（胸腺嘧啶，T）

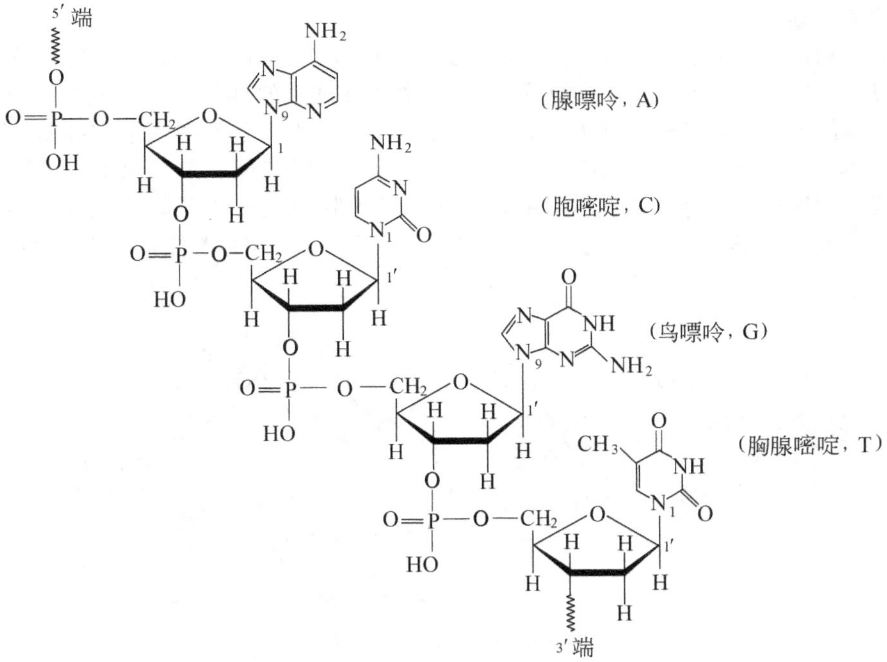

DNA 的多核苷酸链

（2）核酸的结构

以核苷酸为基本结构单元通过磷酸酯键连接在一起所形成的高分子化合物称为核酸。

在核酸链中，不同的核苷酸是按照一定顺序连接在一起的，这个顺序就是核酸的一级结构。不仅如此，核酸链还因扭曲盘绕而具有二级结构。

研究表明，DNA 的二级结构是呈右旋的双螺旋。换句话说，由两条反向平行的 DNA 链围绕同一个轴向右盘旋形成双螺旋体。

在双螺旋体中，两条 DNA 链上的碱基通过氢键互相联结。为了产生最有效的氢键作用力，两条 DNA 链上的碱基必须遵循"互补原则"。即两条链间的碱基必须严格按照嘌呤碱与嘧啶碱一一对应的关系配对形成氢键：腺嘌呤（A）对应于胸腺嘧啶（T），鸟嘌呤（G）对应于胞嘧啶（C）。因此，在双螺旋体结构中，当一条螺旋链上的碱基序列确定后，另一条螺旋链上的碱基序列也就明确了。

RNA 的二级结构一般是由一条多核苷酸链经弯曲而构成，链段间的碱基也遵循互补关系，见图 13.7。

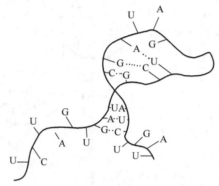

图 13.7　RNA 二级结构示意图

（3）核酸的功能

核酸是生物遗传的物质基础，它在遗传变异、生长发育和蛋白质合成中起着重要的作用。研究表明，DNA 是决定遗传的物质，DNA 中四种碱基的排列次序代表遗传信息。当细胞分裂时，母体 DNA 的双螺旋链解开分作两股分别进入到两个子细胞中。细胞中可提供各种核苷酸单体，并按照"互补原则"与单股 DNA 链上的碱基配对形成氢键。经酶催化，按序排列的核苷酸连接成一条新的 DNA 链，从而在子细胞中又形成了新的双螺旋结构。子细胞中的新生 DNA 双螺旋结构与母体 DNA 完全一致，从而使遗传信息代代相传（见图 13.8）。

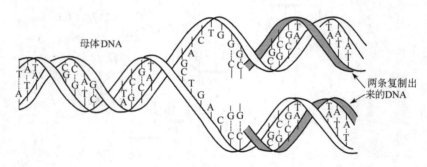

图 13.8　DNA 的复制示意图

DNA 不仅能自我复制，而且在蛋白质的合成中起着模板的作用。在蛋白质合成过程中，细胞核中的 DNA 通过信使核糖核酸（messenger RNA，mRNA）传递遗传信息，其复制方式与 DNA 的复制相仿，但只需 DNA 双螺旋链中的一股作为衍生 mRNA 的模板，而且在碱基配对时以脲嘧啶替代胸腺嘧啶。因此，mRNA 的碱基顺序完全由 DNA 控制。mRNA 链上按序排列的碱基每三个代表一个遗传密码，每个密码代表一个氨基酸。例如 UUU 代表苯丙氨酸、UGG代表色氨酸等。另外，还有两个密码AUG和UAA分别代表蛋白质合成的开始与结束的指令。mRNA形成后就与DNA模板分离，并进入到细胞质。核糖体开始读译mRNA上的密码信息，这时，专门从事运输和活化氨基酸的转移核糖核酸（transfer RNA，tRNA）便会根据碱基互补原则开始按序转运与mRNA密码信息相对应的氨基酸，并在酶催化下形成蛋白质的多肽链。

综上所述，在蛋白质的生物合成中，核酸扮演着重要的角色。其中tRNA起着运送氨基酸的作用；mRNA链上的密码信息决定着蛋白质肽链中氨基酸的排列次序；mDNA又是通过DNA转录而来。因此，DNA是蛋白质合成的原始模板。

选读材料

化学糖生物学——新兴的前沿研究领域

作为生物分子之一的糖，早在一个世纪前就已为人们所认识，著名的化学家E. Fisher就是因为在糖化学领域的杰出成就而荣获1902年的诺贝尔化学奖。但科学家后来却冷落了它，对它的研究远远滞后于对蛋白质和核酸的研究。在很长的时间内，糖仅是作为生物体内的能量和结构物质被认识的。随着研究工作的深入，现在人们认识到糖类在生命过程中也起着十分重要的作用。细胞表面密布着糖，糖是细胞与细胞间通讯的信息分子。糖的结构的多样性，使得它可能携带的信息量远远超过了蛋白质和核酸。举例来说，由4个核苷酸组成的寡核苷酸，可能的序列仅有24种，而由4个己糖组成的寡糖链，可能的序列则多达3万多种。要真正揭开生命的奥秘，就必须对糖的结构和功能有更深入的理解。目前的研究表明，人类的基因估计只有3万个左右，大大低于过去认为的10万个基因的数目。毫无疑问，这3万个基因本身所携带的信息远远不足以调控人体这样一个异常复杂的动态系统。因此，除了蛋白质之外，包含着庞大信息、由基因间接控制的糖类分子在人类的生命活动中也应该有着举足轻重的意义。为此，有人甚至提出了功能糖组学（functional glycomics）的概念。

糖化学是一门经典的学科，1988年正式提出糖生物学这门学科；化学糖生物学是新兴的研究领域，它是由美国加州大学伯克利分校（UC Berkeley）的C. R. Bertozzi和威斯康星大学（University of Wisconsin, Medison）的L. L. Kiessling首先提出。

化学糖生物学是从寡糖或糖缀合物入手，研究其结构，发现其在生物体中的功能，研究糖与糖、糖与其他生物分子之间的相互作用，阐明生理或病理过程的发生与发展的详细的分子机制，并进而以非天然的或天然的分子为探针对生理或病理过程进行干预和调控。它是糖化学与糖生物学交叉结合的产物，是化学乃至生命科学研究中又一个新兴的前沿和热点领域。它主要包括以下几个方面的研究内容。

1. 寡糖和糖缀合物（glycoconjugate）的合成

糖类的生物学意义长期不明，一个重要的原因就是糖的合成非常困难。多肽和寡核苷酸的合成早已实现了自动化，而寡糖的合成还远未达到自动化的程度。通常寡糖的合成有两种策略：化学合成和酶促合成。这两种合成途径是互补的，酶法所促进的糖基化偶联反应有高度专一的区域和立体化学控制，而且省去了保护-去保护的合成步骤，反应条件温和，一般以水作为溶剂，因而对环境较为友好；化学合成的特点是它的应用范围十分宽广，不论是天然的还是非天然的糖都可用来进行糖基化偶联反应，化学合成法应该能合成任何形式的寡糖、寡糖类似物或糖缀合物。

在寡糖的化学合成领域，目前有两大进展值得一提，即一釜反应（onepot reactions）和聚合物支持的合成（polymer-supported synthesis）技术。

在自然界中，绝大多数寡糖是以共价键形式连接到蛋白质上的。复杂的糖缀合物（包括糖脂、糖肽和糖蛋白）的合成是一项更具有挑战性的任务。

2. 糖链生物合成和加工的抑制剂

与糖链生物合成和加工过程有关的酶主要有糖苷酶（glycosidase）、糖基转移酶（glycosyltransferase）、硫酸化转移酶（sulfotransferase）和磷酸化转移酶（phosphotransferase），等等。人们相信，糖蛋白或糖脂的功能不但体现在糖链的存在与否，并且和糖链的结构密切相关，而糖链的结构主要取决于上述各种酶的活力，后者又与酶的调控密切相关。因而发现专一高效的糖链生物合成和加工相关酶的抑制剂，用化学的工具阻断特定糖链的形成，进而调查寡糖链的生物学功能，是化学糖生物学的一项重要研究内容。这方面的工作，目前以唾液酶转移酶、寡聚糖转移酶和氨基葡萄糖-6-硫酸化转移酶等的抑制剂研究得较为活跃。

3. 糖链识别的抑制剂

糖与糖、糖与蛋白质、糖与核酸之间的相互作用一般来说都相对较弱，其离解常数 K_d 值多数在 mmol 范围。这样，初始的先导化合物往往需要经过许多优化。还有，由于常常缺乏结构数据，所以糖的许多重要的键合位点的信息只能通过对其类似物进行合成并且评价才能获得。因此，寻找能有效阻断糖链识别作用的小分子化合物，依然是项具有挑战性的任务。

用化学的手段阻断寡糖与其受体的识别过程，对于详细了解寡糖的生物学功能无疑将十分有意义。

4. 糖组装物（glycoassemblies）的合成和生物活性

单个的糖与蛋白质之间的键合作用通常是比较弱的，然而在生理条件下的识别作用，无论从强度和专一性的要求都是很高的，它们通过把多个单独的糖-蛋白质相互作用串联起来产生协同作用，即所谓的"多价效应"，以取得所必需的键亲和强度。天然的糖多价阵列是广泛存在的，像高度糖基化的蛋白质（比如粘蛋白）上的糖、细菌和其他病原体表面的寡糖、哺乳动物细胞外膜上的糖等。在细胞表面，糖结合蛋白也趋向于寡聚化或以多价形式呈现。这样，多价效应就可形成而提供强效的亲和能力。

既然自然界中多数的糖-蛋白质相互作用是通过多价效应来实现的，那么用化学的工具对这一效应进行模拟，设计并且合成糖组装物，进而对多价效应及糖组装物的生物学功能有更深入的理解，无疑是非常有意义的。

研究表明，有些优秀的糖组装物跟其单价化合物比较，所表现的活性可提高至原先的 10^6 倍甚至 10^7 倍。

5. 通过干扰代谢途径调控细胞表面的糖基化

变更位于细胞表面的糖缀合物结构的表达能力，对于理解糖缀合物的生物学功能非常重要。通往酶抑制剂的另一条道路就是使用非天然的代谢底物来阻断糖的生物合成途径。代谢干扰可以使细胞表面糖的代谢产物受到影响。投放到细胞中的非天然底物有可能使寡糖的生物合成偏离正常的内源性轨迹，导致由细胞表达的特定的成熟的寡糖结构数量减少。另一方面，非天然底物也可能卷入生物合成途径，导致它们掺杂进细胞表面的糖缀合物中而得到非天然型的寡糖片断代谢产物。与天然野生型的糖链相比较，非天然型糖片断也许呈现出不同的受体结合性质。如果非天然型糖上还带有活泼功能基，则它们掺杂入细胞表面的糖缀合物后产生带活泼功能基的非天然型糖片断，该寡糖片断的结构在细胞表面还可以利用外源性的化学反应作进一步的变更。

6. 糖链的结构测定及构象研究

在生物合成过程中，糖蛋白中的糖链是通过各种糖基转移酶从核苷酸糖将糖基结构砖块按一定顺序装配到已形成的糖链受体上，最终生成的糖链结构不但决定于每个糖基转移酶的专一性，而且也受到糖接受体的肽链结构和形成异头键能力的影响，所以糖链的合成过程不同于核酸和蛋白质的合成过程，它不是模板化的，它可以终止于不同阶段，因而糖链结构普遍存在微不均一性。这给结构均一的糖链的分离工作带来许多困难。至于复杂多糖链的系列测定，这更是一个世界性的难题。尽管迄今为止已发展建立了多种糖链结构分析的方法，但仅是对中性糖的测定技术较为成熟。此外，已有方法的检测灵敏度也还需要进一步提高。因此，高分辨率、快速、灵敏、最终实现自动化的糖链分离、分析新方法的建立是糖链结构与功能研究的重要基础和保证。只有在糖链结构分析方法学上突破，才能越过制约糖科学发展的瓶颈。MIT 的 R. Sasisekharan 教授所领导的研究小组在这一领域取得了重要的进展。他们使用一种新的被称作性质编码命名/基质辅助激光解吸电离（property-encoded nomenclature/matrix-assisted laser desorptionionization）质谱的技术，快速方便地测定了一种重要的肝素十糖 AT-10 的序列，纠正了早期测定的该糖的错误结构。这一方法不仅对肝素类多糖的序列测定适用，而且对其他类型的线性多糖也同样适用。

对于结构序列已知的糖链在介导生命活动的过程中，糖链是如何与其受体分子——糖结合蛋白发生相互作用的？要回答这一问题必须研究糖链的三维结构。而糖链在水溶液中的三维结构的表征依然是项挑战性的任务，传统的核磁手段不容易解决寡糖的构象分析问题。目前用残基二极偶合（residual dipolar couplings）的核磁技术来分析寡糖构象的方法，应该引起足够的注意。研究糖链的三维结构，将使我们能在分子水平上阐明糖链与蛋白质的相互作用，了解糖链介导的生命活动的本质。

化学糖生物学作为一个新兴的前沿交叉研究领域有其独特的科学内涵，它的产生有其自己的科学背景，是与 20 世纪 90 年代后期才发展起来的化学生物学学科的兴起相呼应的。化学糖生物学的研究方法包括化学的、分子生物学的和生物化学的研究方法。一方面，化学的工具和方法，包括合成的、结构的和分析的，被用于研究糖生物学的问题；另一方面，分子生物学的技术和生物化学的技术也被用来解决化学的问题。化学糖生物学也有自己的研究特点。首先，由于糖链结构的复杂性和微不均一性，使得糖链的结构测定和合成远比核酸和蛋白质要困难，这就限制了糖链功能的研究。其次，糖链功能和调控的复杂性也制约了研究的速度。显然，要使化学糖生物学的发展速度得以提升，就必须在合成和结构分析的方法学上获得突破，为糖的生物学功能研究提供充足的材料和强有力的技术平台；同时在细胞水平上逐个研究糖链的功能，阐明糖链对细胞基本生命活动的调控机制。

目前，国内一些研究小组在生物活性寡糖的合成及合成方法学研究、糖链的分离分析方法研究和糖链生物学功能研究方面都作了许多努力，并取得了不少进展，为我国化学糖生物学的发展打下了基础。如果我们能抓住机遇，发挥我们的优势，完全有可能在某些研究方向上与发达国家一争高低。

习　题

1. 写出下列各糖的稳定构象：
(1) α-D-吡喃甘露糖　　　　(2) α-D-吡喃半乳糖　　　　(3) 五甲基-D-葡萄糖
2. 鉴别下列各组化合物：
(1) 麦芽糖和蔗糖　　　　　(2) 淀粉和纤维素
(3) 葡萄糖和半乳糖　　　　(4) 甲基葡萄糖苷和 2-甲基葡萄糖
3. 写出 D-(＋)-半乳糖与下列试剂的反应式及产物名称：
(1) 甲醇（干燥 HCl）　　　(2) 溴水　　　　(3) 醋酸酐
(4) 过量苯肼　　　　　　　(5) 稀硝酸　　　(6) 氢氰酸
4. （＋)-海藻糖（$C_{12}H_{22}O_{11}$）是一种非还原糖，在酸性水溶液中水解时只产生一种单糖-D-葡萄糖。若经甲基化可得一个八-O-甲基衍生物，再经水解只得到 2,3,4,6-四-O-甲基-D-葡萄糖，试写出（＋)-海藻糖的结构和名称。
5. 一己醛糖 A 经氧化生成己糖酸 B 和己糖二酸 C。A 经降解转变为戊醛糖 D，进而再转变为丁醛糖 E。E 经氧化生成左旋酒石酸。B 具有旋光性，C 无旋光性。试写出 A、B、C、D、E 的构型及其名称，并写出各反应式。
6. 有两个 D-四碳醛糖 a 和 b，与苯肼反应可以生成同样的糖脎。如果用硝酸来氧化，a 会生成具旋光性的四碳二元羧酸，b 会生成无旋光性的四碳二元羧酸，试写出 a 和 b 的结构及各步反应式。
7. 写出下列多肽的结构式：
(1) 谷·半胱·甘　　　　　(2) 甘·异·缬·谷
8. 写出下列氨基酸在 pH 值为 7 时的离子结构：
(1) 异亮氨酸（等电点 6.02）　　　　(2) 赖氨酸（等电点 9.7）
9. 选择适当原料合成下列氨基酸：

(1)　$CH_3CH_2CH_2CH_2\underset{\underset{NH_2}{|}}{CH}COOH$

(2)　$CH_3CH_2\underset{\underset{NH_2}{\overset{\overset{CH_3}{|}}{|}}}{C}COOH$

(3)　$C_6H_5\underset{\underset{NH_2}{|}}{CH}COOH$

(4)　$HOOCCH_2CH_2\underset{\underset{NH_2}{|}}{CH}COOH$

10. 试分离苏氨酸和赖氨酸。
11. 下列化合物彻底水解后会生成哪些化合物：

(1)　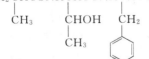

(2)　$CH_3CH_2CH_2\underset{\underset{NHCOCH_2\underset{\underset{NH_2}{|}}{CH}COOH}{|}}{CH}CONHCH_2CONH_2$

第 14 章 有机化学发展选论

百浪多西 1932 年，德国一家染料制造商获得一种称作百浪多西（prontosil）的新药专利权。百浪多西最初用作红色染料，在使用百浪多西染羊毛时，意外地发现它有抗菌作用。这一发现导致将这种染料当作能抑制细菌生长的药物来研究。第二年，人们就发现百浪多西具有抗葡萄球菌的能力，可用于治疗败血症。后来的研究表明，百浪多西不仅能治愈鼠和兔的链球菌感染症，而且对其他多种细菌均具抑制作用。更重要的是搞清楚了百浪多西的药理活性中心是磺胺基团，这些令人兴奋的发现使人们对化学制药产生了前所未有的兴趣。在后来的几年中，被合成出来的磺胺衍生物不下上千种。不过，其中具有抗菌作用的衍生物却是屈指可数。

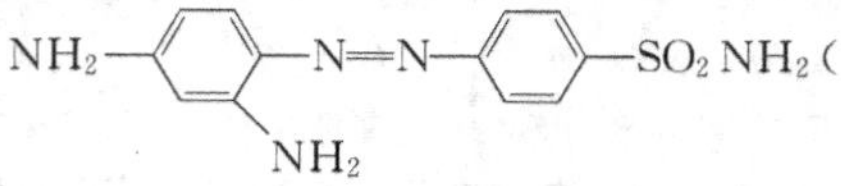

$$NH_2 - \underset{NH_2}{\underbrace{}} - N = N - \underset{}{\underbrace{}} - SO_2NH_2 \text{（百浪多西）}$$

百浪多西的合成及临床应用的漫长过程是早期药物合成与筛选工作的一个缩影。从中不难看出寻找一种新药不仅工作十分艰辛，而且周期非常长。

现在合成与筛选新药是否还是循着这条古老的路径盲目地摸索呢？1991 年，科学家提出了组合化学的概念，为新药的合成与筛选提出了一个全新的理念。

14.1 组 合 化 学

在过去的几十年中，从天然产物中或合成化合物中筛选有生物活性的化合物仍然是寻找新药的主要途径。虽然人们对于分子结构与药效之间的关系已有了较深刻的认识，但是通过分子设计的方法寻找新药仍然不是一件容易的事。一般来说，现在每推出一个新药约需 6～10 年的时间，耗资约 1 亿美元。显然，新药的传统开发方式耗时长，投资高。1991 年，福卡（Furka）、朗姆（Lam）和洪腾（Houghten）等人同时提出了组合化学（combinatorial chemistry）的新概念，为新药的快速合成与筛选展现出令人乐观的前景。

14.1.1 组合化学的概念

组合化学也称组合合成（combinatorial synthesis），它是利用组合论的思想，将各种化学构建单元（building block）通过化学合成衍生出一系列结构各异的分子群体，并从中作出优化筛选。假设有 m 个反应单元分别与 n 个反应单元进行一次同步反应，就可以生成所有可能组合（即 $m \times n$ 个）的化合物。例如，将 10 种芳环上含有不同取代基的溴代异氰酰胺（A）化合物混合在一起，然后分成 10 等份，即每份中含有 10 种不同的（A）类化合物。将这 10 组组分相同的混合物分别与 10 种取代基不同的苯胺（B）进行反应（1），即可生成 10 组（每组中有 10 种）产物各异的（C）类化合物，也即一次同步反应共生成 100 种（C）类化合物。若将这 10 组化合物（C）混合并分成 10 等份［每一份中含有 100 种（C）类化合物］，再将其与 10 种不同的溴代烷（D）进行反应（2），就可生成 10 组（每组含有 100

种）（E）类化合物，共计 1000 种不同的化合物。

$$R_1 - \text{C}_6\text{H}_4 - NH - CH_2CH_2 - \underset{\text{O}}{\overset{\text{O}}{C}} - NH - \underset{\text{O}}{\overset{\text{O}}{C}} - CH_2CH_2 - Br + R_2 - \text{C}_6\text{H}_4 - NH_2 \xrightarrow{\quad(1)\quad}$$
(A) (B)

$$R_1 - \text{C}_6\text{H}_4 - NH - CH_2CH_2 - \underset{\text{O}}{\overset{\text{O}}{C}} - NH - \underset{\text{O}}{\overset{\text{O}}{C}} - CH_2CH_2 - NH - \text{C}_6\text{H}_4 - R_2 \xrightarrow[\quad(2)\quad]{\text{RBr (D)}}$$
(C)

$$R_1 - \text{C}_6\text{H}_4 - NH - CH_2CH_2 - \underset{\text{O}}{\overset{\text{O}}{C}} - \underset{R}{N} - \underset{\text{O}}{\overset{\text{O}}{C}} - CH_2CH_2 - NH - \text{C}_6\text{H}_4 - R_2$$
(E)

综上所述，在两步反应中，先后使用了 30 种不同的反应物（即 10 种 A，10 种 B 和 10 种 D），共生成 10×10×10 种化合物。这样一种利用组合概念进行大规模化学合成的技术即为组合合成或称组合化学。不难看出，通过组合化学技术可在很短的时间内合成出成千上万种不同的化合物。

如果以某种药物先导化合物作为反应起始物，采用组合合成技术，就可以为新药的快速筛选提供大量的候选化合物。事实上，组合化学的概念正是源于药物的合成与筛选。它反映出合成化学家在研究观念上出现的重大飞跃，它打破了逐一合成、逐一纯化、逐一筛选的传统研究模式，使大规模化学合成与药物快速筛选成为可能。

14.1.2　组合化学的基本方法

由某一类先导化合物经组合合成技术制备出来的数目庞大的"化合物群"称为化合物库（compound library）。在药物筛选研究中，这些含有成千上万个不同分子结构的化合物库可以用于不同疾病、不同模型的筛选。组合化学研究的核心问题，就是解决如何构建分子多样性的化合物库。构建化合物库的基本方法主要有三种：同步合成法（parallel approach），混合-均分法（combine-divide，亦称 split-pool）及生物合成技术。在这三种方法中，尤以混合-均分法影响最大、应用最广。实际上，在介绍组合化学的基本概念时所举的例子就已反映出混合-均分法的基本思想。1991 年，朗姆（Lam）提出了一珠一肽（one-bead，one-peptide）合成法，又将混合-均分法与多肽固相合成法及生物筛选技术有机地结合在一起，从而使组合化学技术更趋成熟。一珠一肽（即一粒树脂珠上含有一种肽段）混合-均分法的基本思想是，利用树脂作载体，按混合-均分法进行组合合成。由于产物与树脂相连，在每步反应完成后，它不溶于溶剂，因而可以十分方便地将杂质、催化剂及过量的试剂等洗涤干净。所得化合物库（这里指的是肽库）经筛选后检出基中具有活性肽段结构的树脂珠，再经仪器测序，即可确定具有活性的肽段结构。例如，先将 20 种氨基受保护的氨基酸分别连接在树脂上，即得 20 种与树脂相连的氨基酸。经混合脱保护后，分成 20 组（每一组含有 20 种与树脂相连的氨基酸），再以 20 种氨基受保护的氨基酸分别与各组发生偶联反应，就可以得到 20×20 种与树脂相连的二肽。若将所得二肽混合并再次等分为 20 组，依上所述，经脱保护、偶联等步骤，可得 20×20×20 种与树脂相连的三肽（见图 14.1）。依次类推，再经两次反应就可以合成出 20^5（即 320 万）种与树脂相连的五肽。换句话说，只经过 5 次组合反应就能获得 320 万种序列各异的五肽。而这个过程一般只需 1～2 天的时间就可以完成。数百万种肽化合物——一个数目庞大的肽库！该肽库可以快捷地用于筛选其中的有效肽段。即先以某种受体分子同时与 320 万种五肽反应，当受体分子和其中的某种肽段能形成有色络合物时，通过普通显微镜，有时甚至以肉眼就可观察到这种变了颜色的肽段树脂，借助镊子即可将其分出。被分出的有色肽段树脂经后处理，用微量多肽测序仪测序，就可得知该肽序列。一个可与受体分子作用的有效肽段，就这样迅速地筛选出来。如果对一种受体分子筛选完毕，只要将该受体分子洗除后，就可以对另一种受体分子进行筛选。这样，同一个肽库就可以对多种受体分子进行筛选。事实上，朗姆等人用该法合成的五肽库对抗 β-内啡肽的单克隆抗体作了亲和性研究，并已成功地找到天然抗原位点肽的六个有效类似物。

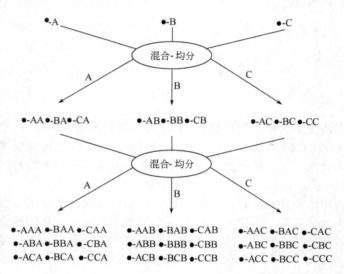

图 14.1　混合-均分合成法示意图（以三种化学构建单元为例）
●—树脂；A、B、C—不同的氨基酸

14.1.3　组合化学的发展

一珠一肽混合-均分法虽然可以快捷地合成出数以百万计甚至更多的样品供筛选，但该法只适用于在合成完成后可作微量结构测定的样品合成，例如多肽，这就限制了其应用范围，尤其难以应用于其他类型有机分子的合成。因此，许多化学家又设法寻找新的途径，使组合化学的概念可应用于更广泛的领域。1993 年，编码同步合成法出现了，即在一粒树脂珠上合成一种不能作微量测序的化合物时，同时在这个树脂珠上连接一段作为编码用的多肽。换句话说，多肽分子中的每一个氨基酸代表目标分子中的一个组成部分。在混合-均分合成中，每连接一个组成部分就在同一树脂珠上的编码链上接上一个代表该组分的氨基酸。当合成完成后，若要测定某一化合物结构，只要测得与该化合物相连的树脂珠上的编码多肽的排列顺序就可推知（见图 14.2）。

除了以多肽作编码外，还有以寡聚核苷酸作编码的组合合成，其原理与多肽编码类似。只是在合成过程中，它是以每三个核苷酸来代表构成目标分子的各种"积木"，这些核苷酸和化学"积木"一一对应地共接于同一个树脂珠上，最后通过 DNA 序列仪读出寡聚核苷酸序列即可解析目标分子的结构。

由于上述编码分子的稳定性较差，尤其是在利用带编码分子的化合物库作生物活性评估过程中，这些编码链极有可能和受体分子作用而产生干扰。因此，人们仍然试图探寻更理想的编码子和编码方式。例如，欧迈叶（Ohlmeyer）等人采用卤代芳烃作编码子，其化学稳定性较高，用电子捕获毛细管气相色谱（ECGC）对其检测，灵敏度很高，操作十分方便。另外，由李科劳（Nicolaou）等人提出的射频编码法则更具新意。该法利用具有接收、储存

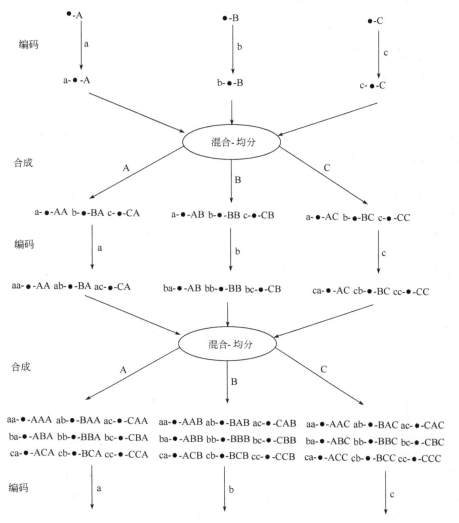

图 14.2　编码同步合成法示意图

●—树脂；A，B，C—化学构建单元；a，b，c—编码氨基酸

和发射连续射频信号的半导体敏感记忆装置来记录编码信息。其特点是编码快、容量大，对化学反应无干扰，尤其是避免了化学编码链在生物活性试验中可能带来的干扰作用，因而射频编码技术更具应用价值。

在组合化学研究领域中，除了编码技术外，人们还特别关注数学方法及计算机技术的应用。事实上，在化合物库的构建方法中，除了混合-均分法以外，还有正交法、迭代展开法等。计算机不仅用于辅助组合实验设计，而且在数据庞大的化合物库的管理上都发挥着重要作用。因为，诸如怎样优化化学库、如何选择构建单元并作合理的组合、化学库内化合物数目与筛选模型之间的关系等问题，这都需要利用计算机进行大量的统计处理。现在，在计算机辅助下进行设计及组合构建单元、设计并分组化学库、数据统计及筛选等已成为计算机化学领域中的研究热点。例如，利用专门制作的软件，为化合物库中的每一个化合物建立相应的指纹档案，已经可以用于分子的快速识别。

组合化学概念的提出使传统的合成方式出现了突破性变革。在两三天时间内合成出百万甚至千万种不同的化合物已不是什么梦想，组合化学理论使合成千百万种化合物于瞬间成为现实。这不仅对新药的合成及筛选产生重大影响，而且对于合成化学及其他相关学科的发展也将产生巨大的推动作用。事实上，组合化学已从药物合成领域向电子、光、磁、机械及超导材料的制备发展，尤其是向其他化学领域渗透。例如，当组合化学刚提出不久就有人断言：组合技术并不能处理有机合成中的所有问题，新方法似乎只适用于合成线性的链状聚合物，而不适合于制备更为复杂的像甾族类具有多环结构的化合物。然而没过多久，大量的杂环化合物库以及甾族化合物库也通过组合合成技术合成出来。在无机化学领域中，有人已开始利用组合化学技术去筛选无机催化剂。在生物化学方面，也有人采用组合化学技术进行组合生物合成。通过组合生物合成方法所建立的化合物库能够提供许许多多由一般有机合成方法难以获得的天然产物及衍生物。

显然，组合化学的发展具有极为广阔的空间。虽然组合技术目前还存在许多不完善的地方，如合成过程中无法检测、合成后又无法纯化，尤其是在新药筛选过程中，和载体相连的分子是否能够替代自由分子等，但这些问题都不足以阻碍其迅猛发展。有理由相信，组合技术的出现将会使许多相关学科尤其是化学学科勃发出新的生机。

14.2　绿色化学与有机合成化学

有机化学特别是有机合成化学在人类文明史上对提高人类的生活质量作出了巨大的贡献。然而不可否认，"传统"的合成化学方法以及"传统"的合成化学工业，对整个人类赖以生存的生态环境造成了严重的污染和破坏。20世纪90年代初，化学家提出了与传统的"治理污染"不同的"绿色化学"（green chemistry）的概念，即如何从源头上减少、甚至消除污染的产生。绿色化学又称环境无害化学、环境友好化学，近年来进一步发展为低碳化学、可持续化学。"绿色化学"的目标要求任何一个化学的活动，包括使用的化学原料、化学和化工过程以及最终的产品，对人类的健康和环境都应该是友好的。因而，绿色化学的研究成果对解决环境问题是有根本意义的。对于环境和化工生产的可持续发展也有着重要的意义。多年来，关于绿色化学的概念、目标、基本原理和研究领域等已经逐步明确，初步形成了一个多学科交叉的新的研究领域。绿色化学的基本原理包括以下几个方面：①防止污染的产生优于治理产生的污染；②原子经济性；③只要可行，应尽量采用毒性小的化学合成路线；④更安全的化学品的设计应保留其功效，但降低毒性；⑤应尽可能避免使用辅助物质（如溶剂等），若使用应是无毒的；⑥应考虑到能源消耗对环境和经济的影响，并应尽量少地使用能源，最好采用常压常温下的合成方法；⑦原料应是可再生的；⑧尽量避免不必要的衍生化步骤；⑨催化性试剂（有尽可能好的选择性）优于当量性试剂；⑩化工产品在完成其使命后，不应残留在环境中，而应能降解为无害的物质；⑪分析方法必须进一步发展，以使在有害物质生成前能够进行即时的和在线跟踪及控制；⑫在化学转换过程中，所选用的物质和物质的形态应能尽可能地降低发生化学事故的可能性。这十二条原则目前为化学界公认，反映了近年来绿色化学领域的研究工作内容，也指明了绿色化学未来的方向。1995年美国设立了总统绿色化学挑战奖，旨在奖励在创造性地研究、开发和应用绿色化学基本原理方面获得杰出成就的个人、集体或组织。包括五个奖项：学术奖（Academic Award）、中小企业奖（Small Business Award）、新合成路线奖（Alternative Synthetic Pathways Award）、新工艺奖（Alternative Solvent/Reaction Conditions Award）和安全化学品设计奖（Designing

Safer Chemicals Award)。从设立的奖项和历届获奖的研究成果也可以大致了解绿色化学所涵盖的范围。从根本上说，绿色化学是要求化学家从一个崭新的角度来审视"传统"的化学研究和化工过程，并以"与环境友好"为基础和出发点提出新的化学问题，创造出新的化工技术。

14.2.1　原子经济性

1991 年，著名化学家 B. M. Trost 提出以"原子经济性"的观念来评估化学反应的效率，也就是，要考察有多少反应物分子进入到最后的产物分子。理想的"原子经济性"反应，应该是有 100% 的反应物转化到最终产物中，而没有副产物生成。显然，"原子经济性"的观念是绿色化学的基本原理之一。传统的有机合成化学比较重视反应产物的收率，而较多地忽略了副产物或废弃物的生成。例如：Wittig 成烯反应是一个应用非常广泛的有机反应，但从绿色化学的角度来看，它生成了较多的副产物，"原子经济性"很差。在 B. M. Trost 提出"原子经济性"观念的初期并没有被学术界和工业界所接受和重视。经过多年的实践，许多化学家，包括一些企业界的人士都认识到"原子经济性"原则的重要性。B. M. Trost 教授也因此获得了 1998 年美国总统绿色化学挑战奖学术奖。

14.2.2　高选择性、高效的催化剂

绿色化学所追求的目标是实现高选择性、高效的化学反应，极少的副产物，实现"零排放"，继而达到高"原子经济性"的反应。显然，相对化学当量的反应，高选择性、高效的催化反应更符合绿色化学的基本要求。2001 年的诺贝尔化学奖授予了 Knowles，Noyori 和 Sharpless 三位化学家，以表彰他们在催化不对称反应的研究方面所取得的卓越成就，也说明开展催化不对称反应研究的重要意义。虽然，对于某些生物催化剂是否会导致污染还没有明确的定论，但是总的来看，生物转化反应非常符合绿色化学的要求：具有高效，高选择性和清洁反应的特点；反应产物单纯，易分离纯化；可避免使用贵金属和有机溶剂；能源消耗低；可以合成一些用化学方法难以合成的化合物。著名化学家 Chi-Huey Wong 以在酶促反应所取得的引人瞩目的创新性成就获得了 2000 年美国总统绿色化学挑战奖学术奖。Chi-Huey Wong 教授指出，酶促反应在化学合成工业上的应用具有很大的潜力。设计与发展适于酶促反应的新的底物和利用遗传工程改变酶的催化性质等，都将大大有利于在制药工业中的应用。

14.2.3　开发新的合成工艺

对于那些从传统的观念看，设计和效益都是合理的工艺路线，也要从绿色化学的原理给以重新审视。这对于有机合成化学提出了新的、更高的要求。例如：Roche Colorado 公司在开发抗病毒药物 cytovene 的初期认为，他们所采取的 persilylation 的路线是最好的，也是最有效的。但是，随着市场需求量的增加，扩大了生产规模，很多原有工艺的问题就暴露了。Roche Colorado 公司对原有的工艺进行了大的改进，采用从鸟嘌呤三酯（guanine triester）出发的新合成路线。与旧工艺相比，新的工艺将反应试剂和中间产物的数量从 22 种减少到 11 种，减少了 66% 的废气排放和 89% 的固体废弃物，5 种反应试剂中有 4 种不进入最终产物而能在工艺过程中循环使用，产率提高了 2 倍。

14.2.4　洁净反应介质的开发

选择对环境友好的"洁净"的反应介质是绿色化学研究的重要组成部分。目前，除了个别的例子，如以甲苯代替有毒的苯作为反应介质外，主要有以下几种类型的反应介质：超临界和近（或亚）临界流体，液体水，离子液体等，还可以包括一些无溶剂的固态反应。例

如，在近临界水中进行的 Friedel-Crafts 反应，不用像传统工业生产那样加入 2 倍当量的 AlCl$_3$ 或其他的 Lewis 酸，避免了大量的无机盐废弃物的产生。目前，已有报道在近临界水中进行的烷基化反应、aldol 缩合反应、氧化反应等的研究结果。近临界水的应用更适合于小规模、高附加值的化工过程。近临界水中的有机反应研究是一个值得关注的研究课题。

以水为介质的有机反应是"与环境友好的合成反应"的一个重要组成部分。水相中的有机反应具有许多优点：操作简便，安全，没有有机溶剂的易燃，易爆等问题。在有机合成方面，可以省略许多诸如官能团的保护和去保护等的合成步骤。水的资源丰富，成本低廉，不会污染环境，因此是潜在的"与环境友善"的反应介质。2001 年美国总统绿色化学挑战奖学术奖授予了李朝军教授，也表明水相有机反应的研究正在受到越来越多的关注。

14.2.5　替代有毒、有害的化学品

我国科学家利用自行设计的催化剂，在过氧化氢的作用下，直接从丙烯制备环氧丙烷。整个过程只消耗烯烃、氢气、分子氧，实现了高选择性、高产率、无污染的环氧化反应，替代或避免了易造成污染的氧化剂和其他试剂，被认为是一个"梦寐以求的（化学）反应"和"具有环境最友好的体系"。

氯氟烃和杀虫剂 DDT 的使用对人类生活起到过很大的作用，但是随着社会的发展，它们对人类环境的危害也日渐暴露。发现和开发无公害的替代品已成当务之急。设计更安全的替代的化学产品可大大降低所合成物质的危害性，而使其对环境更加友好。这里将涉及分子结构与活性的关系、活性的作用机理、人体致毒机理等的研究。绿色化学品应具备两个特征：①产品本身不会引起健康问题和环境污染；②产品使用完后能够再循环或降解。例如，美国 Dow AgroSci 公司开发了一种杀白蚁的杀虫剂（hexaflumuron）。其作用机理是通过抑制昆虫外壳的生长来杀死昆虫。该化合物对人畜无害，是被美国 EPA 登录的第一个无公害的杀虫剂。预计不久的将来，原有的杀白蚁药物将会完全被 hexaflumuron 所代替。以中性无害的碳酸二甲酯代替致癌的硫酸二甲酯进行甲基化取得成功。以 2，2′-二乙基联苯胺代替对联苯胺制备联苯胺类染料可减少致癌的可能性。光气、氰化氢、甲醛、含卤试剂由于有毒有害，它们的应用限制日益严格。

将生物质（biomass）转化成动物饲料、工业化学品及燃料的技术是一个十分活跃的研究领域。美国的 M. Holtzapple 教授在这方面取得了杰出的成就，而获得了 1996 年美国总统绿色化学挑战奖学术奖。其他如：将木质素作为原料的化学品制造技术；通过生物合成的方法用葡萄糖制造商用化学品的研究；用生物质制造氢气的技术等，都是在材料的再利用方面很有意义的工作。

另一方面，材料和化学产品的无害化问题也值得注意。目前，许多化学品难以降解，成为主要的化学污染源之一。因此，能控制其寿命，无毒害，并在完成其功能后能自动分解为无害物质的化学化工产品的研制和开发也是重要的课题。

绿色化学是一门新的交叉学科，吸收了当代化学、物理、生物、材料、信息等科学的最新理论和技术。绿色化学的核心内容包括"原子经济性反应"和"高选择性、高效反应"。绿色化学的内涵、原理、目标和研究内容需要不断地充实和完善。它的发展对保持良好的环境，社会和经济的可持续发展具有重要的意义。

14.3　相转移催化反应

在有机合成中，通常均相反应容易进行，而非均相反应难以发生。在有机相与水相或无

机盐共存的多相体系中，反应就十分困难，例如，将溴辛烷与氰化钠放在一起，加热回流两个星期也不发生反应。

1951 年，M. J. Jarrousse 发现环己醇或苯乙腈在二相体系中进行烷基化时，季铵盐具有明显的催化作用。

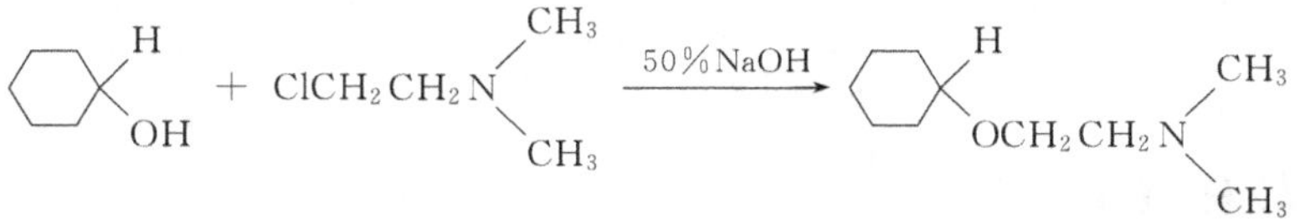

不过遗憾的是这一重要现象在当时并没有引起人们的关注。直到 1965 年，波兰学者 M. Makosza 等人对季铵盐催化下的烷基化反应作了系统的研究，人们才认识到，这类催化反应在有机合成上具有极为广泛的应用价值。研究结果表明，季铵盐具有一种奇特的性质，它能够使水相中的反应物转移到有机相中，从而加速反应，提高收率。

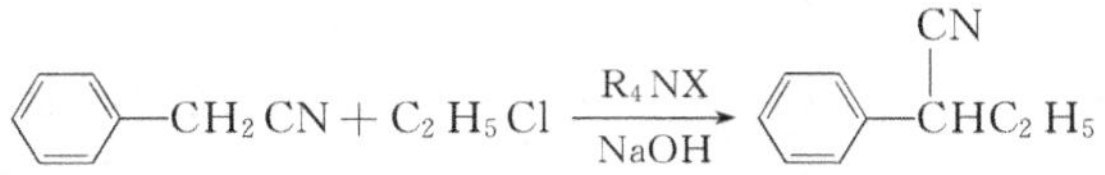

例如，在季铵盐催化作用下，苄基氰和氯乙烷在氢氧化钠水溶液中进行烷基化反应，收率高达 90%；然而，如果没有加入季铵盐，其收率仅为 50%。季铵盐的这种性质就是现在广为应用的相转移催化作用（简称 PTC）。

14.3.1　相转移催化反应原理

在多相反应中，特别是在水相和有机相共存的非均相反应体系中，各种反应均分别处于互不相溶的溶剂里，相转移催化作用就是利用催化剂将反应物从一相转移到另一相，使其发生反应。以卤代烷与氰化钠在季铵盐催化下的反应为例，其催化作用原理如下：

$$水相 \quad Q^+X^- + Na^+CN^- \underset{}{\overset{阴离子交换}{\rightleftharpoons}} Q^+CN^- + Na^+X^-$$

$$有机相 \quad Q^+X^- + R{\text—}CN \leftarrow Q^+CN^- + RX$$

（Q^+X^- 表示季铵盐。其中 Q^+ 为季铵盐阳离子部分，X^- 为其阴离子部分）

季铵盐阳离子部分 Q^+ 既有亲油性又具亲水性。当 Q^+ 进入水相时，会与水相中的阴离子 CN^- 发生交换，形成离子对 Q^+CN^-；由于 Q^+ 的亲油性，Q^+CN^- 便转移到有机相中，从而使 CN^- 与 RX 在有机相中发生取代反应，生成 R—CN，与此同时，从卤代烷分子中置换出来的卤负离子 X^- 与 Q^+ 形成新的离子对（Q^+X^-），即新生季铵盐，它将重返水相。如此循环反复，从而加速反应进程。

$$CH_3(CH_2)_6CH_2Cl + NaCN \longrightarrow CH_3(CH_2)_6CH_2CN$$

1-氯辛烷与 1-溴辛烷一样，在氰化钠水溶液中长时间回流也无壬腈生成。若加入摩尔分数为 1%～3% 的三丁基十六烷基溴化磷，只需回流 1.8h，壬腈的收率就达 95%。

由于相转移催化反应具有操作简便、反应速度快、收率高，而且不需要无水溶剂等特点，因此它在有机合成中的应用日趋广泛。

在水-有机相两相体系中制备二氯碳烯（又称卡宾，:CCl_2）是相转移催化反应研究初始阶段（20 世纪 60 年代末）最令人瞩目的成功例子之一。以往制备二氯碳烯都要求反应体系严格无水。因此，有水存在的条件下制备二氯碳烯极其具工业应用价值。

$$水相 \quad Q^+Cl^- + NaOH \rightleftharpoons Q^+OH^- + Na^+Cl^-$$

$$有机相 \quad Q^+Cl^- + :CCl_2 \rightleftharpoons Q^+Cl_3C^- + H_2O$$

（CHCl₃ 标注于右侧箭头处：$CHCl_3$）

以扁桃酸的制备为例，首先利用相转移催化原理产生：CCl₂〔以苄基三乙基氯化铵（TEBAC）为催化剂制备二氯碳烯〕，然后与苯甲醛的羰基加成，再经重排、水解制得扁桃酸。

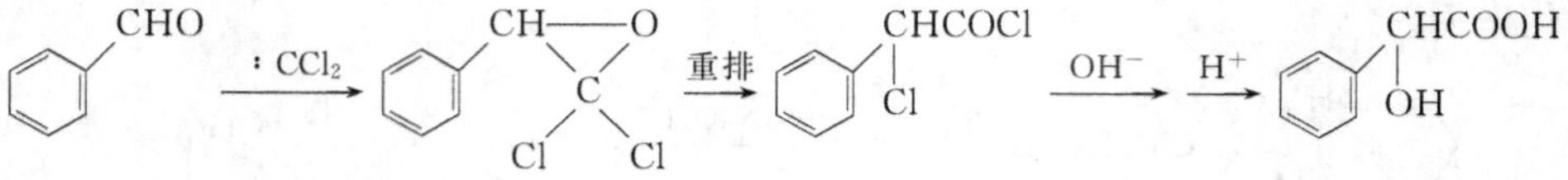

$$\text{（反应式图）}$$

14.3.2 相转移催化剂分类

常用的相转移催化剂有三类：葱盐类（onium）、冠醚类和非环多醚类。以季铵盐为代表的盐类化合物，适用于液-液和固液体系，并且价廉无毒，是上述三类相转移催化剂中应用最广泛的一种。其中尤以苄基三乙基氯化铵（TEBAC）、三辛基甲基氯化铵（TOMAC）和四丁基硫酸氢铵（TBSB）最为常用。

TEBAC $\left[\text{⟨⟩}-CH_2\overset{+}{N}(C_2H_5)_3Cl^-\right]$，又称 Makosza 催化剂，制备十分方便，既可通过重结晶进行精制，也能以无水状态保存。

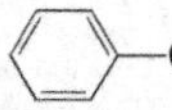

TOMAC $\left[CH_3\overset{+}{N}(C_8H_{17})_3Cl^-\right]$，又称 Starks 催化剂，是一种黄色油状物，其催化效能比 TEBAC 和 TBSB 要好。

TBSB $\left[(C_4H_9)_4\overset{+}{N}HSO_4^-\right]$，又称 Brandstrom 催化剂，与 TEBAC 和 TOMAC 相比，价格最高。不过由于 HSO_4^- 具有很好的亲水性，容易分配到水相中，对有机相中的催化反应无影响。

在这类催化剂中，阳离子（Q^+）的体积要适中，若 Q^+ 体积太大，就会降低它在水中的溶解度；若 Q^+ 体积太小，它在水中的溶解度会增大，但在有机相中的溶解性差，这样都会影响相转移催化作用。通常，季铵盐分子中每个烷基的碳原子数为 2～12。

冠醚是一种大环多醚化合物，由于其分子结构形如王冠，故而得名。冠醚具有络合金属离子的能力，又具有亲油性，它可以使无机化合物，如 KOH、KMnO₄ 等溶解在有机溶剂中，因而增强了阴离子在非极性溶剂中的反应活性。

在以冠醚为相转移催化剂的卤代烃取代反应中，其作用机理如下：

M⁺Nu⁻（固相）＋冠醚（溶液）⇌冠醚·M⁺Nu⁻（溶液）

M⁺Y⁻（固体）＋冠醚（溶液）⇌冠醚·M⁺Y⁻＋R—Nu（产物）

$$n\text{-}C_6H_{13}Br+KCN\xrightarrow{18\text{-}冠\text{-}6}n\text{-}C_6H_{13}CN$$

1-溴己烷　　氰化钾　　　庚腈（100%）

与季铵盐相比，冠醚更适合于固-液体系相转移催化反应。不过，由于冠醚价格较贵，而且毒性较高，制备也较繁，因而其应用受到限制。

聚乙二醇（PEG）为非环多醚类相转移催化剂，具有冠醚对金属离子产生络合作用的类似性质，由于它价廉无毒，其应用价值逐渐为人们所认识。

PEG 分子结构呈链状，可以自由旋转和弯曲。它的环状弯曲构象形似冠醚，对于一些金属正离子具有一定的络合能力。例如，苯甲醛和正辛醛在 PEG 催化下，于氢氧化钾水溶液中进行缩合反应，PEG 和 K⁺ 发生络合并与 OH⁻ 形成离子对；由于 PEG 自身的脂溶性，OH⁻ 便以离子对的形式顺利转入到有机相，从而提高了有机相中 OH⁻ 的浓度和反应活性，进而催化缩合反应。

$$\text{苯甲醛} + CH_3(CH_2)_5CH_2CHO \xrightarrow[\text{PEG}]{KOH} \begin{array}{c} OH \\ | \\ CHCHCHO \\ | \\ (CH_2)_5CH_3 \end{array} \xrightarrow{-H_2O} \begin{array}{c} CH=CCHO \\ | \\ (CH_2)_5CH_3 \end{array} \quad (90\%)$$

苯甲醛　　　　　辛醛　　　　　　　　　　　　　　　　　α-己基肉桂醛

PEG 对金属阳离子的络合能力一方面与金属阳离子大小有关，另一方面取决于自身的链长。一般说来，PEG 链长较短时，其络合能力较差；当链长太长时，则其水溶性较差，这两种情形都会影响相转移催化效能。研究表明，PEG 平均分子量在 400～600 时，其螺旋型结构孔径大小适中，络合金属离子能力较强，催化效果较好。

14.3.3　相转移催化反应技术的应用

相转移催化技术在有机合成中应用十分广泛，涉及许多不同类型的反应，例如氧化反应、亲核取代反应、酯化反应等，而且其应用范围还在日益扩大。

(1) 亲核取代反应　亲核取代反应是在相转移条件下研究得最多的一类反应，其通式为：

$$R-X + Y^- \xrightarrow{Q^+Cl^-} R-Y + X^-$$

其中，Y^- 代表 OH^-、$NO_2{}^-$、Br^-、I^-、CN^-、CH_3COO^- 等；X 代表 Cl、Br、I、OSO_2CH_3 等。这类反应中，卤代烃的氰化反应是一个较典型的例子。其特点是操作简便，反应速度快，产率高而且副反应少。反应中，除了使用季铵盐作催化剂外，冠醚也可以作为有效的相转移催化剂，其特点是用量少、产率高，尤其适合于固-液相反应。例如：

$$\begin{array}{c} CH_3(CH_2)_5CHBr \\ | \\ CH_3 \end{array} + KF \xrightarrow{18\text{-冠-}6} \begin{array}{c} CH_3(CH_2)_5CHF \\ | \\ CH_3 \end{array}$$

在氟化钾与卤代烃的反应中，由于负离子 F^- 在极性介质中溶剂化倾向强，因而氟化钾不能作为有效的亲核试剂，但在冠醚存在下就可以产生裸负离子，从而使亲核取代反应顺利进行。

(2) 氧化反应　相转移催化技术应用于高锰酸钾氧化反应特别有效。例如，以 1-癸烯作原料，在季铵盐催化下，高锰酸钾可将其氧化成壬酸。如果不加入季铵盐，在相同条件下，即便是剧烈搅拌几小时，也不会发生氧化反应。

$$CH_3(CH_2)_7CH=CH_2 + KMnO_4 \xrightarrow[\text{苯/水}]{(C_8H_{17})_3NCH_3Cl} CH_3(CH_2)_7COOH$$

在相转移催化反应中，由于季铵正离子与高锰酸负离子形成离子对而进入有机相，从而使高锰酸根在有机相中与烯烃发生反应。通常，烯烃与高锰酸钾的两相反应得到氧化裂解产物。而用三乙基苄基氯化铵作催化剂，在低温条件下用碱性高锰酸钾在二氯甲烷中能将一些烯烃氧化为邻二醇：

$$RCH=CHR' \xrightarrow[0℃]{KMnO_4,\ Q^+X^-} \begin{array}{c} RCH-CHR' \\ | \quad\ \ | \\ OH\ \ OH \end{array}$$

此外，由于冠醚对钾离子具有良好的络合能力，它可以使高锰酸钾顺利地溶入苯中，形成艳丽的紫苯溶液。该溶液可以用来氧化许多有机化合物。例如，反-二苯乙烯在紫苯溶液中，可以方便地转化为苯甲酸，收率近乎 100%。

$$\begin{array}{c} C_6H_5 \quad\quad H \\ \diagdown \quad \diagup \\ C=C \\ \diagup \quad \diagdown \\ H \quad\quad C_6H_5 \end{array} + KMnO_4 \xrightarrow[\text{苯}]{\text{二环己基-18-冠-6}} C_6H_5COOH$$

（3）不对称合成　采用相转移催化技术进行不对称合成是近年来人们在相转移催化合成领域里的新尝试。最初，有报道用麻黄碱制备的季铵盐可催化合成不对称烷基化反应：

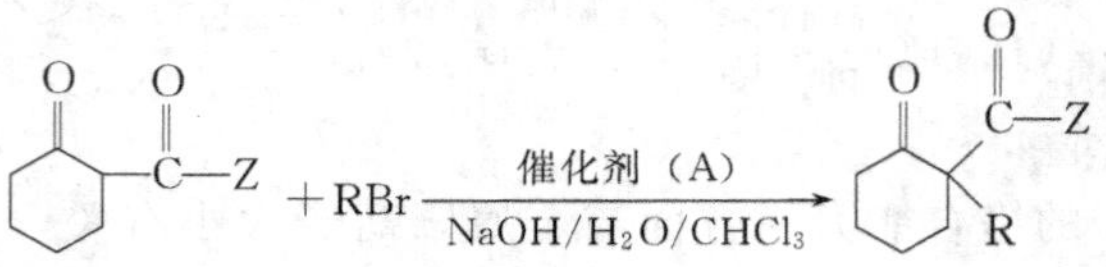

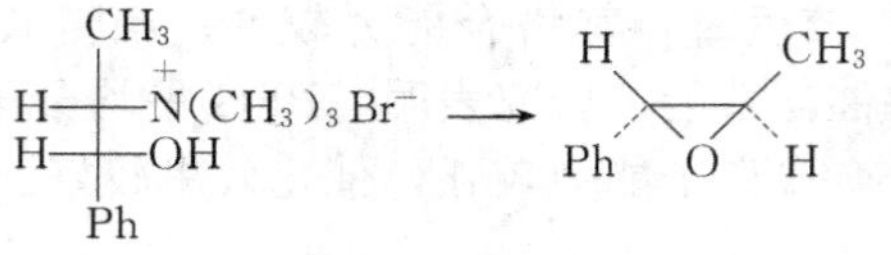

（A）　　　　　　　　　　　　　　　（B）

不过，不久有人指出，该反应产物的旋光性是由于产物中混有极高比旋光度的环氧化物（B）所致。但没过多久，终于有人以苄基氯化奎宁作手性相转移催化剂，在甲苯/水两相体系中用过氧化氢对查耳酮进行氧化，成功地得到了具有光学活性的环氧化物，其对映体过量达 25%。

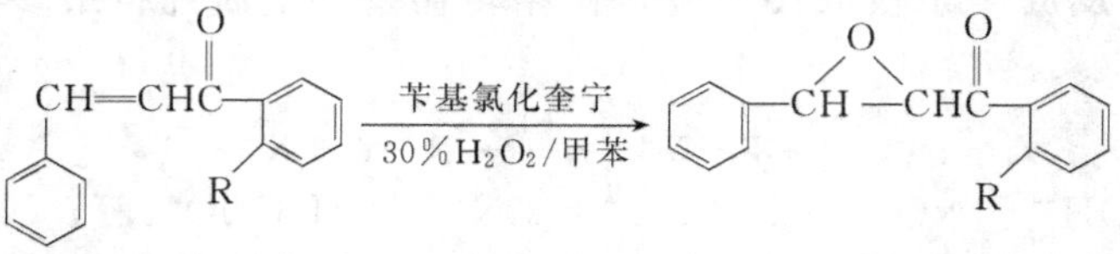

R＝H，CH₃O　　　　　　　　　　e.e.（对映体过量值）25%

现在，已有许多反应可用手性相转移催化剂催化合成手性化合物。例如，以具有光学活性的金鸡纳碱类化合物衍生而得季铵盐作催化剂，在固-液两相体系中，将芳醛与氯代乙酸乙酯进行不对称达赞（Darzens）酯缩合反应，可以得到具有光学活性的缩水甘油酸酯。由麻黄碱衍生出来的手性季铵盐在羰基化合物的还原反应中，能够诱导出光学活性的醇：

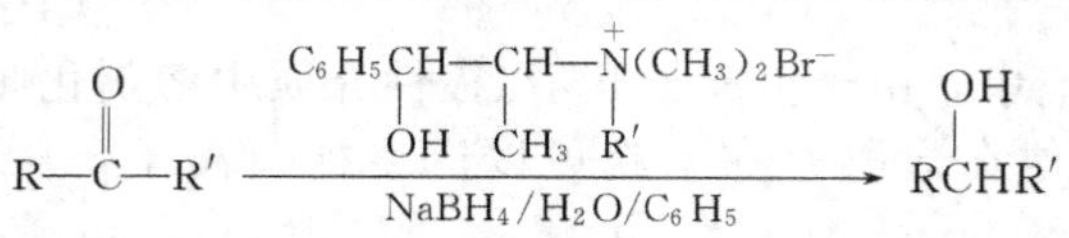

以上所谈到的只是相转移催化研究领域中的很小一部分。事实上，相转移催化技术在有机合成中的应用已越来越广泛。从大量的文献报道可知，采用相转移催化技术不仅能够提高产率，缩短反应时间，有时还能使从前认为不可能发生的反应成为现实。可以断言，随着各学科相互渗透，该领域里的研究不断深入，相转移催化技术的应用将更加广泛。

参考文献

1　徐寿昌主编. 有机化学. 第2版. 北京：高等教育出版社，1993

2　高鸿宾，王庆文，高振胜编. 有机化学. 第2版. 北京：化学工业出版社，2005

3　杜灿屏，刘鲁生，张恒主编. 21世纪有机化学发展战略. 北京：化学工业出版社，2002

4　邢其毅，裴伟伟，徐瑞秋，裴坚. 基础有机化学. 第3版. 北京：高等教育出版社，2005

5　高占先，姜文风，于丽梅编. 有机化学简明教程. 北京：高等教育出版社，2011.

6　Graham T. W. Organic Chemistry. 8th. ed. John Wiley & Sons，Inc